한솔아카데미가 답이다!
건축기사·건축산업기사 인터넷 강좌

한솔과 함께라면 빠르게 합격 할 수 있습니다.

단계별 완전학습 커리큘럼
기초핵심 – 정규이론과정 – 모의고사 – 마무리특강의 단계별 학습 프로그램 구성

기초핵심 (기초역학) ▶ **정규강의** (이론+문풀) ▶ **모의고사** (시험 2주전) ▶ **블랙박스 특강** (우선순위핵심)

건축기사·건축산업기사 유료 동영상 강의

구 분	과 목	담당강사	강의시간	동영상	교 재
필 기	건축계획	이병억	약 20시간		
	건축시공	한규대	약 40시간		
	건축구조	안광호	약 30시간		
	건축설비	오호영	약 18시간		
	건축법규	조영호	약 17시간		
	기사 과년도	과목별 교수님	약 43시간		
	산업기사 과년도	과목별 교수님	약 31시간		

• 유료 동영상강의 수강방법 : www.inup.co.kr

HANSOL INFO

수험생이 알아야 할 출제경향

 최근의 출제문제를 중심으로 분석한 출제빈도와 중요내용입니다.

과목	단원명	출제문항수	세부항목
건축계획	1. 총론	1	건축물을 만드는 과정, 모듈
	2. 주거건축	5(7)	단독주택, 농촌주택, 공동주택, 단지계획
	3. 상업건축	3(7)	사무소, 은행, 상점, 슈퍼, 백화점·쇼핑센타
	4. 교육시설	1(4)	학교, 도서관
	5. 숙박시설	1	호텔, 레스토랑
	6. 의료시설	2	병원
	7. 문화시설	3	극장, 영화관, 미술관
	8. 산업건축	1(2)	공장, 창고
	9. 건축환경	·	열환경, 시환경, 음환경
	10. 건축사	3	서양건축사, 한국건축사
계		20(20)	
건축시공	1. 총론	1.5	공사관련자, 계획 및 입찰, 계약서류, 공사계획
	2. 공정 및 품질관리	1	공정계획, N/W공정표, 품질계획
	3. 가설공사	1.5(1.1)	공통가설, 직접가설공사, 적산
	4. 토공사 및 기초공사	1.5(1.1)	지반조사, 터파기, 흙막이, 기초, 말뚝
	5. 철근콘크리트공사	4.5(4.8)	철근공사, 거푸집공사, 콘크리트공사, 적산
	6. 철골공사	1.5(1.1)	일반사항, 각종접합, 철골현장세우기, 적산
	7. 조적, 타일 및 테라코타공사	1.8(1.7)	벽돌, Block, 돌공사, 타일, 적산
	8. 목공사	1.4(1.1)	목재의 성질, 이음, 맞춤, 목재 제품
	9. 방수, 지붕 및 홈통공사	1.3(1.6)	방수공법의 종류, 비교, 아스팔트 방수
	10. 미장공사	1(1.3)	미장재료의 분류, 성질, 시공일반사항
	11. 기타공사	3(2.7)	창호 및 유리공사, 도장, 금속, 합성수지공사
계		20(20)	

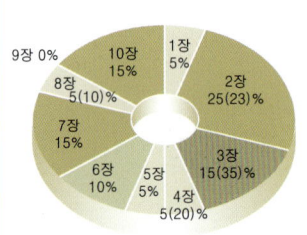

건축계획

건축시공

과목	단원명	출제문항수	세부항목
건축구조	1. 건축구조역학	6~7	부정정차수, 지점반력, 전단력, 휨모멘트, 축방향력, 단면의 성질, 응력, 변형률, 단주 및 장주, 구조물의 변형, 부정정구조
	2. 철근콘크리트구조	7~9	보의 휨해석 및 전단해석, 기둥의 해석, 처짐 및 균열, 정착 및 이음, 슬래브, 기초 및 벽체
	3. 강구조	2~4	고력볼트접합, 용접접합, 인장재설계, 압축재설계, 휨재설계, 강합성구조, 주각, 강구조 처짐제한, 전단중심
	4. 일반구조	3~4	활하중, 조립식구조, 부등침하 및 연약지반에 대한 대책, 말뚝간격, 내진설계
계		20	

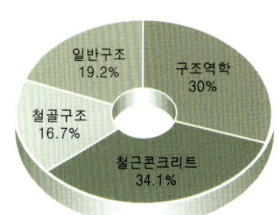

건축구조

과목	단원명	출제문항수	세부항목
건축설비	1. 위생설비	6~8	급수설비, 급탕설비, 배수통기설비, 오물정화설비, 소화설비, 가스설비, 배관용재료
	2. 냉난방설비	7~8	난방설비, 공조설비, 냉동설비
	3. 전기설비	5~8	강전설비, 조명설비, 약전설비, 승강운송설비
계		20	

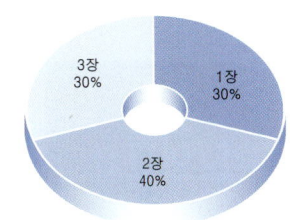

건축설비

과목	단원명	출제문항수	세부항목
건축법규	1. 총칙	2~3	건축물, 지하층, 건축 및 대수선, 내화구조 등, 적용의 완화
	2. 건축물의 건축	4~5	건축허가 및 신고, 가설건축물, 착공 및 사용승인, 공사감리, 허용오차, 건축물의 용도분류, 용도제한, 용도변경
	3. 건축물의 유지관리	0~1	건축지도원 자격·업무
	4. 건축물의 대지 및 도로	1~2	옹벽의 기술기준, 조경, 공개공지 설치, 도로, 대지와 도로와의 관계, 건축선
	5. 건축물의 구조 및 재료	2~3	구조내력의 확인, 지하층, 피난계단, 방화구획, 주요구조부의 제한
	6. 지역 및 지구 안의 건축물	2~3	면적 및 높이산정 산정기준, 대지의 분할, 건축물 높이제한, 일조권제한
	7. 건축설비	1~2	관계전문기술사 협력, 승강설비, 배연설비
	8. 특별건축구역	0~1	특별건축구역
	9. 보칙	0~1	건축분쟁조정
	10. 주차장법	4~6	주차구획, 주차전용 건축물, 노외 및 기계식 주차장 설비기준, 부설주차장
	11. 국토의 계획 및 이용에 관한 법률	3~1	용도지역, 지구, 구역구분, 도시·군 계획시설, 도시계획, 광역도시계획, 지구단위계획, 건폐율 및 용적율
계		20	

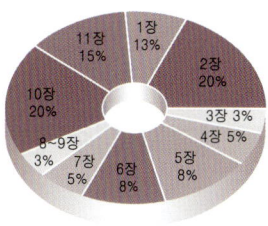

건축법규

· 건축법 : 65%
· 주차장법 : 20%
· 국계법 : 15%

200% 학습법

본 도서를 구매하신 분께 드리는 혜택

본 도서를 구매하신 후 홈페이지에 회원등록을 하시면 아래와 같은 학습 관리시스템을 이용하실 수 있습니다.

무료동영상 (4개월 제공)

건축기사 · 건축산업기사 합격은 출제경향 및 기출학습에서 갈린다

- 최근 3개년 기출문제 제공
- 2026년 대비 출제경향분석

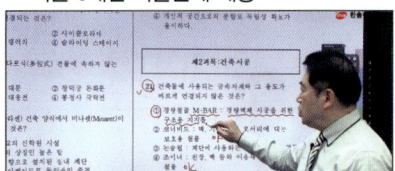

전국 모의고사

건축기사 · 건축산업기사 시험일 2주전 실시 (세부일정은 인터넷 전용 홈페이지 참조)

- 전국 실전모의고사
- 건축기사 실기 동영상강좌 할인쿠폰

  모의고사 결과 상위 10% 이내 회원은 건축기사 실기 동영상강좌 30,000원 할인쿠폰

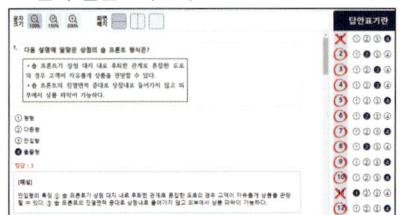

CBT 모의고사

건축기사 · 건축산업기사 CBT모의고사

- 건축기사 10회

  CBT대비 기사 10회 실전테스트
  - CBT 건축기사 6회분(2023, 2024, 2025년 과년도)
  - CBT 건축기사 4회분(실전모의고사)

- 건축산업기사 10회

  CBT대비 산업기사 10회 실전테스트
  - CBT 건축산업기사 6회분(2023, 2024, 2025년 과년도)
  - CBT 건축산업기사 4회분(실전모의고사)

[등록절차] 도서구매 후 뒷표지 회원등록 인증번호를 확인하세요.

모의고사 점수 변화 그래프 [☐ 건축기사   ☐ 건축산업기사]

[1. 건축계획   2. 건축시공   3. 건축구조]   [4. 건축설비   5. 건축법규]

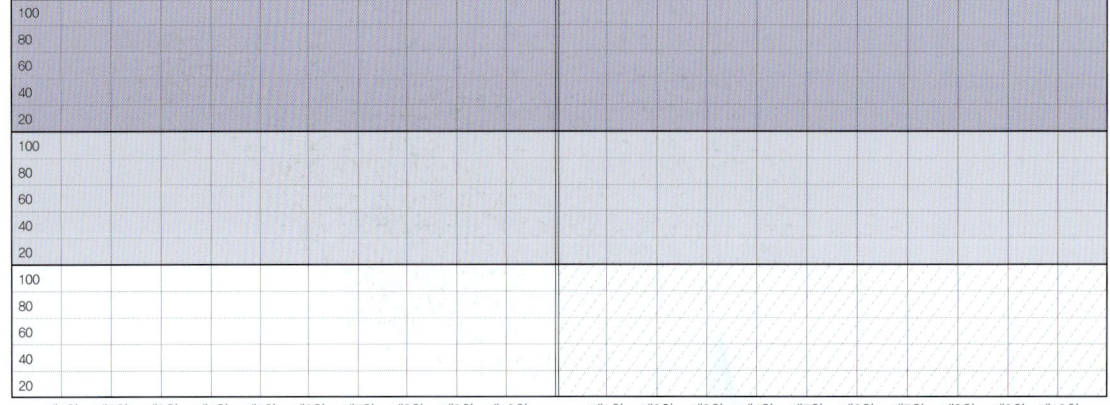

※ 모의고사 회당 회차 풀이 후 점수를 빈칸에 기입한 후 점수만큼 그래프에 ●으로 표시하여 자신의 점수 변화를 확인하세요.

건축시공

2026

건축기사·산업기사 시리즈

기출문제 무료동영상
CBT 모의고사

2

한솔아카데미

머리말

국제화, 세계화의 흐름속에서 건설분야의 급격한 발전은 유능한 건축기술 인력을 요구하고 있으며, 또한 국가 기술자격 시험의 난이도가 해를 거듭할수록 높아가고 있어서 자격시험에 대비하는 각계 각층의 수험생들에게 다양한 지식과 능력을 요구하고 있습니다.

이에 본서는 건축기사 시험과 관련시험에 대비하는 수험자를 위하여 철저한 문제 분석을 바탕으로 광범위하고 빠르게 발전하는 건축시공 이론을 간단명료하고, 체계적으로 정리하여 가장 빠른 시간에 최대한의 효과를 얻을 수 있는 지침서로써 철저히 수험자 위주로 기술 하였습니다.

이 책의 특징을 요약하면 다음과 같다.

첫째 : 한국콘크리트학회주관 콘크리트 표준 시방서 및 최신 개정된 건축공사 표준시방서의 내용과 모든 교과서를 참조하여 새롭게 구성하였다.
둘째 : 철저한 문제분석으로 자주 출제되는 내용과 문제를 한군데 집결시켜서 학습효과를 극대화 하였다.
셋째 : 매단원 출제경향분석과 학습방향을 제시하여 수험생에게 중요단원을 일목요연하게 파악할 수 있도록 하였다.
넷째 : 최근 출제경향에 맞추어 최근 출제문제 위주로 단원별 이론순서에 맞추어 다시 편집하여 두세번의 반복학습효과를 극대화하였다.

학문적으로 기술적으로 부족함이 많은 필자로써는 최선을 다하였고 그 동안의 공사경험과 강의 경험을 바탕으로 수험자에게 꼭 필요한 내용을 위주로 완벽을 기하였으나 부족한 부분은 여러분의 지도와 조언을 받아 차후 끝임없이 보완할 것을 약속드리며, 건축인의 전문 출판사인 (주)한솔아카데미에서 발행한 이책이 여러분의 확실한 길잡이가 되었으면 하는 바램을 가져봅니다.

끝으로 본서의 출판을 위해 많은 노력을 기울여 주신 (주)한솔아카데미의 임직원 여러분과 편집부에 진심으로 감사를 드립니다.

교재에 오류가 있다면 신속히 보완하여 더욱 좋은 책으로 거듭날 수 있도록 최선을 다하겠으며, 항상 조언을 부탁드립니다.

저자 드림

"한솔아카데미" 교재는 앞서갑니다.

교재구성 특징

각 항목별 단원에 학습방향을 두어 흐름을 파악할 수 있습니다.
본문에 들어가기전 핵심을 체크하면서 쉽고 간단하게 학습에 몰입할 수 있도록 해드립니다.

각 핵심문제를 통해서 시험의 유형을 파악할 수 있습니다.
본문내용의 흐름에 맞추어 핵심문제를 구성하여 핵심문제를 완벽하게 풀 수 있도록 해설을 명쾌하게 구성하였습니다.

각문제마다 출제비중을 알게 하였습니다
[94,97,02㉮] 출제횟수를 한눈에 파악할 수 있게 하여 출제경향을 파악할 수 있게 하였습니다.

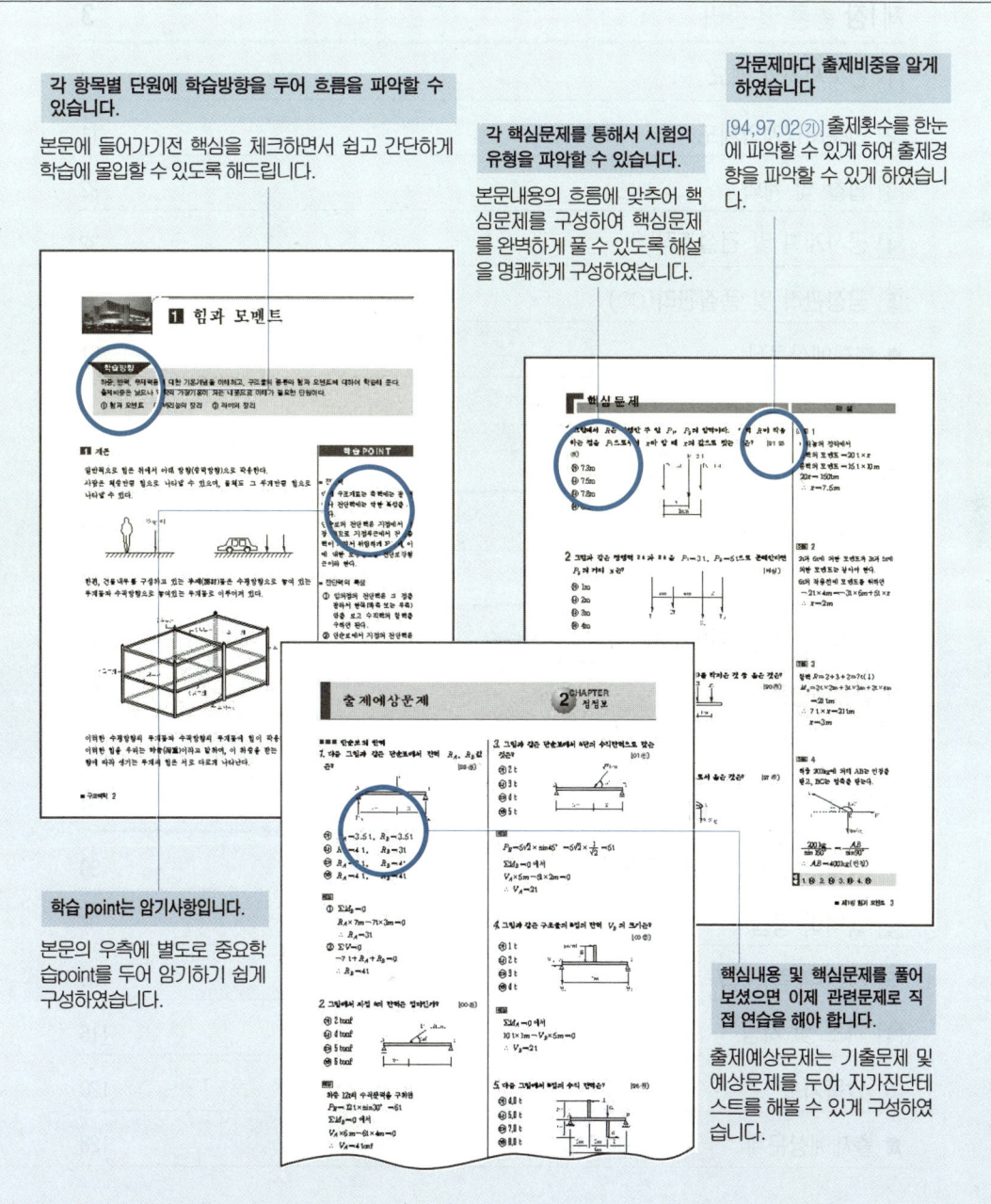

학습 point는 암기사항입니다.
본문의 우측에 별도로 중요학습point를 두어 암기하기 쉽게 구성하였습니다.

핵심내용 및 핵심문제를 풀어 보셨으면 이제 관련문제로 직접 연습을 해야 합니다.
출제예상문제는 기출문제 및 예상문제를 두어 자가진단테스트를 해볼 수 있게 구성하였습니다.

목차

제1장 총론 및 관리   3

1. 건축시공의 개요   4
2. 건축시공계약제도   11
3. 입찰 및 계약   22
4. 공사계획 및 건설조직   32
5. 공정관리 및 품질관리(QC)   37
- 출제예상문제   51

제2장 가설공사 및 지반조사   63

1. 공통가설공사   64
2. 직접가설공사   68
3. 흙의 성질 및 지반조사   74
- 출제예상문제   83

제3장 토공사 및 기초공사   89

1. 흙파기 공법 및 토공장비   90
2. 흙막이 공법   97
3. 지반 개량 공법   109
4. 기초 및 지정   115
5. 말뚝기초   120
- 출제예상문제   128

제4장 철근콘크리트공사　　　　　　　　　　　137

1. 철근공사　　　　　　　　　　　138
2. 거푸집공사　　　　　　　　　　　147
3. 콘크리트 재료　　　　　　　　　　　157
4. 콘크리트 배합설계 및 콘크리트의 성질　　　　　　　　　　　172
5. 콘크리트 타설(부어넣기)　　　　　　　　　　　183
6. 기타사항　　　　　　　　　　　193
7. 각종 콘크리트　　　　　　　　　　　199
- ■ 출제예상문제　　　　　　　　　　　215

제5장 철골공사　　　　　　　　　　　245

1. 철골 일반사항　　　　　　　　　　　246
2. 각종 접합　　　　　　　　　　　250
3. 철골세우기, 기계, 내화피복　　　　　　　　　　　261
- ■ 출제예상문제　　　　　　　　　　　266

제6장 조적공사　　　　　　　　　　　273

1. 벽돌(Brick)공사　　　　　　　　　　　274
2. 블록(Block) 공사　　　　　　　　　　　283
3. 돌(Stone) 공사　　　　　　　　　　　290
- ■ 출제예상문제　　　　　　　　　　　297

제7장 목공사　　　　　　　　　　　　　　　305

1 목재의 성질 및 보존법　　　　　　　306
2 목재의 제품, 이음 및 맞춤　　　　　　313
■ 출제예상문제　　　　　　　　　　　　323

제8장 지붕 및 방수공사　　　　　　　　　　　327

1 지붕 및 홈통공사　　　　　　　　　　328
2 방수공법의 분류, 비교　　　　　　　　335
3 아스팔트방수　　　　　　　　　　　　345
■ 출제예상문제　　　　　　　　　　　　352

제9장 미장 및 타일공사　　　　　　　　　　357

1 미장공사　　　　　　　　　　　　　　358
2 타일공사　　　　　　　　　　　　　　370
■ 출제예상문제　　　　　　　　　　　　377

제10장 창호 및 유리공사　　　　　　　　　　383

1 창호공사　　　　　　　　　　　　　　384
2 유리공사　　　　　　　　　　　　　　391
■ 출제예상문제　　　　　　　　　　　　400

제11장 도장, 합성수지, 금속 및 커튼월 공사   405

1 도장(칠) 공사   406

2 합성수지공사   415

3 금속 및 커튼월 공사   419

■ 출제예상문제   430

제12장 건축적산   437

1 적산총칙   438

2 적산 각론   444

■ 출제예상문제   461

제2편 부 록 : 과년도 출제문제

■ 건축기사

1 2023 건축기사 과년도 출제문제   3

2 2024 건축기사 과년도 출제문제   18

3 2025 건축기사 과년도 출제문제   33

■ 건축산업기사

1 2023 건축산업기사 과년도 출제문제   48

2 2024 건축산업기사 과년도 출제문제   63

3 2025 건축산업기사 과년도 출제문제   78

건축기사 출제분석표 (5개년)

구 분		2021 1회	2021 2회	2021 4회	2022 1회	2022 2회	2022 4회	2023 1회	2023 2회	2023 4회	2024 1회	2024 2회	2024 4회	2025 1회	2025 2회	2025 4회	Total (%)
1. 총론 및 관리	(1) 총 론	2	1	2	1	1	1	2	1	1	2	2	1	2	2		18.0 (%)
	(2) 계약, 입찰제도	1	2	1	2	2	2	1	1		1	1	1		1	2	
	(3) 공정 & 품질관리	1		1	1	1			1	3	1	1	1	2	1	1	
2. 가설공사 및 지반조사	(1) 가설공사	1		2										1			6.0 (%)
	(2) 지반조사		1		1		2	1	2	1	1	2		1		1	
3. 토공사 및 기초공사	(1) 흙파기 및 흙막이		1						2		1	1	1	1			7.3 (%)
	(2) 토공사 기타사항	1	1	1	2	2		1			1			1		1	
	(1) 말뚝기초									1		1					
	(2) 기타사항										1			1			
4. 철근콘크리트 공사	(1) 철근	1	1					1			1						19.0 (%)
	(2) 거푸집	1		2	1	1	1	1	2	1	1	1	2	1	1	1	
	(3) 시멘트, 골재, 혼화재			1		1		1	1	1	1		2	1	1		
	(4) 비빔, 배합, 성질										1						
	(5) 콘크리트 일반			1				2	1	1	1	1	1	1	1	2	
	(6) 콘크리트 종류		1	1	1	2	3					1		3	1		
5. 철골공사		1	1		1			1	1	1		1	1			1	3.0 (%)
6. 조적공사	(1) Brick 공사	1	1	1		1					1						5.0 (%)
	(2) Block 공사		1				1										
	(3) 석공사	1	1		2			1							1	2	
7. 목공사		2				1	1	1		1	1		1			1	3.0 (%)
8. 지붕 및 방수공사	(1) 지붕공사				1	1	1	1			1			1			3.7 (%)
	(2) 방수공사		1		1							1	1		1		
9. 미장 및 타일공사	(1) 미장공사	1	2	1		2	1	1	2		1	1	1		1		7.3 (%)
	(2) 타일공사	1			1		1		1	1		1				2	
10. 창호 및 유리공사	(1) 창호공사	2			1	1	1				1	1	1	1			4.0 (%)
	(2) 유리공사			1					1			1					
11. 기타공사	(1) 도장공사	1	2	1	1	1	1		2			1	3	1			12.7 (%)
	(2) 합성수지		1	1				1									
	(3) 금속공사				1				1		1	1	1	1			
	(4) 단열, 수장공사																
	(5) 커튼월공사			2	1	1	1	1	2		1	1	1		1	1	
12. 적산사항 정리	(1) 적산총칙		1		1	1	2	2	1		1	1		1	1	1	11.0 (%)
	(2) 가설공사	1															
	(3) 토 / 기초공사		1				1				1						
	(4) 철근콘크리트공사	1		1		1						1				1	
	(5) 철골공사																
	(6) 조적공사				1			1		1			1				
	(7) 도장 및 기타공사				1				1	1		1		1	1		
Total 문제		20	20	20	20	20	20	20	20	20	20	20	20	20	20	20	100 (%)

건축산업기사 출제분석표 (5개년)

구 분		2021 1회	2021 2회	2021 3회	2022 1회	2022 2회	2022 3회	2023 1회	2023 2회	2023 3회	2024 1회	2024 2회	2024 3회	2025 1회	2025 2회	2025 3회	Total (%)
1. 총론 및 관리	(1) 총 론	1						1	1								16.0 (%)
	(2) 계약, 입찰제도	1	2	2	1	3	1	2	1	1	2	2	2	2	2	2	
	(3) 공정 & 품질관리	2	1	1	3		2	2	2	1	1	1	1	1		1	
2. 가설공사 및 지반조사	(1) 가설공사		1	1				1		3	1	1	1			1	5.3 (%)
	(2) 지반조사		1	1			1				1	1		1			
3. 토공사 및 기초공사	(1) 흙파기 및 흙막이	1			1		1		1		1				1	2	6.4 (%)
	(2) 토공사 기타사항					1		1			1			1			
	(1) 말뚝기초					1				1				1			
	(2) 기타공사		1	1	1							1					
4. 철근콘크리트 공사	(1) 철근	2	1	1				1	2			1					24.0 (%)
	(2) 거푸집				1	1			1	1				1	1	1	
	(3) 시멘트, 골재, 혼화재	2	2	2	2		1	2	2	2	1		1	1	1	2	
	(4) 비빔, 배합, 성질		1	1		1		1				1	1				
	(5) 콘크리트 일반		1	1			3	1			1	1	1	1	1	3	
	(6) 콘크리트 종류	1	1	1	1	1	1	1	1	1	1	2	1	2	2		
5. 철골공사		1	1	1	1	1		1			1	1	1		1		3.7 (%)
6. 조적공사	(1) Brick 공사	3			2		1	1	3	1	1		1	1		2	5.7 (%)
	(2) Block 공사																
	(3) 석공사					1											
7. 목공사					1		1			4		1	1	2	1		3.7 (%)
8. 지붕 및 방수공사	(1) 지붕공사		1	2			1										6.3 (%)
	(2) 방수공사	1	1	2			2	1	1	1	2	1	1	1	1		
9. 미장 및 타일공사	(1) 미장공사	1	1	1	2			1	1			1	1	1	1		7.3 (%)
	(2) 타일공사		2	1		2					2	1	1		1	1	
10. 창호 및 유리공사	(1) 창호공사				1						1		1	1			4.0 (%)
	(2) 유리공사	1						1	1	1		1	1			1	
11. 기타공사	(1) 도장공사	1	1	1				1		1		1	1	1	1		8.3 (%)
	(2) 합성수지																
	(3) 금속공사				1	2								1	1	1	
	(4) 단열, 수장공사																
	(5) 커튼월공사					1	1			1		2			1		
12. 적산사항 정리	(1) 적산총칙	1		1	1	2	1	2	1	1	1	2	1	1	1	2	9.3 (%)
	(2) 가설공사				1										1		
	(3) 토 / 기초공사		1			2											
	(4) 철근콘크리트공사																
	(5) 철골공사	1						1				1					
	(6) 조적공사																
	(7) 도장 및 기타공사						1				1						
Total 문제		20	20	20	20	20	20	20	20	20	20	20	20	20	20	20	100 (%)

제2과목

건축시공
(과년도 기출문제 분석수록)

총론 및 관리 01
가설공사 및 지반조사 02
토공사 및 기초공사 03
철근콘크리트공사 04
철골공사 05
조적공사 06
목공사 07
지붕 및 방수공사 08
미장 및 타일공사 09
창호 및 유리공사 10
도장, 합성수지, 금속 및 커튼월 공사 11
건축적산 12

출제기준

■ 적용기간 : 2025. 1. 1 ~ 2029. 12. 31

자격종목	주요항목	세부항목	세세항목
건축기사 (필기)	1. 건설경영	1. 건설업과 건설경영	1. 건설업과 건설경영 2. 건설생산조직 3. 건설사업관리
		2. 건설계약 및 공사관리	1. 건설계약 2. 건축공사 시공방식 3. 시공계획 4. 공사진행관리 5. 크레임관리
		3. 건축적산	1. 적산일반 2. 가설공사 3. 토공사 및 기초공사 4. 철근콘크리트공사 5. 철골공사 6. 조적공사 7. 목공사 8. 창호공사 9. 수장 및 마무리공사
		4. 안전관리	1. 건설공사의 안전 2. 건설재해 및 대책
		5. 공정관리 및 기타	1. 공정관리 2. 원가관리 3. 품질관리 4. 환경관리
	2. 건축시공기술 및 건축재료	1. 착공 및 기초공사	1. 착공계획수립 2. 지반조사 3. 가설공사 4. 토공사 및 기초공사
		2. 구조체공사 및 마감공사	1. 철근콘크리트공사 2. 철골공사 3. 조적공사 4. 목공사 5. 방수공사 6. 지붕공사 7. 창호 및 유리공사 8. 미장, 타일공사 9. 도장공사 10. 단열공사 11. 해체공사
		3. 건축재료	1. 철근 및 철강재 2. 목재 3. 석재 4. 시멘트 및 콘크리트 5. 점토질재료 6. 금속재 7. 합성수지 8. 도장재료 9. 창호 및 유리 10. 방수재료 및 미장재료 11. 접착제
건축산업기사 (필기)	1. 건설경영	1. 건설업과 건설경영	1. 건설업과 건설경영 2. 건설생산조직 3. 건설사업관리
		2. 건설계약 및 공사관리	1. 건설계약 2. 건축공사 시공방식 3. 시공계획 4. 공사진행관리 5. 크레임관리
		3. 건축적산	1. 적산일반 2. 가설공사 3. 토공사 및 기초공사 4. 철근콘크리트공사 5. 철골공사 6. 조적공사 7. 목공사 8. 창호공사 9. 수장 및 마무리공사
		4. 안전관리	1. 건설공사의 안전 2. 건설재해 및 대책
		5. 공정관리 및 기타	1. 공정관리 2. 원가관리 3. 품질관리
	2. 건축시공기술 및 건축재료	1. 착공 및 기초공사	1. 착공계획수립 2. 지반조사 3. 가설공사 4. 토공사 및 기초공사
		2. 구조체공사 및 마감공사	1. 철근콘크리트공사 2. 철골공사 3. 조적공사 4. 목공사 5. 방수공사 6. 지붕공사 7. 창호 및 유리공사 8. 미장, 타일공사 9. 도장공사
		3. 건축재료	1. 철근 및 철강재 2. 목재 3. 석재 4. 시멘트 및 콘크리트 5. 점토질재료 6. 금속재 7. 합성수지 8. 도장재료 9. 창호 및 유리 10. 방수재료 및 미장재료 11. 접착제

제 1 장 　총론 및 관리

출제경향분석

건축(산업)기사 1차시험대비 건축시공은 총론 및 관리, 시공각론, 재료, 적산(물량산출) 등 4부분으로 크게 분류할 수 있으며 총 20문항이 출제된다.
- 총론 및 관리는 2~4문항 정도 출제되는 필수단원이다.
- 계약제도, 입찰과 계약서류, 공사계획 순서, N/W 공정관리가 중요하다.
- 계약제도 중에는 J·V, T/K, CM 등이 중요하며, EC, CIC 등의 정보화 관련용어와 N/W 공정이론이 자주 출제된다.

세부목차

1. 시공의 개요
2. 건축시공 계약제도
3. 입찰 및 계약
4. 공사계획 및 건설조직
5. 공정관리 및 품질관리(QC)

1 건축시공의 개요

학습방향

이 단원은 공사관계자와 업무, 노무자의 고용형태, VE 등이 주요내용으로 특히 감리자의 역할 및 업무, 직용노무자, VE에 대한 사항이 자주 출제되는 부분이며, 시공의 현대화와 생산기술 합리화의 개념을 파악한다.

1. 감리자란 공사시공에 있어 설계도서대로 실시되는지의 여부를 확인하고 시공방법을 지도 조언하는 자를 말한다.
2. 직용노무자란 원도급자에게 직접 고용되어 잡일 등 미숙련노무로 임금을 받는 고용형태이다.
3. 건축생산합리화에는 기존 단순시공에서 업무영역을 확대하는 EC화, VE과 정보화시공개념인 CIC, PMIS 등이 있으며, VE정의와 관계식 및 사고방식 등이 중요하다.

1 건축시공의 개요

(1) 건축시공의 의의 : 건축시공은 기능·구조·미의 3요소를 갖춘 건축물을 최적공비로 최적기간 내에 구현시키는 건축술을 건축시공이라 한다.

(2) 건축시공(생산)의 3대 관리
① 원가관리　② 공정관리　③ 품질관리
④ 4대 관리 : 3대 관리 + 안전관리
⑤ 5대 관리 : 4대 관리 + 환경관리

(3) 시공의 현대화 (근대화) 방안
① 작업의 표준화, 단순화, 전문화(3S System)
② 재료의 건식화, 건식 공법화(습식공법의 지양)
③ 건축생산의 공업화, 양산화(PC화)
④ 기계화 시공, 시공기법의 연구개발
⑤ 도급기술의 근대화(입찰방식의 개선)
⑥ 신기술 및 과학적 품질관리 기법의 도입
⑦ 새로운 경영기법의 도입 및 활용
⑧ 생산기술의 종합화(복합화 시공)
⑨ 정보화 및 생력화(省力化)를 통한 생산합리화
⑩ 고객만족의 실현(품질보증 시스템의 확보)

학습POINT

■ 3대 관리(목표관리)
① 원가(돈)관리
② 공정(시간)관리
③ 품질(신용)관리

2 건축공사 관계자와 업무

(1) 건축주 (Owner)	공사시행주체, 발주자, 직영공사에서의 공사수행 주체 개인, 기업주, 법인, 공공단체, 정부가 될 수 있다.
(2) 설계자 (Designer)	자신의 책임하에 설계도서를 작성하고 설계도서의 의도를 해설, 지도 자문하는 자 ※ 설계도서 : 도면, 시방서, 구조계산서 등
(3) 감리자 (Supervisor)	건축물과 설비, 공작물이 설계도서대로 시공되는지 여부를 확인 감독하는 자 건축사, 건축사보, 감리업체 등
(4) 관리자 (Manager)	건축주나 도급자에게 고용되어 공사관계업무를 담당하는 자 현장소장, 공사과장, 관계전문기술자 등

■ 공사관계자
- 건축주(기업주)
- 설계감리자
- 공사관리자
※ 노무자는 제외

■ 감리자의 업무
① 공사비 내역 명세의 조사
② 공사의 지시, 입회 검사
③ 시공방법의 지도
④ 공사의 진도 파악
⑤ 공사비 지불에 대한 조서 작성(공사비 사정)
⑥ 공사현장 안전관리 지도

(5) 도급자(Contractor)

건설공사를 완성하고 그 대가를 받는 영업을 건설업이라 하고 도급자는 원도급자, 재도급자, 하도급자가 있다.

1) 원도급자 (Main Contractor)	건축주와 직접 도급계약을 한 시공업자를 말한다.
2) 재도급자 (Re-Contractor)	원도급업자가 도급공사의 전부를 건축주와 관계없이 다른 시공자(제3자)에게 도급주어 시행하는 것이다.
3) 하도급자 (Sub-Contractor)	도급공사를 부분적으로 분할하여 제3자에게 도급주어 시행하는 것이다.

※ 건설산업기본법상으로 금지되어 있는 도급공사
 ① 재도급 ② 재하도급 ③ 일괄하도급
※ 하도급만 허용된다.

■ 도급자의 분류

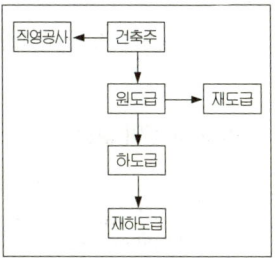

(6) 노무자의 고용형태

건설노무자는 공사현장에서 주로 육체적 노동에 종사하며 그 보수를 받는 것이고 각 직종별로 숙련기능공과 조력공, 견습공 또는 조력인부와 같은 미숙련 노무자로 구분된다.

1) 직용노무자	원도급자에게 직접 고용되어 임금을 받는 노무자이며, 미숙련 노무자가 많다.
2) 정용노무자	직종별 전문업자 또는 하도급자에 상시 종속되어 있는 노무자, 전문적 도편수에 종속되어 있는 기능노무자로서 출역일수로 임금을 받는다.
3) 임시고용노무자	날품노무자로서 보조노무자이고 임금이 싸다.

■ 직용노무자
건설공사의 노무형태 중 원도급자에게 직접 고용되어 잡일 등 미숙련 노무로 임금을 받는 고용형태

3 용어설명

(1) V.E(Value Engineering), 가치공학 (대체안개발을 통한 원가절감기법)

$$Value(가치) = \frac{Function(기능)}{Cost(비용)}$$

기능(Function)을 향상 또는 유지하면서 비용(cost)을 최소화하여 가치(Value)를 극대화시킨다는 원리이다.

■ Life Cycle Cost(L.C.C)
가치공학에서의 비용(Cost)이란 기획에서 해체에 이르는 건축물의 전체 수명 주기비용을 말한다.

1) 특 징
수량이 많고, 반복효과가 큰 것, 금액·시간·노력이 큰 사업, 공통적용으로 개선 효과가 큰 것을 선정하여 대안창출을 통해 원가를 절감하는 독특한 기법을 사용한다.

2) VE 사고방식
① 발주자, 사용자 중심의 사고(고객본위의 사고)
② 기능분석에 의한 기능 중심의 사고
③ 고정관념의 제거(Idea 창출)
④ 팀 디자인을 통한 조직적인 노력으로 목표달성
※ 건물의 가치에 착안한 가치 제고 노력

(2) 기타 용어 설명

1) EC화 (Engineering Construction)	종합건설업화, 업무영역의 확대. 종래의 단순시공에서 벗어나 사업의 발굴, 기획, 설계, 시공 유지관리에 이르는 사업전반의 종합기획, 관리를 담당하는 종합건설업화를 뜻한다.	
2) CIC (Computer Integrated Construction) 컴퓨터를 통한 건설 통합생산 개념	건설생산 전과정에 걸쳐 컴퓨터, 정보통신 및 자동화 생산 조립기술을 통합 Data Base하에서 이용하여 최적화하는 개념으로 제조업의 CIM(Computer Integrated Manufacture)에 해당하는 용어이다.	
3) CALS (Continuous Acquisition & Life Cycle Support)	건설생산활동의 전 과정에서 건설관련주체가 초고속정보통신망이나 전자상거래 등 정보의 실시간공유를 통해 공기단축, 원가절감 등을 도모하려는 건설분야 통합정보 시스템을 말한다.	
4) PMIS (Project Management Information System) 사업별 경영정보 전산체계	사업의 전 과정에서 건설관련주체간 발생되는 각종 정보를 체계적, 종합적으로 관리하여 최고품질의 사업 목적물을 건설하도록 지원하는 전산 System	
5) OR (Operation Reserch)	생산계획의 최적방법 발견 건축경영상의 관리활동을 수리적 모형으로 하여 최적경영을 위한 의사결정기법으로 생산계획과 수단에 대한 복수의 방법을 비교하여 가장 능률적인 최적방안을 선정하는 기법	

■ 관리대상
① 인력, 노무
② 장비, 기계
③ 자원, 재료 ⎫ 4M
④ 자금, 경비 ⎬ 5M
⑤ 관리, 시공법 ⎭ 6M
⑥ 기억, 공사경험

핵 심 문 제

문제 1　　　　　　　　　　　　　　　　　　　　　　기사

다음 중 건축시공관리 중 시공의 5대 관리가 아닌 것은?
① 노무관리　　　　　② 품질관리
③ 원가관리　　　　　④ 환경관리

문제 2　　　　　　　　　　　　　　　　　　　　　　기사

건설현장에서 공사감리자로 근무하고 있는 A씨가 하는 업무로 옳지 않은 것은?
① 상세시공도면의 작성
② 공사시공자가 사용하는 건축자재가 관계법령에 의한 기준에 적합한 건축자재인지 여부의 확인
③ 공사현장에서의 안전관리지도
④ 품질시험의 실시여부 및 시험성과의 검토, 확인

문제 3　　　　　　　　　　　　　　　　　　　　　　기사

다음 중 공사감리업무와 가장 거리가 먼 항목은?
① 설계도서의 적정성 검토
② 시공상의 안전관리지도
③ 공사 실행예산의 편성
④ 사용자재와 설계도서와의 일치여부 검토

문제 4　　　　　　　　　　　　　　　　　　　　　　기사

건설공사의 노무형태 중 원도급자에게 직접 고용되어 잡일 등 미숙련 노무로 임금을 받는 고용형태는?
① 직용노무자
② 정용노무자
③ 임시고용 노무자
④ 날품 노무자

문제 5　　　　　　　　　　　　　　　　　　　　　　산업

직종별 전문업자 또는 하도급자에게 고용되어 있고, 직종장에게 고용되는 전문기능 노무자로써 출력일수에 따라 임금을 받는 노무자는?
① 직용 노무자　　　　② 정용 노무자
③ 임시고용 노무자　　④ 날품 노무자

해 설

[해설] 1 건축시공의 5대 관리
① 품질관리 : 품질향상과 품질보증
② 공정관리 : 공기준수 및 관리
③ 원가관리 : 비용절감 및 이윤확보
④ 안전관리 : 안전확보 및 재해예방
⑤ 환경관리 : 공해방지 및 민원예방

[해설] 2,3
공사의 실행예산을 작성하거나 시공도를 작성하는 업무는 감리자의 업무가 아니라 시공자의 고유업무이다.

[해설] 4 직용노무자
직용노무자는 원도급업체에 소속되어 현장정리, 잡일 등 미숙련 노무로 임금을 받는 노무자

[해설] 5 정용노무자
전문 건설업자 또는 전문업자에게 상시 종속되어 있는 기능 노무자를 말한다.

정답 1. ① 2. ① 3. ③ 4. ① 5. ②

문제 6 기사

VE(Value Engineering)의 사고방식과 가장 거리가 먼 것은?
① 제도, 법규 위주의 사고
② 비용절감
③ 발주자, 사용자 중심의 사고
④ 기능 중심의 사고

해설 6 VE(Value Engineering) 발주자, 사용자 중심의 사고로 필요한 기능을 달성하므로 제품위주의 사고 제도·법규위주의 사고와는 관계가 없다.

문제 7 산업

원가절감 기법으로 많이 쓰이는 VE(Value Engineering)의 적용대상 중 적합하지 않은 것은?
① 원가절감효과가 큰 것
② 수량은 적으나 반복효과가 큰 것
③ 공사의 개선 효과가 큰 것
④ 하자가 빈번한 것

해설 7,8
대안창출을 통해 원가를 절감하는 VE에서 집중해야 할 공종(효과가 큰 공종)
① 금액과 시간, 노력이 큰 공종
② 수량이 많고 반복효과가 큰 공종
③ 공통적용으로 개선효과가 큰 공종
④ 공사내용이 복잡한 것, 난공사인 것
⑤ 하자가 빈번하게 많이 발생하는 것
⑥ 원가절감 효과가 좋은 것

문제 8 기사

아래 공종 중 건설현장의 공사비 절감을 위해 집중분석해야 하는 공종이 아닌 것은?

> A. 공사비 금액이 큰 공종
> B. 단가가 높은 공종
> C. 시행실적이 많은 공종
> D. 지하공사 등의 어려움이 많은 공종

① A ② B
③ C ④ D

문제 9 산업

건설VE(Value Engineering) 기법에 관한 설명으로 옳은 것은?
① 기업 전략의 일환으로 수행되는 VE 활동은 최고 경영자에서 생산현장에 이르기까지 폭넓게 전개될 필요는 없다.
② VE 활동을 통한 이익의 확대는 타 기업과의 경쟁 없이 이루어지며, 적은 투자로 큰 성과를 얻을 수 있다.
③ 생산설비 자체는 VE의 대상이 될 수 없다.
④ 설계 단계에서 대부분의 공사비가 결정되는 건설공사의 특성에 따라 빠른 시점에서의 VE 적용은 필요 없다.

해설 9
① : VE활동은 모든 Project 관련자들이 그 개념을 알고 있어야 한다.
③ : 재료, 공법, 인력, 장비, 과정, 생산설비 등 VE의 대상은 다양하다.
④ : VE의 효과를 극대화하기 위해서는 빠른 시점에서의 적용이 필요하다.

정답 6. ① 7. ② 8. ③ 9. ②

문제 10 공통

종래의 단순한 시공업과 비교하여 건설사업의 발굴 및 기획, 설계, 시공, 유지관리에 이르기까지 사업전반에 관한 것을 종합, 기획관리하는 업무영역의 확대를 무엇이라고 하는가?

① EC
② LCC
③ CALS
④ JIT

문제 11 기사

CIC(Computer Integrated Construction)에 대한 설명으로 올바른 것은?

① 컴퓨터, 정보통신 및 자동화 생산, 조립기술 등을 토대로 건설행위를 수행하는데 필요한 기능들과 인력들을 유기적으로 연계하여 각 건설업체의 업무를 각사의 특성에 맞게 최적화하는 것
② 재무, 인사관리 등의 요소들을 대상으로 건설업체의 업무수행을 전산화 처리하여 업무를 신속하게 수행토록 하는 것
③ 건축시공시에 컴퓨터를 활용하여 시공량의 점검, 시공부위 확인 등을 수행토록 하는 것
④ 컴퓨터를 활용하여 건설의 입찰 및 계약업무를 전산화하여 업무를 신속하고, 정확하게 처리토록 하는 것

문제 12 기사

건설 프로세스의 효율적인 운영을 위해 형성된 개념으로 건설생산에 초점을 맞추고 이에 관련된 계획, 관리, 엔지니어링, 설계, 구매, 계약, 시공, 유지 및 보수 등의 요소들을 주요 대상으로 하는 것은?

① CIC(Computer Intergrated Construction)
② MIS(Management Information System)
③ CIM(Computer Intergrated Manufacturing)
④ CAM(Computer Aided Manufacturing)

문제 13 기사

건설공사 기획부터 설계, 입찰 및 구매, 시공, 유지관리의 전단계에 있어 업무절차의 전자화를 추구하는 종합건설정보체계를 의미하는 것은?

① CALS
② BIM
③ SCM
④ B2B

해 설

해설 10 EC화
EC화란 종래의 단순시공에서 벗어나서 설계, 엔지니어링, Project Management(조달, 운영, 관리) 등 Project 전반의 사항을 종합, 계획, 관리하는 업무 영역의 확대를 말한다.

해설 11, 12 CIC
CIC란 컴퓨터을 통한 건설통합생산으로 수주-생산-출하-유통의 생산 사이클와 노무, 자재관리에 EDB를 중심으로 통합 Data Base 환경하에서 노무, 자재관리에 정보통신 기술을 이용하여 건설생산에 활용하는 개념이다.
※ 건설생산의 계획 - 관리 - 구매 - 계약 - 시공 - 유지관리, 보수(갱신) 등 전과정을 그 대상으로 한다.

해설 13, 14
CALS(Continuous Acquisition & Life Cycle Support)
건설생산활동의 전 과정에서 건설관련주체가 초고속정보통신망이나 전자상거래 등 정보의 실시간공유를 통해 공기단축, 원가절감 등을 도모하려는 건설분야 통합정보 시스템을 말한다.
※ 건설공사 기획부터 설계, 입찰 및 구매, 시공, 유지관리의 전단계에 있어 업무절차의 전산화를 추구하는 종합건설정보체계를 의미

정답 10. ① 11. ① 12. ① 13. ①

문제 14 　　　　　　　　　　　　　　　　　　 기사

건설사업지원 통합 전산망으로 건설 생산활동 전 과정에서 건설 관련 주체가 전산망을 통해 신속히 교환·공유할 수 있도록 지원하는 통합 정보시스템을 지칭하는 용어는?

① 건설 CIC(Computer Integrated Construction)
② 건설 CALS(Continuous Acquisition & Life Cycle Support)
③ 건설 EC(Engineering Construction)
④ 건설 EVMS(Earned Value Management System)

문제 15 　　　　　　　　　　　　　　　　　　 기사

PMIS(프로젝트 관리 정보시스템)의 특징에 관한 설명으로 옳지 않은 것은?

① 합리적인 의사결정을 위한 프로젝트용 정보관리시스템이다.
② 협업관리체계를 지원하며 정보의 공유와 축적을 지원한다.
③ 공정 진척도는 구체적으로 측정할 수 없으므로 별도 관리한다.
④ 조직 및 월간업무 현황 등을 등록하고 관리한다.

해설

해설 15
PMIS(Project Management Information System) : 사업별 경영정보 전산체계

① 사업의 전 과정에서 건설관련주체간 발생되는 각종 정보를 체계적, 종합적으로 관리하여 최고품질의 사업 목적물을 건설하도록 지원하는 전산 system 혹은 전산 Software를 말한다.
※ 프로젝트 참여주체들 간 원활한 의사소통을 이루고, 각종 정보를 관리하고 공유하는 의사결정 지원 시스템을 의미한다.
② 건설공사의 정보화된 종합관리체계로 전체공사 단계에 걸쳐서 계약관리, 공정관리, 품질관리, 원가관리, 자원관리, 건설정보관리, 도면관리 등을 인터넷 및 전산화된 환경기반에서 실시간으로 운영할 수 있는 종합공사 관리시스템을 의미한다.

정답 14. ② 15. ③

2 건축시공계약제도

> **학습방향**
>
> 건축시공계약제도는 직영공사와 도급공사로 크게 구분된다.
> 1. 직영공사는 공사를 도급업자에게 위탁하지 않고 건축주 자신이 재료, 노무, 시공에 이르기까지 자기 책임하에 직접공사를 지휘감독하는 제도이다.
> 2. 공사실시방식에서는 일식도급, 분할도급, 공동도급방식을 철저히 학습해 두어야 하며, 특히 분할도급의 종류 3가지와 공동도급의 장·단점이 자주 출제되는 부분이다.
> 3. 도급금액결정방식에서는 정액도급과 단가도급의 장·단점을 서로 비교해서 학습해야 하며, 실비정산보수가산도급의 정의와 특징이 주로 출제되는 부분이다.
> 4. 업무범위에 따른 도급계약 중 턴키도급, CM, BOT 등의 정의와 특징을 잘 파악해야 한다.

1 건축시공계약제도의 분류

(1) 전통적인 계약방식(설계와 시공의 분리계약)

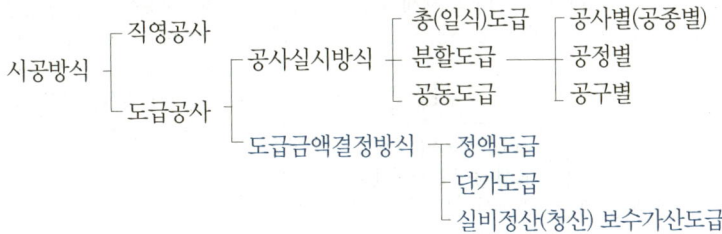

(2) 직영공사

1) 특징 및 장·단점
① 내용이 단순하고 시공과정이 용이할 때
② 풍부하고 저렴한 노동력, 재료의 보유 구입이 편한 경우
③ 시급한 준공이 필요하지 않을 때
④ 단가를 정하기 곤란한 경우나, 연구 실험 등이 필요한 경우

장 점	단 점
• 발주, 계약 등의 수속 절감 • 영리를 도외시한 확실성 있는 공사 • 임기응변 처리가 가능	• 공사비 증대, 공사기일 연장 • 재료의 낭비 또는 잉여 • 예산차질, 시공관리 능력부족

2) 직영공사의 적용
발주자가 어느 정도 현장관리 능력이 있을 때 유리하며, 자재 및 노무 종류가 다종 다양하며 현장관리가 복잡할 때는 불리하다.

학습 POINT

■ 업무범위에 따른 계약방식
① 턴키 계약방식
(Turn-key Base Contract)
② 사업관리 계약제도
(Construction Management Contract)
  ㉮ CM for fee 방식
   (대리인형)
  ㉯ CM at risk 방식
   (시공자형)
③ 프로젝트 관리방식
(Project Management 방식)
④ Partnering방식
⑤ BOT 방식
(Build-Operate-Transfer)

2 도급공사

(1) 공사실시 방식에 따른 분류

종 류	정의, 종류, 장·단점 분석	
일식도급 (총도급)	• 공사전체를 한 업자에게 주어서 시공업무 일체를 시행하는 방법	
	장 점	단 점
	① 공사비 확정, 공사관리 용이함. ② 계약, 감독업무가 단순하다. ③ 가설재 중복이 없으므로 공비절감	① 건축주 의도나 설계도서의 의도가 충분히 이행되지 못한다. ② 말단 노무자의 지불금 과소로 공사부실 우려(하도급 관행)
분할도급	• 공사유형별로 전문업자에게 분할도급	
	① 전문공종별 (專門工種別) 분할도급	공사 중 설비공사(전기, 설비)를 주체공사와 분리하여 발주. 설비업자의 자본, 기술 강화·전문화로 능률 향상
	② 공정별(工程別) 분할도급	공사의 과정별로 나누어서 도급을 주는 방식 예산배정상 구분될 때 편리, 부분·분할 발주 가능. 후속 공사 연체, 도급자 교체 어려움
	③ 공구별(工區別) 분할도급	대규모 공사에서 지역별로 분리 발주하는 방식으로 각 공구마다 일식도급 체제 운영. 도급업자의 기회 균등, 시공 기술 향상, 높은 성과도 기대
	장 점	단 점
	① 전문업자가 시공하므로 우량공사 기대 ② 업자간 경쟁으로 저액시공 가능 ③ 건축주와 의사소통이나 설계도서의 취지가 잘 반영된다.	① 건축공사와의 관계에 대한 상호교섭 등이 복잡하게 된다. ② 감독상 업무가 증가와 감독자 증가에 따른 비용증가
공동도급 (Joint Venture)	• 1개 회사가 단독으로 도급을 맡기에는 규모가 클 경우 또는 특수 공사일때 2개 이상의 회사가 임시로 결합하여 공동연대책임으로 공사를 하고 공사 완성후 해산하는 방식	
	장 점	단 점
	① 공사이행의 확실성이 보장된다. ② 여러 회사 참여로 위험이 분산된다. ③ 자본력과 신용도가 증대된다. ④ 공사도급경쟁의 완화수단이 된다. ⑤ 기술향상, 경험의 확충 기대	① 단일회사 도급보다 경비가 증대 ② 이해충돌, 책임회피 우려 ③ 경영방식 차이에서 오는 능률 저하 ④ 사무관리, 현장관리, 혼란의 우려 ⑤ 하자책임 불분명

■ 직종별, 공종별 분할도급
전문직종이나 각 공종별로 분할하여 도급을 주는 직영공사에 가까운 제도이다. 건축주의도 철저 반영, 현장 종합관리 어려움. 경비 가산

■ 공동도급의 운영방식
① 공동이행방식
② 분담이행방식
③ 주계약자형 공동도급 방식

(2) 도급 금액결정 방법에 따른 분류

종 류	정의, 종류, 장·단점 분석	
정액도급 (총액도급)	• 공사비 총액을 확정하고 계약하는 방식	
	장 점	**단 점**
	① 경쟁입찰로 공사비가 저액이다. ② 공사관리 업무가 간편하다. ③ 총액이 확정되므로 건축주는 자금계획이 명확하다. ④ 공사비 절감노력이 있다.	① 공사변경에 따른 도급금액 증감이 곤란(설계변경 많은 공사 불리) ② 설계도서가 완성되어야 하므로 입찰시까지 상당기간이 필요 ③ 이윤관계로 부실공사 우려
단가도급	• 단위공사 부분(재료, 노임, 면적, 체적)의 단가만을 계약하고 실시수량 확정에 따라 차후 청산하는 방식으로 긴급공사나 수량이 명확치 않을 때 채용	
	장 점	**단 점**
	① 공사를 신속히 착공할 수 있다. ② 설계변경으로 인한 수량계산이 용이하다. ③ 설계변경, 수량불명시 간단히 계약가능	① 총공사비 예측이 어렵다. ② 공사량 절감노력이 없어진다. ③ 공사비가 높아지므로 단일공사나 단순한 작업일 때 채용하는 것이 좋다.
실비청산보수 가산도급	• 공사의 실비를 건축주, 감독자, 시공자 3자 입회하에 확인 청산하고, 건축주는 미리 정한 보수율에 따라 공사비를 지급하는 방법이다. ※ 이론상으로는 직영과 도급제도의 장점만을 딴 이상적 제도이다. ※ 설계도서가 명확치 않고, 공사비 산출이 곤란한 공사나, 발주자가 아주 양질의 공사를 기대할 때 채용될 수 있다. 선진국에서 많이 채택된다.	
	장 점	**단 점**
	① 신용계약의 기초가 되며, 양심 시공 기대 ② 우수한 시공기대, 시공자가 손해 볼 여지가 적다.	① 공사기간 연장의 우려가 크다. ② 공사비 절감 노력이 없어지고 공사비 증가가 우려된다.
	※ 종류 : 정액 보수가산식, 비율 보수가산식, 한정비율 보수가산식, 준동율 보수가산방식의 4가지가 있다.	

■ **정액도급과 단가도급 비교**

정액 도급	① 총공사비가 먼저 판명 ② 공사착수시까지 시간이 많이 소요 ③ 설계변경시 분쟁소지
단가 도급	① 총공사비는 공사가 끝나야 명시된다. ② 간단히 계약가능하고 가장 빨리 공사착수 가능 ③ 설계변경의 수량증감이 용이하여 분쟁소지가 없다.

[참고] 성능발주방식 : 일종의 특명입찰방식이다.
건축주는 발주시에 설계도서를 사용치 않고 요구성능만을 표시하고 시공자는 거기에 맞는 시공법, 재료 등을 자유로이 선택할 수 있게 하는 발주방식으로써, 신기술, 신공법을 최대한 활용 가능하고, 설계와 시공의 의사소통 개선 방안이 된다.

■ **성능발주방식**
당초의 설계의도나 공사기간내에서 대안, 개선안이 인정되며, 요구성능을 만족시킨 한 업자와 계약함으로써 일종의 특명입찰이 될 수 있다.

(3) 업무범위에 따른 계약방식

종 류	정의, 종류, 장·단점 분석		
턴키도급 (일괄 수주 방식)	• 모든 요소를 포괄한 도급계약 방식으로 건설업자는 대상계획의 기업, 금융, 토지조달, 설계, 시공, 기계기구설치, 시운전 및 조업지도까지 모든 것을 조달하여 주문자에게 인도하는 방식이다.		
	장 점		단 점
	① 설계와 시공의 의사소통개선 ② 책임시공으로 책임한계 명확 ③ 공기단축, 공사비 절감 노력이 왕성해진다. ④ 공법의 연구개발, 기술개발 촉진(창의적 설계, 신공법 개발 유도) ⑤ 도급자의 전문지식, 공사경험을 설계단계부터 반영할 수 있다.		① 건축주 의도 반영의 어려움 ② 대규모회사 유리, 중소업체 육성저해 ③ 최저가 낙찰제인 경우 공사 품질 저하 ④ 공사비 사전 파악의 어려움 ⑤ 우수한 설계의도 반영이 어려움 ⑥ 입찰시 비용 과다 소모 ⑦ 설계지침의 잦은 변경 등
건설사업관리 (CM 방식)	(1) 전문가 집단에 의한 설계와 시공을 통합관리하는 조직을 C.M조직이라 하며, 기획, 설계, 시공, 유지관리의 건설업 전과정에서 사업수행을 효율적, 경제적으로 수행하기 위해 각 부분 전문가 집단의 통합관리기술을 건축주에게 서비스하는 것으로 발주처와의 계약으로 수행된다. (2) 건설공사에 관한 기획, 타당성 조사, 분석, 설계, 조달, 계약, 시공관리, 감리, 평가 또는 사후관리 등에 관한 관리를 수행하는 것		
PM방식 (Project Management)	• 사업의 기획단계에서 결과물 인도까지의 모든 활동의 계획, 통제, 관리에 필요한 사항을 종합적으로 관리하는 기술 발주자요구에 맞춘 효과적 사업관리방안이다.		
파트너링 방식 (Partnering 방식)	• 발주자가 직접 설계, 시공에 참여하고 프로젝트 관련자들이 상호신뢰를 바탕으로 Team을 구성해서 Project의 성공과 상호 이익확보를 공동목표로 하여 프로젝트를 집행, 관리하는 새로운 공사수행 방식이다.		
BOT방식 (Build operate Transfer 방식)	• 발주자측이 사업의 공사비를 부담하는 게 아니라 민간수주측이 자본을 대고 준공 후 일정기간 시설물을 운영하여 투자금을 회수하고 차후에 발주자측에 소유권을 이전하는 방식으로 대규모 사회간접자본 사업(SOC사업) 등에서 사용되는 방식이다.		

■ C.M의 주요업무(건설기술 진흥법)
① 건설공사의 기본구상 및 타당성조사관리
② 계약관리 : 설계, 시공자 선정, 설계변경, 분쟁해결
③ 설계관리
④ 사업비관리
⑤ 공정관리 : 진도계획, 운영, 조정, 문제점 분석
⑥ 품질관리 : 품질기준 계획, 검토
⑦ 안전관리 : 재해예방, 안전확보 기준, 계획, 검토
⑧ 환경관리
⑨ 사업정보관리 : 사업정보, 기술자료의 축척, 관리, 운영
⑩ 준공후 사후관리
⑪ 그 밖의 건설공사의 원활한 관리를 위하여 필요한 사항

> 참고 개발계약방식의 종류
> ① BOT (Build - Operate - Transfer) 방식
> ② BOO (Build - Operate - Own) 방식
> ③ BTO (Build - Transfer - Operate) 방식

※ BTL (Build-Transfer-Lease) 방식
민간 주도하에 Project(시설물) 완공 후 발주처(정부)에게 소유권을 양도하고 발주처의 시설물 임대료를 통하여서 투자비가 회수되는 민간투자사업 계약방식

핵 심 문 제

문제 1 　　　　　　　　　　　　　　　　　　　기사

다음 중 발주자가 시공업자를 선정하여 발주하는 계약제도가 아닌 것은?
① 실비청산식 도급
② 정액도급
③ 단가도급
④ 직영제도

해설 1
직영제도(직영공사)=발주자가 직접 공사를 책임지고 수행하는 것이다.

문제 2 　　　　　　　　　　　　　　　　　　　공통

공사금액의 결정방법에 따른 도급방식이 아닌 것은?
① 정액 도급
② 공종별 도급
③ 단가 도급
④ 실비청산 보수가산 도급

해설 2 도급금액 결정
(공사비 지불) 방식에 따른 분류
① 단가 도급
② 정액 도급
③ 실비청산보수가산도급

문제 3 　　　　　　　　　　　　　　　　　　　산업

다음은 건설공사의 정액 일식도급 계약방식을 설명한 내용이다. 적당하지 않은 사항은?
① 입찰 전에 도면, 시방서, 견적서 등이 완비되어야 한다.
② 발주자나 시공자 사이에 설계변경으로 인한 공사비 증감이나 공사의 질에 대한 의견차이로 인해 분쟁이 발생되기도 한다.
③ 긴급공사일 때 유리한 계약방식이다.
④ 발주자는 공사 완공시까지의 총공사비를 계약과 동시에 예측할 수 있다.

해설 3 정액 도급
① 공사비 총액을 확정하여 계약하는 것이다.
② 자금 및 공사계획 등의 수립이 명확하다.
※ 긴급공사일 때 유리한 계약방식은 단가도급이다.

문제 4 　　　　　　　　　　　　　　　　　　　기사

분할도급의 종류에 대한 설명 중 옳지 않은 것은?
① 전문공종별 분할도급은 기업주와 시공자와의 의사소통이 잘 되나 공사 전체관리가 곤란하다.
② 공정별 분할도급은 정지, 구체, 마무리 공사등 과정별로 나누어 도급을 주는 방식이다.
③ 공구별 분할도급은 설계완료분만 발주하거나 예산배정상 구분될 때 편리하다.
④ 직종별, 공종별 분할도급은 직영제도에 가까운 것으로서 총괄도급의 하도급에 많이 적용된다.

해설 4 분할도급
① 공구별 분할도급은 대규모공사에서 지역별로 분리발주하는 방식으로 당해공구는 각자의 책임하에 시공되므로 균등한 기회가 부여된다.
② ③번 항목은 공정별 분할도급에 대한 설명이다.

정답 1. ④　2. ②　3. ③　4. ③

문제 5　　　　　　　　　　　　　　　　　　　　기사

대규모 공사에서 지역별로 공사 발주시에 사용되며 업자 상호간 경쟁으로 공기단축과 시공기술 향상을 기대할 수 있는 도급방식은?
① 전문공종별 분할도급
② 공정별 분할도급
③ 공구별 분할도급
④ 직종별 공종별 분할도급

해설 5 공구별 분할도급
① 대규모 공사에서 지역별로 공사를 분리하여 발주하는 방식
② 중소업자에게 균등한 기회를 준다.

문제 6　　　　　　　　　　　　　　　　　　　　산업

분할 도급의 종류와 관계가 없는 것은 어느 것인가?
① 단가도급
② 전문 공종별 도급
③ 공구별 도급
④ 공정별 도급

해설 6 분할도급의 종류
① 전문공종별 분할도급
② 공정별 분할도급
③ 공구별 분할도급
④ 직종별, 공종별 분할도급

문제 7　　　　　　　　　　　　　　　　　　　　기사

공동도급(joint venture contract)의 장점 중 옳지 않은 것은?
① 정밀시공이 가능하다.
② 공사도급의 경쟁완화 수단이 된다.
③ 일식도급 공사의 경우보다 경비가 줄어든다.
④ 기술·자본 및 위험 등의 부담을 분산시킬 수 있다.

해설 7,8 공동도급방식
• 장점
① 기술·자본·위험부담의 분산·감소
② 신용도의 증대
③ 기술의 확충
④ 공사계획과 시공이행의 확실성
⑤ 공사도급 경쟁완화

• 단점
① 1개 회사에 도급시키는 것보다 경비가 증대
② 현장관리의 곤란
③ 도급자 상호간 이해충돌, 책임회피 등의 우려

문제 8　　　　　　　　　　　　　　　　　　　　산업

공동도급의 특징으로 옳지 않은 것은?
① 기술력 확충
② 신용도의 증대
③ 공사계획 이행의 불확실
④ 융자력 증대

정답 5. ③ 6. ① 7. ③ 8. ③

문제 9 기사

공동도급방식(Joint Venture)에 대한 설명으로 옳은 것은?
① 2명 이상의 수급자가 어느 특정공사에 대하여 협동으로 공사를 체결하는 방식이다.
② 발주자, 설계자, 공사관리자의 세 전문집단에 의하여 공사를 수행하는 방식이다.
③ 발주자와 수급자가 상호신뢰를 바탕으로 팀을 구성하여 공동으로 공사를 수행하는 방식이다.
④ 공사수행방식에 따라 설계/시공(D/B)방식과 설계/관리(D/M)방식으로 구분한다.

해설

해설 9
② : 건설사업관리 계약방식
③ : 파트너링 계약방식
④ : 턴키 계약방식

문제 10 기사

계약제도의 하나로써 독립된 회사의 연합으로 법인을 설립하지 않으며 공사의 책임과 공사 클레임 등을 각각 독립된 회사의 계약 당사자가 책임을 지는 방식은?
① 공동도급(Joint Venture)
② 파트너링(Partnering)
③ 컨소시엄(Consortium)
④ 분할도급(Partial Contract)

해설 10
(1) 문제의 설명대로 수행하는 방식을 컨소시움(분담이행방식)이라고 한다.
(2) 공동도급방식에는 공동이행방식, 분담이행방식, 주계약자형 공동도급방식이 있다.

문제 11 기사

다음 중 공동도급 방식에 대한 설명으로 옳지 않은 것은?
① 이견 조율이 용이하다.
② 회사간 상호기술을 보완한다.
③ 조인트벤쳐(Joint Venture)라고도 한다.
④ 위험을 분산 부담하게 된다.

해설 11
• 공동도급방식은 기술, 자본을 증대시키고 위험을 부담시킬 수 있으나 한 회사의 도급공사보다 경비가 증대되며, 현장 운영·관리가 어렵다.
• 사업을 공동으로 수행·관리이므로 이견의 조율이 어렵고 관리도 어렵다.

문제 12 기사

공사금액을 공사시작 전에 결정하고 계약하는 도급 계약제도는?
① 분할도급
② 정액도급
③ 실비청산식 도급
④ 공동도급

해설 12 정액 도급
먼저 총공사비를 결정하고 입찰을 통해 최저 입찰자와 계약을 체결하는 방식이다.

정답 9. ① 10. ③ 11. ① 12. ②

문제 13 기사

경쟁입찰에 의한 정액도급 계약제도의 장점은?
① 설계변경으로 인한 수량 증감이 용이하다.
② 긴급한 공사일 때 유리하다.
③ 공사감독이 비교적 용이하다.
④ 공사비를 절약할 수 있다.

문제 14 기사

단가도급계약제도를 채택하였을 경우 부적당한 기술은?
① 실시수량의 확정에 따라서 청산하는 방식이다.
② 공사를 빨리 착공할 필요가 있을 때
③ 전체 공사의 수량을 예측하기가 곤란할 때
④ 공사비를 절약할 수 있다.

문제 15 기사

다음 도급 방식 중 가장 빨리 착공이 가능할 수 있는 것은?
① 분할도급
② 단가도급
③ 공동도급
④ 일식도급

문제 16 기사

다음 중 실비정산보수가산계약 제도의 특징이 아닌 것은?
① 설계와 시공의 중첩이 가능한 단계별 시공이 가능하다.
② 복잡한 변경이 예상되거나 긴급을 요하는 공사에 적합하다.
③ 계약체결 시 공사비용의 최대값을 정하는 최대보증한도 실비정산보수가산계약이 일반적으로 사용된다.
④ 공사금액을 구성하는 물량 또는 단위공사 부분에 대한 단가만을 확정하고 공사 완료시 실시수량의 확정에 따라 정산하는 방식이다.

[해설] 실비정산보수가산계약(Cost Plus Fee Contract)의 특징
① 이론상으로는 직영과 도급제도의 장점만을 띤 이상적 제도이다.
② 설계도서가 명확치 않고, 공사비 산출이 곤란한 공사나, 발주자가 아주 양질의 공사를 기대할 때 채용될 수 있다. 선진국에서 많이 채택된다.
③ 우수한 시공기대, 시공자가 손해 볼 여지가 적다. 그러므로 발주자와 시공자간 신뢰가 있어야 한다.
④ 시공자의 공사비 절감 노력이 없어지고 공사비 증가가 우려되므로 발주자의 위험성이 감소되지는 않는다.

해 설

[해설] **13** 정액도급 계약제도
• 장점
경쟁입찰시 공사비 절약과 자금계획, 공사계획 수립이 명확해진다.
• 단점
공사변경에 따른 도급금액의 증감이 곤란하고 이로 인하여 건축주와 도급자 사이에 분쟁이 일어나기 쉽다.

[해설] **14, 15** 단가도급
• 장점
① 시급한 공사의 경우, 계약을 간단히 할 수 있고 공사를 빨리 착공할 수 있다.
② 설계변경으로 인한 수량증감이 용이하며 일식도급보다 편리하다.
• 단점
① 공사완성까지 소요되는 총공사비를 예측하기 어렵다.
② 공사수량에 대한 관념이 희박하여 공사비가 높아진다.

[해설] **16**
④항은 단가도급에 대한 것이다.

정답 13. ④ 14. ④ 15. ② 16. ④

⑤ 복잡한 변경이 예상되는 공사나 긴급을 요하는 공사로서 설계도서의 완성을 기다리지 않고 착공하는 경우에 적합한다.
⑥ 설계와 시공의 중첩이 가능한 단계별 시공이 가능하게 되어 공사기간을 단축할 수 있다.
⑦ 공사의 실비를 건축주, 감독자 3자 입회하에 확인 청산하고, 건축주는 미리 정한 보수율에 따라 공사비를 지급하는 방법으로써 행정절차가 복잡해질 수 있다.
⑧ 설계 변경에 관계되는 공사금액에 따라서 변동률을 적용하여 지급하는 방식도 있으므로 공사 중 돌발상황에 적절한 대처가 가능하다.
⑨ 계약체결 시 공사비용의 최대값을 정하는 최대보증한도 실비정산보수가산계약이 일반적으로 사용된다.

문제 17 `기사`

도급방식 중 성능 발주 방식이란?
① 공동도급에 해당된다.
② 일종의 특명입찰이다.
③ 직영과 일식도급의 중간방식이다.
④ 직종별 공종별로 분할하여 도급시키는 방식이다.

해설 17 성능발주방식
건축주가 제시하는 기본 요건에 맞게 도급자가 제시한 시공법·공사비 등을 건축주가 심사하여 적격자에게 시공시키는 방법으로 일종의 특명입찰방식이다.

문제 18 `공통`

건설업자가 대상계획의 기업, 금융, 토지, 조달, 설계, 시공, 기계구 설치, 시운전까지 주문자가 필요로 하는 모든 것을 조달하여 주문자에게 인도하는 도급계약 방식은?
① 정액도급
② 턴키(turn-key)도급
③ 공동도급
④ 실비청산보수가산도급

해설 18 턴키도급
① 사업 일체를 일괄도급하는 도급계약 방식
② 목적은 기업의 이윤추구
③ 발주자의 계획 전권을 위임받아 공사를 진행한다.
④ 주로 대규모 공사, 특정 주요공사에서 채택된다.

문제 19 `기사`

턴키(Turn key)방식에 대한 기술 중 옳지 않은 것은?
① 대규모 회사에 유리하고 중소건설업체 육성을 저해한다.
② 최저 낙찰자로 품질저하가 우려된다.
③ 총공사비 사전파악 및 산정이 용이하다.
④ 우수한 설계의도 반영이 어렵다.

해설 19 턴키의 단점
① 건축주 의도 반영의 어려움
② 대규모 회사에 유리, 중소기업 육성 저해
③ 최저가 낙찰제인 경우 공사 품질저하
④ 공사비 사전 파악의 어려움
⑤ 우수한 설계 의도 반영의 어려움

문제 20 `산업`

턴키 도급(turn key based contract) 방식의 특징으로 옳지 않은 것은?
① 건축주의 기술능력이 부족할 때 채택
② 공사비 및 공기 단축 가능
③ 과다경쟁으로 인한 덤핑의 우려 증가
④ 시공자의 손실위험 완화 및 적정이윤 보장

해설 20
① 턴키도급방식은 과다경쟁으로 인한 덤핑수주 우려로 시공자의 손실위험이 증가될 수 있다.
② 총 공사비 사전파악의 어려움, 입찰비용의 과다 등의 단점이 있다.

정답 17. ② 18. ② 19. ③ 20. ④

문제 21 산업

건설공사 발주자의 위탁을 받은 대리인이 건설공사의 타당성 조사, 설계, 시공 등 전 과정에 참여하여 공기단축이나 공사비 절감을 위해 Project를 관리하는 계약방식을 무엇이라 하는가?

① Turn-Key
② Design-Build
③ Design-Manage
④ Construction-Management

해설 21
문제의 지문은 CM(건설사업관리) 방식에 대한 설명이다.

문제 22 기사

대규모 복합공사로서 공항, 고속철도, 댐, 발전소 또는 플랜트 공사의 관리를 위탁받은 자가 설계 또는 감리업무를 함께 수행할 수 있는 계약방식은 다음 중 어느 것인가?

① 일식도급 계약
② 설계시공일괄 계약
③ 실비정산식 계약
④ 사업관리 계약

해설 22 C.M(건설사업관리계약)의 기능, 효과
① 설계와 시공의 의사소통 개선
② 단계별 분할 발주 가능
③ 원가절감, 공기단축 가능
④ 복합적 대규모 공사에서 각종 정보활용, 품질향상
⑤ 설계 또는 감리업무를 동시수행
⑥ 발주자의 이익증진이 목적 상호분쟁의 조정 및 기술지도

문제 23 기사

공사계약제도 중 공사관리방식(CM: Construction Management)의 단계별 업무내용 중 비용의 분석 및 VE기법의 도입, 대안공법의 검토를 하는 단계는?

① Pre-Design단계(기획단계)
② Design단계(설계단계)
③ Pre-Construction단계(입찰·발주단계)
④ Construction단계(시공단계)

해설 23 Design(설계) 단계에서의 CM의 업무
• Consulting 및 건축물 기획, 입안
• 비용의 분석 및 VE의 도입, 대안공법의 검토 단계
• 설계도면검토, 발주자의도 반영
• 초기구매 활동개시

문제 24 산업

최근 학교, 군 시설 등에서 활용되는 민간투자사업의 계약방식으로 민간사업자가 자금조달 및 시설을 준공하여 소유권을 정부나 발주처에 이전하되, 정부나 발주처로부터 임대료를 지불받아 투자비를 회수할 수 있도록 한 것은?

① BOT(Build-Operate-Transfer)
② BTO(Build-Transfer-Operate)
③ BTL(Build-Transfer-Lease)
④ BLT(Build-Lease-Transfer)

해설 24
※ 문제에서 설명하는 민자 임대사업이 BTL 방식이다.

정답 21. ④ 22. ④ 23. ② 24. ③

문제 25

도급계약 제도에 관한 설명으로 옳지 않은 것은?

① 일식도급 – 공사전체를 다수의 업체에게 발주하는 방식
② 지명경쟁입찰 – 특정업체를 지명하여 입찰경쟁에 참여시키는 방식
③ 공개경쟁입찰 – 모든 업체에게 공고하여 공개적으로 경쟁입찰하는 방식
④ 특명입찰 – 특정의 단일업체를 선정하여 발주하는 방식

해설 25 일식도급계약제도
건축공사의 전체를 한 사람의 도급자에게 도급을 주는 제도로서 현장관리가 용이하다.

정답 25. ①

3 입찰 및 계약

> **학습방향**
>
> 입찰 및 계약방식에서는 경쟁입찰방식과 특명입찰방식의 장·단점을 학습해 두어야 한다.
> 특히 최근에서는 PQ제도의 특징과 부대입찰제도 등도 새롭게 출제되고 있다.
> 1. 일반경쟁입찰은 자격요건을 갖춘 모든 업체를 대상으로 참가할 수 있는 기회를 부여한다.
> 2. 지명경쟁입찰을 택하는 가장 중요한 이유는 부적격업자를 사전에 제거하여 양질의 시공결과를 기대하기 위해서 이다.
> 3. 도급계약서에서는 도급계약서 종류, 도급계약 체결 후 공사순서 등이 주로 출제되는 부분이다.
> 4. 시방서에서는 시방서 기재내용, 시방서 기재시 주의사항, 시방서와 설계도면의 우선순위가 자주 출제되는 부분 이다.

1 도급자 결정방식(입찰방식)

```
입찰방식 ┬ 특명입찰방식 - 수의계약
        └ 경쟁입찰방식 ┬ 공개경쟁 입찰(일반경쟁입찰)
                      └ 지명경쟁 입찰
```

(1) 경쟁입찰방식

공개경쟁입찰	• 계약과 입찰조건을 관보, 신문게시 등으로 공사의 종류, 입찰자의 자격 및 규정 등을 공고하여 최소한의 자격을 갖춘 입찰 참가자를 널리 공모하여 입찰시키는 방법이다. • 장점 : ① 균등한 기회를 주고 담합(談合)의 우려가 적다. ② 민주적인 방식이고 입찰자의 선정이 공정하다. ③ 경쟁에 의해 공사비를 절감할 수 있다. • 단점 : ① 입찰사무가 많아질 우려가 있고 경비가 증가된다. ② 과도한 경쟁으로 낙찰가가 저하되면 공사가 조잡해지고 시공정밀도가 떨어진다. ③ 부적격자에게 낙찰될 우려가 있다.
지명경쟁입찰	• 발주자가 그의 판단기준에 의하여 공사에 가장 적격하다고 인정되는 3~7개 정도의 회사를 자산, 신용 기술능력, 공사경험에 의해 선정 후 입찰시키는 방식이다. • 장점 : ① 시공상의 신뢰성이 있다. ② 부적격업자를 사전에 제거할 수 있다. • 단점 : ① 담합의 우려가 있다. ② 공사비가 공입찰보다 상승한다.

학습 POINT

■ 경쟁입찰방식비교

공개경쟁입찰	① 유자격자 모두 참여 ② 담합 우려적다. ③ 입찰수속 번잡하다. ④ 시공의 부실화 우려
지명경쟁입찰	① 3~7개 회사 참여 ② 담합 가능성 존재 ③ 시공의 신뢰성 확보

(2) 특명입찰(수의계약) 방식

특정한 시공업자를 선정하여 도급계약을 체결하는 방식이다.

장 점	공사기밀 유지, 입찰수속이 간단, 우량공사 기대
단 점	공사비가 높아짐, 공사금액 결정이 불명확

(3) PQ제도(Pre-Qualification)

입찰참가자격 사전심사제도로 건설업체의 공사수행능력을 기술적능력, 재무상태, 시공경험등 비가격적 요인을 종합적으로 검토하여 점수로 환산하고 가장 효율적으로 공사를 수행할 수 있는 업체에 입찰참가자격을 부여한다. 매 Project마다 일정 자격을 얻은 업체들만 입찰할 수 있다.

■ PQ제도의 특징

발주자 측면	① 업체간의 효과적 경쟁을 유발시킨다. ② 수주에서 관리까지 종합적 평가가 가능하다. ③ 객관적 PQ기준의 개발과 업체의 평가에 많은 시간, 인원 및 비용이 소비되고 평가의 공정성 확보가 문제이다. ④ PQ 통과후 담합 우려
입찰자 측면	① 무자격업자는 사전에 탈락됨으로써 불필요한 비용의 낭비를 최소화 한다. ② 신규업체의 입찰참여에 PQ가 하나의 장벽으로 작용할 가능성이 있다. ③ 입찰참여가 편파적으로 거절될 가능성이 있다. ④ 자유경쟁원리에 위배된다.

(4) 부대입찰제도(하도급자 보호제도)

하도급업체의 보호육성차원에서 입찰자에게 하도급자의 계약서를 입찰서에 첨부하도록 하여 덤핑입찰을 방지하고 하도급의 계열화를 유도하는 입찰방식이다.

(5) 대안입찰제도

원안입찰과 함께 대안입찰이 허용되는 입찰방식으로 우리나라만의 독특한 방식.
정부공사에서는 대형공사나 신규공사의 경우 당초 설계된 내용보다 더 공사비를 낮추면서도 기본방침의 변경없이 동등이상의 기능과 효과를 가진 방안을 시공자가 제시할 경우 이를 검토하여 채택할 수 있는 제도이다.

■ 수의계약 대상공사
① 하자책임구분 곤란시(증축하는 경우)
② 동일현장에서 2인 이상 작업 곤란시(중복공사)
③ 마감공사시(건축준공 후 마무리공사인 경우)
④ 접적지역 공사, 특허공법 공사인 경우
⑤ 경쟁계약이 정부에 불리한 경우

■ PQ제도나 지명 경쟁시 업체평가 항목
① 공사실적(경험)
② 재무상태
③ 기술능력(업무수행능력)

(6) 입찰순서

```
                ┌─ 설계도서교부 ─┐        ┌─ 개    찰
                │                │        │
         입찰통지 ─ 현 장 설 명 ─ 입찰 ─ 재 입 찰 ─ 낙찰 ─ 계약
                │                │        │
                ├─ 질 의 응 답 ─┘        └─ 수의계약
                └─ 적산 및 견적
```

① 유찰될 경우는 재입찰 한다.
② 입찰보증금 : 입찰금액의 5~10%를 현금이나 보증수표, 국채, 보증보험 등으로 입찰보증금을 납입하고 입찰등록
③ 계약보증금 : 계약시 공사비의 10%를 납부한다.
   (계약 이행 보증금)

> **참고**
>
> | ■ 입찰보증제도 | ■ 현장설명에 필요한 사항 |
> |---|---|
> | ※ 낙찰되어도 계약체결의 의사가 없는 자의 입찰참가를 방지하기 위한 제도로 낙찰안된 자에게는 개찰후 반환해주고 낙찰자에게는 계약체결후 반환해주는 보증제도 | ① 대지의 위치, 고저차 등
② 인접대지상황 및 주변안전사항
③ 지하매설물(전기, 설비, 기초)
④ 공사비지불 조건 및 공사기간
※ 기타사항 질문은 현장설명 후 질의응답한다. |

(7) 기타사항

① 계약성립시기 : 쌍방이 계약서에 서명날인 했을 때 계약성립 시기로 본다.
② 도급자의 의무 완료시기(계약종료시기) : 건물 인수 인계후 그 증서를 교환했을 때
③ Lower Limit : 예정가격보다 조금 낮게 금액을 책정하고(보통 예정가의 85%) 이보다 아래의 입찰자는 무효처리, 덤핑 수주 방지책이다.

2 계약서류

(1) 계약서류의 종류

도급계약에는 도급계약서, 도급계약 약관, 설계도, 시방서(특기시방서, 일반시방서), 현장설명서, 공사내역서 등을 일괄하여 도급계약서류로 한다.

■ 입찰순서
입찰통지 – 현장설명 – 입찰 – 개찰 – 낙찰 – 계약

■ 현행 낙찰자 선정방식의 종류
① 최저가낙찰제도
② 적격심사제도
③ 턴키입찰제도
   (설계/시공 일괄입찰제도)
④ 대안입찰제도
※ 내역입찰제도

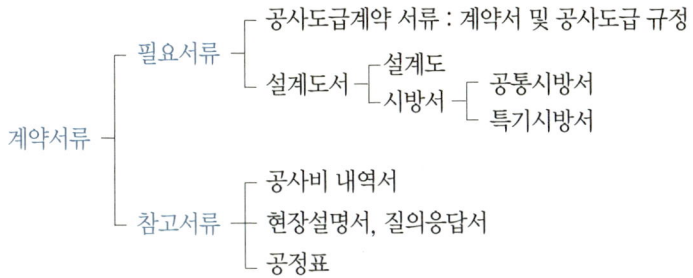

(2) 도급계약서의 기재 내용(건설산업기본법 시행령)
① 공사내용(규모, 도급금액)
② 공사착수시기, 완공시기(물가변동에 대한 도급액 변경)
③ 도급액 지불방법, 지불시기
④ 설계변경, 공사중지의 경우 도급액 변경, 손해부담에 대한사항
⑤ 천재지변에 의한 손해부담
⑥ 인도, 검사 및 인도시기
⑦ 계약자의 이행지연, 채무불이행, 지체보상금, 위약금에 관한 사항
⑧ 공사시공으로 인하여 제 3자가 입은 손해부담에 관한 사항
⑨ 계약에 관한 분쟁의 해결 방법

(3) 공사비 지불순서

착공금(전도금)	중간불(기성불)	준공불(완공불)	하자보증금
전도금, 선수금, 선급금, 착수금이라고 하며, 보통 도급금액의 70% 이내로 한다.	기성불, 기성고라고 하며, 월별이나 공정부분별로 지급한다. 통상 9/10까지 지급한다.	건물인도 후 대금청산하고 계약해지 한다.	① 준공검사 후 하자에 대한 보증금으로 부실공사 방지를 위한 담보액이다. ② 1~3년 이하 동안 계약 금의 2/100~5/100 예치한다.

■ 중간불(기성불)
공사의 진도에 따라 공사비를 지불하는 방식이다.

3 시방서

설계도면만으로는 나타낼 수 없는 부분에 대하여 문자로써 기재한 문서로 각 공사의 항목별 내용을 명확히 한다.(설계자가 작성)

(1) 시방서 종류(작성방법에 따른 분류)
① 표준시방서 : 대한건축학회에서 발행된 공통시방서이다.
② 특기시방서 : 표준시방서에 기재되지 않은 특수재료, 특수공법 등과 표준시방서의 적용이나 삭제 등이 표현된다.

■ 시방서의 종류

내용에 따른 분류
① 기술시방서 ② 일반시방서

목적에 따른 분류
① 공사시방서 ② 안내(참고)시방서 ③ 표준규격시방서 ④ 약술시방서

성능시방과 서술시방
① 성능시방서 ② 서술(敍述)시방서

※ 공사시방서(Project Spec.)
　　건축공사 표준시방서 + 특기시방서 = 특정공사용시방서
※ 특기시방서 = 표준시방서의 첨가, 삭제, 변경을 규정

(2) 시방서 기재내용
① 사용 재료의 종류, 품질, 수량검사 사항 등
② 공법의 일반사항, 유의사항, 시공정밀도
③ 적용범위, 성능의 규정 및 지시
④ 시공 기계, 장비의 설치방법, 종류
⑤ 재료, 공사 중 성능검사 품질요구사항
⑥ 표준규격(코드), 대안의 선택 등
⑦ 기타 도면표기 어려운 보충사항, 특기사항 기술

(3) 시방서 기재시 주의사항
① 시공순서에 맞게 누락되지 않게 빠짐없이 기술
② 오자, 오기가 없고, 도면과 중복되지 않게, 간결하게 기재한다.
③ 재료, 공법은 정확하게 지시할 것
④ 공사범위를 명시할 것
⑤ 시방서 내용이 상호중복하지 않게 기재한다.
⑥ 도면과 시방서가 상이하지 않게 기재한다.
※ 시방서에 공사비는 기재하지 않는다. (계약서에 첨부)

(4) 시방서와 설계 도서의 우선순위
1) 시방서와 설계도의 표시된 내용이 서로 달라서 시공상 부적당하다고 판단될 때 현장 책임자는 공사 감리자와 협의한다.(즉시알린다)
2) 건축물의 설계도서 작성기준
　　(국토부 고시 : 설계도서 해석의 우선순위)
　　① 공사시방서
　　② 설계도면
　　③ 전문시방서
　　④ 표준시방서
　　⑤ 산출내역서
　　⑥ 승인된 시공 상세도면
　　⑦ 관계법령의 유권해석
　　⑧ 감리자의 지시사항
※ ① 전문시방서와 표준시방서는 전문시방서가 우선 적용된다.
　　② 공사시방서와 표준시방서는 공사시방서가 우선 적용된다.
　　③ 도면과 시방서는 시방서가 우선 적용된다.
　　④ 도면 중 일반도면 보다는 상세도면이 우선 적용된다.

핵 심 문 제

문제 1 기사
당해 공사 수행에 필요한 최소한의 자격요건을 갖춘 불특정 다수업체를 대상으로 자유시장 경제원리에 가장 적합한 입찰방법은?
① 일반경쟁입찰
② 제한경쟁입찰
③ 지명경쟁입찰
④ 수의계약

해설 1 일반경쟁입찰
공입찰이라고도 하며 유자격자에게 모두 참가할 수 있는 기회를 부여한다.
※ 일반경쟁=자유경쟁
　　=공개경쟁=공입찰

문제 2 기사
건축주가 시공회사의 신용, 자산, 공사경력, 보유기재, 자체기술 등을 고려하여 그 공사에 가장 적절한 1명에게 지명하여 입찰시키는 방법은?
① 공입찰
② 지명입찰
③ 경쟁입찰
④ 특명입찰

해설 2,3 특명입찰
1명을 지명하여 협의에 의해 계약을 체결하는 것이다. 수의계약이라고도 한다.

문제 3 산업
건축주 자신이 특정의 단일 상대를 선정하여 발주하는 입찰방식으로서 특수공사나 기밀보장이 필요한 경우에 주로 채택되는 것은?
① 특명입찰
② 공개경쟁입찰
③ 지명경쟁입찰
④ 제한경쟁입찰

문제 4 공통
지명경쟁 입찰제도를 택하는 가장 중요한 목적은?
① 공사비를 저렴하게 하기 위하여
② 공기를 단축시키기 위하여
③ 부적당한 업자를 제거하기 위하여(양질의 시공결과를 얻음)
④ 예산범위 내에서 완성시키기 위해서

해설 4 지명경쟁입찰
부적당한 업체를 사전에 제거하여 양질의 시공결과를 기대하기 위함이다.
※ 단점 : 담합의 우려

문제 5 공통
일반경쟁입찰의 장점이 아닌 것은?
① 공사비 절감
② 입찰참가의 균등기회 부여
③ 공사의 시공정밀도 확보
④ 공정하고 자유로운 경쟁

해설 5 공개경쟁입찰
1. 장점
① 균등한 기회를 주고 담합(談合)의 우려가 적다.
② 입찰자의 선정이 공정하다.
③ 공사비를 절감할 수 있다.
2. 단점
① 과도한 경쟁으로 낙찰가가 저하되면 공사가 조잡해지고 시공정밀도가 떨어진다.
② 부적격자에게 낙찰될 우려가 있다.

정답 1.① 2.④ 3.① 4.③ 5.③

문제 6 *산업*

민간인의 입찰과정에서 수 명의 업자를 지정하고 건축주와 설계자 만으로 개찰하여 투찰 금액을 조사하여 적당한 가격의 입찰자에게 낙찰을 시켰다면 어느 두 입찰방식을 병용한 것인가?

① 공개와 특명입찰
② 공개와 대안입찰
③ 지명과 특명입찰
④ 대안과 지명입찰

해설 6
① 지명경쟁입찰 : 3~7명의 업자를 지명하여 입찰시키는 방법
② 적당한 업체를 협의에 의해 결정하였으므로 특명입찰이다.

문제 7 *기사*

입찰에 관한 설명 중 옳은 것은?

① 일반공개입찰은 입찰자가 많으므로 담합의 우려가 많다.
② 지명경쟁입찰은 입찰자가 한정되므로 부적격자에게 낙찰될 우려가 많다.
③ 특명입찰은 수의계약이라고도 하며 공사비가 증가될 우려가 있다.
④ 현장설명은 보통 응찰과 동시에 이루어진다.

해설 7
※ 특명입찰(수의계약)은 공사비가 증가될 우려가 있다.
① 일반공개입찰은 입찰자가 많으므로 담합의 우려가 작다.
② 지명경쟁입찰은 부적격자의 제거가 가능하다.
③ 입찰순서 : 입찰통지 → 현장설명 → 입찰 → 개찰 → 낙찰 → 계약

문제 8 *산업*

건설공사에서 입찰과 계약에 관한 사항 중 옳지 않은 것은?

① 공개경쟁 입찰은 공사가 조잡해질 염려가 있다.
② 지명입찰은 시공상 신뢰성이 적다.
③ 지명입찰은 낙찰자가 소수로 한정되어 담합과 같은 폐해가 발생하기 쉽다.
④ 특명입찰은 단일 수급자를 선정하여 발주하는 것을 말한다.

해설 8 지명경쟁입찰
① 3~7개 업체를 지명
② 담합 우려
③ 시공정밀도가 확보되어 시공상 신뢰성이 향상된다.

문제 9 *기사*

PQ제도에 관한 설명으로 부적합한 것은 다음 중 어느 것인가?

① 업체간의 효과적 경쟁을 유발시킨다.
② 수주에서 관리까지 종합적 평가가 가능하다.
③ 평가의 공정성으로 신규업체 참여가 가능하다.
④ 매 프로젝트마다 공사규모, 특성에 맞는 심사기준을 정하여 입찰전에 응찰자에게 통보하여 실적을 제출하도록 한다.

해설 9 PQ제도
PQ제도는 기술능력, 재무상태, 시공경험을 점수화하여 평가하므로 신규업체 진입에는 장애가 된다.

정답 6.③ 7.③ 8.② 9.③

문제 10 기사

입찰참가 사전자격심사(Pre-Qualification)에 관한 설명으로 옳지 않은 것은?
① 공사입찰 시 참가자의 기술능력, 관리 및 경영상태 등을 종합 평가한다.
② 공사입찰 시 입찰자로 하여금 산출내역서를 제출하도록 한 입찰제도이다.
③ 댐, 지하철, 고속도로 등의 토목 대형공사에 주로 적용된다.
④ 부실공사를 방지하기 위한 수단이다.

문제 11 공통

지명경쟁입찰에서 다음 사항중 감안하지 않아도 되는 사항은?
① 과거실적
② 노무자의 동원 능력
③ 보유 기자재
④ 도급회사의 자본금

문제 12 공통

발주자가 입찰자로 하여금 입찰내역서 상에 동 입찰금액을 구성하는 공사 중 하도급할 공종, 하도급 금액, 하도급 예정자 등 하도급에 관한 사항을 기재하여 입찰서와 함께 제출하도록 하는 제도는?
① 부대입찰
② 대안입찰
③ 내역입찰
④ 사전자격심사(PQ)

문제 13 공통

입찰 절차로서 옳은 것은?
① 입찰공고 → 입찰 → 현장설명 → 개찰 → 낙찰 → 계약체결
② 입찰공고 → 현장설명 → 입찰 → 개찰 → 낙찰 → 계약체결
③ 입찰공고 → 현장설명 → 입찰 → 낙찰 → 개찰 → 계약체결
④ 입찰공고 → 입찰 → 현장설명 → 낙찰 → 개찰 → 계약체결

해 설

[해설] 10
②번 항목은 내역 입찰제에 대한 설명이다.

[해설] 11 PQ제도나 지명입찰시 업체 평가 항목
① 도급회사의 자본금(신용도)
② 과거공사경험(실적)
③ 공사수행능력 : 기술인력, 장비 보유현황, 특수기술 등

[해설] 12
① 부대입찰제=하도급의 육성, 보호차원의 제도
② 대안입찰 : 공사비를 낮추면서 동등이상의 기능 및 효과를 가진 방안을 시공자 제시할 경우 이를 검토하여 채택할 수 있는 제도
③ 내역입찰 : 입찰시 산출내역서를 제출하게 하는 방식
④ 사전자격심사(PQ) : 입찰전 사전심사제도

[해설] 13
입찰공고 → 참가등록 → 설계도서 교부 → 현장설명 → 질의응답 → 견적 → 입찰등록 → 입찰 → 개찰 → 낙찰 → 계약

정답 10. ② 11. ② 12. ① 13. ②

문제 14 기사

응찰자가 낙찰되어도 계약을 체결할 의사가 없는 자의 입찰참가를 방지하기 위한 제도로서 낙찰되지 않는 자에게는 개찰 후에 반환하여 주고 낙찰자에게는 계약체결 후에 반환하여 주는 보증은?

① 입찰보증
② 계약보증
③ 하자보증
④ 이행보증

문제 15 기사

공사도급 계약을 할 때 반드시 첨부하지 않아도 되는 서류는?

① 공사도급 약관
② 공사도급 계약서
③ 시방서
④ 견적서

문제 16 기사

건설공사에 사용되는 시방서에 관한 설명으로 옳지 않은 것은?

① 시방서는 계약서류에 포함되지 않는다.
② 시방서는 설계도서에 포함된다.
③ 시방서에는 공법의 일반사항, 유의사항 등이 기재된다.
④ 시방서에 재료 메이커를 지정하지 않아도 좋다.

문제 17 공통

건축공사 표준시방서에 기재하는 사항으로 부적당한 것은?

① 공법에 관한 사항
② 공정에 관한 사항
③ 재료에 관한 사항
④ 공사비에 관한 사항

문제 18 산업

시방서에 관한 설명으로 옳지 않은 것은?

① 시방서는 계약서류에 포함된다.
② 시방서 작성순서는 공사진행의 순서와 일치하도록 하는 것이 좋다.
③ 시방서에는 공사비 지불조건이 필히 기재되어야 한다.
④ 시방서에는 시공방법 등을 기재한다.

해 설

[해설] 14
② 계약보증 = 계약이행보증
③ 하자보증 = 하자책임을 담보로 하는 보증이다.

[해설] 15 도급계약서
도급계약에는 도급계약서, 도급계약약관, 설계도, 시방서(특기시방서, 일반시방서), 현장설명서, 공사내역서 등을 일괄하여 도급계약서류로 한다.
※ 견적서나 구조계산서는 계약서류에 포함안된다.

[해설] 16
시방서는 중요한 설계도서이며, 계약서류에 포함된다.

[해설] 17, 18
공사비나 공사비 지불조건 등을 계약서에 기재된다.

정답 14. ① 15. ④ 16. ① 17. ④ 18. ③

문제 19

다음 시방서의 작성에 관한 기술 중 틀린 것은?

① 재료의 품종은 명확히 규정한다.
② 공법의 정도와 마무리 정도를 명확히 규정한다.
③ 도면과 시방서에서 서로 다른 것이 발견되었을 때는 선결권은 도면이다.
④ 시방서의 작성순서는 공사진행의 순서와 일치하도록 하는 것이 좋다.

문제 20

기술제안입찰제도의 특징에 관한 설명으로 옳지 않은 것은?

① 공사비 절감방안의 제안은 불가하다.
② 기술제안서 작성에 추가비용이 발생된다.
③ 제안된 기술의 지적재산권 인정이 미흡하다.
④ 원안 설계에 대한 공법, 품질 확보 등이 핵심 제안 요소이다.

[해설] **20**
(1) 기술제한 입찰방식은 발주기관이 교부한 설계서를 검토한 후 입찰자가 기술제안서를 작성해 입찰서와 함께 제출하는 입찰방식으로 상징성·기념성·예술성 등 창의성이 필요하다고 인정되거나 고난이도 기술을 요하는 시설물에 적용된다.
(2) 기술제한 입찰의 지술제안서(Technical Proposal, TP)는 공사비 절감, 공기단축 품질확보를 목표로 해 ① 공사비 절감방안, ② 생애주기비용 개선방안, ③ 공기단축방안, ④ 공사관리방안, ⑤ 산출내역 등과 관련된 사항이 포함되어야 한다.
(3) 이중 공사비 절감방안의 제안이 전체 점수에 1/3(30%) 정도를 차지하는 중요한 내용이다.

해 설

[해설] **19** 시방서와 설계도면의 우선순위
① 공사 감리자와 협의
② 공사 시방서
③ 설계 도면
④ 전문 시방서

정답 19. ③ 20. ①

4 공사계획 및 건설조직

학습방향
1. 공사계획은 공사계획의 내용, 공사시행순서 등이 자주 출제된다.
2. 건설조직에서는 라인스탭조직이 출제되었다.

1 공사계획

공사계획은 공사규모, 시공정밀도(품질), 현장상황, 공사수량 등을 고려하고 시방서, 계약서 등을 철저히 검토하여 면밀히 수립하여야 한다.

(1) 공사계획의 내용, 사전검토사항, 시공순서

공사계획의 내용(순서)	공사계획전 사전조사항목	공사순서
① 현장원의 편성 ② 공정표의 작성 ③ 실행예산의 편성과 통제 ④ 하수급 업체의 선정 ⑤ 자재, 설비의 설치계획 　(가설준비물 결정) ⑥ 노무의 수배 및 조달계획 ⑦ 재해방지대책의 수립	① 동력이용의 편리여부 ② 급·배수 ③ 사용재료 공급 ④ 지형 및 토질상태 ⑤ 노력공급 ⑥ 교통 ⑦ 기후 ⑧ 현장과 주변관계 파악 ※ 설계도서, 계약서 숙지	① 공사 착공 준비 ② 가설공사 ③ 토공사 ④ 지정 및 기초공사 ⑤ 구조체 공사 ⑥ 방수·방습공사 ⑦ 지붕 및 홈통공사 ⑧ 외벽 및 마무리 공사 ⑨ 창호공사 ⑩ 내부 마무리 공사

(2) 공기를 지배하는 요소

1차적 지배요소	건축물의 구조, 규모 및 용도
2차적 지배요소	시공자의 능력, 자금사정, 기후
3차적 지배요소	발주자의 요구(설계변경), 설계의 적부, 감독 능력 등

(3) 공사계획 내용

① 현장원 편성 : 공사계획 중 가장 우선되어야 한다.

※ 현장소장을 중심으로 한 조직 편성을 한다. 조직원은 기업의 인사부 혹은 공사부에 요청을 하여 배원되는 것이 일반적이다.

※ 공사시공 계획시 시공도 작성, 현치도, 원척도 작성 등은 우선 고려해야 할 사항은 아니다.

학습POINT

② 공정표 작성 (전체공정표)
  ㉮ 작성시기 : 공사착수 전이다.
  ㉯ 작성시 가장 기본이 되는 사항 : 각 공사별 공사량이다.
③ 실행예산의 편성 : 공사목적물을 계약된 공기내 완성하기 위해, 공사손익을 사전에 예시하고 이익계획을 명확히 하여, 합리적이고 경제적인 현장운영 및 공사수행을 도모하도록 작성되는 예산이다.

■ 실행예산의 의의
실제공사원가이며, 공사집행의 기준이 되는 단가이고, 품질저하 없는 현장활동, 관리의 지침예산으로써 손익분기점이 되는 예산을 말한다.

2 건설관리조직의 종류와 특징

기업조직	특 징
라인조직	• 건설사업에서 전통적으로 사용되어 온 것으로, 사업성격이 분명하고 단순하며 각 업무가 분절되어도 서로 큰 영향을 미치지 않는 경우에 적합하다. 대규모 복잡공사에는 부적절하다. • 특징 : 책임과 권한이 명확하다. 소수의 능력에 따라 성패가 좌우된다.
기능식조직	• 기능별, 업무분담별 복수책임자를 두고 각 책임자가 업무지시하는 방식 • 특징 : 전문화, 숙련도향상, 책임불명확, 권한다툼 등의 특징이 있다.
태스크포스조직 (전담반 조직)	• 각 분야의 전문가들이 모인 한시적 조직이다. • 특징 : 긴급공사, 중요한 공사를 할 때처럼 조직이 해결해야 할 과업의 성격이 그 조직의 사활을 좌우할 만큼 중요할 때 필요한 조직이다. 상호의존적인 기능을 요하는 경우에 효과적인 역할을 한다.
매트릭스조직	• 지하철, 공항건설, 발전소, 고속도로 등과 같이 대규모 사업에 적합하다. 기능조직과 전담반 조직이 결합된 형태이다. • 특징 : 업무가 다양하고 복잡하게 상호 관련되어 있는 경우 업무 간의 조정이 용이하며, 각 부문의 전문가들을 효과적으로 배치할 수 있다.
라인&스탭조직	• 공기단축을 목적으로 패스트 트랙(Fast Track)공사를 진행하기에 적합한 구조이다. • 특징 : CM계약 관리조직 등 전문분야의 생산성을 높이는 라인조직의 장점과 태스크 포스 수준 이상의 전문관리자들의 지원을 받을 수 있다. 책임 불명확에 따른 스텝의 무력화와 스텝의 월권행위 등이 문제점이다.

■ 패스트 트랙(Fast Track) 방식
완성된 도면부분부터 시공에 착수하는 설계와 시공의 동시수행방식으로 C.M에 의한 분할발주가 가능하다.

■ 기존시행방식과 비교

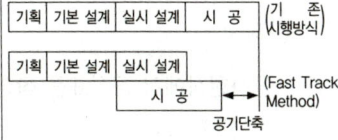

핵 심 문 제

문제 1 기사

공사준비로서 시공업자는 다음 중 어느 것을 제일 먼저 해결해야 하는가?
① 현장원의 편성
② 건설대지의 조성
③ 가설물의 건설
④ 기계공구 및 건설장비의 정비

문제 2 기사

건축시공 계획을 수립함에 있어서 우선 필요하지 않다고 생각되는 것은?
① 공사량, 재료량 및 품셈
② 재해방지 대책
③ 공정표 작성
④ 원척도의 제작

문제 3 산업

시공계획 시 우선 고려하지 않아도 되는 것은?
① 가설사무실의 위치선정, 공사용 장비의 배치 등 가설계획의 수립
② 현장 직원의 조직편성 계획수립
③ 자재, 노무 장비 등의 투입계획 수립
④ 시공도(Shop Drawing)의 작성

문제 4 공통

공사현장에서 공정표를 작성함에 있어서 가장 기본이 되는 사항은?
① 실행예산
② 각 공사별 공사량
③ 천후(天候)
④ 재료 반입 노무 공급 계획

문제 5 기사

시공상 공정표의 작성시기는 다음 중 어느 때가 적당한가?
① 공사 착수전에 작성하여야 한다.
② 공사 착수와 동시에 작성하여야 한다.
③ 공사 설계와 동시에 작성하여야 한다.
④ 공사 준공과 동시에 작성하여야 한다.

해 설

[해설] 1 공사계획 순서
① 현장원 편성 : 공사계획 중 가장 우선되어야 한다.
② 공정표 작성
③ 실행예산의 편성과 통제
④ 하도급자의 선정
⑤ 기계, 설비 설치 등 가설준비물의 결정
⑥ 노무의 수배 및 및 조달계획
⑦ 재해예방 대책의 수립

[해설] 2 시공도(현치도)작성
시공도의 작성은 착공과 동시에 빨리 수립할 사항이 아니라 시공이 진행되는 동안 필요한 경우 작성하는 것이다.
※ 시공도 = 원척도 = 현치도

[해설] 3
※ 시공계획 수립시 ②항을 가장 먼저 행하고 ④항은 우선 고려 사항은 아니다.

[해설] 4,5 공정표 작성
① 작성시기 : 공사착수 전
② 작성시 가장 기본이 되는 사항 : 각 공사별 공사량

정답 1.① 2.④ 3.④ 4.② 5.①

문제 6 〔기사〕

시공계획의 순서로서 가장 적당한 것은?

① 계약조건 확인 – 설계도서 파악 – 현지조사 – 주요수량 파악 – 시공계획 입안
② 설계도서 파악 – 계약서 확인 – 설계자 및 발주자 면담 – 시공계획 입안 – 주요수량 파악
③ 설계자 및 발주자 면담 – 계약조건 확인 – 설계도서 파악 – 현지조사 – 시공계획 입안
④ 시공계획 입안 – 관공서 신청서제출 – 계약조건 확인 – 설계도서 파악 – 현지조사

[해설] 6 시공계획의 순서
계약조건의 확인 → 설계도서의 파악 → 현지여건의 조사 → 공사특성과 공사수량의 파악 → 시공계획 입안

문제 7 〔기사〕

다음에 나열된 공사의 시공순서 중 옳은 것은?

① 흙막이 및 토공사 → 기초공사 → 조적 및 미장공사 → 철근콘크리트공사 → 지붕공사 → 방수공사 → 마무리공사
② 흙막이 및 토공사 → 기초공사 → 철근콘크리트공사 → 조적 및 미장공사 → 방수공사 → 지붕공사 → 마무리공사
③ 기초공사 → 흙막이 및 토공사 → 구체공사 → 미장공사 → 방수공사 → 마무리공사 → 지붕공사
④ 흙막이 및 토공사 → 기초공사 → 방수공사 → 구체공사 → 미장공사 → 지붕공사 → 마무리공사

[해설] 7, 8
공사도급계약 체결 후 공사순서
① 공사 착공 준비
② 가설공사
③ 토공사
④ 지정 및 기초공사
⑤ 구조체 공사
⑥ 방수·방습공사
⑦ 지붕 및 홈통공사
⑧ 외벽 마무리 공사
⑨ 창호공사
⑩ 내부 마무리 공사

문제 8 〔공통〕

공사도급 계약체결 후 공사진행의 순서로서 적당한 것은?

① 공사착공 준비 – 가설공사 – 토공사 – 지정 및 기초공사 – 구조체 공사
② 공사착공 준비 – 토공사 – 가설공사 – 지정 및 기초공사 – 구조체 공사
③ 공사착공 준비 – 지정 및 기초공사 – 가설공사 – 토공사 – 구조체 공사
④ 공사착공 준비 – 구조체 공사 – 지정 및 기초공사 – 토공사 – 가설공사

정답 6. ① 7. ② 8. ①

문제 9 기사

공기단축을 목적으로 공정에 따라 부분적으로 완성된 도면만을 가지고 각 분야(전기, 기계, 건축, 토목 등)의 전문가들로 구성하여 패스트 트랙(Fast Track) 공사를 진행하기에 적합한 조직구조는 다음 중 어느 것인가?

① 기능별 조직(Functional Organization)
② 매트릭스 조직(Matrix Organization)
③ 태스크포스 조직(Task Force Organization)
④ 라인 - 스탭조직(Line - Staff Organization)

해설 9 라인, 스텝조직
패스트 트랙공사는 주로 CM의 주관하에 행하며, CM은 각 분야 전문가 집단으로 구성되어 있으며, CM조직은 주로 라인의 스텝조직으로 운영된다.

문제 10 산업

프로젝트 전담조직(project task force organization)의 장점이 아닌 것은?

① 전체업무에 대한 높은 수준의 이해도
② 조직내 인원의 사내에서의 안정적인 위치확보
③ 새로운 아이디어나 공법 등에 대응 용이
④ 밀접한 인간관계 형성

해설 10
태스크포스조직(전담반 조직)
• 각 분야의 전문가들이 모인 한시적 조직이다.
• 특징 : 긴급공사, 중요한 공사를 할 때처럼 조직이 해결해야 할 과업의 성격이 그 조직의 사활을 좌우할 만큼 중요할 때 필요한 조직이다. 상호의존적인 기능을 요하는 경우에 효과적인 역할을 한다.

문제 11 산업

건설공사의 조사, 설계, 감리, 기술관리 등에 관한 기본적인 사항과 건설업의 등록 및 건설공사의 도급 등에 필요한 사항을 정한 법은?

① 건설산업기본법
② 산업안전보건법
③ 엔지니어링 산업 진흥법
④ 국가기술자격법

정답 9. ④ 10. ② 11. ①

5 공정관리 및 품질관리(QC)

> **학습방향**
>
> 최근에는 공정관리와 QC가 출제되는 경우에는 여러 문제가 집중되는 경향이다.
> 1. 공정계획 수립시 고려사항, 공정표의 종류와 특징, 특급점 등이 출제된다.
> 2. N/W 공정표의 특징, 용어설명, 일정계산 요령 등이 자주 출제된다.
> 3. 최근에는 LOB기법, MCX 이론 등 출제가 다양화 되었다.
> 4. 품질관리의 4 Cycle과 QC의 7가지 도구의 특징을 정리해 두어야 한다.

1 공정관리의 개요

(1) 공정관리의 개념

공정관리는 공기를 예측하고 공기내 완성을 목표로 자재, 장비, 인원투입, 외주계획, 자금 투자 등을 최적화하고, 공기지연 및 조기완공 등 계획변경 사항 등에 대한 공기의 영향을 분석하고, 설계변경에 따른 재계획을 함으로써 결과적으로 생산성 증대 및 품질향상, 공기지연 요소를 감소시키는 총체적인 Project의 기획, 통제, 관리 과정이다.

(2) 공정계획 작성시 고려사항

① 공정계획은 품질목표와 생산속도의 향상, 가격과 안전을 만족해야 한다.
② 공정계획은 자재, 노무 및 기계설비 등의 사항을 고려한다.
③ 노무, 재료, 시공기계는 필요한 때에 필요한 만큼 준비하도록 계획한다.
④ 각 작업원 및 공사기계의 작업능률, 조달 가능성 등을 고려한다.
⑤ 공정계획은 지질 및 시공법, 동종의 공사경험등을 고려하여 작성한다.
⑥ 세부공사 공정계획은 공정계획수립 후 별도로 작성하여야 한다.
  ※ 기본공정표 먼저 작성
⑦ 공기를 단축하기 위해서는 공사를 가능한 중복시켜 시공하도록 한다.
⑧ 재료수배의 난이, 부품제작일수, 운반상황등을 고려하여 공정표에 반영한다.
⑨ 작업일수계산시 강우기, 한냉기 등 작업불능일수를 계산해야 한다.

> **학습POINT**
>
> ■ Project의 기획, 통제, 관리 기법
> ① Barchart(Gantt Chart)
> ② PERT/CPM(ADM) 방식
> ③ PDM방식
> ④ LOB(Line of Balance) 기법
> ⑤ Simulation 기법
> ⑥ 일정과 비용의 통합관리 System : EVMS (Earned Value Management System)

(3) 공종별 공정 특징
① 기초공사는 옥외작업으로 인하여 천후에 좌우되기 쉽고, 공정의 변경이 많으므로 지연되기 쉽다. 공기를 충분히 잡아야 하며, 공기단축이 어렵다.
② 골조공사는 천후에 좌우되나 공장가공이 많은 공정도 있고 비교적 공정단계가 적고 반복작업이 많으므로 공기 단축을 위해서는 골조공사를 서두르는 것이 효과적이다.
③ 마감공사는 천후에 좌우되는 경우가 적으나 공정단계가 많으므로 충분한 공기를 잡아둘 필요가 있다. 공기단축이 어렵다. 중복시공하는 것이 좋다.

■ 기성고 누계 곡선(S자곡선)

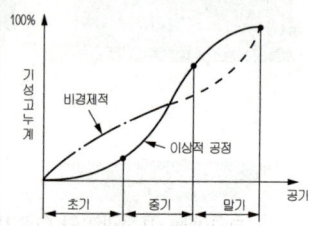

* 특징 : 초기 – 공기지연, 기성고 저조
  중기 – 기성고가 순조롭다.
  말기 – 기성고 저조, 공기지연

2 공정표의 종류

종류	정의, 장·단점 특징
횡선식 공정표 (Bar Chart)	• 세로난에 공사명을 잡고 가로난에 기간을 표시하여 예정일수를 바차트 그래프로 나타낸다. • 장점 ① 각 공정별 공사와 전체의 공정시기 등이 일목요연 ② 각 공정별 착수 및 종료일이 명시되어 판단이 용이 • 단점 ① 각 공정별의 상호관계, 순서 등이 시간과의 관련성이 없고 횡선의 길이에 따라 진척도를 개괄적으로 판단
사선식 공정표	• 작업간의 관련성을 나타낼 수는 없으나 공사의 기성고를 표시하는데 편리하고 공사지연에 대한 조속한 조치가 가능하다.
열기식공정표	• 공사착수와 완료기일 등을 글자로서 나열시키는 방법으로 가장 간단한 형식이다. • 부분공정표를 나타낼 때 사용되는 공정표로 재료준비, 인부 수, 재료 주문기일 등을 열기식으로 표시한 것이다.

■ 형태에 따른 공정표의 종류
① 형태에 의한 분류

[횡선(막대)공정표]
• 예정과 실시를 비교하면서 관리하는 공정표

[사선(절선)공정표]
• 공사의 기성고를 표시하는 데는 대단히 편리

[열기식 공정표]
• 가장 간단 인부 및 자료준비를 하는 데에 있어서 가장 적당하다.

[네트워크 공정표]
• 작업의 상호관계를 ○표와 화살표로 표시한 망상도(網狀圖)로 표시

3 네트워크(Net work)공정표

각 작업의 상호관계를 네트워크(Net Work)로 표현하는 수법으로 CPM(Critical Path Method)기법과 PERT(Program Evaluation & Review Technigue)기법이 대표적으로 사용된다.

※ Net work 공정표의 유형 3가지
PERT/CPM 이론에서 나온 I-J식, I-J식에서 응용된 프리시던스식. I-J식과 프리시던스를 혼합한 길버트식이 있다.
① I-J식 Net Work : AOA(Activity on Arrow) Diagram
② PDM(Precedance)식
③ 길버트식(Gilbert Method)

(1) N/W 공정표의 특징, 장·단점

특 징	① 공사계획의 전모와 공사전체의 내용파악을 쉽게 할 수 있다. ② 각 공정이 분해되어 작업의 흐름과 상호관계가 명확하게 표시된다. ③ 계획단계에서부터 공정상의 문제점이 명확하게 파악되고 작업 전에 수정을 가할 수 있다. ④ 공사의 진척상황이 누구에게나 쉽게 알려지게 된다.
장 점	① 개개의 관련작업이 도시되어 있어 내용을 파악하기 쉽다. ② 계획관리면에서 신뢰도가 높으며 전자계산기의 이용이 가능하다. ③ 공정이 원활하게 추진되며, 여유시간 관리가 편리하다. ④ 상호관계가 명확하여 주공정선의 일에는 현장인원의 중점배치가 가능하다. ⑤ 건축주, 관련업자의 공정회의에 대단히 편리(이해가 용이)
단 점	① 다른 공정표에 비해 작성시간이 많이 걸린다. ② 작성 및 검사에 특별한 기능이 요구된다. ③ 작업의 세분화 정도에는 한계가 있다.(공정세분화의 어려움) ④ 공정표를 수정하기란 대단히 어렵다.(전체가 영향을 받음)

■ 공정관리의 진행과정
① 플래닝 단계(Planning) : 공사계획 수립단계
② 스케쥴링(Scheduling) : 세분된 작업 계획을 수립하는 단계
③ 모니터링 단계(Monitoring) : 진도를 신속 정확하게 측정한다.
④ 콘트롤 단계(Control) : 실적과 계획의 차이를 분석한다.

(2) 공정표 작성순서

수순계획	① 자료준비후 프로젝트를 단위작업으로 분해 ② 각 작업의 순서를 붙이고 네트워크를 표현한다. ③ 각 작업시간을 겨냥하여 정한다.
일정계획	④ 시간 계산(일정계산) ⑤ 공사기일 조정 ⑥ 공정도 작성

■ 일정계산 요령
① EFT = EST + 작업일수
② EST = EFT − 작업일수
③ LFT = LST + 작업일수
④ LST = LFT − 작업일수

(3) Net Work 공정표

용 어	기 호	내 용
Event(Node)	○	작업의 결합점, 개시점 또는 종료점
Activity	→	작업, 프로젝트를 구성하는 작업단위
Dummy	---→	더미, 가상작업, 작업이나 시간의 요소는 없음
가장 빠른 개시시각	EST	Earliest starting time 작업을 시작하는 가장 빠른 시각
가장 빠른 종료시각	EFT	Earliest finishing time 작업을 끝낼 수 있는 가장 빠른 시각
가장 늦은 개시시각	LST	Latest starting time 공기에 영향이 없는 범위에서 작업을 늦게 시작하여도 좋은 시각
가장 늦은 종료시각	LFT	Latest finishing time 공기에 영향이 없는 범위에서 작업을 늦게 종료하여도 좋은 시각
Path		네트워크 중 둘 이상의 작업의 이어짐 상태
Longest path	LP	임의의 두 결합점간의 패스 중 소요시간이 가장 긴 패스

■ 주공정선(CP)의 특징
① 여유시간이 없다.
  (TF=0, FF=0, DF=0)
② CP는 복수의 경로가 존재할 수 있다.
③ 더미가 CP가 될 수도 있다.
④ 여러경로 중 가장 많은 날수를 소모한다.
⑤ 개시결합점에서 종료결합점까지 연결되어야 한다.
⑥ EST, EFT, LST, LET가 똑같은 값이다.

Critical path	CP	네트워크 상에 전체공기를 규제하는 작업과정(시작에서 종료 결합점까지의 가장 많은 소요날수의 경로)
Float		작업의 여유시간(공기에 영향이 없음)
Slack	SL	결합점이 가지는 여유시간
Total float	TF	최초의 개시일에 작업을 시작하여 가장 늦은 종료일에 완료할 때 생기는 여유일(그 작업의 LFT-그 작업의 EFT)
Free float	FF	최초의 개시일에 작업을 시작하고, 후속작업을 최초 개시일에 시작하여도 생기는 여유일(후속작업의 EST-그 작업의 EFT)
Dependent float	DF	후속작업의 TF에 영향을 주는 플루우트 (DF = TF - FF)

(4) Net Work 공정표의 구성요소의 특징

Activity (작업, 활동)	Event와 Event를 연결하는 실선화살표로 일반적으로 작업명은 위에, 소요일수는 아래에 나타낸다. Activity 선상에서 자원투입이 이루어진다.
Event (결합점, Node)	작업의 시작과 끝을 나타내며, 선행작업이 여러개의 병행작업이더라도 이벤트에서 선행작업이 모두 완료 안되면 후속작업은 개시할 수 없다.
Dummy (명목상 작업)	① Numbering Dummy : 같은 Enent에서 시작해서 같은 Event로 끝나는 작업이 2개 이상일 때 사용 ② 논리적 더미(Logical Dummy) : 작업의 독립, 상호종속관계를 표시하는 더미이다. ③ 릴레이션쉽더미(Relationship Dummy) : 길버트식 네트워크에서만 나타나는 더미로써 다양한 상관관계를 나타내는데 이용된다.

■ 더미의 활용

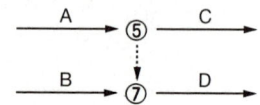

C선행작업은 A,
D의 선행작업은 A, B

■ 더미의 특징
① 가상의 작업으로 작업이나 시간의 요소는 없다.
② 선후관계, 종속관계를 나타낸다.
③ 이벤트형 네트워크(결합점 중심 네트워크, PDM식 네트워크)에는 Dummy가 없다.
④ 점선화살표로 동시작업을 표시할 때 사용된다.
⑤ CP가 될 수 있다.

(5) Net work 공정표 작성의 기본규칙

① 작업의 시작점과 끝점은 Event로 표시되어야 하고 Event와 Event 사이에는 하나의 Activity만 존재하여야 한다.
② 결합점에 들어오는 선행작업이 모두 완료되지 않다면 그 결합점에서 나가는 작업은 개시될 수 없다.
③ 네트워크의 최초 개시 결합점과 최종 종료결합점은 하나씩이어야 한다.
④ 네트워크상 작업을 표시하는 화살선은 역진 또는 회송되어서는 안된다.

(6) 일정계산 및 여유시간 계산방법

1) EST, EFT의 계산방법
① 작업의 흐름에 따라 전진 계산한다.

■ 일정표시 계산방법

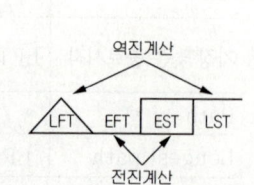

② 최초작업의 EST = 0으로 한다.
③ EFT는 EST에 소요일수를 가하여 구한다.
  (EFT = EST + 소요일수)
④ 복수의 작업에 종속되는 작업의 EST는 선행작업 중 EFT의 최대값으로 한다.
⑤ 최종 결합점에서 끝나는 작업의 EFT의 최대값이 계산공기에 해당한다.

■ 복수의 작업은 전진 최대값

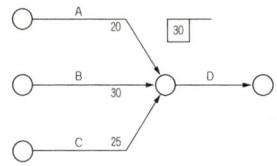

2) LST, LFT의 계산 방법
① 역진계산(작업흐름과 반대방향)으로 한다.
② 종료결합점에서는 지정공기로서 LFT를 넣으면 지정공기에 대한 LST, LFT가 구하여 지고 반대로 역진계산의 초기의 값을 계산 공기로 하였을 때에는 계산공기에 대한 LST, LFT가 구해진다.
③ 어느 작업의 LST는 그 작업의 LFT에서 소요일수를 감하여 구한다.
④ 종속작업이 복수일 때는 LST의 최소값이 그 작업의 LFT가 된다.

■ 복수의 작업은 역진 최소값

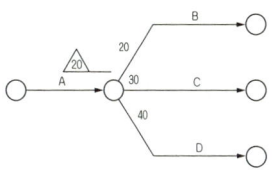

(7) PERT와 CPM의 차이점 비교

구 분	PERT	CPM
개발배경	• 1958년 미해군 Polaris 핵잠수함 건조계획시 개발	• 1956년 미국의 Dupant사에서 연구개발
주목적	공기단축	공비절감
주대상	• 신규사업, 비반복사업 – 경험이 없는 사업	• 반복사업–경험이 있는 사업
소요시간추정	3점 추정 $T_e = \dfrac{t_o + 4t_m + t_p}{6}$	1점 추정 Te=tm
일정계산	결합점(Event)중심 TE, TL	활동(Activity)중심 EST, EFT, LST, LFT
여유시간	SLACK	Float ┬ TF(전체여유) ├ FF(자유여유) └ DF(간섭여유)
MCX(최소비용)	• 이론이 없다.	CPM의 핵심이론이다.

■ 최소비용공기단축기법
  MCX(Minimum Cost Expediting) 기법
공사기간 단축기법으로 주공정상의 소요작업 중 비용구배(Cost Slope)가 가장 작은 요소작업부터 단위시간씩 단축해 가며 이로 인해 변경되는 주공정이 발생되면 변경된 경로의 단축해야 할 요소작업을 결정해 가는 방법(기법)

(8) 최소비용 공기단축 순서
① 공정표 작성후 CP를 구한다.
  ※ 주공정상의 작업을 선택하고 그 작업이 단축 가능한 경로이어야 한다.
② 비용구배를 구한다.
  ※ 비용구배가 최소인 작업을 단축

③ 단축가능 한계까지 단축한다.
④ CP에서 공기를 단축하되 CP가 아닌 Sub-CP가 CP가 될 때까지 단축한다.
  ※ Sub-CP를 확인
⑤ CP와 Sub-CP를 동시에 단축한다.
  ※ 위 과정을 반복 수행한다.

■ 비용구배(Cost Slope) : ~원/일

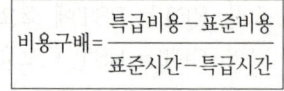

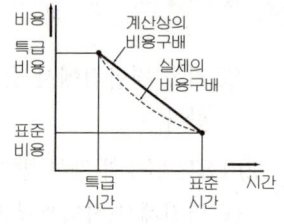

> 참고 공기단축시 주의점
> ① 최소비용 공기단축이 되게 하며, 단축에 따른 품질이나 안전성 저하를 방지한다.
> ② 공기단축을 위하여 노동시간을 연장하는 것은 가능한 피한다.
> ③ 공기단축에 의한 다른 작업과의 영향도 충분히 검토한다.
> ④ 공기단축에 있어서 투입자원(기계대수, 작업 인원 등)의 증가한도도 충분히 검토한다.

(9) 경제적인 시공속도

① 총공사비는 직접비 + 간접비로 구성된다.
② 시공속도를 빠르게 하면 간접비는 절감되고 단위시공량에 대한 직접비는 증대된다.
③ 공사기일을 단축하여 생긴 간접비의 절감과 직접비의 증대된 것을 합하면 서로 상쇄되고 이 합계가 최소가 되도록 하는 것이 가장 적절한 시공속도 즉, 경제적 속도가 된다.

표 준 점 (Normal Point)	직접비와 간접비의 합계가 최소가 되는 점으로 이 때의 공기를 최적공기라 한다.
특 급 점 (Crash Point)	자재, 인력을 아무리 투입하여도 더 이상의 공기를 단축할 수 없는 한계점으로 A점에 해당된다.

■ 총공사비 곡선

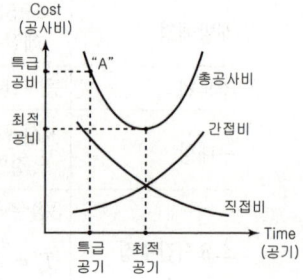

(10) ADM 공정표와 비교한 PDM(Precedence Diagramming Method)의 특징

① Node에 많은 정보 표기가 가능
② 4가지 연관관계(Relationship) 표시가 가능
  * S-S, S-F, F-F, F-S 관계 표시
③ Dummy가 발생되지 않음
④ Lag Time(대기시간)을 표시할 수 있음
⑤ Net Work의 수정 및 독해가 용이하다.
⑥ 작업의 상호 연관관계와 더불어 중복관계(Over Lapping)를 표시할 수 있다.

■ PDM 네트워크의 표시예

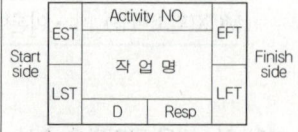

작업번호(activity No.)
작업일수(D, duration)
책임자(Resp, responsibility)

※ 책임자란에는 작업비용(Cost)을 표기할 수 있으며, ADM 방식보다 훨씬 많은 정보를 기재할 수 있다.

4 LSM (linear Scheduling Method) 기법

LSM기법은 반복되는 각 작업들의 상호관계를 명확하게 나타낼 수 있어 도로나 고층빌딩골조와 같은 반복되는 공사에 주로 사용되며 LOB(Line of Balance)기법이라고도 한다.

(1) LSM(LOB) 기법의 장점
① 네트워크 공정표에 비해 사용하기 쉬우며 작성하기 쉽다.
② 바 차트에 비해 보다 많은 정보를 제공한다.
③ 네트워크 공정표나 바 차트가 나타낼 수 없는 진도율을 나타낼 수 있다.

(2) LSM에서 발생되는 직선간 특징
① 발산(Diverge) : 한 작업의 생산성 기울기가 선행작업의 기울기보다 작을 때
② 수렴(Converge) : 한 작업의 생산성 기울기가 선행작업의 기울기보다 클 때
③ 간섭(Interference) : 공사중 발생하는 각 공종간의 마찰현상
④ 버퍼(Buffer) : 간섭을 피하기 위한 연관된 선 후 작업간의 여유시간

■ LOB의 특징
① 반복작업에서 각 작업조의 생산성을 유지시키면서 그 생산성을 기울기로 하는 직선이다.
② LOB도표의 세로축(y축)은 단위작업의 반복되는 수(층수)를 나타내고 가로축(x축)은 공사기간을 나타낸다.
③ 전체공사의 주공정선은 기울기가 작은 작업에 영향을 많이 받는다.
④ 버퍼(Buffer) : 작업간의 필요한 시간과 거리를 표시하며, 주공정선을 표시하기 위하여 사용한다.

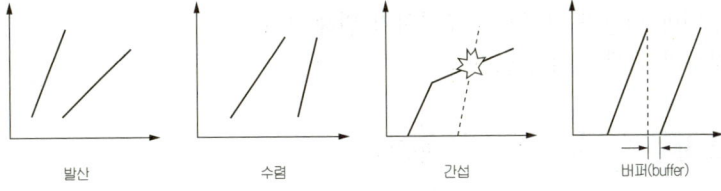

발산   수렴   간섭   버퍼(buffer)

5 품질관리(QC)

(1) 관리싸이클 4단계

① 계획(Plan)	제품규격, 작업표준, 생산계획
② 실시(Do)	규격, 표준에 의한 작업실시
③ 검토(Check)	검토, 계측, 측정(관리도 선정)
④ 조치(Action)	검토결과에 따라 조치

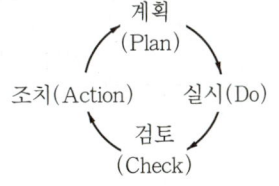

(2) 품질관리(T.Q.C)를 위한 7가지 도구

전사적 품질관리(Total Quality Control)란 소비자가 충분한 만족을 할 수 있도록 좋은 품질의 제품을 보다 경제적인 수준에서 생산하기 위해 사내의 각 부분에서 품질의 유지와 개선의 노력을 종합적으로 조정하는 효과적인 시스템을 말한다. 이러한 품질관리(T.Q.C)를 위한 기초수법으로 이용되는 도구(Tools)로는 다음 7가지를 이용한다.

종류	내용
① 히스토그램 (Histogram)	칫수, 무게, 강도등 계량치의 Data가 어떤 분포를 하고 있는지 알기 위해 기둥 그래프와 같은 형태로 만든 것. 대체적 평균이나 Data의 안정여부 판단한다.
② 특성요인도	결과(특성)에 대해 원인(요인)이 어떻게 관계 하는지를 알기 쉽게 작성한 그림으로 생선뼈 그림이라고도 한다.
③ 파레토도	결함부나 기타 시공불량 등 항목을 구분하여 크기순으로 나열하여 결함항목을 집중적으로 감소시키는데 효과적으로 사용된다. 문제점과 효율적인 대책을 판단하는데 유효하게 사용된다.
④ 체크 시이트	계수치의 데이타가 분류항목의 어디에 집중되어 있는지 알아보기 쉽게 나타낸 그림이나 표, 문제점을 판단할 수 있다.
⑤ 각종그래프 및 관리도	Data를 요약하여 단번에 뜻을 알 수 있도록 나타낸 그림. 기록도표, 예정도표, 기록, 계산도표, 원그래프 등이 있다.
⑥ 산점도	서로 대응하는 데이타를 그래프 용지위에 점으로 나타낸 그림. 두 변수간 상관관계를 파악할 수 있다.
⑦ 층별	집단을 구성하는 많은 Data를 어떤 특징에 따라 몇개의 부분 집단으로 나누는 것을 말한다.

■ 품질관리 7가지 도구

히스토그램	분포도
파레토그램	영향도
특성요인도	원인결과도
체크시이트	집중도
산점도	상관도(=산포도)
층별	부분집단도
그래프	막대, 꺾은선

(3) 관리도

관리도란 공정이 안정한 상태에 있는가 아닌가를 조사하기 위해, 또는 공정을 안정한 상태로 유지하기 위해 쓰이는 도면

※ 관리도의 종류

데이터	호칭	용도비교
계량치	$\bar{x} - R$ 관리도	평균치와 범위
	x 관리도	개개의 측정치
	$\tilde{x} - R$ 관리도	중위수와 범위
계수치	Pn 관리도	불량개수
	P 관리도	불량율
	C 관리도	결점수
	U 관리도	단위 결점수

(4) 품질관리의 목적

① 시공능률의 향상
② 설계의 합리화
③ 품질 및 신뢰성의 향상
④ 작업의 표준화

핵 심 문 제

문제 1 　　　　　　　　　　　　　　　　　　기사

발주자에 의한 현장관리로 볼 수 없는 것은?
① 착공신고
② 하도급계약
③ 현장회의 운영
④ 클레임 관리

문제 2 　　　　　　　　　　　　　　　　　　기사

기성고와 공사의 진척상황을 기입하여 예정과 실제 비교하면서 공정을 관리해 나가는 공정표는?
① 열기식 공정표　　　　② 횡선식 공정표
③ 절선식 공정표　　　　④ 구간 공정표

문제 3 　　　　　　　　　　　　　　　　　　기사

각 공사별 공정표로 인부 및 재료를 준비하는 데에 있어서 가장 적당한 것은?
① 일순 공정표
② 절선 그래프식 공정표
③ 열기식 공정표
④ 횡선 그래프식 공정표

문제 4 　　　　　　　　　　　　　　　　　　기사

기본공정표와 상세공정표에 표시된 대로 공사를 진행시키기 위해 재료, 노력, 원척도 등이 필요한 기일까지 반입, 동원될 수 있도록 작성한 공정표는?
① 횡선식 공정표　　　　② 열기식 공정표
③ 사선 그래프식 공정표　　④ 일순식 공정표

문제 5 　　　　　　　　　　　　　　　　　　공통

바차트와 비교한 Net work 공정표의 장점이라고 볼 수 없는 것은?
① 공정계획의 작성시간이 단축된다.
② 작업 상호간의 관련성을 알기 쉽다.
③ 공기단축 가능요소의 발견이 용이하다.
④ 공사의 진척 관리를 정확히 실시할 수 있다.

해 설

해설 1
① 공정관리는 시공자(수급자)가 공기준수를 목적으로 수행하는 관리이다.
② 하도급계약은 원도급자가 전문업자와 다시 체결하는 계약으로서 건축주(발주자)와는 관계없다.

해설 2 횡선식 공정표
공정을 막대그래프로 표시하고 이것에 공사진척 사항을 기입하고 예정과 실시를 비교하면서 관리하는 공정표로 가장 많이 이용된다.

해설 3,4 열기식 공정표
각 공사의 착수와 완료일을 기록하는 간단한 공정표로 인부 및 재료 준비를 하는 데에 있어서 가장 적당하다.

해설 5,6 Net work 공정표
• 단점
① 다른 공정표에 비해 작성시간이 필요하다.
② 작성 및 검사에 특별한 기능이 요구된다.
③ 작업의 세분화 정도에는 한계가 있다.
④ 공정표를 수정하기가 어렵다.

정답 1.② 2.② 3.③ 4.② 5.①

제1장 총론 및 관리

문제 6 산업

네트워크 공정표의 특성에 관한 설명으로 잘못된 것은?
① 개개의 작업관련이 도시되어 있어 내용이 알기 쉽다.
② 작업순서 관계가 명확하여 공사 담당자간의 정보전달이 원활하다.
③ 네트워크 기법의 표시상 제약으로 작업의 세분화 정도에는 한계가 있다.
④ 공정표 작성 및 검사에 특별한 기능이 필요치 않으며, 작성시간이 짧으며, 단순하다.

문제 7 산업

건설 프로젝트의 비용 및 일정에 대한 계획 대비 실적을 통합된 기준으로 비교, 관리하는 통합공정관리시스템은?
① EVMS(Earned Value Management System)
② QC(Quality Control)
③ CIC(Computer Integrated Construction)
④ CALS(Continuous Acquisition & Life cycle Support)

문제 8 공통

다음 용어의 설명 중 가장 옳지 못한 것은?
① 이벤트(Event) : 작업과 작업을 결합한 점 및 시점, 종료점
② 패스(Path) : 네트워크 중 둘 이상의 작업이 이어짐
③ 플로우트(Float) : 작업의 여유시간
④ 액티비티(Activity) : 작업을 수행하는데 필요한 시간

문제 9 기사

네트워크(Network) 공정표에 대한 용어의 설명 중 옳지 않은 것은?
① 플로트 – 작업의 여유시간
② 이벤트 – 작업의 개시점 또는 결합점
③ 슬랙 – 네트워크 중에서 둘 이상의 작업의 연결
④ 크리티컬 패스 – 개시 결합점에서 종료 결합점에 이르는 최장 패스

문제 10 산업

다음 중 네트워크(Network) 공정표에 사용되는 용어가 아닌 것은?
① E.T(Earlist node Time)
② L.T(Latest node Time)
③ T.F(Total Float)
④ E.F(Earlist Float)

해설

• 장점
① 개개의 작업관련이 도시되어 있어 내용이 알기 쉽다.
② 개개공사의 상호관계가 명료하므로 주공정선의 일에는 현장인원의 중점배치가 가능하다.
③ 작업순서 관계가 명확하여 공사 담당자간의 정보전달이 원활하다.

해설 7
EVMS : 일정과 비용의 통합관리 System
① 성과위주(달성가치)의 관리체계이다.
② 작업계획과 실제 달성된 작업을 계속 측정하여 최종비용과 일정을 예측관리하는 System으로 통상 CPM 같은 공정관리 System을 활용한다.

해설 8
• 작업(Activity) : 작업 및 프로젝트를 구성하는 작업단위
• 소요시간(Duration) : 작업을 수행하는데 필요한 시간(공기)

해설 9
네트워크 공정표 용어와 기호
① Path : 네트워크 중 둘 이상의 작업이 이어짐.
② Slack : 결합점이 가지는 여유시간

해설 10 여유시간(Float)
① 전체여유(Total Float), 자유여유(Free Float), 종속(간섭)여유(Dependent Float)
② E.F(Earliest Float) : 이러한 용어는 없다.

정답 6. ④ 7. ① 8. ④ 9. ③ 10. ④

문제 11

네트워크(Network) 공정표에서 더미(Dummy)에 관한 설명으로 옳은 것은?

① 작업의 상호관계만을 표시하는 점선 화살표
② 네트워크의 결합점 및 개시점·종료점
③ 작업을 수행하는데 필요한 시간
④ 작업의 여유시간

해설 11 더미(Dummy)
※ 작업 상호관계를 표시하는 점선 화살표이다.
② : 이벤트(Event)
③ : 소요 시간(Duration)
④ : 플로우트(Float)

문제 12

다음 공정표에서 종속관계에 관한 설명으로 옳지 않은 것은?

① C는 A작업에 종속된다.
② C는 B작업에 종속된다.
③ D는 A작업에 종속된다.
④ D는 B작업에 종속된다.

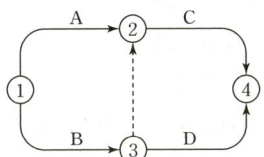

해설 12
C는 A, B 양 작업에 종속되지만 D는 B작업에만 종속된다.
→ 작업 D는 작업 B가 완료되면 바로 개시할 수 있으나 작업 C는 A, B 두 작업이 완료되어야만 개시할 수 있다.

문제 13

그림과 같은 네트워크 공정표에서 주공정선(Critical path)은?

① ① → ③ → ⑤ → ⑥
② ① → ② → ④ → ⑥
③ ① → ② → ③ → ④ → ⑥
④ ① → ② → ③ → ⑤ → ⑥

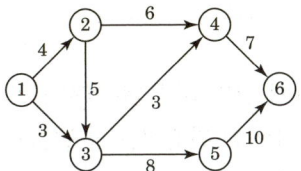

해설 13
① : 21일 ② : 17일 ③ : 19일
④ : 27일이 소요되므로 ④번의 항목이 CP에 해당되는 경로이다.

문제 14

PERT-CPM 공정표 작성시에 EST와 EFT의 계산방법 중 옳지 않은 것은?

① 작업의 흐름에 따라 전진 계산한다.
② 개시결합점에서 나간 작업의 EST=0으로 한다.
③ 어느 작업의 EFT는 그 작업의 EST에 소요일수를 가하여 구한다.
④ 복수의 작업에 종속되는 작업의 EST는 선행작업 중 EFT의 최소값으로 한다.

해설 14 EST와 EFT의 계산방법
① 작업흐름에 따라 전진 계산한다.
② 개시결합점에서의 EST=0이다.
③ EFT=EST+공기로 한다.
④ 복수작업의 EST=선행작업 중 EFT의 최대값으로 한다.

정답 11. ① 12. ③ 13. ④ 14. ④

문제 15 기사

다음 Net work 공정에 관한 설명 중 틀린 것은?
① 작업을 EST에서 시작하고 LFT로 완료할 때 생기는 여유를 토탈플로우(T.F)라 한다.
② 작업을 EST로 시작하고 후속작업도 EST로 시작하여 존재하는 여유시간을 프리플로우트(F.F)라 한다.
③ 크리티칼 패스상에는 디펜던트 플로우트(D.F)는 0(Zero)이다.
④ 플로우트(Float)는 공기에 영향을 미친다.

[해설] 15 플로우트(Float)
공기에 영향이 없는 작업의 여유시간을 말한다.

문제 16 공통

건축공사의 시공속도에 관한 설명 중 부적당한 것은?
① 공사속도를 빠르게 할수록 직접비는 감소한다.
② 급작공사를 강행할수록 공사의 질은 조잡해진다.
③ 매일 공사량은 손익분기점 이상의 공사량을 실시하는 것이 채산되는 시공속도이다.
④ 시공속도는 간접비와 직접비의 합계가 최소가 되도록 하는 것이 가장 경제적이다.

[해설] 16, 17 공사비와 시공속도
① 시공속도를 빠르게 하면 직접공사비는 증가하고 간접공사비는 감소한다.
② 경제적 시공속도 : 간접비와 직접비의 합계가 최소가 되도록 한 시공속도이다.
③ 급작공사를 강행할수록 공사의 질은 조잡해지는 경향이 있다.
④ 매일 공사량은 손익분기점 이상을 수행해야 채산되는(이익이 남는) 시공속도가 된다.

문제 17 기사

공정관리에서 공기단축을 시행할 경우에 관한 설명으로 옳지 않은 것은?
① 특별한 경우가 아니면 공기단축 시행 시 간접비는 상승한다.
② 비용구배가 최소인 작업을 우선 단축한다.
③ 주공정선상의 작업을 먼저 대상으로 단축한다.
④ MCX(minimum cost expediting)법은 대표적인 공기단축방법이다.

문제 18 기사

아무리 비용을 투자해도 그 이상 공기를 단축할 수 없는 한계점은?
① 특급점 (crash point)
② 표준점 (normal point)
③ 포화점
④ 경제 속도점

[해설] 18
그림에서 보는 바와 같이 특급점에서는 아무리 비용을 투자해도 그 이상 공기를 단축할 수 없다.

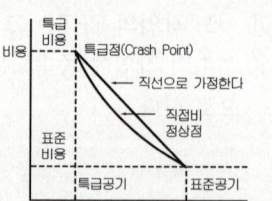

정답 15. ④ 16. ① 17. ① 18. ①

문제 19

공사기간 단축기법으로 주공정상의 소요작업 중 비용구배(Cost Slope)가 가장 작은 요소작업부터 단위시간씩 단축해 가며 이로 인해 변경되는 주공정이 발생되면 변경된 경로의 단축해야 할 요소작업을 결정해 가는 방법은?

① MCX(Minimum Cost Expediting)
② CP(Critical Path)
③ PERT(Program Evaluation and Review Technique)
④ CPM(Critical Path Method)

문제 20

MCX(Minimum Cost Expediting)기법에 의한 공기단축 방법에 관한 설명 중 옳지 않은 것은?

① 주공정선(critical path)이외의 작업을 선택한다.
② 비용구배가 최소인 작업부터 단축한다.
③ 단축가능한계까지 단축한다.
④ 보조 주공정선(sub-critical path)의 발생을 확인한다.

문제 21

다음이 설명하는 공정관리의 기법은?

> [반복공사에서 y축은 층수, x축은 공기로 하여 그 생산성을 기울기 직선으로 나타내는 방법으로 반복되는 작업이 많은 공사에 적용되는 기법]

① 바 챠트(Bar Chart)
② LOB(Line of Balance)
③ 매트릭스 공정표(Matrix Schedule)
④ PERT

문제 22

발주자가 요구하는 설계 시방서에 적합한 품질의 구조물을 경제적으로 축조하는 수단의 시스템을 품질관리의 4단계라 한다. 품질관리의 4단계의 순서로 올바른 것은?

① 계획 → 실시 → 검토 → 시정
② 계획 → 검토 → 실시 → 시정
③ 시정 → 계획 → 실시 → 검토
④ 시정 → 계획 → 검토 → 실시

해 설

해설 19, 20

■ MCX이론 : 최소비용 공기단축 기법 순서
① CP : 주공정선을 구한다.
※ 주공정상의 작업을 선택한다.
② 비용구배를 구한다.
※ 비용구배가 최소인 작업을 단축한다.
③ 단축 가능 한계까지 단축한다.
④ CP에서 공기를 단축하되 CP가 아닌 Sub-CP가 CP가 될 때까지 단축한다.
⑤ CP와 Sub-CP를 동시에 단축한다.
※ 위 과정을 반복한다.

해설 21 LOB(Line of Balance) 기법

- 반복작업에서 각 작업 Team의 생산성을 유지하면서 그 생선성을 기울기로 하는 직선으로 각 반복작업의 진행을 표시하여 진도율을 나타내며 전체공사를 도식화하여 관리하는 기법
- 고층빌딩 골조와 같은 반복되는 공사 등의 공사에 적용한다.

해설 22 품질관리의 4단계

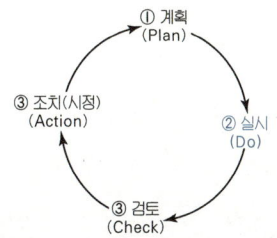

정답 19. ① 20. ① 21. ② 22. ①

문제 23

다음 중 QC(Quality Control) 활동의 도구가 아닌 것은?
① 기능계통도(Function Diagram)
② 산점도
③ 히스토그램(Histogram)
④ 특성요인도

해설 23 QC활동의 7가지 도구
① 히스토그램(Histogram)
② 특성요인도(Cause-and-Effect diagram)
③ 파레토그램(Pareto diagram)
④ 체크시트(Check sheet)
⑤ 각종 그래프
⑥ 산점도(Scatter diagram)
⑦ 층별(Stratification)

문제 24

TQC를 위한 7가지 도구 중 보기에서 설명하는 것은 무엇인가?

> 보기 결과에 대한 원인이 어떻게 관계하는지를 알기 쉽게 작성한 것으로 생선뼈 그림이라고도 한다.

① 산점도
② 체크사이트
③ 각종 그래프
④ 특성요인도

해설 24 특성요인도(원인결과도)
원인과 결과의 관계를 알기 쉽게 나무형상(생선뼈)으로 도시한 것으로 공정중에 발생한 문제나 하자를 분석할 때 사용

문제 25

건축공사의 공정관리에서 사용되는 용어와 거리가 먼 것은?
① 관리도
② 비용구배
③ 결합점
④ 마일스톤

해설 25
관리도는 품질관리에서 사용되는 용어이다.

문제 26

공정관리 용어로서 전체 공사과정 중 관리상 특히 중요한 몇몇 작업의 시작과 종료를 의미하는 특정시점을 무엇이라 하는가?
① 중간관리일
② 절점
③ 표준점
④ 비작업일

해설 26 중간관리일(Milestone)
전체 공사 중 관리상 특히 중요한 작업의 시작과 종료를 의미하는 특정시점으로 반드시 진도관리를 해야하는 주요시점을 의미한다.

정답 23. ① 24. ④ 25. ① 26. ①

건축기사 _ 기출문제

1 CHAPTER 총론 및 관리

문제 1

다음 중 가치공학(Value Engineering)기법의 적용과 직접적인 관계가 가장 먼 것은?

① 기능설계
② 원가절감
③ 브레인스토밍(Brainstorming)
④ 공기단축

[해설] 가치공학(Value Engineering)
① 대안 창출을 통하여 원가를 절감하는 기법
② 정보수집 및 기능 → 아이디어 창출 → 대체안 평가 및 개발 → 제안 및 실시
③ 브레인스토밍(Brainstorming) : 참가자가 자기 의사를 발표하여 아이디어를 끌어내는 것을 목적으로 한 집단적인 토론방법으로 VE의 아이디어 창출기법
※ 공기단축은 가치공학(VE) 기법과 직접적인 관계가 없다.

문제 2

린건설(Lean Construction)에서의 관리방법으로 옳지 않은 것은?

① 변이관리
② 당김생산
③ 흐름생산
④ 대량생산

[해설] (1) 린건설의 정의
낭비를 최소화 하는 가장 효율적인 건설 생산 체계(System)
※ 작업단계(운반, 대기, 처리, 검사)중 가치창출 과정인 처리작업 이외에 비가치창출 과정들을 최소화 하여 작업간 대기시간, 재고 등 낭비를 최소화하고, 생산의 효율성을 증진시키는 건설 생산 방식
(2) 변이관리(Variation Management), 흐름생산, 당김식 생산방식과도 관련이 있다.
(3) 린 건설과 기존의 관리방식의 비교

린 건설	기존의 관리방식
• 당김식(Pull-Type) 생산방식 후속작업의 상황을 고려하여 후속작업에 필요한 품질수준에 맞추어 필요로 하는 양만큼만 선작업 시행	• 밀어내기식(Push-Type) 생산방식 각 작업에서의 생산량이 전체생산 시스템의 작업량을 최대로 할 수 있는 양으로 결정되고 최대량 생산이 목적

※ 대량생산은 기존의 밀어내기식 생산방식으로 린건설과는 관련이 없다.

문제 3

공동도급(Joint Venture Contract)에 관한 다음 설명 중 틀린 것은?

① 공사수급의 경쟁완화 수단이 된다.
② 단독 회사의 도급공사보다 경비가 적게 든다.
③ 기술·자본 및 위험 등의 부담을 분산 감소시킨다.
④ 공동출자 기업체를 조직하여 한 회사 입장에서 공사 수급, 시공을 한다.

[해설] 공동도급의 장·단점
• 장점 : ① 융자력 증대
② 기술의 확충
③ 위험의 분산
④ 공사시공의 확실성
⑤ 신용도의 증대
⑥ 공사도급 경쟁완화
• 단점 : ① 한 회사의 도급공사보다 경비 증대
② 이해관계 충돌, 책임회피
③ 경영방식 차이에서 오는 능률 저하
④ 사무관리, 현장관리의 어려움
⑤ 하자책임 불분명

해답 1. ④ 2. ④ 3. ②

문제 4

공동도급(Joint Venture) 방식의 장점 중 옳지 않은 것은?

① 2이상이 업자가 공동으로 도급하므로 자금부담이 경감된다.
② 대규모 공사를 단독으로 도급하는 것보다 적자 등의 위험부담이 분담된다.
③ 공동도급 구성원 상호간의 이해충돌이 없고 현장관리가 용이하다.
④ 각 구성원이 공사에 대하여 연대책임을 지므로 단독도급에 비해 발주자는 더 큰 안정성을 기대할 수 있다.

[해설] 문제 3번 해설 참조

문제 5

CM(Construction Management)에 대한 설명으로 옳은 것은?

① 설계단계에서 시공법까지는 결정하지 않고 요구성능만을 시공자에게 제시하여 시공자가 자유로이 재료나 시공방법을 선택할 수 있는 방식이다.
② 시공주를 대신하여 전문가가 설계자 및 시공자를 관리하는 독립된 조직으로 시공주, 설계자, 시공자의 조정을 목적으로 한다.
③ 설계 및 시공을 동일회사에서 해결하는 방식을 말한다.
④ 2개 이상의 건설회사가 공동으로 공사를 도급하는 방식을 말한다.

[해설] CM
① 사업수행을 효율적이고 경제적으로 수행하기 위해서 각 전문가 집단에 의한 통합관리 기술을 건축주에게 서비스 하는 것을 말한다.
② 사업 전과정에서 공사비, 공기, 시공성에 대한 종합평가 및 설계변경에 대한 효율적 평가가 가능하여 발주자의 의사결정에 도움을 준다.
③ 주로 발주자의 조언자 역할만 수행하여, 공사전반에 대한 책임은 없다.(주로 CM for fee 방식 적용)

※ ① : 성능발주방식
③ : 턴키방식
④ : 공동도급(J.V)방식

문제 6

CM(Construction Management)의 주요업무가 아닌 것은?

① 부동산 관리업무 및 설계부터 공사관리까지 전반적인 지도, 조언, 관리업무
② 입찰 및 계약 관리업무와 원가관리업무
③ 현장 조직관리업무와 공정관리업무
④ 자재조달업무와 시공도 작성업무

[해설] 자재조달과 시공도의 작성업무는 시공자의 업무이다.

문제 7

입찰을 1차, 2차, 3차 입찰을 한 경우에도 입찰금이 초과되어 낙찰자가 없는 경우 최저 입찰자와 의논하여 계약을 체결하는 도급계약 방식은?

① 공개입찰 ② 지명입찰
③ 재입찰 ④ 특명입찰

[해설] 특명입찰
① 개찰결과 입찰가격이 예정가격을 초과한 때에는 입찰은 무효화되고 (유찰) 일정한 시간 후에 다시 재입찰 한다.
② 재입찰과 제3입찰을 하여도 낙찰자가 없는 경우는 최저 입찰자로부터 순차교섭하여 예정가격 이내의 금액으로 계약을 체결하는데 이것을 수의계약(특명입찰)이라 한다.

문제 8

건축공사 시방서에 기재하여야 할 사항 중 관계 없는 것은?

① 재료에 관한 사항
② 공정표 작성에 관한 사항
③ 공법 및 공사순서
④ 시공에 대한 주의사항

해답 4. ③ 5. ② 6. ④ 7. ④ 8. ②

해설 시방서 기재내용
① 재료의 종류, 품질검사사항
② 공법의 일반사항, 유의사항
③ 시공정밀도, 품질요구사항
④ 표준규격코드
⑤ 적용범위, 성능의 규정 및 지시 등

문제 9

아래 설명은 어느 방식에 해당되는가?

> 도급자가 대상 계획의 기업, 금융, 토지조달, 설계, 시공, 기계·기구설치, 시운전 및 조업 지도까지 주문자가 필요로 하는 모든 것을 조달하여 주문자에게 인도하는 방식으로, 산업기술의 고도화, 전문화와 건축물의 고층화, 대형화에 따라 계속 증가 추세인 것

① 프로젝트관리방식(PM)
② 공사관리방식(CM)
③ 파트너링방식
④ 턴키방식

해설 턴키도급
① 사업 일체를 일괄도급하는 도급계약 방식
② 목적은 기업의 이윤추구
③ 발주자의 계획 전권을 위임받아 공사를 진행한다.
④ 주로 대규모 공사, 특정 주요공사에서 채택된다.

문제 10

개념설계에서 유지관리 단계에 까지 건물의 전 수명주기 동안 다양한 분야에서 적용되는 모든 정보를 생산하고 관리하는 기술을 의미하는 용어는?

① ERP(Enterprise Resource Planning)
② SOA(Service Oriented Architecture)
③ BIM(Building Information Modeling)
④ CIC(Computer Integrated Construction)

해설 BIM(Building Information Modeling)
3차원형상정보모델로써 건설 전 분야에서 시설물 수명주기 동안 의사결정을 하는데 신뢰할 수 있는 근거를 제공하는 디지털 모델과 그의 작성을 위한 업무절차를 말함.
① 시설물의 수명주기 동안 시설물 정보를 생성하고 관리하는 일련의 행위들 또는 과정이 포함된다.
② BIM의 궁극적인 목적은 3차원의 시각정보 뿐 아니라 건축 시공관리의 핵심인 공정, 적산(견적), 정보관리의 다차원 정보공유를 목표로 한다.

문제 11

공사도급 계약체결 후 공사순서로 옳은 것은 다음 중 어느 것인가?

① 가설공사 – 기초공사 – 구체공사 – 방수공사 – 지붕공사 – 내부 마무리공사
② 가설공사 – 기초공사 – 방수공사 – 구체공사 – 토공사 – 지붕공사
③ 기초공사 – 가설공사 – 지붕공사 – 구체공사 – 방수공사 – 토공사
④ 기초공사 – 구체공사 – 지붕공사 – 방수공사 – 토공사 – 방습공사

해설 공사계약체결 후 공사순서
공사착공준비 → 가설공사 → 토공사 → 지정및 기초공사 → 구조체공사 → 방수·방습공사 → 지붕 및 홈통공사 → 외벽 마무리공사 → 창호공사 → 내부 마무리공사

문제 12

PERT와 CPM 공정표의 차이점으로 옳은 것은?

① CPM은 더미(Dummy)를 사용하나 PERT는 사용하지 않는다.
② CPM은 신규 및 경험이 없는 건설공사에 이용되나 PERT는 경험이 있는 공사에 이용된다.
③ CPM은 소요 시간 추정에서 1점 추정인 반면 PERT는 3점 추정으로 한다.
④ CPM은 화살선으로 작업을 표시하나 PERT는 원으로 작업을 표시한다.

[해설] PERT와 CPM의 차이점 비교

구 분	PERT	CPM
개발배경	1958년 미 해 군 Polaris 핵잠수함 건조계획시 개발	1956년 미국의 Dupant 사에서 연구개발
주목적	공기단축	공비절감
주대상	신규사업, 비반복사업 -경험이 없는 사업	반복사업-경험이 있는 사업
소요시간추정	3점 추정 $T_e=\dfrac{t_o+4t_m+t_p}{6}$	1점 추정 Te=tm
일정계산	결합점(Event)중심 TE, TL	활동(Activity)중심 EST, EFT, LST, LFT
여유시간	SLACK	Float ┬TF(전체여유) ├FF(자유여유) └DF(간섭여유)
MCX(최소비용)	이론이 없다.	CPM의 핵심이론이다.

문제 13

네트워크(Network)에 관한 용어로서 관계 없는 것은?

① 커넥터(Connector)
② 크리티칼 패스(Critical Path)
③ 더미(Dummy)
④ 플로우트(Float)

[해설] 커넥터(Connector)란 부재를 접합할 때 사용하는 부품이다.

문제 14

화살선형 Net Work의 화살표에 대한 설명 중 옳지 않은 것은?

① 화살표 밑에는 계획작업 일수를 숫자로 기재한다.
② 더미(dummy)는 화살점선으로 표시한다.
③ 화살표 위에는 결합점 번호를 기재한다.
④ 화살표의 길이는 특정한 의미가 없다.

[해설] 화살선 위에는 작업명이 기재된다. 결합점을 표시하는 동그라미 원속에 결합점 번호가 표시된다.

문제 15

다음은 네트워크(Network) 공정관리에서 활용되는 용어를 설명한 것 중 옳은 것은?

① DF(Dependent Float) : 후속 작업의 TF에 영향을 주는 여유시간을 말한다.
② FF(Free Float) : 가장 빠른 개시시각에 시작하여 가장 늦은 종료시각으로 완료할 때 생기는 여유시간이다.
③ TF(Total Float) : 가장 빠른 개시시각에 시작하고 후속하는 작업도 가장 빠른 개시시각에 시작하여도 발생하는 여유시간을 말한다.
④ SL(Slack) : 총 여유시간과 자유 여유시간과의 차이를 말한다.

[해설] ② TF(Total Float), ③ FF(Free Float)
④ DF(Dependent Float)

문제 16

다음 중 건설공사의 품질관리와 가장 거리가 먼 것은?

① ISO 9000　　② CIC
③ TQC　　　　④ Control Chart

[해설] CIC(Computer Integrated Construction)
컴퓨터를 통한 전산통합관리를 말하는 정보관리용어

문제 17

다음의 TQC를 위한 도구에 관한 설명 중 틀린 것은?

① 파레토도는 시공불량의 내용을 원인별로 분류해서 크기 순으로 나열하고, 세로 측에는 그 영향도를 잡아 막대 그래프를 작성하고 다음에 그 누적 비율을 꺾임선으로 표시한 것이다.
② 특성요인도는 원인과 결과의 관계를 알기 쉽게 나무형상으로 도시한 것으로서 공정 중에 발생한 문제나 하자 분석을 할 때 사용한다.

해답　13. ①　14. ③　15. ①　16. ②　17. ④

③ 히스토그램은 공사 또는 품질상태가 만족한 상태에 있는가의 여부를 판단하는데 가로측에 특성치를, 세로측에 도수를 잡고 구간의 폭으로 주상의 그림을 그린 도수도를 말한다.
④ 관리도는 품질특성과 이것에 영향을 미치는 두 종류의 데이터의 상호관계를 보는 것으로서 상관도라고도 한다.

[해설] 관리도
한눈에 파악되도록 관리상한선, 관리하한선을 기입하여 관리하는 그래프를 관리도라고 한다.
④항은 산점도, 상관도에 대한 설명이다.

문제 18

TQC를 위한 7가지 도구 중 다음 설명이 의미하는 것은?

> 모집단에 대한 품질특성을 알기 위하여 모집단의 분포상태, 분포의 중심위치, 분포의 산포 등을 쉽게 파악할 수 있도록 막대 그래프 형식으로 작성한 도수분포도를 말한다.

① 히스토그램 ② 특성요인도
③ 파레토도   ④ 체크시트

[해설] 히스토그램(Histogram) = 도수분포도
히스토그램은 공사 또는 품질상태가 만족한 상태에 있는가의 여부를 판단하는데 가로측에 특성치를, 세로측에 도수를 잡고 구간의 폭으로 주상의 그림을 그린 도수도를 말한다.

문제 19

건축 공사비에 대한 설명 중 옳지 않은 것은?

① 공사비는 직접공사비와 간접공사비로 구성된다.
② 직접공사비의 구성은 인건비, 자재비, 장비사용료 등이 이에 해당된다.
③ 공사속도를 빠르게 할수록 간접공사비는 감소한다.
④ 공사속도가 늦을수록 직접공사비는 증가한다.

[해설] 시공속도를 빠르게 하면 간접비는 절감되고 단위시공량에 대한 직접비는 증대된다.

문제 20

공정관리의 공정계획에는 수순계획과 일정계획이 있다. 다음 중 일정계획에 속하지 않는 것은?

① 시간계획
② 공사기일 조정
③ 프로젝트를 단위작업으로 분해
④ 공정도 작성

[해설] 공정표 작성순서

수순계획	① 자료준비후 프로젝트를 단위작업으로 분해 ② 각 작업의 순서를 붙이고 네트워크를 표현한다. ③ 각 작업시간을 겨냥하여 정한다.
일정계획	④ 시간 계산(일정계산) ⑤ 공사기일 조정 ⑥ 공정도 작성

문제 21

Net-Work 공정표에서 사용되는 용어가 아닌 것은?

① Activity   ② Operation
③ Arbitration   ④ Duration

[해설] ③항은 조정, 중재의 뜻으로 Claim과 관계된다.

문제 22

네트워크 공정표에서 작업의 상호관계만을 도시하기 위하여 사용하는 화살선을 무엇이라 하는가?

① Dummy   ② Event
③ Activity   ④ Critical Path

[해설] 더미(Dummy)
① N/W 공정표에서 작업의 상호관계, 종속관계를 표시하기 위한 점선화살표이다.
② 실제작업이 아니며 날수(공기)를 소요하지 않는다.
③ • Numbering Dummy
  • Logical Dummy
  • Relationship Dummy가 있다.

해답 18. ① 19. ④ 20. ③ 21. ③ 22. ①

문제 23

다음 중 네크워크 공정표에 사용되는 용어의 설명으로 옳지 않은 것은?

① Critical Path : 처음작업부터 마지막작업에 이르는 모든 경로 중에서 가장 긴 시간이 걸리는 경로
② Activity : 작업을 수행하는데 필요한 시간
③ Float : 각 작업에 허용되는 시간적인 여유
④ Event : 작업과 작업을 결합하는 점 및 프로젝트의 개시점 혹은 종료점

해설 N/W 공정표 중 Activity
작업, 프로젝트를 구성하는 작업단위를 의미

문제 24

공정표 작성시 공정계산에 관한 설명 중 옳은 것은?

① 복수의 작업에 후속되는 작업의 EST는 복수의 선행작업 중 EFT의 최소값으로 한다.
② 복수의 작업에 선행되는 작업의 LFT는 후속작업의 LST 중 최대값으로 한다.
③ 전체여유(TF)는 작업을 EST로 시작하고 LFT로 완료할 때 생기는 여유시간이다.
④ 종속여유(DF)는 후속작업의 EST에 영향을 주지 않는 범위 내에서 한 작업이 가질 수 있는 여유시간이다.

해설 ① : 복수작업에 종속되는 EST·EFT값은 선행작업 중 최대값을 적용한다.
② : 복수작업의 LST·LFT 값은 선행작업 중 최소값을 적용한다.
③ : DF는 후속작업의 TF에 영향을 주는 여유시간이다.

문제 25

낙관적 시간 a=4, 개연적 시간 m=7, 비관적 시간 b=8 이라고 할 때 PERT 기법에서 적용하는 예상시간은 얼마인가? (단, 단위는 주)

① 5.8주
② 6.0주
③ 6.3주
④ 6.7주

해설 PERT 기법의 소요시간 산정식

$$T_e = \frac{t_o + 4t_m + t_p}{6} \quad \begin{array}{l} T_e = 평균값 \quad T_p = 비관치 \\ T_o = 낙관치 \quad T_m = 정상치 \end{array}$$

$$T_e = \frac{4 + (4 \times 7) + 8}{6} = 6.7 \, (주)$$

문제 26

공급망관리(Supply Chain Management)의 필요성이 상대적으로 가장 적은 공종은?

① PC(Precast Concrete) 공사
② 콘크리트공사
③ 커튼월공사
④ 방수공사

해설 공급망 관리(Supply Chain Management)
(1) Supply Chain이란 고객-소매상-도매상-제조업-부품/자재 공급업자 등의 공급활동의 연쇄구조를 말하며, SCM(공급망관리)란 원재료의 수급에서부터 고객에게 제품을 전달하는 자원, 정보, 제품, 재정의 일련의 흐름 전체를 경쟁력 있는 업무의 흐름으로 관리하려는 업무 System이다.
(2) 문제의 지문에서 공정의 수행과정이 가장 간단한 방수공사가 답이다.
※ 콘크리트공사는 철근, 거푸집, 콘크리트공사 등으로 여러가지 공정이 방수공사 보다는 복잡하며, PC와 커튼월공사는 공장제작 부품을 관리해야 하므로 공급망관리가 복잡하다.

해답 23. ② 24. ③ 25. ④ 26. ④

문제 27

건설클레임과 분쟁에 대한 설명으로 옳지 않은 것은?

① 클레임의 예방대책으로는 프로젝트의 모든 단계에서 시공의 기술과 경험을 이용한 시공성검토를 하여야 한다.
② 공기촉진 클레임은 시공자가 스스로 계획공기보다 단축작업을 하거나 생산촉진을 위해 추가자원을 필요로 할 때 발생한다.
③ 분쟁은 발주자와 계약자의 상호 이견 발생 시 조정, 중재, 소송의 개념으로 진행되는 것이다.
④ 클레임의 접근절차는 사전평가단계, 근거자료 확보단계, 자료분석단계, 문서작성단계, 청구금액산출단계, 문서제출단계 등으로 진행된다.

[해설] 클레임 중 공기촉진(단축) 클레임은 주로 건축주(발주자) 요구에 의하여 발생된다.

문제 28

건설클레임과 분쟁에 관한 설명으로 옳지 않은 것은?

① 클레임의 예방대책으로는 프로젝트의 모든 단계에서 시공의 기술과 경험을 이용한 시공성 검토가 있다.
② 작업범위 관련 클레임은 주로 예상치 못했던 지하구조물의 출현이나 지반 형태로 인해 시공자가 작업 수행을 위해 입찰 시 책정된 예정 가격을 초과 부담해야 할 경우에 발생한다.
③ 분쟁은 발주자와 계약자의 상호 이견 발생 시 조정, 중재, 소송의 개념으로 진행되는 것이다.
④ 클레임의 접근절차는 사전평가단계, 근거자료 확보단계, 자료분석단계, 문서작성단계, 청구금액산출단계, 문서제출단계 등으로 진행된다.

[해설] ②번 항목의 설명은 현장조건의 상이와 관련된 클레임을 설명한 것이다.
※ 공사범위(작업범위) 클레임은 사업, 전반에 걸쳐서 빈번하게 발생 되며, 기술적, 기능적 전문지식이 필요하며, 발주자, 설계자, 시공사산 주관적인 판단을 내포하므로 사전에 작업범위와 업무의 한계를 미리 확실하게 결정해둘 필요성이 있다.

문제 29

공사관리방법 중 CM계약방식에 관한 설명으로 옳지 않은 것은?

① 대리인형 CM(CM for fee)인 경우 공사품질에 책임을 지며, 품질 문제 발생 시 책임소재가 명확하다.
② 프로젝트의 전 과정에 걸쳐 공사비, 공기 및 시공성에 대한 종합적인 평가 및 설계변경에 대한 효율적인 평가가 가능하여 발주자의 의사결정에 도움이 된다.
③ 설계과정에서 설계가 시공에 미치는 영향을 예측할 수 있어 설계도서의 현실성을 향상시킬 수 있다.
④ 단계적 발주 및 시공의 적용이 가능하다.

[해설] CM (건설사업관리)
① 사업수행을 효율적이고 경제적으로 수행하기 위해서 각 전문가 집단에 의한 통합관리 기술을 건축주에게 서비스 하는 것을 말한다.
② 사업 전과정에서 공사비, 공기, 시공성에 대한 종합평가 및 설계변경에 대한 효율적 평가가 가능하여 발주자의 의사결정에 도움을 준다.
③ 주로 발주자의 조언자 역할만 수행하여, 공사전반에 대한 책임은 없다.(주로 CM for fee 방식 적용)

문제 30

대안입찰제도의 특징에 관한 설명으로 옳지 않은 것은?

① 공사비를 절감할 수 있다.
② 설계상 문제점의 보완이 가능하다.
③ 신기술의 개발 및 축적을 기대할 수 있다.
④ 입찰기간이 단축된다.

[해설] 대안입찰제도
(1) 원안입찰과 함께 대안입찰이 허용되는 입찰방식으로 우리나라만의 독특한 방식이다.
(2) 정부공사에서는 대형공사나 신규공사의 경우 당초 설계된 내용보다 더 공사비를 낮추면서도 기본방침의 변경 없이 동등이상이 기능과 효과를 가진 방안을 시공자가 제시할 경우 이를 검토하여 채택할 수 있는 제도이다.
① 공사비를 절감할 수 있다.
② 설계 문제점의 보완이 가능하다.
③ 신기술 · 신공법의 적용이 가능하다.
※ 입찰시간은 증가된다.

해답 27. ② 28. ② 29. ① 30. ④

건축산업기사 _ 기출문제

문제 1
다음 중 공사현장에서 원가절감 기법으로 많이 채용되는 것으로 가장 적당한 것은?
① 가치공학(Value Engineering) 기법
② LOB(Line of Balance) 기법
③ Tact 기법
④ QFD(Quality Function Deployment) 기법

[해설] ② LOB기법 : LSM(Liner Scheduling Method)기법이라고도 하며 전 공정동안 지속적으로 수행해야 할 수많은 작업들의 진도계획을 하는데 사용된다. (N/W나 Bar Chart가 나타낼 수 없는 진도율을 나타낼 수 있다.)
※ 또한 흐름라인(Flow Line)의 공정균형을 의미하기도 한다.
③ TACT기법 : 초고층, 층별 반복공사를 의미, 공구별로 직열연결된 작업을 다수 반복하여 시행하는 방식으로 대기시간이 없고 같은 작업일정의 반복에 따른 생산성을 증가시킬 수 있다.
④ QFD : 소비자의 필요성(Wants)와 요구(Needs)를 파악하기 위한 정보수집 및 분석을 위한 효율적 시스템으로 통계방법론의 응용을 통한 제조 및 시공이전의 설계단계에서의 품질향상을 추구하는 관리 System이다.

문제 2
건축공사 도급 방식에서 정액도급의 단점의 아닌 것은?
① 공사 중 설계변경을 할 경우 분쟁이 일어나기 쉽다.
② 입찰전에 도면, 시방서 작성에 시간이 걸린다.
③ 발주자와 수급자 사이에 공사의 질에 대한 이해가 서로 일치하지 않을 수 있다.
④ 공사완공시까지의 총공사비를 예측하기 어렵다.

[해설] ① 정액도급은 계약시 총공사비를 확정하고 계약하는 것이므로 총공사비는 명확하다.
② 총공사비 예측이 어려운 경우 단가계약을 한다.

문제 3
긴급공사나 설계변경으로 수량변동이 심할 경우에 많이 채택되는 도급방식은 어느 것인가?
① 단가도급
② 정액도급
③ 분할도급
④ 실비청산보수가산도급

[해설] 단가계약은 긴급공사나 설계변경, 물량변동이 많을 것으로 예상되는 공사에 채택된다.

문제 4
단가도급 계약제도를 채택하는 경우에 관한 설명 중 부적당한 것은?
① 공사를 급속히 시공할 필요가 있을 때
② 전체공사의 수량을 예측하기 곤란할 때
③ 일반적으로 널리 채용되고 있는 도급계약제도이다.
④ 설계변경으로 인한 산출이 극히 어려울 때

[해설] 단가도급은 단일공사 이외에는 잘 채택되지 않고 일반적으로 널리 채용되는 도급계약제도는 정액도급이다.

문제 5
공사의 도급자가 설계·시공을 일괄적으로 계약하는 방식으로서 패키지방식(Package Contract)이라고도 불리우는 방식은?
① 총액계약 방식
② 공동도급 방식
③ 턴키계약 방식
④ 실비정산보수가산 방식

[해설] 턴키(Turn-Key) = 일괄수주 방식 = Package Contract 한 프로젝트의 토지조달, 기업, 금융, 설계, 시공, 기계 기구설치, 시운전, 조업지도 등 주문자가 필요로 하는 모든 것을 조달하여 주문자에게 인도하는 방식이다.

해답 1.① 2.④ 3.① 4.③ 5.③

문제 6

입찰에 관한 설명 중 옳게 표현된 것은?

① 일반공개입찰은 공사비가 절감되고, 정실개입이 적은 이점이 있다.
② 지명경쟁입찰은 입찰자가 제한되어 부적격자에게 낙찰될 우려가 있다.
③ 일반 공개입찰은 건축주의 입장에서 감독이 용이하다.
④ 특명입찰은 수의계약이라고도 하며 공사비가 증가될 위험이 적다.

[해설] 공개입찰
② : 지명 경쟁입찰은 입찰자가 제한되어 가장 적격인 업자를 선정할 수 있다.
③ : 건축주의 입장에서 감독이 용이한 것은 특명입찰이다.
④ : 특명입찰(수의계약)은 공사비가 가장 증가될 우려가 있다.

문제 7

다음 중 지명경쟁 입찰에 대한 설명으로 옳은 것은?

① 기회는 균등하지만 과다경쟁을 초래할 수 있다.
② 양질의 시공결과를 얻을 수 있다.
③ 공사비가 낮아진다.
④ 담합의 염려가 없다.

[해설] 지명경쟁입찰
부적당한 업체를 사전에 제거하여 양질의 시공결과를 기대하기 위함이다.
① : 기회가 균등한 입찰은 공개경쟁입찰이다.
③ : 공사비가 가장 낮아지는 입찰은 공개경쟁입찰이다.
④ : 지명경쟁은 담합의 우려가 있다.

문제 8

시방서에 기재하지 않아도 되는 사항은?

① 재료 및 시공에 관한 검사사항
② 시공방법의 정도 및 완성에 대한 사항
③ 재료의 종류 및 품질, 사용에 대한 사항
④ 인도검사 및 건물인도의 시기에 대한 사항

[해설] 시방서의 기재사항
※ 인도검사 및 건물인도의 시기에 대한 사항은 공사계약서에 기재해야 한다.
① 재료의 종류, 품질 검사사항
② 공법의 일반사항, 유의사항
③ 시공정밀도, 품질요구사항
④ 표준규격코드
⑤ 적용범위, 성능의 규정 지시 등

문제 9

건축공사 시공계획을 할 때 꼭 필요하지 않은 것은?

① 부지와 주변도로와의 관계, 가설 전원의 위치, 용량조사
② 작업장, 재료창고, 콘크리트 타워, 가설울타리의 가설계획작성
③ 견적명세서 검토와 실행예산 작성
④ 설계도면에 기본을 두고 현치도를 작성

[해설] 현치도 = 시공도 = 원척도
※ 시공계획 수립시 현치도의 작성은 우선 고려할 사항은 아니다.

문제 10

네트워크(Network) 공정표와 관계가 없는 것은?

① 슬랙(Slack)
② 이벤트(Event) 또는 노드(Node)
③ 더미(Dummy)
④ 커넥터(Connector)

[해설] 커넥터(Connector) : 부재를 접합할 때 사용하는 부품이다.

문제 11

다음 중 네트워크 공정표에 대한 설명으로 옳지 않은 것은?

① CPM공정표는 네트워크 공정표의 한 종류이다.
② 요소작업의 시작과 작업기간 및 작업완료점을 막대그림으로 표시한 것이다.

해답 6.① 7.② 8.④ 9.④ 10.④ 11.②

③ PERT공정표는 일정계산시 단계(Event)를 중심으로 한다.
④ 공사계획의 전모와 공사전체 파악이 용이하다.

[해설] 요소작업의 시작과 작업기간 및 작업완료점을 막대그림으로 표시한 것은 횡선식 공정표(Bar Chart)이다.

문제 12

다음 중 PERT/CPM에 대한 설명으로 적당하지 않은 것은?

① 작업의 상호관계가 명확하다.
② 계획 단계에서 문제점(공정, 노무, 자재)등이 파악되어 적절한 수정이 가능하다.
③ 공사 전체의 파악을 용이하게 할 수 있고, 작성 및 수정시간이 작게 걸린다.
④ 각 작업의 관련성이 도시되어 있어 공사의 진척사항을 쉽게 알아볼 수 있다.

[해설] 네트워크 공정표는 여러가지 장점이 있지만 작성시간이 많이 걸리고, 수정이 어려운 것이 대표적인 단점이다.

문제 13

다음 중 PERT/CPM에 대한 설명으로 적당하지 않은 것은?

① PERT는 명확하지 않은 사항이 많은 조건하에서 수행되는 신규 사업에 많이 이용된다.
② CPM은 작업시간이 확립되지 않은 사업에 통상 활용된다.
③ PERT는 공기단축을 목적으로 한다.
④ CPM은 공비절감을 목적으로 한다.

[해설] ① PERT기법은 신규사업에 적용
② CPM기법은 경험있는 반복사업에 주로 적용된다.

문제 14

공정관리 기법인 PERT와 비교한 CPM에 관한 설명으로 옳지 않은 것은?

① 공기단축이 목적이다.
② 경험이 있는 반복작업이 대상이다.
③ 일정계산은 Activity 중심으로 이루어진다.
④ 작업여유는 Float이다.

[해설] ① PERT기법은 공기단축이 목적이다.
② CPM기법은 공사비 절감이 목적이다.

문제 15

다음 공정계획에 관련된 용어의 설명 중 틀린 것은?

① 작업(Activity)-프로젝트를 구성하는 작업단위
② 결합점(Node) - 네트워크의 결합점 및 개시점, 종료점
③ 소요시간(Duration) - 작업을 수행하는데 필요한 시간
④ 플로우트(Float) - 결합점이 가지는 전체 여유시간

[해설] 플로우트(Float) - 작업의 여유시간
※ 슬랙(Slack) - 결합점이 가지는 여유시간

문제 16

다음 네트워크 공정관리에서 작업 D에 종속되어 있는 공사는?

① A
② B
③ A, B
④ C, D

[해설] 더미(Dummy)
작업의 상호관계를 표시하는 점선화살표
① A작업은 B작업과 마찬가지로 D작업에 종속된다.
② C작업은 A작업에만 종속된다.

해답 12. ③ 13. ② 14. ① 15. ④ 16. ③

문제 17

다음 네트워크 공정표와 관계가 먼 것은?

① 개개의 작업 관련이 도시되어 있어 내용이 알기 쉽다.
② 독특한 기호와 용어가 사용된다.
③ 작성 및 검사에 특별한 기능이 요구된다.
④ 기성고를 표시하는데 대단히 편리하다.

[해설] 사선공정표
작업의 관련성을 나타낼 수 없으나 공사의 기성고를 표시하는 데는 대단히 편리하다.

문제 18

C.P.M 방식에서 네트워크(Net Work)수법의 용어 해설이 맞지 않는 것은?

① 액티비티(Activity) - 프로젝트를 구성하는 작업 단위
② 플로우트(Float) - 작업의 여유시간
③ 주 공정선(Critical Path) - 개시 결합점에서 종료 결합점에 이른 가장 긴 패스
④ 슬랙(Slack) - 작업을 수행하는데 필요한 시간

[해설] Slack
• 슬랙(Slack)이란 결합점내의 여유시간을 말한다.
• 작업을 수행하는데 필요한 시간은 공기(Duration)라 한다.

문제 19

반복되는 작업을 수량적으로 도식화하는 공정관리 기법으로 아파트 및 오피스 건축에서 주로 활용되는 것을 무엇이라고 하는가?

① 횡선식 공정표(Bar Chart)
② 네트워크 공정표
③ PERT 공정표
④ LOB(Line of Balance) 공정표

[해설] LOB(Line of Balance)기법의 특징
① 반복작업에서 각 작업조의 생산성을 유지시키면서 그 생산성을 기울기로 하는 직선이다.
② LOB도표의 세로축(y축)은 단위작업의 반복되는 수(층수)를 나타내고 가로축(x축)은 공사기간을 나타낸다.
③ 전체공사의 주공정선은 기울기가 작은 작업에 영향을 많이 받는다.

문제 20

품질관리 단계를 계획(Plan), 실시(Do), 검토(Check), 조치(Action)의 4단계로 구분할 때 계획(Plan)단계에서 수행하는 업무가 아닌 것은?

① 적정한 관리도 선정
② 작업표준 설정
③ 품질관리 대상 항목 결정
④ 시방에 의거 품질표준 설정

[해설] 품질 관리싸이클의 4단계

① 계획(Plan)	제품규격, 작업표준, 생산계획
② 실시(Do)	규격, 표준에 의한 작업실시
③ 검토(Check)	검토, 계측, 측정(관리도 선정, 작성)
④ 조치(Action)	검토결과에 따라 조치

문제 21

건설공사 공동도급의 특징이 아닌 것은?

① 손익부담의 공동계산
② 단일 목적성
③ 위험의 증가
④ 융자력 증대

[해설] 공동도급은 여러 회사의 참여로 위험이 분산(감소)된다.

해답 17. ④ 18. ④ 19. ④ 20. ① 21. ③

문제 22

네트워크(network)공정표에서 작업의 개시, 종료 또는 작업과 작업 간의 연결점을 나타내는 것은?

① Activity
② Dummy
③ Event
④ Critical path

[해설] 결합점(Event, Node)
① 작업의 개시점 또는 종료점을 나타내는 것
② 작업과 작업의 연결점

문제 23

다음 공정표 중 공사의 기성고를 표시하는데 가장 편리한 것은?

① 횡선공정표
② 사선공정표
③ PERT
④ CPM

[해설] 사선식 공정표(S자 곡선)
작업간의 관련성을 나타낼 수는 없으나 공사의 기성고를 표시하는데 편리하고 공사지연에 대한 조속한 조치가 가능하다.

문제 24

공사 계약제도에 관한 설명으로 옳지 않은 것은?

① 직영제도 : 공사의 전체를 단 한사람에게 도급주는 제도
② 분할도급 : 전문적인 공사는 분리하여 전문업자에게 주는 제도
③ 단가도급 : 단가를 정하고 공사 수량에 따라 도급금액을 산출하는 제도
④ 정액도급 : 도급전액을 일정액으로 정하여 계약하는 제도

[해설] (1) 직영공사 : 건축주 스스로 시공자가 되는 것이다.
(2) 일식도급(총도급) : 공사전체를 한 업자에게 주어서 시공업무 일체를 시행하는 방법

문제 25

턴키 도급(turn key based contract) 방식의 특징으로 옳지 않은 것은?

① 건축주의 기술능력이 부족할 때 채택
② 공사비 및 공기 단축 가능
③ 과다경쟁으로 인한 덤핑의 우려 증가
④ 시공자의 손실위험 완화 및 적정이윤 보장

[해설] ① 턴키도급방식은 과다경쟁으로 인한 덤핑수주 우려로 시공자의 손실위험이 증가될 수 있다.
② 총 공사비 사전파악의 어려움, 입찰비용의 과다 등의 단점이 있다.

해답 22. ③ 23. ② 24. ① 25. ④

제2장 가설공사 및 지반조사

출제경향분석

가설공사는 직접가설과 공통가설로 나눌 수 있으며 직접가설은 본 공사시 직접적으로 필요한 규준틀설치, 비계설치, 운반, 양중시설 등이 있으며 공통가설은 본 공사 수행 중 운영관리시설로 필요한 부분이다.

지반조사 부분은 토공사, 기초공사전 수행하는 부분으로 흙의 성질, Boring, 표준관입시험, 베인 테스트, 지내력 시험 등으로 구성되어 있다.

세부목차

1. 공통가설공사
2. 직접가설공사
3. 흙의 성질 및 지반조사

1 공통가설공사

> **학습방향**
> 1. 공통가설과 직접가설항목을 구분하는 문제가 자주 출제된다.
> 2. 현장사무소 면적 규정과 시멘트창고 설치시 주의점이 중요하다.

1 가설공사의 개요

가설공사(Temporary Work)는 건축공사 기간 중 임시로 설치하여 공사를 완성할 목적으로 쓰이는 제반 시설 및 수단의 총칭이고, 공사가 완료되면 해체·철거·정리하게 되는 임시적인 공사이다.

(1) 공통가설공사·직접가설공사

공통가설공사 항목	직접가설공사 항목
※ 운영·관리상 필요한 가설시설	※ 본건물 축조에 직접 필요한 시설
① 가설건물 (사무소, 창고, 일간, 숙사, 화장실, 식당 등)	① 수평보기, 규준틀 설치 (수평규준틀, 귀규준틀, 세로규준틀)
② 공사용 임시동력, 통신설비	② 비계설치 (내부, 외부, 말비계, 달비계, 선반비계, 비계다리)
③ 공사용수비	③ 먹매김 (먹줄치기)
④ 가설울타리, 안전간판, 투시도	④ 건축물 보양설비 (각종공사보양, 휘장막 등)
⑤ 대지측량비, 도로점용료, 가설도로, 대지사용료, 피해복구비	⑤ 양중, 운반, 타설시설 (콘크리트 타워, 자재운반용 타워, 콘크리트 타설용 수평비계, 슈트, 타워크레인, Hoist, 가설Lift등)
⑥ 안전, 위험, 재해방지설비 (경비소, 위험물저장, 방화설비)	⑥ 안전시설중 낙하물 방지설비 (작업중 낙하, 추락, 먼지나 잔재의 비산방지 시설 등)
⑦ 각종조사, 연구, 시험비	
⑧ 공구, 장비비 (측량기, 양수기, 전동기)	
⑨ 현장정리 청소비 (상용인부)	
⑩ 운반비 (공통가설에 수반되는 운반, 쓰레기 처리 등)	

> **학습POINT**
>
> ■ 가설계획도 작성
> 요구품질과 발주자 요구조건을 만족시키면서 경제성, 안전성, 공기단축을 추구하기 위한 시공계획도의 일종으로써 종합가설계획, 내 외부 비계설치계획, 양중설비 설치계획, 전기·급배수 계획 등을 포함하여 가설건물 등과 진입로 계획 등 설치시기, 위치, 규모 등을 잘 고려하여 작성한다.

(2) 가설공사 계획시 기본고려사항

① 규모, 위치계획(적재적소에 적정규모를 설치) : 가설자재와 재료는 순차적으로 반입
② 반복사용(Cycle Time)고려 : 경제성추구, 전용성 향상
③ 조립해체의 간편성 추구 : 자주화, Unit화, 자동화 추구
④ 안전확보 및 공해방지추구
⑤ 강재화, 경량화, 부재단면의 축소 추구

▶ 가설기계설비, 비계설치, 낙하물방지망 설치장면

2 가설건물

(1) 가설울타리

설치목적	대지의 경계, 교통차단, 위험방지, 도난방지, 미관 및 선전효과 기대
재 료	나무널, 철판, 목책, 철조망, 기성 Concrete재, Key Stone Plate 등
높 이	2층이상시 1.8m 이상 (목조제외) ※ 보통 2~3.5m정도 ※ 부지 경계선으로부터 50m 이내에 주거·상가건물이 집단으로 밀집되어 있는 경우에는 높이 3m 이상으로 설치함.
출입구폭	자재반출입을 위해 4m이상 설치

▶ 철판과 방음판으로 구성된 가설울타리 설치 모습

(2) 현장사무소

크기는 현장직원 1인당 5~8m²(최소 3.3m²)로서 감리·감독자 사무소, 수급자 사무소, 자재창고 사무소로 구분하여 본 건물의 규모에 따라 적절한 규모로 설치한다.

종 별	용 도	기준면적	비 고
사무소		3.3m²	1인당
식 당	30인 이상일 때	1m²	1인당
근로자숙소	30인 이상일 때	4.2m²	1인당

■ 가설사무소
가설사무소 1인당 최소면적은 3.3m²로 계산된다.

• 현장사무소 설치규모 (단위: m²)

본건물 규모	감독 감리	수급자	자재창고
① 1,000이하	18	24	70
② 3,000이하	38	50	100
③ 6,000이하	46	60	130
④ 6,000초과	80	100	180

※ 2002년 품셈기준 개정

(3) 시멘트 창고의 구조, 설치 및 관리방법

구 조	바닥	마루널 또는 마루널위 철판깔기
	지붕 및 주위벽	골함석, 골슬레이트 붙임. 루핑붙임 등 비가새지 않는 구조로 할 것
설치 및 관리방법		① 설치시 주위에 배수도랑을 두고 누수를 방지한다. ② 바닥은 지면에서 30cm 이상 띄우고 방습처리한다. ③ 필요한 출입구 및 채광창 이외에 공기유통을 막기 위하여 될 수 있는대로 개구부를 설치하지 아니한다. (환기창 설치금지) ④ 반입, 반출구는 따로 두고 먼저 반입한 것을 먼저 쓴다. ⑤ 쌓기단수는 13포 이하로 보관 (장기저장시 7포이하) ⑥ 3개월이상 경과한 시멘트는 재시험을 거친 후 사용한다.

※ 시멘트의 풍화

장시간(보통 3개월 이상) 저장한 시멘트는 강도감소, 응결지연, 강열감량 증가, 비중(밀도)감소 등이 발생될 수 있으므로 장기 저장한 시멘트는 각종시험을 거쳐서 사용하도록 한다.

(4) 현장화장실

대변기	남자 : 20명당 1기 여자 : 15명당 1기	기준면적
소변기	남자 : 30명당 1기	2.2m² (대·소변 1변기당)

※ 가설자재는 산업표준화법에 따른 한국산업표준(KS) 인증품, 산업안전보건법에 따른 가설기자재 안전인증품, 재사용가설기자재 자율등록 제품 등을 사용해야 한다.

핵 심 문 제

문제 1 공통

건축공사의 원가계산상 현장의 공사용수비는 어느 항목에 포함되는가?
① 재료비
② 외주비
③ 공통가설비
④ 콘크리트 공사비

문제 2 기사

다음 가설공사 항목 중 공통가설비에 속하지 않은 것은?
① 가설 건물비
② 비계 및 발판
③ 가설 울타리
④ 실험 연구비

문제 3 기사

공사착공전에 건축물의 형태에 맞춰 줄을 띄우거나 석회 등으로 선을 그어 건축물의 건설위치를 표시하는 것으로 도로 및 인접건축물과의 관계, 건축물의 건축으로 인한 재해 및 안전대책 점검과 관련 있는 것은?
① 줄쳐보기
② 벤치마크
③ 먹매김
④ 수평보기

문제 4 기사

공사장 부지 경계선으로부터 50m 이내에 주거·상가건물이 있는 경우에 공사현장 주위에 가설울타리는 최소 얼마 이상의 높이로 설치하여야 하는가?
① 1.5m
② 1.8m
③ 2m
④ 3m

해 설

해설 1,2

(1) 공통가설항목
  ① 가설건물, 가설울타리
  ② 공사용수비, 양수, 배수설비
  ③ 측량, 가설도로 설치비용 등

(2) 직접가설항목
  ① 수평보기, 규준틀 설치비용
  ② 비계설치, 먹매김
  ③ 양중, 운반시설, 보양시설 등

해설 3 줄쳐보기(줄 띄우기)

도면에 따라 대지에 건물의 위치를 결정하기 위한 가설작업으로 외벽선을 따라 작은 말뚝을 박고 줄친다.
※ 대지와 인접도로와의 관계를 확인하고 가설계획을 수립하는데 의의가 있다.

해설 4

(1) 공사시방서에서 정하는 바가 없을 때에는 지반면에서 높이 1.8m 이상의 가설울타리를 설치해야 한다.
(2) 대기환경보전법에 따라 비산먼지 발생 억제를 위한 시설의 설치 및 필요한 조치에 관한 기준에서 50m 이내에 주거나 상가건물이 있는 경우에는 3m 이상의 방진벽을 설치하여야 한다.

정답 1. ③ 2. ② 3. ① 4. ④

문제 5 (공통)

공사현장에서 시멘트 창고를 설치할 경우 주의사항으로 옳지 않은 것은?

① 현장에서의 목조 창고를 기준으로 할 때 창고의 마루바닥과 지면 사이에 30cm 정도의 거리를 두는 것이 좋다.
② 반입구와 반출구는 따로 두고 먼저 쌓은 것부터 사용하도록 한다.
③ 출입구 채광창 이외에 공기의 유통을 목적으로 환기창을 설치한다.
④ 시멘트 쌓기의 높이는 13포대를 한도로 하고 1m²에 약 50포대 적재하며, 보통 30~35포대가 적당하다.

문제 6 (산업)

건축재료를 현장에 보관하는 방법으로 옳지 않는 것은?

① 합판 – 방습 및 통풍이 좋은 창고에 수평으로 적재한다.
② 기와 – 세워서 쌓는다.
③ 루핑 – 옆으로 눕혀서 10단 정도로 보기좋게 쌓는다.
④ 유리 – 상자에 넣은 채로 세워서 둔다.

해 설

해설 5

시멘트 창고 설치시 주의사항

① 지면에서 30cm 이상 바닥을 띄우고 방습처리한다.
② 필요한 출입구, 채광창 외에는 공기의 유통을 막기 위해 될 수 있는 대로 개구부를 설치하지 않는다. (풍화방지)
③ 시멘트는 반입한 순서대로 먼저 것부터 모조리 내어 쓰도록 쌓아 두어야 한다.
④ 최고 쌓기높이 : 13포대 이하
⑤ 통로고려시 1m² 당 30~35포대
⑥ 통로 미고려시 1m² 당 약 50포대 적재

해설 6

① 기와 : 세워서 쌓아둔다.
② 유리 : 상자에 넣은 채로 세워서 둔다.
③ 합판 : 방습대책 및 통풍이 좋은 창고에 수평으로 적재한다. (평적(坪積)한다.)
④ 루핑 : 평적하지 않고 세워서 보관한다.
※ 평적하면 여름에 아스팔트가 서로 접착되어 버림.

정답 5. ③ 6. ③

2 직접가설공사

> **학습방향**
> 1. 기준점, 규준틀의 설치시 주의점과 설치목적을 알아 두어야 한다.
> 2. 비계의 설치기준, 안전망 설치기준 등을 정리해 두어야 한다.

1 가설공작물

(1) 기준점 (Bench Mark : B/M)

1) 정의	건물의 높이 및 위치측정의 기준이 되는 표식으로, 건물인근에 설치 ※ 건물, 말뚝 등의 기준위치나 높이 측정의 원점(原点)
2) 설치시 주의(고려) 사항	① 이동의 염려가 없는 곳에 설치(인근의 벽돌담 이용가능) ※ 마땅한 장소가 없으면 건물의 지표가 될 수 있는 곳에 따로 설치 ② 현장어디서나 바라보기 좋고 공사에 지장이없는 곳에 설치 ③ 최소 2개소 이상, 여러곳에 설치한다. 　(필요시 보조 기준점 1~2개소 설치) ④ 지면에서 0.5~1m 정도의 위치에 설치(기준표에 기록) ⑤ 설치위치, 개소는 현장일지에 기록하며, 공사종료시까지 존치되어야 한다.

※ 건물의 G.L(Ground Line : 지표면)은 현지에서 지정되던지 입찰전 현장설명에서 지정된다.

학습 POINT

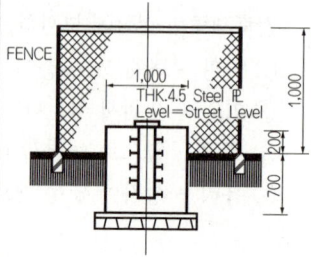

〈그림〉 Bench Mark Detail의 예

(2) 규준틀

1) 수평규준틀

건물의 각 부 위치 및 높이, 기초의 너비 또는 길이 등을 정확히 결정하기 위한 것. (터파기공사에 사용)

① 건물의 외벽에서 1~2m 정도 떨어져서 설치한다.
② 규준 말뚝은 9cm 각 또는 통나무로 지름 12cm를 사용
③ 수평 규준틀 말뚝 끝은 작업 중 충격을 받을 경우 발견하기 쉽게 하기 위하여 엇빗하게 자르거나 오니모양으로 자른다.

■ 규준틀의 설치
① 수평규준틀은 벽 중심, 기둥 중심에 설치
② 귀규준틀은 모서리, 꺽이는 부분에 설치
③ 귀규준틀의 설치 품이 수평규준틀보다 많이 들어간다.

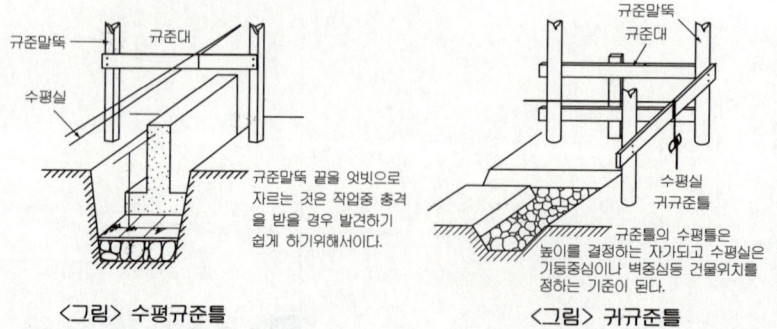

〈그림〉 수평규준틀　　〈그림〉 귀규준틀

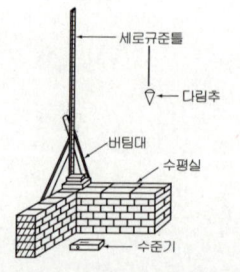

〈그림〉 세로규준틀과 모서리 기둥쌓기

2) 세로규준틀

조적공사에서 고저 및 수직면의 기준으로서 쓰이는 것을 말한다.

2 비계(飛階 : scaffolding)

(1) 비계의 종류

① 재료별 분류	통나무 비계, 파이프 비계
② 공법상 분류	쌍줄비계, 외줄비계, 겹비계, 틀비계, 달비계, 선반비계
③ 용도상 분류	외부비계, 내부비계, 수평비계, 우마(말비계)

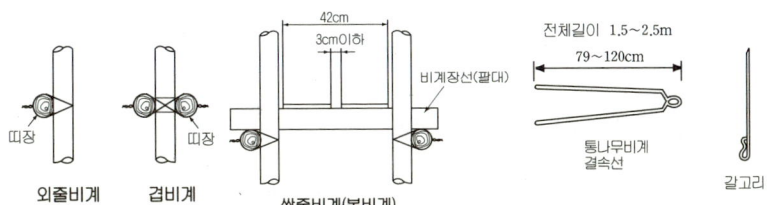

〈그림〉 강관틀 비계

〈그림〉 통나무비계와 결속선

(2) 비계의 사용 용도

① 외줄비계	경미한 공사에 사용. 한쪽면을 벽체에 걸치고 기둥에 띠장, 장선 발판을 댄다. 외줄겹비계는 발판없이 도장공사 등에 사용
② 쌍줄비계	본비계라고도 하며 고층건물에 사용. 일반비계는 강관비계로 쌍줄비계가 원칙이다. 쌍줄겹비계는 중량물공사에 사용
③ 내부비계	실내마감용. 수평비계와 말비계를 말한다. ※ 말비계 : 주로 건축물의 천장과 벽면의 실내 내장 마무리 등을 위해 바닥에서 일정높이의 발판을 설치하여 비계로 2m 이하로 설치한다.
④ 달비계	건물에 고정된 보나 지지대에 와이어로 달아맨비계로 외부수리, 마감, 청소 등에 사용하며 이동걸이식과 System비계도 있다.

■ 쌍줄비계
고층 건축공사시 많은 자재를 올려 놓고 작업해야 할 외장용 공사비계는 쌍줄비계이다.

▶ 외부 System 강관 비계 설치장면

▶ 강재 발판이 설치된 System 강관비계

▶ 발코니에서 내민 선반비계 (까치발 비계)의 설치된 모습

(3) 통나무, 파이프, 틀비계의 비교, 정리

구 분	통나무 비계	강관 파이프 비계	강관틀 비계
비계기둥 간격	1.5~1.8m (최대 2.0m 이내)	띠장방향:1.5~1.8m ※ 1.85m 이하 (산업안전보건기준) 장선방향 : 1.5m이하	높이20m초과시, 중량 작업시 틀높이 2m이하 틀간격 1.8m이내
띠장, 장선간격	1.5m 제1띠장 : 2~3m	1.5m 2m 이하 ※ 산업안전보건기준 제1띠장 : 2m이하	최고높이제한 40m이하
하부 고정	60cm 밑둥 묻음 또 는 밑둥잡이로 고정	Base Plate 설치 및 밑받침 설치	Base Plate 설치
기둥1본 부담하중	—	700 kg(7kN) (바닥층수 3층이상시)	2500 kg(24.5kN) (견고지반, Concrete 위)
기둥과 기둥사이 적재하중	—	400 kg(4kN) (기둥간격 1.8m)	400 kg(4kN) (틀 간격 1.8m)
벽체와의 연결	수직 : 5.5m 이하 수평 : 7.5m 이하	수직 : 5m 내외 수평 : 5m 이하	수직 : 6m 수평 : 8m
결속선 결속재	#8~#10 철선 #16~#18 아연도금 철선(1개소 5m이상)	Coupler, clamp로 연결	끼움재, 연결재 Pin등으 로 고정
가새 및 수평재 (가새는 모든 기둥과 긴결)	수평 14m 내외 간격 (45°가새 설치)	수평 10m내외 간격, (40~60°가새 설치)	도리방향 세로틀에 가새 설치
통나무 비계 (기타사항)	① 이음 : 겹침이음원칙 1.0m 이상, 2개소 이상 결속 ② 맞댄이음 : 1.8m 이상, 4개소 이상 결속, 못박기 금지		
강관비계 (기타사항)	① 건물 최고부에서 31m 하부는 2본의 강관을 겹쳐서 사용 ② 비계 밑받침(Base)은 강관비계기둥 3본 이상이 연결되도록 함		
비계발판	작업발판의 전체 폭은 0.4m 이상이어야 하고, 재료를 저장할 때는 폭 이 최소한 0.6m 이상이어야 한다. 최대 폭은 1.5m 이내로 한다.		
강관비계 연결철물	① 클램프 : 회전형, 직교형, 단일클램프, 3연클램프 등 ② 이음관(강관죠인트) : 일자형 연결재(마찰형과 전단형) ③ 기타 : Base Plate 철물(고정형, 조절형), 벽체연결철물 등		

※ 시스템 동바리의 높이가 4m를 초과할 때에는 높이 4m 이내마다 수평 연결재를 두 직각방향으로 설치하고, 이 때 연결 부분에 변위가 발생하지 않도록 수평 연결재의 끝 부분은 단단한 구조체에 연결되어야 한다.

■ 통나무비계
- 비계기둥간격 : 1.5~1.8m
- 비계목이음 : 겹침이음원칙
- 결속선 : #8~#10

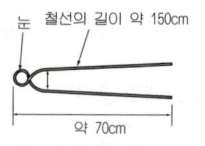
<그림> 묶은 철선

■ 강관틀 비계 추가규정
도리방향 4m 이하 높이 10m 초과시 10m 이내마다 도리방향으로 유효한 보강틀을 설치한다.

▶ 고정형 크램프

▶ 자유형(자재형) 크램프

▶ 일자형 연결재

(4) 비계다리 설치 규정

① 나비 90cm 이상
② 경사 30° 이하 (물매 4/10를 표준으로 한다.)
③ 미끄럼 막이 1.5cm×3.0cm 각재를 30cm 간격으로 고정시킨다.
④ 다리참 : 각층마다 혹은 층의 구분이 없으면 7m 이내마다 설치
⑤ 설치소요량 : 건물면적 1,600m²당 1개소
⑥ 난간 : 90cm 이상으로 설치하고 45cm에 중간대를 설치한다.
⑦ 계단으로설치시 : 챌판 24cm 이하, 디딤판나비 : 22cm 이상

(5) 낙하물 방지망

① 수평에 대하여 15°~45° 보통 20~30° 정도로 한다.
② 설치높이는 10m이내 또는 3개층마다 설치한다.
③ 낙하물 방지망의 내민길이는 비계 외측에서 2m이상 방지망의 겹친 길이는 15cm 이상으로 하고 버팀대는 가로방향 1m이내 세로방향 1.8m 이내의 간격으로 강관두께 2.4mm를 이용하여 설치하며 외부비계와 벽체사이에 틈없이 안전망을 설치한다.

(6) 측 량

1) 수준측량(Leveling)

① 여러점 사이의 높이 관계를 측정한다.(Leveling)
② 수준측량에 사용되는 도구는 망원경, 삼각대, 함척, 줄자 등이 사용된다.

▶ 비계다리 경사로 설치모습

■ 가설안전시설 종류
① 안전난간 : 추락방지용
② 수평개구부 보호덮개
③ 안전대걸이, 안전대걸이용 로프설치
④ 접근방지책 설치
⑤ 추락방호망 : 작업면에서 10m 이내에 설치
⑥ 낙하물 방지망
⑦ 방호선반 : 주출입구 및 리프트 출입구 상부 등에 설치

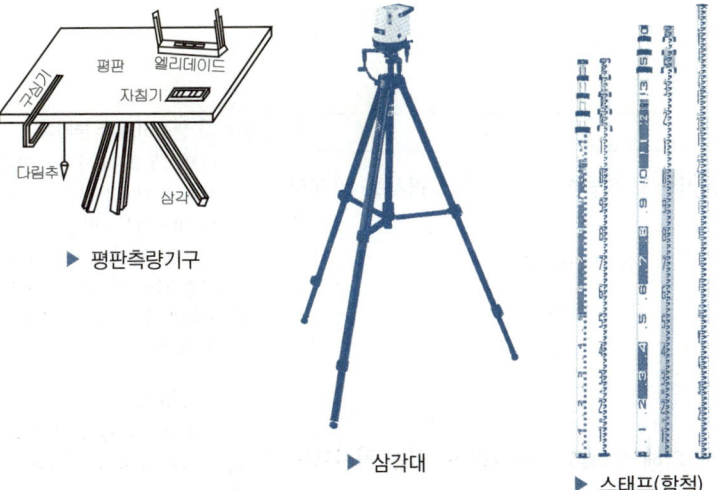
▶ 평판측량기구
▶ 삼각대
▶ 스태프(함척)

▶ 수평낙하물 방지망(방호선반)의 조립모습

2) 평판측량 도구 : 엘리데이드, 평판, 구심기, 자침기, 다림추

핵 심 문 제

문제 1   산업

기준점(Bench Mark)에 관한 다음 설명 중 옳지 않은 것은?
① 신축할 건축물의 높이의 기준을 삼고자 설정하는 것이다.
② 기준점의 위치는 수시로 이동 가능한 사물에 설치하는 것이 좋다.
③ 바라보기 좋은 곳에 적어도 2개소 이상 설치해 두어야 한다.
④ 공사가 완료된 뒤라도 건축물의 침하, 경사 등을 확인하기 위하여 사용되는 경우가 있다.

문제 2   기사

건축물 높낮이의 기준이 되는 벤치마크(Bench Mark)에 관한 설명으로 옳지 않은 것은?
① 이동 또는 소멸우려가 없는 장소에 설치한다.
② 수직규준틀이라고도 한다.
③ 이동 등 훼손될 것을 고려하여 2개소 이상 설치한다.
④ 공사가 완료된 뒤라도 건축물의 침하, 경사 등의 확인을 위해 사용되기도 한다.

문제 3   산업

건물 각부의 위치 및 높이, 기초의 나비 등을 결정하기 위해 만든 가설공작물은?
① 수평 규준틀   ② 세로 규준틀
③ 기준점(Bench Mark) ④ 줄치기

문제 4   공통

고층 건물 공사시 많은 재료를 올려놓고 작업하여야 할 외장공사용 비계로서 적합한 것은?
① 겹비계   ② 쌍줄비계
③ 외줄비계   ④ 달비계

문제 5   공통

와이어로프로 매단 비계 권상기에 의해 상하로 이동시킬 수 있는 공사용비계의 명칭은?
① 시스템비계   ② 틀비계
③ 달비계   ④ 쌍줄비계

해 설

[해설] 1,2
B/M : 기준점 설치시 주의점
① 이동의 염려가 없는 곳에 설치
② 바라보기 좋고 공사에 지장이 없는 곳에 설치
③ 최소 2개 이상 여러곳에 설치
④ 지면에서 0.5~1m 정도의 위치에 설치(그 높이를 기준표 밑에 표시한다)
⑤ 설치 위치와 개소는 현장일지에 기록
⑥ 공사종료시까지 존치(공사완료시 검측자료와 확인자료로 이용)
※ 수직 규준틀은 세로규준틀로서 벤치마크와는 전혀 관련이 없다.

[해설] 3 수평 규준틀
건물의 각부 위치 및 높이, 기초의 나비 또는 길이 등을 결정하기 위한 터파기 공사용 가설 공작물이다.

[해설] 4 쌍줄비계 = 본비계
① 비계기둥과 띠장을 2열로 하고 이것에 비계장선을 연결한 비계로 비계기둥, 띠장, 장선, 가새, 버팀대, 발판 등으로 구성된다.
② 고층건물공사에 많이 사용된다.
③ 외부비계는 쌍줄비계로 설치함이 원칙이다.

[해설] 5 달비계
건물에 고정된 보나 지지대에 와이어로 달아맨비계로 외부수리, 마감, 청소 등에 사용하며 이동걸이식과 System비계도 있다.

[정답] 1.② 2.② 3.① 4.② 5.③

문제 6 〔산업〕

설치높이 2m 이하로서 실내공사에서 이동이 용이한 비계는?
① 겹비계
② 쌍줄비계
③ 말비계
④ 외줄비계

문제 7 〔기사〕

표준시방서에 따른 시스템비계에 관한 기준으로 옳지 않은 것은?
① 수직재와 수직재의 연결은 전용의 연결조인트를 사용하여 견고하게 연결하고, 연결 부위가 탈락 또는 꺾어지지 않도록 하여야 한다.
② 수평재는 수직재에 연결핀 등의 결합 방법에 의해 견고하게 결합되어 흔들리거나 이탈되지 않도록 하여야 한다.
③ 설치하는 가새는 비계의 외면으로 수평면에 대해 40~60° 방향으로 설치하며 수평재 및 수직재에 결속한다.
④ 시스템 비계 최하부에 설치하는 수직재는 받침 철물의 조절너트와 밀착되도록 설치하여야 하며, 수직과 수평을 유지하여야 한다. 이때, 수직재와 받침 철물의 겹침길이는 받침 철물 전체길이의 5분의 1 이상이 되도록 하여야 한다.

해 설

해설 6
설치높이 2m 이하로써 실내공사에 사용되며, 이동이 용이한 비계가 말비계이다.

해설 7 시스템 비계의 시방서기준
(1) ①, ②, ③항의 내용이 있다.
(2) 비계 밑단의 수직재와 받침철물은 밀착되도록 설치하고, 수직재와 받침철물의 연결부의 겹침길이는 받침철물의 전체길이 3분의 1 이상이 되도록 설치한다.

정답 6. ③ 7. ④

3 흙의 성질 및 지반조사

> **학습방향**
> 1. 흙의 성질은 지반의 허용응력도, 예민비, 간극비와 점토와 모래지반의 성질비교 등이 중요하다.
> 2. 지반조사에서는 지하탐사법과 보오링의 종류와 표준관입시험, 베인테스트, 지내력시험 사항이 자주 출제된다.

1 흙의 성질

(1) 지반의 허용 지내력도   * 1ton=10kN

(단위 : kN/m²)

지 반		장기허용 지내력도	단기허용 지내력도
경암반	화강암, 안산암 등의 화성암 및 굳은 역암 등의 암반	4,000	통상 장기허용 지내력도의 2배로 본다. (법규규정은 1.5배)
연암반	판암, 편암 등의 수성암의 암반	2,000 1,000	
자갈		300 (600)	
자갈과 모래와의 혼합물		200 (500)	
모래 섞인 점토 또는 롬토		150 (300)	
모래		100 (400)	
점토		100 (250)	

※ (　)안의 수치는 지반이 밀실한 경우

(2) 예민비(Sensitivity Ratio) (ST) = $\dfrac{\text{자연시료의 강도(천연시료의 강도)}}{\text{이긴시료의 강도(흐트러진 시료의 강도)}}$

1) 강도는 전단강도 또는 일축 압축강도를 말한다.
2) 예민비가 4이상은 예민비가 크다고 한다. (점토 : 4~10 정도)
3) 모래의 예민비는 거의 1에 가깝다.

(3) 투수성

터파기시 지반의 투수성은 배수공사와 지하수처리에 영향을 준다.
1) 침투수량=투수계수×수두경사(기울기)×단면적(중력작용에 의해 물이 흙속을 흐를 때 유량을 계산하는 가장 기본이 되는 식이다.)
2) 투수계수의 성질
   ① 투수계수가 크면 침투량이 크고 모래가 점토보다 크다.
   ② 입자의 모양 : 모래의 경우 평균알 지름의 제곱에 비례한다.
   ③ 간극비가 클수록, 포화도가 클수록 증가한다.

학습POINT

■ 토질종류, 입경
① 진흙(粘土 : clay)
: 0.005~0.001mm
점착력 크고, 마찰각이 거의 없다.
② 모래(砂 : sand)
: 0.05~0.02mm
점착력 없고, 마찰각 크다.
③ Silt(실트) : 0.05~0.005mm
④ 로움(loam) : 모래, 점토, 실트의 혼합토

■ 예민비
흙의 함수량을 변화시키지 않고 흐트러뜨리면 강도가 감소되는 현상으로 압축강도의 감소비가 예민비이다.
모래는 작고, 점토는 크다.
※ 전단강도란 기초의 극한 지지력을 파악할 수 있는 흙의 가장 중요한 역학적 성질이다.

(4) 간극비(Void ratio), 함수비(Moisture content), 포화도(Degree of saturation)

흙은 토립자와 간극으로 구성되어 있으며, 간극에는 물과 공기나 가스로 구성되어 있다.

$$간극비 = \frac{간극의\ 용적}{토립자의\ 용적}$$

$$함수비 = \frac{물의\ 중량}{토립자의\ 중량} \times 100\%$$

$$포화도 = \frac{물의\ 용적}{간극부분의\ 용적} \times 100\%$$

■ 간극률 $= \frac{간극의\ 용적}{흙전체의\ 용적} \times 100(\%)$

〈그림〉 흙의 주상도(柱狀圖)

(5) 토질시험

구 분	특 징
직접 전단시험	1면전단, 2면전단시험 등이 있고, 사질, 점토지반의 점착력, 마찰력 구함. 현장 전단시험은 Vane Test가 있다.
일축압축시험	단순 압축시험이라고도 하며, 점성토의 일축압축강도, 예민비, 탄성계수 등을 구한다.
삼축압축시험	간접 전단시험으로 자연상태와 비슷한 조건으로 시험한다. 배수조건 변화에 따른 점착력, 마찰각, 간극수압 등을 측정한다.

■ 흙은 함수량 증가에 따라 부피는 증가하고, 강도는 감소하며, 점착력은 떨어진다.

〈그림〉 1축 압축시험

(6) 점토질과 사질지반의 비교

비교항목	사 질	점 토
① 투수계수	크 다.	작 다.
② 가소성(점착성)	없 다.	크 다.
③ 건조수축량	작 다.	크 다.
④ 압밀속도	빠르다.(단기)	느리다.(장기)
⑤ 내부마찰각	크 다.	없 다.
⑥ 전단강도	크 다.	작 다.
⑦ 불교란시료	채취가 어렵다.	쉽 다.

■ 지반의 특성
① 사층(沙層)의 예민비(銳敏比)는 작다.
② 사층은 빨리 수축침하를 일으키고 점토층은 서서히 수축침하를 일으킨다.
③ 사층은 단기다짐이 가능하다.

■ 지중응력분포도(지반의 접지압)

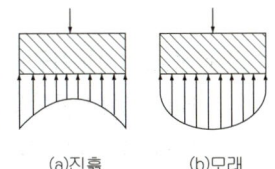

(a)진흙 (b)모래

2 지반조사

(1) 지반의 조사 순서 :
사전조사 → 예비조사 → 본조사 → 추가조사

(2) 지하탐사법

1) 터파보기 (Test pit)	직경 60~90cm. 깊이 1.5~3.0m, 간격 5~10m로 대지일부를 시험 파기하여 지층상태로 내력추정, 토질, 지하수위 조사	
2) 탐사간(짚어보기) (Sounding Rod)	9mm~45mm정도의 철봉을 땅속에 박아서 그 침하력으로 지층의 깊이를 추정(수개소시행)	
3) 물리적 지하탐사	광대한 지하 구성층의 대략적 탐사방법. 종류: 탄성파탐사, 전기비저항탐사, 전자탐사, 레이더탐사(GPR탐사), 중력탐사 등	

■ 지반조사방법

보링 (천공)	시료채취, 지층도면작성, 지하수위측정, 토질조사 등의 목적으로 하는 가장 정확한 방법이다.
물리적 지하탐사	개략적으로 넓은 대지에 시행하는 지하탐사(보링지점중간에서 시행)

(3) 보오링(Boring)

지반을 천공하고 토질의 시료를 채취하여 지층상황을 판단하는 방법
※ 간단한 경우 기초폭의 1.5~2.0배, 보통깊이 20m 이상, 지지층이상 30m간격으로 3개소 이상 행한다.

1) 토질의 주상도(柱狀圖)

토질시험이나 표준관입시험등을 통하여 지층경연, 지층서열상태, 지하수위 등을 조사하여 지층의 단면상태를 축적으로 표시한 지반 예측도

2) 보오링의 종류

Boring의 종류	내 용
① Auger Boring	Auger 회전, 시료채취, 얕은 지반. 시료교란의 결점. 10m 정도는 Hand Auger. 10m 이상은 기계 Auger 사용.
② 수세식 보오링 (Wash Boring)	연약한 토사에 수압을 이용하여 탐사. (물을 분사해서 흙과 물을 같이 배출 침전시켜서 토질판정) 외관이나 이수를 사용. 많이 사용한다.
③ 충격식 보오링 (Percussion Boring)	경질층의 깊은 굴삭에 사용. 와이어 로프 끝에 Bit를 달고 60~70cm 낙하충격으로 토사. 암석을 파쇄후 천공 Bailer로 퍼내고 이수사용
④ 회전식 보오링 (Rotary Boring)	지층의 변화를 연속적으로 비교적 정확히 알 수 있다. 회전 천공 후 이수사용(불교란 시료 채취 가능) 4명 1조로 속도는 1일 3~5m로 10m 정도 굴착

3) 보오링의 사용기구

① Bit(칼날) : 굴삭용
② Rod(쇠막대) : 지지연결대
③ 코어튜브(Core Tube) : 시료 채취기
④ 외관(Casing) : 공벽보호용

(4) 샘플링(Sampling)

구 분	방 법
딘월 샘플링 (thin wall sampling)	① 방법 : 샘플링 튜브가 얇은 살로 된 것으로 시료를 채취한다. ② 적용 : 연약 점토의 채취에 적합하다.
콤포지트 샘플링 (composite sampling)	① 방법 : 샘플링튜브의 살이 두꺼운 콤포지트 sampler를 사용한다. ② 적용 : 굳은 점토 또는 다져진 모래의 채취에 적합하다.

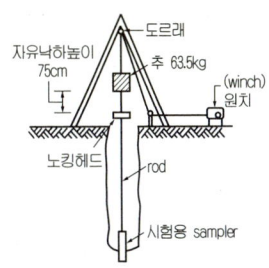

〈그림〉 표준관입시험

(5) 사운딩(Sounding)

Rod 선단에 설치한 저항체를 땅속에 삽입하여서 관입, 회전, 인발 등의 저항으로 토층의 성상을 탐사하는 방법으로써 원위치시험이라고 한다.

1) 정적인 것	2) 동적인 것
Vane Test : 연약점성토의 현장시험. +자형 Vane Tester를 회전시켜 점착력을 이용, 전단강도를 구한다. ＊표준관입시험 N값은 사질지반과 점토질지반이 다르게 적용됨	표준 관입 시험기(Standard Penetration Test) : 주로 사질지반의 현장시험. Rod 선단에 Sampler를 부착하고 63.5kg의 추를 76cm 높이에서 낙하시켜 30cm 관입시키는데 필요한 타격횟수 N치를 구하고 동시에 Sampler로 시료를 채취한다.

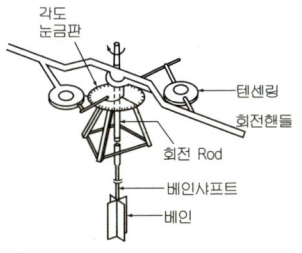

〈그림〉 베인 시험기

3) 표준관입시험 N값의 밀도측정

	① 점토지반	N값	② 모래질 지반	N값
hard	매우 단단한 점토	30~50	dense 밀실한 모래	30~50
very stiff	단단한 점토	15~30	medium 중정도 모래	10~30
stiff	비교적 경질 점토	8~15	loose 느슨한 모래	5~10
medium	중정도 점토	4~8	very 아주 느슨한	5 이하
soft	무른 점토	2~4	loose 모래	
very soft	아주 무른 점토	0~2		

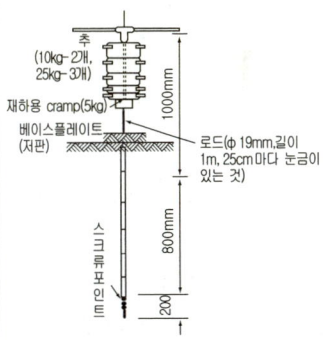

〈그림〉 스웨덴식 관입 시험기

▶ 표준관입시험과 지반조사장비

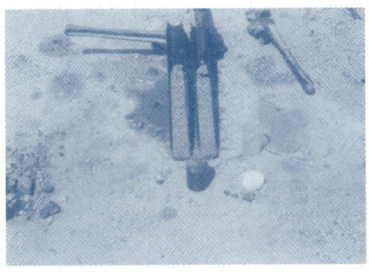

▶ 표준관입시험용 Sampler(Split Spoon Sampler)모습과 채취된 시료

■ 제2장 가설공사 및 지반조사

(6) 지내력시험 = 평판재하시험 (P.B.T : Plate Bearing Test) : KS F 2444

① 직접하중을 가하는 재하시험이며 시험은 예정기초 저면(밑면)에서 행하고, 가장 적합한 기초를 결정하기 위해서 행한다.

② 재하판은 300mm, 400mm, 750mm의 원형철판(두께 25mm 이상)을 사용한다.

※ 등가면적의 정사각형 철판가능

③ 시험 위치는 최소한 3개소에서 시험을 하여야 하며, 시험 개소 사이의 거리는 최대 재하판 지름의 5배 이상이어야 한다.

④ 계획된 시험목표하중의 8단계로 나누고 누계적으로 동일 하중을 흙에 가한다. 각 하중을 정확하게 측정하고 모든 하중을 충격 및 또는 편심이 적용하지 않도록 정적 하중으로 지반에 전달되도록 한다.

⑤ 침하량 측정은 하중 재하가 된 시점에서, 그리고 하중이 일정하게 유지되는 동안 15분까지는 1, 2, 3, 5, 10, 15 각각 침하를 측정하고 이 이후에는 동일 시간 간격으로 측정한다. 15분까지 침하 측정 이후에 10분당 침하량이 0.05mm/min 미만이거나 15분간 침하량이 0.01mm 이하이거나, 1분간의 침하량이 그 하중 강도에 의한 그 단계에서의 누적 침하량의 1% 이하가 되면, 침하의 진행이 정지된 것으로 본다. 즉, 그 단계에서의 침하가 종료되어 다음 단계로 하중 증가가 진행된다.

⑥ 침하종료 : 시험하중이 허용하중의 3배 이상이거나 누적 침하가 재하판 지름의 10%를 초과하는 경우로 한다. (시험의 종료는 극한하중이 발생할 때로 정의)

⑦ 장기하중에 대한 허용내력은 단기허용지내력의 1/2로 본다.

※ 장기 하중에 대한 지내력 : 단기 하중 지내력의 1/2, 총 침하 하중의 1/2, 침하 정지 상태의 1/2, 파괴시 하중의 1/3 중 작은 값으로 한다.

⑧ 하중 방법에 따라 직접 재하시험, Level 하중에 의한 시험, 적재물 사용에 의한 시험, 인발저항에 의한 평판 재하 시험 등이 있다.

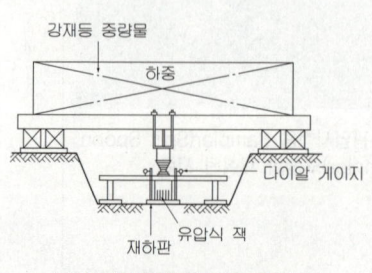

〈그림〉 적재물하중에 의한 재하시험

▶ 지내력 시험용 재하판 모습

▶ 건축용 지내력 시험 세트

핵 심 문 제

문제 1 (공통)

지반의 지내력도 값이 큰 것부터 작은 순으로 올바르게 나타낸 것은?

① 연암반 – 자갈 – 모래 – 점토
② 연암반 – 자갈 – 점토 – 모래
③ 자갈 – 연암반 – 점토 – 모래
④ 자갈 – 연암반 – 모래 – 점토

문제 2 (산업)

지반조사를 구성하는 항목에 관한 설명으로 옳은 것은?

① 지하탐사법에는 짚어보기, 물리적 탐사법 등이 있다.
② 사운딩시험에는 팩 드레인공법과 치환공법 등이 있다.
③ 샘플링에는 흙의 물리적 시험과 역학적 시험이 있다.
④ 토질시험에는 평판재하시험과 시험말뚝박기가 있다.

문제 3 (기사)

흙의 함수비에 관한 설명 중 옳지 않은 것은?

① 함수비를 감소시키기 위해서는 Sand Drain 공법을 사용할 수 있다.
② 함수비가 크면 전단강도가 작아진다.
③ 모래지반에서 함수비가 크면 내부마찰력이 감소된다.
④ 점토지반에서 함수비가 크면 점착력이 증가한다.

문제 4 (기사)

토질시험에 관계가 없는 것은 다음 중 어느 것인가?

① 조립률
② 예민비
③ 3축압축
④ 액성한계

문제 5 (산업)

토질시험과 관계가 가장 적은 것은?

① 소성한계
② 액성한계
③ 베인 테스트
④ 예민비

해 설

해설 1 지반의 허용지내력도(kN/m^2)

지 반	장기하중에 대한 허용응력도
연암반	2000
자 갈	300
자갈과 모래와의 혼합물	200
모래섞인 점토 또는 loam토(土)	150
모래 또는 점토	100

해설 2
지하탐사법에는 짚어보기, 터파보기, 물리적 지하탐사법 등이 있다.

해설 3
점토에서 함수비가 증가하면 부피는 증가하며, 점착력은 감소된다.

해설 4
조립률 : 골재의 입도를 표시하는 방법으로 골재시험에 속하며 토질시험과는 관계가 없다.

해설 5
베인 시험(Vane Test) : 연약 점토의 점착력을 현장에서 조사하는 토질조사이다.
※ 실내토질시험 항목으로는 함수량, 비중, 체가름, 입도, 액성·소성한계시험, 일축압축시험, 직접전단시험, 압밀시험, 삼축압축시험, 다짐시험, 실내CBR시험 등이 있다.

정답 1. ① 2. ① 3. ④ 4. ① 5. ③

문제 6 　　　　　　　　　　　　　　　　　　　기사

지반의 특성에 대한 다음 기술 중 옳지 않는 것은?
① 점토층은 건조하면 수축된다.
② 점토층에 하중을 가하면 급속히 압밀침하된다.
③ 모래층은 투수성이 좋고 압밀침하를 일으키기 쉽다.
④ 흙의 투수계수는 간극비가 크면 클수록 좋다.

문제 7 　　　　　　　　　　　　　　　　　　　기사

사질 및 점토층 지반에 관한 기술 중 옳지 않은 것은?
① 내부마찰각은 점토층보다 모래층이 크다.
② 일반적으로 투수성은 점토층보다 모래층이 좋다.
③ 모래층은 입도와 밀도에 따라 유동화현상을 일으킬 가능성이 크다.
④ 압밀침하량은 점토층보다 모래층이 크다.

문제 8 　　　　　　　　　　　　　　　　　　　기사

토질조사에 있어 중요한 것으로 지중 토질의 분포, 토층의 구성 등을 알 수 있고 주상도를 그릴 수 있는 정보를 제공할 수 있는 방법은 무엇인가?
① 터파보기
② 물리적 지하 탐사법
③ 베인 테스트
④ 보링

문제 9 　　　　　　　　　　　　　　　　　　　기사

지질조사를 통한 주상도에서 나타나는 정보가 아닌 것은?
① N치
② 투수계수
③ 토층별 두께
④ 토층의 구성

문제 10 　　　　　　　　　　　　　　　　　　산업

지반조사방법으로 옳은 것은?
① 지하탐사법 - 관입시험
② 보링 - 터파보기
③ 토질시험 - 불교란시료 채취
④ 지내력 시험 - 철관 박아넣기

해 설

해설 6,7 점토와 모래지반의 비교
① 사질토는 단기침하가 가능
② 점토는 장기적인 압밀을 한다.
③ 전 압밀량(침하량)은 점토지반이 크다.
④ 내부 마찰각은 사질층이 크다.
⑤ 투수성은 사질층이 크다.
⑥ 점착력은 점토가 크다.

해설 8,9 보오링의 목적
① 시료채취 : 토질시험을 행한다.
② 지하수위 파악
③ 보오링내의 원위치 시험을 행함. (표준관입시험, 베인테스트)
④ 흙의 주상도(柱狀圖) 작성

※ 토질의 주상도 (柱狀圖)
(1) 토질시험이나 표준관입시험 등을 통하여 지층경연, 지층서열 상태, 지하수위 등을 조사하여 지층의 단면상태를 축척으로 표시한 예측도를 말한다.
(2) 조사지역, 작성자, 날짜, Boring 종류(방법), 지하수위 위치, 지층 두께와 구성상태, 심도에 따른 토질 및 색조, N값, sampling방법 등이 기재된다.

해설 10
① : 관입시험 : 표준관입시험 (원위치시험)
② : 터파보기 : 지하탐사법
④ : 지내력시험 : 재하시험
※ 토질시험은 불교란시료나 교란시료를 채취하여 시험한다.

정답 6. ② 7. ④ 8. ④ 9. ② 10. ③

문제 11 〔공통〕

지반내의 모래밀도를 측정하는 방법으로 가장 적합한 것은?

① 페너트레이션 테스트(Penetration Test)
② 베인 테스트(Vane Test)
③ 전기탐사법
④ 씬 월 샘플링(Thin Wall Sampling)

문제 12 〔공통〕

표준관입시험의 설명 중 알맞는 것은?

① 점토지반에서는 표준관입시험을 행할 수 없다.
② 추의 낙하높이는 100cm이다.
③ 지반의 전단강도를 측정하는 방법이다.
④ N값은 샘플러를 30cm 관입하는데 소요되는 타격횟수이다.

문제 13 〔공통〕

표준관입시험에 대한 사항 중 옳지 않은 것은?

① N의 값은 30cm 관입하는데 요하는 타격 회수이다.
② 추의 무게는 63.5kg이다.
③ 토질시험의 일종이다.
④ 추의 낙차는 1m 정도이다.

문제 14 〔공통〕

표준관입시험에 관한 설명 중 틀린 것은?

① N값은 모래지반과 점토지반이 같다.
② N값에서 흙의 내부 마찰을 추정할 수 있다.
③ N값은 지하수위나 자갈층일 때는 수정해서 사용한다.
④ N값은 스푼 샘플러(Spoon Sampler)를 30cm까지 박을 때의 타격 회수이다.

문제 15 〔공통〕

연한 점토질 지반의 전단강도를 측정하기 위한 현장 토질시험으로 가장 적절한 것은?

① 표준관입시험　　② 베인 테스트
③ 전기적 탐사　　　④ 삼축압축시험

해 설

해설 11,12,13

사질지반의 밀도측정

(1) 표준관입시험은 주로 사질지반에서 불교란시료를 채취하기 곤란하므로 상대밀도를 측정하기 위해 사용되는 현장시험 방법이다.
(2) 표준샘플러를 30cm 관입하는 데 필요한 타격회수 N을 구한다. 이때 추는 63.5kg, 낙고는 76cm로 한다.
　① 추의 무게는 63.5kg±0.5kg
　② 추의 낙고는 76cm±1cm
(3) 점토에서도 시행가능하다. N값의 판별은 다르다.
(4) 모래지반의 상대밀도를 측정하는 방법이다.
(5) N값이 클수록 지내력이 큰 지반이다.

해설 14 표준관입시험 N값에 의한 밀도측정

(1) 표준관입시험은 주로 사질지반에 이용되고 있으며 N값은 중정도모래일 때 10~30, 중정도 점토일 때 4~9로 다르다.
(2) 자갈층 등의 토질이 다른 경우 N값은 수정해서 사용된다.
(3) Split Spoon Sampler가 표준관입시험에 사용되는 표준 Sampler의 명칭이다.

해설 15,16 베인테스트

점토(진흙)의 점착력을 판별할때 쓰이며 주로 연질점토층의 점착력(전단강도) 측정을 하기 위한 현장 시험이다.

정답 11. ① 12. ④ 13. ④ 14. ① 15. ②

해 설

문제 16 　　　　　　　　　　　　　　　　공통

베인테스트(vane test)에 대한 설명 중 맞는 것은 다음 중 어느 것인가?
① 흙의 함수량 시험
② 모래의 밀도측정
③ 토립자의 비중시험
④ 진흙의 점착력 시험

문제 17 　　　　　　　　　　　　　　　　공통

토질시험에 있어 상호관계가 잘못 연결된 것은?
① 표준관입시험 : 모래의 밀도
② 딘월 샘플링(thin wall sampling) : 연약점토
③ 지내력 시험 : 재하판 $0.2m^2$
④ 베인테스트 : 타격횟수 N값 30

[해설] **17** Vane Test
① 굳은 진흙층에는 베인 테스터의 삽입이 곤란하므로 부적당
② 연한 점토질에 사용한다.
③ N값이 30이면 단단한 점토에 해당되므로 베인시험은 불가능하다.

문제 18 　　　　　　　　　　　　　　　　산업

실제의 건물을 지지하는 지반면에 재하판을 설치한 후 하중을 단계적으로 가하여 지반반력계수와 지반의 지지력 등을 구하는 시험은?
① 직접 전단시험
② 일축압축시험
③ 평판재하시험
④ 삼축압축시험

[해설] **18**
지내력 시험은 직접하중을 가해 장기 허용지내력도를 정밀하게 구하여 안전하고 경제적인 기초 구조를 설계함을 목적으로 한다.
※ 지내력 시험=평판재하시험

문제 19 　　　　　　　　　　　　　　　　기사

지반조사 시 실시하는 평판재하시험에 관한 설명으로 옳지 않은 것은?
① 시험은 예정 기초면보다 높은 위치에서 실시해야 하기 때문에 일부 성토작업이 필요하다.
② 시험재하판은 실제 구조물의 기초면적에 비해 매우 작으므로 재하판 크기의 영향 즉, 스케일 이펙트(scale effect)를 고려한다.
③ 하중시험용 재하판은 정방형 또는 원형의 판을 사용한다.
④ 침하량을 측정하기 위해 다이얼게이지 지지대를 고정하고 좌우측에 2개의 다이얼게이지를 설치한다.

[해설] **19**
평판재하시험은 예정기초 저면(밑면)에서 실시하므로 이 기초밑면까지 터파기 작업을 실시하여야 한다.

정답　16. ④　17. ④　18. ③　19. ①

건축기사 _ 기출문제

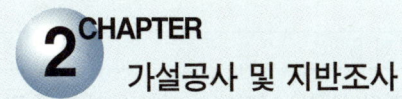

2 CHAPTER 가설공사 및 지반조사

문제 1

현장에 있어서 재료 저장방법에 관한 다음의 기술 중 틀린 것은?

① 철근은 직접 지상에 놓는 것을 피하고 또한 장기간 우로에 노출되지 않도록 한다.
② 시멘트는 방습에 특히 주의하고 가능한 한 통풍을 피하도록 한다.
③ 아스팔트 루핑은 평적(坪積)으로 한다.
④ 도료는 전용장소를 설치하고, 화기에 대해 엄중히 주의한다.

[해설] 자재, 재료관리 주의점
① 기와, 루핑, 유리는 평적하지 않고 세워서 보관한다.
② 골슬레이트는 걸침목 위에 수평으로 쌓고 우수침입을 방지한다.
③ 칠(도료)는 내화구조의 독립건물에 직사광선을 피하여 보관하고, 천장을 설치하지 않으며 새도료와 남은 도료는 구분 보관한다.
④ 콘크리트 말뚝은 가능한 1단으로 쌓고, 부득이 2단 쌓기시 받침대를 설치하여 보관한다.

문제 2

공사현장의 가설건축물에 대한 설명으로 옳지 않은 것은?

① 하도급자 사무실은 후속공정에 지장이 없는 현장사무실과 가까운 곳에 둔다.
② 시멘트 창고는 통풍이 되지 않도록 출입구 외에는 개구부 설치를 금하고, 벽, 천장, 바닥에는 방수, 방습처리한다.
③ 변전소는 안전상 현장사무실에서 가능한 멀리 위치시킨다.
④ 인화성 재료저장소는 벽, 지붕, 천장의 재료를 방화구조 또는 불연구조로 하고 소화설비를 갖춘다.

[해설] 동력소 및 변전소 설치시 주의점
① 지붕, 벽, 바닥은 누수방지시공을 한다.
② 접근방지 울타리를 설치하여 위험물 표시를 한다.
③ 감전방지를 위해 통로 간격을 충분히 한다.
④ 주변에 조명설비를 설치하고 야간에도 점등을 해둔다.
⑤ 비상시에 대비하여 사무실 가까이에 배치한다.

문제 3

벤치마크(Bench Mark)에 관한 설명으로 옳지 않은 것은?

① 적어도 2개소 이상 설치하도록 한다.
② 이동 또는 소멸 우려가 없는 곳에 설치한다.
③ 건축물 기초의 너비 또는 길이 등을 표시하기 위한 것이다.
④ 공사 완료시까지 존치시켜야 한다.

[해설] 수평 규준틀
건물의 각부 위치 및 높이, 기초의 나비 또는 길이 등을 결정하기 위한 터파기 공사용 가설 공작물이다.

문제 4

가설공사에서 건물의 각 부 위치, 기초의 너비 또는 길이 등을 정확히 결정하기 위한 것은?

① 벤치마크
② 수평규준틀
③ 세로규준틀
④ 현상측량

[해설] 수평규준틀
건물의 각 부 위치 및 높이, 기초의 나비 또는 길이 등을 정확히 결정하기 위한 것. (터파기공사에 사용)

해답 1. ③ 2. ③ 3. ③ 4. ②

문제 5

흙의 성질을 나타내는 식이 옳지 않은 것은?

① 간극비 = $\dfrac{\text{간극의 용적}}{\text{토립자의 용적}}$

② 함수비 = $\dfrac{\text{물의 중량}}{\text{토립자의 중량}} \times 100\%$

③ 예민비 = $\dfrac{\text{교란시료의 강도}}{\text{자연시료의 강도}}$

④ 포화도 = $\dfrac{\text{물의 용적}}{\text{간극부분의 용적}} \times 100\%$

[해설] 예민비 = $\dfrac{\text{자연시료의 강도}}{\text{교란시료의 강도}} = \dfrac{\text{천연시료의 강도}}{\text{흐트러진시료의 강도}}$

문제 6

지반의 특성에 관한 기술 중 틀린 것은?

① 사층(砂層)의 예민비(銳敏比)는 작다.
② 점토층은 빨리 수축침하를 일으킨다.
③ 사층의 불교란 시료는 채취하기 어렵다.
④ 점토층은 장기하중에 대하여 압밀현상을 일으킨다.

[해설] 지반의 특성
사층은 빨리 수축침하를 일으키고 점토층은 서서히 수축침하를 일으킨다.

문제 7

다음 중 기초지반조사와 가장 관계가 적은 것은?

① 짚어보기(probing)
② 말뚝박기 시험(piling test)
③ 보링(boring)
④ 물리적 지하탐사

[해설] 말뚝박기시험
말뚝을 박아 기초의 지지력을 측정하는 방법으로 지반조사와는 관계없다.

문제 8

사질 지반에 있어서 토질조사를 할 경우 비교적 신뢰할 수 있는 방법은?

① 보링과 베인테스트
② 보링과 딘월 샘플링
③ 보링과 표준관입시험
④ 전기탐사법

[해설] 표준관입시험(penetration test)
① 불교란 시료채취가 곤란한 사질토 지반에 가장 적당하다.
② 표준 샘플러를 63.5kg 해머로 높이 76cm에서 타격하여 관입량 30cm에 도달하는데 필요한 타격횟수 N값을 구한다.
③ N값이 클수록 단단한 지반이다.

문제 9

사질토의 경우 표준관입 시험의 타격횟수 N이 50이면 이 지반의 상태(모래의 상대밀도)는?

① 몹시 느슨하다.   ② 느슨하다.
③ 보통이다.   ④ 다진 상태이다.

[해설] 표준관입시험 N값에 의한 모래의 상대밀도판별
① 5이하 : 아주 느슨한 모래
② 5~10 : 느슨한 모래
③ 10~30 : 중정도 모래
④ 30~50 : 밀실한 모래(다진모래)

문제 10

지반조사의 시험에 관계되는 것을 연결한 것중 옳은 것은?

① 진흙의 점착력 – 베인시험(Vane Test)
② 지내력 – 정량분석시험
③ 연한점토 – 표준관입시험
④ 염분 – 씬 월 샘플링(Thin Wall Sampling)

[해설] 베인시험 : 진흙의 점착력을 판별
② 정량분석시험 – 골재의 염분 측정
③ 표준관입시험 – 모래의 밀도 측정
④ 씬 월 샘플링 – 연약점토의 시료 채취

해답 5.③ 6.② 7.② 8.③ 9.④ 10.①

문제 11

지정공사의 토질시험에 있어 십자형 날개를 지반에 때려 박고 회전시키므로 점토의 점착력(지반의 전단저항)을 아는 시험 방법은?

① 표준관입시험
② 베인 시험
③ 보링 시험
④ 캐리 볼 시험

[해설] 베인시험(Vane Test)
보링 구멍내에 +자 날개형의 베인(Vane)을 지반에 넣고 회전시켜 주로 연약 점토층의 점착력을 측정하여 전단강도를 산정하는 시험법

문제 12

사운딩(Sounding)이란 저항체를 땅속에 삽입하여서 관입, 회전, 인발 등의 저항으로 토층의 성상을 탐사하는 방법이다. 다음 중 사운딩(Sounding)시험에 속하지 않는 시험법은?

① 표준관입시험
② 콘 관입시험
③ 베인전단시험
④ 말뚝의 재하시험, 평판재하시험

[해설] 사운딩(Sounding)
Rod선단에 설치한 저항체를 땅속에 삽입하여서 관입, 회전, 인발 등의 저항으로 토층의 성상을 탐사하는 방법으로써 원위치시험이라고 한다.

※ 사운딩 시험의 종류
 ① 휴대용 원추관입시험(Portable cone penetration test)
 ② 화란식 원추관입시험(Dutch cone penetration test)
 ③ 스웨덴식 관입시험(Swedish penetration test)
 ④ 이스키 미터(Isky meter)
 ⑤ 표준관입시험(동적사운딩)
 ⑥ 베인테스트(Vene test)

문제 13

신축할 건축물의 높이의 기준이 되는 주요 가설물로 이동의 위험이 없는 인근 건물의 벽 또는 담장에 설치하는 것은?

① 줄띄우기   ② 벤치마크
③ 규준틀   ④ 수평보기

[해설] 문제의 설명은 건물 높이 및 위치의 기준이 되는 표식인 벤치마크(Bench Mark)를 말한다.

문제 14

지반조사 중 보링에 대한 설명으로 옳지 않은 것은?

① 보링의 깊이는 일반적인 건물의 경우 대략지지 지층 이상으로 한다.
② 채취시료는 충분히 햇빛에 건조시키는 것이 좋다.
③ 부지 내에서 3개소 이상 행하는 것이 바람직하다.
④ 보링 구멍은 수직으로 파는 것이 중요하다.

[해설] 보링 후 채취한 시료는 햇빛에 건조되지 않게 원래 상태대로 보관을 하여야 한다.

문제 15

모래의 전단력을 측정하는 가장 유효한 지반조사 방법은?

① 보링
② 베인테스트
③ 표준관입시험
④ 재하시험

[해설] 표준관입시험
표준관입시험은 주로 사질지반에서 불료란시료를 채취하기 곤란하므로 밀실도(지지력)를 측정하기 위해 사용되는 방법이다.

해답 11. ② 12. ④ 13. ② 14. ② 15. ③

건축산업기사 _ 기출문제

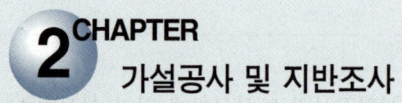

문제 1

다음 중 직접가설비 항목에 속하지 않는 것은?

① 규준틀설치
② 양수 및 배수설비
③ 비계공사
④ 건축물 현장정리

해설 (1) 직접가설비 항목
　수평보기, 규준틀설치, 비계설치, 먹매김, 양중, 운반, 보양시설 설치와 보양 작업후나 각 공사 종료후의 현장정리 등

(2) 공통가설비 항목
　가설울타리, 가설건물, 공사용수비, 양수, 배수설비, 측량, 가설도로 등

문제 2

공통가설공사 항목이 아닌 것은?

① 규준틀
② 가설 울타리
③ 동력·용수 설비
④ 안전설비

문제 3

공사계획 중 가설 계획시에 고려되어야 할 사항 중 중요성이 가장 적은 것은?

① 가설물, 가설자재의 운영
② 도급금액과 공사착공시기 및 공사 준공시기
③ 운반 및 교통사항
④ 공사의 규모, 시공정밀도 및 공사내용

해설 가설공사는 본공사 완료전 해체되는 임시적 공사이므로 착공, 준공시기와는 관계없다.

문제 4

다음 중 사질토와 점질토의 비교로 옳은 것은?

① 점토질의 투수계수가 작다.
② 사질토의 압밀속도는 느리다.
③ 사질토는 불교란 시료 채집이 용이하다.
④ 점토질의 내부마찰각은 크다.

해설 ② 모래의 압밀속도는 점토보다 빠르다.
　③ : 점토의 불교란 시료채집이 용이하다.
　④ : 모래의 내부마찰각이 크다.

문제 5

토질시험과 관계가 없는 시험 항목은 어느 것인가?

① 체가름시험　　② 들밀도시험
③ 투수시험　　　④ 소성한계시험

해설 체가름시험은 콘크리트용 골재의 입도 시험으로써 토질시험과는 관계가 없다.

문제 6

기준점(Bench mark)에 대한 설명으로 옳지 않은 것은?

① 기준점은 공사에 지장이 없는 곳에 설정한다.
② 기준점은 2개소 이상 설치한다.
③ 기준점은 G.L에서 0.5~1.0m 높이에 설치한다.
④ 기준점은 이동이 가능한 시설물에 설치한다.

해설 기준점 설치시 주의점
　① 이동의 염려가 없는 곳에 설치(인근의 벽돌담 이용가능)
　　※ 마땅한 장소가 없으면 건물의 지표가 될 수 있는 곳에 따로 설치
　② 설치위치, 개소는 현장일지에 기록하며, 공사종료시까지 존치되어야 한다.
　③ 기타 : 문제에 주어진 ①, ②, ③항을 고려해야 한다.

해답　1.② 2.① 3.② 4.① 5.① 6.④

문제 7

지반조사의 방법을 대별하였으나 서로 관계가 맞지 않는 것은?

① 지하탐사법 – 물리적 탐사법
② 보링 – 관입시험
③ 토질시험 – 시료채취
④ 지내력 시험 – 베인 테스트

[해설] 지내력시험 : 지반의 허용지내력 추정
베인테스트 : 진흙지반의 점착력 판별

문제 8

63.5kg의 추를 76cm 높이에서 자유낙하시켜 30cm 관입하는데 필요한 타격횟수를 구하는 시험은?

① 전기탐사법
② 베인테스트(Vane test)
③ 표준관입시험(Standard penetration test)
④ 딘윌샘플링(Thin wall sampling)

문제 9

가설공사에서 기준점(Bench mark)의 설치 장소로서 가장 부적절한 것은?

① 건물주변의 담
② 인접건물
③ 공사장 근처의 건물 외부
④ 시공하고 있는 건물의 기초부

[해설] ① B/M : 기준점은 이동의 염려가 없는 곳에 설치해야 하므로 주변담이나 인접건물, 도로 등을 이용할 수 있다.
② 시공 중에 있는 구조물에는 설치하지 않는다.

문제 10

다음 용어 중 지반조사와 관계없는 것은?

① 표준관입시험
② 보링테스트
③ 골재의 표면적 시험
④ 지내력 시험

[해설] ③항은 지반조사와 전혀 관계 없다.

문제 11

표준관입시험에 대한 설명으로 옳지 않은 것은?

① 사질지반에 주로 이용한다.
② 사운딩 시험의 일종이다.
③ N값이 클수록 흙의 상태는 느슨하다고 볼 수 있다.
④ 낙하시키는 추의 무게는 63.5kg이다.

[해설] 표준관입시험의 N값이 클수록 밀실한 (단단한) 상태의 지반이다.

문제 12

점토질과 사질지반을 비교한 것 중 옳은 것은?

① 투수계수는 점토가 크고 사질은 작다.
② 가소성은 점토가 없고 사질은 크다.
③ 압밀속도는 점토는 느리고 사질은 빠르다.
④ 내부마찰각은 점토는 크고 사질은 작다.

[해설] 점토질과 사질지반의 비교

비교항목	사 질	점 토
① 투수계수	크다	작다
② 가소성	없다	있다
③ 압밀속도	빠르다	느리다
④ 내부마찰각	크다	작다
⑤ 불교란시료	채취가 어렵다	쉽다

해답 7. ④ 8. ③ 9. ④ 10. ③ 11. ③ 12. ③

문제 13

공사 중 설계기준을 상회하는 과다한 하중 또는 장비사용 시 진동, 충격이 예상되는 부위에 설치하는 서포트로 가장 적합한 것은?

① System Support
② Jack Support
③ Steel Pipe Support
④ B/T(강관 틀비계) Support

해설 APT 지하주차장 등 층고가 높고 하중부담이 많은 큰 보나 바닥판 등에는 Jack Support를 사용한다.

문제 14

지반의 지내력을 알기 위한 시험이 아닌 것은?

① 평판재하시험
② 말뚝재하시험
③ 말뚝박기시험
④ 3축압축시험

해설 (1) 지반의 지내력을 파악하는 대표적 시험이 ①, ②, ③ 항이다.
(2) ④항은 토질시험의 종류다.

문제 15

표준관입시험에서 로드의 머리부에 자유낙하 시키는 해머의 적정 높이로 옳은 것은? (단, 높이는 로드의 머리부로부터 해머까지의 거리임)

① 30cm
② 52cm
③ 63.5cm
④ 76cm

해설 **표준관입시험**
표준샘플러를 30cm 관입하는데 필요한 타격회수 N을 구한다. 이때 추는 63.5kg, 낙고는 76cm로 한다.
① 추의 무게는 63.5kg±0.5kg
② 추의 낙고는 76cm±1cm

문제 16

지반조사 방법에 관한 설명으로 옳지 않은 것은?

① 수세식 보링은 사질층에 적당하며 끝에서 물을 뿜어내어 지층의 토질을 조사한다.
② 짚어보기방법은 얕은 지층을 파악하는데 이용된다.
③ 표준관입시험은 사질 지반보다 점토질 지반에 가장 유효한 방법이다.
④ 지내력시험의 재하판은 보통 원형의 것을 이용한다.

해설 표준관입시험(SPT)은 점토지반보다는 사질지반을 판별하는데 더 유효한 방법이다.

문제 17

다음 중 가설공사와 관련이 없는 것은?

① 가설시설은 본 건물 완성전 해체된다.
② 지정공사라고도 한다.
③ 공사의 규모나 내용에 따라서 달라진다.
④ 본 공사의 진행과 공사기간에 많은 영향을 준다.

해설 지정공사는 기초공사의 일종이다.

문제 18

다음 중 가설안전시설과 관련없는 항목은?

① 추락방호망
② 낙하물방지망
③ 경량칸막이
④ 방호선반

해설 경량칸막이는 가설안전 시설과는 전혀 관련이 없다.

해답 13. ② 14. ④ 15. ④ 16. ③ 17. ② 18. ③

제3장 토공사 및 기초공사

출제경향분석

토공사 및 기초공사는 터파기공법, 흙막이공법, 토공사용기계, 지반개량공법, 지정공사, 말뚝공사 등으로 구분할 수 있다.
- 평균적으로 3문항 정도가 출제된다.
- 각 단원 중 공법의 정의, 종류, 특징을 잘 파악해야 한다.
- 말뚝의 종류, 특징을 잘 정리해 두어야 한다.

세부목차

1. 흙파기 공법 및 토공장비
2. 흙막이공법
3. 지반개량공법
4. 기초 및 지정
5. 말뚝기초

1 흙파기 공법 및 토공장비

학습방향

이 단원에서는 흙파기경사, 아일랜드컷과 트렌치컷 공법, 굴삭기계의 특징, 흙의 부피 증가율 등이 출제빈도가 높은 부분이다.

1 흙파기 공법

(1) 터파기 개요

흙막이나 기초공사를 위한 절토, 성토, 정지, 배토, 매토, 다짐작업 등을 말한다.

(2) 터파기의 일반사항

1) 흙막이 설치하지 않을 경우 : 흙파기 경사는 휴식각의 2배 또는 기초파기 윗면나비는 밑면나비 + 0.6H

2) 기초파기시 여유길이 : 좌우 15cm

3) 보통 1인 1일 흙파기량 : 2.8~5.0m³

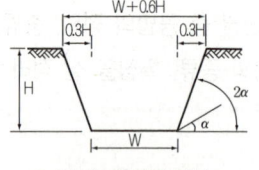

〈그림〉 흙파기 경사

4) 경사파기

흙입자간의 응집력, 부착력을 무시한채 즉, 마찰력만으로 중력에 대하여 정지하는 흙의 사면각도가 휴식각이며 터파기경사각은 휴식각의 2배이다.

5) 성토(Heaping up)

배수처리에 주의하고 1 : 4 이상의 급경사지는 단지어 파기하여 원지반과 밀착시킨다.

6) 되메우기(Back filling)

① 모래로 되메우기 할 경우는 물다짐을 실시한다.
② 일반흙으로 되메우기할 경우 30cm 마다 다짐밀도 95% 이상으로 다진다.
③ 가스관, 상하수도관, 전기통신설비 등에 영향이 없도록 한다.
④ 연약지반 위에 성토를 할 경우에는 적절한 지반개량공법을 실시한다.
⑤ 되메우기 성토 및 땅고르기에는 동결토사를 사용해서는 안 된다.

학습POINT

■ 휴식각

토사의 안식각(휴식각 : angle of repose)이란 안정된 비탈면과 원지면(源地面)이 이루는 흙의 사면(斜面) 각도를 말한다.

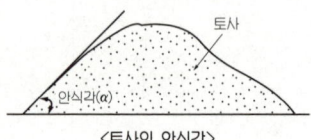

〈토사의 안식각〉

■ 토질에 따른 흙의 휴식각

토 질		휴식각	파내기 경사각
모 래	건조	25~40°	40~70°
	보통	30~45	60
	습윤	20~30	40
보통흙	건조	20~45	40
	보통	30~45	50
	습윤	15~30	50
자 갈	일반	30~40	60
	모래,진흙 반섞이	20~38	40
진 흙	건조	20~40	80
	보통	20~35	70
	습윤	15~20	40
연 암	반암	-	-
	경암	-	-

7) 흙의 부피증가율

토 질		부피증가율
모 래		보통 15~20%
자 갈		5~15%
진 흙		30~50%
모래, 점토, 자갈, 혼합물		30%
암반	연 암	25~60%
	경 암	70~90%

■ 흙의 부피증가율
- 모래 : 15~20%(15%)
- 자갈 : 5~15%(15%)
- 진흙 : 30~50%

(3) 흙파기 공법

1) 흙파기 공법의 분류

① 오픈컷(Open cut)工法 ─┬─ 경사면파기 : 경사면(비탈지운) Open cut
　　　　　　　　　　　　├─ 흙막이 공법 : 자립식 흙막이, 버팀대식 흙막이
　　　　　　　　　　　　└─ 기타 : 어스앵커공법(타이백공법)

② 아일랜드컷(Island cut)工法

③ 트렌치 컷(Trench cut)工法

④ 구체흙막이 지보공법 ─┬─ 깊은우물기초(우물통기초)
　　　　　　　　　　　　├─ 개방잠함(Open Caisson) 공법
　　　　　　　　　　　　└─ 용기잠함(Pneumaic Caisson) 공법

■ 아일랜드컷과 트랜치컷의 특징
① 연약지반에 적용가능
② 깊은기초에는 부적합
③ 이중작업으로 공기 길다.
④ 경사버팀대 변형 우려(아일랜드 컷)
⑤ 이중널 시공, 공기, 공사비과다 우려(트랜치 컷)

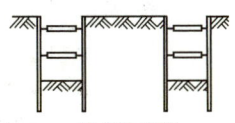
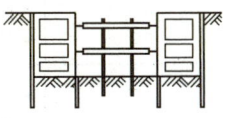

<그림> Trench Cut

2) 흙파기 공법의 특징

① Island Cut방식	중앙부분을 먼저 터파기하고 기초를 축조한 후 이를 반력으로 버팀대를 지지하여 주변흙을 굴착하여 지하구조물을 완성하는 공법
② Trench Cut	Island와 역순으로 공사, 주변부를 선굴착후 기초구축하여 중앙부 굴착후 기초구조물을 완성하는 공법
③ Open Cut 공법	지반이 양호하고 여유있을 때 사용, 경사면 Open Cut, 흙막이 Open Cut방식이 있다. (자립공법, 단지어파기, 버팀대공법, Tie Rod 앵커공법 등)
④ 수평버팀대 공법	가장 일반적인 공법으로 널말뚝을 박고 흙파기를 하면서 수평버팀대를 댄다.

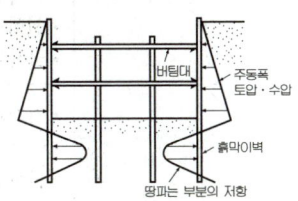

<그림> 수평버팀대 공법

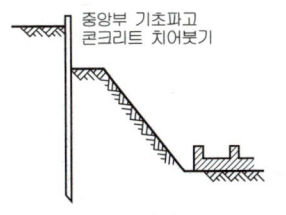
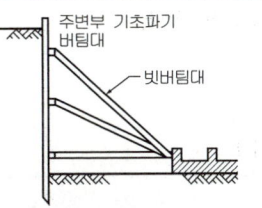

시공순서 ① 중앙부 선굴착　　② 주변부 나중굴착

<그림> 아일랜드 Cut 공법

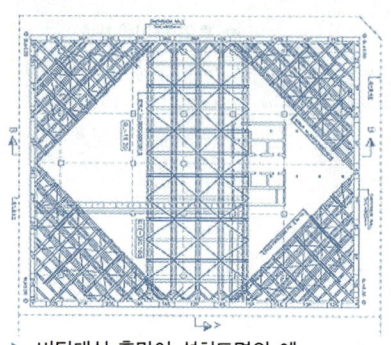
▶ 버팀대식 흙막이 설치도면의 예
 (중앙부 굴착과 토량반출을 위해 흙막이를
 최대한 집중배치)

▶ 어미말뚝식 흙막이와 버팀대 설치장면

2 토공기계

(1) 굴삭용 기계

※ 굴삭량 1,000m³ 이상시에 유리하고, 그 이하의 양은 인력에 의한 것이 유리하다.

종 류	특징 및 장·단점
파워셔블 (Power shovel)	• 기계가 서있는 위치보다 높은 곳의 굴착에 적당하다. • 굴착높이 : 1.5~3m • 버킷용량 : 0.6~1.0m³ • 굴삭깊이 : 지반밑으로 2m • 선회각 : 90°
드래그라인 (Dragline)	• 기계가 서있는 위치보다 낮은 곳의 굴착에 좋다. • 넓은 면적을 팔 수 있으나 파는 힘은 강력하지 못하여 연질지반 굴착에 사용한다. • 굴삭깊이 : 8m • 선회각 : 110° • 굴삭폭 : 14m
백 호 (Backhoe) (Drag shovel)	• 기계가 서있는 지반보다 낮은 곳의 굴착에 좋다. • 파는힘이 강력하고 비교적 경질지반 굴착에 적당하다. • 굴삭깊이 : 5~8m (6.4m) • 버킷용량 : 0.3~1.9m³
클램셸 (clam shell)	• 사질지반의 굴삭에 적당하다. • 좁은 곳의 수직굴착에 좋다. • 굴삭깊이 : 최대 18m • 버킷용량 : 2.45m³ • 토사채취에도 사용

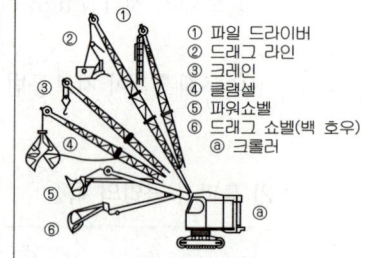

① 파일 드라이버
② 드래그 라인
③ 크레인
④ 클램셸
⑤ 파워쇼벨
⑥ 드래그 쇼벨(백 호우)
⑧ 크롤러

〈그림〉 쇼벨계 굴착기

(2) 배토 정지용 기계

종 류	특징 및 장·단점
불도우저 (Bull Dozer)	• 운반거리 50~60m 이내, 최대 100m에서 배토작업에 사용한다. • 1일 배토량 : 운반거리 30m 일 때 100~300m³/1일
앵글 Dozer	산악지역 도로개설 등에 쓰인다. 배토판이 위, 아래 뿐 아니라 진행 방향으로 30°까지 좌우로 각도 회전가능, 측면으로 흙을 보낼 수 있다.
스크래이퍼 (Scraper)	• 흙을 깎으면서 동시에 기체 내에 담아 운반하고 깔기를 겸한다. (작업거리는 100m에서 1.5km까지 중·장거리용) • 스크레이퍼 작업순서 굴착 – 싣기 – 운반 – 사출 – 고르기 – 다지기
그레이더 (Grader)	땅고르기, 정지작업, 도로정리 등에 사용한다.

■ 다짐기계
① Roller
② 람마(Rammer)
③ 콤팩터(Compactor)

▶ Roller 다짐 작업

▶ 되메우기 다짐 작업

(3) 다짐용 기계

전압식	로드 Roller, Tamping Roller, Tire Roller 등
진동식	진동롤러(Vibro Roller), Vibro Compactor 사질지반 다짐용으로 주로 사용, 진동 Tire Roller도 있다.
충격식	내연기관의 폭발력을 이용하여 충격을 주어 다짐. Rammer, Compactor(Tamper), Tamping Rammer 등이 있다.

▶ Dozer 작업모습

▶ Grader 모습

▶ Drag Shovel 작업모습

핵 심 문 제

문제 1　　　　　　　　　　　　　　　　　　　　공통

흙의 휴식각과 연관한 터파기 경사각도로서 옳은 것은?
① 휴식각의 1/2로 한다.
② 휴식각과 같게 한다.
③ 휴식각의 2배로 한다.
④ 휴식각의 3배로 한다.

문제 2　　　　　　　　　　　　　　　　　　　　기사

토공사에 되메우기에 관한 설명으로 옳지 않은 것은?
① 되메우기 흙은 30cm 두께마다 적당한 기구로 다짐밀도 95% 이상이 되게 충분히 다진다.
② 지하층 외벽과 흙막이벽 사이의 공간에는 입도가 좋은 양질의 토사로 층다짐하여 침하요인을 배제한다.
③ 되메우기 간격이 1m 이내이면 사질토로 물다짐하는 것을 피하는 것이 좋다.
④ 성토 후 다짐 상태는 현장밀도시험을 실시하여 적합성을 판정한다.

문제 3　　　　　　　　　　　　　　　　　　　　공통

아일랜드 컷 공법과 역순으로 흙파기를 하는 공법은?
① 트렌치 컷(trench cut) 공법
② 잠함(caisson) 공법
③ 타이 로드(tie rod)
④ 오픈 컷(open cut)

문제 4　　　　　　　　　　　　　　　　　　　　기사

터파기 공사시 중앙 부분을 먼저 파내고, 기초를 축조한 다음, 버팀대로 지지하여 주변 흙을 파내고, 지하 구조물을 완성하는 터파기 공법은?
① 오픈 컷(Open cut) 공법
② 아일랜드 컷(Island cut) 공법
③ 트렌치 컷(Trench cut) 공법
④ 케이슨(Caisson) 공법

해 설

해설 1 터파기 경사각
① 흙막이를 하지 않고 기초파기를 할 경우 흙의 휴식각 및 토질상태에 따라 다르다.
② 터파기의 경사는 휴식각의 2배 정도로 한다.

해설 2
사질지반을 다짐할 때는 30cm 이내마다 물다짐을 실시한다.
※ 물의 침투압력에 의해서 흙입자 간의 공극이 없어져서 지내력이 향상된다.

해설 3 트렌치 컷 공법(trench cut method)
① 구조물 위치 전체를 동시에 파내지 않고 측벽이나 주열선 부분만을 먼저 파내고 그 부분을 파내어 지하구조물을 완성하는 공법이다.
② 아일랜드 컷 공법과는 역순이다.

해설 4,5
아일랜드 컷(Island cut) 공법
흙막이를 설치하고 그 주위는 비탈면으로 남겨두고 중앙부분을 먼저 파서 기초 구조물을 축조한 다음 버팀대로 흙막이를 지지하고 주변 흙을 파내어 지하 구조체를 완성하는 터파기 공법이다.

정답　1. ③　2. ③　3. ①　4. ②

문제 5 〔산업〕

대지 주위의 흙파기면에 따라 널말뚝을 박은 다음 널말뚝 주변부의 흙을 남겨 가면서 중앙부의 흙을 파고 그 부분에 기초 또는 지하 구조체를 축조한 다음 이를 지점으로 흙막이 버팀대로 경사지게 가설하여 널말뚝 주변부의 흙을 파내는 흙막이 공법은?

① 오픈 컷 공법
② 트랜치 컷 공법
③ 어스앵커 공법
④ 아일랜드 공법

문제 6 〔산업〕

구조물 위치 전체를 동시에 파내지 않고 측벽이나 주열선 부분만을 먼저 파내고 그 부분의 기초와 지하 구조체를 축조한 다음 중앙부의 나머지 부분을 파내어 지하구조물을 완성하는 공법은?

① 오픈 컷(Open cut) 공법
② 트랜치 컷(Trench cut) 공법
③ 우물통식 공법(Well method)
④ 아일랜드 컷(Island cut) 공법

문제 7 〔공통〕

다음 굴착기계 중 지반면보다 위에 있는 흙의 굴착에 가장 좋은 것은?

① 파워 쇼벨(Power Shovel)
② 드래그 라인(Drag Line)
③ 클램 셸(Clam Shell)
④ 백 호우(Back Hoe)

문제 8 〔산업〕

토사를 파내는 형식으로 지하연속벽과 같이 좁은 곳의 수직굴착 등에 적합한 건설기계는?

① 모터그레이더(Motor Grader)
② 드래그라인(Drag Line)
③ 앵글도저(Angle Dozer)
④ 클램 셸(Clam Shell)

해 설

[해설] **6**
① Island cut : 중앙부 먼저 굴착 후 주변부 시공 완성
② Trench cut : 주변부 먼저 굴착 후 중앙부로 시공 완성

[해설] **7, 8, 9**
① 기계가 서 있는 위치보다 높은 흙의 굴착에 알맞은 유일한 기계가 파워 쇼벨이다.
② 지하 연속벽 같은 좁은 곳의 수직 굴착이나 수중굴착, 케이슨 내의 굴착에는 클램쉘이 사용된다.

[정답] 5. ④ 6. ② 7. ① 8. ④

문제 9　　　　　　　　　　　　　　　　　　　　기사

토사(土砂)를 파내는 형식으로 깊은 흙파기용, 흙막이의 버팀대가 있어 좁은 곳, 케이슨(caisson) 내의 굴착 등에 적합한 기계는?
① 클램 셸(Clam Shell)
② 드래그 셔블(Drag Shovel)
③ 드래그 라인(Drag Line)
④ 앵글 도저(Angle Dozer)

문제 10　　　　　　　　　　　　　　　　　　　공통

건설기계 중 다짐기계가 아닌 것은?
① 탬덤로울러(Tandem Roller)
② 소일콤팩터(Soil Compactor)
③ 램머(Rammer)
④ 클램 셸(Clam Shell)

[해설] **10** 다짐용기계
① Roller
② Compactor
③ Rammer

Soil Compactor

Rammer(다짐기)

문제 11　　　　　　　　　　　　　　　　　　　기사

앞, 뒷바퀴의 중앙부에 흙을 깎고 미는 배토판을 장착한 것으로, 주로 노반정지작업에 쓰이는 기계는?
① 모터그레이더(Motor grader)
② 드래그라인(Drag line)
③ 트랙터셔블(Tractor shovel)
④ 백호우(Back hoe)

[해설] **11** 그레이더 (Grader)
땅고르기, 정지작업, 도로정리 등에 사용한다.

정답 9. ① 10. ④ 11. ①

2 흙막이 공법

> **학습방향**
> 흙막이 공법의 분류, 목재널말뚝 두께, 철재널말뚝의 종류, 버팀대의 위치, 히이빙 파괴 등과 지하연속벽 공법, Top down 공법 등을 잘 정리해야 한다.

1 흙막이

(1) 흙막이에 작용하는 토압

1) 이론상으로 a:b=2:1 일 때 MC(최대 Moment)가 최소로 되어 버팀대는 흙파기 바닥면에서 1/3 위치에 설치하는 것이 가장 효과적이나 실제로 버팀대는 작업상 지장이 없는 곳에 설치한다.
2) 간단한 흙막이인 경우 a:b:c=1:2:1로 하고 AC가 10m 이상이면 CD는 2m 이상 필요하다.

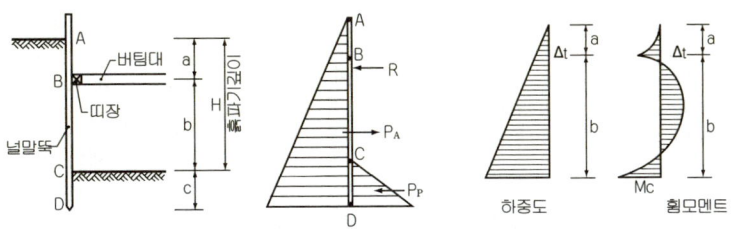

<그림> 흙막이의 응력도

(2) 흙막이 버팀대 위치

1) 기초파기 밑바닥에서 그 깊이의 1/3 위치에 설치한다.
2) 띠장이음위치 : 버팀대 간격의 1/4 위치에 설치한다.

(3) 띠장 및 버팀대

1) 수평버팀대가 양편에서 압축력을 받으면 재축(材軸)에 직각방향으로 적은 힘을 받아도 좌굴되기 쉽다.
2) 주위의 말뚝박기 등으로 상향력을 받으면 받침기둥이 떠오르게 되므로 처음부터 중앙부를 처지게 하면 좌굴방향이 결정되고 받침기둥은 항상 위에서 압축력을 받게 되면서 떠오르지 않게 된다.
3) 수평 버팀대는 보통 1/100~1/200 정도 처지게 시공한다.

학습POINT

P_A : 주동토압
P_P : 수동토압
R : 버팀대의 반력

■ 주동토압
(Active Earth Pressure)
옹벽 또는 흙막이벽체가 뒷채움 쪽에서 앞면에 작용할 때 가해지는 토압으로 토압의 최소값을 취함. 연직응력이 최대(면을 따라 흙이 가라 앉는다.)

■ 수동토압
(Passive Earth Pressure)
옹벽 또는 흙막이벽체가 뒷채움 쪽으로 후퇴할 때 가해지는 토압으로 토압의 최대값을 취함. 수평응력이 최대(흙이 면을 따라 부풀어 오른다.)

■ 흙막이의 안정
1. $P_A \leq P_P + R$ (P_A : 주동토압, P_P : 수동 토압, R : 반력)
2. 전단력에 대한 안전율(FS) = $P_P/P_A \geq 1.5$
3. 모멘트에 대한 안전율 = $M_D/M_C \geq 1.5$

(4) 널말뚝에 작용하는 토압계산

흙막이 설계시 널말뚝 배면의 토압분포는 기초깊이에 비례하여 증가하는 것을 표준으로 한다. 측압계수는 토질, 지하수위에 따라 변화한다. 버팀대 띠장의 설계는 토질에 따라 토압분포를 이용할 수 있다. 정밀한 데이터를 구할 경우는 토압계를 사용하여 측정한다.

■ 측압계수 : K
(1) 모래지반
　① 지하수위가 얕을 경우
　　: 0.3~0.7
　② 지하수위가 깊을 경우
　　: 0.2~0.4
(2) 점토지반
　① 연한점토 : 0.5~0.8
　② 단단한 점토 : 0.2~0.5

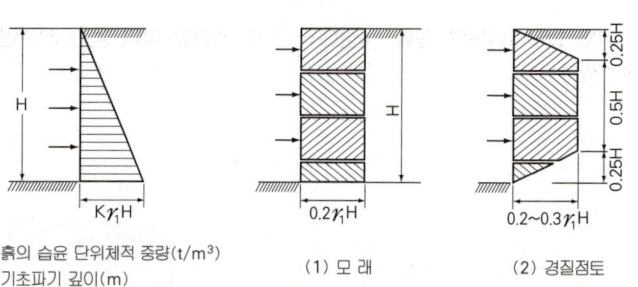

γ_1 : 흙의 습윤 단위체적 중량(t/m³)
H : 기초파기 깊이(m)

〈그림〉 표준적인 토압분포　　　〈그림〉 토압분포

(5) 널말뚝 산정시 고려사항

1) 히이빙 파괴 (Heaving Failuer)	하부 지반이 연약한 경우 흙파기 저면선(低面線)에 대하여 흙막이 바깥에 있는 흙의 중량과 지표면 적재하중을 이기지 못한 흙이 붕괴되어 흙막이 바깥 흙이 안으로 밀려들어와 불룩하게 되는 현상이다.
2) 보일링, 분사 현상 (Boiling of Sand, Quick Sand)	흙막이 저면의 특수성이 좋은 사질지반에서 지하수가 얕게 있거나 상승하는 피압수로 인해 모래입자가 부력을 받아 떠올라 저면 모래지반의 지지력이 급격히 없어지는 현상이다.
3) Piping 현상	지반내에 물의 통로가 생기면서 흙이 세굴되어가는 과정을 파이핑이라고 하며, 흙막이 벽의 부실공사로 뚫린 구멍이 원인이 되고 때론 Boiling 현상으로도 나타나며 흙이 세굴되어 지지력이 없어진다.

■ Heaving현상과 Boiling현상의 방지법
① 강성이 높은 흙막이 벽을 양질의 지반내에 깊숙히 박는다.(밑넣기를 깊게 한다.)
② 지반개량공법으로 보강
③ 토질 치환
④ 지반내 말뚝박기
⑤ 흙파기시 Island공법 채택

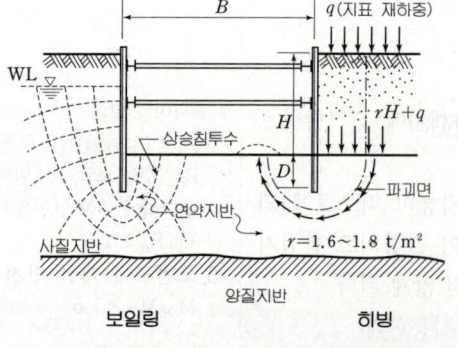

〈그림〉 Boiling 현상과 Heaving 파괴현상

▶ 어미말뚝식 흙막이 널 시공 장면

2 흙막이 공법의 종류

(1) 간단한 흙막이

1) 줄기초 흙막이

깊이 1.5m, 나비 1m 정도일 때 옆벽의 붕괴를 방지하기 위해서 널판, 띠장, 버팀대 등을 사용한다. 버팀대 간격은 1.5~2m 정도

2) 연결재 당겨 매기식 흙막이

지반이 연약하여 버팀대로 지지하기 곤란한 넓은 대지에 사용한다.

3) 버팀대식 흙막이

① 빗 버팀대식 : 줄파기와 규준띠장을 대고 널말뚝을 박고, 중앙부, 주변부의 흙을 판다.

② 수평버팀대식 : 빗 버팀대와 같이 중앙부의 흙을 파내고 중간 지주말뚝을 박는다. 띠장, 버팀대를 견고히 댄 다음 휴식각에 따라 남겨둔 흙을 파낸다.

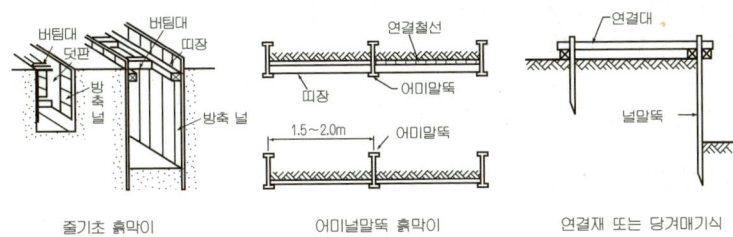

〈그림〉 간단한 흙막이

(2) 널말뚝에 의한 흙막이 공법

목재널말뚝, 철재널말뚝, 철근콘크리트 기성재 널말뚝 등이 있다.

종 류	특 징
목재널말뚝	① 높이 4m까지 사용, 4m 초과시 : 철재 널말뚝 사용 ② 낙엽송, 소나무 등 생나무를 사용 ③ 두께 : $t \geq \ell/60$ 또는 5cm이상, 나비 : $b \leq 3t$ 또는 25cm 이하
철재널말뚝	용수가 많고, 토압이 크고, 기초가 깊을 때 종류로는 테레르즈식, 라르센식, 락크완나식, 유니버설식, US스틸식 등이 있으며 보통 랜섬식이 많이 사용된다. 라르센식이 강성이 크다.
철근콘크리트 널말뚝	프리캐스트 콘크리트널말뚝으로서 흙막이에 이용된다. 길이는 3~7m, 나비 40~50cm, 두께 5~15cm의 여러 종류가 있다.

■ 흙막이벽 공법의 종류

사용재료, 공법, 구축된 형상에 따라 여러가지로 구분된다.

① 어미말뚝식 흙막이 공법
  (어미말뚝과 나무나 철재널 이용)
② 철재널말뚝 공법
  (철재 Sheet Pile을 이용)
③ 강재, 강관 말뚝공법
  (여러형태의 강재말뚝 이용)
④ 주열식 말뚝공법
  (기성, 현장타설 콘크리트 말뚝 이용)
⑤ 지하연속벽 공법
  : 가장 안정적
  (현장타설 철근 콘크리트 벽체 형성)

■ 철재널말뚝의 종류

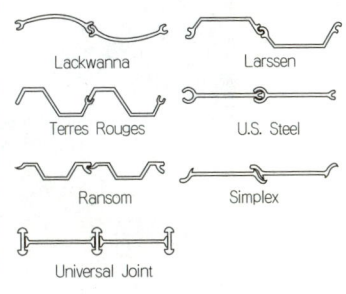

▶ Steel Sheet Pile 타입장면

▶ Steel Sheet Pile 설치된 장면 상세

(3) 지반 정착 공법(Earth Anchor Method)

흙막이벽은 보통 버팀대로 지지되어 있으나, 버팀대 대신 흙막이벽의 배면 흙 속을 원통형으로 굴착하여 앵커체를 설치하여 주변을 지탱하는 공법이다.

■ 지반정착공법
지반정착공법은 주위지반의 여유가 있거나 지하매설물이 없을 때 유리한 방법이다.

이 점	① 버팀대가 없기 때문에 굴착하는 공간을 넓게 확보할 수가 있어 대형 기계의 반입이 가능하며, 공기 단축을 꾀할 수 있다. ② 지보공이 불필요하며 깊은 굴착시 STRUT 공법보다 경제적이다. ③ 편토압 지형에서 부분시공이 가능, 공구 분할이 용이하다.
주의점	① 배면 지반의 토질 조사를 충분히 하여야 한다. (연약점토불가) ② 상·하수도 및 전선케이블 등의 매설물에 대해 충분한 검토가 있어야 되며, 지하수위 저하우려가 있다. ③ 정착부가 다른 대지에 침입할 경우 민원인의 사전 양해가 필요하다. 흙막이 앵커는 지반속에 얼마나 확실히 정착시키느냐가 가장 중요하다. (정착장 부위의 토질이 불확실한 경우 위험)

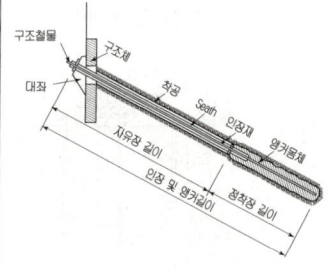
〈그림〉 지반정착공법

▶ 어스앵커드릴 천공작업

▶ 어스앵커 공법의 삽입 긴장재 모습

※ Rock 앵커 공법 : 연약지반에서 암반까지 천공하여 설치하는 영구용 Anchor를 말한다.

3 지하연속벽 공법

말뚝을 주열식으로 나열하는 방법과 지반에 연속적인 벽체를 형성시키는 방법이 있다.

(1) ICOS 공법

제자리 콘크리트 말뚝을 주열식으로 나열하여 지하연속벽을 구성한 것으로 말뚝구멍을 하나 걸러서 뚫고 콘크리트를 타설하고 말뚝과 말뚝 사이에 다음 말뚝구멍을 뚫고 콘크리트를 타설하여 연결해 가는 주열식 말뚝공법으로써 차수벽과 흙막이 역할을 수행한다.
① Bentonite(이수)를 이용 굴착하며, 저소음, 저진동 공법이다.
② 흙막이 효과가 좋고, 인접건물의 침하우려시 유효하다.

■ 벤토나이트 용액
벤토나이트는 응회암·석영조면암 등의 유리질 부분이 풍화분해된 진흙이고 몬모릴라이트가 주성분이며 물에 7~8배 팽창되므로 팽창진흙이라 불리기도 한다.

▶ 제자리콘크리트 파일을 이용한 주열식 흙막이 벽체형성장면(필요시 일부만 시공할 수 있고 다른 공법과 복합시공이 가능하다.)

▶ 중간에 보강한 H Pile은 필요시 버팀보와 귀잡이보 등 보강부재나 띠장에 연결하여 보강된다.

(2) 슬러리 월(Slurry Wall)공법

벤토나이트(이수)를 이용하여 일정폭의 지반을 굴착하고 철근과 콘크리트를 타설하여 연속적인 흙막이벽을 구축하는 공법으로 가장 안정적인 공법이다.

1) 장 점	2) 단 점
① 인접건물 근접시공가능	① 이동느리고, 장비, 설비가 크다.
② 저소음, 저진동 공법이다.	② 시공비가 고가이다.
③ 차수성이 높아 모든지반용 가능	③ 고도의 기술, 경험이 필요
④ 벽체강성우수, 본구조체 이용가능	④ 수평연속성 부족, 품질관리 유의
⑤ 임의형상, 칫수, 깊이 조절가능	⑤ 판넬 연결부에 방수보강 필요

■ 시방서 규정상 지하연속벽 공법의 종류
① CIP(Cast In Place) Pile
② PIP(Packed In Place) Pile
③ MIP(Mixed In Place) Pile
④ S.C.W(Soil Cement Wall)
⑤ ICOS 공법
⑥ 격막벽(Diaphragm Wall)
 = Slurry Wall 공법

3) 지하연속벽(Slurry Wall)의 표준시방서 기준

① 벽최소두께 : 0.6~1.5m 이상
② 골재치수 : 13~25mm 이하
③ 공기함유율 : 4.5±1.5%
④ 설계기준강도 : 20.6~29.4N/mm^2
⑤ 단위시멘트량 : 350kg/m^3
⑥ 물시멘트비 : 50% 이하
⑦ Slump 치 : 180~210mm
⑧ 배합설계 : 설계기준 강도의 125% 이상
⑨ 철근망 피복두께 : 80mm 이상 유지
⑩ 1개 벽판넬 나비 : 9m 초과금지, 5m 표준
⑪ 주철근은 반드시 이형철근을 사용한다.
⑫ 굴착은 수직으로 하며, 최대허용오차는 1.0% 이하로 한다.
⑬ 지중 콘크리트 타설시는 트레미관을 사용하며, 선단은 항상 콘크리트에 2m이상(개정된 표준시방서는 1m 이상) 묻혀있게 한다.

▶ 지하철 일부 연약지반 보강공사로 Slurry Wall을 시공하는 현장(Bentonite와 시멘트 저장고, 사용장비)

▶ Slurry Wall 공사중 Trench 내 철근 건립장면

▶ S.C.W 공법의 3축 오우거 시공장면

4 Top Down 공법 (역구축 공법, 逆打工法, 逆行工法)

지하연속법(Slurry wall, Diaphragm Wall)에 의해 지하 외부옹벽과 기둥을 선시공한 후 1층 Slab을 시공하여 이를 지지판으로 이용하여 지하를 굴착하고 동시에 상부공사를 진행하는 것으로 도심지나 공사여건이 열악한 부분에서 Open Cut나, Strut 공법, 어스 앵커공법 등의 적용이 어려운 곳에서 사용하는 공법이다.

(1) 공법의 장·단점

장 점	단 점
① 주변건물과 지반에 악영향이 없는 안정적 공법이다. ② 지상, 지하 동시작업으로 공기 단축 ③ 1층 바닥을 작업장으로 활용 가능 ④ 전천후 작업가능(천후와 무관) ⑤ 도심지에서 소음, 진동, 분진 피해 감소 ⑥ 흙막이 안정성이 우수	① 소형의 고성능 장비 필요 ② 설계변경이 곤란 ③ 정밀한 시공계획수립 필요 ④ 환기, 전기설비 필요 ⑤ 기둥이음, 벽과 바닥판 이음등 수직부 일체화 시공의 어려움 ⑥ 공사비 상승

5 흙막이 벽의 계측관리 항목과 측정기기의 종류

① 인접구조물의 기울기 측정 : tilt meter(경사계), level & transit
  ※ Transit : 이동을 측정
② 인접구조물의 균열측정 : crack gauge(균열측정기)
③ 지중 수평변위 계측 : inclinometer(경사계)
  ※ 지반이나 흙막이 구조물의 경사 측정
④ 지중 수직변위 계측 : extension meter(지중침하계)
⑤ 지하수위 계측 : water level meter(지하수위계)
⑥ 간극수압 계측 : piezometer(간극수압계)
⑦ 흙막이벽, 버팀대의 하중 측정 : load cell(하중계)
  ※ 토질시험, 현장계측의 실하중 측정, 버팀보, 앵커 등의 축하중 변화 측정
⑧ 버팀대(Strut)의 응력, 변형 계측 : strain gauge(변형계)
  ※ 지중 콘크리트 벽체나 어미말뚝에 부착하여 응력에 따른 변형 측정
⑨ 토압측정 : soil pressure gauge(토압계)
⑩ 지표면 침하측정 : level & staff
  ※ 지표면 침하와 융기측정
⑪ 소음측정 : sound level meter
⑫ 진동측정 : vibrometer

핵심문제

해설

문제 1 기사

깊이 h(m)인 수평버팀대식 널말뚝 흙막이에서 한 단의 버팀대로 지지하는 경우 기초파기 밑바닥에서 버팀대 띠장까지의 거리(m)는?
① h/2
② h/6
③ h/3
④ h/4

[해설] **1** 흙막이 버팀대의 위치
기초파기 밑바닥에서 그 깊이의 1/3 위치에 설치한다.

문제 2 공통

흙막이 공사시 지표재하 하중의 중량에 못 견디어 흙막이 저면 흙이 붕괴되어 바깥에 있는 흙이 안으로 밀려 블록하게 되어 파괴되는 현상을 무엇이라 하는가? (단, 점성토 지반일 경우)
① 히이빙(Heaving) 파괴
② 보일링(Boiling) 파괴
③ 수동토압(Passive Earth Pressure) 파괴
④ 전단(Shearing) 파괴

[해설] **2**
문제 2의 설명은 하이빙파괴에 대한 설명이다.

문제 3 산업

건축물의 터파기시에 발생되는 보일링의 현상의 설명으로 옳은 것은?
① 연질의 점토지반에서 굴착시 흙막이 바깥에 있는 흙의 중량과 지표 위의 적재중량을 못 견디어 저면의 흙이 흙막이 안으로 밀려 불룩하게 올라오는 현상
② 지하수위가 얕은 모래질 지반에서 지수성 있는 흙막이벽을 사용해 굴착시 지하수위와 흙막이벽 저면과 수위차에 의해 물과 함께 모래가 부풀러 올라오는 현상
③ 시공된 흙막이에 대한 수밀성이 불량하여 널말뚝의 틈새로 물과 토사가 흘러들어 기초저면의 모래지반을 들어올리는 현상
④ 연질의 점토지반에서 굴착시 흙막이 바깥에 있는 모래의 중량과 지표 위의 적재중량을 못견디어 저면의 흙과 물이 흙막이 안으로 밀려 불룩하게 올라오는 현상

[해설] **3**
① : 히이빙현상의 설명
② : 보일링현상의 설명
③ : 파이핑현상의 설명

문제 4 기사

토공사에서 히빙파괴의 방지책으로서 가장 안전한 방법은?
① 지표재의 하중을 줄인다.
② 저면 지반을 개량공법으로 보강한다.
③ 흙막이 벽의 재료를 강도가 높은 것을 사용하고 버팀대의 수를 증가시킨다.
④ 강성이 높은 강력한 흙막이 벽의 밑끝을 양질의 지반 속까지 깊게 밑둥넣기를 한다.

[해설] **4** Heaving 현상의 방지법
① 강성이 높은 흙막이 벽을 양질의 지반내에 깊숙히 박는다.
② 지반 개량공법으로 보강
③ 토질치환
④ 지반내 말뚝박기

정답 1.③ 2.① 3.② 4.④

문제 5 산업

토공사에서 흙의 토압을 버티기 위한 흙막이 공법과 관련이 없는 것은?
① 수평 버팀대식 공법
② 경사 버팀대식 공법
③ 케이싱(Casing) 공법
④ 어스앵커 공법

해설 5
케이싱 공법은 베노토 공법 등 현장타설 대규모 파일이나 말뚝시공 시 활용되는 공법으로 흙막이 공법과는 관련이 없다.

문제 6 기사

아래 그림의 철재 널말뚝의 명칭은?
① 라센(Larssen)식
② 유니버설 조인트(Universal Joint)식
③ 테레스 로기스(Terres Rouges)식
④ 랜섬(Ransom)식

해설 6 철재널말뚝
Sheet Pile(철재 널말뚝) 중 가장 많이 사용하는 종류가 랜섬식이다.

문제 7 공통

다음 말뚝재료 중 흙막이 뿐만 아니라 물막이도 가능한 것은?
① 목재 널말뚝
② 철근콘크리트 기성재 널말뚝
③ 철재 널말뚝
④ 철재 형강말뚝

해설 7
철재널말뚝(Sheet Pile)은 강성이 크고, 차수성이 우수하며, 시공이 용이하여 흙막이와 물막이 모두 가능한 공법이다.

문제 8 공통

어스앵커식 흙막이 공법에 관한 기술로 옳은 것은?
① 굴착단면을 토질의 안정구배에 따른 사면(斜面)으로 실시하는 공법
② 굴착외주에 흙막이 벽을 설치하고 토압을 흙막이벽의 버팀대에 부담하고 굴착하는 공법
③ 흙막이벽의 배면 흙속에 고강도 강재를 사용하여 보링공내에 모르타르재와 함께 시공하는 공법
④ 통나무를 1.5~2m 간격으로 박고 그 사이에 널을 대고 흙막이를 하는 공법

해설 8 앵커식 흙막이 공법
흙막이 벽은 보통 버팀대로 지지되어 있으나 이 버팀대 대신 흙막이 벽의 배면 흙속에 앵커체를 삽입, 고결시켜서 토압을 지지하는 것이 앵커식 흙막이 공법이다.
① : 경사면 파기 공법
② : 버팀대식 흙막이 공법
④ : 어미말뚝식 흙막이 공법

정답 5. ③ 6. ④ 7. ③ 8. ③

문제 9 　　　　　　　　　　　　　　　　　　　산업

벤토나이트 이수를 사용하여 일정폭의 지반을 굴착하고 철근과 콘크리트를 쳐서 연속적인 흙막이 벽을 구축하는 공법은?
① 지하연속벽 공법
② 앵커식 흙막이 공법
③ 주열식 지하연속벽 공법
④ 트렌치 컷 공법

문제 10 　　　　　　　　　　　　　　　　　　산업

다음 공법 중 지하연속벽 공법이 아닌 것은?
① 소일콘크리트(Soil Concrete wall)공법
② CIP(Cast In Place Pile) 공법
③ PIP(Packed In Place Pile) 공법
④ 어스앵커(Earth Anchor)공법

문제 11 　　　　　　　　　　　　　　　　　　공통

다음 제자리 콘크리트 말뚝박기 공법 중 말뚝이라기 보다는 지수벽을 만드는 공법으로서 말뚝구멍을 하나 걸러서 뚫고 콘크리트를 부어 넣어 만들고 말뚝과 말뚝사이에 다음 말뚝구멍을 뚫어 만들면 흙막이 벽이 되는 것으로서 도시소음방지 또는 근접건물의 침하 우려시 유효한 공법은?
① 이코스파일 공법
② 베노토 공법
③ 어어스 드릴 공법
④ 칼 웰드 공법

문제 12 　　　　　　　　　　　　　　　　　　산업

다음 흙막이 공법 중 흙막이 자체가 지하 본 구조물의 옹벽을 형성하는 것은?
① H-Pile 및 토류판
② 보강토벽(Soil Nailing)
③ 시멘트 주열벽(Soil Cement Wall)
④ 지하 연속벽(Slurry Wall)

해 설

해설 9,10
(1) 지하연속벽 공법(diaphragm wall, slury wall) : 벤토나이트 이수의 안정액을 사용하여 지반을 굴착하고 철근망을 삽입 후 콘크리트를 타설하여 지중에 철근콘크리트 연속벽체를 형성한다.
※ 주열식 지하연속벽 공법은 말뚝을 일렬로 나열하는 공법이다.
(2) 어스앵커 공법은 지하연속벽 공법과는 관련이 없다.

해설 11
Icos 공법은 주열식 지하연속벽 공법의 대표적인 공법이다.

해설 12,13,14
슬러리 월(Slury wall) 공법
벤토나이트(이수)를 이용하여 일정폭의 지반을 굴착하고 철근과 콘크리트를 타설하여 연속적인 흙막이 벽을 구축하는 공법으로 가장 안정적인 공법이다.
① 주변굴착시 지반에 영향이 없는 안정적 공법으로 인접건물에 피해가 없다.

정답 9. ① 10. ④ 11. ① 12. ④

문제 13
기사

지하연속벽(Slury wall)에 관한 설명으로 옳지 않은 것은?
① 차수성이 우수하다.
② 비교적 지반조건에 좌우되지 않는다.
③ 소음·진동이 적고, 벽체의 강성이 높다.
④ 공사비가 타공법에 비하여 저렴하고 공기가 단축된다.

문제 14
산업

지하연속공법(Slury wall)에 관한 내용으로 옳지 않은 것은?
① 저진동, 저소음으로 공사가 가능하다.
② 주변지반에 대한 영향이 크고, 인접건물에 피해를 줄 수 있다.
③ 통상적인 흙막이 공사와 비교하면 대체로 공사비가 높다.
④ 지반 굴착시 안정액을 사용한다.

문제 15
산업

지하 구조물의 시공순서를 지상에서부터 시작하여 점차로 깊은 지하로 진행하여 가면서 완성하는 공법은?
① 역구축공법(Top down method)
② 트렌치 컷 공법(Trench cut method)
③ 아일랜드 컷 공법(Island cut method)
④ 오픈 컷 공법(Open cut method)

문제 16
산업

지하외벽 및 지하내부기둥을 선 시공한 후 지상 및 지하구조물공사와 터파기를 동시에 실시하는 공법은?
① 역구축공법(Top Down Method)
② 트렌치컷공법(Trench Cut Method)
③ 아일랜드공법(Island Method)
④ 오픈컷공법(Open Cut Method)

해 설

② 흙막이 자체를 본구조체의 옹벽으로 형성시킬수 있다.
③ 차수성이 우수하다.
④ 지반조건에 좌우되지 않는다.
⑤ 저소음, 저진동공법이다.
⑥ 시공비가 고가이고 장비가 커 시공이 느리다.
⑦ 수평연속성이 부족하고 판넬 연결부에 방수보강이 필요하다.

[해설] **15, 16** Top down 공법 (역구축공법)
지하층 외부 옹벽과 지하층 기둥을 토공사에 앞서 지상에서 시공한 후 지하 터파기와 지상층 공사를 병행 실시하는 공법

정답 13. ④ 14. ② 15. ① 16. ①

문제 17 　　　　　　　　　　　　　　　　　　　기사

다음 중 탄성 계수를 구할 때 변형 측정에 이용하는 것으로 가장 정밀도가 높은 것은?
① 다이얼 게이지
② 콤퍼레이터
③ 마이크로미터
④ 와이어 스트레인 게이지

해설 17
변형측정에 이용되는 것으로 가장 정밀도가 높은 것은 와이어 스트레인 게이지이다.

문제 18 　　　　　　　　　　　　　　　　　　　산업

계측관리 항목 및 기기가 잘못 짝지어진 것은?
① Earth Pressure cell – 가시설 벽체에 가해지는 로드의 추이를 측정
② Water level meter – 지하수위 변화를 실측
③ Tiltmeter – 인접건축물의 벽체나 슬래브 바닥에 설치하여 구조물의 변형상태를 측정
④ Load Cell– 흙막이벽의 응력변화 측정

해설 18
Load Cell은 하중계로써 흙막이벽에 가해지는 하중(압력)을 측정한다.

문제 19 　　　　　　　　　　　　　　　　　　　기사

다음 중 계측관리 항목 및 기기에 대한 설명으로 옳지 않은 것은?
① 흙막이벽의 응력은 Strain Gauge(변형계)를 이용한다.
② 주변건물의 경사는 Tiltmeter(건물 경사계)를 이용한다.
③ 지하수의 간극수압은 Water Level Meter(지하수위계)를 이용한다.
④ 버팀보, 앵커 등의 축하중 변화상태의 측정은 Load Cell(하중계)을 이용한다.

해설 19 흙막이 계측기계
① 지하수위 계측
 : water level meter(지하수위계)
② 간극수압 계측
 : piezometer(간극수압계)

정답 17. ④ 18. ④ 19. ③

3 지반 개량 공법

> **학습방향**
> 지반개량공법이란 인위적인 토질의 성질 개량을 통한 연약지반 보강공법이다.
> 문제에는 웰포인트공법, Sand Drain공법 등의 탈수법과 사질지반의 개량공법 등이 자주 출제된다.

1 지반개량과 배수공법

(1) 지반개량의 목적, 분류

1) 지반개량의 목적	2) 지반개량공법의 분류
① 지반의 지지력 증강 ② 기초의 부동침하 방지 ③ 지하굴착시 안정성 확보 ④ 기초의 보강 및 말뚝의 가로저항력 증진	① 탈수법　　② 치환법 ③ 재하공법　④ 다짐법 ⑤ 고결법(응결법, 약액주입법) ⑥ 동결법　　⑦ 화학적공법

(2) 지하수처리 공법의 분류

1) 배수공법
   ① 중력식 배수 : 집수정공법, 지멘스웰공법
   ② 강제식 배수 : 웰포인트공법, 전기침투공법

2) 차수공법 : 강재(철재)널말뚝 공법과 지하연속벽 공법이 있다.

(3) 배수공법의 종류

공법의 종류	내용, 특징, 장·단점
웰포인트 공법 (Well point)	① 라이저파이프를 1~2m 간격으로 박아 6m 이내의 지하수를 펌프로 배수하는 공법이다. ② 지반이 압밀되어 흙의 전단저항이 커진다. ③ 수압 및 토압이 줄어 흙막이벽의 응력이 감소한다. ④ 점토질 지반에는 적용할 수 없다. ⑤ 인접지반의 침하를 일으키는 경우가 있다.
Sand Drain공법	① 연약한 점토층의 수분을 빼내어 지반을 경화, 개량시키는 공법이다. ② 지름 40~60cm의 철관을 박고 그 속에 모래를 다져 넣어 모래말뚝을 형성한 후, 지표면에 하중을 가하여 진흙중의 수분을 모래말뚝을 통해 배출시키는 공법이다.
Paper Drain (Plastic Drain)	모래 대신 흡수지를 사용하여 물을 빼내는 공법이다. • 특징 ① 시공속도가 빠르다.(동시에 여러개 시공) 　　　② 공사비가 싸다. 장기사용시 배수효과 감소(열화현상)
전기 침투법	지중에 전기를 통하여 물을 전류의 이동과 함께 배수 점토지반의 간극수 탈수, 배수와 동시에 지반개량 효과가 있다.

학습POINT

■ 사질지반용 배수공법
① 집수정법(Sump Pit)
② 깊은 우물 공법
　(Deep Well, Siemens Well)
③ Well Point 공법
④ 진공식 시멘스 웰 공법

■ 점토질 지반의 배수공법
① Sand Drain 공법
② Paper Drain 공법
③ 전기 침투법

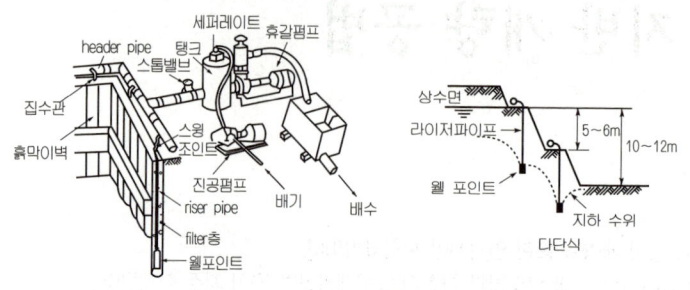

<그림> Well Point

▶ Sand Drain 시공장면

▶ Paper Drain 시공현황

■ 샌드드레인공법

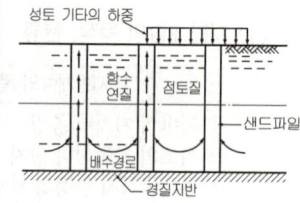

2 기타 지반개량공법

(1) 점토질 지반의 개량공법

공법의 종류	특 징
치환공법	1~3m 정도의 박층을 사질토로 치환(굴착, 활동, 폭파치환법)
재하공법	Pre-loading(선행재하)공법 : 하중을 미리 가하여 압밀 촉진 ※ 압성토공법 : 과재하중 공법 등이 있다.
동결공법	1.5~3인치의 동결관을 박고 액체질소나 프레온 가스를 주입하거나 직접 사용. 드라이아이스 등도 사용 ① 동결전 수십배 강도 증가 기대. 일시적 개량, 모든 지층 가능 ② 차수성이 좋고 concrete 암반과의 부착도 좋고 효과가 좋다. 시공비가 고가이다.
기타공법	① 화학적 공법 : CaO 이용, 탈수, 압밀 효과 ② 소결공법 : 액체나 기체를 태워 지반고결

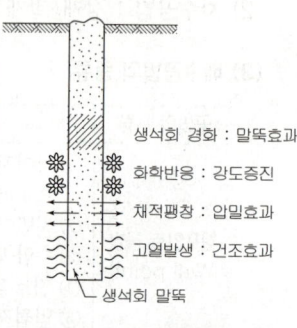

<그림> 생석회 말뚝 공법

(2) 사질지반 개량공법

다짐말뚝법	나무나 콘크리트 말뚝을 다수 타입하여 지반 강화
다짐 모래말뚝	Sand Compaction Pile로써 Compozer 공법이 대표적 공법이다. 사질과 점토지반에 적용가능하며 Vibro-flotation보다 5배이상 강한 기계를 사용한다.

진동 부유공법 (Vibro-Flotation)	수평방향으로 진동하는 직경 20cm의 봉상 Vibro 플롯트로 사수와 진동을 동시에 일으켜 빈틈에 모래나 자갈을 채워 모래지반을 다짐(내진효과 기대, 가장 효과적) ※ 특징 : 균일한 다짐. 지반전체가 상부구조지지, 공기 빠르고 저가 시공 가능	■ 사질지반 다짐공법 ① 다짐말뚝공법 ② Vibro Flotation공법 ③ 다짐모래말뚝공법 　(Sand Compozer 공법) ④ 폭파다짐법 ⑤ 동다짐법(동압밀공법)
기타 다짐법	① 폭파다짐법　② 동다짐법	
약액주입법 (고결법)	지반강도증진, 누수방지목적으로 시멘트, 아스팔트, 물유리, 화학약품 등을 주입, 고결시키는 방법	

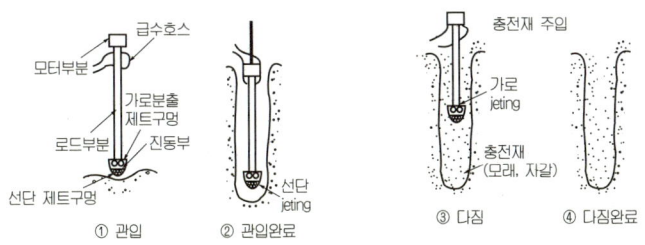

<그림> Vibro floatation공법

▶ 동다짐공법 실황
(Dynamic Compaction 공법)

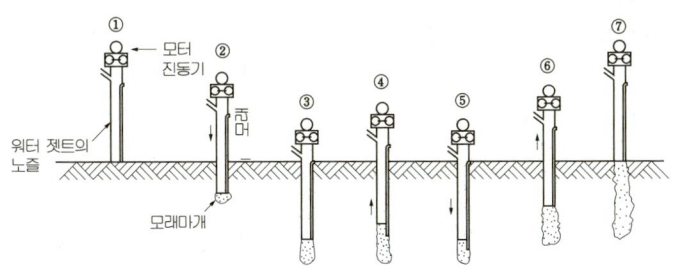

<그림> 바이브로 컴포져공법

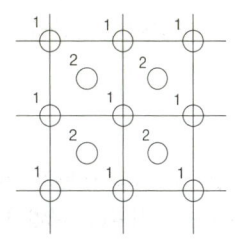

<그림> 타격 순서

핵 심 문 제

문제 1 (공통)

다음 중 지반개량 공법이 아닌 것은?
① 샌드컴팩션파일 공법
② 바이브로플로테이션 공법
③ 페이퍼드레인 공법
④ 트렌치 컷 공법

문제 2 (기사)

지반개량 공법이 아닌 것은?
① 치환 공법   ② 다짐 공법
③ 가동매입 공법 ④ 탈수 공법

문제 3 (공통)

웰포인트공법에 관한 내용으로 옳지 않은 것은?
① 출수가 많고 깊은 터파기에 있어서의 지하수 배수공법의 일종이다.
② 흙막이 공사가 간단히 된다.
③ 수분이 많은 점토질 지반에 적당한 공법이다.
④ 지내력이 증가한다.

문제 4 (산업)

인접 건축물과 토류판 사이에 케이싱 파이프를 삽입하여 지하수를 펌프 배수하는 강제 배수 공법은?
① 집수정 공법
② 웰 포인트 공법
③ JSP 공법
④ LW 공법

문제 5 (산업)

다음 지반개량 공법 중 출수량이 많고 깊은 터파기에 있어서 사질토층의 지반에 가장 효율이 좋은 것은?
① 웰포인트공법   ② 샌드드레인공법
③ 생석회공법   ④ 동결공법

해 설

해설 1 흙파기 공법의 종류
① 오픈 컷(Open cut)
② 트렌치 컷(Trench cut)
③ 아일랜드 공법(Island method)

해설 2 가동매입공법
철골구조에서 기초부 앵커볼트(anchor bolt) 매립방법 중의 하나이다.

해설 3,4,5 웰포인트공법
① 사질지반의 대표적인 강제 배수 공법이다.
② 케이싱(라이저파이프)을 1~2m 간격으로 박아 6m 이내의 지하수를 펌프로 배수하는 공법이다.
③ 이 공법은 사질토, 사질실트층 등의 투수성이 있는 지반에는 효율이 좋다.
④ 점토질의 투수성이 나쁜 지질에서는 효율이 좋지 않다.

정답 1.④ 2.③ 3.③ 4.② 5.①

문제 6 　　　　　　　　　　　　　　　　　　　　기사

연약한 점토질 또는 실트질의 토질일 때 지반의 수분을 탈수하기 위한 지반개량 공법 중 옳지 않은 것은?
① 웰포인트 공법(Wellpoint Method)
② 샌드 드레인 공법(Sand Drain Method)
③ 생석회 공법
④ 페이퍼 드레인 공법(Paper Drain Method)

[해설] 6 웰포인트공법
웰포인트공법은 점토질 지반에 적용할 수 없다.

문제 7 　　　　　　　　　　　　　　　　　　　　산업

점토 지반개량에 사용하는 탈수공법은?
① 샌드 콤팩션(Sand Compaction)
② 바이브로 플로테이션(Vibro Floatation)
③ 샌드 드레인(Sand Drain)
④ 그라우트(Grout) 공법

[해설] 7 샌드드레인공법
연약한 점토층을 모래말뚝을 통해 수분을 빼내어 지반을 경화시키는 공법이다.
※ ①, ②, ④항은 사질지반용이다.

문제 8 　　　　　　　　　　　　　　　　　　　　기사

다음 배수공법 중 중력배수공법에 해당하는 것은?
① 웰포인트 공법
② 진공압밀 공법
③ 전기침투 공법
④ 집수정 공법

[해설] 8
① 중력식 배수공법
 • 집수정공법
 • 지멘스웰공법
② 강제식 배수공법
 웰포인트공법, 전기침투공법

문제 9 　　　　　　　　　　　　　　　　　　　　공통

지반개량 또는 지반안정공법에 관한 설명으로 적합하지 않은 것은?
① Vibro Flotation 공법은 주로 점토질 지반을 진동시켜 굳히는 공법이다.
② Grout 공법은 지반 내부의 공극에 시멘트죽 또는 약액을 주입하여 고결시키는 공법이다.
③ Sand Drain 공법은 적당한 간격으로 모래말뚝을 형성하고 그 지반 위에 하중을 가하여 지반 중의 물을 유출시키는 공법이다.
④ Paper Drain 공법은 Sand Pile을 형성한 후 모래 대신에 흡수지를 삽입하여 지반의 물을 뽑아내는 공법이다.

[해설] 9 바이브로 플로테이션 공법
지름 20cm, 길이 1m 정도의 봉상 진동기를 진동과 워터젯에 의하여 진동시켜 지반을 다지는 다짐 공법으로, 사질지반에 쓰인다.

정답 6. ① 7. ③ 8. ④ 9. ①

문제 10 기사

다음 설명에서 의미하는 공법은?

> 주로 시멘트 등의 고화재를 슬러리 상태로 연약지반에 혼합하거나 시멘트, 약액을 가는 관을 통하여 지반 속에 압력으로 주입, 흙입자 사이의 결합력을 증대시키고 지수성 및 강도를 증대시키는 공법

① 고결안정공법
② 치환공법
③ 재하공법
④ 탈수공법

해설 10 약액 주입법
(Grouting 공법 : 고결법)
① 지반강도증진, 누수방지목적으로 시멘트, 아스팔트, 물유리, 화학약품 등을 주입, 고결시키는 방법
② 이러한 공법들을 지반고결안정화 공법이라고도 부른다.

문제 11 산업

지반개량공법 중 다짐법이 아닌 것은?
① 바이브로 플로테이션 공법
② 바이브로 컴포저 공법
③ 샌드 드레인 공법
④ 샌드 컴팩션 파일 공법

해설 11 지반개량공법 중 사질지반의 다짐공법 종류
① 다짐말뚝공법
② Vibro Floatation 공법
③ 다짐모래말뚝공법
  (Sand Compozer 공법)
④ 폭파다짐법
⑤ 동다짐법(동압밀공법)

문제 12 기사

다음 설명에서 의미하는 공법은?

> 구조물 하중보다 더 큰 하중을 연약지반(점성토) 표면에 프리로딩하여 압밀침하를 촉진시킨 뒤 하중을 제거하여 지반의 전단강도를 증대하는 공법

① 고결안정공법
② 치환공법
③ 재하공법
④ 탈수공법

해설 12
문제에서 설명하는 공법이 선행재하(Pre-Loading) 공법이다.

정답 10. ① 11. ③ 12. ③

4 기초 및 지정

> **학습방향**
>
> 기초공사는 지반의 지지력을 증가하며 건물의 기초를 보강하기 위하여 있는 것으로 지반상태와 건물의 규모에 따라 다양한 공법이 채택되고 시공되는 중요한 부분이다.
> 시험에서는 출제빈도가 높지 않으나 잡석지정, 말뚝간격, 시험말뚝박기 주의사항 등이 자주 출제되는 부분이다.

1 기초의 종류

(1) 기초와 지정의 차이

1) 기초 : 기초 슬래브와 지정을 총칭한 것이며, 상부구조에 대한 하중을 지반에 전달한다.
2) 지정 : 기초 슬래브를 지지하기 위해 자갈, 호박돌, 말뚝을 박아 다진 부분이다.

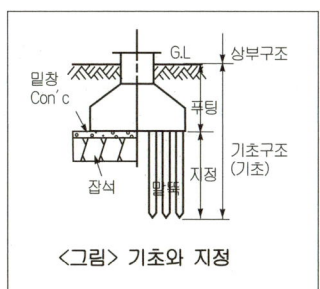

〈그림〉 기초와 지정

(2) 기초판의 형식에 의한 기초의 분류

독립기초	(Independent Footing) : 단일기둥을 기초판이 받친다.
복합기초	(Combination Footing) : 2개 이상 기둥을 한 기초판에 연결 지지
연속기초	(줄기초 : Strip Footing) : 연속된 기초판이 벽, 기둥을 지지
온통기초	(Mat Foundation) : 건물하부 전체를 기초판으로 한 것

2 지 정

(1) 보통지정의 종류

공법의 종류	특 징
잡석지정	① 지름 10~25cm 정도의 호박돌을 옆세워 깐다.(전단력 유지 목적) ② 그 사이 사춤자갈을 넣고 가장자리에서 중앙부로 다진다. ③ 두께 : 100~300mm 정도 ④ 사춤자갈량 : 잡석량의 30% ⑤ 다짐기기 : 손달고, 몽둥달고, 래머 ⑥ 지정폭(기초판끝) : 10cm(목조조적), 15cm(Concrete) ⑦ 지반이 굳은층(모래, 자갈). Loam층에서는 오히려 지반 약화 ⑧ 사용목적 ㉮ 콘크리트 두께 절약 ㉯ 기초바닥판의 배수, 방습 ㉰ 이완된 지표면 다짐

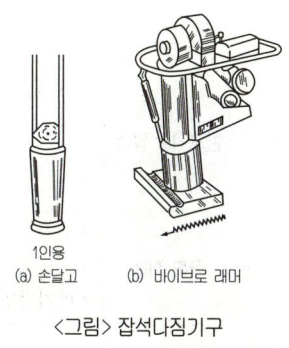

〈그림〉 잡석다짐기구

모래지정	① 지반이 연약하고 2m이내 굳은층이 있어 말뚝을 박을 필요가 없을 때 ② 30cm 마다 물다짐한다. ③ 방축널 설치시 제거하지 않는다.
자갈지정	① 4.5cm 정도의 자갈, 깬자갈, 모래반 섞인 것을 5~10cm 정도 깐다. ② 잡석대신 지정 ③ 하부에 경질 토량일 때 시공
긴주춧돌 지정	① 간단한 건물, 비교적 지반이 깊을 때 사용 ② 잡석지정, 자갈지정 위 30cm정도의 콘크리트관, 토관에 콘크리트 채운 것이나 긴주춧돌을 세운다.
밑창 Concrete 지정	① 잡석, 자갈다짐 위 5~6cm 정도 콘크리트(배합비 : 1:3:6)를 편편히 친다. ② 설계기준강도 : 14.7N/mm² 이상 ③ 사용목적 ㉮ 먹메김이 가능 ㉯ 거푸집 설치 ㉰ 철근배근용이 ㉱ 바깥 방수의 바탕 이용

▶ 자갈지정 다짐장면

(2) 말뚝종류

1) 말뚝종류 및 비교

종 별	중심간격	길 이	지지력	특 징
나무말뚝	2.5 D 또는 60cm이상	7m 이하	최대 10ton	• 상수면 이하에 타입 • 끝마구리직경:12cm이상
기성 콘크리트 말뚝(RC)	2.5 D 또는 75cm이상	최대 15m 이하	최대 50ton	• 주근 6개 이상 • 철근량 0.8% 이상 • 피복두께 : 3cm 이상
강재말뚝	직경이나 폭 의 2배이상 또는 75cm이상	최대 70m	최대 100ton	• 깊은 기초에 사용 • 폐단 강관말뚝간격 : 2.5배 이상
매입말뚝	2.0 D 이상	RC말뚝과 강재말뚝	최대 50~100ton	• Pre-Boring공법 • SIP공법
현장타설 콘크리트 말뚝	2.0 D 이상 또는 D+1m 이상	보통 30~90m	보통 200ton 최대 900ton 이상	• 주근 4개 이상 • 철근량 : 0.25% 이상 • 피복두께 : 6cm 이상 (나선철근 사용시 주근은 보통 6개 이상)
공통 적용	• 간격 : 보통 3~4D • D : 말뚝외경(직경) • 연단거리 : 1.25D 이상, 보통 2D 이상 • 배치방법 : 정열, 엇모, 동일건물에 2종말뚝 혼용금지			

■ 말뚝의 간격

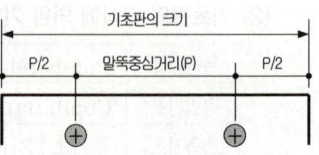

말뚝중심거리는 말뚝지름의 2.5배와 나무(60cm), RC(75cm) 말뚝간격과 비교하여 큰 값을 선택한다.

2) 말뚝 박기 시험

말뚝의 허용지지력을 측정하기 위한 시험으로 말뚝공이의 중량은 말뚝 무게의 1~3배로 하고 다음 사항에 유의한다.

① 시험용 말뚝은 실제말뚝과 꼭 같은 조건으로 박을 것
② 시험용 말뚝은 3본 이상 박을 것, 무리한 타격 금지
③ 정확한 위치에 수직으로 박고, 휴식시간없이 연속으로 박는다.
④ 최종 관입량은 5회 또는 10회 타격한 평균값으로 할 것
⑤ 타격횟수 5회 6mm 이하인 경우 거부현상(항타종료)으로 본다.
⑥ 떨공이의 낙고는 가벼운 공이일 때 2~3m, 무거운 공이일 때 1~2m 정도이다.

■ 말뚝의 허용지지력 산출법
① 박기시험에 의한법
② 재하시험에 의한법
③ 지반의 허용응력도에 의한 법

3) 말뚝박기 시험에 의한 말뚝의 허용지지력 산출방법

$R(장기) = \dfrac{F}{5S+0.1}$ $R'(단기) = 2R$

S : 말뚝의 최종관입량(m)
F : 해머의 타격에너지(t·m)
드롭해머의 경우 : W(추무게)×H=F
디젤해머의 경우 : 2W×H=F

■ 말뚝의 지지력 산출시
① 추의 중량
② 추의 낙하높이
③ 말뚝의 최종관입량이 필요하다.

(3) 언더피닝(Underpinning) 공법

인접한 건물 또는 구조물의 침하 방지를 목적으로 하는 지반보강 방법을 총칭하여 언더피닝공법이라 한다.

1) 차단공법	① 이중널말뚝공법 ② 차단벽 설치 공법
2) 보강공법	① 현장타설 콘크리트 말뚝설치 보강공법 ② 강재말뚝 보강공법 ③ Mortar 및 약액주입법 등 지반안정공법 ④ 기초하부의 보, 기둥 등을 첨가하여 지지
3) 직접지지법	① Jack을 이용하여 지지 ② Bracket를 설치하여 지지하는 방법

(4) 부동침하(Uneven Settlement)

한 건물에서 부분적으로 상이한 침하가 생기는 현상

※ 말뚝의 부동침하

부 마찰력(Negative Friction) : 연약지반을 관통한 말뚝이 지반이 침하하면서 하향으로 말뚝을 끌어 내리려는 현상으로 기초 Crack 발생. 부동 침하 발생

핵 심 문 제

문제 1 〔산업〕

다음은 기성콘크리트 말뚝의 중심간격에 관한 기준이다. A와 B에 각각 들어갈 내용으로 옳은 것은?

> 기성콘크리트 말뚝을 타설할 때 그 중심간격은 말뚝머리 지름의 (A)배 이상 또한 (B)mm 이상으로 한다.

① A : 1.5, B : 650
② A : 1.5, B : 750
③ A : 2.5, B : 650
④ A : 2.5, B : 750

문제 2 〔기사〕

다음은 말뚝간격에 대한 기술이다. 틀린 것은?

① 나무말뚝의 간격은 말뚝지름의 1.5배로 한다.
② 기성 콘크리트 말뚝의 간격은 75cm 이상으로 한다.
③ 기초판 끝에서 나무 말뚝 간격은 1.25배 이상으로 한다.
④ 기초판 끝에서 기성 콘크리트 말뚝의 간격은 37.5cm이다.

문제 3 〔기사〕

그림과 같은 말뚝배치에서 X의 거리는 몇 cm이상 되어야 하는가?

① 60cm 이상
② 75cm 이상
③ 80cm 이상
④ 100cm 이상

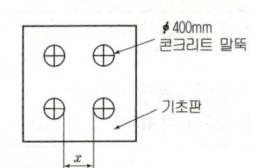

문제 4 〔공통〕

시험말뚝을 박을 때에 허용지지력 산출에 별로 영향을 주지 않는 것은?

① 추의 낙하높이
② 말뚝의 최종관입량
③ 말뚝의 길이
④ 추의 무게

해 설

[해설] 1, 2 말뚝의 간격
① 나무말뚝 : 2.5D 또는 60cm 이상
② 기성콘크리트(RC)말뚝 : 2.5D 또는 75cm 이상
③ 강재말뚝 : 직경이나 폭의 2배 이상 또는 75cm 이상
※ 폐단강관말뚝은 2.5D 이상
④ 매입말뚝 : 2.0D 이상
⑤ 현장타설콘크리트말뚝 : 2.0D 이상 또는 D+1.0m 이상

[해설] 3 기성콘크리트 말뚝 간격
기성콘크리트 말뚝박기의 중심간격은 말뚝머리 지름의 2.5배 이상 또는 75cm 이상으로 한다.
중심간격= 40cm×2.5=100cm
∴ X=100cm−(20cm×2)=60cm

[해설] 4 말뚝박기시험에 의한 말뚝의 허용지지력(R)

$$R = \frac{F}{5S+0.1} = \frac{W \times H}{5S+0.1}$$

F : 타격에너지, W : 추의 무게,
H : 낙하높이, S : 최종관입량

정답 1. ④ 2. ① 3. ① 4. ③

문제 5

건축공사에서 언더 피닝(Under Pinning) 공법의 설명으로 옳은 것은?

① 용수량이 많은 깊은 기초 구축에 쓰이는 공법이다.
② 기존 건물의 기초 혹은 지정을 보강하는 공법이다.
③ 터파기 공법의 일종이다.
④ 일명 역구축 공법이라고도 한다.

문제 6

기존 건축물의 기초의 침하나 균열, 붕괴 또는 파괴가 염려될 때 기초하부에 실시하는 공법은?

① 언더피닝 공법
② 소일 콘크리트 공법
③ 웰 포인트 공법
④ 아일랜드 공법

해 설

5,6 언더피닝 공법

기존 건축물의 기초나 구조체를 보강하는 방법을 총칭하여 언더피닝 공법이라고하며, 차단벽(이중벽)공법, 말뚝을 이용한 보강법, 기초를 삽입하는 직접지지법, Grouting공법 등 다양한 방법들이 이용된다.

정답 5. ② 6. ①

5 말뚝기초

> **학습방향**
> 말뚝은 다양한 종류가 있으며 나무말뚝, 컴프레솔파일, MIP파일 등이 출제 빈도가 높고 최근에는 대구경의 현장파일공법과 말뚝의 시공법 등 다양한 문제가 출제된다.

1 말뚝의 역학상 분류

1) 지지말뚝 (Bearing pile)	경질지반에 직접 지지시키는 말뚝 말뚝 선단의 지지력에 의존하여 지지하는 말뚝이다.
2) 마찰말뚝 (Friction pile)	지반과 말뚝의 마찰력으로 상부하중을 지지하는 말뚝 주변 마찰력에 의해서 지지되는 말뚝이다.
3) 다짐말뚝 (Compaction pile)	말뚝을 무리지어 박음으로써 무른 지반을 밀실하게 다지는 말뚝이다. 느슨한 사질 지반에 사용한다.

학습POINT

■ 재료에 따른 말뚝의 분류
 ① 나무말뚝
 ② 기성콘크리트 말뚝
 ③ 현장 콘크리트 말뚝
 ④ 강재말뚝
 ⑤ 합성 말뚝

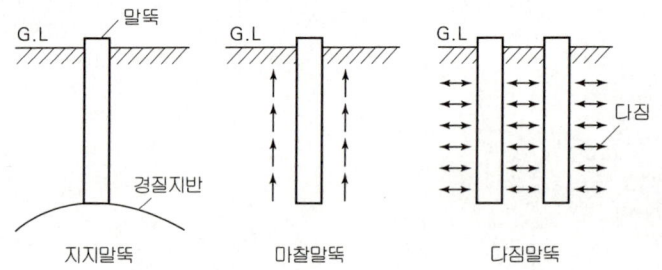

〈그림〉 말뚝의 역학상 분류

2 말뚝재료상 분류

(1) 나무말뚝 지정

소나무, 낙엽송, 오엽송(잣나무) 등 부패에 강한 생나무를 주로 사용하며 벌목후 2개월 이내에 사용한다. 지름은 15~21cm, 길이는 3~6m 정도, 휨정도는 길이의 1/50이하, 양마구리 중심선이 재안에 들 수 있는 나무를 사용한다.

1) 말뚝제조
 ① 껍질을 벗겨 사용하고 머리에 쇠가락지를 씌운다.
 ② 말뚝 아래 끝은 말뚝지름의 1~1.5배로 빗깍고, 쇠신을 씌운다.
 ③ 상수면 이하에 박는다. (부패방지)

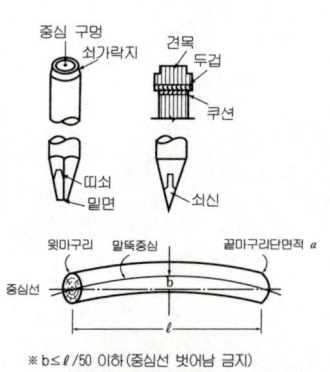

〈그림〉 나무말뚝

(2) 기성 콘크리트 말뚝

1) 단면형식 : 원형 또는 중공원형(中空圓形)을 주로 사용(주근 6개이상)
2) 지름은 20~50cm(보통 25, 30, 35cm)
3) 길이는 지름의 45배 이하(보통 25배) 최대 15m
4) 철근비는 1% 이상(기둥은 0.8% 이상)
5) 말뚝 단부형태에 따른 분류

① 압입공법 적용시	㉮ 연필형태(Pencil Type : 폐쇄돌출형) ㉯ 플랫형태(Flat Type : 폐쇄형, 폐단형)
② 개단말뚝	Open Type 이라 하며, 중굴공법(내부굴착공법)적용시 사용된다.

■ 프리스트레스트 파일(PC)의 종류
① 프리텐션방식의 원심력 PC 파일
② 포스트텐션방식의 원심력 PC 파일
③ 프리텐션 방식의 원심력 PHC(고강도)파일

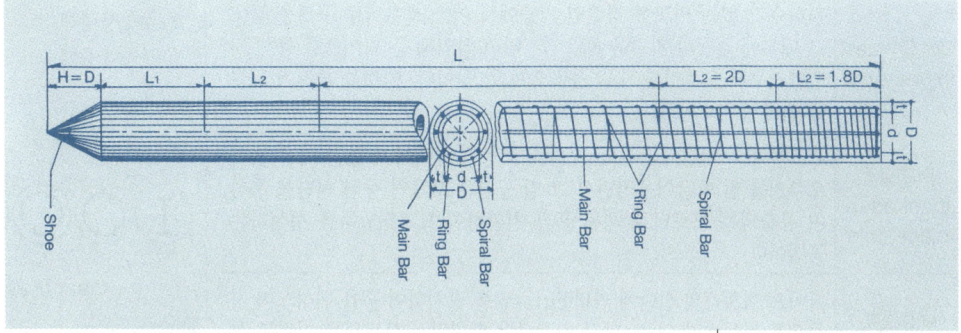

▶ 원심력 제작방식의 기성 콘크리트 파일 모습

(3) 현장타설 Concrete Pile (관입방법)

1) Compressol Pile	1.0~2.5ton의 3가지 추사용. 원추형추로 낙하 천공 잡석과 Concrete를 교대 투입후 추로 다짐. 지하수 유출이 작은 굳은 지반의 짧은 말뚝		
2) Simplex Pile	철관을 쳐서 박아 넣고 이 속에 콘크리트를 부어 넣어 중추로 다지며 외관을 뽑아내는 공법이다. 연약지반인 경우 얇은 철판의 내관사용		
3) Pedestal Pile	Simplex Pile의 개량. 지지력 증대 위해 구근 형성 대중적인 현장 말뚝. Concrete 손실이 크다. 구근직경:70~80cm 기둥직경:45cm내외. 지지력:200~300kN		
4) Raymond Pile	외관이 땅속에 남은 유각 Pile이다. 얇은 철판재 외관에 심대(Core)를 넣고 박아 심대를 뽑고 Concrete를 넣은 후 다진다.		
5) Franky Pile	심대 끝에 원추형 주철재의 마개달린 외관 사용. 외관을 박고 내부 마개 제거 후 Concrete 넣고 추로 다진다. 마개대신 나무말뚝을 사용하면 상수면 깊은 곳의 합성말뚝으로 편리		
6) Prepacked Pile	CIP말뚝 (Cast in place)	PIP말뚝 (Packed in place)	MIP말뚝 (Mixed in place)

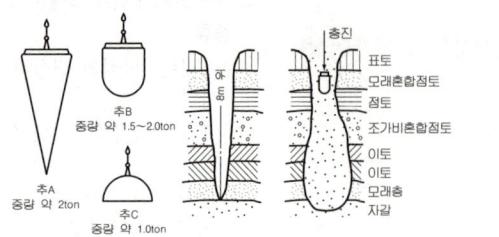
<그림> 콤프레솔 파일

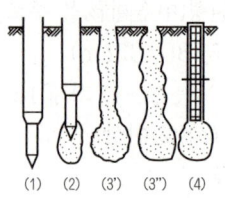
<그림> 페데스탈 파일

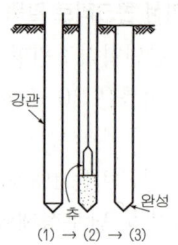
<그림> 심플렉스 파일

(4) 프리팩트 파일(Prepecked Pile : Preplaced Concrete Pile)

종 류	특 징
CIP 말뚝(cast in place) pile	지하수가 없는 비교적 경질인 지층에서 어스 오우거로 구멍을 뚫고 그 내부에 철근과 자갈을 채운 후, 미리 삽입해 둔 파이프를 통해 저면에서부터 모르터를 채워 올라오게 한 것이다. 이것을 줄지어 만들면 흙막이벽이 된다.
PIP 말뚝 (packed in place) pile	스크류 오우거(Screw auger)로 소정의 깊이까지 뚫은 다음 흙과 오우거를 함께 끌어올리면서 그 밑 공간은 오우거 중심 선단을 통하여 유출되는 모르터로 채워 흙과 치환하여 모르터말뚝을 형성하는 공법이다.
MIP 말뚝 (mixed in place) pile	파이프 회전축의 선단에 커터(cutter)를 장치하여 흙을 뒤섞으며 지중으로 파들어간 다음, 다시 회전시켜 빼내면서 모르터를 회전봉 선단에서 분출시킨다. 이때 흙과 모르터의 혼합체를 지중에 만들게 되고, 소일 콘크리트(soil concrete)말뚝이 형성된다.

■ 프리팩트파일 장점
① 재료분리 방지
② 수밀성 증대
③ 부착력 증대

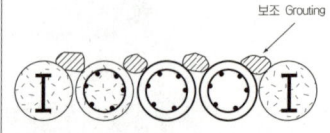
<그림> C.I.P 공법

▶ CIP말뚝과 보강버팀대와 귀잡이보의 모습

(5) 강재(강관) 말뚝

특 징	부식방지법
① 지지층에 깊이 관입. 지지력이 크다. ② 중량이 가볍고, 단면적이 작다. ③ 휨저항이 크고, 수평, 충격력 등에 대한 저항성이 크다. ④ 경질층에 타입, 인발이 용이하다. ⑤ 이음이 강하며 길이조절 용이하다. ⑥ 부식되며 재료비가 비싸다.(0.05~0.1mm/year로 부식 예측), 외부 2mm, 내부 5mm 단면공제	① 판두께 증가법 　(부식고려, 단면증가) ② 도포법(에폭시 등 도료 피복) ③ 시멘트 피복법 　(합성수지 피복법) ④ 전기도금법 　(내부식성 금속을 도금)

(6) 말뚝의 이음법

콘크리트말뚝	① 충전식 이음　　② Bolt식 이음 ③ 용접식 이음　　④ 장부식 이음
나무말뚝	파이프 이음법, 꺽쇠 이음법, 덧댐 이음법

※ 강재말뚝 : 주로 용접이음에 의한 강접합을 사용

3 말뚝의 시공법, 지지력 산정

(1) 말뚝의 시공법 종류

① 타격공법 (타입공법)	Diesel Hammer, Steam Hammer, Drop Hammer 등을 이용하는 방법으로 진동, 소음이 크다.
② 진동공법	상하로 요동하는 Vibro Hammer를 이용. 진동타입이나 진동 압입하는 방법
③ 압입공법	유압 Jack을 이용한 무소음, 무진동공법 또는 회전압입, 진동압입과 수사식을 병용함.
④ Pre-Boring공법	Pile구멍을 선굴착후 매입하거나 타입, 압입을 병용하는 방법. 스크류 오우거, 회전식 버켓, Pit등으로 굴착
⑤ 수사식 공법 (Water Jet 방식)	물을 고속분사하여 타입, 압입을 병용 ※ 타공법의 보조적인 방법이다.
⑥ 중굴공법	말뚝의 중공부(中空部)에 삽입후 굴착. open type의 말뚝에 사용

※ ③, ④, ⑤, ⑥ 항목은 무소음, 무진동 공법임.

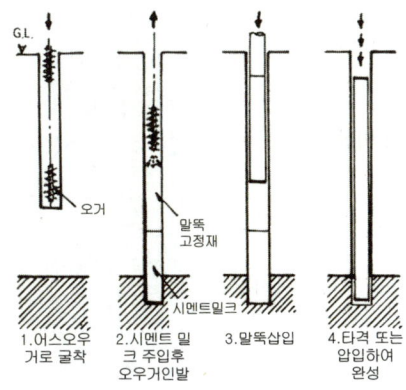

■ 프리보링공법의 시공순서
1. 어스오우거로 굴착
2. 소정의 지지층 확인
3. 시멘트액 주입
4. 기성콘크리트 말뚝 삽입
5. 기성콘크리트 말뚝 경화
6. 소정의 지지력 확보

<그림> 프리보링공법

(2) 말뚝의 허용지지력 산출방법

1) 재하시험에 의한 법(지지, 마찰말뚝) : 동적, 정적 재하시험과 양방향 재하시험이 있다.
2) 말뚝박기 시험에 의한 방법(지지말뚝)
 ※ 재하방법: 실하중재하, 유압 Jack에 의한 재하, 반력말뚝 또는 인발 저항력에 의한 방법
3) 지반의 허용응력도에 의한 방법(지지말뚝)
4) 표준관입 시험에 의한 방법(지지말뚝)
5) 토질시험에 의한 방법(마찰말뚝) (Terzaghi공식, Meyerhof공식)
6) 동역학적 추정공식(파일항타분석기 이용: 모든 type의 말뚝 가능)

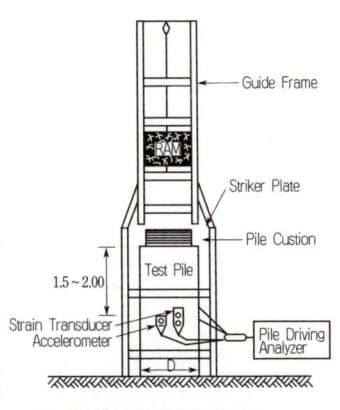

<그림> 항타분석기에 의한 말뚝의 동적재하시험

4 대구경 Pile 및 기타 깊은 기초

(1) 대구경 현장 파일 공법

Benoto 공법 (올케이싱 공법)	해머 그래이브로 굴착, 적용지반이 다양하다. 굴착하는 전체에 외관(Casing)을 박고 공사하여 공벽 붕괴를 방지한다. 공사비가 고가이고, 기계가 대형이며, 케이싱 인발시 철근피복파괴가 우려된다.
리버스 서큘레이션 공법 (R.C.D 공법)	역순환공법으로 지하수위보다 2m이상 높게 물을 채워 정수압(20kN/m²)에 의하여 공벽붕괴를 방지한다. 역타설공법(Top Down 공법)에서 기둥을 타설할 때 사용한다. 정수압의 관리가 어렵고 공벽붕괴의 우려가 있으며 피압수가 있을 때 작업이 곤란하다.
어스드릴 공법 (칼 웰드공법)	어스드릴 굴삭기 이용. 기계가 간단하며, 기동성 굴착속도가 빠르다. 주로 지하수 없는 점성토 지반에 적용한다. 5m 이상의 사력층에서 굴착이 곤란하며, Slime 처리의 어려움이 있다.

■ Benoto 공법의 특징
① All casing 공법, 전관공법
② 대구경의 깊은 말뚝에 적합
③ 지지층에 정확하고, 충분히 관입
④ Hammer Grab라는 대형, 중량의 굴착기를 이용
⑤ 케이싱튜브 인발시 주변지반이 이완될 수 있다.
⑥ 장비가 크고, 공사비가 고가

(2) 기타 깊은 기초

우물통 기초 (Well foundation)	Pier 기초의 일종으로 심초, 심관공법 등이 있으며, 인력으로 굴착하는 공법이다. RC조나 철재 등을 사용한다. 경질지반에 충분히 도달시키고 최소지름은 90cm 이상 전길이는 최소지름의 15배 이하로 한다.
잠함기초 (Caisson foundation)	지하 구조체를 지상에서 구축, 침하시키는 방법으로 개방잠함, 용기잠함 공법 등이 있다. ※ 용기잠함 : 압축공기로 지하수 유입을 방지하며 고기압내에서 굴착작업을 하는 공법. 10m이내는 개방잠함이 유리

▶ 강재 우물통기초 조립모습.
내·외부 철판과 보강재를 용접 조립하고 있다.

핵 심 문 제

문제 1　　　　　　　　　　　　　　　　　　　기사

나무말뚝을 상수면 이하에 박는 이유는?
① 지내력을 높이기 위하여
② 내진성을 높이기 위하여
③ 부동침하를 방지하기 위하여
④ 공기공급을 차단하기 위하여

문제 2　　　　　　　　　　　　　　　　　　　공통

제자리 콘크리트말뚝 박기에서 1.0~2.5t 정도의 세가지 추를 사용하여 끝이 뾰족한 추로 파고 그 속에 넣은 콘크리트를 끝이 둥근추로 다져서 넣은 다음 평면의 추로 다져 넣는 방법의 말뚝은?
① 심플렉스(simplex pile)
② 레이먼드 말뚝(raymond pile)
③ 컴프레솔 말뚝(compressol pile)
④ 프랭키 말뚝(franky pile)

문제 3　　　　　　　　　　　　　　　　　　　산업

심대 끝에 주철제 원추형의 마개가 달린 외관을 2~2.6t 정도의 추로 내리쳐서 마개와 외관을 지중에 박아 소정의 길이에 도달하면 내부의 마개와 추를 빼내고 콘크리트를 넣고 추로 다져 구근을 만드는 말뚝은?
① 페디스탈 파일(Pedestal Pile)
② 콤프레솔 파일(Compressol Pile)
③ 레이몬드 파일(Raymond Pile)
④ 프랭키 파일(Franky Pile)

문제 4　　　　　　　　　　　　　　　　　　　공통

파이프 회전봉의 선단에 커터(cutter)를 장치한 것으로 지중을 파고 다시 회전시켜 빼내면서 모르타르를 분출시켜 지중에 소일 콘크리트 파일(soil concrete pile)을 형성시킨 말뚝은?
① 오거 파일(auger pile)
② 시 아이 피 파일 (CIP pile)
③ 엠 아이 피 파일(MIP pile)
④ 피 아이 피 파일(PIP pile)

해 설

[해설] 1 나무말뚝
부패방지를 위해 나무말뚝은 상수면 이하로 박는다.

[해설] 2 컴프레솔파일
① 끝이 뾰족한 추로 구멍을 뚫고 콘크리트를 부어 넣는다.
② 끝이 둥근 추로 다진 다음 평면의 추로 다진다.
(3가지 추 사용)

[해설] 3 프랭키 파일(Franky Pile)의 특징
① 주철제 원추형 마개달린 외관을 사용한다.
② 나무 말뚝과의 합성말뚝을 만든다.

[해설] 4 MIP 말뚝
흙과 Mortar를 교반하여 소일 콘크리트(Soil Concrete)말뚝이 형성된다.

정답 1.④ 2.③ 3.④ 4.③

■ 제3장 토공사 및 기초공사

문제 5 공통

말뚝박기시 굳은 진흙층이 있을시에 말뚝앞에 가는 철관을 꽂고 그곳으로 물을 분사하여 수압에 의하여 지반을 무르게 한 뒤 말뚝박기를 하는 공법은?

① 그라우팅(Grouting) 공법
② 케이슨(Cassion) 공법
③ 웰포인트(Well-point) 공법
④ 수사법(Water-jetting)

해설 5 수사식(Water jet) 공법
말뚝선단에서 물을 분사하여 수압으로 지반을 무르게 한 후 흙과 말뚝간의 마찰력을 감소시켜 말뚝박기를 용이하게 하는 공법

문제 6 산업

시가지에서의 말뚝공법은 인근에 소음, 진동 등의 피해를 주지 않는 공법으로 해야 하는데 파넣기식 말뚝공법 중에서 말뚝을 매설할 위치에 먼저 굴착을 한 후 그 천공 속으로 기성말뚝을 수직으로 정치하는 공법은?

① 압입공법
② 프리 보링(Pre-boring)공법
③ 중공 파기공법
④ 수사(Water-jet)공법

해설 6 프리보링 공법(Pre-boring method)
① 미리 구멍을 선굴착한 후 기성말뚝을 삽입하여 압입 또는 타격에 의해 말뚝을 설치하는 공법이다.
② 도심지에서 말뚝박기시 소음·진동 방지법으로 말뚝 두부 파손이 적다.

문제 7 공통

말뚝시공법 중 제자리말뚝에서 기계굴삭공법이 아닌 것은?

① 리버스서큘레이션공법
② 관입공법
③ 보아홀공법
④ 심초공법

해설 7
심초공법은 인력굴착공법이다.

문제 8 공통

베노토(Benoto) 공법의 특징이 아닌 것은?

① All casing공법이므로 주위지반에 영향을 주지 않고 안전하게 시공이 됨
② 긴말뚝(50~60m)의 시공에는 적합하지 않음
③ 굴삭 후 배출되는 토사로서 토질을 알 수 있어 지지층에 도달됨을 판명
④ 기계는 대형 중량이고 케이싱튜브를 뽑아내는 반력도 커서 심히 연약한 지반 또는 수상시공에는 적절치 않음

해설 8 베노토공법
직경이 크고 깊은 기초말뚝 시공이 가능하다.

정답 5. ④ 6. ② 7. ④ 8. ②

문제 9 공통

말뚝의 지지력을 확인하는데 가장 신뢰성이 있는 시험방법은?

① 표준관입시험
② 정량분석시험
③ 재하시험
④ 소성한계시험

문제 10 산업

기초말뚝의 허용지지력을 구하는 방법 중 지지말뚝과 마찰말뚝에 공용으로 사용할 수 있는 방법은?

① 함수량시험에 의한 방법
② 토질시험에 의한 방법
③ 말뚝재하시험에 의한 방법
④ 지반의 허용응력도에 의한 방법

해 설

[해설] **9,10** 재하시험
직접하중을 가하여 지지력을 확인하는 시험으로 가장 정확하다. 재하시험에는 지내력시험과 말뚝의 재하시험이 있다.
※ 지지말뚝과 마찰말뚝에 공통으로 사용할 수 있다.

정답 9. ③ 10. ③

건 축 기 사 _ 기출문제

3 CHAPTER 토공사 및 기초공사

문제 1

토질 및 암의 분류에서 다음 설명에 해당되는 것은?

> 혈암, 사암 등으로 균열이 10~30cm 정도로서 굴착 또는 절취에는 화약을 사용해야 하나 석축용으로는 부적합한 암질

① 풍화암　　② 연암
③ 경암　　　④ 보통암

[해설] 혈암, 사암 등은 연암반이다.

문제 2

건축공사에서 제자리콘크리트 말뚝이나 수중 콘크리트를 칠 경우 콘크리트 속에 2m 이상 묻혀 있도록 하여 콘크리트치기를 용이하게 하는 것은?

① 리바운드 체크
② 웰포인트
③ 트레미관
④ 드릴링 바스켓

[해설] Tremie pipe(트레미관)
① 제자리 콘크리트 말뚝이나 수중콘크리트 타설 슬러리월의 콘크리트 타설용 철관을 말한다.
② 타설시 관은 콘크리트 속에 2m 이상 묻혀서 타설이 되어야 한다. (시방서기준)

문제 3

수직굴삭, 수중굴삭 등에 사용되는 깊은 흙파기용이며, 연약지반에 적당한 흙파기용 기계는?

① 백호
② 클램 셸
③ 그레이더
④ 드래그 라인

[해설] 클램 셸(Clam Shell)
① 지하 연속벽과 같은 좁은 곳의 수직굴착이나 수중굴착, 케이슨 내의 굴착에도 사용된다.
② 사질지반의 굴착에 사용되고 자갈이나 토사채취에도 쓰인다.

문제 4

건물의 중앙부만 남겨두고, 주위부분에 먼저 흙막이를 설치하고 굴착하여 기초부와 주위벽체, 바닥판 등을 구축하고 난 다음 중앙부를 시공하는 터파기 공법은?

① 복수공법
② 지멘스웰 공법
③ 트렌치 컷 공법
④ 아일랜드 컷 공법

[해설] ① 주변부를 먼저 굴착하고 중앙부를 나중에 시공하는 터파기 공법이 트렌치 컷 공법이다.
② 중앙부를 먼저 굴착하는 방법이 아일랜드 컷 공법이다.

문제 5

다음 중 토공사를 할 경우 주의해야 할 현상으로 가장 거리가 먼 것은?

① 파이핑(Piping)
② 보일링(Boiling)
③ 하이빙(Heaving)
④ 그라우팅(Grouting)

[해설] 토공사 흙막이 공사시 하이빙, 보일링, 파이핑현상에 대하여 안전한지 검토해야 한다.

해답　1. ②　2. ③　3. ②　4. ③　5. ④

문제 6

흙파기 저면에 투수성이 좋은 사질지반에서 흙파기 저면 부근에 피압수가 있을 시에 흙파기 저면을 통하여 상승하는 유수로 말미암아 모래입자가 부력을 받아 저면 모래지반의 지지력이 없어지는 현상은?

① 히빙파괴(Heaving failure)
② 압밀침하
③ 언더피닝(Under pinning)
④ 보일링(Boiling)

[해설] 보일링(Boiling)
모래지반에 지하수가 얕게 있든가 흙파기 저면에 피압수가 있을 때 모래입자가 부력을 받아 지반의 지지력이 없어지는 현상

문제 7

다음 중 어스앵커 공법에 대한 설명으로 옳지 않은 것은?

① 버팀대가 없어 굴착공간을 넓게 활용할 수 있다.
② 인접한 구조물의 기초나 매설물이 있는 경우 효과가 크다.
③ 대형기계의 반입이 용이하다.
④ 시공 후 검사가 어렵다.

[해설] 앵커식 흙막이 공법
흙막이 벽은 보통 버팀대로 지지되어 있으나 이 버팀대 대신 흙막이벽의 배면 흙속에 앵커체를 삽입고결시켜서 토압을 지지하는 것이 앵커식 흙막이 공법이다.
① 버팀대가 없기 때문에 굴착공간을 넓게 확보할 수가 있으므로 대형기계의 반입이 가능하며, 공기단축을 꾀할 수가 있다.
② 인접건물이나 매설물이 없을 때 유리한 공법이고, 앵커의 인발력을 매회 검사해야 하므로 검사가 어렵다.

문제 8

지하연속벽 공법 중 슬러리월의 특징으로 옳은 것은?

① 인접건물의 경계선까지 시공이 불가능하다.
② 주변지반에 대한 영향이 크다.
③ 시공시의 소음 · 진동이 크다.
④ 일반적으로 차수효과가 뛰어나다.

[해설] 8,9 슬러리 월(Slurry Wall) 공법의 특징
① 인접건물 근접시공가능(저소음, 저진동)공법이다.
   ※ 인접건물에 피해가 없다.
② 차수성이 높고, 모든지반적용 가능
③ 벽체강성우수, 본구조체로 이용가능
④ 임의 형상, 칫수, 깊이 조절가능
   (벽체길이에는 제한이 없고, 깊은 지지층까지 벽체를 조성할 수 있다.)
⑤ 시공비가 고가이며, 장비가 커서 시공이 느리다.
⑥ 고도의 기술과 경험이 필요하다.
⑦ 수평연속성이 부족하고 판넬의 연결부에 방수보강이 필요하다.

문제 9

지하연속벽 공법 중 슬러리 월(Slurry Wall)에 대한 특징으로 옳지 않은 것은?

① 시공시 소음 · 진동이 크다.
② 인접건물의 경계선까지 시공이 가능하다.
③ 주변 지반에 대한 영향이 적고 차수효과가 확실하다.
④ 지반 굴착시 안정액을 사용한다.

문제 10

웰포인트(Well point)공법에 관한 설명으로 옳지 않은 것은?

① 인접 대지에서 지하수위 저하로 우물 고갈의 우려가 있다.
② 투수성이 비교적 낮은 사질실트층까지도 강제배수가 가능하다.
③ 압밀침하가 발생하지 않아 주변 대지, 도로 등의 균열발생 위험이 없다.
④ 지반의 안전성을 대폭 향상시킨다.

[해설] 웰포인트 공법은 강제탈수공법이므로 주변도로나 대지가 압밀침하를 일으켜서 균열발생이 될 가능성이 있는 공법이다.

해답 6. ④ 7. ② 8. ④ 9. ① 10. ③

문제 11

토공사에서 지하연속법(Diaphragm Wall)에 대한 설명 중 옳지 않은 것은?

① 지하연속벽의 최소두께는 구조물의 응력 해석에 따라 0.6~1.5m 또는 그 이상으로 결정한다.
② 타설콘크리트의 물시멘트비는 50% 이하, 슬럼프치는 180~210mm, 배합설계는 설계강도의 125% 이상으로 한다.
③ 파내기 구멍은 수직으로 파며, 최대 허용오차는 1.0% 이하로 한다.
④ 철근망 트렌치 측면 사이는 최소 50mm 정도의 콘크리트 피복이 유지되도록 시공한다.

해설 지하연속벽(Slurry Wall)의 시방서 기준
 ① 벽최소두께 : 0.6~1.5m 이상
 ② 공기함유율 : 4.5±1.5%
 ③ 단위시멘트량 : 350kg/m³
 ④ 물시멘트비 : 50% 이하
 ⑤ Slump치 : 180~210mm
 ⑥ 배합설계 : 설계기준 강도의 125% 이상
 ⑦ 철근망 피복두께 : 80mm 이상 유지
 ⑧ 굴착은 수직으로 하며, 최대허용오차는 1.0% 이하로 한다.
 ⑨ 지중 콘크리트 타설시는 트레미관 선단은 항상 콘크리트에 2m(개정표준시방서는 1m 이상) 이상 묻혀있게 한다.

문제 12

Top Down공법(역행공법)에 대한 설명 중 옳지 않은 것은?

① 지하와 지상작업을 동시에 한다.
② 주변지반에 대한 영향이 적다.
③ 1층 슬래브의 형성으로 작업공간이 확보된다.
④ 수직부재 이음부 처리에 유리한 공법이다.

해설 역행 (역타)공법의 단점
 ① 수직부재 이음부 처리가 곤란하다.
 ② 소형의 고성능 장비가 필요하다.
 ③ 시공정밀도와 품질관리에 유의해야 한다.
 ④ 설계변경이 어렵고 시공비가 고가이다.

문제 13

Top Down 공법(역타공법)의 장·단점에 대한 설명으로 옳지 않은 것은?

① 소음, 진동이 적어 도심지 공사에 적합하다.
② 상하 동시 공사진행이 가능하므로 공기가 단축된다.
③ 기상 조건에 영향을 크게 받는다.
④ 기둥, 벽 등 수직부재 이음이 곤란하다.

해설 역행(역타) 공법의 장점
 ① 주변건물과 지반에 악영향이 없는 안정적 공법이다.
 ② 지상, 지하 동시작업으로 공기단축
 ③ 1층 바닥을 작업장으로 활용 가능
 ④ 전천후 작업가능(천후와 무관)
 ⑤ 도심지에서 소음, 진동, 분진 피해 감소
 ⑥ 흙막이 안정성이 우수

문제 14

건축물의 터파기 공사시에 실시하는 계측의 항목과 계측기를 연결한 것이다. 틀린 것은?

① 지하수의 수압 - 트랜싯
② 흙막이벽의 측압, 수동토압 - 토압계
③ 흙막이벽의 중간부 변형 - 경사계
④ 흙막이벽의 응력 - 변형계

해설 토공사 계측기
 ① 수위계 : 지하수의 수위파악
 ② 간극수압계(피에조미터) : 지하수 수압, 간극수압파악
 ③ 지반침하나 지표면 침하는 Level & Staff나 Transit를 이용한다.

문제 15

다음 중 웰포인트 공법에 대한 설명으로 옳지 않은 것은?

① 흙파기 밑면의 토질 약화를 예방한다.
② 진공펌프를 사용하여 토중의 지하수를 강제적으로 집수한다.
③ 지하수 저하에 따른 인접지반과 공동매설물 침하에 주의가 필요하다.
④ 사질지반보다 점토층 지반에서 효과적이다.

해답 11. ④ 12. ④ 13. ③ 14. ① 15. ④

[해설] 웰 포인트 공법
웰포인트 공법은 점토질 지반에는 부적당한 공법이다.

문제 16

연약한 점토층의 수분을 배제하여 지반을 개량하는 공법은?

① 아일랜드 공법(Island Method)
② 웰포인트 공법(Wellpoint Method)
③ 트랜치 컷 공법(Trench Cut Method)
④ 샌드 드레인 공법(Sand Drain Method)

[해설] Sand Drain 공법
① 연약점토층을 탈수시켜 지반을 경화시키는 공법이다.
② 모래말뚝을 통해 탈수시킨다.

문제 17

지하수가 많은 지반을 탈수하여 건조한 지반으로 만드는 공법 중 거리가 먼 것은?

① 샌드 드레인 공법(Sand Drain Method)
② 바이브로 플로테이션(Vibro-Flotaion) 공법
③ 웰포인트 공법(Well Point Method)
④ 페이퍼 드레인 공법(Paper Drain Method)

[해설] 바이브로 플로테이션 공법 : 모래를 진동시켜 다지는 다짐방법으로 탈수공법과는 관련이 없다.

문제 18

다음 지반개량공법에 관한 기술 중에서 틀린 것은?

① 연약한 점토질 지반에는 샌드파일(stand pile) 공법이 많이 쓰인다.
② 바이브로 플로테이션(vibro flotation)공법은 부드러운 모래질 지반다짐에 효과가 적다.
③ 실트층, 점토층, 물이 많은 점토층에는 벤토나이트(bentonite)공법을 적용할 수 있다.
④ 그라우트(Grout)공법은 점토질의 지반에서는 투수성이 적으므로 효과가 거의 없다.

[해설] 바이브로 플로테이션 공법
봉상진동기와 물의 압력을 이용하여 사질지반을 다짐하는 대표적인 공법이다.

문제 19

토공사에서 활용되는 다짐용 기계장비가 아닌 것은?

① 머캐덤 롤러
② 탬핑 롤러
③ 램머
④ 파워쇼벨

[해설] ※ 파워쇼벨은 굴착용 기계이다.

문제 20

굴착기계 중 지반보다 3m 정도 높은 곳의 굴착과 5~6m 정도의 낮은 곳 굴착에 사용되는 굴착기계가 알맞게 조합된 것은?

① 파워 쇼벨(power shovel) - 드래그 쇼벨(drag shovel)
② 클램 쉘(clam shell) - 드래그 라인(drag line)
③ 앵글도저(angle dozer) - 스크레이퍼(scraper)
④ 그레이더(grader) - 드래그 쇼벨(drag shovel)

[해설] 문제의 조건에서는 ①항이 가장 적당하다.

문제 21

각종 건설기계에 관한 설명 중 옳지 않은 것은?

① 타워크레인은 골조공사의 거푸집, 철근 양중에 주로 사용된다.
② 파워셔블은 위치한 지면보다 높은 곳의 굴착에 적합하다.
③ 스크레이퍼는 굴착, 적재, 운반, 정지 등의 작업을 연속적으로 할 수 있는 중·장거리용 토공기계이다.
④ 바이브레이팅 롤러(Vibrating Roller)는 콘크리트 다지기에 사용된다.

[해설] 바이브레이팅 롤러는 토공사의 흙다짐이나 도로개설시 다짐용으로 사용된다.

해답 16. ④ 17. ② 18. ② 19. ④ 20. ① 21. ④

문제 22

사질 지반 굴착 시 벽체 배면의 토사가 흙막이 틈새 또는 구멍으로 누수가 되어 흙막이벽 배면에 공극이 발생하여 물의 흐름이 점차로 커져 결국에는 주변 지반을 함몰시키는 현상은?

① 보일링 현상　② 히빙 현상
③ 액상화 현상　④ 파이핑 현상

[해설] 흙막이의 틈새나 구멍 등을 통하여 누수가 되고 차츰 지반내에 물의 유통경로가 생기는 현상이 파이핑 현상이며, 주변지반의 침하를 일으킨다.

문제 23

타격에 의한 말뚝박기공법을 대체하는 저소음, 저진동의 말뚝공법에 해당되지 않는 것은?

① 압입 공법
② 사수(Water jetting) 공법
③ 프리보링 공법
④ 바이브로 콤포저 공법

[해설] ④번 항목은 사질지반의 개량, 보강공법이다.

문제 24

제자리 콘크리트 말뚝에서 외관과 내관의 2중관을 소정의 위치까지 박은 다음 내관은 빼내고, 관내에 콘크리트를 부어넣고 내관을 넣어 다지며, 외관을 서서히 빼올리면서 콘크리트 구근을 만드는 방법을 반복하여 말뚝을 형성시키는 것은 다음 중 어느 것인가?

① 컴프레솔 파일
② 심플렉스 파일
③ 페디스탈 파일
④ 레이먼드 파일

[해설] Pedestal pile
① 외관과 내관을 사용한다.
② 구근을 형성시킨다. (Simplex pile을 개량)

문제 25

주철 원추형의 추로서 강관을 소정의 깊이까지 박고, 관내에 콘크리트를 투입하여 다른 추로서 다지며, 외관을 제거하면서 말뚝을 형성하는 것은 어느 것인가?

① 심플렉스 파일(simplex pile)
② 레이먼드 파일(raymond pile)
③ 컴프레솔 파일(compressol pile)
④ 페디스탈 파일(pedestal pile)

[해설] 심플렉스 파일
심플렉스 파일은 외관과 추를 사용한다.

문제 26

굴착구멍 내 지하수위보다 2m 이상 높게 물을 채워 굴착함으로써 굴착 벽면에 $2t/m^2$ 이상의 정수압에 의해 벽면의 붕괴를 방지하면서 현장타설 콘크리트 말뚝을 형성하는 공법은?

① 베노토 파일
② 프랭키 파일
③ 리버스 서큘레이션 파일
④ 프리팩트 파일

[해설] 리버스 서큘레이션 공법(R.C.D 공법)
역순환공법으로 지하수위보다 2m 이상 높게 물을 채워 정수압($20kN/m^2$)을 이용하여 공벽붕괴를 방지한다. 역타설 공법(Top Down 공법)에서 기둥을 타설할 때 사용한다.

문제 27

시공법에 따른 말뚝의 분류 중 기성 말뚝공법에 속하지 않는 것은?

① 어스드릴 공법
② 디젤 햄머
③ 프리보링 공법
④ 유압 햄머

[해설] 어스드릴 공법은 대구경, 현장타설 콘크리트 말뚝이다.

해답　22. ④　23. ④　24. ③　25. ①　26. ③　27. ①

문제 28

베노트 공법(Benoto Method)의 특성을 기술한 것 중 틀린 것은?

① 무음, 무진동 상태에서 굴착 가능
② 시공의 확실성이 있음
③ 지반조사 및 지지층의 확인 가능
④ 적용 지층이 제한됨

[해설] 베노토 공법
  ① 경질암반 이외의 전토질에 적용가능하다.
  ② 가장 안정적인 전관공법(All Casing 공법)이다.

문제 29

다음 중 언더피닝(Under Pinning) 공법의 종류가 아닌 것은?

① 갱 · 피어 공법
② 잭파일(Jacked pile)공법
③ 그라우트 주입공법
④ 콘크리트 VH 타설법

[해설] ④항은 콘크리트 타설 방법의 일종이다.

문제 30

강제말뚝의 부식에 대한 대책과 가장 거리가 먼 것은?

① 부식을 고려하여 두께를 두껍게 한다.
② 에폭시 등의 도막을 설치한다.
③ 부마찰력에 대한 대책을 수립한다.
④ 콘크리트로 피복한다.

[해설] 강제말뚝의 부식방지법
  ① 판두께 증가법(부식고려, 단면증가)
  ② 도포법(에폭시 등 도료 피복)
  ③ 시멘트 피복법(합성수지 피복법)
  ④ 전기도금법(내부식성 금속을 도금)
  ※ 부 마찰력에 대한 대책은 부식방지가 아니라 부동침하 방지대책이다.

해답 28. ④ 29. ④ 30. ③

건축산업기사 _ 기출문제

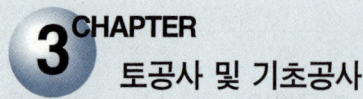

3 CHAPTER 토공사 및 기초공사

문제 1

히빙 파괴(Heaving failure)에 관한 기술로 옳은 것은?

① 히빙 파괴는 투수성이 좋은 사질 지반에서 발생한다.
② 히빙 파괴는 저면 지반개량공법으로 방지 할 수 있다.
③ 히빙 파괴는 흙막이의 국부적인 파괴를 일으킬 수 있다.
④ 히빙 파괴는 깊은 우물파기로 방지할 수 있다.

[해설] 히빙 파괴는 지반개량으로 하부 지반의 강도를 증가시킴으로써 예방가능하다.
① : 히빙 파괴는 연약한 점토지반에서 발생한다.
③ : 히빙 파괴는 흙막이의 전면적 파괴 및 주변 지반의 침하를 야기시킨다.
④ : 히빙 파괴는 아일랜드 컷, 트렌치 컷 등으로 방지할 수 있다.

문제 2

다음 중 지하연속벽 공법에 사용되지 않는 것은?

① 벤토나이트 이수   ② 트레미관
③ 수중펌프   ④ 인터로킹 파이프

[해설] 지하연속벽 공법
① 이수 : 공벽 붕괴방지용으로 쓰이며 팽창진흙, Bentonite라 한다.
② 트레미관 : 콘크리트 타설용철관이다.
③ 인터로킹 파이프 : 지하연속벽에서 판넬의 이탈(탈락) 방지용도로 사용된다.

문제 3

역구축공법(Top down method)의 장점에 관한 내용으로 옳지 않은 것은?

① 일체화 시공이 쉽다.
② 흙막이로서 확실성이 보장된다.
③ 인접지반의 변형을 최소화 할 수 있다.
④ 공기단축을 도모할 수 있다.

[해설] 역행(역타) 공법의 단점
① 수직부재 이음부 처리가 곤란하다.
② 소형의 고성능 장비가 필요하다.
③ 시공정밀도와 품질관리에 유의해야 한다.
④ 설계변경이 어렵고 시공비가 고가이다.

문제 4

다음 중 연약한 점성토 지반에 주상의 투수층인 모래말뚝을 다수 설치하여 그 토층의 속의 수분을 배수하여 지반의 압밀강화를 도모하는 공법은?

① 샌드 드레인 공법
② 웰 포인트 공법
③ 바이브로 콤포져 공법
④ 시멘트 주입 공법

[해설] 샌드 드레인(Sand drain) 공법
① 점토지반을 굴착하여 모래를 다져 넣고 모래말뚝을 형성한 다음 흙의 수분을 모래말뚝을 통해 배출시키는 공법
② 압밀 배수를 촉진시켜 지반의 전단강도를 증가시킨다.
※ 점토는 배수능력이 없으므로 모래말뚝을 이용

문제 5

독립기초에서 주각을 고정으로 간주할 수 있는 방법으로 가장 타당한 것은?

① 기초판을 크게 한다.
② 기초 깊이를 깊게 한다.
③ 철근을 기초판에 많이 배근한다.
④ 기중보를 설치한다.

[해설] 기초에 지중보를 설치하면 주각을 고정으로 간주할 수 있다.

해답 1. ② 2. ③ 3. ① 4. ① 5. ④

문제 6

말뚝 공법에서 소음이나 진동 공해를 고려한 파넣기에 의한 말뚝 공법이 아닌 것은?

① 프리보링 공법
② 집수통 배수공법
③ 중공파기 공법
④ 수사 공법

[해설] ① 집수통 배수공법은 말뚝시공법과는 무관하다.
② 프리보링공법, 중공파기공법, 수사식공법, 압입식공법 등이 도심지에서 사용하는 무소음, 무진동 공법이다.

문제 7

해머글래브를 케이싱 내에 낙하시켜 굴착을 완료한 후 철근망을 삽입하고 케이싱을 뽑아 올리면서 콘크리트를 타설하는 현장타설 콘크리트말뚝 공법은?

① 베노토 공법
② 이코스 공법
③ 어스드릴 공법
④ 역순환 공법

[해설] Benoto 공법
① All casing공법, 전관공법이라 한다.
② 대구경의 깊은 말뚝에 적합하다.
③ Hammer Grab라는 대형, 중량의 굴착기를 이용하며, 케이싱튜브 인발시 주변지반이 이완될 수 있다.
④ 케이싱튜브(Casing tube)를 뽑아내는 반력이 크므로 연약한 지반이나 수상시공에 적합하지 않다.

문제 8

현장타설 콘크리트말뚝공법 중 리버스써큘레이션(Reverse Circulation Drill) 공법에 대한 설명으로 옳지 않은 것은?

① 유연한 지반부터 암반까지 굴착 가능하다.
② 시공심도는 통상 70m까지 가능하다.
③ 굴착에 있어 안정액으로 벤토나이트 용액을 사용한다.
④ 시공직경은 0.9~3m 정도이다.

[해설] R.C.D공법은 공벽붕괴 방지용으로 원칙적으로 Bentonite(안정액)을 사용하지 않고 정수압(압력을 가진 물)을 이용하여 공벽붕괴를 방지한다. (※ 정수압력 $20KN/m^2$)

문제 9

지하 구조체를 지상에서 구축하고 그 밑부분을 파내려 가면서 지하부에 위치시키는 기초 공법은?

① 심초공법
② 개방잠함공법
③ 웰포인트공법
④ 톱다운공법

[해설] 개방잠함 기초의 시공순서 (4단계)
① 지하구조체를 지상에서 구축
② 하부 중앙흙 굴착
③ 정위치 침하후 중앙부 기초 구축
④ 주변부 기초 구축하여 완성

문제 10

현장타설 말뚝공법에 해당되지 않는 것은?

① 숏크리트 공법
② 리버스 서큘레이션 공법
③ 어스드릴 공법
④ 베노토 공법

[해설] 숏크리트
Mortar를 압축공기로 분사하여 뿜어 붙이는 것을 말한다.

문제 11

계측관리 항목 및 기기가 잘못 짝지어진 것은?

① Piezometer - 지반내 간극수압의 증감을 측정
② Water level meter - 지하수위 변화를 실측
③ Tiltmeter - 인접구조물의 기울기변화를 측정
④ Load cell - 지반의 투수계수를 측정

[해설] Strut 부재응력 측정 : load cell(하중계)
※ 토질시험, 현장계측의 실하중 측정

해답 6. ② 7. ① 8. ③ 9. ② 10. ① 11. ④

문제 12

기성말뚝공사 시공 전 시험말뚝박기에 관한 설명으로 옳지 않은 것은?

① 시험말뚝박기를 실시하는 목적 중 하나는 설계 내용과 실제 지반조건의 부합여부를 확인하는 것이다.
② 설계상의 말뚝길이보다 1~2m 짧은 것을 사용한다.
③ 항타작업 전반의 적합성 여부를 확인하기 위해 동재하시험을 실시한다.
④ 시험말뚝의 시공결과 말뚝길이, 시공방법 또는 기초형식을 변경할 필요가 생긴 경우는 변경검토서를 공사감독자에게 제출하여 승인받은 후 시공에 임하여야 한다.

[해설] 시험말뚝은 실제 시공할 말뚝과 동일한 조건으로 시험한다.

문제 13

기성콘크리트말뚝에 관한 설명으로 옳지 않은 것은?

① 선굴착 후 경타공법으로 시공하기도 한다.
② 항타장비 전반의 성능을 확인하기 위해 시험말뚝을 시공한다.
③ 말뚝을 세운 후 검측은 기계를 사용하여 1방향에서 한다.
④ 말뚝의 연직도나 경사도는 1/00 이내로 관리한다.

[해설] 말뚝시공 후 검측은 수직방향의 연직도나 경사도 측정, 수평방향의 가로축(x축), 세로축(y축) 등 3방향에서 검측한다.

문제 14

현장에서 콘크리트를 타설해서 조성하는 현장 콘크리트 말뚝과 관련하여 틀린 내용은?

① 말뚝의 현장운반 문제가 불필요하다.
② 시공시 진동, 소음이 줄어든다.
③ 설비는 복잡하나 이음매 없이 장척의 말뚝설치가 가능하다.
④ 시공 후의 품질 확인이 용이하다.

[해설] ① 현장타설 말뚝은 설비가 크고 시공후 품질확인이 어려운 단점이 있다.
② ①, ②, ③항의 장점과 흙파기전에 미리 시공할 수 있는 장점이 있다.

문제 15

어스앵커공법을 시행할 때 사전에 검토할 항목으로 가장 관련이 없는 것은 어느 것인가?

① 지하수위
② 투수계수
③ 기존 매립물의 조사
④ 수직도

[해설] 어스앵커 공법의 사전 검토사항
① 보링(시추) 보고서에서 지하수위와 토질에 따른 투수계수를 확인하여야 한다.
② 보링 주상도에서 토질의 종류, 두께, 원위치 시험 결과를 확인해야 한다.
③ 흙막이 뒷면을 굴착해서 앵커체를 시공하므로 주변구조체와 지중 매립물을 사전에 조사해야 한다.
※ 어스앵커 공법은 경사면보강, 흙막이 용도, 구조체 보강 등에 사용되므로 수직도를 검토할 필요는 없다.

해답 12. ② 13. ③ 14. ④ 15. ④

제4장 철근콘크리트공사

출제경향분석

철근콘크리트공사는 크게 분류하면 1. 철근공사 2. 거푸집공사 3. 콘크리트 공사로 나눌 수 있으며 어느 장 보다도 광범위하고 폭넓게 출제되고 있다.
최신의 새로운 문제도 이 장에서 제일 많이 출제된다.
철근콘크리트 공사에서는 20문제 출제 중 4~5문항 이상이 출제되고 있으며 어느 장보다도 출제빈도가 높은 부분이다.

세부목차

1. 철근공사
2. 거푸집공사
3. 콘크리트 재료
4. 콘크리트의 배합설계 및 콘크리트의 성질
5. 콘크리트 타설(부어넣기)
6. 기타사항
7. 각종 콘크리트

1 철근공사

> **학습방향**
> 철근공사는 가공이 주로 현장에서 이루어졌지만 공장생산에 의한 현장설치방식의 작업으로 전환되고 있다. 특히 시험에서는 철근이음시 주의점, 이음 및 정착, 조립순서, 피복두께, 철근의 이음 등이 자주 출제되고 있다.

1 개요, 철근의 재료 및 공정순서

(1) 철근콘크리트의 개요
① 철근은 인장력을 콘크리트는 압축력을 부담한다.
② 철근과 콘크리트는 열팽창 계수가 거의 같다.
③ 콘크리트는 알칼리성으로 산성인 철근이 녹스는 것을 방지한다.
④ 콘크리트는 철근과 부착력으로 철근의 좌굴을 방지한다.
⑤ Concrete 압축강도가 클수록 철근의 부착력은 커진다.
⑥ Concrete의 부착력은 철근의 주장과 길이에 비례하여 커진다.
⑦ 철근의 단면모양과 표면의 녹상태에 따라 부착력이 달라진다. (이형철근은 원형보다 0.4배~2배까지 부착력이 더 크다.)
⑧ 부착력은 철근의 정착 길이에 따라 정비례하지는 않는다.
⑨ 수직철근의 부착력이 수평철근보다 크다.

(2) KS D 3504 이형철근의 종류와 기계적 성질

기 호	용 도	항복강도(N/mm²)	철근 끝 양단면의 색깔
SD300	일반용	300~420	녹색(일명 일반철근)
SD400		400~520	황색(일명 고장력철근 : high bar)
SD500		500~650	흑색(일명 수퍼바 : super-bar)
SD600		600~780	회색
SD700		700~910	하늘색
SD400W	용접용	400~520	백색
SD500W		500~650	분홍색

① 인장강도는 항복강도의 1.08배 이상~1.25배 이상임.
② SD400 S, SD500 S, SD600 S, SD700 S : 특수내진용
③ 철근의 시험 : 형상, 칫수, 질량, 항복점 또는 인장시험
  ※ 각 지름 및 각 종류별 무게 40t 마다 1회(시험편 3개의 평균)
④ 철근의 길이는 3.5m~12m까지 생산되지만 일반적으로 8m가 표준이 되고 있다.

학습 POINT

■ 철근 선조립공법의 장점
① 시공정밀도 향상
② 공기단축
③ 품질향상 및 품질관리의 용이성
④ 작업의 단순화
⑤ 조립작업의 기계화, 규격화, 대량 생산화

(3) 철근 공정순서

1) 철근공사의 공정순서	2) RC조 배근순서	3) SRC조 배근순서
① 공작도 작성 ② 재료 반입 ③ 저장 ④ 재료 검사 및 시험 ⑤ 가공 ⑥ 조립 ⑦ 조립부 배근검사	① 기초 ② 기둥 ③ 벽 ④ 보 ⑤ 바닥판 ⑥ 계단	① 기초 ② 기둥 ③ 보 ④ 벽 ⑤ 바닥판 ⑥ 계단

2 철근의 가공

철근은 상온에서 지상 가공하는 것의 원칙이다. (시방서 기준)

(1) 절단, 가공기구	1) 철근절단 : 절단기(Bar Cutter), Shear Cutter, 쇠톱을 사용 2) 철선절단 : Wire Cliper 3) 구부림 : 중간부 : Bar Bender사용 　　　　　말단부 : Hooker, Pipe 등 사용
(2) Hook (갈고리) 설치	1) 원형철근 말단부는 원칙적으로 Hook를 설치 2) 이형철근 중 다음에 해당하면 Hook 설치 　① 늑근(Stirrup)과 대근(Hoop) 　② 기둥 및 보의 돌출부 철근(지중보 제외) 　③ 굴뚝의 철근 　④ 피복 Concrete가 파괴되기 쉬운 보, 기둥의 단부 ※ 지중보 철근은 Hook 처리 안함.

※ ① 철근 말단부의 구부림(Hook 처리)규정, 구부림각도, 여장 등은 건축구조설계 기준에 따라 행한다.
　② 나선철근의 중간부, 끝단의 처리, 겹침이음길이, 구부림각도와 여장 등은 건축구조설계 기준에 따른다.

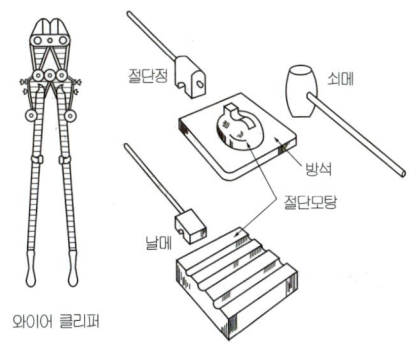

〈그림〉 철근가공기구

▶ 철근절단기를 이용한 철근절단, 가공장면

3 철근의 이음 및 정착

(1) 이음 및 정착

① 철근의 이음 및 정착길이는 건축구조설계기준 및 철근배근도에 따른다.
② 정착 및 이음길이의 건축구조설계기준 및 철근배근도에 제시된 길이보다 짧을 수 없으며, 건축구조설계기준 및 철근배근도의 길이를 초과할 경우의 허용차는 소정길이의 10% 이내로 한다.
③ 철근의 이음의 위치, 정착방법은 철근배근도에 따른다.

■ 철근 이음길이의 산정

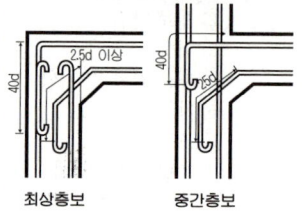

최상층보   중간층보

(2) 철근의 이음, 정착시 주의점과 정착위치

이음위치 선정시 주의점	① 철근의 이음은 큰 응력을 받는 곳을 피하여 잇는다. ② 이음의 1/2이상을 한곳에 집중시키지 말고 엇갈려 잇는다. (Staggered Splice) ③ 기둥, 벽 철근 이음은 층 높이의 2/3 하부에서 엇갈리게 한다. ④ 보에서는 중앙에서 하부근을, 단부에서 상부근을 이음하지 않는다.
기타 주의점	① D35를 초과하는 철근은 겹침이음을 할 수 없다. 다만, 서로 다른 크기의 철근을 압축부에서 겹침이음하는 경우 D35 이하의 철근과 D35를 초과하는 철근은 겹침이음을 할 수 있다. ② 갈고리의 길이는 이음길이에 포함시키지 않는다. ③ 보철근은 기둥 중심선 밖에서 구부림을 둔다.
철근의 정착 위치	① 기둥주근은 : 기초 또는 바닥판 ② 보의 주근 : 기둥 또는 큰보 ③ 보밑 기둥이 없을 때 : 보상호간 ④ 지중보 주근 : 기초 또는 기둥 ⑤ 벽철근 : 기둥, 보, 바닥판 ⑥ 바닥철근 : 보 또는 벽체

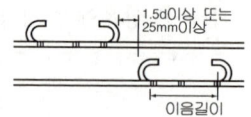

<그림> 철근의 이음길이

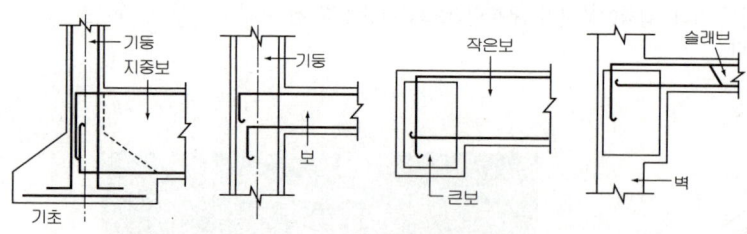

<그림> 철근의 정착 위치

(3) 철근의 이음법

※ 장래의 이음에 대비하여 구조물로부터 노출시켜 놓은 철근은 손상이나 부식을 받지 않도록 보호하여야 한다.

① 겹친이음 (Lap Splice)	철근 이음길이 만큼 겹쳐서 #18~#20의 철선을 개소당 2개소 이상 결속하여 이음. 콘크리트와의 부착력 이용
② 용접 이음법	아아크용접, 플러시버트용접 등이 있음.

③ 가스압접 이음법	철근의 단면을 산소-아세틸렌 불꽃 등을 사용하여 가열하고 기계적 압력을 가하여 용접한 맞댐이음으로 많이 사용. 고주파열을 이용한 압접도 있음.
④ 기계적 이음법	sleeve압착이음, sleeve충전식 이음, coupler를 이용한 나사체결법 등 연결재를 이용한 접합방법.

※ ① 기계적이음을 위해 특수기구를 이용한 최근방식으로써 그립죠인트방식, 스퀴즈죠인트방식, 슬립죠인트방식, 너트죠인트방식 등이 사용된다.
  ② 캐드이음(Cad welding) : 철근에 슬리브를 연결하고 철근과 슬리브 사이의 공간에 순간 폭발을 발생시켜 합금을 흘려보내 충전하여 있는 방법

▶ 수직철근의 Coupler 이음장면

▶ 가스압접 이음 철근

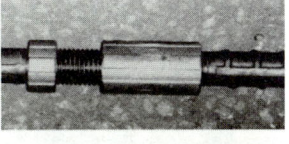
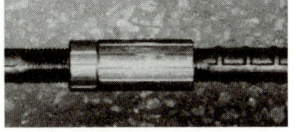
▶ 너트와 커플러를 체결한 나사 체결 이음 방법

(4) 가스 압접 이음

1) 순서
  ① 양쪽으로 30Mpa 이상의 압력으로 가압
  ② 1,200~1,300℃로 가열
  ③ 지름의 1.4배 이상으로 압접 완료

2) 접합소요시간 : 3~4분(1개소)

3) 압접부의 품질관리와 압접금지 사항

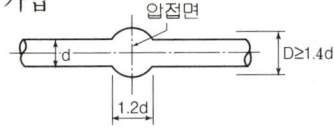
<그림> 압접부분의 돌기

압접의 품질관리	압 접 금 지
① 용접돌출부의 직경 : 1.4배 이상 ② 용접돌출부의 길이 : 1.2배 이상 ③ 철근 중심부 편심오차 : 직경 1/5 이하. (1/5초과시 재압접) ④ 돌출부와 용접면 엇갈림 : 직경 1/4 이하. (1/4초과시 재압접)	① 철근의 지름 차이가 6mm 초과시 ② 철근의 재질이 서로 다른 경우 ③ 항복점 또는 강도가 서로 다른 경우 ④ 0℃ 이하 작업 중지 ⑤ 편심오차 : 지름의 1/5 초과금지 (지름이 다르면 : 작은 지름의 1/5)

4) 가스압접의 검사법
  ① 위치, 외관검사
  ② 샘플링검사
    ㉮ 초음파탐사검사
    ㉯ 인장시험

■ 철근 이음 검사
  ① 외관검사 : 전체개소
  ② 초음파 : 1검사로트마다 30개소
  ③ 인장 : 1검사로트마다 3개 설계기준 항복강도의 125%
  ※ 1검사로트 : 200개소 정도

5) 용접(가스압접)이음의 장·단점

장　점	단　점
① 충분한 강도가 보장된다.(일체성 확보가능)	① 숙련공이 필요하다.(1개소시공 3~4분)
② 철근 조립부가 단순해져 Concrete 타설이 용이하다.	② 공정상, 작업상 불리하다.(철근공, 용접공 동시 작업)
③ 겹친 이음이 없어서 경제적이다.	③ 용접부 검사가 어렵다.
④ 철근의 조직 변화가 적다.	④ 거푸집 위에서 작업시 화재염려
⑤ 가공이 단순하고 가공면적이 적다.	⑤ 풍우, 강설, 저온시 작업중단

※ 가스압접과정

▶ 압접부 가공
※ 사진참조 : (주)송우철근압접

▶ 압접부 초기 가열

▶ 압접부1, 2, 3차 가열후 상온 냉각 및 완성

4 피복두께, 철근간격, 철근배근

(1) 피복두께의 최소값 (KDS 14 20 50 콘크리트구조 철근상세 설계기준)

※ 프리스트레스하지 않은 부재의 현장치기 콘크리트인 경우

부위 및 철근 크기			최소피복두께(mm)
수중에서 치는 콘크리트			100
흙에 접하여 콘크리트를 친 후 영구히 흙에 묻혀 있는 콘크리트			75
흙에 접하거나 옥외의 공기에 직접 노출되는 콘크리트	D19 이상의 철근		50
	D16 이하의 철근, 지름 16mm 이하의 철선		40
옥외의 공기나 흙에 직접 접하지 않는 콘크리트	슬래브, 벽체, 장선	D35 초과하는 철근	40
		D35 이하인 철근	20
	보, 기둥		40
	쉘, 절판부재		20

※ ① 피복두께의 시공 허용오차는 10mm 이내로 한다.
　② 피복두께는 철근콘크리트 구조물이 소요의 내구성, 내화성 및 구조내력이 얻어질 수 있도록 부재의 종류와 위치별로 구조물의 내구연한, 콘크리트의 종류와 품질, 부재가 받는 환경작용의 종류와 강도 등의 폭로조건, 특수한 열화외력, 요구내화성능, 구조내력 상의 요구 및 시공 정밀도를 고려하여 결정한다.

■ 피복두께 결정과 철근 Concrete의 내화성
① Concrete는 350°C 이상 가열되면 급격히 강도저하
② 600°C에서는 상온의 1/2, 800°C에서는 0혹은 10%로 강도저하
③ 900°C 이상에서 완전파괴
④ 내부온도가 600°C로 되는 깊이 2cm(1시간후), 3cm(2시간후)
⑤ 피복두께에 의한 내구연수 $x = 7.2t^2$ (t : 피복두께)

■ 화재시 골재, 시멘트의 반응
① 골재는 계속 팽창
② 시멘트는 210°C까지 팽창
③ 210°C~650°C까지 수축
④ 650°C이상 팽창, 900°C이상 파괴

③ 프리스트레스 콘크리트, 프리캐스트 콘크리트, 특수환경에 노출되는 콘크리트 등과 시방서에 별도의 피복두께 규정이 있는 경우에는 KDS 14 20 50의 규정에 따르거나 시방서 규정에 따른다.

(2) 피복두께 및 철근간격유지 목적

피복두께 유지목적	철근간격 유지목적
① 내화성 유지 ② 내구성(철근의 방청)유지 ③ 시공상 콘크리트치기의 유동성 유지 　(굵은 골재의 유동성 유지) ④ 부착력 증대	① Concrete의 유동성(시공성) 확보 ② 재료분리방지 ③ 소요의 강도 유지, 확보

(3) 철근의 간격(건축구조설계 기준과 동일)

① 철근 공칭지름 이상
② 25mm 이상
③ 굵은골재 최대치수의 4/3 (1.33)배 이상
※ 위 ①, ②, ③ 중 큰값으로 결정함.
④ 기둥의 축방향 철근의 순간격은 40mm 이상, 철근공칭지름의 1.5배 이상, 굵은골재 최대치수의 4/3(1.33)배 이상 중 큰값으로 적용한다.
※ 철근의 순간격에 대한 규정은 서로 접촉된 겹친이음철근과 인접된 이음 철근 또는 연속철근 사이의 순간격에도 적용된다.

(4) 피복두께

철근 가장외측 표면에서 이를 감싸고 있는 콘크리트 표면까지의 최단거리를 말한다.
① 기둥 : 대근 가장자리에서 콘크리트표면까지 거리
② 보 : 늑근가장자리에서 콘크리트표면까지 거리

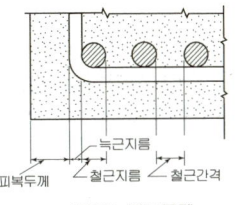
〈그림〉 피복두께

▶ 철근배근이 밀집된 모습

(5) 기둥, 보, 슬라브의 철근조립　　※ 건축구조설계 기준에 따라 배근

구 분	철 근 조 립
기 둥	① 띠철근과 나선철근은 좌굴방지와 전단력에 효과적이다. ② 나선철근은 띠철근에 비해 재료비와 가공비가 비싸다.
보	(이음범위 그림) ※ 주요한 보의 철근 배근은 복근(復筋)으로 한다.
슬라브	※ 철근을 많이 배근하여야 하는 순서 단변방향주열대 – 단변방향주간대 – 장변방향주열대 – 장변방향주간대

핵 심 문 제

해 설

문제 1 (공통)

일반적인 철근콘크리트 구조물에서 철근 조립의 경우 다음 각부의 배근순서로 옳은 것은?

① 기둥배근 – 벽배근 – 보배근 – 바닥배근
② 기둥배근 – 보배근 – 벽배근 – 바닥배근
③ 바닥배근 – 기둥배근 – 벽배근 – 보배근
④ 바닥배근 – 기둥배근 – 보배근 – 벽배근

[해설] **1** 철근배근순서
(1) RC조인 경우
   기초 – 기둥 – 벽 – 보 – Slab – 계단
(2) SRC조인 경우
   기초 – 기둥 – 보 – 벽 – Slab – 계단

문제 2 (기사)

철근콘크리트 보에 주근의 이음위치 중 제일 좋은 것은?

① 단순보의 경우 지점으로 부터 스펜의 1/4 되는 곳
② 인장력이 가장 적은 곳
③ 보의 중간 부분
④ 전단력이 가장 적은 곳

[해설] **2**
보철근은 이음시 인장력이 작은 곳에서 하며, 기둥, 벽, 철근이음은 높이 2/3하부에서 엇갈리게 한다.

문제 3 (산업)

탄소강에 니켈, 망간, 규소 등을 소량 첨가하여 열간 및 냉간 가공 과정을 거쳐 보통 철근보다 강도를 향상시킨 강재는?

① 원형 철근
② 고강도 철근
③ 이형 철근
④ 피아노선

[해설] **3**
※ 문제의 지문은 고강도철근에 대한 설명이다.

문제 4 (산업)

철근 콘크리트 구조시공에서 철근(주근 – 이형철근 D25이하)의 구부림 가공치수의 허용오차로서 옳은 것은?

① ±15mm
② ±8mm
③ ±6mm
④ ±5mm

[해설] **4** 철근의 가공허용오차(시방서)
① 스티럽, 띠철근 : ±5mm
② 이형 25이하 ±15mm
③ 이형 29이상, 32 이하 : ±20mm
④ 전체 가공후 전길이 : ±20mm 이내

정답 1.① 2.② 3.② 4.①

문제 5 　　　　　　　　　　　　　　　　　공통

철근콘크리트 공사에 있어서 철근의 정착위치로 옳지 않은 것은?
① 기둥의 주근은 기초에 정착한다.
② 보의 주근은 기둥에 정착한다.
③ 작은보의 주근은 큰보에 정착한다.
④ 지중보의 주근은 바닥판에 정착한다.

문제 6 　　　　　　　　　　　　　　　　　공통

철근의 정착 위치에 관한 설명 중 옳지 않은 것은?
① 지중보 철근은 기초 또는 기둥에 정착한다.
② 기둥 철근은 큰 보 혹은 작은 보에 정착한다.
③ 직교하는 단부 보 밑에 기둥이 없을 때에는 벽체에 정착한다.
④ 벽철근은 기둥, 보, 기초 또는 바닥판에 정착한다.

문제 7 　　　　　　　　　　　　　　　　　기사

다음 중 철근의 가스압접에 관한 설명으로 옳지 않는 것은?
① 이음공법 중 접합강도가 극히 크고 성분원소의 조직변화가 적다.
② 가압 시의 압력은 철근의 축방향으로 30MPa 이상으로 한다.
③ 가스압접할 부분은 직각으로 자르고 절단면을 깨끗하게 한다.
④ 접합되는 철근의 항복점 또는 강도가 다른 경우에 주로 사용한다.

문제 8 　　　　　　　　　　　　　　　　　산업

철근의 용접으로 강도가 약하여 구조용으로 사용하지 않는 용접법은?
① 아아크 용접(Arc welding)
② 가스용접
③ 플러시 버트 용접(Flush butt welding)
④ 가스압접

해 설

[해설] **5, 6** 철근의 정착위치
① 기둥의 주근은 기초에 정착한다.
② 지중보의 주근은 기초 또는 기둥에 정착한다.
③ 보의 주근은 기둥에 정착한다.
④ 작은 보의 주근은 큰보에 정착한다.
⑤ 직교하는 단부 보 밑에 기둥이 없을 때에는 보 상호간에 정착한다.
※ 슬라브 → 보 → 기둥 → 기초순으로 정착된다.

[해설] **7** 철근 가스압접이 금지되는 경우
① 철근의 지름 차이가 6mm 초과 시
② 철근의 재질이 서로 다른 경우
③ 항복점 또는 강도가 서로 다른 경우
④ 0℃ 이하 작업 중지
⑤ 편심오차 : 지름의 1/5 초과금지(지름이 다르면 : 작은 지름의 1/5)

[해설] **8, 9** 가스용접
※ 구조용으로 별로 사용안함
① 가스압접 : 접합하려는 부재의 면에 축방향의 압축력을 가하고 접합부위를 가열하여 접합. 구조용으로 가장많이 사용.
② 아크용접 : 아크에 의한 발열을 이용하여 금속을 용접하는 방법. 철골공사에 가장 많이 사용

[정답] 5. ④ 6. ② 7. ④ 8. ②

문제 9 　　　　　　　　　　　　　　　　　　　　기사

철근의 이음방식 중 철근단면을 맞대고 산소-아세틸렌염으로 가열하여 접합단면을 녹이지 않고 적열상태에서 부풀려 가압, 접합하는 형태로 전 이음공법 중 접합강도가 큰 편에 속하는 것은?
① 겹침이음
② 기계적이음
③ 아크용접이음
④ 가스압접이음

문제 10 　　　　　　　　　　　　　　　　　　　산업

다음 중 철근 콘크리트의 피복두께를 유지하는 목적과 가장 거리가 먼 것은?
① 화재로부터의 철근보호
② 철근의 부식방지
③ 철근과 콘크리트의 부착응력 확보
④ 콘크리트의 동해 방지

해설 10 철근의 피복두께 유지목적
① 내화성능 유지
　(화재시 철근보호)
② 내구성능 유지(철근부식방지, 중성화 저항성 유지)
③ 소요의 구조내력확보(콘크리트의 유동성, 부착력, 강도확보)

문제 11 　　　　　　　　　　　　　　　　　　　산업

철근피복에 관한 설명으로 옳은 것은?
① 철근을 피복하는 목적은 철근콘크리트구조의 내구성 및 내화성을 유지하기 위해서이다.
② 보의 피복두께는 보의 주근의 중심에서 콘크리트 표면까지의 거리를 말한다.
③ 기둥의 피복두께는 기둥주근의 중심에서 콘크리트 표면까지의 거리를 말한다.
④ 과다한 피복두께는 부재의 구조적인 성능을 증가시켜 사용수명을 크게 늘릴 수 있다.

해설 11
② : 보의 피복두께는 늑근끝에서부터 콘크리트 표면까지의 거리이다.
③ : 기둥의 피복두께는 대근이나 나선철근 끝에서부터 콘크리트 표면까지의 거리이다.
④ : 과다한 피복두께는 구조성능을 감소시킨다.

문제 12 　　　　　　　　　　　　　　　　　　　공통

슬램에서 4변 고정인 경우 철근배근을 가장 많이 하여야 하는 부분은?
① 짧은 방향의 주간대
② 짧은방향의 주열대
③ 긴방향의 주간대
④ 긴방향의 주열대

해설 12 슬래브
휨모멘트가 큰부분에 철근이 많이 배근되므로 휨모멘트의 크기는 단변주열대>단변주간대>장변주열대>장변주간대이므로 단변주열대 부분이 가장 많이 배근된다.

정답 9. ④　10. ④　11. ①　12. ②

2 거푸집공사

> **학습방향**
>
> 거푸집공사는 건축공사비의 10%이상, 골조공사비의 1/3이상을 차지하는 중요공사이며, 생력화 공법의 개발, 모듈화를 꾀해야 한다.
> 특히 시험에서는 격리재, 긴장재, 거푸집 측압, 거푸집 존치기간, 슬라이딩폼, 워플폼 등이 자주 출제되는 부분이다.

1 거푸집 공사

거푸집 공사는 건축공사비의 10% 이상이며, 골조공사비의 1/3이상, 전체공기의 25% 정도의 비중을 차지한다.

(1) 거푸집의 시공목적 및 유의사항

1) 시공목적(거푸집의 역할)	3) 시공상 주의점, 안전성 검토
① Concrete형상과 칫수 유지 ② Concrete 경화에 필요한 수분과 시멘트 풀의 누출방지 ③ 양생을 위한 외기 영향 방지	① 거푸집 공사비 : 전체 공사비의 10~15%, 철근 Concrete 공사비의 30%, 공정의 1/2~1/3의 비중차지 ② 조립, 해체 전용 계획에 유의 ③ 바닥, 보의 중앙부 치켜 올림 고려 : $\ell/300 \sim \ell/500$ ④ 각종 배관, Box, 매립철물 등을 검토 ⑤ 갱폼, 터널폼은 이동성, 연속성 고려 ⑥ 재료의 허용 응력도는 장기허용 응력도의 1.2배까지 택함. ⑦ 비계나 가설물에 연결하지 않는다.
2) 거푸집의 구비 조건	
① 수밀성(조립의 밀실성) ② 외력, 측압에 대한 안전성 ③ 충분한 강성과 칫수 정확성 ④ 조립해체의 간편성 ⑤ 이동간편성, 우수한 전용성. (이동용이, 반복사용 가능)	

학습POINT

■ 거푸집공법의 발전방향
 ① 대형화, 강재화, System화
 ② 알미늄 거푸집 등 부재의 경량화 추구
 ③ 설치의 단순화, 기계화로 인력절감 추구
 ④ 많은 전용회수로 경제성 추구
 ⑤ Unit화 자주화로 이동의 용이성 추구
 ⑥ 규격화로 단면설계의 효율성 추구

(2) 거푸집 부수재료

구 분	특 징
격리재(Separater)	거푸집 상호간의 간격을 유지, 측벽 두께를 유지하기 위한 것이다.
긴장재(Form tie)	콘크리트를 부어 넣을 때 거푸집이 벌어지거나 변형되지 않게 연결 고정하는 것. 조임용 철선은 달구어 누구린 철선을 두겹으로 탕개를 틀어 조여맨다.
간격재(Spacer)	철근과 거푸집 간격 유지하기 위한 것이다.
박리제	중유, 석유, 동식물유, 아마인유, 파라핀, 합성수지 등을 사용, 콘크리트와 거푸집의 박리를 용이하게 하는 것이다.

▶ 건물 Core 부분에 Gang Form 이 조립된 모습

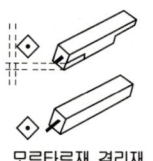  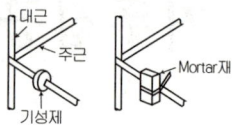 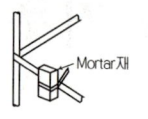 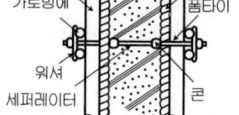

모르타르재 격리재   주근받침   기성제   Mortar재

〈그림〉 격리재와 간격재

〈그림〉 합판거푸집과 폼타이

(3) 거푸집의 하중 및 측압

1) 거푸집 측압에 영향을 주는 요소

요소별 항목	콘크리트 측압에 미치는 영향
Concrete 타설 속도	속도가 빠를수록 측압이 크다.
콘시스턴스	묽은 콘크리트 일수록 측압이 크다.
콘크리트의 질량	질량이 클수록 측압이 크다.
시멘트량	부배합 일수록 크다.
Concrete의 온도 및 습도	온도 및 습도가 높으면 경화가 빠르므로 Concrete 측압이 작아진다.
시멘트의 종류	조강(早强)등 응결시간이 빠를수록 작아진다.
거푸집 표면의 평활도	표면이 평활하면 마찰계수가 적게되어 측압이 크다.
거푸집의 투수성 및 누수성	투수성 및 누수성이 클수록 측압이 작다.
거푸집의 수평단면	단면이 클수록 측압이 크다.
바이브레이터의 사용	바이브레이터를 사용하여 다질수록 측압이 크다. (30% 정도 증가한다)
붓기방법	높은 곳에서 낙하시켜 충격을 주면 측압은 커진다.
거푸집의 강성	거푸집의 강성이 클수록 측압은 크다.
철골 또는 철근량	철골 또는 철근량이 많을수록 측압은 작게 된다.

▶ 벽철근 Spacer 설치모양

■ 최대 측압

벽	0.5m	1t/m²
기둥	1m	2.5t/m²

2) Concrete Head

Concrete를 연속타설하면 측압은 높이의 상승에 따라 증가하나 시간의 경과에 따라 감소하여 어느 일정한 높이에서 증가하지 않는다.

이렇게 측압이 최대가 되는 점을 Concrete Head라 한다.
※ 타설된 콘크리트 윗면으로부터 최대측압면까지의 거리

 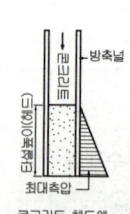

〈그림〉 측압의 상승과정

3) 거푸집의 고려 하중

	고 려 하 중
보, Slab밑면	① 생Concrete 중량 ② 작업하중 ③ 충격하중
벽, 기둥, 보옆	① 생Concrete 중량 ② 생Concrete 측압력

참고 거푸집 조립순서
기초 → 기둥 → 내벽 → 큰보 → 작은보 → 바닥 → 외벽

■ 지주 바꾸어 세우기
① 원칙적으로 지주 바꾸어 세우기는 하지 않는다. 필요시 담당원의 승인을 받는다.
② 바꾸어 세우는 경우 : 큰보 → 작은보 → 바닥판 순이다.

2 거푸집 및 동바리의 존치기간

(1) 콘크리트의 압축강도를 시험할 경우 거푸집널의 해체 시기

부 재		콘크리트 압축강도
기초, 보, 기둥, 벽 등의 측면		5MPa 이상
슬래브 및 보의 밑면, 아치내면	단층구조인 경우	설계기준압축강도의 2/3배 이상 또한, 최소 14MPa 이상
	다층구조인 경우	설계기준압축강도 이상 (필러 동바리 구조를 이용할 경우는 구조계산에 의해 기간을 단축할 수 있음. 단, 이 경우라도 최소강도는 14MPa 이상으로 함)

■ 거푸집 존치기간에 영향을 주는 요소 4가지
① 부재의 종류
② 콘크리트 압축강도
③ 시멘트의 종류
④ 평균 기온(온도)

(2) 콘크리트의 압축강도를 시험하지 않을 경우(기초, 보옆, 기둥, 벽등의 측벽)

시멘트의 종류 평균기온	조강포틀랜드시멘트	보통포틀랜드시멘트 고로슬래그시멘트(1종) 플라이애시시멘트(1종) 포틀랜드포졸란시멘트(1종)	고로슬래그시멘트(2종) 플라이애시시멘트(2종) 포틀랜드포졸란시멘트(2종)
20℃ 이상	2일	4일	5일
20℃ 미만 10℃ 이상	3일	6일	8일

※ ① 기초, 보, 기둥, 벽 등의 측면 거푸집널 해체는 특히, 내구성이 중요한 구조물에서는 콘크리트 압축강도가 10MPa 이상일 때 거푸집널을 해체할 수 있다.
② 보, 슬래브 및 아치 하부의 거푸집널은 원칙적으로 동바리를 해체한 후에 해체하도록 한다. 그러나 구조계산으로 안전성이 확보된 양의 동바리를 현 상태대로 유지하도록 설계·시공된 경우 콘크리트를 10℃ 이상 온도에서 4일 이상 양생한 후 사전에 책임기술자의 검토 및 확인 후 담당원의 승인을 받아 해체할 수 있다.

(3) 재료와 System에 따른 분류

1) 나무거푸집 (WD.Form)	① 합판, 멍에, 장선 등으로 구성되는 재래식 거푸집 ② 합판과 각재를 이용하여 현장에서 제작 사용 ③ 세부가공이 용이하며 대형, 특수목재를 이용한 대형 System Form도 사용된다.
2) 강재거푸집 (Metal Form)	① 철판과 앵글 등으로 패널 제작된 거푸집 ② concrete 타설면이 평활하므로 제물치장 콘크리트에 사용되며 각종 system거푸집에 응용 사용된다.
3) 유로 거푸집 (Euro Form)	① 내수합판과 경량 Frame으로 제작(종래나무 Form의 개선) ② 조립해체 간단, 별도의 장비없이 조립 가능하다. ③ 한가지형의 Panel로 벽 Slab 기둥의 조립 가능

■ System 거푸집
작은 부재를 사용시마다 조립, 제작, 해체하지 않고 거푸집 부재와 서포트, 작업틀을 일체화하여 한번에 해체, 이동 조립하는 거푸집 시스템을 말한다.
※ 주로 강재를 이용, 대형판넬화, 자주화를 추구한다.

(4) 벽체전용 System 거푸집

슬라이딩 폼 (Sliding form) (Slip Form)	거푸집 높이는 약 1m이고 하부가 약간 벌어진 원형 철판 거푸집을 요오크(yoke)로 서서히 끌어 올리는 공법으로 Silo공사 등에 적당하다. ① 공기가 약 1/3 단축, 자재, 인력의 절감 가능 ② 연속으로 끌어올리므로 Climbing Form이라고도 한다. ③ 연속적으로 부어 넣으므로 일체성을 확보할 수 있다. (연속타설가능) ④ 주야 작업시 : 3~5m 정도 타설할 수 있다.	
Gang Form	사용할 때마다 작은 부재의 조립, 분해를 반복하지 않고 대형화, 단순화하여 한번에 설치하고 해체하는 거푸집 시스템으로 주로 외벽의 두꺼운 벽체나 옹벽, 피어 기초 등에 이용된다. ※ 거푸집+철재서포트+작업틀의 일체화 거푸집	
	장 점	단 점
	① 조립과 해체작업이 생략되어 설치 시간이 단축된다. ② 거푸집의 처짐량이 작고 외력에 대한 안정성이 우수 ③ 인력절감. 기능공의 기능도에 크게 좌우 안됨. ④ 주요 부재의 재사용이 가능하며 전용성이 우수하다. ⑤ 이음부 감소로 마감작업 단순, 비용 절감.(넓은 구획 타설 가능)	① 중량이 크므로 운반시 대형 양중장비가 필요 ② 초기 투자비가 증가된다. ③ 거푸집 제작, 조립 시간이 필요 ④ 복잡한 건물형상에 불리하고 세부가공이 어렵다. ⑤ 기능공의 교육 및 숙달기간이 필요

■ Slip Form
전망탑, 급수탑 등 단면형상에 변화가 있는 수직으로 연속된 콘크리트 구조물에 사용되는 연속화, 일체화 공법. Sliding form과 유사

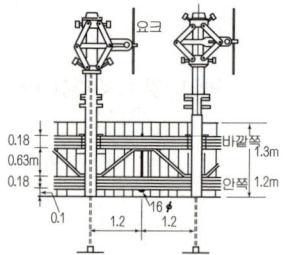

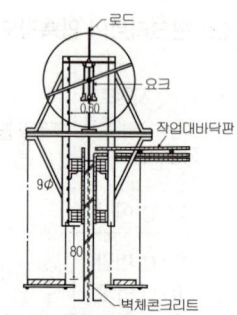

〈그림〉 슬라이딩 폼

(5) 바닥판 전용 거푸집

1) Flying Form (Table Form)	바닥에 콘크리트를 타설하기 위한 거푸집으로서 장선, 멍에, 서포트 등을 일체로 제작하여 부재화한 거푸집 공법으로 Gang Form과 조합사용이 가능하며 시공정밀도, 전용성이 우수하고 처짐, 외력에 대한 안전성이 우수하다.
2) Waffle Form	무량판구조, 평판구조에서 특수상자모양의 기성재 거푸집(Dome Pan)으로 2방향 장선바닥판 구조가 가능하며, 격자천정 형식을 만들 때 사용하는 거푸집이다.
3) Deck plate 철판 Form	철골조 보에 걸어 지주없이 쓰이는 바닥판 철판으로 초고층 slab용 거푸집으로 많이 사용한다. 철근이 선조립된 Ferro Deck 철판도 있다. ※ 0.8mm정도 두께의 철판을 단면 가공한 것으로 철근 배근이 합리화되어 작업이 간편하다.

■ Half slab공법
공장제작된 Half slab P.C 콘크리트판과 현장타설 Topping concrete로 된 복합구조로 지주수량이 감소되며, 합성 slab 공법으로 이용이 가능하다.

▶ Table Form 운반작업모습

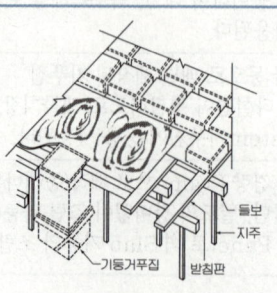

〈그림〉 Waffle Form 조립도

▶ 워플폼 시공후 마감 처리된 천장모습

▶ 철골구조위 바닥판 거푸집 대용으로 사용된 철근이 선조립된 Ferro Deck Plate 모습

(6) 바닥+벽체용 거푸집

1) Tunnel Form (Steel Form)	대형 형틀로서 슬래브와 벽체의 콘크리트타설을 일체화하기 위한 것으로 한 구획 전체의 벽판과 바닥판을 ㄱ자형 또는 ㄷ자형으로 짜는 거푸집(Twin Shell Form과 Mono Shell Form으로 구성) ※ 병실, APT등 연속, 반복 구조물에 적용된다.
2) Traveling Form	장선, 멍에, 동바리 등이 일체로 유니트화한 대형, 수평이동 거푸집 ※ 벽체와 바닥을 동시에 타설하며 옹벽, 지하철, 터널, 교량 등 주로 토목구조물에 적용된다.

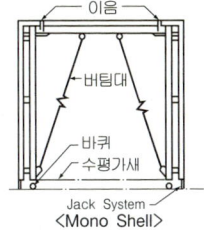
〈그림〉 Tunnel Form

▶ 강재 거푸집을 이용한 수평이동 거푸집 (Traveling Form) 모습

▶ 이동가능한 Movable Traveling Form 모습

(7) 무지주(Non Support)공법 ※ 층고가 높은 건물에 적용한다.

1) 정의	지주없이 수평지지보를 걸쳐 거푸집을 지지하는 공법
2) 종류	① 보우빔(Bow Beam) : 수평조절 불가능 ※ 처짐을 고려해야 함 ② 페코빔(Pecco Beam) : 수평조절 가능 ※ 6.4m까지 신축 가능

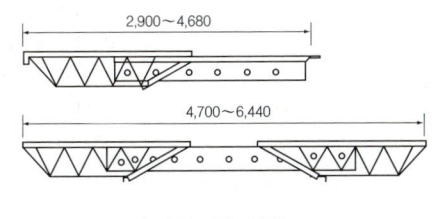
〈그림〉 페코비임

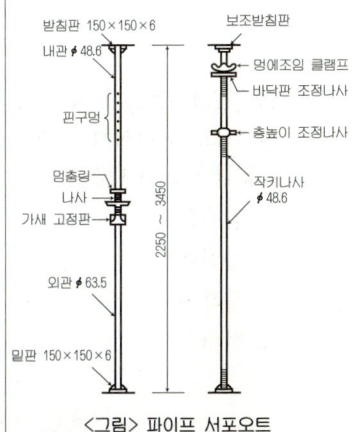
〈그림〉 파이프 서포오트

핵 심 문 제

해 설

문제 1 〈산업〉

콘크리트의 거푸집 공법의 발전방향으로 옳지 않은 것은?

① 거푸집의 대형화
② 설치의 단순화를 위한 유닛(Unit)화
③ 부재의 경량화 및 단면설계의 효율화
④ 전용회수 감소

[해설] 1 대형 System form
① 규격화, 대형화, 강재화, Unit화로 설치용이성, 기계화, 인력절감을 추구한다.
② 많은 전용횟수로 경제성을 추구한다.

문제 2 〈기사〉

보의 거푸집은 중앙에서 경간(Span)의 얼마 정도로 치켜 올리는 것이 옳은가?

① 1/300~1/500
② 1/150~1/200
③ 1/100~1/150
④ 1/50~1/100

[해설] 2 보·바닥판의 치켜올림
보·바닥판의 거푸집은 처짐, 변형을 예상하여 경간(Span)의 1/300~1/500 정도 치켜 올려 시공한다.

문제 3 〈산업〉

거푸집의 간격을 바르게 유지하고 변형을 막아주며, 측벽 두께를 유지하기 위하여 설치하는 거푸집 부속재료는 어느 것인가?

① 세퍼레이터(Separator)
② 인서어트(Insert)
③ 박리제(Form Oil)
④ 스페이서(Spacer)

[해설] 3 격리재(Separater)
거푸집 상호간의 간격을 유지, 변형방지, 측벽 두께를 유지하기 위한 것이다.

문제 4 〈기사〉

철근콘크리트공사 시 벽체 거푸집 또는 보 거푸집에서 거푸집판을 일정한 간격으로 유지시켜 주는 동시에 콘크리트의 측압을 최종적으로 지지하는 역할을 하는 부재는?

① 인서트
② 컬럼밴드
③ 폼타이
④ 턴버클

[해설] 4 긴장재(Form Tie)
① 콘크리트를 부어 넣을 때 거푸집이 벌어지거나 변형되지 않게 연결 고정하는 역할을 한다.
② 주로 벽체나 보 옆판에 사용되어 최종적인 측압을 지지한다.
※ 기둥에 사용되어 Form Tie 역할을 수행하는 것이 컬럼밴드다.

정답 1. ④ 2. ① 3. ① 4. ③

문제 5 〈산업〉

콘크리트를 부어넣은 후 거푸집의 탈형을 용이하게 하기 위해 미리 거푸집면에 도포하는 약제를 무엇이라고 하는가?
① 혼화제
② 경화제
③ 도포제
④ 박리제

문제 6 〈공통〉

거푸집에 측압에 영향을 주는 요인에 관한 설명 중 틀린 것은?
① 콘크리트 타설 속도가 빠를수록 측압이 크다.
② 묽은 콘크리트 일수록 측압이 크다.
③ 철근량이 많을수록 측압이 크다.
④ 단면이 클수록 측압이 크다.

문제 7 〈산업〉

거푸집에 가해지는 콘크리트의 측압에 대하여 설명한 것 중 옳지 않은 것은?
① 부어넣기 속도가 빠를수록 측압이 크다.
② 묽은 콘크리트 일수록 측압이 크다.
③ 진동기를 사용하여 다질수록 측압이 크다.
④ 외기온도가 높을수록 측압이 크다.

문제 8 〈기사〉

콘크리트 헤드(Concrete head)에 대해 옳게 설명한 것은?
① 콘크리트 타설 윗면에서부터 최하부면까지의 거리
② 콘크리트 타설 윗면에서부터 최대측압이 생기는 지점까지의 거리
③ 콘크리트 타설 윗면에서부터 최소측압이 생기는 지점까지의 거리
④ 콘크리트 타설 윗면에서부터 평균측압이 생기는 지점까지의 거리

문제 9 〈산업〉

다음 중 일반적인 거푸집 조립 순서로 맞는 것은?
① 기둥 → 벽 → 보 → 슬래브
② 슬래브 → 기둥 → 벽 → 보
③ 벽 → 기둥 → 슬래브 → 보
④ 벽 → 기둥 → 보 → 슬래브

해 설

해설 5 박리제
중유, 석유, 동식물유, 아마인유, 파라핀, 합성수지 등을 사용, 거푸집 안쪽에 콘크리트 타설전에 미리 도포하여서 콘크리트와 거푸집의 박리(떨어짐)를 용이하게 하는 것이다.

해설 6, 7 콘크리트측압이 증가하는 경우
① 슬럼프가 클 때
② 부배합일 경우
③ 벽두께가 두꺼운 경우
④ 부어넣기 속도가 빠른 경우
⑤ 대기습도가 높은 경우
⑥ 온도가 낮은 경우
⑦ 진동기 사용시
⑧ 거푸집 강성이 큰 경우
※ ① 철근·철골량이 많을수록 측압이 작아진다.
② 외기기온이 높으면 콘크리트의 경화가 빨라지므로 측압은 감소된다.

해설 8 Concrete Head
콘크리트타설 윗면에서 최대측압면까지의 거리를 말한다.
※ 기둥은 약 1.0m 높이에서, 벽은 약 0.5m 높이에서 가장 측압이 커진다.

해설 9, 10 거푸집의 조립
기둥 → 벽 → 보 → 슬래브의 순서로 한다.
※ 기초 → 기둥 → 내벽 → 큰보 → 작은보 → 바닥 → 외벽

정답 5.④ 6.③ 7.④ 8.② 9.①

문제 10 (공통)

거푸집 조립순서 중 맞는 것은?
① 외벽-내벽-기둥-큰보-작은보-바닥
② 기둥-내벽-큰보-외벽-작은보-바닥
③ 외벽-기둥-내벽-큰보-작은보-바닥
④ 기둥-보받이 내력벽-큰보-작은보-바닥-외벽

문제 11 (기사)

콘크리트의 압축강도를 시험하지 않을 경우 다음과 같은 조건에서의 거푸집널 해체 시기로 옳은 것은?

- 기초, 보, 기둥 및 벽의 측면의 경우
- 평균기온 20℃ 이상
- 조강 포틀랜드 시멘트 사용

① 1일   ② 2일
③ 3일   ④ 4일

[해설] 11 콘크리트의 압축강도를 시험하지 않을 경우(기초, 보옆, 기둥, 벽등의 측벽)

시멘트의 종류 평균기온	조강 포틀랜드 시멘트	보통포틀랜드시멘트 고로슬래그시멘트(1종) 플라이애시시멘트(1종) 포틀랜드포졸란시멘트(1종)	고로슬래그시멘트(2종) 플라이애시시멘트(2종) 포틀랜드포졸란시멘트(2종)
20℃ 이상	2일	4일	5일
20℃ 미만 10℃ 이상	3일	6일	8일

문제 12 (기사)

다음 중 시스템화 거푸집의 종류가 아닌 것은?
① 철재 패널폼
② Gang Form
③ Flying Form
④ 합판 거푸집

문제 13 (산업)

벽과 바닥의 콘크리트 타설을 한 번에 가능하도록 벽체와 바닥 거푸집을 일체로 제작하여 한번에 설치하고 해체할 수 있도록 한 것은?
① 유로 폼(Euro form)
② 클라이밍 폼(Climbing form)
③ 플라잉 폼(Flying form)
④ 터널 폼(Tunnel form)

[해설] 12, 13

(1) System Form 종류
① 벽체 전용 : Gang Form, Sliding Form, Climbing Form
② 바닥판 전용 : Flying Form, Table Form
③ 바닥+벽체용 : Tunnel Form, Traveling Form
※ 합판거푸집은 재래식 공법이다.

(2) Tunnel Form(Steel Form)
대형 형틀로서 슬래브와 벽체의 콘크리트타설을 일체화하기 위한 것으로 한 구획 전체의 벽판과 바닥판을 ㄱ자형 또는 ㄷ자형으로 짜는 거푸집
(TwinShell Form과 Mono Shell Form으로 구성)

정답 10. ④ 11. ② 12. ④ 13. ④

문제 14   산업

바닥에 콘크리트를 타설하기 위한 거푸집으로서 거푸집판, 장선, 멍에, 서포트 등을 일체로 제작하여 부재화한 거푸집을 무엇이라 하는가?

① 클라이밍 폼
② 슬립 폼
③ 플라잉 폼
④ 갱 폼

해설 14
바닥판 전용 System Form
Table Form = Flying Form

문제 15   기사

콘크리트를 타설하면서 거푸집을 수직 방향으로 이동시켜 연속작업을 할 수 있게 한 것으로 사일로 등의 건설공사에 적합한 것은?

① Euro form
② Sliding form
③ Air tube form
④ Traveling form

해설 15, 16, 17
슬라이딩 폼(sliding form)
거푸집 높이는 약 1m이고 하부가 약간 벌어진 원형 철판 거푸집을 요오크(Yoke)로 서서히 끌어 올리는 공법으로 Silo 공사 등에 적당하다.
① 단면 변화가 없는 연속적인 구조물에 적당하다.
② 콘크리트를 Joint없이 연속적으로 타설할 수 있다.

문제 16   공통

미끄름거푸집(sliding form)에서 거푸집을 일정한 속도로 계속 끌어올리는 장치 명칭은?

① 요크(yoke)
② 메탈(metal)
③ 유로(euro)
④ 와플(waffle)

문제 17   산업

거푸집 공사에서 슬라이딩 폼(Sliding Form)에 관한 기술 중 틀린 것은?

① 공사기한을 단축할 수 있다.
② 연속적으로 콘크리트를 부어 넣으므로 콘크리트의 일체성이 확보된다.
③ 사일로(Silo) 등의 공사에는 부적당하다.
④ 내외부의 비계가 불필요하다.

문제 18   기사

다음 중 사용할 때 마다 부재의 조립, 분해를 반복하지 않아 벽식구조인 아파트 건축물에 적용효과 큰 대형 벽체 거푸집은?

① Gang form
② Sliding form
③ Air tube form
④ Traveling form

해설 18 Gang form
사용할 때마다 작은 부재의 조립, 분해를 반복하지 않고 대형화, 단순화하여 한번에 설치하고 해체하는 거푸집 시스템으로 주로 외벽의 두꺼운 벽체나 옹벽, 피어 기초 등에 이용된다.
※ 거푸집+철재서포트+작업틀의 일체화 거푸집

정답 14. ③ 15. ② 16. ① 17. ③ 18. ①

문제 19 기사

한구획 전체의 벽판과 바닥판을 ㄱ자형 또는 ㄷ자형으로 짜서 이동식 거푸집으로 이용되는 거푸집 명칭은?
① 터널 거푸집(Tunnel form)
② 유로 거푸집(Euro form)
③ 갱 거푸집(Gang form)
④ 워플 거푸집(Waffle form)

문제 20 산업

무량판구조 또는 평판구조에서 특수상자 모양의 기성재 거푸집을 무엇이라 하는가?
① 클라이밍폼
② 터널폼
③ 와플폼
④ 트래블링폼

문제 21 기사

거푸집에 관한 설명으로 틀린 것은?
① 터널 거푸집(Tunnel form)은 한 구획 전체의 벽판과 바닥면을 ㄱ자형, ㄷ자형으로 견고하게 짠 것으로 이동설치가 용이하다.
② 워플 거푸집(Waffle form)은 옹벽, 피어 등의 특수거푸집으로 고안된 것이다.
③ 메탈 폼(Metal form)은 철판, 앵글 등을 써서 제작된 철제 거푸집이다.
④ 슬라이딩 폼(Sliding form)은 돌출부가 없는 사일로(Silo) 등에 사용되며, 공기는 약 1/3 정도 단축 가능하다.

문제 22 기사

무지보공 거푸집에 관한 설명으로 옳지 않은 것은?
① 하부공간을 넓게 하여 작업공간으로 활용할 수 있다.
② 슬래브(slab) 동바리의 감소 또는 생략이 가능하다.
③ 트러스 형태의 빔(beam)을 보거푸집 또는 벽체 거푸집에 걸쳐 놓고 바닥판 거푸집을 시공한다.
④ 층고가 높을 경우 적용이 불리하다.

해 설

해설 19 터널 거푸집(Tunnel form)
① 대형 형틀로서 슬래브와 벽체의 콘크리트 타설을 일체화하기 위한 거푸집이다.
② 병실, 아파트 등 연속·반복 구조물에 적용된다.

해설 20, 21 워플 거푸집
60~90cm의 특수상자 모양으로 된 거푸집으로 무량판 구조 또는 평판구조라 한다. 슬래브의 대 스팬(span)화와 층높이를 낮게 할 수 있으며 격자형 보와 슬래브의 거푸집이 동시에 완성된다.
※ 옹벽, Pier기초 등의 특수 거푸집은 Gang Form을 주로 이용한다.

워플폼으로 시공되고 뿜칠 마감된 천장 Slab 모습

해설 22
무지주(무지보공) 거푸집 공법은 주로 높은 층고의 건물에 적용하는 공법이다.

정답 19. ① 20. ③ 21. ② 22. ④

3 콘크리트 재료

학습방향

이 단원은 콘크리트 재료의 원료 및 품질에 관한 사항으로 시멘트, 골재, 혼화재에 대한 특성이 시험에 출제되므로 이에 대한 정리를 해야 할 단원이다.
특히 시멘트의 특징, 골재의 함수량, AE제등 혼화재료의 특징을 잘 정리해 두기 바란다.

1 콘크리트용 골재

(1) 골재의 품질요구 조건 및 저장시 주의점

1) 골재의 품질요구조건	2) 골재 저장시 유의점
① 표면이 거칠고 둥근 골재 선택 ② 견고한 것(시멘트 강도 이상일 것) ③ 내마모성이 있을 것(마모 저항성) ④ 석회석(풍화우려), 운모 함유량 적을 것 ⑤ 실적율이 클 것(55% 이상) ⑥ 입도가 좋을 것 ⑦ 청정, 불순물이 없을 것	① 쌓는 곳은 배수가 양호하고 햇빛을 덜받는 곳에 둔다. ② 잔골재, 굵은 골재 별도 분리 보관 ③ 짐부리고, 보관시 세조립이 섞이지 않게 ④ 물뿌리고 포장을 씌워서 습윤상태 유지 ⑤ 경량골재는 흡수율이 크므로 2~3일 전 살수하여 포건내포 상태로 보관한다. ⑥ 점토질, 유기물질, 염분 등 불순물 제거

학습POINT

■ 골재
① 잔골재 : 5mm체에서 중량비 85%이상 통과되는 골재
② 굵은골재 : 5mm 체에서 중량비 85%이상 남는 골재
※ 모래와 자갈은 5mm체로 구분된다.
③ 콘크리트 부순골재의 절대 건조 밀도(g/cm³) : 2.50 이상
④ 콘크리트 부순골재의 흡수율(%) : 3.0 이하

※ 콘크리트에 사용되는 골재는 절대건조밀도, 흡수율, 안정성, 마모율, 점토 덩어리 함유량, 염분함유량 규정 등에 알맞는 골재를 사용한다.

(2) 굵은골재의 최대치수와 콘크리트용 골재

구조물의 종류	굵은골재의 최대치수(mm)
일반적인 경우	20 또는 25
단면이 큰 경우	40
무근콘크리트	40 부재 최소치수의 1/4 이하

① 굵은골재의 최대치수는 거푸집 양측면 최소거리의 1/5, 슬래브 두께의 1/3, 개별 철근, 다발철근, 긴장재 또는 덕트 사이 최소 순간격의 3/4을 초과해서는 안된다.
② 입도는 조세립이 연속적으로 혼합된 것을 사용한다.
③ 바다모래 사용시 염화물의 양이 허용한도(0.02%)를 넘을 경우 물로 세척해서 사용한다.
④ 콘크리트에 사용되는 골재의 함수량은 표면건조 내부포수상태를 사용한다.

(3) 골재의 염분 함유량 기준과 방청대책

1) 잔골재 절건질량 기준	염소이온(Cl⁻)으로 0.02% 이하 ※ NaCl은 0.04%이하	3) 염화물의 악영향 ① 이상응결(급결) ② 균열발생증가 ③ 철근부식 촉진 ④ 내구성 약화
2) 콘크리트에 함유된 염화물 총량기준	염소이온(Cl⁻)량으로 0.3kg/m³이하~0.6kg/m³ 초과금지 ※ 0.3kg 초과시 철근의 방청대책 수립요망	4) 철근의 방청대책 ① 아연도금 처리 ② Concrete에 방청제 혼입 ③ 에폭시 코팅 철근사용 ④ 골재에 제염제를 혼합 사용

(4) 골재의 함수량

흡수량 (Absorption)	표면건조 내부포수상태의 골재 중에 포함되는 물의 양 : Wm ※ 흡수율(吸水率) : 절건상태의 골재 중량에 대한 흡수량의 백분율
유효 흡수량 (Effective Absorption)	표면 건조 내부포수수량(Wm) – 기건 상태수량(W₁)
함수량 (Total water Content)	습윤 상태의 골재의 내외에 함유하는 전수량 : Wm + W₂
표면수량	함수량과 흡수량과의 차 : (Wm+W₂) – Wm = W₂

■ 흡수율

$$흡수율 = \frac{표건질량 - 절건질량}{절건질량} \times 100(\%)$$

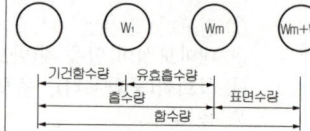

<그림> 골재의 함수량

(5) 골재의 시험방법

1) 혼탁 비색법(유기불순물 측정법)
  ① 모래시료와 수산화나트륨 3% 용액(NaOH)을 넣고 섞어 24시간 후 표준색과 비교한다.
  ② 표준색보다 진한 것은 유기불순물을 포함한 것이다.
2) 로스엔젤레스 시험 : 굵은 골재(부순돌, 자갈)의 마모저항을 시험
3) 골재의 조립률 (粗粒率 : FM)시험
  조립률은 골재의 입도를 수량적으로 나타내는 방법으로써 75mm, 40mm, 20mm, 10mm, 5mm, 2.5mm, 1.2mm, 0.6mm, 0.3mm, 0.15mm의 10개의 체를 1조로 체가름 시험을 한다.

$$FM (Fineness\ Modulus) = \frac{각체에 남는 누계 (\%)량의 합}{100}$$

■ 조립률시험에서 잔골재는 2.6, 굵은 골재는 6~8정도가 입도가 좋다.
■ FM이 3이상이면 굵은 모래, 2~3은 중간모래, 2이하는 가는 모래이다

■ 실적률과 공극률
① 실적률 : 골재단위용적중 실적용적을 백분율로 나타낸 값
② 공극률 : 골재의 단위용적중의 공극을 백분율로 나타낸 값

실적률+공극률=1(100%)

③ 쇄석의 실적률은 55~65% 정도이다.
④ 강자갈의 실적률은 60~65% 정도이다.

(6) 골재의 공극률과 실적률

골재의 단위용적 중 공간의 비율을 백분율로 나타낸 것을 공간율이라 하고, 골재의 실적(實績)부분의 백분율을 실적률(實績率 ; Solid Volume Percentage)이라 한다.

$$d \text{ (실적률)} = \frac{w}{\rho} \times 100\%$$

$$v \text{ (공극률)} = (1 - \frac{w}{\rho}) \times 100\% = 100\% - d\%$$

- d : 실적률
- v : 공극률
- ρ : 골재의 비중(밀도)
- w : 단위용적 질량(kg/m³)

※ 실적률이 큰 골재를 사용하면,
① 단위수량, 단위시멘트량이 작아져 건조수축과 수화열이 감소된다.
② 수밀성, 내구성, 내마모성이 증대된다.

2 시멘트

(1) 시멘트의 종류 및 특징(포틀랜드 시멘트 : PC)

종 류	특 징
보통 PC	① Portland Cement는 석회질의 원료와 점토질의 원료를 혼합하여 소성한 Clinker에 석고(응결조절용)를 가하여 분쇄한 것이다. ② 단위용적질량 : 1,500kg/m³ ③ 응결시간 : 1~10시간
조강 PC	① 보통의 28일 강도를 7일만에 발현시킨다. ② 조기강도가 크다.(장기강도는 비슷하다.) ③ 수화발열량이 크다.(균열에 주의해야 한다) ④ 긴급공사, 한중공사, 수중공사에도 쓰인다.
중용열 PC	① C_3S와 C_3A 성분은 작게 C_2S를 크게한 Cement로서, 초기강도의 발현은 늦으나 장기강도에는 유리한 Cement이다. ② 수화열이 낮아 건조수축, 균열의 발생이 적다. ③ 강도증진은 늦어지나 장기강도는 보통시멘트보다 크다. ④ Mass Concrete, 댐공사, 차폐용 Concrete 등에 사용된다.
백색 PC	① 산화철 성분을 작게 하여 내구성, 내마모성이 우수하다. 백색으로 만든 Cement이다. ② 보통 Portland Cement보다 높은 강도를 발휘하며, 단기강도는 조강 Portland Cement와 거의 비슷함

■ 포틀랜드시멘트의 종류
 (KSL 5201)
• 1종 : 보통 포틀랜드 시멘트
• 2종 : 중용열 포틀랜드 시멘트
• 3종 : 조강 포틀랜드 시멘트
• 4종 : 저열 포틀랜드 시멘트
• 5종 : 내황산염 포틀랜드 시멘트

■ 시멘트
시멘트는 주로 석회와 점토가 4 : 1의 비율이 주류를 이룬다.

■ 각종 시멘트
① 백색 P.C는 보통 P.C보다 강도가 크다.
② 고로, 알루미나시멘트는 해안공사에 많이 사용한다.

(2) 혼합시멘트의 종류 및 특징

1) 고로시멘트	① 클링커와 고로슬래그+석고를 혼합 분쇄하여 제조 ② 중성화가 빠르므로 W/C비를 줄여준다. ③ 해수, 하수, 지하수, 광천 등에 대한 저항성이 크다.
2) Fly ash	천연 포졸란에 대한 인공 포졸란이다.
3) 실리카 (포졸란) 시멘트	실리카 시멘트에 혼합된 천연 및 인공인 것을 총칭하여 포졸란이라고 한다. 포졸란 반응을 한다. 천연산 : 화산회, 규산백토, 규조토, 응회암 등이 있다. 인공산 : 플라이애쉬나 고로 Slag, 소성점토 등이 있다.

■ 포졸란 반응
콘크리트 중 실리카가 수산화칼슘과 반응하여 불용성의 화합물을 만드는 반응

(3) 포졸란과 Fly ash의 비교

1) 공통적인 특징	2) 포졸란의 기타 특징
① 시공연도(Workability)개선효과 ② 재료 분리, Bleeding 감소 ③ 단위수량감소, 수화열 감소 ④ 해수, 화학적 저항성의 증진 ⑤ 초기 강도 감소, 장기 강도는 증가 ⑥ 포졸란 반응으로 수밀성 향상	① 플라이 애쉬에 비해 건조수축이 약간 증가 ② 인장강도 신장능력 향상
	3) 플라이 애쉬의 기타 특징
	① 알카리 골재반응 억제 효과 ② AE제와 병용시 AE제 양의 3배 소요 (AE제를 흡착)

(4) 특수시멘트

1) 팽창(무수축) 시멘트	① 건조수축에 의한 균열방지 목적. 인장, 부착강도 개선 ② 수축율은 보통 콘크리트에 비해 20~30% 정도 작다.
2) 알루미나 시멘트	① 24시간 강도가 보통 P.C의 28일 강도에 필적한다. ② 수화열이 크고 해수저항성, 내열성이 우수 ③ 긴급공사, 해안공사, 동기공사에 적합, 타시멘트와 혼용 금지

(5) 시멘트의 분말도

1) 1g 입자의 표면적 합계로 표시하며 보통 2800~3600 cm^2/g 정도이다.
2) 분말도 시험은 체가름 시험과 비표면적 시험법(브레인 법) 등이 쓰인다.

■ 시멘트 분말도 크기
조강포틀랜드시멘트 > 백색포틀랜드시멘트 > 보통, 중용열포틀랜드시멘트

각종 분말도 비교

시멘트, 혼화재 종류	평균값치	규정치
조강 포틀랜트 시멘트	3300	초속경 Cement : 5000
보통 포틀랜트, 중용열	2800 정도	백색포틀랜드 : 3000 정도

(6) 수화작용에 관계있는 혼합물과 특성

화합물	특 성	약기법
규산 3석회 3CaO, SiO_2 Alite(1400℃소성)	① 공기중 수축 적고 수중 팽창 크다(수경성이 크다) ② 수화열량 : 170cal/g ③ 수화작용 빠르다.(장,단기강도에 영향)	C_3S
규산 2석회 2CaO, SiO_2 Belite(1200℃소성)	① 공기중 수축 조금 있다. 수중 팽창이 작은 편이다. ② 수화열량 : 44cal/g ③ 수화작용이 더디다.(장기강도에 공헌)	C_2S
알루민산 3석회 3CaO, Al_2O_3 Celite(1300℃소성)	① 공기중 수축이 크고 수중 팽창도 크다. ② 수화열량 : 207cal/g ③ 수화작용이 가장 빠르다.(1~3일 초기강도에 영향)	C_3A
알루민산철 4석회 4CaO, Al_2O_3, Fe_2O_3 Felite(1300℃소성)	① 공기중 수축이 적고 수화열량도 적다. ② 내산성이 크다. 수화열량 : 48cal/g ③ 수화작용 더디다.(강도에 거의 영향 없다.)	C_4AF

※ 수화작용이 빠른 순서 : (발열량이 크다) $C_3A > C_3S > C_4AF > C_2S$

■ 혼합물 특성

화합물	수화작용	비 고
C_3S	빠르다	경화속도 2~4주
C_2S	가장 느리다	4주 이후에 강도 발생
C_3A	가장 빠르다	1~3일 이내에 강도 발생

(7) 시멘트 분말도와 응결과의 관계 비교

1) 분말도가 크면	2) 응결이 빠른 경우
① 표면적이 크다. ② 수화작용이 빠르다. 　(물과의 접촉면이 커지므로) ③ 발열량 커지고, 초기강도 크다. ④ 시공연도가 좋고, 수밀한 Concrete 가능 ⑤ 균열발생이 크고 풍화되기 쉽다. ⑥ 장기강도는 저하된다.	① 분말도가 크면 빠르다. ② 온도가 높고, 습도 낮을수록 ③ C_3A 성분이 많을수록
	3) 응결이 느린 경우
	① W/C 비가 많을수록 ② 풍화된 시멘트 일수록

(8) 시멘트의 각종 시험

종류	시험방법·내용	사용기구
비중(밀도)시험	$\dfrac{\text{시멘트의 중량(g)}}{\text{비중병의 눈금차이(cc)}} =$ 시멘트비중	루사델리 비중병 (루사델리 플라스크)
분말도시험	① 체가름 방법(표준체 잔분표시법) ② 비표면적시험(블레인법)	① 표준체 : No. 325, No. 170 ② 브레인 공기투과장치 사용
응결시험	① 길모아(Gillmore)침에 의한 응결시간 시험방법 ② 비이카(Vicat)침에 의한 응결시간 시험방법	① 길모아 장치 ② 비이카 장치
안정성시험	오오토 클레이브 팽창도 시험방법	오오토 클레이브

■ 시멘트 각종 시험
① 비중시험 : 루사델리비중병
② 분말도시험 : 블레인법
③ 응결시험 : 비이카장치
④ 안정성시험 : 오오토 클레이브

(9) 콘크리트의 비빔수(물)

콘크리트의 비빔수는 기름, 산, 염류, 유기불순물, 현탁물질 등 콘크리트 및 강재의 품질에 악영향을 미치는 유해물량을 함유해서는 안된다.

	시험항목	허용량
음용수용 수질기준	색도 탁도(NTU) 수소 이온 농도(pH) 증발 잔류물(mg/L) 염소 이온(Cl^-)량(mg/L) 과망간산칼륨 소비량(mg/L)	5도 이하 0.3 이하 5.8~8.5 500 이하 250 이하 10 이하
KASS 5T- 301에 적합한 물	현탁물질의 양 용해성 증발 잔류물의 양 염소 이온량 시멘트 응결시간의 차 모르타르의 압축 강도비	2g/L 이하 1g/L 이하 250mg/L 이하 초결 30분, 종결 60분 이내 재령 7일 및 28일에서 90% 이상

※ 콘크리트의 비빔물은 먹을 수 있는 물(상수도물)이나 공업용수, 지하수 등이 사용된다.

3 각종 혼화재(제)의 종류, 특성

(1) 혼화재와 혼화제의 정의

① 혼화재(混和材)	시멘트량의 5%이상. 시멘트의 대체 재료로 이용되고 사용량이 많아 그 부피가 배합계산에 포함되는 재료
② 혼화제(混和劑)	시멘트량의 1%이하로 약품으로 소량 사용. 배합계산에서 무시되는 재료

(2) 종류

① 혼화재	플라이애시, 규조토, 폴리머 등 고로슬래그 미분말, 팽창재, 착색재, 규산질분말 등
② 혼화제	AE제, AE감수제, 고성능 AE 감수제, 유동화제, 지연제, 급결제(방동제), 방수제, 기포제, 발포제, 방청제, 수중불분리성 혼화제

(3) AE제

독립된 무수의 미세기포를 연행하여 콘크리트의 워커빌리티 및 내구성을 향상시키기 위하여 사용하는 화학적 혼화재료로써 표면활성제, AE감수제, (분산제) 등의 작용을 한다.

■ 표면활성제(계면활성제)
콘크리트 속에 다수의 미세기포를 발생시키거나 시멘트 입자를 분사시켜 시공연도를 증진시키거나 감수제 역할을 하는 혼화제

1) AE제의 사용 목적	2) 공기량의 성질, 기타

① 동결융해 저항성 증가, 내구성 증진
  (연행공기가 체적 팽창 압력완화)
② 시공연도의 증진
  (기포의 볼 베어링역할)
③ 단위수량 감소 효과, 수밀성 증진
  (AE제, AE감수제 병용시
  10~15% 감수효과 기대)
④ 재료분리 저항성 증진, Bleeding 현상 감소
⑤ 쇄석사용시 현저한 시공연도 개선
⑥ 응결시간의 조절
  (표준형, 지연형, 촉진형)
⑦ 수밀콘크리트에서는 표면활성 역할로 수밀성 개선
	① 공기량 1% 증가시 : Slump치 2cm 증가. 압축강도 4~6%감소
	② 잔골재 많을시 공기량 증가
	③ 기계비빔이 손비빔보다 증가
	  (3분~5분 까지) 그 이하는 감소
	④ 온도 높으면 감소
	  (10℃증가에 따라서 20~30% 감소)
	⑤ 진동기 사용시 공기량 감소에 대비(비빔시 공기량 1/4~1/6 정도 많게 한다.)
	⑥ 빈배합 일수록 또한, 슬럼프치 클수록(18cm까지) 공기량 증가. 그 이상은 감소.

※ ① AE제, AE감수제 및 고성능 AE감수제를 사용하는 콘크리트의 공기량은 4% 이상, 6% 이하의 값으로서 공사시방서에 따른다. 공사시방서에 정한 바가 없을 때에는 담당원의 지시에 따른다.
② 고성능 AE감수제를 사용한 콘크리트의 경우로서 물결합재비 및 슬럼프가 같으면, 일반적인 AE감수제를 사용한 콘크리트와 비교하여 잔골재율을 1~2퍼센트 정도 크게 하는 것이 좋다.
③ AE감수제 : 소정의 슬럼프를 얻는데 필요한 단위수량을 감소시키는 동시에 독립된 무수의 미세기포를 연행하여 콘크리트의 워커빌리티 및 내구성을 향상시키기 위하여 사용하는 화학적 혼화재료. 표준형, 지연형 및 촉진형의 3종류가 있음.

(4) 유동화제(Super plasticizer)

1) 감수제에 유동성 증진을 목적으로 성능을 보완한 것 (재료)
   ※ 유동화 콘크리트 = Base concrete + 유동화제
2) 공장첨가 유동화, 현장첨가 유동화, 공장첨가후 현장유동화 방법이 있다.
3) 발열량 감소, 건조수축감소, 재료분리가 감소되며 시공성과 펌프압송성이 개선된다.
   압축강도는 보통 콘크리트와 비슷하다.
   ※ 유동화 콘크리트의 슬럼프 및 공기량 시험은 50m³마다 1회씩 실시

(5) 기타 혼화재(제)의 종류 및 특성

응결·경화 촉진제	① 급결제 또는 급경제라고 하며 종류로는 염화칼슘, 염화마그네슘, 탄산나트륨, 규산소오다 등이 있다. ② 시멘트량의 2% 사용시 조기강도 증진 4%이상 사용시 순간응결, 장기강도 감소, 건조수축 증가
착색재	콘크리트에 색을 가하는 안료, 내알카리성 물질 ① 빨강색 : Fe_2O_3(산화제이철) ② 녹색 : Cr_2O_3(산화크롬) ③ 노랑 : 크롬산바륨 ④ 검정 : 카본 블랙 ⑥ 백색 : TiO_2(산화 티탄), 백연 ⑤ 갈색 : 이산화망간
기포제, 발포제	① 기포제 : AE제 이용, 공기량 20~25% 최고 85%까지 증가시킴. ② 발포제 : 알미늄, 아연분말이용. 시멘트중 알카리와 반응하여 수소가스를 생성 ㉮ 부착력 증대효과. 프리팩트 Concrete나 Grouting에 사용. ㉯ 부재의 경량화, 단열화, 내구성 향상(ALC 패널 등)
방청제	① 아황산 소다, 인산염등 사용 ② 염분에 의한 철근 부식 방지 목적, 해사 사용시 사용 ③ 염분함유량을 10배정도 늘리는 효과가 있다.
응결지연제	① 글루콘산, 구연산 당류 등 ② 레미콘 장거리 운반시, Cold joint 방지목적으로 사용 ③ 응결지연시간 : 60~120분 정도. 첨가량을 조절한다.
Silica fume (실리카흄)	① 각종 실리콘 합금의 제조공정에서 부산물로 얻어지는 초미립자(1㎛이하)를 집진기로 회수하여 얻는다. ② 주성분은 80%이상이 SiO_2이다. 초기수화에 포졸란 반응을 일으킨다. ③ 블리딩, 재료분리가 감소되며, 고강도용 콘크리트를 만든다. ④ 초미립자이므로 중성화가 빠르고, 단위수량이 대단히 증가하여 건조수축이 커져, 반드시 고성능 감수제와 병용 사용한다.

핵 심 문 제

문제 1 　　　　　　　　　　　　　　　　　　　산업
다음 중 골재의 각각의 요구성능에 대한 설명으로 옳지 않은 것은?
① 골재의 강도는 시멘트 페이스트 이상이 되어야 한다.
② 골재의 비중이 클수록 단위용적중량이 크다.
③ 잔골재의 부피는 흡수율에 관계없이 일정하다.
④ 좋은 입형의 골재는 공극률이 작아서 정육면체나 구형에 가깝다.

문제 2 　　　　　　　　　　　　　　　　　　　공통
KS F 2527에 따른 콘크리트용 부순 굵은골재의 실적률 기준으로 옳은 것은?
① 25% 이상　　　　② 35% 이상
③ 45% 이상　　　　④ 55% 이상

문제 3 　　　　　　　　　　　　　　　　　　　기사
보통 콘크리트 공사에서 콘크리트에 포함된 염화물량의 기준은 염소이온량으로서 얼마 이하가 되어야 하는가? (단, 콘크리트 표준시방서 기준)
① 0.10kg/m³　　　　② 0.20kg/m³
③ 0.30kg/m³　　　　④ 0.40kg/m³

문제 4 　　　　　　　　　　　　　　　　　　　기사
콘크리트 표준시방서에서 정의하는 일반콘크리트 잔골재의 유해물 함유량 한도에서 염화물(NaCl 환산량)의 허용한도값은?
① 0.02% 이하　　　　② 0.04% 이하
③ 0.1% 이하　　　　④ 0.6% 이하

문제 5 　　　　　　　　　　　　　　　　　　　산업
콘크리트공사에서 골재의 함수상태에서 유효흡수량이란?
① 표면건조 내부포화상태와 절대건조 상태의 수량의 차이
② 공기중에서의 건조상태와 표면건조 내부포화 상태의 수량의 차이
③ 습윤상태와 표면건조 내부포화 상태의 수량의 차이
④ 습윤상태와 절대건조 상태와의 수량의 차이

해 설

해설 1
① 이넌데이트(Inundate) 현상 : 모래는 완전침수, 완전건조 상태일 때 가장 무겁고 용적(체적)이 가장 작아지는 현상.(공극이 없어진다.)
② Sand bulking 현상 : 함수율 8~12%일 때 부피는 10~30% 증가하며 무게는 가장 가볍다.
※ 잔골재(모래)의 부피(용적)는 함수율이나 흡수율에 따라 달라진다.

해설 2 골재의 실적율
골재의 단위 용적 중 공간의 비율을 백분율로 나타낸 것을 공극율이라 하고, 골재의 실적부분의 백분율을 실적율이라 한다.
① 쇄석의 실적율 : 55~65%
② 공극율 : 35~45%

해설 3,4 시방서 규정상 콘크리트 내의 염분함유량 기준
(1) 콘크리트에 함유된 염화물 총량기준
① 염소이온(Cl⁻)량으로 0.3kg/m³ 이하~0.6kg/m³ 초과금지
② 0.3kg 초과시 철근의 방청대책 수립요망
(2) 잔골재 절건중량 기준
염소이온(Cl⁻)으로 0.02% 이하
※ NaCl은 0.04% 이하

해설 5
• 골재의 유효흡수량이란 표면건조 내부포수상태의 수량에서 공기중에서 건조상태(기건상태)의 수량을 감한 것이다. (표건내포 상태수량-기건상태수량)
• ①항은 흡수량이다.
• ③항은 표면수량이다.
• ④항은 함수량에 대한 설명이다.

정답 1. ③　2. ④　3. ③　4. ②　5. ②

문제 6 · 기사

골재시험과 관계없는 것은?

① 압축시험
② 유기불순물시험
③ 체분석시험
④ 비중(밀도)시험

문제 7 · 기사

골재의 실적율이 클 경우 콘크리트에 주는 영향으로 옳지 않은 것은?

① 콘크리트의 투수성이 커진다.
② 콘크리트의 수화발열량을 감소시킨다.
③ 콘크리트의 마모저항성이 커진다.
④ 콘크리트의 건조수축을 감소시킨다.

문제 8 · 공통

포틀랜드 시멘트의 주원료는 어느 것인가?

① 석회암과 점토　② 화강암과 점토
③ 응회암과 점토　④ 암산암과 점토

문제 9 · 산업

실리카질 시멘트(Silica cement)의 특징으로 틀린 것은?

① 초기강도는 크나, 장기강도는 감소한다.
② 화학적 저항성이 크고 내수, 내해수성이 크다.
③ 알칼리 골재반응에 의한 팽창의 저지에 유리하다.
④ 블리딩이 감소하고, 워커빌리티를 증가시킬 수 있다.

문제 10 · 산업

고로슬래그 미분말을 혼화재로 사용한 콘크리트의 특징에 대한 설명으로 옳지 않은 것은?

① 초기강도가 낮다
② 블리딩이 적고 유동성이 향상된다.
③ 알칼리 골재반응이 촉진된다.
④ 콘크리트의 온도상승 억제효과가 있다.

해 설

[해설] 6 골재의 시험
비중(밀도)시험, 유기불순물시험, 체가름시험, 정량분석시험, 함수율측정시험, 염화물시험, 마모도시험 등
※ 압축시험은 시멘트강도 시험용이다.

[해설] 7
실적율이 클 경우 물결합재비가 작아지므로 투수성이 작아진다.

[해설] 8 시멘트의 성분 구성
석회(65%)+점토(30%)+기타 여러 성분(5%)

[해설] 9,10 포졸란과 Fly ash (Silica Cement)의 공통점
① 시공연도(Workability) 개선 효과
② 재료분리, Bleeding 감소
③ 수화열 감소
④ 해수, 화학적 저항성이 증진
⑤ 초기 강도 감소, 장기 강도는 증가
⑥ 포졸란 반응으로 수밀성 향상
※ 알칼리 골재반응 방지효과

[정답] 6. ① 7. ① 8. ① 9. ① 10. ③

문제 11   산업

다음 시멘트 중 혼합시멘트에 해당하지 않는 것은?
① 고로시멘트
② 포틀랜드포졸란시멘트
③ 플라이애시시멘트
④ 조강포틀랜드시멘트

해설 11
Fly ash, 포졸란(Silica), 고로 Slag 등은 포졸란계통의 혼합시멘트이다.

문제 12   공통

다음 시멘트의 종류 중 내화성 및 급결성이 가장 강한 시멘트는?
① 보통 포틀랜드 시멘트
② 고로 시멘트
③ 실리카 시멘트
④ 알루미나 시멘트

해설 12 알루미나 시멘트
① 응결, 경화가 가장 빠르다
② 내화성이 가장 크다.
③ 초기강도가 크고, 해수에 대한 저항성도 고로시멘트 다음으로 우수하다.
※ 긴급공사, 동기공사, 해안공사, 내열콘크리트 등에 사용된다.

문제 13   기사

다음 시멘트 중 분말이 일반적으로 가장 미세한 것은? (단, 비표면적이 큰 것)
① 보통 포틀랜드 시멘트
② 중용열 포틀랜드 시멘트
③ 조강 포틀랜드 시멘트
④ 백색 포틀랜드 시멘트

해설 13 분말도가 큰시멘트
   (비표면적이 큰 것)
※ 분말도가 크면 수화작용이 촉진되어 응결이 빠르고 초기강도는 증진된다. 시공연도도 개선된다. 풍화가 빠르고 수축균열도 증대된다.
① 조강 : 3300cm^2/g정도
② 보통, 중용열 : 2800cm^2/g정도
③ 백색 : 3000cm^2/g정도

문제 14   기사

다음 시멘트 광물 조성 중 발열량이 높고 응결 시간이 가장 빠른 것은?
① 알루민산 삼석회
② 규산삼석회
③ 규산이석회
④ 알루민산철 사석회

해설 14,15
수화작용에 관계있는 혼합물과 특성

화합물	수화작용	비 고
C_3S	빠르다	경화속도 2~4주
C_2S	가장 느리다	4주 이후에 강도 발생
C_3A	가장 빠르다	1일에서 3일 이내의 강도를 지배한다.

※ 수화작용이 빠른 순서 : (발열량이 크다)
   $C_3A > C_3S > C_4AF > C_2S$

정답 11. ④   12. ④   13. ③   14. ①

문제 15　　　　　　　　　　　　　　　　　　　　　공통

다음 시멘트의 화학적 구성물 중 재령 1일 이내의 조기 강도발현에 가장 많은 영향을 미치는 것은?

① $3CaO \cdot SiO_2(C_3S)$, 규산3석회
② $2CaO \cdot SiO_2(C_2S)$, 규산2석회
③ $3CaO \cdot Al_2O_3(C_3A)$, 알루민산3석회
④ $4CaO \cdot Al_2O_3 \cdot Fe_2O_3(C_4AF)$, 알루민산 철4석회

문제 16　　　　　　　　　　　　　　　　　　　　　산업

시멘트 품질을 확인하기 위한 시험방법으로 가장 거리가 먼 것은?

① 비중(밀도)시험
② 분말도시험
③ 안정성시험
④ 입도시험

문제 17　　　　　　　　　　　　　　　　　　　　　공통

시멘트의 각종 시험방법과 기구가 서로 옳게 묶어진 것은?

① 비중(밀도)시험 – 길모아침 장치
② 분말도 – 비이카침 장치
③ 응결시험 – 로스엔젤스 시험기
④ 안정성 – 오토 클레이브 양생기

문제 18　　　　　　　　　　　　　　　　　　　　　기사

시멘트의 품질시험에 관한 설명 중 틀린 것은?

① 혼합시멘트에서 혼합재의 혼입량이 많아질수록 비중이 작아진다.
② 비표면적이 큰 시멘트일수록 분말이 미세하며 일반적으로 강도발현이 빨라지고 수화열이 발생량도 많아진다.
③ 수화열은 시멘트의 화학조성과 비표면적에 좌우된다.
④ 풍화한 시멘트는 수화열이 커진다.

문제 19　　　　　　　　　　　　　　　　　　　　　산업

프리캐스트 콘크리트에 사용되는 상수돗물의 품질에 대한 설명 중 틀린 것은?

① 탁도(NTU)는 5도 이하로 한다.
② 수소이온농도(pH)는 5.8~8.5로 한다.
③ 증발잔류물은 500mg/l 이하로 한다.
④ 염소이온량은 250mg/l 이하로 한다.

해 설

해설 16,17 시멘트의 시험과 기구
- 비중시험 : 루 샤델리 비중병
- 분말도시험 : 블레인(Blaine) 공기투과 장치
- 응결(표면주도)시험 : 비카(Vicat)침, 길모아(Gillmor)침
- 안전성시험 : 오토 클레이브(Auto Clave)

해설 18
① 풍화된 시멘트는 수화열이 감소하며, 응결이 느려진다.
② 수화열은 시멘트의 화학조성 비율과 화합물의 종류, 비표면적에 따라 달라진다.

해설 19
상수도물은 음용수법에 적합한 품질이 확인되어야 한다.
※ 프리캐스트 콘크리트에 사용되는 물은 KSF4009 부속서 2에 규정된 항목을 만족해야 한다.
① 색도 : 5도 이하
② 탁도 : 0.3도 이하

정답 15. ③　16. ④　17. ④　18. ④　19. ①

문제 20 　산업

다음 중 콘크리트 배합설계 시 사용되는 양을 용적계산에 포함시켜야 하는 혼화재료는?
① AE제　　　　　② 지연제
③ 감수제　　　　　④ 포졸란

문제 21 　산업

다음 중 콘크리트공사에서 AE제를 사용하는 가장 중요한 이유는?
① 워커빌리티를 증대시킨다.
② 경량화를 목적으로 한다.
③ 레이턴스를 증대시킨다.
④ 강도를 증대시키고 내화성을 높인다.

문제 22 　산업

콘크리트에 AE제를 사용하는 주목적은?
① 비중을 작게한다.
② 시공연도를 좋게 한다.(워커빌리티 향상)
③ 강도를 증가시킨다.
④ 부착력을 증가시킨다.

문제 23 　공통

콘크리트의 동결융해 저항성을 증진시키기 위해 사용하는 혼화제로 가장 적합한 것은?
① 팽창제　　　　　② AE제
③ 방청제　　　　　④ 유동화제

문제 24 　공통

콘크리트 혼화제 중 AE제를 첨가함으로써 나타나는 결과가 아닌 것은?
① 동결융해 저항성 증대
② 내구성 증진
③ 철근과의 부착강도 증진
④ 압축강도 감소

해 설

해설 20 혼화재와 혼화제의 정의
① 혼화재(混和材) : 시멘트량의 5% 이상. 시멘트의 대체 재료로 이용되고 사용량이 많아 그 부피가 콘크리트 배합계산에 포함되는 것
② 혼화제(混和劑) : 시멘트량의 1%이하로 약품으로 소량 사용. 배합계산에서 무시
③ 혼화재는 포졸란, 플라이애시, 고로슬래그 미분말, 팽창재, 착색재 등이 있다.
④ 혼화제에는 AE제, AE감수제, 유동화제, 지연제, 급결제(방동제), 기포제, 발포제, 방청제 등이 있다.

해설 21,22,23,24 AE제의 특징
공기 연행제(AE제), 분산제, 표면활성제로 콘크리트를 비빌 때 물의 표면장력을 저하시켜 물시멘트비를 낮추며, 시공연도를 증진시킨다.
① 동결융해에 대한 저항성이 증진된다. (내구성향상)
② 시공연도증진효과
③ 단위수량감소효과(수밀성향상)
※ 물시멘트비 감소효과
④ 재료분리, 블리딩 감소
⑤ 콘크리트 경화에 따른 발열량 감소
⑥ 철근과의 부착강도는 다소 감소, 과다사용시 압축강도 저하

정답　20. ④ 21. ① 22. ② 23. ② 24. ③

문제 25 (공통)

콘크리트 중의 공기량에 관한 기술 중 적당치 않은 것은?
① 시공시 온도가 낮을수록 공기량은 증대한다.
② 슬럼프가 약 17~18cm까지는 묽은 비빔일수록 공기량은 감소한다.
③ 골재의 세립분이 많을수록 증가한다.
④ 3~5%가 적당하다.

문제 26 (공통)

AE 콘크리트 공기량의 성질에 관한 기술 중 적당하지 않은 것은?
① AE제를 넣을수록 공기량은 증가한다.
② AE 공기량은 진동을 주면 증가한다.
③ AE 공기량은 온도가 높아질수록 감소한다.
④ AE 공기량은 잔골재의 입도에 영향이 크다.

문제 27 (공통)

다음 AE콘크리트에 관한 기술 중 틀린 것은?
① 조골재의 최대 수치가 클수록 공기량이 증가한다.
② 콘크리트 중에 연행되는 공기량은 3~5% 정도이다.
③ 공기량 1% 증가에 따른 압축강도 저하율은 5% 정도이다.
④ 시공온도가 낮을수록 공기량이 많아진다.

문제 28 (기사)

유동화콘크리트에 대한 설명으로 옳지 않은 것은?
① 높은 유동성을 가지면서 단위수량은 통상의 콘크리트보다 적다.
② 일반적으로 유동성을 높이기 위하여 화학혼화제를 사용한다.
③ 동일한 단위시멘트량을 갖는 보통콘크리트에 비하여 압축강도가 매우 높다.
④ 건조수축은 동일한 유동성을 갖는 콘크리트에 비하여 매우 적다.

해 설

해설 25, 26
AE제의 공기량 성질
① AE제를 넣을수록 공기량 증가한다.
② AE제에 의한 공기량은 기계비빔이 손비빔보다 증가하고 비빔시간은 3~5분까지는 증대하고 그 이상은 감소한다.
③ AE공기량은 온도가 높아질수록 감소한다.
④ 진동을 주면 감소한다.
⑤ 자갈의 입도에는 거의 영향이 없고 잔골재의 입도에는 영향이 크며 0.3~1.0mm 정도의 모래일 때 공기량이 가장 증대한다.
⑥ 슬럼프가 17~18cm까지는 묽은 비빔일수록 공기량은 증가하나 그 이상이 되면 묽은 비빔일수록 공기량은 감소한다.
⑦ 공기량이 많을수록 강도는 저하된다. (공기량 1%에 대해 압축강도는 4~6% 감소)

※ 시방서규정상 AE제공기량
① 일반적으로는 3~6% 범위이다. (시방서는 4~7% 정도)
② 고강도 콘크리트는 되도록 AE제를 사용안하되 동결융해 피해가 예상되는 경우는 예외로 한다.

해설 27
자갈의 입도에서는 거의 영향이 없고 모래의 입도에 영향이 크다.(잔골재가 많고, 잔골재율이 클수록 공기량은 증가한다.)

해설 28 유동화콘크리트
① Base concrete에 유동화제를 첨가한 콘크리트를 말한다.
② 단위수량이 작고, 건조수축이 작다.
③ 콘크리트의 유동성을 개선하는 것으로 압축강도는 보통 콘크리트와 유사하다.

정답 25. ② 26. ② 27. ① 28. ③

문제 29　　　　　　　　　　　　　　　　공통

콘크리트 공사에서 시공 연도를 증진시키는 혼화제가 아닌 것은?
① A·E제
② 발포제
③ 경화 촉진제
④ 포졸란

문제 30　　　　　　　　　　　　　　　　산업

무근콘크리트의 동결을 방지하기 위하여 사용할 수 있는 것으로 가장 적당한 것은?
① 제2산화철　　　② 산화크롬
③ 이산화망간　　④ 염화칼슘

문제 31　　　　　　　　　　　　　　　　공통

콘크리트의 착색재로서 옳지 않은 것은?
① 빨강 – 제2산화철
② 파랑 – 군청
③ 초록 – 카본블랙(carbon black)
④ 갈색 – 이산화망간

문제 32　　　　　　　　　　　　　　　　산업

혼화재의 일종인 포졸란(Pozzolan)에 대한 설명으로 옳지 않은 것은?
① 시공연도가 좋아지고 재료분리가 적어진다.
② 바닷물에 대한 화학적 저항성이 커진다.
③ 수화작용이 빨라지고 발열량이 증가한다.
④ 수밀성이 좋아지며 장기강도가 증가한다.

문제 33　　　　　　　　　　　　　　　　기사

시멘트 분말도 시험방법이 아닌 것은?
① 플로우시험법
② 체분석법
③ 피크노메타법
④ 브레인법

해 설

해설 29,30 경화촉진제
급결제 또는 급경제라고 하며 종류로는 염화칼슘, 염화제이철, 염화알루미늄, 염화마그네슘, 탄산소오다, 탄산칼륨, 규산소오다 등이 쓰인다.
※ 초기강도를 빨리 발현시켜서 동결피해를 예방화하는 것으로 방동제, 방한제라고도 한다.

해설 31 착색재
concrete에 색을 가하는 안료이며 내알칼리성 광물질이다.
① 녹색 : Cr_2O_3(산화크롬)
② 검정 : 카본 블랙

해설 32 포졸란과 Fly ash의 공통점
① 시공연도(Workability) 개선 효과
② 재료분리, Bleeding 감소
③ 수화열 감소, 발열량 감소
④ 해수, 화학적 저항성의 증진
⑤ 초기 강도 감소, 장기 강도는 증가
⑥ 포졸란 반응으로 수밀성 향상

해설 33 시멘트의 분말도 시험법
① 체분석법 (체가름법)
② 브레인법
　(브레인 공기투과장치)
③ 피크노메타법

정답　29. ③　30. ④　31. ③　32. ③　33. ①

문제 34　　　　　　　　　　　　　　　　　　　　　산업

콘크리트에 사용하는 혼화재 중 플라이애쉬(Fly Ash)에 관한 설명으로 옳지 않은 것은?

① 화력발전소에서 발생하는 석탄회를 집진기로 포집한 것이다.
② 시멘트와 골재 접촉면의 마찰저항을 증가시킨다.
③ 건조수축 및 알칼리골재반응 억제에 효과적이다.
④ 단위수량과 수화열에 의한 발열량을 감소시킨다.

문제 35　　　　　　　　　　　　　　　　　　　　　산업

실리카 흄 시멘트(silica fume cement)의 특징으로 옳지 않은 것은?

① 초기강도는 크나, 장기강도는 감소한다.
② 화학적 저항성 증진효과가 있다.
③ 시공연도 개선효과가 있다.
④ 재료분리 및 블리딩이 감소된다.

해 설

해설 34
Fly ash는 매끈한 구형으로써 골재간의 마찰력을 감소시켜서 시공연도 증진효과가 있다. (AE제와 동일한 효과)

해설 35 실리카 흄(Silica Fume)의 특징
① 초기강도와 장기강도 모두 크다.
② 첨가율에 따라서 성질이 다르다.
③ 기타성질은 포졸란과 Fly ash와 유사하여 ②, ③, ④ 항목과 같은 특징이 있다.

정답 34. ② 35. ①

4 콘크리트 배합설계 및 콘크리트의 성질

학습방향

콘크리트 배합설계 부분은 콘크리트학회의 콘크리트 표준시방서와 건축학회의 건축공사 표준시방서 규정 등이 인용되었다. 특히 시험에서는 배합설계순서, 물시멘트비산정, 슬럼프와 슬럼프시험, 강도시험 등이 주로 출제되고 있다. 콘크리트의 성질에서는 시공연도와 반죽질기의 구분, 시공연도 지배요인, 재료분리 등을 잘 파악해야 한다.

1 콘크리트의 배합 설계

(1) 배합설계의 목적(배합시 고려할 콘크리트의 구비조건)

① 소요의 강도 유지(강도확보)	④ 소요의 내구성 확보
② 경제적 배합(경제성 추구)	⑤ 단위용적 중량확보
③ 소요의 시공연도(시공성)의 확보	⑥ 균질성, 수밀성 확보

※ 기타 : 균열저항성 확보, 철근이나 강재 보호성능

(2) 배합의 표시법

절대용적배합	콘크리트 $1m^3$에 소요되는 재료의 양을 절대용적(ℓ)으로 표시한 배합
중량(질량)배합	콘크리트 $1m^3$에 소요되는 재료의 양을 중량(kg)으로 표시한 배합
표준계량 용적배합	콘크리트 $1m^3$에 소요되는 재료의 양을 표준계량 용적(m^3)으로 표시한 배합으로, 시멘트는 $1,500kg$을 $1m^3$로 한다.
현장계량 용적배합	콘크리트 $1m^3$에 소요되는 재료의 양을 시멘트는 포대수로 골재는 현장계량에 의한 용적(m^3)으로 표시한 배합

학습POINT

■ 중량(질량)배합
① 재료를 중량(kg)으로 표시한 것
② 계측상 오차가 없어서 정확한 콘크리트를 만드는데 적당하며, 재료의 수시변화에 신속히 대처가 가능하다.

(3) 표준배합설계순서

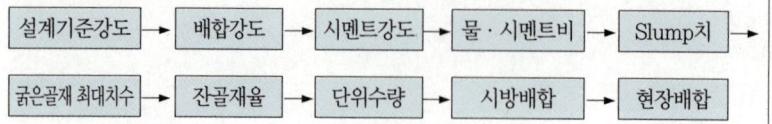

■ 배합설계순서
소요강도결정 → 배합강도결정 → 물시멘트비결정 → 슬럼프 → 표준배합

1) 설계기준강도(f_{ck}) 결정

콘크리트의 28일 압축강도를 원칙으로 하여 f_{ck}는 15Mpa~30MPa로 한다.
※ 설계기준 강도(f_{ck})는 28일 압축강도를 기준으로 한다.
  ① 매스콘크리트 등 저발열 시멘트를 사용하는 경우는 91일 압축강도로 할 수 있다.

② 3일, 7일 압축강도에서 28일 압축강도를 추정할 수 있다.

2) 배합강도의 결정

① 구조체 콘크리트의 강도관리 재령은 91일 이내로 하고, 공사시방서에 따른다. 공사 시방서에 정한 바가 없을 때에는 28일로 한다.
② 배합강도(f_{cr})는 식(1)과 같이 구조계산에서 정해진 설계기준압축강도(f_{ck})와 내구성 설계를 반영한 내구성 기준 압축강도(f_{cd})중에서 큰 값으로 결정된 품질기준강도(f_{cq})보다 크게 정한다.
$f_{cq} = \max(f_{ck}, f_{cd})$ (MPa) (1)
③ 레디믹스트 콘크리트의 경우에는 현장 콘크리트의 품질변동을 고려하여 배합강도(f_{cr})를 호칭강도(f_{cn})보다 크게 정한다.
④ 레디믹스트 콘크리트 사용자는 생산자에게 호칭강도로 주문하여야 한다. ($f_{cn} = f_{cq} + T_n$(MPa) / T_n : 기온보정강도)
⑤ 배합강도(f_{cr})는 호칭강도(f_{cn}) 범위를 35MPa 기준으로 분류한 아래의 계산식 ①, ②, ③, ④ 중 각각 큰 값으로 정한다.

$f_{cn} \leq 35$MPa인 경우	$f_{cn} > 35$MPa인 경우
① $f_{cr} = f_{cn} + 1.34s$ (MPa)	③ $f_{cr} = f_{cn} + 1.34s$ (MPa)
② $f_{cr} = (f_{cn} - 3.5) + 2.33s$ (MPa)	④ $f_{cr} = 0.9f_{cn} + 2.33s$ (MPa)

여기서, s : 압축강도의 표준편차(MPa)

3) 시멘트강도(k) 결정

시멘트시험(KSL 5105)을 통하여 결정한 시멘트의 28일 압축강도를 말한다.

시멘트 강도의 최대치

K의 최대치	시멘트 종류	
400	조강 포틀랜드 시멘트	
370	보통 플라이 애쉬 1종	고로 1종 실리카 1종
350	고로 2종	중용열
320	플라이 애쉬 2종	실리카 2종

4) 물결합재비 (건축공사표준시방서)

① 물결합재비는 소요의 강도, 내구성, 수밀성 및 균열저항성 등을 고려하여 정하여야 한다.
② 물결합재비 = $\dfrac{물의 질량}{시멘트+혼화재질량} \times 100(\%)$

■ 호칭강도(Nominal Strength)
레디믹스트 콘크리트 주문시 KS F 4009의 규정에 따라 사용되는 콘크리트 강도로서, 구조물 설계에서 사용되는 설계기준압축강도나 배합 설계 시 사용되는 배합강도와는 구분되며, 기온, 습도, 양생 등 시공적인 영향에 따른 보정값을 고려하여 주문한 강도(f_{cn})

■ 시멘트강도
시멘트강도(k)의 최대치 순서는 조강 – 보통 – 고로 – 실리카 순이다.

※ 물시멘트비(W/C비)
= $\dfrac{물의 질량}{시멘트질량} \times 100(\%)$

5) 콘크리트의 내구성 기준(표준시방서)
① 콘크리트는 구조물의 사용기간 중에 받는 여러가지의 화학적, 물리적 작용에 대하여 충분한 내구성을 가져야 한다.
② 콘크리트의 물-결합재비는 원칙적으로 60% 이하이어야 하며, 단위수량은 185kg/m³를 초과하지 않도록 하여야 한다.
③ 콘크리트에 사용하는 재료는 콘크리트의 소요 내구성을 손상시키지 않는 것이어야 한다. 또한 강재를 보호하는 성능을 가져야 한다.
④ 콘크리트는 원칙적으로 공기연행콘크리트로 하여야 한다.
⑤ 콘크리트는 침하균열, 소성수축균열, 건조수축균열, 자기수축균열 혹은 온도균열에 의한 균열폭이 허용균열폭 이내여야 한다.
⑥ 염소이온 침투, 동결융해, 탄산화, 황산염 및 기타 유해한 환경에 노출되는 구조물에 대해서는 시방서와 구조기준에서 정한 조건을 만족하는 콘크리트를 사용해야 한다.
⑦ 구조물에 사용되는 콘크리트는 적절한 내구성을 확보하기 위해 내구성에 영향을 미치는 환경조건에 대해 노출정도를 고려하여 시방서와 구조기준에서 규정한 노출등급을 정하여야 한다.

6) 슬럼프(Slump) : 콘크리트 시공연도 측정
① 슬럼프의 표준값(mm)   ※ 건축공사표준시방서 기준

종 류	철근콘크리트	무근콘크리트
일반적인 경우	80 ~ 180	50 ~ 180
단면이 큰 경우	60 ~ 150	50 ~ 150

■ 레미콘 slump값, 공기량

슬럼프값(mm)	허용오차
25	± 10
50 및 65	± 15
80 이상	± 25
공기량(%)	± 1.5% 이하

주) 1) 여기에서 제시된 슬럼프값은 구조물의 종류에 따른 슬럼프의 범위를 나타낸 것으로 실제로 각종 공사에서 슬럼프값을 정하고자 할 경우에는 구조물의 종류나 부재의 형상, 치수 및 배근상태에 따라 알맞은 값으로 정하되, 충전성이 좋고 충분히 다질 수 있는 범위에서 되도록 작은 값으로 정하여야 한다.
2) 콘크리트의 운반시간이 길 경우 또는 기온이 높을 경우에는 슬럼프가 크게 저하하므로 운반중의 슬럼프 저하를 고려한 슬럼프값에 대하여 배합을 정하여야 한다.

▶ 현장 콘크리트의 Slump 시험장면

▶ 현장타설 콘크리트의 공기량 측정장면

▶ Slump Test set

7) 배합의 일반적인 원칙, 기타사항
① 물시멘트비(W/C비)나 물결합재비는 콘크리트의 강도, 내구성, 시공성을 고려하여 가능한 작게 한다.

② 같은 물시멘트비의 콘크리트인 경우 되도록 단위수량과 단위시멘트량을 작게 배합하는 것이 수축균열, 수화열균열, 크리프 등에 유리하다.
③ 콘크리트의 슬럼프값은 되도록 작게 한다.
④ 감수제를 사용하여 물시멘트비를 작게 하면 시멘트량은 절약된다.
⑤ 가능한 실적률이 큰 골재를 사용하여 콘크리트를 배합하는 것이 유리하다.
⑥ 골재의 강도는 시멘트강도보다 큰 골재를 사용하는 것이 원칙이고, 시방서에서 규정한 골재의 품질규정에 적합한 것을 사용한다.
⑦ 잔골재율(s/a)이 커지면 단위수량과 단위시멘트량이 증가된다.
⑧ 잔골재율은 사용하는 잔골재의 입도, 콘크리트의 공기량, 단위 시멘트량, 혼화 재료의 종류 등에 따라 다르므로 시험에 의해 정하여야 한다.
⑨ 여름철에는 수화열이 낮은 시멘트를 사용하며, 겨울철에는 경화가 빠른 시멘트를 사용한다.

■ 잔골재율(s/a)
$$\frac{잔골재\ 체적}{전골재\ 체적} \times 100(\%)$$

8) 계량장치, 기구

디스펜서(Dispenser)	A·E제 계량장치를 말한다.
워싱턴 미터(Wasington meter)	공기량 측정기이다.
배칭플랜트(Batching plant)	콘크리트 배합시 각 재료의 자동 중량계량 장치이다.
이넌데이터(Inundator)	모래 계량장치이다. ※ 모래는 완전침수, 완전건조 상태일 때 가장 무겁고 함수율 8~12%일 때 부피는 10~30% 증가하며, 무게는 가장 가볍다.
워세크리터(Wacecretor)	물 시멘트 비를 일정하게 유지 시키면서 골재를 계량하는 장치이다.

■ Batcher plant
Batching plant+Mixing plant로 구성된 콘크리트 생산 기계설비

2 Concrete의 강도 검사 및 시험법

(1) 압축강도에 의한 콘크리트의 품질검사 (표준시방서 기준)

시기, 횟수	판정기준	
	$f_{cn} \leq 35MPa$	$f_{cn} > 35MPa$
1일 1회 이상, 구조물의 중요도나 공사의 규모에 따라 120m³마다 1회, 배합이 변경될 때마다 시험(1회 시험에는 3개의 공시체를 사용한다.), 1검사로트에 3회	① 연속 3회 시험값의 평균이 호칭강도 이상 ② 1회 시험값이(호칭강도-3.5 MPa) 이상	① 연속 3회 시험값의 평균이 호칭강도 이상 ② 1회 시험값이 호칭강도의 90% 이상

※ 사용 콘크리트의 품질관리
① 지름 100mm, 높이 200mm의 공시체나 지름 150mm, 높이 300mm의 공시체 사용
② 양생은 표준양생이며 재령 28일 기준

(2) 레미콘의 강도규정 (KSF 4009 규정)
① 1회시험 결과 : 호칭 강도의 85% 이상
② 3회시험 결과 : 호칭강도의 100% 이상이면 합격
※ 레미콘의 시험단위(Lot) : 450m³

(3) Core 공시체 시험기준
코어공시체 3개 압축강도 평균이 설계기준강도의 85%이상이고, 각각의 강도가 75%이상이 되면 구조적으로 적합하다고 판정한다.

(4) 강도추정을 위한 비파괴 시험법

① 반발법, 타격법 (슈미트해머법)	• Concrete 표면에 타격시 반발의 정도로 강도를 추정한다. • 시험장치가 간단하고 편리하여 많이 쓰인다.
② 공진법	• 물체간 고유진동 주기를 이용하여 동적 측정치로 강도를 측정한다.
③ 음속법	• 음파의 속도에 의해 강도를 측정한다. • 많이 사용한다.
④ 복합법	• 반발법과 음속법을 병행해서 강도를 추정한다. 가장 정확하다.
⑤ 인발법	• Concrete에 묻힌 Bolt나 강판 중에서 강도를 측정한다.
⑥ Core 채취법	• 시험하고자 하는 Concrete 부분을 Core Drill을 이용하여 채취하여 강도시험 등 제시험을 한다.

※ 기타방법 : 철근탐사법, 관입법, 탄성파법, 방사선 투과법 등

▶ 콘크리트 코어 채취 장면

3 콘크리트의 성질

(1) 아직 굳지 않는 Concrete의 성질

1) Workability (시공연도)	콘시스턴시에 의한 작업의 難易의 程度 및 재료분리에 저항하는 정도 등 복합적인 의미에서의 시공 난이정도 : (施工性)
2) Consistency (반죽질기)	단위 수량에 의해 변화하는 콘크리트 유동성의 정도, 혼합물의 묽기정도(流動性) : 콘크리트의 변형능력의 총칭
3) Plasticity (성형성)	거푸집 등의 형상에 순응하여 채우기 쉽고, 재료 분리가 일어나지 않은 성질. 거푸집에 잘 채워질 수 있는지의 난이정도 : (粘稠性)
4) Finishability (마감성)	골재의 최대치수에 따르는 표면정리의 난이정도, 마감작업의 용이성, 마감성의 난이를 표시하는 성질
5) Pumpability (압송성)	펌프시공 콘크리트의 경우 펌프에 콘크리트가 잘 밀려나가는지의 난이정도(펌프壓送性) : 펌프압송의 용이성

▶ 슈미트 테스트 해머를 이용하여 강도시험을 하는 장면

(2) 시공연도(시공성)

1) 시공연도에 영향을 주는 요소	2) Workability 측정방법
① 단위수량 : 많으면, 재료분리 우려, Bleeding증가 ② 단위시멘트량 : 부배합이 빈배합보다 향상 ③ 시멘트의 성질 : 분말도 클수록 향상 ④ 골재의 입도 및 입형 : 연속입도, 둥근골재 유리 ⑤ 공기량 : 적당 공기량은 시공연도 향상 ⑥ 혼화재료 : AE제, 포졸란, Fly ash향상 ⑦ 비빔시간 : 적정한 비빔시간 ⑧ 온도 : 온도 높으면 시공연도 감소	① Slump시험 ② Flow(흐름)시험 ③ 구관입(Kelly Ball)시험 ④ 드롭테이블 시험(다짐계수 측정시험) ⑤ Remolding시험 ⑥ Vee-Bee시험

(3) Bleeding과 Laitance

블리딩(Bleeding)	아직 굳지 않은 콘크리트에 있어 물이 상승하는 현상이다.
레이턴스(Laitance)	콘크리트 부어넣기 후 수분과다로 수분과 함께 떠오른 미세한 물질이다.

■ 블리딩
아직 굳지 않은 콘크리트에서 물이 상승하는 현상(W/C 과다현상)

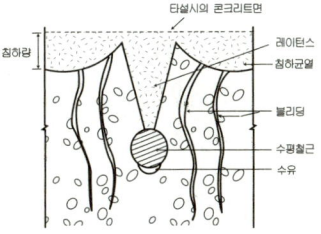

〈그림〉 블리딩과 레이턴스 현상

(4) 재료분리의 원인과 방지대책

1) 발생 원인	2) 방지대책
① 단위수량 및 물시멘트비 과다. ② 골재의 입도, 입형의 부적당 ③ 골재의 비중차이 (중량, 경량골재) ④ 타설높이 미준수, 운반길이의 과다, 거푸집·철근에 충돌 등 시공상 원인 ⑤ 시멘트 페이스트 및 물의 분리(거푸집 수밀성 부족, Bleeding 현상)	① 물시멘트비를 작게한다. ② 입도, 입형이 양호한 재료배합 ③ 혼화제(재)의 적절한 사용 (AE제, 양질의 포졸란 등은 재료분리 억제) ④ 철근간격유지, 타설속도, 높이 준수 ⑤ 수밀성이 높은 거푸집 사용, 충분한 다짐.

핵 심 문 제

문제 1 〈산업〉

콘크리트 강도에 관한 설명으로 옳지 않은 것은?
① AE제를 혼합하면 워커빌리티가 향상된다.
② 물-시멘트비가 작을수록 콘크리트 강도는 저하된다.
③ 한중 콘크리트는 동해방지를 위한 양생을 하여야 한다.
④ 콘크리트 양생이 불량하면 콘크리트 강도가 저하된다.

해설 1
물-시멘트비가 클수록 콘크리트의 강도는 저하된다.

문제 2 〈기사〉

다음 콘크리트의 배합비를 표현하는 형식 중 가장 배합편차가 적고, 재료의 수시변화에 신속히 대처하는 등 배합을 관리하기에 가장 이상적인 것은?
① 중량배합
② 표준계량 용적배합
③ 절대용적배합
④ 현장계량 용적배합

해설 2 중량배합
중량배합은 가장 배합의 편차가 적고 재료의 수시변화에 신속히 대처하는 등 배합을 관리하기에 이상적인 배합이다.

문제 3 〈기사〉

배합의 표시법 중에서 중량 배합은 콘크리트 비벼내기 1m³에 소요되는 각 재료를 중량으로 표시한 것을 뜻하는데, 이 때 골재는 다음 중 어느 상태의 것을 기준으로 하는가?
① 표면 건조 내부포수상태 중량
② 절건 중량
③ 습윤 중량
④ 기건 중량

해설 3
중량배합시 골재의 상태는 표면건조, 내부포수상태를 기준으로 한다.

문제 4 〈기사〉

콘크리트의 배합에 관한 설명으로 옳지 않은 것은?
① 일반적으로 굵은 골재의 최대치수가 클수록 잔골재율을 작게 할 수 있다.
② 잔골재율은 소요의 워커빌리티가 얻어지는 범위 내에서 단위수량이 가능한 한 작게 되도록 시험비빔에 의해 결정한다.
③ 단위수량이 동일하면 골재량이나 시멘트량의 근소한 변화는 슬럼프에 그다지 영향을 주지 않는다.
④ 강도 및 슬럼프가 동일하면 실적률이 큰 굵은 골재를 사용할수록 단위수량이 많아진다.

해설 4
※ 실적율이 큰 골재를 사용하면,
① 단위수량, 단위시멘트량이 작아져 건조수축과 수화열이 감소된다.
② 수밀성, 내구성, 내마모성이 증대된다.

정답 1. ② 2. ① 3. ① 4. ④

문제 5 　　　　　　　　　　　　　　　　　　　산업

수중콘크리트에 사용되는 프리팩트 콘크리트는 어느 재령의 압축강도를 기준으로 하는가?

① 재령 7일
② 재령 14일
③ 재령 28일
④ 재령 91일

문제 6 　　　　　　　　　　　　　　　　　　　공통

콘크리트의 배합설계에서 물시멘트비나 물결합재비를 결정하는 경우에 있어서 관계가 가장 적은 것은?

① 압축강도
② 내구성
③ 수밀성
④ 작업성

문제 7 　　　　　　　　　　　　　　　　　　　산업

콘크리트의 물시멘트비에 관한 설명으로 옳지 않은 것은?

① 물시멘트비는 콘크리트 강도를 결정하는 중요한 요인이다.
② 물시멘트비는 크게 할수록 내구성이 좋아진다.
③ 골재 중의 수분도 물시멘트비에 영향을 미친다.
④ 물시멘트비는 물과 시멘트와의 질량비이다.

문제 8 　　　　　　　　　　　　　　　　　　　기사

콘크리트 강도에 가장 중요한 영향을 주는 요소는?

① 시멘트의 품질
② 물과 시멘트의 비
③ 골재의 품질
④ 시멘트와 골재의 비

문제 9 　　　　　　　　　　　　　　　　　　　기사

레디믹스트 콘크리트의 슬럼프값이 80mm 이상일 때 슬럼프 허용오차 기준으로 옳은 것은?

① ±10mm
② ±15mm
③ ±25mm
④ ±30mm

해 설

해설 5 프라팩트 콘크리트의 강도기준
① 28일이나 91일 압축강도를 기준으로 한다.
② 수중콘크리트, 속채움용 콘크리트등 양생조건이 양호하고 오랜 기간 경화후 설계하중을 받는 구조물은 91일 강도를 기준으로 한다.

해설 6 물결합재비 결정시 고려사항
① 강도
② 내구성
③ 수밀성
④ 균열저항성

해설 7
물시멘트비가 클 때의 문제점
① 내부공극증가에 따른 강도저하, 부착력 저하
② 블리딩, 레이턴스 증가(재료분리 증가)
③ 내구성, 내마모성, 수밀성 저하
④ 건조수축, 균열발생증가
⑤ Creep 현상 증가
⑥ 동결융해 저항성 저하
⑦ 이상응결(응결지연)
⑧ 시공연도(Workability) 저하

해설 8 물시멘트비(W/C비)
※ 콘크리트 강도에 가장 큰 영향을 준다.
① W/C비가 크면 강도는 작아진다.
② W/C비가 작으면 강도는 커진다.

해설 9
레미콘 Slump값, 공기량 허용오차

슬럼프값(mm)	허용오차
25	±10
50 및 65	±15
80 이상	±25
공기량(%)	±1.5% 이하

정답 5. ④　6. ④　7. ②　8. ②　9. ③

문제 10 기사

건축공사표준시방서에 따른 유동화 콘크리트 공기량의 표준값은? (단, 보통 콘크리트의 경우)

① 4% ② 4.5%
③ 5% ④ 5.5%

해설 10
① 보통콘크리트의 공기량 표준은 4.5%±1.5% 이다.
② 대표값은 4.5% 이다.

문제 11 산업

일반적으로 레디믹스트 콘크리트의 강도시험의 검사 로트 크기로 적당한 것은 어느 것인가?

① 50m³ ② 100m³
③ 450m³ ④ 200m³

해설 11 콘크리트의 강도시험
※ KS F 4009 레미콘 시험단위(Lot)는 450m³이다.
① 일반콘크리트 : 150m³ 마다 시험
② 시험은 3개 공시체의 평균값으로 합격여부를 판단한다.

문제 12 산업

콘크리트의 압축강도 검사 중 타설량 기준에 따른 시험횟수로 옳은 것은? (단, KCS기준)

① 120m³ 당 1회
② 180m³ 당 1회
③ 120m³ 당 2회
④ 180m³ 당 2회

해설 12 압축강도에 의한 사용 콘크리트의 품질검사
(건축공사 표준시방서 기준)
타설공구마다, 타설일마다, 타설량 120m³마다 1회(1회시험에는 3개의 공시체를 사용한다.), 1검사로트에 3회

문제 13 기사

콘크리트의 강도추정을 위한 비파괴 시험법 중에서 가장 믿을만하고 신뢰할 수 있는 방법은?

① 슈미트 테스트 해머법
② 인발법
③ 코어 채취법
④ 복합법

해설 13
① : 측정편차가 심하여 보정을 하여야 하지만 간이하여 가장 많이 사용
④ : 복합법이란 반발법과 음속법을 병행하여 강도를 측정하는 법으로 가장 정확하다.

문제 14 산업

경화한 콘크리트의 비파괴시험 종류에 해당되지 않는 것은?

① 반발경도법 ② 초음파속도법
③ 인장강도시험 ④ 공진법

해설 14
콘크리트에서는 인장시험을 하지 않는다.

정답 10. ② 11. ③ 12. ① 13. ④ 14. ③

문제 15 산업

다음 중 콘크리트의 워커빌리티에 직접적인 영향을 주는 인자와 가장 거리가 먼 것은?

① 공기량
② 단위시멘트량
③ 혼화재료, 단위수량
④ 시멘트의 강도

문제 16 공통

콘크리트의 반죽질기 시험방법이 아닌 것은?

① 블리딩 시험
② 슬럼프 시험
③ 관입 시험
④ 리몰딩 시험

문제 17 산업

철근콘크리트공사에서 워커빌리티의 측정방법으로 옳지 않은 것은?

① VB시험
② 드롭테이블시험
③ 관입시험
④ 강도시험

문제 18 공통

다음 중 콘크리트의 성질에 관한 설명 중 옳지 않은 것은?

① 피니쉬어빌리티(Finishability)란 굵은 골재의 최대치수, 잔골재율, 골재의 입도, 반죽 질기 등에 따라 마무리 하기 쉬운 정도를 말한다.
② 단위 수량이 많으면 콘시스턴시(Consistency)가 좋아 작업이 용이하고 재료 분리가 일어나지 않는다.
③ 블리딩(Bleeding)이란 콘크리이트 타설 후 표면에 물이 모이게 되는 현상으로서 레이턴스(Laitance)의 원인이 된다.
④ 워커빌리티(Workability)란 작업의 난이도 및 재료의 분리에 저항하는 정도를 나타내며 골재의 입도와도 밀접한 관계가 있다.

해 설

해설 15

시공연도에 영향을 주는 요인
① 물시멘트비
※ 단위수량, 단위시멘트량
② 시멘트 성질, 사용량
③ 골재의 입도, 입형
④ 공기량, 기온
⑤ 혼화재료의 성질, 사용량
⑥ 비빔 혼합방법, 시간

해설 16, 17

콘크리트의 Workability 측정방법
① Slump시험
② Flow(흐름) 시험
③ 구관입(Kelly ball) 시험
④ 드롭테이블 시험(다짐계수 측정 시험)
⑤ Remolding 시험
⑥ Vee-Bee 시험

해설 18

① 워커빌리티란 작업의 난이도 및 재료의 분리에 저항하는 정도를 나타내며, 골재의 입도와도 밀접한 관계가 있다.
※ 워커빌리티는 종합적인 작업 용이성, 시공용이성을 의미한다.
② 컨시스턴시는 수량의 다소에 따른 콘크리트의 묽기의 정도, 유동성의 총칭이다.
③ 시멘트의 분말도가 크면 시멘트의 점성이 커져서 워커빌리티가 좋아진다.
※ 컨시스턴시는 작아진다.

정답 15. ④ 16. ① 17. ④ 18. ②

문제 19 기사

콘크리트의 시공성에 영향을 주는 요인에 대한 설명으로 옳지 않은 것은?
① 단위수량이 커지면 컨시스턴시는 증가한다.
② 슬럼프가 과도하게 커지면 굵은골재의 분리와 블리딩량이 증가하게 된다.
③ 동일 슬럼프에서 공기량이 증가하면 단위수량은 감소한다.
④ 기온이 올라가면 슬럼프는 증가한다.

문제 20 산업

콘크리트를 제조하는 자동설비로서, 재료의 저장설비, 계량설비, 혼합설비 등으로 구성되어 있는 기계는?
① 강제식 믹서
② 플라이애시 사일로
③ 배쳐플랜트
④ 슬럼프 모니터

문제 21 기사

다음 각종시험에 사용하는 기구와 사용개소의 조합 중 옳지 않은 것은?
① 다이얼 게이지(Dial gauge)-지내력 시험
② 공기량 측정기(Air meter)-콘크리트 시험
③ 슈미트 테스트 햄머(Schmidt test hammer)-철골 리벳시험
④ 패너트로 미터(Penetro meter)-토질시험

문제 22 기사

콘크리트의 골재분리를 줄이기 위한 방법으로 옳지 않은 것은?
① 중량골재와 경량골재 등 비중차가 큰 골재를 사용한다.
② 플라이애쉬 등의 포졸란을 적당량 혼화한다.
③ 세장한 골재보다는 둥근골재를 사용한다.
④ AE제나 AE감수제 등을 사용하여 사용수량을 감소시킨다.

문제 23 기사

콘크리트의 블리딩에 관한 설명으로 옳지 않은 것은?
① 콘크리트 타설 후 비교적 가벼운 물이나 미세한 물질 등이 상승하는 현상을 의미한다.
② 콘크리트의 물시멘트비가 클수록 블리딩량은 증대한다.
③ 콘크리트의 컨시스턴시가 클수록 블리딩량은 증대한다.
④ 단위시멘트량이 많을수록 블리딩량은 크다.

해 설

해설 19
기온이 올라가면 콘크리트의 슬럼프 값은 감소한다.

해설 20 Batcher plant
Batching plant(계량장치)+Mixing plant(혼합설비)로 구성된다.

해설 21
슈미트 테스트 햄머(Schmidt test hammer)는 콘크리트 비파괴 시험에 이용된다.

해설 22, 23
• 재료분리의 원인
① 단위수량 및 물시멘트비 과다
② 골재의 입도, 입형의 부적당
③ 골재의 비중차이
  (중량, 경량골재)

• 재료분리의 방지대책
① 물시멘트비를 작게 한다.
② 입도, 입형이 양호한 재료배합
③ 잔골재율을 증가하던지 세립이 많은 모래 사용
④ 혼화제(재)의 적절한 사용(AE제, 양질의 포졸란 등은 재료분리 억제)
※ 표면활성제를 사용, 단위수량을 감소시킨다.
※ 단위시멘트량이 많아지면 물시멘트비가 작아지므로 블리딩은 작아진다.

정답 19. ④ 20. ③ 21. ③ 22. ① 23. ④

5 콘크리트 타설(부어넣기)

> **학습방향**
>
> 콘크리트공사(Ⅲ)에서는 시험에서 자주 출제되는 부분으로 철저히 학습해야 할 부분이다. 특히 콘크리트이어붓기 위치, 진동기 사용시 주의점, 타설시 주의점, 죠인트처리 등이 주로 출제된다.

1 콘크리트 비빔·운반·타설·다짐

(1) 콘크리트 비빔

① 기계비빔을 원칙으로 한다.(Mixer로 콘크리트를 비비는 것)
② 재료투입은 동시투입이 이상적이나, 실제로는 모래+시멘트+물+자갈 순이다.(단, 이론적으로는 입자가 작은 순으로 물+시멘트+모래+자갈)
③ 비빔시간은 가경식 믹서일 때 최소 1분 30초이상, 강제식 믹서일 때는 1분이상 표준, 비빔 예정시간의 3배초과금지(수밀 Concrete : 3분정도), 1시간의 비빔횟수는 최대 20회, 1일 150~160회이다. (믹서의 외주 회전속도는 1초에 1m 정도)
④ 믹서, 원치용동력

믹서용량(절)	6. 8. 10	12. 14. 16	21	비 고
믹서용동력(HP)	7.5	10	15	1HP=0.75kw
원치용동력(HP)	10	15	20~25	

(2) 운반 및 타설방법

1) 콘크리트 타워에 의한 타설방법

① 운반과정
믹서 → 버킷 → 엘리베이터 → 타워호퍼 → 슈트 → 플로어호퍼 → 손차(Cart)타설 순이다.
② 타워최고 높이 70m이하, 15m마다 4개의 당김줄로 지지한다.
③ 타워높이 산출식

$$H = h + \frac{\ell}{2} + 12m$$

- H : 타워높이(지하부 포함)
- ℓ : 타워에서 홉퍼까지 수평거리
- h : 부어넣는 콘크리트의 최고부 높이

④ 슈트 - 경사 4/10~7/10

학습POINT

■ 믹서 비벼내기량
① 1절=0.3m×0.3m×0.3m
　=0.027m³
② 14절은 약 0.4m³
③ 16절은 약 0.45m³

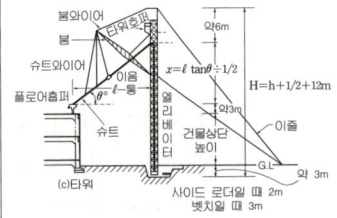

<그림> 믹서 및 콘크리트 타워

▶ 펌프카에 의한 콘크리트 타설 장면

2) 기타 타설방법

① Chute를 이용한 타설법	콘크리트 타설용 철제관(반원모양), 수직슈트, 플랙시블 슈트 등을 이용 높은 곳에서 중력 타설
② Bucket에 의한 운반 타설	Bucket에 Concrete를 담아 Crane으로 운반하여 직접 타설하는 방법
③ Cart이용	손수레를 이용한 소운반 타설(인력운반, 타설)
④ Pump공법	Concrete 수송용 pump를 이용하여 타설 ※ 펌프카를 이용하거나 압송관을 설치하여 타설
⑤ V.H. 분리타설 방법	수직부재와 수평부재를 분리하여 타설하는 방법. 침하균열을 방지하기 위하여 기둥, 벽 등 수직부재를 먼저 타설하고 수평부재를 나중에 타설. 주로 Half P.C. slab공법에 적용

3) 콘크리트 펌프의 압송방식

※ 정치식(定置式)과 트럭 탑재식(concrete pump car)이 있다.

① 압축공기식	압축공기 압력으로 압송 *Concrete Placer등	
② 피스톤 압송식	피스톤으로 압송, 유압, 수압 피스톤식이 있다.	
③ 스퀴즈식	짜내는 방식의 Squeeze Type Pump를 이용	
④ 굵은골재의 최대 치수에 따른 압송관의 최소치수	㉮ 20, 25mm골재 사용시	100mm이상
	㉯ 40mm 골재사용시	125mm이상

(3) 콘크리트 부어넣기

① 타설 전 배근, 배관, 거푸집 상태 점검 후 청소, 물축이기 한다.
② 콘크리트는 기둥과 같이 깊이가 깊을수록 하부는 묽게 하고 상부에 갈수록 된비빔으로 하며, 기포가 생기지 않게 한다.
③ 주입 높이는 될 수 있는대로 낮은 곳에서 주입한다. 이 경우 슈트, 펌프배관, 버킷, 호퍼 등의 배출구와 타설 면까지의 높이는 1.5m 이하를 원칙으로 한다.
④ 콘크리트 부어넣기는 낮은 곳에서부터 기둥, 벽 계단, 보, 바닥판의 순서로 부어나간다. 보, 벽은 양단에서부터 중앙부로 타설한다. 계단은 하단에서 상부로 올라가며 타설한다.
⑤ 일단 계획한 작업 구획은 완전히 부어넣고, 비빔장소에서 먼 곳에서 가까이 콘크리트를 부어 넣으며, 횡류하지 않는다.
⑥ 이음면은 짧고, 전단력이 작은 곳에 둔다.
⑦ 시공이음면은 쇠솔이나 쪼아내기 등으로 거칠게 하며, 강재보강시 철근지름의 20배 이상 보강한다.
⑧ 이음부 콘크리트 타설시 물고압분사로 청소하여 물을 충분히 흡수시키고, 부배합 Mortar, 접착제 등을 바른 후 이어친다.

⑨ 타설순서(낮은 곳에서 높은 곳으로) 기초 → 기둥 → 벽 → 계단 → 보 → 바닥판의 순서로 부어넣는다.
⑩ 부어넣기를 계속할때의 이어치기 시간 간격을 준수

이어치기 시간간격		비빔에서 부어넣기 종료까지	
외기온이 25℃ 이상	2시간 이내	외기온이 25℃ 이상	1.5시간 이내
외기온이 25℃ 미만	2.5시간 이내	외기온이 25℃ 미만	2시간 이내

(4) Concrete의 다짐

1) 다짐목적	① 공극을 제거하여 밀실하게 충전시킴 ② 소요강도 확보 ③ 수밀한 콘크리트 확보 ④ 재료분리 및 곰보(honey comb) 방지
2) 다짐법	① 손다짐 ② 진동다짐 ③ 거푸집 두드림 ④ 가압다짐법 ⑤ 원심력다짐법 ⑥ 진공다짐법
3) 일반사항	① Slump 15cm이하의 된비빔 콘크리트에 사용함을 원칙 ② 콘크리트 붓기(진동다짐 1회)높이는 30~60cm를 표준 ③ 20m³마다 1대 표준(3대 사용할 때 예비 진동기 1대)
4) 진동기의 종류	① 거푸집 진동기 ② 표면진동기 ③ 봉상(꽂이식)진동기
5) 진동기 사용 주의점	① 수직으로 사용한다. (콘크리트 속에 10cm 정도 찔러 넣음) ② 철근 및 거푸집에 직접 닿지 않도록 한다. ③ 간격은 진동이 중복되지 않게 500mm이하로 한다. ④ 1개소당 진동시간은 다짐할 때 시멘트풀이 표면 상부로 약간 부상하기까지로 한다. ⑤ 콘크리트에 구멍이 남지 않게 서서히 뺀다. ⑥ 굳기 시작한 Concrete에는 사용하지 않는다.
6) 진동기 효과가 큰 콘크리트	① 빈배합 된비빔 → ② 빈배합 묽은비빔 → ③ 부배합 묽은비빔

■ 진동기 종류

내부진동기	• 막대(봉상)진동기
외부진동기	• 거푸집진동기 • 표면진동기

※ 일반적으로 많이 사용되는 진동기는 막대(봉상)진동기이다.

▶ 꽂이식(막대, 봉상) 진동기의 모양, 종류

▶ 콘크리트를 타설하면서 표면진동기를 사용하여 마감하는 모습

2 콘크리트 이어치기 및 Joint처리

(1) 이어치기의 구획방법
① 이음은 짧게 되게 하고, 전단력이 적은 곳에서 이어치기 한다.
② 이음위치는 단면이 적은 곳에 두고 응력에 직각 방향, 수직, 수평으로 한다.
③ 불가피하게 이어칠 때는 Bleeding 수에 의한 Laitance를 제거하며 Cold Joint 처리에 주의한다.
④ 부득이 전단이 큰 위치에 시공이음을 설치할 경우에는 시공이음에 장부 또는 홈을 만들거나 적절한 강재를 배치하여 보강해야 한다.
⑤ 이음부의 시공에 있어서 설계에 정해져 있는 이음의 위치와 구조는 지켜져야 한다.

(2) 콘크리트 이어붓기 위치

■ 보·바닥판 시공이음은 되도록 전단력이 작은 위치에 설치한다.

개 소	이음위치 방법
기 둥	보, 바닥판 또는 기초의 윗면에서 수평으로 한다.
보, Slab	전단력이 가장 작은 Span의 1/2 부근에서 수직으로 하며 작은 보있는 바닥판은 나비의 2배 떨어진 위치에서 수직으로한다.
아 치	아치축에 직각으로 한다.
벽	문틀, 끊기 좋고 이음자리 막이를 떼어내기 쉬운곳에서 수직, 수평
캔틸레버	이어붓지 않음을 원칙으로 한다.

 ▶ 콘크리트 끊어치기는 바닥판의 중앙에서 시공줄눈을 만든다. 기둥 같은 수직 부재는 바닥에서 수평 줄눈(Joint)이 발생한다.

 ▶ 시공줄눈 처리 : 메탈라스를 이용하여 콘크리트 타설후 거친면이 될 수 있도록 하며, 필요시 철근에 Sleeve를 연결한다.

(3) 이어붓기시 발생결함, 전단력 보강법

1) 이어치기시 발생할 수 있는 결함	2) 이음새의 전단력 보강방법
① 수밀성저하(누수우려) 우려 ② 부착력 저하 우려 ③ 강도(전단력)저하 우려 ④ 균열발생증가	① 이어붓기 이음새에 촉 또는 홈 (Keyed Joint)을 둔다. ② 석재나 자갈 등을 삽입 보강 ③ 철근을 삽입, 보강

(4) 콘크리트 줄눈(Joint)의 종류

콘크리트 구조체가 온도변화나 건조수축 등에 의하여 균열발생이 예상될 경우에 방지 또는 유도, 제어할 목적으로 Joint를 설치한다.

1) 시공계획에 의한 줄눈(Joint)

줄눈종류	특 징
시공줄눈 (Construction Joint)	콘크리트의 작업관계상 한번에 콘크리트를 타설할 수 없는 경우 계획하는 Joint이다.
신축줄눈 (Expansion Joint)	온도변화에 따른 팽창·수축 혹은 부동침하·진동 등에 의한 균열방지 Joint로 단면을 분리시키는 응력해제 줄눈이다.
조절줄눈 (Control Joint)	균열을 전체 부분 중의 일정한 곳에만 일어나도록 유도하는 Joint로 단면 결손 부위를 둔다.(주로 바닥에 설치)

※ ① 외부의 염분에 의한 피해를 받을 우려가 있는 해양 및 항만 콘크리트 구조물 등에 있어서는 시공이음부를 되도록 두지 않는 것이 좋다. 부득이 시공이음부를 설치할 경우에는 만조 위치로부터 위로 0.6m와 간조 위치로부터 아래로 0.6m 사이인 부분을 피하여야 한다.
② 일반적으로 연직시공이음부의 거푸집 제거 시기는 콘크리트를 타설하고 난 후 여름에는 4~6시간 정도, 겨울에는 10~15시간 정도로 한다.

2) 신축줄눈 설치위치

① 구조물의 수평단면이 급변하는 곳, 보강된 곳
② 증축부위, 저층 고층건물의 접합부
③ 건물끝 날개형 건물 50~60m 초과 건물
④ ㄴ자, ㄷ자, T자형 건물의 교차부

3) 계획되지 않은 줄눈(Joint) : 콜드 조인트(Cold Joint)

콘크리트 타설온도가 25℃이상에서 2시간이상, 25℃이하에는 2.5시간이 지난후 응결이 시작된 콘크리트에 새로운 콘크리트를 이어붓기할 경우에 발생하는 불연속면으로 일체화 저해 줄눈이다. 누수의 원인이 되며, 강도상 취약한 부분이 된다.

■ 신축줄눈(Expansion Joint) 간격
① 얇은벽 : 6~9m
② 두꺼운벽 : 15~18m 간격
③ 철근콘크리트벽 : 13m 내외
④ 무근콘크리트벽 : 8m

4) 기타줄눈

Delay Joint (Shirinkage Strip) (수축대)	100m를 초과하는 장 span 구조물에서 Expansion Joint를 설치하지 않고 건조수축을 감소하기 위하여 설치하는 임시줄눈 ※ span중간에 미타설구간(수축대)을 설치한 후 나중에 타설, 타설시 조절줄눈을 양단에 설치 ① 줄눈의 폭은 바닥판 1m, 벽과 보는 20cm 정도 ② Joint 부분은 6주 정도 지난후 보통이나 무수축 콘크리트 타설
Slip Joint	RC조 slab와 조적벽체 상부에 설치하는 줄눈 ※ 내력벽 균열예방, 온도변화에 대처
Sliding Joint	보와 slab 사이에 설치하는 활동면이음, 구속응력 해제 목적

▶ 지붕에 설치된 조절줄눈(Control) 모습

핵심문제

문제 1 ㅤㅤㅤㅤㅤㅤㅤㅤㅤㅤㅤㅤㅤㅤㅤㅤ산업

다음은 콘크리트 펌프의 종류를 분류한 것이다. 틀린 것은?
① 기계식
② 유압식
③ 스퀴즈식
④ 벨트 콘베이어식

해설 1 콘크리트 펌프의 종류
① 압축공기에 의한 압송
② 피스톤에 의한 압송 : 기계식, 유압식
③ 스퀴즈(Squeeze)식 펌프에 의한 압송 : 튜브식
※ 벨트 콘베이어 : 벨트로 연속적으로 재료를 수평 운반하는 장치

문제 2 ㅤㅤㅤㅤㅤㅤㅤㅤㅤㅤㅤㅤㅤㅤㅤㅤ기사

굵은 골재의 최대치수가 40mm일 경우, 콘크리트 펌프 압송관의 최소 호칭치수로 가장 적당한 것은?
① 50mm
② 75mm
③ 100mm
④ 125mm

해설 2 굵은골재의 최대 치수에 따른 압송관의 최소치수

① 20, 25mm골재 사용시	100mm 이상
② 40mm골재 사용시	125mm 이상

문제 3 ㅤㅤㅤㅤㅤㅤㅤㅤㅤㅤㅤㅤㅤㅤㅤㅤ기사

콘크리트 펌프 사용에 관한 설명으로 옳지 않은 것은?
① 콘크리트 펌프를 사용하여 시공하는 콘크리트 소요의 워커빌리티를 가지며, 시공시 및 경화 후에 소정의 품질을 갖는 것이어야 한다.
② 압송관의 지름 및 배관의 경로는 콘크리트의 종류 및 품질, 굵은골재의 최대치수, 콘크리트 펌프의 기종, 압송조건, 압송작업의 용이성, 안전성 등을 고려하여 정하여야 한다.
③ 콘크리트 펌프의 형식은 피스톤식이 적당하고 스퀴즈식은 적용이 불가하다.
④ 압송은 계획에 따라 연속적으로 실시하며, 되도록 중단되지 않도록 하여야 한다.

해설 3
콘크리트 펌프의 압송방식은 압축공기식, 피스톤압송식, 스퀴즈식 등이 적용되고 있다.

문제 4 ㅤㅤㅤㅤㅤㅤㅤㅤㅤㅤㅤㅤㅤㅤㅤㅤ공통

콘크리트 붓기에 관한 설명 중 부적당한 것은?
① 비비는 장소에서 먼 곳부터 붓기 시작하는 것이 좋다.
② 될 수 있는 한 낮은 위치에서 수직으로 부어넣는 것이 좋다.
③ 붓기를 끝낸 후 양생시 콘크리트는 진동을 받지 않아야 한다.
④ 높은 벽이나 기둥은 하부에 된비빔, 상부에 묽은 비빔을 붓는 것이 좋다.

해설 4 콘크리트 붓기
높은 벽이나 기둥 타설시 하부는 묽은 비빔을 하여 충전성을 좋게 하며, 상부로 갈수록 된비빔을 하여 블리딩에 의한 영향을 방지하는 조치를 하여야 한다.

정답 1. ④ 2. ④ 3. ③ 4. ④

문제 5 　　　　　　　　　　　　　　　　　　　　　기사

계속 타설 중인 콘크리트에 있어 외기온이 25℃ 미만일 때의 이어붓기 시간간격의 한도로 옳은 것은?
① 60분
② 90분
③ 120분
④ 150분

문제 6 　　　　　　　　　　　　　　　　　　　　　산업

콘크리트를 부어넣기에서 진동기를 사용하는 가장 큰 목적은?
① 재료분리 방지
② 작업능률 촉진
③ 경화작용 촉진
④ 콘크리트의 밀실화 유지

문제 7 　　　　　　　　　　　　　　　　　　　　　산업

건축공사시 콘크리트 다짐을 위해 가장 널리 사용되는 진동기의 종류는?
① 봉상 진동기
② 거푸집 진동기
③ 표면 진동기
④ 엔진 진동기

문제 8 　　　　　　　　　　　　　　　　　　　　　기사

콘크리트공사에서 진동기의 효과가 가장 잘 발휘할 수 있는 콘크리트는?
① 부배합 저슬럼프
② 부배합 고슬럼프
③ 빈배합 저슬럼프
④ 빈배합 고슬럼프

문제 9 　　　　　　　　　　　　　　　　　　　　　산업

콘크리트 시공줄눈의 설치시 주의사항으로 틀린 것은?
① 시공줄눈의 설치위치는 압축력과 직각방향으로 한다.
② 타설이음면은 레이턴스나 취약한 콘크리트 등을 제거하여 일체가 되도록 한다.
③ 기둥은 기초판, 연결보 또는 바닥판 위에서 수평으로 한다.
④ 시공줄눈은 전단력이 최대인 곳에 설치한다.

해 설

해설 5 콘크리트 타설시 시간간격
(시방서기준)
(1)

이어치기 시간간격	
외기온이 25℃ 이상	2시간 이내(120분)
외기온이 25℃ 미만	2.5시간 이내(150분)

(2)

비빔에서 부어넣기 종료까지	
외기온이 25℃ 이상	1.5시간 이내(90분)
외기온이 25℃ 미만	2시간 이내(120분)

해설 6 콘크리트 다지기
콘크리트를 거푸집 구석구석까지 충전시켜서 밀실한 콘크리트를 얻기 위함이 목적이다.

해설 7 진동기의 종류
① 봉상진동기 (막대식, 꽂이식)
※ 가장 많이 사용된다.
② 거푸집진동기
③ 표면진동기

해설 8
진동기 사용효과가 큰 콘크리트 순서
① 빈배합 된비빔
② 빈배합 묽은비빔
③ 부배합 묽은비빔

해설 9
(1) 시공줄눈은 구조물 강도상 영향이 적은 곳에 설치한다.
(2) 보의 이어붓기는 전단력이 가장 적은 스팬의 중앙부에서 수직으로 한다.

정답 5.④ 6.④ 7.① 8.③ 9.④

문제 10 〔기사〕

등분포하중을 받는 T형보의 콘크리트 이어붓기의 위치로서 가장 적당한 위치는 어느 것인가? (단, L은 스팬의 길이이다.)

① $\frac{1}{2}L$
② $\frac{1}{4}L$
③ $\frac{3}{4}L$
④ $\frac{1}{5}L$

문제 11 〔산업〕

콘크리트 이어 붓기에 대한 설명 중 옳지 않은 것은?
① 아치이음은 아치(Arch)축에 직각으로 한다.
② 이어 붓는 아치는 응력이 적은 곳을 택한다.
③ 보의 이음은 보의 단부, 즉 기둥 옆에서 이음을 한다.
④ 수평이음은 그 면의 먼지나 레이턴스를 제거하고 이음 콘크리트를 친다.

문제 12 〔산업〕

콘크리트 이어붓기 방법에 대한 기술 중 옳지 않은 것은?
① 기둥은 바닥 및 기초의 상단에서 수평으로 한다.
② 캔틸레버로 내민보나 바닥판은 중앙부에서 수직으로 한다.
③ 보나 슬래브는 전단력이 가장 작은 스팬의 중앙부에서 수직으로 한다.
④ 아치(Arch)의 이음은 아치축에 직각으로 한다.

문제 13 〔공통〕

일반적으로 콘크리트 이어치기하는 개소 및 방법으로서 적합하지 않은 것은 어느 것인가?
① 전단력의 적은 개소
② 보 및 슬라브(Slab)는 스팬(Span)의 중앙 부근 접촉면
③ 기둥은 슬라브 및 기초의 윗면
④ 주근(主筋) 방향

해 설

[해설] 10, 11, 12 이어치기 요령
보, 바닥판 : 스팬의 중앙부에서 수직으로 한다.

• 콘크리트 이어붓기 위치

개소	이음위치 방법
기둥	보, 바닥판 또는 기초의 윗면에서 수평으로 한다.
보, Slab	전단력이 가장 작은 Span의 1/2 부근에서 수직으로 하며 작은보가 있는 바닥판은 나비의 2배 떨어진 위치에서 수직으로 한다.
아치	아치축에 직각으로 한다.
벽	문틀, 끊기 좋고 이음자리 막이를 떼어내기 쉬운 곳에서 수직·수평으로 한다.
캔틸레버	이어붓지 않음을 원칙으로 한다.

[해설] 13 콘크리트의 이어붓기
기둥은 띠철근 방향, 보는 스터럽 방향으로 한다.
※ 주근방향으로 이어치지 않는다.

정답 10. ① 11. ③ 12. ② 13. ④

문제 14 〔공통〕

다음은 콘크리트의 조인트(Joint)의 종류에 대해 나열한 것이다. 다음 중에서 콘크리트 시공 전에 계획하여 설치되는 조인트가 아닌 것은?

① 조절 줄눈(Control Joint)
② 시공 줄눈(Construction Joint)
③ 콜드 조인트(Cold Joint)
④ 신축 줄눈(Expansion Joint)

문제 15 〔기사〕

장 span의 구조물 시공 시 수축대(폭 1m 정도 남겨놓음)만 설치하고, 콘크리트 타설 후 초기수축(보통 6주 후)을 기다렸다가 그 부분을 콘크리트 타설하여 일체화하는 조인트는?

① Construction Joint
② Delay Joint
③ Cold Join
④ Expansion Joint

문제 16 〔공통〕

콘크리트의 건조수축에 의한 균열을 극소화시키기 위해 건물의 일정 부위를 남겨놓고 콘크리트 타설을 하고, 초기 수축 후 나머지 부분을 콘크리트 타설할 때 발생하는 줄눈은?

① 신축줄눈(Expansion Joint)
② 조절줄눈(Control Joint)
③ 지연줄눈(Delay Joint)
④ 미끄럼줄눈(Sliding Joint)

문제 17 〔산업〕

콘크리트의 균열이 발생할만한 구조물의 부재에 미리 줄눈을 설치하여 결함부위를 만들어 이부분으로 균열이 집중적으로 발생하도록 하는 줄눈은?

① 조절줄눈(Control Joint)
② 시공줄눈(Construction Joint)
③ 신축줄눈(Expansion Joint)
④ 콜드조인트(Cold Joint)

해 설

해설 14
① 계획된 줄눈 : 시공줄눈, 신축줄눈, 조절줄눈
② 계획되지 않은 줄눈 : 콜드 조인트

※ Cold Joint
시공과정 중 휴식시간 등으로 응결하기 시작한 콘크리트에 새로운 콘크리트를 이어칠 때 일체화가 저해되어 생기게 되는 줄눈

해설 15,16 Delay Joint = 수축대 = 지연줄눈
100m를 초과하는 장 span 구조물에서 Expansion Joint를 설치하지 않고 건조수축을 감소하기 위하여 설치하는 임시줄눈.
※ span중간에 미타설구간(수축대)을 설치한 후 나중에 타설, 타설시 조절줄눈을 양단에 설치
① 줄눈의 폭은 바닥판 1m, 벽과 보는 20cm 정도
② Joint 부분은 6주 정도 지난후 보통이나 무수축 콘크리트 타설

해설 17
조절줄눈은 균열유발 줄눈으로써 균열이 집중적으로 발생하도록 유도하는 줄눈이다.

정답 14. ③ 15. ② 16. ③ 17. ①

문제 18 〔기사〕

익스팬션조인트(expansion joint)의 설치원인과 목적에 관한 기술 중 옳지 않은 것은?

① 콘크리트를 이어치기할 때 신구 콘크리트의 구조적 일체성 확보 강화를 위해 설치한다.
② 콘크리트의 팽창, 수축에 대한 유해한 균열 방지를 목적으로 한다.
③ 건축물을 평면적으로 증축하고자 할 때 설치한다.
④ 기초의 부동침하에 대비하여 이를 예방하고, 변위흡수를 목적으로 한다.

[해설] 18
신축줄눈(Expansion Joint)은 응력해제 줄눈으로 구조체를 분리하는 것이다.
※ ①항은 콜드죠인트에 해당된다.

문제 19 〔산업〕

시공줄눈 설치이유 및 설치위치로 잘못된 것은?

① 시공줄눈의 설치 이유는 거푸집의 반복사용을 위해 설치한다.
② 시공줄눈의 설치위치는 이음길이가 최대인 곳에 둔다.
③ 시공줄눈의 설치위치는 구조물 강도상 영향이 적은 곳에 설치한다.
④ 시공줄눈의 설치위치는 압축력과 직각방향으로 한다.

[해설] 19
시공줄눈 설치시 이음길이가 최소가 되도록 설치하는 것이 좋다.

문제 20 〔산업〕

콘크리트의 폭렬을 방지하기 위한 내용과 관련이 없는 것은?

① 함수율
② 골재 및 시멘트
③ 압축강도
④ 철근의 강도

[해설] 20
콘크리트의 폭렬현상은 고강도 콘크리트에서 주로 발생하며, 흡수율이 높은 골재 사용, 콘크리트 내부 함수율이 높을 때, 압축강도가 큰 콘크리트의 밀도와도 관련이 된다.

정답 18. ① 19. ② 20. ④

6 기타사항

> **학습방향**
> 이장에서는 콘크리트 보양, 균열, 내구성 저하 등을 다룬다. 시험에서는 양생시 주의점, 양생방법, 균열원인과 종류, 중성화 등이 자주 출제되었다.

1 콘크리트 보양(保養)

(1) 양생(Curing), 보호(Protecting)의 의미

① 양생 (Curing)	아직 굳지 않은 콘크리트에서 원래물로 채워져 있던 공간이 시멘트의 수화생성물로 소요의 정도로 채워지기까지 콘크리트를 포수상태나 혹은 거기에 가깝게 유지하는 것
② 보호 (Protecting)	콘크리트 타설후 수화작용을 충분히 발휘시킴과 동시에 건조 및 외력에 의한 균열 발생을 예방하고 오손, 변형, 파손 등으로부터 콘크리트를 보호하는 것

(2) 보양시 주의사항

① 일광의 직사, 풍우, 상설(霜雪)에 대해 노출면 보호
② 콘크리트가 충분히 경화될때까지 해로운 충격이나 하중을 가하지 말 것
※ 부어넣은 후 3일간 보행금지(부득이한 경우 1일간), 중량물 적재금지
③ 충분한 온도(5℃)를 유지하고 급격한 건조를 방지한다.
④ 수화작용이 충분히 되도록 습윤상태를 유지하도록 보호
※ 15℃이상 기온에서는 5일이상 습윤양생(조강 포틀랜드 시멘트는 3일 이상)
⑤ 평균기온이 연속적으로 2일 이상 5℃ 미만인 경우, 담당원 또는 책임기술자의 지시에 따라 가열보온양생을 고려해야 한다.

(3) 양생방법의 종류

습윤양생	보통 수중보양 또는 살수보양으로 한다.
증기양생	거푸집을 빨리 제거하고 단시일에 소요강도를 내기 위해서 고온, 증기로 보양하는 것으로 한중콘크리트에도 유리하다.
전기양생	콘크리트중에 저압 교류를 통해 전기 저항열을 이용한다.
피막양생	포장 콘크리트 보양에 사용(양생제 살포 : 혼합수 증발방지)
고압증기 양생	압력용기(Autoclave가마)에서 양생, 24시간에 28일 강도 발현(ALC 콘크리트), 건조수축감소, 내구성 향상

■ 증기보양
거푸집을 빨리 제거하고 단시일에 소요강도를 내기 위해서 고온, 증기로 보양하는 방법이 증기보양이다.

2 콘크리트의 균열원인과 내구성 저하요인

(1) 경화전 균열(초기균열)

초기 타설에서 경화 시작전 약 2~6시간 정도에서 발생하는 균열이다. 배합, 타설, 기상조건 등에 좌우된다.

1) 소성수축균열	표면에 급격한 건조시 발생	
2) 소성침하균열	비중 차이로 발생 블리딩이 주된 원인	
3) 온도 균열	수화열에 의한 콘크리트 내부 온도상승으로 팽창 수축의 반복으로 발생	
4) 시공중 균열	거푸집 변형, 동바리침하, 경화전 진동, 충격등이 원인	

■ 균열방지 및 저감대책
① 단위수량을 감소시킨다.
② 시멘트 사용량을 줄인다.
③ Slump값을 작게 한다.
④ 굵은 골재사용(실적율 큰 골재)
⑤ 세골재율을 작게 한다.
⑥ 세골재의 입도가 큰 것 사용
⑦ 골재는 둥근 입형 사용
⑧ 타입시 콘크리트 온도를 낮춘다.
⑨ 타설시 내·외부 온도차를 줄인다.
⑩ 발열량이 적은 시멘트와 혼화제를 사용한다.

(2) 기타 균열원인

1) 하중작용	국부하중, 지진, 과적(Over Load), 철근량부족, 부동침하 등
2) 외적요인	① 온도 : 화재, 동결융해, 온도변화(온습도차이) ② 기계적작용 : 마모, Cavitation, 진동, 충격 ③ 화학적작용 : 중성화, 염해, 전류작용에 의한 전식(電蝕)피해 등

3) 콘크리트의 재료상 원인	4) 시공상 원인
① 시멘트의 이상응결과 팽창 ② Bleeding에 의한 콘크리트의 침하 ③ 강재부식에 의한 팽창 ※ 해사, 피복부족, 산·염류 침식 ④ 시멘트의 수화열에 의한 초기균열 ⑤ 건조수축(시멘트, 물, 혼화제 등) ⑥ 알카리골재 반응(반응성 골재 사용) ⑦ 콘크리트의 중성화	① 혼화재료의 불균질한 분산(비빔불량) ② 펌프압송시의 품질열화 ③ 급속한 타설, 불균질한 타설(곰보, 재료분리) ④ Cold Joint로 처리 불량 ⑤ 급속한 초기건조, 초기동해피해 ⑥ 거푸집 조기 제거, 동바리 침하, 이동 변형, 진동, 충격 ⑦ 철근배근 이동에 따른 피복두께 부족

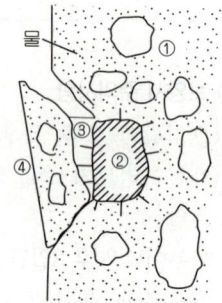

① 콘크리트가 흡수
② 흡수율이 큰 쇄석이 흡수 포화상태가 됨
③ 결빙하여 체적 팽창압력 발생
④ 표면부분 박리

<그림> Popout 현상

(3) 온도균열과 균열방지법

① 내부구속균열 : 인장응력이 인장강도 초과시 균열발생
② 외부구속 균열 : 콘크리트 타설후 온도상승으로 팽창, 온도하강시 수축할 때 지반이나 기 타설 콘크리트에 의해 구속되어 발생하는 균열
③ 온도균열 방지(제어) 양생법

① Pre Cooling 방법	콘크리트 재료의 일부나 전부, 냉각수 등을 사용하여 온도를 낮추는 방법
② Pipe Cooling 방법	콘크리트 타설전 pipe를 배관하고 냉각수나 찬공기를 순환시켜서 콘크리트 온도를 낮추는 방법

(4) 중성화(Carbonation : 中性化 : 탄산화)

1) 정의	대기중의 탄산가스의 작용으로 콘크리트 내 수산화칼슘이 탄산칼슘으로 변하면서 알카리성을 상실하는 현상(철근부식, 균열발생, 내구성 저하) * $Ca(OH)_2 + CO_2 \rightarrow CaCO_3 + H_2O \uparrow$
2) 중성화 판정	페놀프탈레인 1%의 에타놀용액(알콜용액)을 스프레이로 뿌려 색깔의 변화로 판명, 중성화안된 부분은 적자색으로 나타낸다.

■ 중성화 방지대책
① 단기 재령시 탄산가스 접촉금지
② 피복두께 증가, 부재단면 증가
③ 습도는 높고, 온도는 낮게 유지
④ AE제, 감수제, 유동화제 사용
⑤ W/C비를 낮출 것. 다짐. 양생철저
⑥ 경량골재, 혼합시멘트 사용금지

(5) 알카리 골재반응

1) 정의	시멘트 중의 알카리성분과 골재 등의 실리카 광물질이 화학반응하여 팽창 균열을 유발하는 반응 (※ 실리카 Gel이 형성되어 수분을 계속 흡수, 팽창)
2) 방지대책	※ 반응성골재, 알카리성분, 수분 중 한가지만 배제하면 발생 안함. ① 비반응성골재 사용(무해 판정 골재 사용) ② 저알카리 시멘트 사용(Na_2O량 0.6%이하) 　(고로slag, Fly ash등 사용) ③ 알카리 공급원인 염분 사용, 침투 억제 ④ 방수제를 사용하여 수분침투 억제 ⑤ 콘크리트 내부의 알카리 함량의 총량규제 ※ $1m^3$당 알카리 총량 Na_2O량으로 3.0kg이하

(6) 크리프(Creep) 현상

콘크리트에 일정한 하중이 계속 작용하면 하중의 증가없이도 시간과 더불어 변형이 증가하는 현상(콘크리트의 소성변형이다.)

※ Creep 변형은 탄성변형보다 크며 지속응력의 크기가 적정강도의 80%이상이 되면 파괴현상이 일어나는데 이것을 Creep파괴라 한다.

※ 크리프의 증가요인

① 초기재령시
② 하중이 클수록
③ W/C가 클수록
④ 부재의 단면칫수가 작을수록
⑤ 부재의 건조 정도가 높을수록
⑥ 온도가 높을수록
⑦ 양생, 보양이 나쁠수록
⑧ 단위 시멘트량이 많을수록

핵 심 문 제

문제 1 공통

콘크리트를 부어넣은 후 콘크리트를 보양하는 방법 중 거푸집을 빨리 제거하고 단시일내에 소요강도를 얻을 수 있는 것은?
① 증기 보양(Steam Curing)   ② 습윤보양(Moist Curing)
③ 전기 보양(Electric Curing) ④ 피막 보양(Membrane Curing)

문제 2 공통

콘크리트를 보양하기 위해 양생분(Curing Powder)을 살포하는 목적으로 옳은 것은?
① 표면의 유리수를 양생분으로 제거하기 위해서
② 표면을 양생분으로 경화시키기 위해서
③ 밖에서 빗물이 들어오지 못하게 하기 위해서
④ 혼합수의 증발을 방지하기 위해서

문제 3 기사

콘크리트 양생에 관한 설명 중 틀린 것은?
① 콘크리트의 경화에 충분한 물이 필요하다.
② 양생은 특히 초기가 중요하며 강도에 영향이 적다.
③ 온도를 유지하는 방법으로 가열한다.
④ 수분유지를 위해 피복을 한다.

문제 4 산업

콘크리트 양생에 관한 기술 중 가장 부적당한 것은?
① 콘크리트 양생에는 적당한 온도를 유지해야 한다.
② 직사광선은 잉여 수분을 적당하게 증발시켜 주므로 양생에 유리하다.
③ 콘크리트가 경화될 때까지 충격 및 하중을 가하지 않는다.
④ 거푸집은 공사에 지장이 없는 한 오래 존치하는 것이 좋다.

문제 5 기사

다음은 콘크리트의 균열의 원인을 기록한 것이다. 이 중에서 균열의 시기에 따라 구분할때 콘크리트의 경화전 균열의 원인이 아닌 것은?
① 거푸집 변형   ② 진동 또는 충격
③ 소성수축, 침하   ④ 건조수축, 크리프 수축

해 설

해설 1 증기보양
- 거푸집을 빨리 제거하고 단시일 내에 소요강도를 내기 위해 고온 고압 증기로 양생하는 것
- 한중(寒中) 콘크리트에 유리하다.

해설 2 습윤양생법
살수양생, 담수양생, 밀봉양생 등이 있는데 양생분을 살포하는 것은 밀봉양생의 일종으로 콘크리트 내의 혼합수 증발을 방지하는 것이다.

해설 3 콘크리트 초기 양생
① 초기양생이 강도에 가장 중요하다.
② 한중기에서는 5°C이상 유지, 강도 5Mpa 이상은 반드시 보온양생 해야 한다.
③ 콘크리트는 초기 7일까지의 강도가 전체강도의 80% 정도가 된다.

해설 4 콘크리트 양생시 주의사항
① 일광의 직사·풍우·상설에 대해 노출면을 보호한다.
② 충분한 온도(5°C 이상)를 유지하고 급격한 건조를 방지한다.
③ 수화작용이 충분히 되도록 습윤상태를 유지해야 한다.
④ 경화시까지 해로운 충격이나 하중을 가하지 않는다.

해설 5
(1) 콘크리트 경화전 균열
① 소성수축 균열
② 침하균열
③ 온도균열(수화열)
④ 거푸집 변형, 진동, 충격
(2) 경화후 균열
① 건조수축 균열
② Creep와 물리, 화학적 원인에 의한 균열

정답 1.① 2.④ 3.② 4.② 5.④

문제 6 〈산업〉

철근콘크리트에서 콘크리트는 원래 강알칼리성으로 철근의 방청보호 역할을 하는데, 시일이 경과함에 따라 공기중의 탄산가스작용을 받아 수산화칼슘이 서서히 탄산칼슘이 되면서 알칼리성을 잃어가는 현상을 무엇이라고 하는가?

① 알칼리 골재반응
② 중성화 현상
③ 백화현상
④ 크리프(Creep) 현상

문제 7 〈공통〉

콘크리트의 중성화와 가장 관계 깊은 것은?

① 산소
② 이산화탄소
③ 염분
④ 질소

문제 8 〈기사〉

최근 국내에서 생산되는 골재를 사용한 콘크리트의 일부에서도 알카리 골재반응이 일어날 수 있다는 내용의 연구보고가 발표되기 시작하였다. 다음 중 알카리 골재반응의 대책이라 할 수 없는 것은?

① 반응성 골재를 사용하지 않는다.
② 콘크리트 중의 알카리량을 감소시킨다.
③ 포졸란 반응을 일으킬 수 있는 혼화재를 사용한다.
④ 반응시 발생되는 균열을 방지하기 위해 균열방지 구조 철근을 사용한다.

문제 9 〈기사〉

콘크리트의 건조수축 영향인자에 대한 설명 중 옳지 않은 것은?

① 시멘트의 화학성분이나 분말도에 따라 건조수축량이 변화한다.
② 골재 중에 포함된 미립분이나 점토, 실트는 일반적으로 건조수축을 증대시킨다.
③ 바다모래에 포함된 염분은 그 양이 많으면 건조수축을 증대시킨다.
④ 단위수량이 증가할수록 건조수축량은 작아진다.

해 설

[해설] 6,7 콘크리트의 중성화(中性化)
① 공기 중의 탄산가스에 의해 수산화칼슘이 탄산칼슘으로 변화하여 알칼리성을 잃는 것
② $Ca(OH)_2 + CO_2 \rightarrow CaCO_3 + H_2O$

[해설] 8 알칼리골재반응 방지대책
① 비반응성골재 사용(무해 판정 골재 사용)
② 저알카리 시멘트 사용(Na_2O 0.6% 이하)
   (고로Slag, Fly ash 등 사용)
③ 알카리 공급원인 염분 사용, 침투 억제
④ 방수제를 사용하여 수분침투 억제
⑤ 콘크리트 내부의 알칼리 함량의 총량규제

[해설] 9
단위수량과 단위시멘트량이 증가하면 건조수축량은 증가한다.

[정답] 6. ② 7. ② 8. ④ 9. ④

문제 10   산업

콘크리트에 관한 기술로서 틀린 것은?
① 콘크리트의 강도는 대체로 물시멘트비로 결정된다.
② 일정한 물 시멘트비의 콘크리트에 공기연행제를 넣으면 워커빌리티를 증진시키는 이점은 있으나 강도는 약간 저하한다.
③ 콘크리트는 알칼리성이므로 철근 콘크리트로 할 때 철근을 방청하는 큰 이점이 있다.
④ 콘크리트는 화재를 당해서도 결정수를 방출할 뿐이므로 강도에는 영향이 없다.

문제 11   산업

콘크리트 구조물의 크리프(Creep)의 증가원인으로 옳지 않은 것은?
① 물시멘트비가 클수록 크리프는 증가한다.
② 하중이 클수록 크리프는 증가한다.
③ 단면의 치수가 클 경우 크리프는 증가한다.
④ 습도가 낮을 경우 크리프는 증가한다.

문제 12   기사

콘크리트의 크리프에 관한 설명으로 옳지 않은 것은?
① 습도가 높을수록 크리프는 크다.
② 물-시멘트비가 클수록 크리프는 크다.
③ 콘크리트의 배합과 골재의 종류는 크리프에 영향을 끼친다.
④ 하중이 제거되면 크리프 변형은 일부 회복된다.

해 설

해설 10
① 콘크리트의 강도와 온도는 많은 관계가 있다.
② 350°C 이상 가열되면 강도가 급격히 저하된다.

해설 11,12 크리프의 증가요인
① 초기재령시
② 하중이 클수록(응력이 클수록)
③ W/C가 클수록
④ 부재의 단면칫수가 작을수록
⑤ 부재의 건조 정도가 높을수록
　※ 습도가 낮을수록
⑥ 온도가 높을수록
⑦ 양생, 보양이 나쁠수록
⑧ 단위 시멘트량이 많을수록

정답 10. ④ 11. ③ 12. ①

7 각종 콘크리트

> **학습방향**
> 각종 콘크리트공사에서는 각종 콘크리트의 특징, 장·단점 등이 주로 출제되고 있으며, 특히 AE콘크리트, 레미콘, PS콘크리트의 종류, 프리펙트 콘크리트, 한중, 서중, Mass 등이 주로 출제되고 있다.

1 각종 콘크리트(Ⅰ)

(1) 레미콘(Ready Mixed Concrete)
콘크리트 제조설비를 갖춘 전문공장으로부터 구입자가 배달지점의 품질을 지시하여 구입할 수 있는 굳지 않은 Concrete를 말한다.

1) 종류

Central Mixed	Mixer 비빔완료 → 트럭교반 → 현장운반
Shrink Mixed	Mixer에서 반비빔 → 운반도중 반비빔
Transit Mixed	Truck Mixer에 재료 공급 → 운반중 완전비빔

2) 레미콘의 장·단점

장 점	단 점
① 현장에서 Concrete 비빔장소가 불필요 ② 품질이 균일하고 우수하다. ③ 공사추진을 정확히 할 수 있다. ④ 원가가 확실하고 구입자가 배달지점의 품질을 지시하여 구입 가능하다.	① Concrete의 자체단가는 비싸다. ② 운반중 재료분리, 시간경과 우려 ③ 제조업자와 현장과의 긴밀한 협조관계 유지필요, 이것이 안되면 공기연장 품질저하등 여러단점을 발생시킨다.

3) 레미콘 품질관리
① 압축강도시험은 1회시험 결과 호칭강도의 85% 이상, 3회시험 결과 평균치가 지정 호칭강도 이상이어야 한다.
② 공기량은 보통 콘크리트는 4.5%, 경량골재 5.5%, 고강도는 3.5%, 허용오차는 각각 ±1.5%로 한다.

4) 레미콘 규격표시

Remicon (20 - 30 - 150) 　　　　　　① 　② 　③	① : 굵은 골재 최대 칫수(20mm) ② : 콘크리트의 호칭강도(30Mpa) ③ : Slump값(150mm)

학습POINT

■ 레디믹스트 콘크리트

공장비빔과 실기	운반	현장대기	타설
4~5분	30분	20분	10분

90분 이내

■ 레미콘의 현장 품질관리
※ 받아들이기 검사항목
① 외관검사
② Slump 시험
③ Slump-Flow 시험
④ 공기량 시험
⑤ 염화율 함유량 시험
⑥ 단위용적 질량시험
⑦ 강도시험용 공시체 채취

(2) 한중기(寒中期) 콘크리트

1) 물결합재비는 60%이하로 작게 하고, AE제나 감수제 중 하나는 반드시 사용(동결피해 예방)
2) 초기동해 피해방지를 위해 초기양생이 대단히 중요하다.(초기강도 5Mpa 이상될 때까지 5℃이상 유지하여 양생)
3) 가열보온양생. 단열보온양생. 피복양생 중 한가지 이상의 방법을 선택
4) 낮은온도에서 물 또는 골재를 가열하여 비빔
   재료가열온도 : 60℃이하, 시멘트는 절대 가열안함
5) 믹서내 비빔온도 : 40℃이하(골재, 물, 시멘트 순으로 투입)
6) 부어넣기 온도 : 5℃이상 20℃미만으로 하고 양생한다.
   ※ 단, 기상조건이 가혹한 경우나 단면 두께가 300mm 이하인 경우에는 타설 시 콘크리트의 최저온도를 10℃ 이상 확보

> **참고 적산온도**
> ① 콘크리트의 강도를 재령과 온도와의 함수로 표시하고 이를 합산한 것을 적산온도라 한다. 즉 강도는 Σ(시간×온도)의 함수로 표시
> ※ 콘크리트는 동일 적산온도에서 거의 동일 강도를 갖는다.
> ② 한중기는 초기강도가 늦어지므로 이 적산온도를 이용하여 거푸집의 해체시기, 양생기간 등을 검토한다.

■ 한중콘크리트의 시방서 정의
① 하루 평균기온이 4℃ 이하
② 콘크리트 타설 완료 후 24시간 동안 일최저기온 0℃ 이하가 예상되는 조건
③ 초기동해 위험이 있는 경우에서 시공하는 콘크리트

▶ 한중기 콘크리트 타설시 Sheet로 덮어서 가열 보양 양생하는 장면

(3) 서중(署中) Concrete

일평균기온이 25℃를 초과시 타설하는 콘크리트

1) 배합, 시공, 일반사항
   ① 단위수량증가로 수밀성저하, 슬럼프저하로 충전성불량, 초기발열증대로 온도균열발생, 콜드죠인트발생, 초기 건조수축균열 등을 주의
   ② 고온시멘트 사용금지 : 중용열, 고로, Fly ash등 수화열 적은 시멘트 사용
   ③ Slump치 : 18cm 이하, 비빔온도 30℃이하, 타설시 온도 35℃이하
   ④ AE감수제, AE제, 지연형 등을 사용한다.
   ※ 콘크리트는 비빔후 즉시 타설하여야 하며, 1.5시간 이내에 타설하여야 한다.
   ⑤ 타설 후 즉시 양생시작, 최소 24시간 습윤양생, 시방서 규정은 5일 이상은 습윤양생

(4) 매스(Mass) Concrete

Concrete 단면이 80cm 이상, 하부가 구속된 50cm 이상의 벽체 등과 Concrete 내부최고 온도와 외부 기온차가 25℃ 이상으로 예상되는 Concrete를 말한다.

1) 배합, 시공, 일반사항
   ① 단위 시멘트량 : 소요강도 및 워커빌리티를 얻을 수 있는 한 작게 한다.
   ② 시멘트 선정 : 수화열이 낮은 중용열 시멘트를 사용한다.
   ③ 굵은 골재의 최대칫수를 크게 하고 잔골재율을 작게 한다. (내부온도 감소)
   ④ 가능한한 Slump를 작게 하고 AE제 및 AE감수제 표준형을 사용한다.
   ⑤ 시방서에 의한 온도균열 제어방법의 조치를 취해야 한다.
   ⑥ Slump치는 적게 한다. (된비빔) 시방서 기준 : 15cm 이하
   ⑦ 부어넣는 Concrete온도 : 35℃ 이하로 한다.
   ⑧ 이어붓기 시간 간격 : 되도록 작게 한다.

(5) AE 콘크리트   ※ 혼화제 참조

(6) 프리스트레스트 콘크리트

프리스트레스트 콘크리트(Prestressed Concrete, PS Concrete)는 피씨강재(Prestressing Steel)나 피씨강선(Prestressing Wire)을 사용하여 프리스트레스(Prestress)를 도입한 철근콘크리트를 말한다.

■ Pre-tension 공법의 종류
① Long-line 방식
② 단독형틀 방식
③ 정착 프리텐션공법
④ Pre-post 병용방식

1) 종류

Pre-tension공법	강재에 인장력 → Concrete타설 경화 → 인장력 제거 공장제작 : 대량제조가능, 대형부재 제작에는 불리하다.
Post-tension공법	Sheath삽입 후 → Concrete타설 경화 → Sheath내에 강재 긴장 → Sheath내에 Grouting 경화 후 → Prestress전달 현장제작 : 대형구조물에 적합하다.

※ 쉬드(Sheath)
= Duct = Tube

2) 일반사항정리

구 분	Pre-tension
① Pre-Stress 도입시 Concrete 압축강도	30Mpa이상
	최대 압축 응력도의 1.7배 이상
② 충전재의 염화물량	염화물 이온량으로 0.3 kg/m³ 이하
③ 충전재의 W/C비	45% 이하

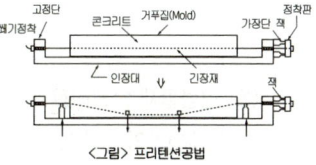

<그림> 프리텐션공법

※ 충전재 압축강도 : 팽창성 20MPa이상, 비팽창성 : 30MPa이상
※ 충전재 품질검사 사항 : 유동성, 블리딩율, 팽창율, 강도, 염화물량
※ 그라우트 시공은 프리스트레싱이 끝난 후 8시간이 경과한 다음 가능한 빨리하여 반드시 7일 이내에 실시하여야 한다.

3) 프리스트레스트(Prestressed) 콘크리트의 특징
① 장 Span구조가 가능하고 균열발생이 없다.
② 구조물의 자중 경감, 부재단면을 줄일 수 있다.
③ 내구성, 복원성이 크고 공기단축이 가능하다.
④ 항복점이상에서 진동, 충격에 약하다.
⑤ 화재에 약하다. 내화피복(5cm 이상)이 필요하다.
⑥ 공정이 복잡하고 고도의 품질관리가 요구된다.

▶ Post-tension용 강재거푸집의 모습

▶ 교각에 설치된 시이드 부분상세

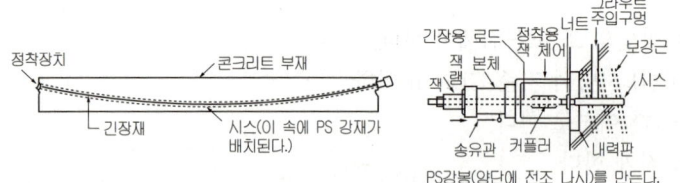
〈그림〉 포스트텐션공법

4) Post-Tension 공법에서 정착구(Anchorage)의 정착 공법

① 쐐기식(Wedge System)	Freysinet방식, Magnel방식이 대표적
② 버튼헤드식(Button head System)	BBRV공법이 대표적 방식
③ 나사식(Screw System)	디비닥(Dywidag)방식이 대표적
④ 루프식(Loop System)	레오버(Leoba)방식이 대표적
⑤ 용융합금식(Alloy Welding System)	PC강선고정방식

(7) 프리팩트 콘크리트(Prepacked Concrete = Preplaced Concrete)
굵은 골재를 먼저 거푸집에 넣고 그 사이에 특수 모르타르를 적당한 압력으로 주입(Grouting)하는 콘크리트이다.
1) 재료의 분리, 건조수축이 보통 콘크리트에 비해 1/2 정도 적다.
2) 재료 투입 순서는 물 → 주입 보조재 → 플라이애쉬 → 시멘트 → 모래
3) 주입관 설치간격
   ① 수직방향 설치시 : 수평간격은 2m 이하가 표준
   ② 수평 설치시 : 수평간격 2m 이하 상하(연직)간격 1.5m 이하

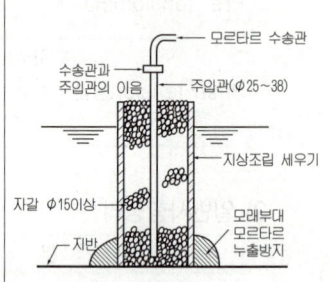
〈그림〉 프리팩트 콘크리트

(8) 경량골재 콘크리트
설계기준압축강도가 15MPa 이상으로 기건 단위질량이 $2,100kg/m^3$ 이하의 범위에 해당하는 콘크리트로 건축물을 경량화하고 열을 차단하는데 유리하다.

장 점	① 자중이 적다. 콘크리트 운반 부어넣기 노력절감 ② 내화성이 크고 열전도율이 적으며 방음효과가 크다.
단 점	① 시공이 번거롭고 재료 처리가 필요 ② 강도가 적다. 건조수축이 크고 다공질이다.

※ 골재사용시 배합전 살수하여 표면건조내부포수 상태로 사용함이 원칙

(9) ALC(Autoclaved Light Weight Concrete) : 경량기포 Concrete

규사, 생석회, 시멘트등에 발포제인 알루미늄 분말과 기포안정제 등을 넣어 고온, 고압증기양생(Autoclave 양생)을 거쳐 건물의 내외벽체, 지붕 및 바닥재 등에 사용되며 건축물의 대형화, 고층화, 경량화, 공업화 추세에 따라 그 사용이 늘어나고 있다.

① 가볍다(경량성)	중량이 보통 콘크리트의 1/4이다.
② 단열성능이 우수	보통 콘크리트의 10배 정도의 단열성
③ 내화성, 흡음, 방음성 우수	열전도율이 작고, 다공질
④ 칫수 정밀도 우수	제품변형이 없다.
⑤ 우수한 가공성	대패, 못, 드릴 사용 가능
⑥ 중성화가 빠르다	80% 정도가 기포로 구성되어 다공질, 철근코팅 필요
⑦ 흡수성이 크다	외벽 판넬 사용시 방수코팅 필요

※ 10기압(180℃) 포화증기에서 16~20시간 양생직후 28일 강도를 얻는다.

(10) 수밀 Concrete

Concrete 자체 밀도를 높여 특히 수밀성이 높고 투수성이 작은 콘크리트를 말한다.

1) 일반사항

물결합재비	Slump값	공기량	양생기간	진동기	비빔시간
50% 이하	18cm 이하	4% 이하	습윤양생(7일이상) 조강시멘트는(5일이상)	원칙적으로 사용	3분이상 충분히

※ 타설이 용이한 경우 slump값은 12cm이하로 한다.
※ 매스콘크리트의 물결합재비는 55%이하로 할 수 있다.

2) 유의사항

① 배합시 단위수량, 시멘트량은 최소화하고 굵은 골재량을 늘린다.
② 공기연행제, 감수제, 고성능감수제, 포졸란 등을 사용하는 것을 원칙으로 한다.
③ 공기연행제, 감수제, 고성능감수제 사용시 공기량은 4%이하로 한다.
④ 이어치기 하지말고, 이어붓기시 방수처리(지수판 : Water Stop) 설치
⑤ 연속 부어넣기 시간 간격 : 25℃ 이하 기온에서 120분 이내, 25℃ 초과는 90분 이내
⑥ 건조수축 발생이 없도록 시공해야 하며, 0.1mm이상 균열이 예상되는 경우는 누수방지를 위한 방수를 검토한다.

2 각종 콘크리트(Ⅱ)

(1) 중량 Concrete(차폐용 콘크리트 : Shielding Concrete)

주로 생물체의 방호를 위해 X선 γ선 및 중성자선 등 방사선을 차폐할 목적으로 쓰이는 질량 $2.5t/m^3$(밀도 2.5~6.9)이상의 원자로 관련시설, 의료용 조사실에 사용되는 콘크리트를 말한다.

Slump	시멘트 사용량	사용골재
15cm 이하	300~350kg/m^3	중정석(Barite : 밀도 4.0~4.7), 갈철광, 자철광(Magnetite : 밀도 3.5~5.0)

※ Barite Mortar : 중원소 바륨($BaSO_4$)분말 + 모래 + 시멘트 : 방사선 차단재

(2) 쇄석 콘크리트(깬자갈 콘크리트)

깬자갈 콘크리트는 보통 강자갈 대신에 인공적으로 부순돌(깬자갈)을 사용한 것으로 안산암이 많이 이용된다.
1) 강도는 보통 콘크리트보다 10~20% 정도 증가한다.
2) 시공연도는 좋지 않으므로 AE제를 사용하여 시공 연도를 조절한다.
3) 배합 설계시(강자갈 사용의 경우와 비교)

시멘트량	모래량(강모래)	Mortar량	자갈량
보정 안한다	세사 10% 증가	8% 증가	10% 감소

※ 굵은 골재 최대치수 : 기초 : 20~40mm 기타 : 20mm이하
※ 실적율 : 55% 이상

■ 쇄석(깬자갈)의 원료
화성암의 일종인 현무암, 안산암이 가장 많이 사용된다.

(3) 쇼트 크리트(Shot crete)

건나이트(Gunite)라고도 하며 모르타르를 압축공기로 분사하여 바르는 것이다.
※ 컴플셔 혹은 펌프를 이용하여 노즐 위치까지 호스 속으로 운반한 콘크리트를 압축공기에 의해 시공면에 뿜어서 만든 콘크리트를 말함.(표준시방서)
1) 여러 재료의 표면에 시공하면 밀착이 잘 되며 수밀성, 강도, 내구성이 커진다. 표면 뿐만아니라 얇은 벽바름 녹막이에 유효하다.
2) 균열이 생기기 쉽고 다공질이며 외관이 좋지 않다.

■ 쇼트크리트 종류
① 시멘트 건(Cement gun)
② 본 탁터(Bon ductor)
③ 제트크리트(Jet crete)

(4) 제물치장 콘크리트(외장용 노출콘크리트)

외장을 하지 않고 노출면 Concrete자체가 마감면이 되는 Concrete이다.
① 색상의 변화가 없어야 하므로 동일한 회사의 제품을 사용(물량확보)
② 부배합, 된비빔을 한다. (20Mpa 이상 강도 때 마무리가 좋다.)
③ 자갈은 20mm이하 사용하고 가능하면 잔것을 사용한다.
④ 부어넣기시 슈트나 손차에 의하지 않고 비빔판에 받아 각삽으로 떠 넣는다.
⑤ 벽, 기둥은 이음없이 한꺼번에 꼭대기까지 넣는다.

■ 제물치장 콘크리트 피복두께
철근과 Concrete와의 피복두께는 보통콘크리트보다 1cm이상 증가시킨다.

⑥ 거푸집은 Metal Form이나 Euro Form 등을 사용한다.

▶ 사면보강용 벽체의 Shotcrete 시공장면

▶ 제물치장 콘크리트 벽체상세

(5) 진공 콘크리트(Vaccum Concrete, 진공탈수콘크리트)

콘크리트 경화전에 진공매트로 수분과 공기를 흡수하고 6~8t/m² 정도의 압력으로 Concrete를 다짐하여 초기강도와 내구성을 증진시킨 콘크리트

① 조기강도, 내구성, 내마모성, 동결융해의 저항성이 커지며 건조수축이 감소.
② 기성재 제조공장 등에서 사용하며, 양생기간 단축, 표면경도 증진.
③ 진공처리로 인하여 W/C비가 적게 되고 표면공극이 줄어든다.
(토공사에서는 Sand Drain Vaccum 공법이 쓰인다.)

■ 진공매트
콘크리트 타설직후 표면에 씌워 과잉수제거와 다짐작업을 하여 초기강도를 증진하는데 사용되는 기구

(6) 해수작용을 받는 Concrete(해양콘크리트 : Offshore Concrete)

항만, 해안 또는 해양에 위치하여 해수 또는 바닷바람의 작용을 받는 구조물에 사용되는 콘크리트

1) w/c비와 피복두께

해수작용 구분	적용장소	일반시공시 최대물결합재비	보통철근 피복두께	방청철근피복두께
A	물보라 지역	40%	90mm	보통피복 + 20mm
B	해중	50%	80mm	보통피복 + 10mm
C	해상대기중	45%	70mm	보통피복 두께 적용

2) 일반, 주의사항

① 해수작용의 내구성에 유의하여 고로시멘트, 플라이애쉬를 혼합한 중용열 시멘트를 사용한다.(단위 시멘트량 : 300kg/m³ 이상)
② 화학적 침식에 유의하여 폴리머 시멘트 콘크리트, 수지 콘크리트, 폴리머 함침 콘크리트 등을 적절히 혼합사용한다.

③ 해수작용 구분 A, B의 Concrete는 원칙적으로 이어붓지 않는다.
④ 최고 조위에서 위로 60cm와 최저 조위에서 아래로 60cm 부분은 원칙적으로 연속작업으로 부어넣는다.(줄눈설치 금지)
⑤ 재령 5일까지는 해수에 직접 접하지 않도록 한다.

(7) 고강도 Concrete의 시방서기준
① 일반기준

구 분	설계기준강도	물결합재비	단위수량	Slump 값	
일반 Concrete	40MPa 이상	50% 이하	180kg/m³이하	보통	15cm이하
경량 Concrete	27MPa 이상	50% 이하	180kg/m³이하	유동화	15cm이하
					21cm이하

■ 고강도 콘크리트의 폭렬현상
내·외부의 조직이 치밀한 고강도 콘크리트에서 화재발생시 고압의 수증기가 외부로 분출되지 못하여 콘크리트가 폭파되듯이 터지는 현상

② 단위수량, 단위 시멘트량, 잔골재율은 가능한 작게 한다.
※ 굵은 골재실적율 : 59% 이상
③ 소요 공기량 : 공기 연행제를 사용 안하는 것이 원칙이다.
  (기상변화가 심하거나 융해 대책 필요시는 예외)
④ Concrete에 함유된 염화물량은 염소이온양으로 0.3kg/m³이하.
⑤ 고강도 콘크리트의 품질검사는 1일 1회 또는 구조물의 중요도와 공사규모에 따라서 120m³마다 1회 이상, 압축강도 시험을 행한다.

(8) 섬유보강 콘크리트(Fiber Reinforced Concrete)
유리섬유, 강섬유, 탄소섬유 등을 콘크리트 내 균등히 분산하여 콘크리트의 휨, 전단, 인장, 균열 저항성 등을 개선시킨 콘크리트

1) 섬유보강 콘크리트의 종류

① SFRC 강섬유보강	인장, 휨 : 1.5~1.8배 증진. 인성이 200배까지 증가, 부피로 2%정도 혼입 ※ 초고성능 섬유보강 콘크리트의 강섬유 인장강도는 2,000Mpa 이상으로 한다.
② GFRC 유리섬유보강	5~6%정도 혼입시 인장, 휨 증가, 압축은 변화없음, 내알카리성이 취약
③ CFRC 탄소섬유보강	인장 : 1.5~2.4배 증가. 휨 : 2.6~3.0배 증가. 압축 약간 감소(공기량 증대). 내충격성, 동결저항성 증가. 고강도, 고탄성, 고내열성

※ 유리섬유보강 콘크리트 : 알카리골재반응에 유의해야 한다.

2) 섬유보강 콘크리트의 특징
GFRC, SFRC : 불연재, 우수한 기계적 강도, 온도철근 불필요. 성형성 우수, 박판성형가능. 외장, 내장 등으로 사용

(9) Polymer Concrete 혹은 폴리머 시멘트 콘크리트

콘크리트재료 중 물, 시멘트의 일부나 전부를 polymer(유기고분자 재료 중합체)로 대체하여 경화시킨 복합재료

※ 폴리머 시멘트 콘크리트(PMC, Polymer-Modified Concrete) : 결합재로 시멘트와 혼화용 폴리머(또는 폴리머 혼화제)를 사용한 콘크리트(표준시방서)

① 고강도	② 경량성	③ 속경성	④ 수밀성	⑤ 접착성
⑥ 내약품성	⑦ 내마모성	⑧ 내충격성	⑨ 전기전열성	

※ 단점 – 난연성, 내화성은 좋지 않고 단가가 비싸다.
※ 착색이 용이하다.

■ 레진(Resin)콘크리트
합성수지 Polymer를 시멘트 대신 사용한 콘크리트

(10) PC(Pre-Cast) Concrete

1) 보통콘크리트의 설계기준강도는 $18N/mm^2$ 이상에서 $40N/mm^2$ 이하로 한다.
2) 피복두께는 최소피복두께에 5mm를 더한값으로 한다.
3) 충전용 Mortar의 시방서 규정
  ① 물결합재비 : 55%
  ③ 단위시멘트량 : $330kg/m^3$ 이상
  ② 단위수량 : $185kg/m^3$ 이하
  ④ Slump 값 : 21cm 이하
  ⑤ 굵은 골재 최대칫수 : 15mm 이하 원칙 20mm 이하

핵 심 문 제

문제 1   기사

다음 중 옳지 않은 것은?
① Shrink Mixed Concrete는 콘크리트 제조공장에서 콘크리트를 비벼 트럭으로 현장에 운반하여 부어 넣은 것이다.
② 쇼트크리트(Shotcrete)는 모르타르를 압축공기로 분사하여 바른 것이다.
③ 실리카 시멘트는 동절기 사용을 피한다.
④ 극한기의 재료의 가열온도는 작업 중 기온이 0~4℃일 때, 보온시공으로 한다.

문제 2   기사

레미콘의 규격[25-24-150]이 의미하는 것은?
① 잔골재 최대치수 – 콘크리트 압축강도 – 슬럼프값
② 굵은골재 최대치수 – 콘크리트 압축강도 – 슬럼프값
③ 잔골재 최대치수 – 슬럼프값 – 콘크리트 압축강도
④ 굵은골재 최대치수 – 슬럼프값 – 콘크리트 압축강도

문제 3   기사

레디믹스트 콘크리트(Ready mixed concrete)를 사용하는 이유로서 옳지 않은 것은?
① 시가지에서는 콘크리트를 혼합할 장소가 좁다.
② 현장에서는 균질인 골재를 얻기 힘들다.
③ 콘크리트의 혼합이 충분하여 품질이 고르다.
④ 콘크리트의 운반거리 및 운반시간에 제한을 받지 않는다.

문제 4   공통

일반적으로 현장에 도착한 굳지 않은 콘크리트인 공장배합 레미콘의 품질시험으로 가장 거리가 먼 것은?
① 강도시험용 공시체 채취
② 슈미트 해머 시험
③ 공기량 시험, 염화물 시험
④ 슬럼프 시험

해 설

해설 1 레디믹스트 콘크리트
① Central Mixed : Mixer 비빔 완료 → 트럭교반 → 현장운반
② Shrink Mixed : Mixer에서 반비빔 → 운반도중 반비빔
③ Transit Mixed : Truck Mixer에 재료 공급 → 운반 중 완전비빔

해설 2
레미콘 규격 : ①25-②24-③150
① 굵은골재 최대치수
② 콘크리트 압축강도 (24Mpa)
※ 레미콘은 호칭강도임.
③ 슬럼프값(150mm)

해설 3 레디믹스트 콘크리트 (Ready mixed concrete)

장점	① 협소한 장소에서 대량의 콘크리트를 얻을 수 있다. ② 공사추진 정확, 기일연장 등이 없다. ③ 품질이 균일하고, 우수하다. ④ 원가가 확실하며, 결과적으로 비용이 절약
단점	① 현장과 제조자와 충분한 협의 필요 ② 부어넣기 작업도 운반 작업처럼 신속히 해야 한다. ③ 운반 중 재료분리, 시간경과 우려가 많다.

※ 레미콘은 운반시간과 운반거리에 제한을 받는다.

해설 4 레미콘의 현장 품질관리 시험의 종류
① Slump시험
② 공기량 시험
③ 강도시험용 공시체 채취
④ 염화율 함유량 시험
⑤ 단위용적 질량시험
⑥ 용적시험
※ 슈미트해머시험은 비파괴시험의 일종이다.

정답 1.① 2.② 3.④ 4.②

문제 5   기사

한중(寒中) 콘크리트의 양생에 관한 기술 중 틀린 것은?

① 초기양생은 반드시 필요하지 않으며 가열 보온양생을 할 경우 가열 중 살수 등을 하여서는 안된다.
② 타설한 콘크리트는 어느 부분에서도 그 온도가 5℃ 이상으로 하여 초기양생을 실시한다.
③ 초기양생은 콘크리트의 압축강도가 $5N/mm^2$ 이상이 얻어진 것을 확인하고 담당원의 승인을 받아 중지한다.
④ 타설 후의 콘크리트 온도를 시트, 매트 및 단열 거푸집 등에 의하여 계획한 양생온도로 유지하는 것을 단열 보온양생이라 한다.

문제 6   기사

다음 중 적산온도와 관계 깊은 콘크리트는?

① 고내구성콘크리트
② 노출콘크리트
③ 경량콘크리트
④ 한중콘크리트

문제 7   공통

다음 중 서중 콘크리트의 일반적인 문제점에 대한 기술이 잘못된 것은?

① 슬럼프의 저하가 크다.
② 동일 슬럼프를 얻기 위한 단위수량이 많다.
③ 콜드조인트가 발생하기 쉽다.
④ 초기강도의 발현이 낮다.

문제 8   산업

서중콘크리트에 관한 기술 중 옳지 않는 것은?

① 콘크리트의 공기연행이 용이하여 공기량 조절이 쉽다.
② 콘크리트 응결이 빠르므로 콜드 조인트(Cold joint)가 발생하기 쉽다.
③ 콘크리트는 비빈 후 되도록 빨리 타설하는 것이 바람직하다.
④ 콘크리트 재료는 온도가 되도록 낮아지도록 하여 사용한다.

해 설

해설 5 한중기(寒中期) 콘크리트
초기동해 피해방지를 위해 초기양생이 대단히 중요하다. (초기강도 5Mpa 이상 될 때까지 5℃ 이상 유지하여 양생)

해설 6 적산온도
① 콘크리트의 강도를 재령과 온도와의 함수 즉 강도는 Σ(시간×온도)의 함수로 표시하는데 이 총합을 적산온도라 한다.
※ 콘크리트는 동일 적산온도에서 거의 동일 강도를 갖는다.
② 한중기는 초기강도가 늦어지므로 이 적산온도를 이용하여 거푸집의 해체시기, 양생기간 등을 검토한다.

해설 7,8 서중기 콘크리트의 특징 (품질영향)
① 단위 수량의 증가로 인한 내수성, 수밀성 저하
② 슬럼프 저하 발생으로 충전성 불량, 표면마감불량 발생
③ 초기발열증대에 따른 온도균열 발생(초기 강도는 증가)
④ 초기에 급격한 수화반응으로 콜드죠인트가 쉽게 발생될 수 있다.
⑤ 초기의 급격한 수분증발로 초기건조수축균열 발생, 장기강도저하
※ 서중기에서 콘크리트의 초기강도는 증가한다.
※ 서중기처럼 기온이 높으면 공기량이 감소하므로 공기량 조절이 용이하지 않다.

정답 5. ①   6. ④   7. ④   8. ①

■ 제4장 철근콘크리트공사

문제 9 　　　　　　　　　　　　　　　　　　　　　공통

매스콘크리트(Mass concrete)의 타설 및 양생에 대한 설명으로 옳지 않는 것은?

① 부어넣는 콘크리트의 온도는 가능한 한 저온(일반적으로 35℃ 이하)으로 해야 한다.
② 거푸집널 및 보온을 위하여 사용한 재료는 콘크리트 표면부의 온도와 외기온도와의 차이가 작아지면 해체된다.
③ 부어넣기 중의 이어붓기 시간간격은 되도록 길게 한다.
④ 내부온도가 최고온도에 달한 후는 보온하여 중심부와 표면부의 온도차 및 중심부의 온도강하 속도가 크지 않도록 양생한다.

해설 9 매스(Mass) Concrete 주의점
① 부어넣는 Concrete온도 : 35℃ 이하로 한다.
② 이어붓기 시간 간격 : 가능한 짧게 한다.
③ 내·외부 온도 차이가 25℃ 이상 벌어지는 콘크리트가 Mass 콘크리트이므로 내·외부 온도차이를 줄이는 양생방법이 고려되어야 한다.

문제 10 　　　　　　　　　　　　　　　　　　　　　산업

매스 콘크리트(Mass Concrete)에서는 내부와 외부 온도가 달라 균열이 발생한다. 다음은 이를 방지하기 위한 대책이다. 틀린 것은?

① 재료를 적정온도 이하가 되도록 하여 사용한다.
② 플라이 애쉬 등 혼화제를 사용한다.
③ 단위 시멘트량을 많게 한다.
④ 중용열 포트랜드시멘트를 사용한다.

해설 10 매스(Mass) Concrete 주의사항
① 단위 시멘트 : 소요강도 및 워커빌리티를 얻을 수 있는 한 작게 한다.
② 시멘트 선정 : 수화열이 낮은 중용열 시멘트를 사용한다.
③ 시방서에 의한 온도균열 제어방법의 조치를 취해야 한다.
④ AE제나 플라이애쉬 등의 혼화제를 사용한다.

문제 11 　　　　　　　　　　　　　　　　　　　　　기사

다음 ( ) 안에 들어갈 숫자의 조합으로 옳은 것은?

| 매스콘크리트로 다루어야 하는 구조물의 부재치수는 일반적인 표준으로서 넓이가 넓은 평판구조의 경우 두께 (①)m 이상, 하단이 구속된 벽조의 경우 두께 (②)m 이상으로 한다. |

① ① 0.6, ② 0.3
② ① 0.7, ② 0.4
③ ① 0.8, ② 0.5
④ ① 0.9, ② 0.6

해설 11 매스(Mass) Concrete
Concrete 단면이 80cm 이상, 하부가 구속된 50cm 이상의 벽체 등과 Concrete 내부최고 온도와 외부 기온차가 25℃ 이상으로 예상되는 Concrete를 말한다.

정답 9. ③ 10. ③ 11. ③

문제 12 [공통]

프리스트레스트 콘크리트(Prestressed concrete)의 단점에 관계되지 않는 것은?

① 강성(剛性)이 적어 하중에 의한 처짐 및 충격에 의한 진동이 크다.
② 고강도의 강재나 각종 보조재료 및 그라우팅(grouting)비용 등이 소요되어 단가가 비싸다.
③ 제작에 고도의 기술과 세심한 주의를 요한다.
④ 내구성과 복원성(復元性)이 크다.

[해설] 12
내구성과 복원성이 큰 것은 장점이다.

문제 13 [산업]

콘크리트 제작시 부재의 길이 방향으로 인장 측에 미리 구멍을 뚫고, 콘크리트 경화 시 구멍에 강재를 삽입, 긴장, 정착 후 콘크리트를 제작하는 방식으로 올바른 것은?

① 현장제작 콘크리트
② 프리캐스트 콘크리트
③ 프리텐션 콘크리트
④ 포스트텐션 콘크리트

[해설] 13 포스트텐션(post tensioning) 공법
콘크리트를 타설하기 전에 미리 관(쉬드)을 설치하고, 콘크리트를 타설하여 경화되면 PS강재를 삽입한 후 PS강재를 당겨서 인장력을 준 후 양쪽 단부의 정착장치에 고정시키면 그 반력으로 콘크리트에 강한 압축력이 전달되는 방식이다.

문제 14 [산업]

조골재를 먼저 투입한 후에 골재와 골재 사이 빈틈에 시멘트 몰탈을 주입하여 제작하는 방식의 콘크리트는?

① 프리플레이스트 콘크리트(Preplaced concrete)
② 배큠 콘크리트(Vaccum concrete)
③ 수밀 콘크리트(Water tight concrete)
④ AE 콘크리트(Air entrained concrete)

[해설] 14 프리팩트 콘크리트 (Prepacked concrete)
① 굵은골재를 먼저 투입한 후에 골재와 골재 사이 빈틈에 몰탈을 주입하여 만드는 콘크리트
② 재료의 분리와 수축이 적으며, 수중시공에도 유리하다.
※ Prepacked Concrete = Preplaced Concrete

문제 15 [산업]

ALC(Autoclaved Lightweight Concrete)의 물리적 성질 중 틀린 것은?

① 기건비중은 보통콘크리트의 약 1/4 정도이다.
② 열전도율은 보통콘크리트와 유사하나 단열성은 우수하다.
③ 불연재인 동시에 내화재료이다.
④ 경량이어서 인력에 의한 취급이 용이하다.

[해설] 15
ALC는 열전도율이 보통콘크리트보다 매우 작아 단열성능이 보통콘크리트의 10배 정도이다.

정답 12. ④ 13. ④ 14. ① 15. ②

문제 16 기사

경량기포콘크리트(ALC)에 관한 설명으로 옳지 않은 것은?
① 기건비중은 보통콘크리트의 약 1/4 정도로 경량이다.
② 열전도율은 보통콘크리트의 약 1/10 정도로서 단열성이 우수하다.
③ 무기질 소재를 주원료로 사용하여 내화재료로 부적당하다.
④ 흡음성과 차음성이 우수하다.

문제 17 산업

다음 중 수밀콘크리트 사용의 가장 큰 목적은?
① 콘크리트를 수중(水中)에 부어넣기 위해서
② 비가 올 때 콘크리트를 부어넣기 위해서
③ 콘크리트의 조기강도를 상승시키기 위해서
④ 물의 침투를 방지하기 위해서

문제 18 기사

쇄석 콘크리트에 대한 설명 중 옳지 않은 것은?
① 모래의 사용량은 보통 콘크리트에 비해서 많아진다.
② 쇄석은 각이 둔각인 것을 사용한다.
③ 보통콘크리트에 비해 시멘트페이스트의 부착력이 떨어진다.
④ 깬자갈 콘크리트라고도 한다.

문제 19 기사

다음 중 쇼트크리트(Shotcrete)와 가장 관계가 없는 것은?
① 건 나이트(gunite)
② 본 닥터(bon doctor)
③ 제트크리트(jetcrete)
④ 그라우팅(grouting)공법

해 설

해설 16
ALC는 단열성과 내화성이 뛰어나다.

해설 17 수밀콘크리트
① 콘크리트를 밀실하게 타설하여 자체수밀성을 높인 콘크리트를 말한다.
② W/C비는 50% 이하로 작게 하며 된비빔 콘크리트로 한다.
③ 감수제, 표면활성제로써 AE를 사용한다.
④ 되도록 이음을 하지 않고 일체화 콘크리트를 타설하는 것이 좋다.

해설 18
쇄석 콘크리트의 재료보정
① 모래를 10% 증가, Mortar량이 8% 증가되고 자갈이 10% 감소되므로 시멘트량은 보정하지 않는다.
※ 시멘트가 절약되지는 않는다.
② 강자갈 콘크리트의 경우보다 모래는 많게, 자갈은 적게 사용한다.
③ 단위수량이 증가되므로 AE제를 사용한다.
※ 감수제와 시공연도 개선 효과 기대
※ 쇄석(깬자갈) 콘크리트는 보통 콘크리트에 비하여 부착력이 증가한다.

해설 19 Shotcrete(숏 크리트 : Sprayed Concrete)
모르타르를 압축공기로 분사하여 바르는 것으로 건나이트(Gunite)라고도 한다.
종류 : 시멘트건, 본닥터, 제트크리트 등

Mortar를 현장에서 분사하는 장면

정답 16. ③ 17. ④ 18. ③ 19. ④

문제 20 　　　　　　　　　　　　　　　　　　　　　기사

제치장 콘크리트의 시공에 관한 사항 중 옳지 않은 것은?

① 피복두께는 보통 때보다 1cm 이상 더 두껍게 하는 것이 바람직하다.
② 혼합을 충분히 해서 균등하고 플라스틱한 콘크리트를 사용함이 좋다.
③ 배합은 될 수 있는대로 빈배합으로 하여야 한다.
④ 콘크리트를 부어넣을 때는 슈트에서 직접 기둥이나 보에 떨어뜨리지 말고 비빔판에 받아서 삽으로 떠 넣는다.

문제 21 　　　　　　　　　　　　　　　　　　　　　산업

다음 중 국내에서 사용하는 고강도 콘크리트의 설계기준강도는?

① 보통콘크리트 27N/mm² 이상, 경량콘크리트-21N/mm² 이상
② 보통콘크리트 30N/mm² 이상, 경량콘크리트-24N/mm² 이상
③ 보통콘크리트 33N/mm² 이상, 경량콘크리트-27N/mm² 이상
④ 보통콘크리트 40N/mm² 이상, 경량콘크리트-27N/mm² 이상

문제 22 　　　　　　　　　　　　　　　　　　　　　산업

고강도 콘크리트에 대한 건축공사 표준시방서의 설명 중 틀린 것은?

① 콘크리트의 설계기준강도가 보통 콘크리트에서는 40Mpa 이상을 말한다.
② 골재의 최대크기는 40mm 이하로써 가능한 25mm 이하를 사용한다.
③ 단위수량은 195kg/m³ 이하로 한다.
④ W/C는 50% 이하로 한다.

문제 23 　　　　　　　　　　　　　　　　　　　　　기사

고강도 콘크리트에 관련된 내용으로 옳지 않은 것은?

① 고강도 콘크리트는 결합재량의 증가로 점성이 증가하고 낮은 물-시멘트비로 인해 시간의 경과에 따른 슬럼프 감소가 큰 편이다.
② 고강도 콘크리트는 점성과 유동성이 커서 측압의 증가에 따른 거푸집 붕괴사례가 많다.
③ 고강도 콘크리트는 블리딩이 많아 표면건조가 느리기 때문에 플라스틱균열 발생 위험이 적다.
④ 초고강도 콘크리트는 높은 점성 때문에 충분한 타설시간이 필요하다.

해 설

해설 20 제물치장콘크리트 배합은 될 수 있는 한 부배합으로 해야 한다.

해설 21, 22
고강도 콘크리트(시방서 기준)
① 설계기준강도가 보통콘크리트는 40N/mm² 이상, 경량콘크리트는 27N/mm² 이상되는 콘크리트를 말한다.
②

물시멘트비	슬럼프값	단위수량
50% 이하	15cm 이하	180kg/m³ 이하

③ 골재의 실적율 : 59% 이상

해설 23
고강도 콘크리트는 블리딩이 작고 표면건조가 빨라서 초기수축 균열 발생이 우려되므로 양생에 주의해야 한다.

정답　20. ③　21. ④　22. ③　23. ③

문제 24 기사

섬유보강 콘크리트에서 알칼리 골재반응을 일으킬 수 있어 섬유의 선정시 특별한 주의를 해야하는 섬유는 어느 것인가?

① 유리섬유
② 탄소섬유
③ 강섬유
④ 폴리프로필렌섬유

해설 24 섬유보강 콘크리트
- 대표적인 것이 ①, ②, ③이다.
- 이중 ①항은 알카리 골재반응에 유의해야 한다.

문제 25 기사

폴리머함침콘크리트에 대한 설명 중 틀린 것은?

① 시멘트계의 재료를 건조시켜 미세한 공극에 수용성폴리머를 함침·중합시켜 일체화한 것이다.
② 내화성이 뛰어나며 현장시공이 용이하다.
③ 내구성 및 내약품성이 뛰어나다.
④ 고속도로 포장이나 댐의 보수공사 등에 사용된다.

해설 25
폴리머콘크리트는 내화성능이 약한 것이 가장 큰 단점이다.

문제 26 기사

특수콘크리트 공사에 관한 설명으로 옳지 않은 것은?

① 하루의 평균기온이 4℃ 이하가 예상되는 조건일 때 한중콘크리트로 시공한다.
② 하루의 평균기온이 25℃를 초과하는 것이 예상되는 경우 서중콘크리트로 시공한다.
③ 매스콘크리트로 다루어야 할 부재치수는 일반적인 표준으로서 하단이 구속된 벽조의 경우 두께 0.8m 이상으로 한다.
④ 섬유보강 콘크리트의 시공은 품질이 얻어지도록 재료, 배합, 비비기 설비 등에 대하여 충분히 고려한다.

해설 26
매스콘크리트의 부재치수는 하단이 구속된 경우는 0.5m 이상, 비구속된 경우는 0.8m 이상이다.

문제 27 기사

수밀콘크리트의 물결합재비 기준으로 옳은 것은? (단, 건축공사표준시방서 기준)

① 40% 이하
② 45% 이하
③ 50% 이하
④ 55% 이하

해설 27 수밀 Concrete (시방서기준)

물결합재비	Slump값	공기량	양생기간
50% 이하	18cm 이하	4% 이하	습윤양생 (7일이상) 조강시멘트 (5일이상)

※ 타설이 용이한 slump값은 12cm 이하로 한다.
※ 매스콘크리트의 물결합재비는 55% 이하로 할 수 있다.

정답 24. ① 25. ② 26. ③ 27. ③

건축기사 _ 기출문제

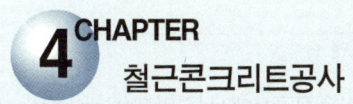

문제 1

철근의 가공·조립에 관한 설명으로 옳지 않은 것은?

① 철근배근도에 철근의 구부리는 내면 반지름이 표시되어 있지 않은 때에는 건축구조기준에 규정된 구부림의 최소 내면 반지름 이하로 철근을 구부려야 한다.
② 철근은 상온에서 가공하는 것을 원칙으로 한다.
③ 철근 조립이 끝난 후 철근배근도에 맞게 조립되어 있는지 검사하여야 한다.
④ 철근의 조립은 녹, 기름 등을 제거한 후 실시한다.

[해설] 철근 구부리기는 규정된 구부림 최소 내면 반지름 이상으로 구부려야 한다.

문제 2

직교하는 단부 보에 있어서 기둥이 없을 때의 철근 정착위치로 가장 적절한 것은 어느 것인가?

① 보와 보 상호간에 정착시킨다.
② 정착이 필요없다.
③ 슬래브에 정착한다.
④ 벽체에 정착한다.

[해설] 직교하는 보에 있어서 하부에 기둥이 없을 때 철근은 보와 보 상호간에 정착시킨다.

문제 3

철근콘크리트공사에 있어서 도면에 특별한 지시가 없는 경우 19mm 보철근의 최소간격은 다음 중 어느 것으로 할 것인가?

① 38.5mm   ② 35mm
③ 28.5mm   ④ 25mm

[해설] 철근의 간격
① 주근지름의 1.0배 이상 혹은 25mm 이상
② 골재최대치수의 4/3(1.33)배 이상이다.
③ 1.0×19mm=19mm

문제 4

철근 이음의 종류 중 원형강관 내에 이형철근을 삽입하고 이 강관을 상온에서 압착가공함으로써 이형철근의 마디와 밀착하게 하는 이음방법은?

① 용접이음   ② 슬리브 충전이음
③ 슬리브 압착이음   ④ 가스압접이음

[해설] 철근의 이음
① 문제의 지문은 Sleeve 압착식 이음에 대한 설명이다.
② Sleeve 충전식 이음은 Sleeve(원형강관)내에 이형철근을 삽입하고 시멘트 Mortor나 충전 철물을 부어넣어 이음하는 것이다.

문제 5

콘크리트의 내화, 내열성에 대한 기술 중 옳지 않은 것은?

① 콘크리트의 내화, 내열성은 사용한 골재의 품질에 크게 영향을 받는다.
② 콘크리트는 내화성이 우수해서 600℃ 정도의 화열을 받아도 압축강도는 거의 저하하지 않는다.
③ 철근콘크리트 부재의 내화성을 높이기 위해서는 철근의 피복두께를 충분히 하면 좋다.
④ 화재를 당한 콘크리트의 중성화 속도는 화재를 당하지 않은 것에 비하여 크다.

[해설] 콘크리트 내화성
① 콘크리트는 가열하면 강도가 저하되고, 350℃ 이상이면 급격히 강도저하
② 600℃에서는 상온의 1/2, 800℃에서는 0 혹은 10%로 강도저하
③ 900℃ 이상에서 완전파괴된다. (철근의 용융점은 1,500℃)

해답   1.①   2.①   3.④   4.③   5.②

문제 6

거푸집공사에서 격리재(Separater)를 사용하는 목적은?

① 거푸집이 벌어지지 않게 하기 위하여
② 거푸집 상호간의 간격을 정확히 유지하기 위하여
③ 거푸집 조립을 쉽게하기 위하여
④ 철근의 간격을 정확히 유지하기 위하여

[해설] 격리재(separater)
거푸집 상호간의 간격을 유지, 측벽 두께를 유지하기 위한 것이다.
※ ① 긴결재(Form tie) : 거푸집널을 연결 고정. 거푸집 벌어짐 방지
② 간격재(Spacer) : 피복두께 확보. 철근과 거푸집 사이 간격 확보

문제 7

콘크리트 거푸집 용 박리제 사용 시 주의사항으로 옳지 않은 것은?

① 거푸집종류에 상응하는 박리제를 선택·사용한다.
② 박리제 도포 전에 거푸집면의 청소를 철저히 한다.
③ 거푸집 뿐만 아니라 철근에도 도포하도록 한다.
④ 콘크리트 색조에 영향이 없는지를 시험한다.

[해설] 콘크리트 거푸집용 박리제 사용시에는 거푸집에만 도포하며, 철근에는 도포하지 않도록 한다.

문제 8

기둥과 벽 거푸집에 대한 생콘크리트의 측압에 관한 다음 기술 중 옳은 것은?

① 슬럼프가 클수록 측압은 크다.
② 온도가 높을수록 측압은 커진다.
③ 벽두께가 얇을수록 측압은 커진다.
④ 부어넣기 속도가 빠를수록 측압은 작아진다.

[해설] 거푸집에 작용하는 측압관계
② : 온도가 높을수록 측압은 작다.
③ : 벽두께가 얇을수록 측압은 작다.
④ : 부어넣기 속도가 빠를수록 측압은 크다.

문제 9

철근콘크리트 공사에 사용되는 거푸집 중 갱폼(Gang Form)의 특징으로 옳지 않은 것은?

① 기능공의 기능도에 따라 시공 정밀도가 크게 좌우된다.
② 대형장비가 필요하다.
③ 초기 투자비가 높은 편이다.
④ 거푸집의 대형화로 이음부위가 감소한다.

[해설] (1) Gang Form의 장점
① 조립과 해체작업이 생략되어 설치 시간이 단축된다.
② 거푸집의 처짐량이 작고 외력에 대한 안정성이 우수
③ 인력절감. 기능공의 기능도에 크게 좌우 안됨.
④ 주요 부재의 재사용이 가능하며 전용성이 우수하다.
⑤ 이음부 감소로 마감작업 단순, 비용 절감.(넓은 구획 타설 가능)
(2) 기타 ②, ③의 특징이 있다.

문제 10

거푸집에 대한 콘크리트의 측압에 가장 영향이 적은 것은?

① 콘크리트의 비중, 거푸집의 강성
② 콘크리트 타설 속도
③ 컨시스턴시
④ 공기량, 콘크리트의 강도

[해설] 콘크리트의 공기량, 철근의 종류, 철근의 강도, 콘크리트의 강도 등은 측압에 영향이 없다.

문제 11

콘크리트의 측압의 영향을 주는 요소들을 열거한 내용 중 옳지 않은 것은?

① 거푸집의 강성이 작을수록 측압이 크다.
② 콘크리트의 타설속도가 빠를수록 측압이 크다.
③ 콘크리트의 비중이 클수록 측압이 크다.
④ 거푸집의 수평단면이 클수록 측압이 크다.

[해설] 콘크리트 측압에 영향을 주는 요인
① 거푸집의 강성이 클수록 측압은 크다.

해답 6. ② 7. ③ 8. ① 9. ① 10. ④ 11. ①

② 콘크리트 타설 속도가 빠를수록 측압이 크다.
③ 콘크리트의 비중이 클수록 측압이 크다.
④ 거푸집의 수평 단면이 클수록 측압이 크다.

문제 12

다음 용어에 관한 기술 중 옳지 않은 것은?

① Pipe Support : 높이 조절이 가능하다.
② Bow Beam : 지주(Support) 필요하다.
③ Sliding Form : Silo의 콘크리트치기에 좋다.
④ Metal Form : 콘크리트면이 정확하고 평활하다.

[해설] 무지주공법(Bow Beam, Pecco Beam)
① 서포오트를 쓰지 않고 수평지지보를 걸어서 거푸집을 지지하는 것
② 건물높이가 높을 때 쓴다.
※ Pecco Beam은 신축이 가능하다.

문제 13

다음 중 갱폼(Gang form)에 대한 설명으로 옳지 않은 것은?

① 주로 타워크레인 등의 시공장비에 의해 한번에 설치하고 탈형한다.
② 초기 세팅기간은 약 1일 정도로 타 거푸집에 비하여 소요일수가 적다.
③ 전형횟수는 30~40회 정도이다.
④ 제치장 콘크리트의 경우 가설 비계공사를 하지 않아도 된다.

[해설] Gang form
① 사용할 때마다 작은 부재의 조립, 분해를 반복하지 않고 대형화, 단순화하여 한번에 설치하고 해체하는 거푸집 시스템으로 주로 외벽의 두꺼운 벽체나 옹벽, 피어기초 등에 이용된다.
※ 거푸집+철재서포트+작업틀의 일체화 거푸집
② 여러 가지 장점이 있지만 초기의 세팅시간은 많이 걸린다.

문제 14

거푸집에 관한 설명으로 틀린 것은?

① 터널 거푸집(Tunnel form)은 한 구획 전체의 벽과 바닥면을 ㄱ자형, ㄷ자형으로 견고하게 짜고 이동설치가 용이하다.
② 워플 거푸집(Waffle form)은 바닥전용 거푸집으로 테이블 폼이라고도 한다.
③ 클라이밍 폼(Climbing form)은 벽체 전용 거푸집으로서 거푸집과 벽체 마감공사를 위한 비계틀을 일체로 조립한 거푸집이다.
④ 슬라이딩 폼(Sliding form)은 돌출부가 없는 사일로 등에 사용되며 공기단축이 가능하다.

[해설] ① 워플 거푸집(Waffle Form, Dome Pan) System Form은 아니다.
② 테이블 폼(Table Form)= Flying Form. 바닥판 전용 System form이다.

문제 15

콘크리트용 골재에 관한 기술 중 옳지 않은 것은?

① 골재는 청정, 내구적인 것으로 유해한 유기물이 섞이지 않도록 한다.
② 깬자갈에는 넓고 긴 것이 섞여 있기 쉬우므로 주의하여 사용한다.
③ 골재의 굵기는 일정하여야 하며 적고 큰 것이 혼합되면 공극률이 커진다.
④ 골재에 부착된 흙은 물로 씻어낸 다음에 사용한다.

[해설] 골재의 선정
표면이 거칠고 둥근 골재, 견고한 것, 내마모성이 있을 것, 실적율이 클 것, 입도가 좋을 것, 청정한 것을 선정
※ 골재의 굵기가 일정하면 공극율이 커진다.
크고 작은골재가 섞여 있어야 공극율이 작아지고 실적율이 커진다.

해답 12. ② 13. ② 14. ② 15. ③

문제 16

보통콘크리트용 쇄석의 원석으로서 가장 부적당한 것은?

① 현무암
② 안산암
③ 석회암
④ 응회암

[해설] ①, ②, ③ 항목 순서로 가장 적합하다.
   ※ 응회암은 흡수율이 크고 강도가 작아서 부적합하다.

문제 17

콘크리트용 재료 중 시멘트에 관한 설명으로 옳지 않은 것은?

① 중용열포틀랜드시멘트는 수화작용에 따르는 발열이 적기 때문에 매스콘크리트에 적당하다.
② 조강포틀랜드시멘트는 조기강도가 크기 때문에 한중콘크리트공사에 주로 쓰인다.
③ 알칼리 골재반응을 억제하기 위한 방법으로써 내황산염포틀랜드시멘트를 사용한다.
④ 조강포틀랜드시멘트를 사용한 콘크리트의 7일 강도는 보통포틀랜드시멘트를 사용한 콘크리트의 28일 강도와 거의 비슷하다.

[해설] (1) 알카리 골재반응을 억제하기 위해서는 고로 Slag, Fly ash, 포졸란 등의 혼합시멘트를 사용하여야 한다.
   (2) 알카리 골재반응 방지대책
      ※ 반응성골재, 알카리성분, 수분 중 한가지만 배제하면 발생안함
         ① 비반응성골재 사용(무해 판정 골재 사용)
         ② 저알카리 시멘트 사용(Na_2O량 0.6% 이하)
            (고로 Slag, Fly ash 등 사용)
         ③ 알카리 공급원인 염분 사용, 침투 억제
         ④ 방수제를 사용하여 수분침투 억제
         ⑤ 콘크리트 내부의 알카리 함량의 총량규제
         ※ $1m^3$당 알카리 총량 Na_2O량으로 3.0kg 이하

문제 18

콘크리트 보수 및 보강에 관한 설명으로 옳지 않은 것은?

① 주입공법은 작업의 신속성을 위하여 균열부위에 주입파이프를 설치하여 보수재를 고압고속으로 주입하는 공법이다.
② 표면처리 공법은 균열 0.2mm 이하 부위에 수지로 충전하고 균열표면에 보수재료를 씌우는 공법이다.
③ 충전공법 사용재료는 실링재, 에폭시수지 및 폴리머시멘트 모르타르 등이 있다.
④ 탄소섬유접착공법은 탄소섬유판을 에폭시수지 등으로 콘크리트 면에 부착시켜 탄소섬유판의 높은 인장저항성으로 콘크리트를 보강하는 공법이다.

[해설] 콘크리트 보수법 중 주입공법
① 표면균열과 내부충전을 할 수 있다. 주입 pipe를 설치하여 밀봉재를 주입한다.
② 주로 저점도의 Epoxy를 사용하므로 주입속도가 빠르거나 압력이 높으면 효과가 작다.

문제 19

백색 포틀랜드시멘트의 설명 중 옳지 않은 것은?

① 산화철 성분을 적게 한 백색시멘트이다.
② 장식용, 미장용에 주로 사용된다.
③ 보통포틀랜드시멘트보다 낮은 강도를 발휘한다.
④ 습기에 약하다.

[해설] 백색 포틀랜드 시멘트
산화철 성분을 적게 하여, 석회 및 점토의 착색성분을 적게 한 시멘트이다.
① 보통 포틀랜드시멘트보다 강도가 높다.
② 장식용, 미장용, 인조 대리석 제작에 사용한다.
③ 안료 첨가량은 중량의 10% 이하가 적당하다.
④ 습기에 약하므로 건조상태로 보관하여야 한다.

해답 16. ④ 17. ③ 18. ① 19. ③

문제 20

다음 중 재료 실험명과 실험 기구의 조합이 옳지 않은 것은?

① 모래의 비중 : 루샤델리 비중병
② 석재의 마모 : 로스엔젤스병
③ 시멘트의 분말도 : 블레인 공기투과장치
④ 시멘트의 표준 주도 : 비이카장치

[해설] ① : 시멘트의 비중시험용으로 루샤델리 비중병이 이용된다.

문제 21

건축물의 초고층화, 대형화됨에 따라 발생되는 기둥 축소량(Columm Shortening)의 방지대책으로 적합하지 않은 것은?

① 구조설계 시 변위 발생량에 대해 여유 있게 산정한다.
② 전체 건물의 층을 몇 절(Tier)로 등분하여 변위차이를 최소화한다.
③ 가조립 시 위치별, 단면크기별 등 변위를 충분히 발생시킨 후 본조립한다.
④ 시공 시 발생되는 변위를 최대한 보정한 후 실시한다.

[해설] (1) 구조설계시 변위발생량에 대해 정확한 Data를 적용하여 계산에 반영해야 한다.
※ 주로 실측이나 계측관리를 실시간으로 측정한 정확한 Data를 반영함.
(2) 기둥의 변위량을 미리 예측해야 함.

문제 22

연행공기량이 증가하는 경우가 아닌 것은?

① 잔골재가 많을 경우
② 잔골재율이 클 경우
③ 콘크리트 온도가 높을 경우
④ 굵은골재의 최대치수가 작을 경우

[해설] AE제 공기량의 성질
① AE제를 넣을수록 공기량이 증기한다.
② AE제에 의한 공기량은 기계비빔이 손비빔보다 증가하고 비빔시간은 3~5분까지는 증대하고 그 이상은 감소한다.
③ AE공기량은 온도가 높아질수록 감소한다.
④ 진동을 주면 감소한다.
⑤ 공기량이 많을수록 슬럼프는 증대
⑥ 공기량이 많을수록 강도는 저하(공기량 1%에 대해 압축강도는 3~5% 감소)
⑦ 골재의 세립분이 많을수록 증가한다.
※ 잔골재율이 클수록 증가

문제 23

AE제, AE감수제 및 고성능 AE감수제를 사용하는 콘크리트의 적정 공기량은 콘크리트 용적 대비 얼마인가? (단, 굵은 골재의 최대치수가 20mm이며 환경은 간혹 수분과 접촉하여 결빙이 되면서 제빙화학제를 사용하지 않는 경우)

① 1%   ② 3%
③ 5%   ④ 7%

[해설] 동결융해 작용을 받는 콘크리트에서의 공기량 표준값(시방서)
① 골재 40mm 이하 : 공기량=4.5% 이하
② 골재 20, 25mm 이하 : 공기량=5.0% 이하

문제 24

포졸란에 관한 특징으로 옳지 않은 것은?

① 워커빌리티가 좋아지고, 블리딩 및 재료분리가 감소된다.
② 강도증진이 빠르나 장기강도는 작다.
③ 수밀성이 크다.
④ 해수 등에 화학적 저항이 크다.

[해설] 포졸란(pozzolan)
① 시공연도가 좋아지고 블리딩 및 재료의 분리 감소
② 수밀성 향상(포졸란 반응), 발열량 감소
③ 강도 증진은 늦어도 장기강도가 커진다.
④ 해수 등에 화학적 저항이 커진다.
⑤ 인장강도와 신장능력이 커진다.
⑥ 포졸란(Silica), Fly ash, 고로 Slag 등의 혼합시멘트는 일반 시멘트에 비해서 건조수축이 작다.

해답 20. ① 21. ① 22. ③ 23. ③ 24. ②

문제 25

보통콘크리트와 동일 강도를 내기 위한 AE 콘크리트의 배합 수정에 대한 설명으로 옳지 않은 것은?

① 시멘트량을 증가시킨다.
② 물량을 감소시킨다.
③ 자갈량은 수정하지 않는다.
④ 모래량을 감소시킨다.

[해설] AE제 콘크리트의 배합수정
 ① 시멘트량, 자갈량 : 보정없음
 ② 수량 : 8% 감소
 ③ 모래량 : 15l 감소

문제 26

AE콘크리트에 관한 다음 사항 중 옳지 않은 것은?

① 손비빔보다 기계 비빔을 하면 공기량이 증대된다.
② AE 공기량은 온도가 높을수록 증대된다.
③ AE제를 적절하게 사용하면 콘크리트의 내구성이 향상된다.
④ 공기량 1%에 대하여 압축 강도는 3~5% 감소된다.

[해설] AE 공기량은 온도가 높을수록 감소한다.

문제 27

페로실리콘 합금이나 실리콘 금속 등을 제조 시 발생하는 폐가스를 집진하여 만든 것으로 수화열 저감, 건조수축 저감 등의 목적으로 사용하며, 매우 낮은 투수성을 가진 고강도 콘크리트를 만들 때 사용되는 것은?

① 포졸란(Pozzolan)
② 플라이 애쉬(Fly ash)
③ 실리카 흄(Silica Fume)
④ 고로 슬래그

[해설] Silica Fume(실리카 흄)
 ① 각종 실리콘 합금의 제조공정에서 부산물로 얻어지는 초미립자(1㎛ 이하)를 집진기로 회수하여 얻는다.
 ② 주성분은 80% 이상이 SiO_2이다. 초기수화에 포졸란 반응을 일으킨다.
 ③ 블리딩, 재료분리가 감소되며, 고강도용 콘크리트를 만든다.
 ※ Micro filler 효과 : 초미립자가 골재와 시멘트의 공극을 채워줌으로 매우 치밀한 고강도 Concrete를 가능케 하는 효과

문제 28

콘크리트의 품질 관리에 있어서 설계 도서에 지정한 사항으로 가장 중요한 것은?

① 콘크리트의 종류
② 설계기준 강도
③ 굵은 골재의 관리
④ 물 시멘트비의 관리

[해설] 콘크리트 품질관리
콘크리트 품질관리에 있어서 설계도서에서 지정한 사항으로 가장 중요한 것은 설계기준강도이며, 콘크리트 배합시 가장 중요한 것은 물시멘트비의 관리이다.

문제 29

일반 콘크리트의 내구성에 관한 설명으로 옳지 않은 것은?

① 콘크리트에 사용하는 재료는 콘크리트의 소요 내구성을 손상시키지 않는 것이어야 한다.
② 굳지 않은 콘크리트 중의 전 염소이온량은 원칙적으로 $0.3kg/m^3$ 이하로 하여야 한다.
③ 콘크리트는 원칙적으로 공기연행콘크리트로 하여야 한다.
④ 콘크리트의 물-결합재비는 원칙적으로 50% 이하이어야 한다.

[해설] 일반 콘크리트의 내구성 관련 기준에서 물결합재비는 60% 이하를 원칙으로 한다.

해답 25. ① 26. ② 27. ③ 28. ② 29. ④

문제 30

철근콘크리트 공사에서 철근조립에 관한 설명으로 옳지 않은 것은?

① 황갈색의 녹이 발생한 철근은 그 상태가 경미하다 하더라도 사용이 불가하다.
② 철근의 피복두께를 정확하게 확보하기 위해 적절한 간격으로 고임재 및 간격재를 배치하여야 한다.
③ 거푸집에 접하는 고임재 및 간격재는 콘크리트 제품 또는 모르타르 제품을 사용하여야 한다.
④ 철근을 조립한 다음 장기간 경과한 경우에는 콘크리트를 타설 전에 다시 조립검사를 하고 청소하여야 한다.

[해설] 경미하게 녹이 발생된 철근은 부착력이 커지므로 감리, 감독자와 협의하여 사용 가능하다.

문제 31

지름 100mm, 높이 200mm인 원주 공시체로 콘크리트의 압축강도를 시험하였더니 250kN에서 파괴되었다면 콘크리트의 압축강도는?

① 25.4MPa ② 28.5MPa
③ 31.8MPa ④ 34.2MPa

[해설] $\sigma_c = \dfrac{P}{A} = \dfrac{P}{\pi d^2/4} = \dfrac{25,000 kg}{[3.14 \times (10 cm)^2]/4}$
$318.5 kgf/cm^2 = 31.85 Mpa$

문제 32

지름 100mm, 높이 200mm의 콘크리트 공시체를 쪼갬인장강도시험에 의해 강도를 측정하였더니 파괴하중이 63kN이었다. 이 공시체의 인장강도는?

① 0.8MPa ② 1.5MPa
③ 2MPa   ④ 3MPa

[해설] 공시체 인장강도
인장강도(kg/cm^2) = $\dfrac{2p}{\pi \cdot D \cdot \ell} = \dfrac{2 \times 6,300}{3.14 \times 10 \times 20}$
$20.06 kg/cm^2 = 2MPa$
※ 1ton=10kN ∴ 63kN=6.3ton

문제 33

지름 150mm, 높이 300mm인 원 공시체로 콘크리트의 압축강도를 시험하였더니 400kN에서 파괴되었다면 이 콘크리트의 압축강도는?

① 14.15 Mpa ② 25.84 Mpa
③ 22.64 Mpa ④ 26.24 Mpa

[해설] 콘트리트의 압축강도
$\dfrac{P}{A} = \dfrac{P}{\pi d^2/4} = \dfrac{400,000N}{[3.14 \times (150mm)^2]/4} = 22.64 N/mm^2$
$= 22.64 MPa$

문제 34

콘크리트압축강도 시험용 원주공시체(∅150mm 300mm)를 할열(割裂)에 의한 간접 인장강도시험을 실시한 결과 160kN에서 파괴되었다. 콘크리트 인장강도로 옳은 것은?

① 1.5MPa ② 2.3MPa
③ 3.0MPa ④ 4.6MPa

[해설] 콘크리트의 인장강도
$\dfrac{2p}{\pi D \ell} = \dfrac{2 \times 160,000 N}{3.14 \times 150 mm \times 300 mm} = 2.3 N/mm^2$

문제 35

굳지않은 콘크리트의 작업성(Workability)에 영향을 미치는 요인에 대한 설명으로 옳은 것은?

① 단위수량의 증가와 워커빌리티의 향상은 비례적이다.
② 빈배합이 부배합보다 워커빌리티가 좋다.
③ 깬자갈의 사용은 워커빌리티를 개선한다.
④ AE제에 의해 연행된 공기기포는 워커빌리티를 개선한다.

[해설] ① 워커빌리티란 종합적의미에서의 콘크리트치기의 난이정도(시공성)를 의미한다.
② 빈배합인 경우 부배합보다 재료분리가 많이 생긴다.
③ 깬자갈은 워커빌리티가 상당히 저하된다.

해답 30. ① 31. ③ 32. ③ 33. ③ 34. ② 35. ④

문제 36

슬럼프시험으로 아직 굳지 않은 콘크리트의 성질 중 가장 잘 표현될 수 있는 것은?

① 성형성(Plasticity)
② 반죽질기(Consistency)
③ 마감성(Finishability)
④ 펌프압송성(Pumpability)

[해설] 슬럼프 시험(Slump test)
굳지않는 콘크리트에서 콘크리트의 반죽질기를 시험하여 시공연도를 측정하는 대표적 시험이다.

문제 37

Bleeding이 생기는 원인은?

① 부적당한 골재나 지나치게 큰 자갈을 사용하기 때문이다.
② 철근 이음에 원인이 있다.
③ 거푸집 제거에 원인이 있다.
④ 물을 적게 사용하기 때문이다.

[해설] 블리딩 원인
① 블리딩이 생기는 주된 원인은 W/C비 과다현상이다.
② 일종의 재료분리(Segregation) 현상이다.
※ 재료분리의 가장 주된 원인은 비중차이가 큰 골재를 사용함에 있다.

문제 38

콘크리트 강도에 관한 기술 중 옳지 않은 것은?

① 양생온도가 낮으면 강도는 저하된다.
② 물시멘트비가 작을수록 강도는 크다.
③ AE제를 혼합하면 시공연도가 좋아지며 강도도 높아진다.
④ 골재의 종류에 따라서 달라진다.

[해설] AE제를 사용한 콘크리트의 강도는 공기량이 1% 증가함에 따라 압축강도는 약 4~6% 감소한다. 또한 철근과의 부착강도도 감소한다.

문제 39

시멘트 325kg, 모래 0.46m³, 자갈 0.84m³를 조합해서 물시멘트비 61%의 콘크리트 1m³를 만드는데 필요한 물의 양으로 근사한 것은?

① 0.1m³   ② 0.2m³
③ 0.3m³   ④ 0.4m³

[해설] 물의 양

물시멘트비(%) = $\frac{물의 질량}{시멘트 질량} \times 100$

물의 질량 = 시멘트 질량 × $\frac{물시멘트비}{100}$

= $325 \times \frac{61}{100}$ = 198.25kg = 0.198 ≒ 0.2m³

문제 40

다음 중 콘크리트 다짐을 위한 용도에 의한 진동기의 종류가 아닌 것은?

① 봉상 진동기
② 거푸집 진동기
③ 표면 진동기
④ 엔진 진동기

[해설] 진동기 종류

내부진동기	• 막대(봉상)진동기
외부진동기	• 거푸집진동기 • 표면진동기

※ 일반적으로 많이 사용되는 진동기는 막대(봉상)진동기이다.

문제 41

콘크리트의 타설이음에 대한 설명으로 틀린 것은?

① 기둥 및 벽의 수평 타설이음부는 바닥슬래브, 보의 하단에 설치하거나, 바닥슬래브, 보, 기초보의 상단에 설치한다.
② 타설이음면은 레이턴스나 취약한 콘크리트등을 제거하여 일체가 되도록 한다.

해답 36. ② 37. ① 38. ③ 39. ② 40. ④ 41. ③

③ 보, 바닥슬래브의 수직 타설이음부는 스팬의 지점부근에 주근과 평행한 방향으로 설치한다.
④ 타설이음부의 콘크리트는 살수 등에 의해 습윤시킨다.

[해설] 보나 슬래브의 수직 이음부는 스팬(Span)의 지점이 아니라 중앙에서 수직으로 행하며 주근과 직각방향으로 설치된다.

문제 42

철근콘크리트 공사 중 이어붓기에 관한 기술로 틀린 것은?

① 아치의 이음은 아치축에 직각으로 한다.
② 바닥판은 그 간사이의 중앙부에 작은 보가 있을 경우 작은 보 나비의 2배 정도 떨어진 곳에 둔다.
③ 보 바닥판은 이어붓기는 그 간사이의 중앙부에 수직으로 한다.
④ 기둥은 바닥판 위에서 수평으로 하며 켄틸레버로 내민보는 1/2L 지점에서 이어붓기 한다.

[해설] 이어 붓기의 위치
① 이어치기 장소는 보, 바닥슬래브, 지붕슬래브 등의 수평부재에서는 전단력이 적은 스팬의 중앙부에 수직으로 설치하고, 기둥, 벽(전단력이 어느 부분도 동일함)에서는 슬래브 상부 또는 기초상부에 수평으로 설치한다.
② 캔틸레버보나 바닥판은 이어치기를 하지 않는다.

문제 43

콘크리트 시공에 다지거나 진동을 주는 목적으로 옳은 것은 다음 중 어느 것인가?

① 점도를 증가시켜 준다.
② 시멘트를 절약시킨다.
③ 동결을 방지한다.
④ 콘크리트를 거푸집 구석까지 충전시킨다.

[해설] 다짐의 주된 목적은 공극제거와 균일한 충전효과를 기대하는 것이다.

문제 44

땅에 접하는 바닥콘크리트의 경우 그림과 같이 벽에 인근한 부분을 두껍게 하는 이유는?

① 부착력 증진
② 휨에 대한 보강
③ 전단력에 대한 보강
④ 압축력에 대한 보강

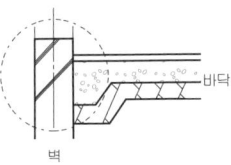

[해설] 바닥콘크리트의 단부 단면을 중앙부의 단면보다 크게 한 것으로서 그 부분의 휨모멘트나 전단력에 잘 견디도록 하기 위한 것이다. 본 문제의 경우 인근한 부분에는 휨모멘트 보다는 전단력이 크게 발생하므로 전단력에 견디도록 헌치를 설치한 것이다.

문제 45

다음 콘크리트의 내구성에 관한 설명 중 틀린 것은?

① 철근콘크리트 구조물의 내구성은 철근을 녹슬게 하는 콘크리트의 중성화에 의해서 결정된다.
② 콘크리트 구조물의 내구성은 피복두께에 비례한다.
③ 물시멘트비가 적으면 적을수록 내구성이 적다.
④ 경량콘크리트는 보통콘크리트에 비하여 중성화가 빨리 진행되는 편이다.

[해설] 물시멘트비가 적으면 적을수록 콘크리트가 치밀해지므로 내구성이 크다.
② : 피복두께가 두꺼울수록 내구성이 크다.
④ : 혼합시멘트의 혼합비율이 높은 것과 경량콘크리트는 중성화가 빠르다.

해답 42. ④ 43. ④ 44. ③ 45. ③

문제 46

다음 보기는 콘크리트 구조물의 동해에 의한 피해현상을 나타낸 것이다. 어느 현상을 설명한 것인가?

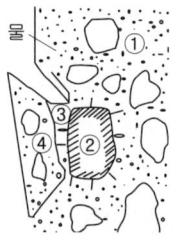

① 콘크리트가 흡수
② 흡수율이 큰 쇄석이 흡수, 포화상태가 됨
③ 빙결하여 체적 팽창압력
④ 표면부분 박리

① 레이턴스
② Pop Out
③ 폭열현상
④ 알칼리골재반응

해설 동결융해 피해현상
콘크리트 속에 흡수된 수분이 동결하면, 그 빙압으로 콘크리트에 미세한 균열이 생기며, 콘크리트가 탈락하는 현상
① 일탈(逸脫 : pop out) : 콘크리트 속의 골재가 동결 융해 작용으로 팽창되어 콘크리트가 분화구 모양으로 빠져 나오는 것. 골재가 다공질일 때 발생
② 선상 균열(D-line crack) : 부재의 끝부분, 포장판의 이음 등의 선에 평행하게 생기는 균열이다.
③ 층상 박리(scaling) : 교량의 슬래브 등과 같은 콘크리트의 표면이 벗겨지는 것이다.

문제 47

콘크리트의 균열을 발생시기에 따라 구분할 때 경화 후 균열의 원인에 해당되지 않는 것은?

① 알카리 골재 반응
② 동결융해
③ 탄산화
④ 재료분리

해설 (1) 콘크리트 경화전 균열
① 소성수축 균열(원인 : Bleeding : 재료분리)
② 침하균열(원인 : Bleeding : 재료분리)
③ 온도균열(수화열)
④ 거푸집 변형, 진동, 충격
(2) 경화후 균열
① 건조수축 균열, 자기수축 균열
② Creep와 물리, 화학적 원인에 의한 균열(동결융해, 탄산화, 알칼리골재 반응, 염해, 화학적 침식 등)

문제 48

레디믹스트 콘크리트(Ready mixed concrete)에 관한 설명 중 틀린 것은?

① 협소한 장소에서 대량의 콘크리트를 얻을 수 있고, 균등한 품질을 확보할 수 있다.
② 현장 및 제조자와의 충분한 협의가 필요하다.
③ 운반시간이 1시간 이상이 되면 재료분리, 슬럼프 변화, 균열 등이 발생한다.
④ 부어넣기 작업은 운반과는 별도로 여유있게 서서히 진행한다.

해설 생콘크리트는 시간의 경과에 따라 품질이 저하되므로 운반과 부어넣기 작업은 신속하게 진행되어야 한다.

문제 49

건설공사현장에서 보통 콘크리트를 KS규격품인 레미콘으로 주문할 때의 요구항목이 아닌 것은?

① 잔골재의 조립율
② 굵은골재의 최대치수
③ 압축강도
④ 슬럼프

해설 레미콘 주문시 통상 ②, ③, ④항 등을 명기하여 주문한다.

문제 50

다음 한중콘크리트에 대한 기술 중 옳은 것은?

① AE제, AE감수제 및 고성능 AE감수제 중 어느 한 종류는 반드시 사용한다.
② 부어넣을 때의 콘크리트 온도는 30℃이상으로 한다.
③ 물시멘트비는 60% 이하로 하고, 단위수량은 콘크리트의 소요성능이 얻어지는 범위에서 가능한 한 크게 한다.
④ 초기양생은 온도기록을 참조하여 콘크리트의 압축강도가 2.5Mpa 이상 얻어진 것을 확인하고 중지한다.

해답 46. ② 47. ④ 48. ④ 49. ① 50. ①

[해설] ① 한중기 콘크리트 타설온도 : 5℃~20℃
② 단위수량은 가능한 작게 한다.
③ 초기양생 : 5Mpa 이상까지, 이후도 계속 보온양생한다.

문제 51

한중콘크리트에 관한 설명으로 옳은 것은?

① 한중콘크리트는 공기연행콘크리트를 사용하는 것을 원칙으로 한다.
② 타설할 때의 콘크리트 온도는 구조물의 단면 치수, 기상 조건 등을 고려하여 최소 25℃ 이상으로 한다.
③ 물-결합재비는 50% 이하로 하고, 단위수량은 소요의 워커빌리티를 유지할 수 있는 범위내에서 되도록 크게 정하여야 한다.
④ 콘크리트를 타설한 직후에 찬바람이 콘크리트 표면에 닿도록 하여 초기양생을 실시한다.

[해설] ② : 콘크리트 타설온도 : 5~20℃
③ : 물결합재비는 60% 이하로 되도록 작게 한다.
④ : 찬바람이 콘크리트 표면에 닿지 않도록 해야 한다.

문제 52

한중 콘크리트에서 초기 동해방지에 필요한 최소 압축강도는 얼마인가?

① 5MPa   ② 10MPa
③ 15MPa   ④ 20MPa

문제 53

한중 콘크리트를 칠 때 재료가열에 관한 다음 기술 중 옳은 것은?

① 시멘트는 어떠한 방법으로든 가열해서는 안된다.
② 시멘트 페이스트를 가열하는 것은 무방하다.
③ 골재는 될 수 있으면 불에 직접 닿게 하여 가열한다.
④ 물은 비열이 작아서 덥혀도 별 효과가 없다.

[해설] 한중콘크리트의 재료가열
① 시멘트는 가열하지 않는다.
② 골재(모래, 자갈)는 불에 직접 닿지 않게 가열한다.
③ 물은 비열이 커서 열용량이 크므로 물을 가열하는 것이 효과가 크다.

• 참고 •
① 비열 : 어떤물질 1kg을 1℃ 높이는데 필요한 열량 (kcal/kg·℃)
② 열용량 : 단위체적의 물질을 1℃ 높이는데 필요한 열량(kcal/m³·℃)=비열×밀도
※ 비열이 크다는 것은 그만큼 온도 변화를 적게 일으킨다는 것이다.

문제 54

매스콘크리트(Mass concrete)에 대한 설명으로 옳은 것은?

① 단위시멘트량을 늘려 콘크리트의 발열량을 줄이도록 하여야 한다.
② 굵은 골재의 최대치수를 작게 하고, 입자의 크기가 균등한 골재를 사용하는 것이 좋다.
③ 매스 콘크리트의 타설온도는 온도균열을 제어하기 위한 관점에서 될 수 있는 대로 낮게 하여야 한다.
④ 매스 콘크리트는 베이스 콘크리트에 유동화제를 첨가하여 유동성을 증가시킨 콘크리트이다.

[해설] ① : 단위수량, 단위시멘트량을 줄여야 한다.
② : 실적율이 크고, 연속입도의 골재를 사용한다.
④항은 유동화콘크리트의 설명이다.

문제 55

Prestressed concrete에 대한 설명으로 옳은 것은?

① 진공매트 또는 진공펌프 등을 이용하여 콘크리트로부터 수화에 필요한 수분과 공기를 제거한 것이다.
② 고정시설을 갖춘 공장에서 부재를 철재거푸집에 의하여 제작한 기성제품 콘크리트이다.

해답   51. ①   52. ①   53. ①   54. ③   55. ④

③ 프리텐션 공법은 미리 강선을 압축하여 콘크리트에 인장력으로 작용시키는 방법으로써 대규모의 건축부품 등을 만든다.
④ 큰 간사이로 할 수 있으며, 단위부재를 작게 할 수 있어 자중이 경감되는 특징이 있다.

[해설] 프리스트레스트 콘크리트
 ① : 진공콘크리트에 대한 설명
 ② : 프리캐스트 콘크리트를 설명한 것이다.
 ③ 프리텐션 공법은 소규모의 건축부품을 만드는 공법이다.

문제 56

다음 중 프리스트레스트 콘크리트에 관한 기술로서 틀린 것은?

① 프리스트레스에 의해 콘크리트의 인장응력에 의한 균열을 방지할 수 있다.
② 기둥과 같이 압축력을 받는 부재는 프리스트레스트를 가하면 불리하게 되는 경우가 있다.
③ 고강도강을 철근콘크리트에 사용할 때에는 프리스트레스 콘크리트로 하면 강재의 내력을 충분히 활용할 수 있다.
④ 프리스트레스를 주어 사용하면 저강도의 콘크리트에서도 압축강도가 커진다.

[해설] 프리스트레스트 콘크리트는 저강도 콘크리트에서는 내력이 저하될 수 있으므로 프리스트레스 도입시 강도를 규정하고 있다.
프리스트레스 도입시 콘크리트 강도
pre-tension : 30 Mpa 이상

문제 57

프리스트레스트 콘크리트(Prestressed concrete)에 대한 설명 중 옳지 않은 것은?

① 포스트텐션(post-tension)공법은 콘크리트의 강도가 발현된 후에 프리스트레스를 도입하는 현장형 공법이다.
② 구조물의 자중을 경감할 수 있으며, 부재단면을 줄일 수 있다.
③ 화재에 강하며, 내화피복이 불필요하다.
④ 고강도이면서 수축 또는 크리프 등의 변형이 적은 균일한 품질의 콘크리트가 요구된다.

[해설] PS콘크리트는 열에 취약하므로 5cm 이상의 내화피복이 필요하다.

문제 58

다음 중 시멘트의 그라우팅(grouting)과 가장 관계가 없는 것은?

① 프리팩트 콘크리트(prepacked concrete)
② 그라우팅(grouting) 공법
③ CIP말뚝(cast in place pile)
④ P.S 콘크리트 제작의 프리텐숀(pretention)법

[해설] 프리스트레스 콘크리트중 Post-tension공법에서 관내에 Mortar를 채우는 그라우팅을 행한다.
※ Pre-tension 공법은 Grouting과는 관계가 없다.

문제 59

수밀콘크리트의 시공에 관한 설명으로 옳지 않은 것은?

① 수밀콘크리트는 누수 원인이 되는 건조수축 균열의 발생이 없도록 시공하여야 하며, 0.1mm 이상의 균열 발생이 예상되는 경우 누수를 방지하기 위한 방수를 검토하여야 한다.
② 거푸집의 긴결재로 사용한 볼트, 강봉, 세퍼레이터 등의 아래쪽에는 블리딩 수가 고여서 콘크리트가 경화한 후 물의 통로를 만들어 누수를 일으킬 수 있으므로 누수에 대하여 나쁜 영향이 없는 재질의 것을 사용하여야 한다.
③ 소요 품질을 갖는 수밀콘크리트를 얻기 위해서는 전체 구조부가 시공이음 없이 설계되어야 한다.
④ 수밀성의 향상을 위한 방수제를 사용하고자 할 때에는 방수제의 사용 방법에 따라 배처플랜트에서 충분히 혼합하여 현장으로 반입시키는 것을 원칙으로 한다.

해답 56. ④ 57. ③ 58. ④ 59. ③

[해설] **수밀콘크리트 시공**
① 전체 구조체에 시공이음없이 시공하는 것은 불가능에 가깝다.
② 시공시 되도록 시공줄눈을 설치하지 않도록 하되, 이음부에서는 방수제, 방수판 등으로 수밀성을 유지할 수 있도록 한다.
※ 이 문제는 콘크리트 표준시방서 중 수밀콘크리트에서 출제되었다.

문제 60

수밀콘크리트 시공에 대한 설명 중 옳지 않는 것은?

① 불가피하게 이어치기 할 경우 이어치기 면의 레이턴스를 제거하고 빈배합 콘크리트를 사용한다.
② 콘크리트의 표면마감은 진공처리방법을 사용하는 것이 좋다.
③ 타설이 완료된 콘크리트면은 충분한 습윤양생을 한다.
④ 연속타설 시간간격은 외기온도가 25℃를 넘었을 경우는 1.5시간, 25℃ 이하일 경우는 2시간을 넘어서는 안된다.

[해설] 콘크리트를 불가피하게 이어칠 경우에는 부배합의 콘크리트나 Mortar를 사용하는 것이 좋다.

문제 61

수밀콘크리트에 관한 설명 옳지 않은 것은?

① 수영장 지하실 등 압력수가 작용하는 구조물에 시공하는 콘크리트이다.
② 골재는 입도분포가 고르고 흡수성이 작고 밀도가 큰 것을 사용한다.
③ 콘크리트내의 기포는 수밀성을 저하시키므로 AE제를 사용하지 않는다.
④ 콘크리트의 다짐을 충분히 하며 가급적 이어치기 하지 않는다.

[해설] ※ 단위수량 감소 및 표면활성 역할로써 AE제를 사용해야 한다.

문제 62

다음 특수 콘크리트에 대한 설명으로 옳지 않은 것은?

① 좋은 암석을 원재로 쓴 쇄석 콘크리트의 압축강도는 보통 콘크리트보다 크다.
② 프리팩트 콘크리트는 불균일 입도분포(gap grading) 골재를 이용하는 것이 좋다.
③ 수밀 콘크리트에서 AE제를 사용하는 것은 방수목적상 금지되고 있다.
④ 기포 콘크리트에는 알루미늄 분말 등 알칼리토류 금속이 주로 이용되어진다.

[해설] ① 수밀콘크리트는 AE제를 사용해야 한다.
※ 감수제와 표면활성제역할 기대
② 프리팩트콘크리트용 골재는 균질입도의 골재가 아닌 불균질입도의 골재를 사용해야 공극이 줄어들고 Mortar량이 절약된다.

문제 63

ALC 제품에 관한 설명으로 옳지 않은 것은?

① 절건상태에서의 비중(밀도)이 0.75~1 정도이다.
② 압축강도는 3MPa~4MPa 정도이다.
③ 내화성능을 보유하고 있다.
④ 사용 후 변형이나 균열이 적다.

[해설] **경량기포콘크리트(ALC) 제품의 특성**
① ALC는 석회질, 규산질 원료와 기포제 및 혼화제를 주원료로 하여 슬러리를 만든 후 고온·고압(180℃, 10kgf/cm²)의 증기양생과정을 거쳐 만들어진다.
② ALC의 절건비중(밀도)은 0.45~0.55의 범위에 속한다.
③ 압축강도는 3~4MPa 정도이다.
④ ALC는 중성화로 인한 철근부식에 대한 고려가 필요하다.

문제 64

모르타르를 압축 공기로 분사하여 바르는 공법의 명칭으로 옳은 것은?

① 숏크리트 (Shotcrete)
② 샌드 스프레이 (Sand Spray)

해답 60. ① 61. ③ 62. ③ 63. ① 64. ①

③ 그라우트 (Grout)
④ 실베스터 (Sylvester)법

[해설] 쇼트크리트(Shotcrete)
① Mortar를 압축공기로 분사하여 바르는 것을 말한다.
② 건나이트, 시멘트건, 제트크리트라고도 한다.
※ 실베스터법은 수밀콘크리트 만드는 방법이다.

문제 65

콘크리트의 설명에 관한 내용으로 틀린 것은?

① 쇼크리트는 콘크리트에 유동화제를 넣어 유동성을 향상시키는 공법이다.
② 프리팩트 콘크리트란 미리 넣은 굵은골재안에 모르타르를 주입하여 만든다.
③ 펌프콘크리트는 콘크리트 펌프로 콘크리트를 멀리 보내는 기계이다.
④ 소일콘크리트는 흙과 시멘트를 물로 혼합하여 만든 것이다.

[해설] ① 숏크리트는 Mortar를 압축공기로 분사하여 바르는 것이다.
② 유동화제를 넣은 것이 유동화콘크리트이다.

문제 66

유동화 콘크리트의 용어 중에서 베이스 콘크리트에 대한 설명으로 옳은 것은?

① 유동화 콘크리트 제조시 유동화제를 첨가하지 전의 기본 배합의 콘크리트
② 유동화 콘크리트를 제조하기 위하여 혼합된 유동화제를 첨가한 후의 콘크리트
③ 기초 콘크리트에 타설하기 위해 현장에 반입된 레디믹스트 콘크리트
④ 지하층에 콘크리트를 타설하기 위하여 현장에 반입된 레디믹스트 콘크리트

[해설] ① 베이스 콘크리트는 유동화제를 첨가하기 전 기본 배합의 콘크리트를 말한다.
② Base Concrete에 유동화제를 첨가하여 비빈 것이 유동화 콘크리트이다.

문제 67

제치장 콘크리트에 관한 사항 중 옳지 않은 것은?

① 제치장 콘크리트는 외장하지 않고 노출되는 콘크리트면 자체가 치장이 되게 마무리하는 콘크리트이다.
② 콘크리트 부어넣기는 벽·기둥에서는 한번에 꼭대기까지 부어넣어야 한다.
③ 철근의 피복은 외장을 하지 않기 때문에 보통 때보다 1cm정도 두껍게 하는 것이 좋다.
④ 슬럼프는 되도록 크게 한다.

[해설] 슬럼프값은 되도록 작게 하며, 된비빔, 부배합이 원칙이다.

문제 68

고강도 콘크리트의 배합설계에 대한 설명 중 틀린 것은?

① 물결합재비는 50% 이하로 한다.
② 공기 연행제를 전혀 사용하지 않는다.
③ 단위수량은 180kg/m³ 이하로 한다.
④ 슬럼프치는 15cm 이하로 한다.

[해설] 고강도 콘크리트

설계기준강도	물결합재비	단위수량	슬럼프값
40MPa	50% 이하	180kg/m³ 이하	15cm 이하

※ 되도록 AE제를 사용안하나 동결융해 작용을 받는 경우는 사용한다.

문제 69

고강도콘크리트공사에 사용되는 굵은 골재에 대한 품질기준으로 옳지 않은 것은? (단, 건축공사표준시방서 기준)

① 절대건조밀도 : 2.5g/cm³ 이상
② 흡수율 : 3.0% 이하
③ 점토량 : 0.25% 이하
④ 씻기시험에 의한 손실량 : 1.0% 이하

해답 65. ① 66. ① 67. ④ 68. ② 69. ②

[해설] 고강도 콘크리트 굵은골재 품질기준(시방서 기준)
① 흡수율은 2.0% 이하로 규정됨.
  (잔골재인 경우는 3.0% 이하)
② 안전성 : 1.2% 이하
③ 실적율 : 59% 이하

문제 70

경량골재콘크리트와 관련된 기준으로 옳지 않은 것은?

① 단위시멘트량의 최소값: 400 kg/m³
② 물-결합재비의 최대값: 60%
③ 기건단위질량(경량골재콘크리트 1종): 1,800~2,100 kg/m³
④ 굵은골재의 최대치수: 20mm

[해설] 건축공사 표준시방서 기준
① 단위시멘트량의 최소값은 300 kg/m³이다.
② 2·3·4항의 기준이 있다.
③ 표준시방서에서는 경량골재 콘크리트 1종과 2종으로 구분하고 있으며 기건단위질량(경량골재 콘크리트 2종)은 1,400~1,800 kg/m³ 이다.

문제 71

한중(寒中) 콘크리트의 양생에 관한 설명으로 옳지 않은 것은?

① 보온 양생 또는 급열 양생을 끝마친 후에는 콘크리트의 온도를 급격히 저하시켜 양생을 마무리 하여야 한다.
② 초기양생에서 소요 압축강도가 얻어질 때까지 콘크리트의 온도를 5℃ 이상으로 유지하여야 한다.
③ 초기양생에서 구조물의 모서리나 가장자리의 부분은 보온하기 어려운 곳이어서 초기동해를 받기 쉬우므로 초기양생에 주의하여야 한다.
④ 한중 콘크리트의 보온 양생 방법은 급열 양생, 단열 양생, 피복양생 및 이들을 복합한 방법 중 한 가지 방법을 선택하여야 한다.

[해설] 한중기 콘크리트는 보온양생이나 급열양생 후에도 온도를 급격히 저하시키면 안된다.

문제 72

고강도 콘크리트의 배합에 대한 기준으로 옳지 않은 것은?

① 단위수량은 소요의 워커빌리티를 얻을 수 있는 범위 내에서 가능한 작게 하여야 한다.
② 잔골재율은 소요의 워커빌리티를 얻도록 시험에 의하여 결정하여야 하며, 가능한 작게 하도록 한다.
③ 고성능 감수제의 단위량은 소요 강도 및 작업에 적합한 워커빌리티를 얻도록 시험에 의해서 결정하여야 한다.
④ 기상의 변화 등에 관계없이 공기연행제를 사용하는 것을 원칙으로 한다.

[해설] 고강도 Concrete 시방서기준
① 단위수량, 단위 시멘트량, 잔골재율은 가능한 작게 한다.
※ 굵은 골재실적율 : 59% 이상
② 소요 공기량 : 공기 연행제를 사용 안하는 것이 원칙이다. (기상변화가 심하거나 융해 대책 필요시는 예외)

문제 73

수밀콘크리트에 관한 설명으로 옳지 않은 것은?

① 콘크리트의 소요 슬럼프는 되도록 작게하여 180mm를 넘지 않도록 한다.
② 콘크리트의 워커빌리티를 개선시키기 위해 공기연행제, 공기연행감수제 또는 고성능 공기연행감수제를 사용하는 경우라도 공기량은 2% 이하가 되게 한다.
③ 물결합재비는 50% 이하를 표준으로 한다.
④ 콘크리트 타설시 다짐을 충분히 하여, 가급적 이어붓기를 하지 않아야 한다.

[해설] 수밀콘크리트의 연행공기량은 4% 이하를 원칙으로 한다. (시방서 기준)

문제 74

아파트 온돌바닥미장용 콘크리트로서 고층적용 실적이 많고 배합을 조닝별로 다르게 하며 타설 바탕면에 따라 배합비 조정이 필요한 것은?

① 경량기포 콘크리트
② 중량 콘크리트
③ 수밀 콘크리트
④ 유동화 콘크리트

[해설] 아파트 온돌 바닥시공
① 바닥 Slab 위에 바닥충격음 방지재료를 시공한다.
② 그 위에 기포콘크리트를 50~60mm 두께 정도 시공한다.
③ 그 위에 온돌배관이 설치되는 방바닥 통미장(방통층)이 40~45mm 두께로 시공되며 최종 마감재가 그 위에 시공된다.

문제 75

프리캐스트(Pre-cast) 콘크리트에 관련된 다음 (   ) 안에 들어갈 알맞은 내용으로 옳바른 것은?

> 슬럼프가 (   )mm 이상인 콘크리트의 배합은 슬럼프 시험을 원칙으로 하며, 슬럼프 (   )mm 미만인 콘크리트의 배합은 제조 방법에 적합한 시험 방법에 의한다.

① 20 ② 30
③ 10 ④ 40

[해설] 프리캐스트 콘크리트 시방서 규정임
(1) 프리캐스트 콘크리트의 반죽질기는 제품의 형상, 치수, 성형방법 등을 고려하여 정하여야 한다.
(2) 슬럼프가 20mm 이상인 콘크리트의 배합은 슬럼프 시험을 원칙으로 하여, 슬럼프 20mm 미만인 콘크리트의 배합은 제조 방법에 적합한 시험 방법에 의한다.

해답 74. ① 75. ①

건축산업기사 _ 기출문제

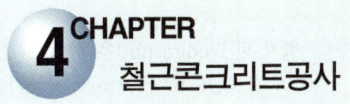

문제 1

철근콘크리트의 염해를 억제하는 방법으로 옳은 것은?

① 콘크리트의 피복두께를 적절히 확보한다.
② 콘크리트 중의 염소이온을 크게 한다.
③ 물시멘트비가 높은 콘크리트를 사용한다.
④ 단위수량을 크게 한다.

[해설] ① 해수중에 콘크리트를 타설하는 경우는 피복두께를 80mm 이상으로 확보하여야 한다.
② 나머지 조건들은 전혀 해당이 안되는 내용이다.

문제 2

콘크리트구조에서 철근조립 간격과 배근기준으로 잘못된 내용은?

① 수직 및 수평철근의 간격은 벽두께의 3배 이하, 또한 450mm 이하로 하여야 한다.
② 지하실 외벽을 제외한 250mm 이상의 벽체는 철근을 양면에 배근하여야 한다.
③ 슬래브에서 휨 주철근의 간격은 슬래브 두께의 3배 이하로 하여야 한다.
④ 철근을 2단으로 배근하는 경우에는 상.하 철근을 어긋나게 배치하여 조립하여야 한다.

[해설] 상하나 양면에 철근을 2단으로 배근하는 경우에는 벽체나 슬래브에 평행하게 상, 하단과 수평방향으로 서로 평행하게 배근하는 것이 원칙이다.

문제 3

철근콘크리트의 보를 배근할 때 그 주근의 이음이 가장 적당한 것은?

① 보의 단부지점
② 인장력이 가장 작은 곳
③ 보의 중간지점
④ 압축력이 가장 큰 곳

[해설] 주근의 이음
철근이 이음은 인장력이 가장 작은 곳에 두어야 한다.

문제 4

다음 중 철근 공사에서 철근의 정착위치로 맞는 것은?

① 기둥의 주근은 보에 정착
② 보의 주근은 바닥판에 정착
③ 지중보의 주근은 기초 또는 기둥에 정착
④ 바닥 철근은 기둥에 정착

[해설] 철근의 정착위치
① 기둥의 주근은 기초, 바닥판에 정착된다.
② 지중보의 주근은 기초 또는 기둥에 정착된다.
③ 보의 주근은 기둥에 정착된다.
④ 작은 보의 주근은 큰 보에 정착된다.
⑤ 직교하는 단부 보 밑에 기둥이 없을 때에는 보 상호간에 정착한다.
⑥ 바닥철근은 보나 벽체에 정착된다.

문제 5

거푸집에 활용하는 부속재료에 관한 설명으로 옳지 않은 것은?

① 폼타이는 거푸집 패널을 일정한 간격으로 양면을 유지시키고 콘크리트 측압을 지지하기 위한 것이다.
② 웨지핀은 시스템거푸집에 주로 사용되며, 유로폼에는 사용되지 않는다.
③ 컬럼밴드는 기둥거푸집의 고정 및 측압 버팀용도로 사용된다.
④ 스페이서는 철근의 피복두께를 확보하기 위한 것이다.

해답 1.① 2.④ 3.② 4.③ 5.②

[해설] 웨지 핀(Wedge pin)은 삼각형 형상의 쐐기 모양의 pin으로 유로폼(Euro Form)에 사용되는 연결핀이다.

문제 6

철근콘크리트 구조의 기둥과 보에 대한 피복두께는 콘크리트 표면에서 어느 철근의 외면까지의 길이를 말하는가? (단, 띠철근과 스터럽을 사용하는 경우)

① 기둥 = 주근, 보 = 주근
② 기둥 = 주근, 보 = 스터럽
③ 기둥 = 띠철근, 보 = 주근
④ 기둥 = 띠철근, 보 = 스터럽

[해설] 철근의 피복두께
① 기둥 : 대근이나 띠철근에서 콘크리트 표면까지의 거리
② 보 : 늑근(Stirrup)에서 콘크리트 표면까지의 거리

문제 7

다음의 기술 중 옳지 않은 것은?

① 긴결재는 거푸집의 정확한 위치, 치수를 유지하기 위한 것이다.
② 박리제는 콘크리트의 수분흡수를 방지하기 위한 것이다.
③ 격리제는 거푸집의 측벽간 간격을 유지하기 위한 것이다.
④ 간격재는 철근의 피복두께를 형성하기 위한 것이다.

[해설] 박리제(Form oil)
중유, 석유, 동식물유, 아마인유, 파라핀, 합성수지 등을 사용하여 콘크리트와 거푸집의 박리를 용이하게 하는 것이다.
※ 거푸집의 수분흡수를 방지하는 역할을 한다.

문제 8

거푸집의 박리제로 쓰이지 않는 것은?

① 동·식물유
② 석유
③ 크레오소트
④ 파라핀

[해설] 클레오소트는 목재의 방부제로 쓰인다.

문제 9

다음 사항 중 관계가 없는 것은?

① 긴장재 – 거푸집이 변형되지 않게 연결고정
② 간격재 – 거푸집의 변형방지
③ 격리재 – 거푸집의 상호간의 간격유지
④ 박리재 – 거푸집의 제거용이

[해설] ① 격리재(Separater) : 거푸집 상호간의 간격을 유지
② 긴장재(Form tie) : 콘크리트를 부어 넣을 때 거푸집이 벌어지거나 변형되지 않게 연결 고정하는 것.
③ 간격재(Spacer) : 철근과 거푸집 간격을 유지하기 위한 것이다. (피복두께 유지 목적)
④ 박리제 : 콘크리트와 거푸집의 박리(떨어짐)를 용이하게 하는 것이다.

문제 10

굳지 않는 콘크리트 타설시 거푸집의 측압에 관한 설명 중 옳은 것은?

① 슬럼프가 클수록 측압은 크다.
② 부어넣기 속도가 빠를수록 측압은 작아진다.
③ 온도가 높을수록 측압은 커진다.
④ 거푸집의 강성이 작을수록 측압은 커진다.

[해설] ② : 부어넣기 속도가 빠르면 측압은 증가한다.
③ : 온도가 높으면 측압은 감소한다.
④ : 거푸집 강성이 크면 측압이 커진다.

해답 6. ④ 7. ② 8. ③ 9. ② 10. ①

문제 11

슬라이딩 포옴(Sliding form)에 관한 다음 기술 중 부적당한 것은?

① 이동식 거푸집(Traveling form)이라고도 하며, 돌출물이 있는 벽체 기둥 시공에는 이용할 수 있고, 보통 사일로(Silo) 축조에 이용된다.
② 거푸집은 1단(높이 1.2m 정도)만 가지고도 되므로 거푸집 재료와 조립, 제거에 소요되는 노력이 절약된다.
③ 내외의 비계 발판을 따로 가설할 필요가 없다.
④ 거푸집의 끌어 올리기와 콘크리트의 붓기 속도는 약 3~5m이다.

[해설] 슬라이딩 폼은 수직활동 거푸집이며, 트래블링 폼(Traveling form)은 수평이동 거푸집이다.

문제 12

바닥전용 거푸집으로서 거푸집판, 장선, 멍에, 서포트 등을 일체로 제작하여 수평, 수직방향으로 이동하는 거푸집은?

① 플라잉 폼
② 클라이밍 폼
③ 터널 폼
④ 트래블링 폼

[해설] Flying form(Table form)
문제는 바닥전용 System form인 테이블 폼(Table form) = 플라잉 폼(Flying form)에 대한 설명이다.

문제 13

거푸집공사에서 사용되는 트레블링 폼(Traveling form)에 대한 설명으로 옳지 않은 것은?

① 거푸집을 이동시키면서 콘크리트를 연속적으로 타설한다.
② 공기단축이 가능하며 시공정밀도가 우수하다.
③ 수평적으로 연속된 구조물에 적용한다.
④ 초기 투자비가 적게 들어 경제적이다.

[해설] ※ Traveling Form도 System Form인 Gang Form의 일종이다.

• Gang Form의 단점
① 초기투자비가 증가한다.
② 거푸집제작 시간(기간)이 필요하다.
③ 복잡한 건물형상에는 적용이 불리하고 세부가공이 어렵다.

문제 14

콘크리트 면의 마무리 작업에 있어 마무리 두께 7mm 이상 또는 바탕의 영향을 많이 받지 않는 마무리의 경우에 대한 평탄성의 기준으로 옳은 것은?

① 3m 당 7mm 이하
② 3m 당 10mm 이하
③ 1m 당 7mm 이하
④ 1m 당 10mm 이하

[해설] 콘크리트 마무리의 평탄도 표준값(표준시방서 기준)

콘크리트의 내·외장 마감	평탄도
마감두께가 7mm 이상인 경우 또는 바탕의 영향을 그다지 받지 않는 경우	1m당 10mm 이하
마감두께가 7mm 미만인 경우 그 외의 상당히 양호한 평탄함이 필요한 경우	3m당 10mm 이하
콘크리트가 제물치장 마감이거나 마감두께가 매우 얇을 때, 그 외의 양호한 표면상태가 필요할 때	3m당 7mm 이하

문제 15

다음 거푸집 공사에 관한 설명 중 옳지 않은 것은?

① 거푸집 존치기간은 시멘트의 종류, 기온, 천후, 보양 등의 상태에 따라 다르다.
② 거푸집 강도를 계산 시 콘크리트 중량, 작업 및 충격하중을 적용한다.
③ 거푸집 공사에 사용되는 격리재(separator)는 거푸집 해체시 콘크리트에서 잘 떨어지도록 하기 위한 것이다.
④ 벽체나 기둥 거푸집에 작용하는 콘크리트의 측압은 일정 높이 이상되면 상승하지 않는다.

해답 11. ① 12. ① 13. ④ 14. ④ 15. ③

[해설] ① 중유, 석유, 합성수지 등을 거푸집 안쪽에 미리 발라서(도포하여) 거푸집이 콘크리트면에서 잘 떨어지게 역할을 하는 것이 박리제이다.
② 격리재는 거푸집 상호간의 간격을 유지, 측벽 두께를 유지하기 위해서 거푸집 안쪽에 대어주는 재료이다.

[해설] 표면수량

습윤상태 - 표면건조 내부포수상태이다.

〈그림〉 골재의 함수량

문제 16

보통 콘크리트용 쇄석의 원석으로 가장 적당한 것은?

① 석회암   ② 안산암
③ 응회암   ④ 현무암

[해설] 안산암을 가장 많이 사용한다.
가장 적당한 것은 현무암이다.
④, ②, ① 순으로 가장 적당하다.
※ 응회암은 사용 안한다.

문제 17

콘크리트용 골재의 단위용적중량 변화에 관계가 없는 것은?

① 함수율
② 계량방법
③ 입도
④ 비중

[해설] 골재의 단위용적 중량은 골재의 비중, 입도, 모양, 함수율, 계량용기에 다져 넣는 방법, 형태 등에 따라서 변화가 심해진다.

문제 18

다음 골재 수량에 관한 것 중 틀린 것은?

① 흡수량 : 내부포수 상태(표면건조) - 절건상태
② 유효 흡수량 : 내부포수 상태(표면건조) - 기건상태
③ 표면 수량 : 습윤상태 - 기건상태
④ 함수량 : 습윤상태 - 절건상태

문제 19

철근 콘크리트용 골재의 성질에 관한 다음 기술 중 틀린 것은?

① 골재의 단위 용적 중량은 입도가 클수록 크다.
② 골재의 공극률은 입도가 클수록 크다.
③ 함수율에 의한 중량의 변화는 입경이 작을수록 크다.
④ 완전 침수 또는 완전 건조 상태의 모래에 있어서는 계량 방법에 의한 용적의 변화는 거의 없다.

[해설] ① 골재의 실적율은 골재입도가 클수록 좋다.
② 골재의 공극율은 골재입도가 작을수록 커진다.

문제 20

철근 콘크리트용 골재의 성질에 관한 다음 기술 중 틀린 것은?

① 골재의 단위 용적 중량은 입도가 클수록 크다.
② 골재의 강도는 경화 시멘트페이스트의 강도 이상이어야 한다.
③ 입도는 조립에서 세립까지 균등히 혼합되게 한다.
④ 콘크리트용 잔골재는 계량 방법에 의한 용적의 변화는 거의 없다.

[해설] ① 완전 침수 또는 완전 건조 상태의 모래에 있어서는 계량 방법에 의한 용적의 변화는 거의 없다.
② 모래의 함수율이 10%(8~12%) 정도 되면, 모래의 체적은 가장 커지고 중량은 가장 가벼워진다. (모래의 체적 팽창현상)
※ 따라서 모래는 함수율에 따른 체적과 중량 변화가 크다.

해답 16. ④ 17. ② 18. ③ 19. ② 20. ④

문제 21

시멘트의 응결에 대한 설명으로 옳지 않은 것은?

① 분말도가 큰 시멘트는 블리딩을 감소시킨다.
② 물시멘트비가(W/C)가 낮을수록 응결 속도가 느리다.
③ 시멘트가 풍화되면 응결 속도가 늦어진다.
④ 분말도가 큰 시멘트는 비표면적이 증대된다.

[해설] 물시멘트비가 클수록 응결, 경화속도가 느리다.

문제 22

다음 중 콘크리트의 건조수축에 대한 설명으로 옳은 것은?

① 시멘트 성분 중 C_3A는 건조수축을 증가시킨다.
② 바다모래에 포함된 염분은 그 양이 많으면 건조수축을 감소시킨다.
③ AE제나 감수제는 단위수량을 감소시켜 건조수축을 증가시킨다.
④ 골재 중에 포함된 미립분이나 점토, 실트는 일반적으로 건조수축을 감소시킨다.

[해설] ① : C_3A가 많으면 건조수축은 증가한다.
② : 염분이 증가되면 건조수축이 증가한다.
③ : AE제를 넣으면 단위수량이 감소되어 건조수축이 감소된다.
④ : 점토, 실트성분은 건조수축을 증가시킨다.

문제 23

콘크리트의 동해방지대책으로 옳지 않은 것은?

① AE제를 사용하여 적정량의 공기를 연행시킨다.
② 아연도금 철근을 사용한다.
③ 물시멘트비를 낮게 한다.
④ 흡수량이 적은 골재를 사용한다.

[해설] ※ ②항은 철근의 부식방지 대책에 해당된다.

문제 24

고로시멘트의 특징으로 틀린 것은?

① 건조수축이 현저하게 적다.
② 화학저항성이 높아 해수·공장폐수·하수 등에 접하는 콘크리트에 적합하다.
③ 수화열이 적어 매스콘크리트에 유리하다.
④ 장기간 습윤보양이 필요하다.

[해설] 고로 시멘트 특징
① 건조수축은 장기적으로는 보통 포틀랜드 시멘트와 비슷하다.
② 천천히 경화하므로 초기 양생에 주의해야하며 장기간 습윤양생이 필요하다.(겨울철 사용 자제)
③ 자체수경성은 없지만 포틀랜드 시멘트의 수화에서 생기기는 수산화칼슘이나 석고 등에의해 활성화되는 잠재수경성으로 경화가 진행된다.
※ 해수에 대한 저항성이 가장 큰 시멘트이다.

문제 25

골재의 실적률에 관한 설명으로 옳지 않은 것은?

① 실적률은 골재 입형의 양부를 평가하는 지표이다.
② 부순 자갈의 실적률은 그 입형 때문에 강자갈의 실적률보다 적다.
③ 실적률 산정 시 골재의 밀도는 절대건조 상태의 밀도를 말한다.
④ 골재의 단위용적질량이 동일하면 골재의 밀도가 클수록 실적률도 크다.

[해설] 골재의 밀도와 실적률은 무관하다.(관련성이 없다.)

문제 26

시멘트의 비표면적을 나타내는 것은?

① 조립율(FM : fineness modulus)
② 수경율(HM : hydration modulus)
③ 분말도(fineness)
④ 슬럼프치(slump)

[해설] (1) 시멘트의 분말도는 비표면적으로 나타내며 cm^2/g의 단위를 사용한다.

해답 21. ② 22. ① 23. ② 24. ① 25. ④ 26. ③

(2) 시멘트의 분말도 시험방법에는 체가름방법, 브레인공기투과장치(브레인 시험법), 피크노메타법 등이 있다.

문제 27

다음 중 AE 콘크리트에 관한 기술 중 옳지 않은 것은?

① AE 콘크리트는 무수한 기포를 발생시켜 볼베어링 역할을 하도록 하여, 시공연도를 증진시키는 콘크리트이다.
② 공기량이 6% 이상 초과하면 강도는 급격히 저하한다.
③ 단위수량이 적게 들고 수밀성이 향상되며 경화에 따른 발열이 증대된다.
④ 철근과의 부착강도는 적어지지만 내구성 향상, 동결융해 저항성 향상 등의 효과가 있다.

[해설] AE콘크리트의 특징
 ① 단위수량이 감소된다.
 ② 워커빌리티가 향상되고 골재로서 깬 자갈의 사용도 유리하게 된다.
 ③ 수밀성이 향상된다.
 ④ 콘크리트 경화에 따른 발열이 적어진다.
 ⑤ 철근과 부착강도는 다소 적어진다.

문제 28

콘크리트 혼화제 중 AE제에 관한 설명으로 옳지 않은 것은?

① 연행공기의 볼베어링 역할을 한다.
② 재료분리와 블리딩을 감소시킨다.
③ 많이 사용할수록 콘크리트의 강도가 증가한다.
④ 경화콘크리트의 동결융해저항성을 증가시킨다.

[해설] AE제를 사용하면 할수록 콘크리트의 압축강도와 부착강도는 저하된다. (공기량 1% 증가시 압축강도는 4~6% 감소)

문제 29

콘크리트에 AE제를 사용하지 않아도 1~2%의 크고 부정형한 기포가 함유되는데 이의 명칭은?

① 연행공기(Entrained Air)
② 잠재공기(Entrapped Air)
③ 겔 공극
④ 모세관 공극

[해설] ① 문제의 지문은 잠재공기(갇힌 공기)로써 콘크리트 비빔시 자연적으로 함유되는 공기기포다.
 ② 연행공기 : AE제 혼합시 공기량으로 4~6%의 균일한 공기기포다.

문제 30

AE(공기연행)제를 사용하는 콘크리트에 대한 기술 중 옳지 않은 것은?

① AE제의 사용은 콘크리트의 강도를 증가시킨다.
② AE제의 사용에 의해 콘크리트의 동결 융해성이 크게 증가한다.
③ AE제의 사용량이 증가할수록 슬럼프는 증가한다.
④ 공기량은 진동을 주면 감소한다.

[해설] ① AE제의 사용은 콘크리트의 강도를 감소시킨다.
 ※ 공기량 1%에 대해 압축강도는 3~5% 감소
 ② 철근과의 부착강도도 작아진다.

문제 31

AE콘크리트 공기량의 성질에 관한 다음 기술 중 틀린 것은?

① AE제를 넣을수록 공기량은 증가한다.
② AE 공기량은 진동을 주면 증가한다.
③ AE 공기량은 온도가 높아질수록 감소한다.
④ AE 공기량은 잔골재의 입도에 영향이 크다.

[해설] AE제공기량 성질
 ① AE제를 넣을수록 공기량 증가한다.

해답 27. ③ 28. ③ 29. ② 30. ① 31. ②

② AE제에 의한 공기량은 기계비빔이 손비빔보다 증가하고 비빔시간은 3~5분까지는 증대하고 그 이상은 감소한다.
③ AE공기량은 온도가 높아질수록 감소한다.
④ 진동을 주면 감소한다.
⑤ 자갈의 입도에는 거의 영향이 없고 잔골재의 입도에는 영향이 크며 0.3~1.0mm 정도의 모래일 때 공기량이 가장 증대한다.
⑥ Slump값이 18cm까지는 공기량이 증가한다. (그 이상 되면 감소)
⑦ 빈배합일수록 공기량은 증가한다.

문제 32

AE제에 관한 기술 중 맞는 것은?

① AE제를 넣을수록 공기량은 감소한다.
② AE제에 의한 공기량은 손비빔이 기계비빔보다 증가한다.
③ AE공기량은 온도가 높아질수록 증가한다.
④ AE공기량은 진동을 주면 감소한다.

[해설] ① : AE제를 넣을수록 공기량은 증가한다.
② : 기계비빔이 손비빔보다 공기량이 증가한다.
③ : AE제공기량은 온도가 높으면 감소된다.

문제 33

콘크리트의 방수성을 높이기 위해서 콘크리트 중의 공간을 안정하게 채우는 것이 아닌 것은?

① 소석회
② 규조토
③ 규산백토
④ 염화칼슘

[해설] 포졸란 반응
시멘트가 수화할 때 생기는 수산화칼슘과 상온에서 서서히 화합하여 불용성의 화합물을 만드는 반응으로 규조토, 규산백토, 화산재 등이 천연 포졸란이고, 고로슬래그, 소성점토, 혈암, 플라이애쉬 등이 인공 포졸란이다.
※ 염화칼슘, 염화마그네슘 등은 응결경화 촉진제로 콘크리트의 동해 방지용으로 급결제 방동제이다.

문제 34

콘크리트에 사용되는 혼합수의 품질을 규정하는 다음 항목 중 틀린 것은?

① 용해성 증발 잔류물의 양 2g/L 이하
② 염소 이온량 250mg/L 이하
③ 시멘트 응결시간의 차이 초결 30분, 종결 60분 이내
④ 모르타르의 압축 강도비 재령 7일 및 28일에서 90% 이상

[해설] 콘크리트의 비빔물은 먹을 수 있는 물(상수도물)이나 공업용수, 지하수 등이 사용된다.
① 현탁물질의 양 : 2g/L 이하
② 용해성 증발 잔류물의 양 : 1g/L 이하

문제 35

콘크리트를 혼합할 때 염화 마그네슘($MgCl_2$)을 혼합하는 이유는?

① 얼지 않게 하기 위함이다.
② 강도를 증가하기 위함이다.
③ 방수성을 증가하기 위함이다.
④ 콘크리트의 비빔조건을 좋게 하기 위함이다.

문제 36

콘크리트의 계획배합의 표시 항목과 가장 거리가 먼 것은?

① 배합강도
② 공기량
③ 염화물량
④ 단위수량

[해설] 콘크리트 배합의 표시 항목

굵은 골재의 최대 치수 (mm)	슬럼프 범위 (mm)	공기량 범위 (%)	물-결합 재비 W/B (%)	잔골 재율 S/a (%)	단위량(kg/m³)			혼화재료	
					물 (W)	시멘트 (C)	잔골재 (S)	굵은 골재 (G)	혼화재	혼화제

해답 32. ④ 33. ④ 34. ① 35. ① 36. ③

문제 37

시멘트의 용적 100m³일 경우 물시멘트비를 55%로 하면 단위수량은 얼마인가? (단, 시멘트의 밀도는 3.15, 물의 밀도는 1로 하고 계산값은 소수점 첫째자리에서 반올림함.)

① 55kg/m³ ② 70kg/m³
③ 173kg/m³ ④ 220kg/m³

[해설] 단위용적 질량 = 체적×비중(밀도)

시멘트 질량 = 100×3.15=315kg

$W/C비 = \dfrac{물의\ 질량(x)}{시멘트질량} \times 100(\%)$

$0.55 = \dfrac{x}{315kg}$

∴ 물의 질량(x)=315×0.55=173kg/m³

문제 38

슬럼프 콘에 있어서 슬럼프의 시험의 결과가 다음 그림과 같이 되었다면 슬럼프 값은?

① 8cm
② 13cm
③ 17cm
④ 22cm

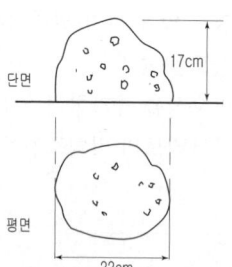

[해설] Slump 시험시 Slump값은 Slump Test Cone (30cm 높이)에서 무너져 내린 높이로 결정된다.
따라서 Slump값은 30cm-17cm=13cm

문제 39

매스 콘크리트 공사 시 콘크리트 타설에 관한 설명으로 옳지 않은 것은?

① 매스 콘크리트의 타설 시간 간격은 균열제어의 관점으로부터 구조물의 형상과 구속조건에 따라 적절히 정하여야 한다.
② 온도 변화에 의한 응력은 신구 콘크리트의 유효탄성계수 및 온도차이가 크면 클수록 커지므로 신구 콘크리트의 타설 시간 간격을 지나치게 길게 하는 일은 피하여야 한다.
③ 매스 콘크리트의 타설온도는 온도균열을 제어하기 위한 관점에서 평균 온도 이상으로 가져가야 한다.
④ 매스 콘크리트의 균열방지 및 제어방법으로는 팽창 콘크리트의 사용에 의한 균열방지방법, 또는 수축·온도철근의 배치에 의한 방법 등이 있다.

[해설] (1) 시방서 규정상 콘크리트 부어넣기 온도는 35℃ 이하로 되어 있다.
(2) 콘크리트 타설온도를 평균온도 이상으로 해야 하는 것이 아니라 내·외부의 온도차이를 작게 하여야 한다.

문제 40

지름 10cm, 높이 20cm인 원주 공시체 콘크리트의 압축강도를 시험하였더니 180kN에서 파괴되었다면 이 콘크리트의 압축강도는?

① 12.9MPa ② 22.9MPa
③ 25.5MPa ④ 45.3MPa

[해설] $\sigma_c = \dfrac{P}{A} = \dfrac{P}{\pi d^2/4} = \dfrac{18,000}{[3.14\times(10cm)^2]/4}$
$= 229 kgf/cm^2 = 22.9 MPa$

문제 41

지름 15cm, 높이 30cm인 원주형 콘크리트 공시체를 사용하여 압축강도시험을 한 결과 최대하중이 500kN이었다면 이 콘크리트의 압축강도는?

① 11.1MPa ② 22.2MPa
③ 28.3MPa ④ 35.4MPa

[해설] 콘크리트공시체의 압축강도

$\sigma_c = \dfrac{P}{A} = \dfrac{P}{\pi d^2/4} = \dfrac{50,000kg}{3.14\times(15cm)^2/4}$
$= 283 kgf/cm^2 = 28.3 MPa$

*1ton=10kN
*500kN=50ton

해답 37. ③ 38. ② 39. ③ 40. ② 41. ③

문제 42

콘크리트 부어넣기에 관한 설명으로서 부적당한 것은?

① 기둥에 붙은 벽의 콘크리트는 기둥을 가로질러 횡류(橫流)시켜 부어넣는 것은 좋지 않다.
② 가급적 낮은 위치로부터 수직으로 부어넣는 것이 좋다.
③ 퍼 부어넣는 위치에서 먼 곳부터 부어 넣는다.
④ 바닥은 가까운 곳에서부터 순서있게 부어 넣는다.

[해설] 콘크리트 부어넣기
바닥은 기계가 위치한 곳으로부터 먼쪽으로부터 가까운 쪽으로 부어넣는다.

문제 43

콘크리트 이어 붓기 관한 사항 중 틀린 것은?

① 보·바닥판의 이음은 그 간사이의 중앙부에 수직으로 한다.
② 기둥은 기초판·연결보 또는 바닥판 위에서 수평으로 한다.
③ 바닥판은 그 간사이의 중앙부에 작은보가 있는 때에는 작은 보 나비의 1.5배 정도 떨어진 곳에 둔다.
④ 아치의 이음은 아치 축에 직각으로 설치한다.

[해설] 바닥판은 그 간사이의 중앙부에 작은보가 있는 때에는 작은 보 나비의 2배 정도 떨어진 곳에 둔다.

문제 44

콘크리트 부어넣기 이음새의 위치 중 옳지 않은 곳은?

① 보, 바닥판의 이음은 간사이의 1/4 위치에 수직으로 한다.
② 기둥은 기초판 연결보 바닥판 위에서 수평으로 한다.
③ 벽은 이음자리 막기가 편리한 곳에 수직 또는 수평으로 한다.
④ 아치의 이음은 아치축에 수직으로 한다

[해설] 콘크리트 이어붓기 위치

개소	이음위치 방법
기둥	보, 바닥판 또는 기초의 윗면에서 수평으로 한다.
보, Slab	전단력이 가장 적은 Span의 1/2 부근에서 수직으로 하며 작은보가 있는 바닥판은 나비의 2배 떨어진 위치에서 직각으로 한다.
아치	아치축이 직각으로 한다.
벽	문틀, 끊기 좋고 이음자리 막이를 떼어내기 쉬운 곳에서 수직·수평으로 한다.
캔틸레버	이어붓지 않음을 원칙으로 한다.

문제 45

콘크리트 진동다짐에 대한 설명 중 옳지 않은 것은?

① 봉형바이브레이터는 콘크리트 내부에 넣어 진동을 통해 다짐을 한다.
② 폼 바이브레이터는 거푸집면에 대고 진동을 주어 다짐을 한다.
③ 바이브레이터의 경우 진동을 주는 시간은 시멘트 풀이 약간 떠오를 때 까지이다.
④ 바이브레이터를 콘크리트에 삽입할 때 바이브레이터의 선단은 철근, 철물 등에 닿게 하여 진동을 골고루 주도록 한다.

[해설] 진동기 사용시 철근 및 거푸집에 직접 닿지 않도록 한다.

문제 46

콘크리트 타설 후 실시하는 양생에 관한 설명으로 옳지 않은 것은?

① 경화초기에 시멘트의 수화반응에 필요한 수분을 공급한다.
② 직사광선, 풍우, 눈에 대하여 노출하여 실시한다.
③ 진동, 충격 등의 외력으로부터 보호한다.
④ 강도확보에 따른 적당한 온도와 습도환경을 유지한다.

[해설] 콘크리트를 양생하는 경우에는 직사광선, 바람, 비, 눈, 서리가 직접 닿지 않도록 하는 것이 원칙이다.

해답 42. ④ 43. ③ 44. ① 45. ④ 46. ②

문제 47

콘크리트 치기와 관계가 없는 것은?

① Wacecreator
② Floor hoppor
③ Vibrator
④ Bar bender

[해설] 바 벤더(Bar bender) : 철근을 구리는 기계
 ① : 워세크레이터 : 물시멘트비를 정확히 하기 위한 계량 기계
 ② : 플로어 호퍼 : 콘크리트 타워에서 슈트에서 흘러 내린 콘크리트를 받는 깔대기와 연결기구

문제 48

트랜시 믹스트 콘크리트(Transit-mixed concrete)에 관한 기술 중 맞는 것은?

① 완전히 비빔이 완료된 콘크리트를 트럭 믹서로 공사 현장까지 운반하는 것이다.
② 어느 정도 비빈 것을 트럭 믹서에 실어 운반 도중에 비비면서 현장까지 운반하는 것이다.
③ 트럭 믹서에 모든 재료가 공급되어 운반 도중에 비벼 현장까지 운반하는 것이다.
④ 반 정도 비빈 것을 운반하여 현장에서 다시 비벼서 사용하는 것이다.

[해설] 트랜시 믹스트 콘크리트(Transit-mixed concrete)
믹스 트럭에서 운반 도중 모두 비비는 것
 ① : 센트럴 믹스트 콘크리트(Central-mixed concrete)
 ② : 슈링크 믹스트 콘크리트(Shrink-mixed concrete)

문제 49

프리스트레스트 콘크리트 공사 시 유의사항으로 옳지 않은 것은?

① PS강재는 되도록 열의 영향을 많이 받은 강재를 사용하는 것이 좋다.
② 콘크리트를 타설할 때 시드(sheath)의 내부에 시멘트페이스트가 들어가 막히지 않도록 주의한다.
③ 정착장치의 지압면은 긴장재와 수직이 되도록 한다.
④ 덕트 내에 PS그라우트 주입할 때 빈틈이 없이 잘 충전해야 한다.

[해설] ① 프리스트레스트 콘크리트는 강재의 인장력을 이용하여 콘크리트에 미리 압축응력을 가하는 원리이다.
 ② 강재는 열에 의해 강도가 약해지고 변형이 생기므로 열영향을 많이 받은 강재를 사용하면 안된다.

문제 50

다음 중 환경문제에 부응하기 위한 콘크리트와 관련이 없는 것은?

① 순환골재 콘크리트
② 수질정화 콘크리트
③ 폴리머 콘크리트
④ 식생 콘크리트

[해설] 폴리머 콘크리트는 친환경 콘크리트와는 관련이 없다.

문제 51

ALC(Autoclaved lightweight concrete)의 장점이 아닌 것은?

① 가소성
② 단열성
③ 흡음, 차음성
④ 내구성

[해설] ALC의 장점
 ②, ③, ④항 이외에 내화성 우수, 가공성이 우수하다.
 단점 : 중성화가 빠르고, 철근부식이 우려된다.

문제 52

수밀 콘크리트의 배합에 관한 설명 중 옳지 않은 것은?

① 배합은 콘크리트의 소요품질이 얻어지는 범위 내에서 단위굵은골재량은 가급적 적게 한다.

해답 47. ④ 48. ③ 49. ① 50. ③ 51. ① 52. ①

② 콘크리트이 소요슬럼프는 가급적 적게 하고 180mm를 넘지 않도록 한다.
③ 혼화제를 사용하는 경우에는 공기량이 4% 이하가 되게 한다.
④ 배합은 콘크리트의 소요품질이 얻어지는 범위 내에서 물-시멘트비를 가급적 적게 한다.

[해설] 모든 콘크리트는 소요의 강도, 내구성, 시공성이 확보되는 한도내에서 굵은골재 크기를 증가 시켜 실적률을 크게 하는 것이 좋다.

문제 53

수밀 콘크리트를 만드는 방법 중 옳은 것은?

① 물 시멘트를 크게 한다.
② 응결재를 사용한다.
③ 묽은 비빔 콘크리트를 사용한다.
④ 된비빔 콘크리트를 사용한다.

[해설] 수밀콘크리트는 물시멘트비를 50% 이하로 작게하고 된비빔으로 하며, 진동기를 사용하여 잘 다짐해야 한다.

문제 54

제치장 콘크리트(exposed concrete)의 시공상 특징에 관한 설명으로 옳지 않은 것은?

① 거푸집의 공작법과 콘크리트 시공이 대단히 중요하다.
② 시멘트는 시종일관 동일 공장 제품을 사용한다.
③ 철근의 피복은 구조 내력상을 고려하여 1cm 정도 얇게 하는 것이 좋다.
④ 벽, 기둥의 콘크리트 타설은 한 번에 꼭대기까지 부어 넣어야 한다.

[해설] ① 철근의 피복은 외장을 하지 않으므로 보통콘크리트보다 1cm정도 더 두껍게 하는 것이 좋다.
② 시멘트는 제조회사마다 색깔이 다르므로 동일회사 제품을 계속 사용해야 한다.
③ 작업의 성패는 거푸집과 다짐작업에 의해 결정되므로 거푸집 조립을 철저히한다.

문제 55

제치장 콘크리트(Exposed Concrete)에 대한 기술 중 옳지 않은 것은?

① 제치장 콘크리트는 공비를 절약할 목적으로 쓰인다.
② 콘크리트는 된비빔으로 한다.
③ 비빔은 믹서로 하고 진동기로 충분히 다진다.
④ 벽, 기둥은 한번에 상부까지 부어 넣는다.

[해설] 제물치장콘크리트
① 제물치장콘크리트는 된비빔 진동다짐으로 한다.
② 슈트에 의한 타설이 아니라 각삽에 의한 타설이 되어야 한다.
③ 벽, 기둥은 한번에 꼭대기까지 부어넣어야 한다.(이음부분의 최소화)
④ 외장작업의 단일화로 마감작업은 단순화되지만 콘크리트 자체의 타설비용은 많이 들어간다.(거푸집 제작비용 고가, 타설인원 증가)

문제 56

고강도 콘크리트의 굵은 골재에 대한 설명 중 틀린 것은 어느 것인가?

① 굵은 골재의 최대치수는 40mm 이하로서 가능한 25mm이하로 한다.
② 굵은 골재의 최대치수는 철근 최소 수평 순간격의 3/4 이내의 것을 사용하도록 한다.
③ 굵은 골재의 최대치수는 부재 최소치수의 1/5 이내의 것을 사용하도록 한다.
④ 콘크리트에 포함된 염화물량은 염소이온량으로서 $0.8kg/m^3$ 이하가 되어야 한다.

[해설] 고강도 콘크리트의 굵은골재의 최대치수
• 40mm 이하로서 가능한 25mm 이하
• 철근 최소 수평 순간격의 3/4이내
• 부재 최소치수의 1/5 이내
※ 콘크리트에 포함된 염화물량은 염소이온량으로서 $0.3kg/m^3$ 이하가 되어야 한다.

해답 53. ④ 54. ③ 55. ① 56. ④

문제 57

고강도 콘크리트의 설계기준강도는 보통콘크리트에서 최소 얼마 이상인가?

① 27MPa
② 30MPa
③ 35MPa
④ 40MPa

[해설] 고강도 Concrete의 시방서기준

구 분	설계기준강도
① 일반 Concrete	40MPa 이상
② 경량 Concrete	27MPa 이상

문제 58

서중콘크리트에 관한 설명으로 옳지 않은 것은?

① 콘크리트의 공기연행이 용이하여 혼화제 사용이 불필요하다.
② 콘크리트의 배합은 소요의 강도 및 워커빌리티를 얻을 수 있는 범위 내에서 단위 수량을 적게 한다.
③ 비빈 콘크리트는 가열되거나 건조로 인하여 슬럼프가 저하하지 않도록 적당한 장치를 사용하여 되도록 빨리 운송하여 타설하여야 한다.
④ 콘크리트 재료는 온도가 낮아질 수 있도록 하여야 한다.

[해설] (1) 서중콘크리트는 일평균기온이 25℃를 초과하는 기간에 타설하는 콘크리트이다.
(2) 온도가 높으면 공기량이 감소하므로 AE제 공기량을 증가시켜야 한다.
(3) 서중 콘크리트의 특징
단위수량증가로 수밀성저하, 슬럼프저하로 충전성불량, 초기발열증대로 온도균열발생, 콜드죠인트발생, 초기 건조수축균열 등을 주의
(4) AE감수제, AE제, 지연형 등을 사용한다.

문제 59

다음 중 콘크리트용 깬자갈(crushed stone)에 관한 설명으로 옳지 않은 것은?

① 시멘트 페이스트와의 부착성능이 낮다.
② 깬자갈을 사용한 콘크리트는 동일한 워커빌리티의 보통 콘크리트보다 단위수량이 일반적으로 10% 정도 많이 요구된다.
③ 강자갈과 다른 점은 각진 모양 및 거친 표면조직을 들 수 있다.
④ 깬자갈의 원석은 안산암, 화강암 등이 있다.

[해설] 쇄석(깬자갈) 콘크리트의 부착성능은 일반콘크리트보다 더 우수하다.

문제 60

굳지 않은 콘크리트가 현장에 도착했을 때 실시하는 품질관리시험 항목이 아닌 것은?

① 염화물 함유량 시험
② 조립률시험, 압축강도시험, Core 시험
③ 슬럼프시험
④ 공기량시험

[해설] ① 조립률시험은 골재시험이다.
② 압축강도시험, Core 시험은 굳은 콘크리트의 시험이다.

문제 61

다음 중 서로 관계가 없는 것끼리 짝지어진 것은?

① 바이브레이터(vibrator) – 목공사
② 가이데릭(guy derrick) – 철골공사
③ 그라인더(grinder) – 미장공사
④ 토털 스테이션(total station) – 부지측량

[해설] 바이브레이터(vibrator)는 콘크리트 다짐용 기구다.

해답 57. ④ 58. ① 59. ① 60. ② 61. ①

문제 62

콘크리트의 고강도화를 위한 방안과 거리가 먼 것은?

① 물-시멘트 비를 크게 한다.
② 고성능 감수제를 사용한다.
③ 강도발현이 큰 시멘트를 사용한다.
④ 폴리머(Polymer)를 함침한다.

[해설] 물시멘트비가 커지면 강도는 감소된다.

문제 63

다음 중 콘크리트 펌프(Concrete pump)에 관한 설명으로 옳지 않은 것은?

① 압송관의 지름 및 배관의 경로는 굵은골재의 최대치수 콘크리트의 종류 등을 고려하여 정한다.
② 콘크리트 펌프의 기종은 압송능력이 펌프에 걸리는 최대압송부하보다 작아지도록 선정한다.
③ 압송은 계획에 따라 연속적으로 실시하며, 가능한 한 중단되지 않도록 하여야 한다.
④ 압송방법에는 피스톤식과 스퀴즈식(Squeeze out type)이 있다.

[해설] 콘크리트 펌프
※ 기종을 선택할 때는 압송능력이 펌프에 걸리는 최대압송부하보다 크게 해야 한다.

문제 64

각종 콘크리트에 관한 설명으로 옳지 않은 것은?

① 프리플레이스트 콘크리트(preplaced concrete)란 미리 거푸집 속에 특정한 입도를 가지는 굵은 골재를 채워 놓고, 그 간극에 모르타르를 주입하여 제조한 콘크리트이다.
② 숏크리트(shotcrete)는 콘크리트 자체의 밀도를 높이고 내구성, 방수성을 높게 하여 물의 침투를 방지하도록 만든 콘크리트로서 수중구조물에 사용된다.
③ 고성능콘크리트는 고강도, 고유동 및 고내구성을 통칭하는 콘크리트의 명칭이다.
④ 소일 콘크리트(soil concrete)는 흙에 시멘트와 물을 혼합하여 만든다.

[해설] (1) 숏크리트는 몰탈을 압축공기로 분사하여 뿜어 붙이는 방식이다.
(2) ②번은 수밀 콘크리트에 대한 설명이다.

해답 62. ① 63. ② 64. ②

MEMO

제5장 철골(강구조) 공사

출제경향분석

철골공사는 (1) 철골일반사항 (2) 각종 접합 (3) 현장 철골세우기 및 기계 등 3부분으로 나누어 정리해 두어야 한다.

세부목차

1. 철골 일반사항
2. 각종 접합
3. 현장 철골세우기, 기계, 내화피복

1 철골 일반사항

> **학습방향**
>
> 철골공사 일반에서는 공장가공순서, 가조립볼트수, 녹막이칠을 하지 않는 부분, 리밍 등이 주로 출제되는 부분이다.

1 철골일반

(1) 재료시험

강재시험	리벳시험
인장·휨(상온)시험을 행하며 단면이 다를 때마다 1개씩, 또한 각기 20t을 넘을 때 마다 1개씩 시험한다.	기계시험을 행한다. 2t을 넘을 때마다 1개씩 행한다.

※ 철골구조
① 가구식 구조이다.
② 비내화 구조이다.

학습POINT

▶ 철골 I Beam의 모습

(2) 일반강재의 종류

① 등변 ㄱ 형강(Equal Angle : ㄴ 형강)
② 부등변 ㄱ 형강(Unequal Angle)
③ 부등변 부등두께 ㄱ 형강
④ I형강(I Beam)
⑤ ㄷ, C형강(Channel)
⑥ T형강(T Shape Steel)
⑦ H형강(H Shape Steel)
⑧ Z형강

(3) 공장 가공순서

원척도 작성 → 본뜨기 → 변형바로잡기 → 금매김 → 절단 및 가공

구멍뚫기 → 가조립 → 리벳치기 → 검사 → 녹막이칠 → 운반

1) 원척도(현치도) 제작 및 검사
① 원척도 표시사항 : 높이, 길이, Span, 강재형상 및 치수, 리벳간격, 갯수, gauge line, clearance, 공장 현장 리벳표시, 지붕물매 등을 표시한다.
② 작도방법 : 손작도(강제자, 직각자, 컴퍼스)와 기계작도(원도작성 후 확대 투명 사진법)로 한다. 작성후 표시사항을 점검, 검사한다.
③ 설계도서대로 공작도를 작성하여 감독자 승인을 받는다.

(4) 부재의 절단방법

1) 전단절단	채움재, 띠철, 형강, 판 두께 13mm 이하의 연결판, 보강재 등은 전단 절단할 수 있다. 절단 후 그라인더로 수정
2) 톱절단	판두께 13mm 초과 형강이나, 정밀절단시
3) 가스절단	주변 3mm 정도 변질, 여유있게 절단 ※ 가스절단은 원칙적으로 자동가스절단기를 이용한다.

※ 강재의 절단은 강재의 형상, 치수를 고려하여 기계절단, 가스절단, 플라즈마절단, 레이저절단 등을 적용한다. (표준시방서)

■ 정밀도가 우수한 순서
① 톱절단 〉② 전단절단 〉
③ 가스절단 순으로 우수하다.

(5) 구멍뚫기

1) 펀칭 (Punching)	판 두께 13mm 이하 강재에 구멍을 뚫을 때에는 눌러 뚫기(press punching)에 의하여 소정의 지름으로 뚫을 수 있으나 구멍 주변에 생긴 손상부는 깎아서 제거해야 한다. (표준시방서)
2) 송곳뚫기 (Drilling)	• 부재두께가 보통 13mm초과시 • 3장 이상 겹칠 때, 주철재 일 때 (펀칭으로 하면 균열발생) • 수밀성 요구시(물탱크, 기름탱크), 기타 정밀가공
3) 구멍가심 (Reaming)	• 조립시 구멍 위치 다를 때 reamer로 구멍가심한다. • 3장 이상 부재 겹칠 때 송곳으로 구멍지름 보다 1.5mm정도 작게 뚫어 놓고 드릴 또는 리이머로 조정한다.

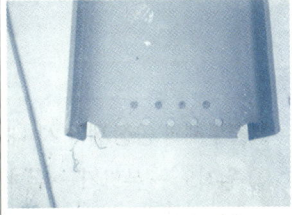

▶ 철골보에 구멍뚫기, 곡선모따기 등 가공된 장면

※ ① 고력 Bolt 용 구멍뚫기 : 드릴 뚫기 샌드브라스트전 구멍 뚫는다.
② Bolt, 앵카 Bolt, 철근 관통구멍(철근지름 + 10mm) : 드릴 뚫기 원칙

■ 철근 관통구멍의 구멍지름 (mm)
① 원형철근 – 철근지름+10mm
② 이형철근인 경우

• D10 → 21mm	• D22 → 35mm
• D13 → 24mm	• D25 → 38mm
• D16 → 28mm	• D29 → 43mm
• D19 → 31mm	• D32 → 46mm

(6) 리벳수와 가조립 볼트수

현장치기 리벳수	전 리벳수의 1/3 (30%)
공장치기 리벳수	전 리벳수의 2/3 이상 (70%)
세우기용 가볼트수	전 리벳수의 20~30% 또는 현장치기 리벳수의 1/5 이상

▶ 철골보의 고력 Bolt 조임작업 Drift Pin으로 구멍 맞춤을 하며, 현장에서 구멍위치 수정작업을 한다.

(7) 녹막이칠을 하지 않는 부분
① 콘크리트에 매입되는 부분
② 조립에 의하여 맞닿는 면
③ 현장 용접하는 부분(용접부에서 100mm 이내)
④ 초음파 탐상검사에 영향을 주는 범위
⑤ 고장력볼트 마찰접합부의 마찰면
⑥ 폐쇄형 단면을 한 부재의 밀폐된 내면
⑦ 핀, 로울러 등 밀착하는 부분과 회전면 등 절삭가공한 부분(기계깎기 마무리한 부분)

■ Drift Pin
구멍 맞춤기구

핵심문제

문제 1 기사

건축용 강재(철골, 철근, 리벳 등)의 재료시험 항목에서 일반적으로 제외되는(중요시 되지 않는) 항목은 다음 중 어느 것인가?
① 압축강도시험
② 인장강도시험
③ 굽힘시험
④ 연신율시험

해설 1
강재는 건축에서는 주로 인장재로 사용하므로 압축강도 시험은 일반적으로 하지 않는다.

문제 2 기사

철골부재의 공장제작 시 대략적인 작업순서를 옳게 나열한 것은?
① 원척도 → 본뜨기 → 금매김 → 절단 및 가공 → 구멍뚫기 → 가조립 → 본조립 → 검사
② 본뜨기 → 원척도 → 금매김 → 절단 및 가공 → 구멍뚫기 → 가조립 → 본조립 → 검사
③ 원척도 → 금매김 → 본뜨기 → 절단 및 가공 → 구멍뚫기 → 가조립 → 본조립 → 검사
④ 원척도 → 본뜨기 → 금매김 → 구멍뚫기 → 절단 및 가공 → 가조립 → 본조립 → 검사

해설 2 철골공사의 가공작업 순서
원척도→본뜨기→금매김→절단→구멍뚫기→가조립→리벳치기 및 용접→검사→녹막이칠→현장반입

문제 3 기사

압연강재가 냉각될 때 표면에 생기는 산화철 표피를 무엇이라 하는가?
① 스패터
② 밀스케일
③ 슬래그
④ 비드

해설 3
① 밀 스케일(mill scale) : 철강재를 가열, 압연, 가공 등을 할 때 표면에 붙은 산화철로 된 찌꺼기를 말한다.
② 스패터(Spatter) : 아크용접과 가스용접에서 용접 중 튀어 나오는 슬래그 또는 금속 입자를 말한다.

문제 4 기사

철골의 구멍뚫기에서 이형철근 D22의 관통구멍의 구멍지름으로 옳은 것은?
① 24mm   ② 28mm
③ 31mm   ④ 35mm

해설 4
철골공사 중 철근 관통구멍의 구멍지름(mm) 크기
① 원형철근 : 철근지름+10mm
② 이형철근

• D10→21mm	• D22→35mm
• D13→24mm	• D25→38mm
• D16→28mm	• D29→43mm
• D19→31mm	• D32→46mm

정답 1. ① 2. ① 3. ② 4. ④

문제 5 공통

다음 조합 중 서로 관계가 없는 것은?
① 토공사 – Sheet pile
② 말뚝공사 – Drop hammer
③ 콘크리트 공사 – Drift pin
④ 도장공사 – Spray gun

문제 6 산업

공장에서 가공 또는 조립을 완료한 철골 부재에 대하여 녹막이칠을 하여야 할 곳은?
① 조립에 의하여 맞닿은 면
② 콘크리트에 매입되지 않은 부분
③ 현장 용접하는 부분
④ 고장력 볼트 마찰 접합부의 마찰면

해 설

해설 5

드리프트 핀(Drift pin)은 철골공사에서 구멍을 맞춤하는 기구이다.

해설 6

※ 콘크리트에 묻히는 철골은 녹막이칠을 할 필요가 없다.
• 녹막이칠을 하지 않는 부분
① 콘크리트에 매입되는 부분
② 조립에 의하여 맞닿는 면
③ 현장 용접하는 부분(용접부에서 100mm 이내)
④ 고장력볼트 마찰접합부의 마찰면
⑤ 폐쇄형 단면을 한 부재의 밀폐된 내면

정답 5. ③ 6. ②

2 각종 접합

> **학습방향**
>
> 철골공사에서 가장 중요한 것은 접합공정이다. 리벳접합에서는 리벳가열온도, 게이지 라인 정도를 파악해 둔다. 용접접합에서는 용접의 장·단점, 용접결함, 용접의 용어 등이 주로 출제되는 부분이고, 최근 고력 Bolt의 장·단점, 접합방식, 마찰면 처리 등이 출제된다.

1 리벳접합

(1) 리벳치기

1) 리벳가열온도 : 600~1,100°C(800°C가 적당)
2) 리벳구멍 지름 크기

지 름	허용치
φ 20 미만	D+1.0mm 이하
φ 20 이상	D+1.5mm 이하

3) 리벳치기 관련 용어 정리
   ① 피치(Pitch) : 리벳, Bolt의 상호 구멍 중심간 직선거리
   ② 연단거리 : 리벳구멍, Bolt 구멍 중심에서 부재 끝단까지의 거리
   ③ Grip : Rivet으로 접합하는 판의 총두께 : 5d 이하
   ④ Clearance(CLR) : 리벳과 수직재면과의 거리, 작업 여유 거리
   ⑤ Gauge Line : 리벳의 중심 축선을 연결하는 선, 리벳을 치는 기준선
   ⑥ Gauge : Gauge Line과 Gauge Line 과의 거리
   ⑦ Pitch, 연단거리, Grip의 정리

최소 피치	표준 피치	최대피치		연단거리		Grip
		인장재	압축재	최소	최대	
2.5d	4.0d	12d, 30t 이하	8d, 15t 이하	2.5d 이상	12t, 15cm 이하	5d 이하

   * d : 리벳지름, t : 얇은 판의 두께

4) 불량리벳의 판정
   ① 건들거리는 것
   ② 머리와 축선이 일치하지 않은 것
   ③ 밀착되지 않은 것
   ④ 머리모양이 틀린 것
   ⑤ 갈라짐이 있는 것
   ⑥ 강재간에 틈새있는 것

학습POINT

※ 리벳치기 1조인원 : 3명(달구기, 받침대기, 햄머공)
※ 리벳접합순서 :
   접합부 → 가새 → 귀잡이

5) 볼트 및 핀 구멍 지름 크기

보울트	고장력	24mm 미만	+2.0mm
		24mm 이상	+3.0mm
	일반	각종	+0.5mm
	앵커	각종	+5.0mm

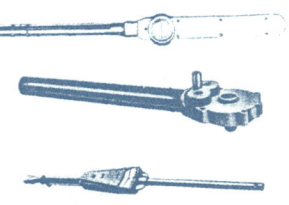
▶ 고력Bolt 조임용 토크렌치의 종류

※ 핀가공 오차는 핀지름 130mm 미만에 대해서는 0.5mm, 핀지름 130mm 이상의 것에 대해서는 1mm를 표준으로 한다. 그리고 핀 접합면의 시공 허용오차에 대한 핀구멍의 크기는 핀직경 +5mm 이하로 한다.

2 고력Bolt(High-tension Bolt) 접합 일반사항

(1) 접합방식
마찰접합(전단력과 지압응력이 아니다.)

(2) 재료
고탄소강, 합금강을 열처리해서 만든다.
항복점 : 0.7KN/mm² 이상. 인장강도 : 0.9KN/mm² 이상

▶ Bolt의 축력 Test 장면

(3) Bolt 조임
원칙적으로 Torque Controller식 임팩트렌치, 토크렌치로 한다.
보통 1차 조임 : 80% 2차조임에서 Bolt의 표준장력을 얻는다.

(4) 조이는 순서
중앙에서 단부로 조인다. 금매김, 본조임.
본조임(너트 회전법)은 1차 조임후 너트를 120°(M12는 60°)회전시킨다.

(5) 조임부 검사
① 토크값이 비슷한 1개시공 로트 중 5세트의 시험 Bolt를 선정하고 평균값이 규정값을 만족해야 하며 각각의 측정값이 평균값의 ±15% 이내이어야 한다.
② ①을 만족하지 않으면 10세트를 다시 ①과 동일한 요령으로 검사하고 조건을 만족하지 않으면 작업을 중지하고 확인작업을 한다.

■ 가조임 Bolt 수
① 1군의 Bolt 수의 1/3
  2개 이상 배치
② 병용이음에서는
  1군의 Bolt 수의 1/2 이상
  2개이상 배치

(6) 조임후 검사
① 너트 회전법 : 1차 조임후 너트 회전량이 120° ±30 (M12는 60° ~ 90°)를 초과하는 Bolt는 교체한다.
② 토크 관리법 : 평균 토크값의 ±10% 이내의 것을 합격
③ 조합법 : 토크관리법과 너트회전법의 조합 (F8T, F10T에 적용)

(7) 마찰면 처리
표면의 녹, 유류, 칠 등 마찰력 저해요소 제거
붉은 녹 상태유지, 거친면으로 한다.(미끄럼계수 0.5 이상 확보)

■ 경사면 처리, 구멍수정
① 1mm 이상의 틈새 : 끼움판을 끼움
② 2mm 이하의 구멍 어긋남 : 리이머로 수정가능

▶ 보의 고력 Bolt접합(가조립된 상태)

▶ 철골보의 고력 Bolt 접합장면

(8) 고력 Bolt의 장점

① 접합부의 강성이 높다.	② 노동력 절약, 공기단축
③ 마찰접합, 소음이 없다.	④ 화재, 재해의 위험이 적다.
⑤ 피로강도가 높다.	⑥ 현장시공 설비가 간단
⑦ 불량부분 수정이 쉽다.	⑧ 너트가 풀리지 않는다.

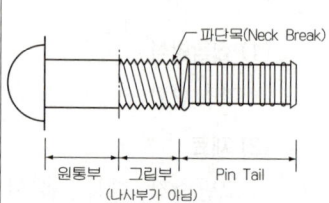
〈그림〉 고장력 Grip Bolt

(9) 고력 Bolt의 종류

1) 재질에 의한 분류 : F8T, F10T, F13T
2) 크기에 의한 분류 : M16, M20, M22, M24
3) 특수고력 볼트의 종류

① Bolt 축 전단형	TS Bolt, TC Bolt
② 너트 전단형	PI Nut식 Bolt
③ Grip형 고력 볼트	고장력 핵 Bolt
④ 지압형 고력 볼트	고장력 Body Bolt

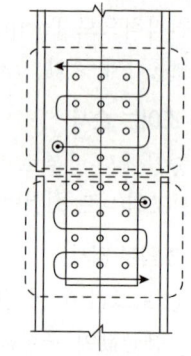

※ 보울트 군마다 조임은 중앙부에서 단부로 조인다.

〈그림〉 보울트 조임 순서

3 Bolt 접합의 일반 사항

1) Bolt 사용 건물	처마높이 9m 이하, 간사이 13m 이하, 연면적 3,000m² 이하 건물에 사용. 중요내력 부분은 사용금지
2) 풀림 방지법	① 이중너트 사용 ② 너트를 용접 ③ Spring Washer 사용 ④ Concrete에 매립
3) Bolt 길이	조임 종료후 나사산이 Nut 밖으로 3개이상 나올 것
4) Bolt 구멍 조정	0.5mm 이상 어긋남은 리이머로 수정 안하고 이음판을 교체

■ 와셔(Washer)의 역할
① Bolt 조이는 힘을 균등히 배분
② Bolt 나사부분의 지압을 방지한다.

4 용접접합

(1) 철골공사의 주요용접법

종 류	방 법
가스압접	① 산소아세틸렌 불로 가열하고 압접하는 방법. ② 철근이음에 사용, 철골에서는 많이 안씀.
CO_2 아크용접	① 피복재(Flux)를 사용하여 모래사이에 아크를 발생시켜 모재와 용접봉을 녹여 접합하는 방법. ② 용접 시 CO_2를 뿌려줌으로 금속의 변질을 방지
서브머지드 아크용접	① 용접봉의 주입과 용접을 위한 이동을 자동화한 것 ② 용접작업시 아크가 안보여 작업능률이 양호 ③ 용융되는 모재가 대기와의 접촉을 차단하여 용접되는 방식으로 철골공장에서 주로 사용
일렉트로 슬래그용접	① 두꺼운 강판을 용접하는데 사용되는 용접법. ② 부재사이에 용접봉을 녹은 쇳물을 투입하면서 수직으로 용접하는 방식
스터드용접	철골보와 바닥판의 Shear Connector 용접에 사용된다.

■ 용접의 용어설명

위핑 (Weeping)	철골 용접작업 중 운봉을 용접방향에 대하여 가로로 왔다갔다 움직여 용착금속을 녹여 붙이는 것
스패터 (Spatter)	아크용접과 가스용접에서 용접 중 튀어 나오는 슬래그 또는 금속 입자
플럭스 (Flux)	플럭스(flux)는 철골 가공 및 용접에 있어 자동용접의 경우 용접봉의 피복재 역할로 쓰이는 분말상의 재료
가우징 (Gausing)	탄소와 흑연으로 된 장치를 사용하여 모재사이에 발생하는 아크의 고온 열로 모재를 순간적으로 녹이고, 동시에 압축 공기의 강한 바람으로 용해된 금속을 불어내는 방식. 용접 오류를 수정하거나 용접홈을 파는데 이용된다.
End Tab	용접 결함의 발생을 방지하기 위해 용접의 시발부와 종단부에 임시로 붙이는 보조강판

(2) 용접 접합의 장단점

장 점	단 점
① 공해(소음, 진동)가 없다. ② 강재의 양을 절약할 수 있다. 　(중량감소) ③ 접합부의 강성이 크며, 응력의 전달이 확실하다. ④ 일체성, 수밀성 확보	① 용접의 숙련공이 필요하다. ② 용접부 결함 검사가 어렵고 비용, 장비, 시간이 많이 걸린다. ③ 용접열에 의한 변형 발생이 우려된다. ④ 용접 모재의 재질상태에 따라 응력의 집중현상이 크다.

(3) 맞댄용접(Butt Weld)

접하는 두 부재사이를 트이게 홈(Groove)을 만들고 그 사이에 용착금속을 채워 두 부재를 결합한다.

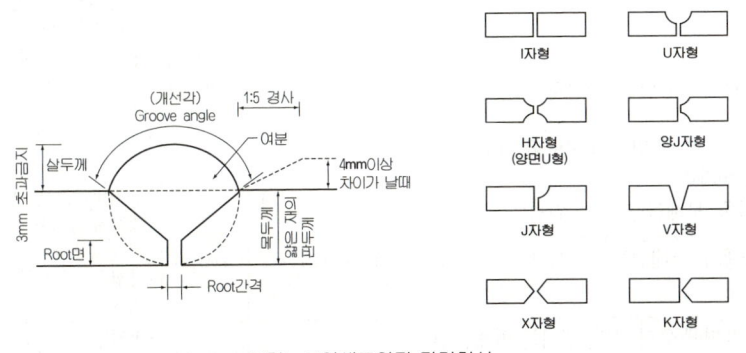

<그림> 트임새모양과 단면형식

▶ 기둥접합부 용접완료후 일렉션 피스가 제거된 모습

■ 제5장 철골공사 253

(4) 필레트(Fillet) 용접

겹침용접이라고 하며 단속용접(Spot Welding)과 연속용접이 있다.
① 맞댄 용접은 단속용접이 없고 모살용접은 등각용접, 부등각 용접이 있다. (보통 45°~90°)
② T형 이음을 이루는 각도가 60° 이하 120° 이상은 맞댄이음. 60° 이상 120° 이하는 모살용접으로 판별한다.
③ 유효 용접길이는 실제 용접길이에서 유효 목두께의 2배를 감한 것으로 한다.
④ 응력을 전달하는 모살용접의 유효길이는 Fillet 크기의 10배 이상 또는 40mm 이상한다.

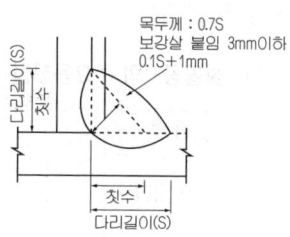

〈그림〉 모살용접의 모양

(5) 용접기호 표시 예

용 접 부	실제모양 및 도면표시
X형 홈용접 홈깊이 화살표쪽 16mm, 화살표 반대쪽 9mm 홈각도 화살표쪽 60°, 화살표 반대쪽 90° 루우트간격 3mm의 경우	
모살용접(다리길이 : 12mm) 병렬용접, 용접길이 : 50mm 피치 : 150mm의 경우	

(6) 용접결함의 종류

종 류	용 어 설 명
① 슬래그(Slag) 감싸들기	용접봉의 피복제 심선(心線)과 모재(母材)가 변하여 생긴 회분(灰分 : slag)이 용착금속내에 혼입되는 현상
② 언더컷 (Under Cut)	용접상부(모재 표면과 용접 표면이 교차되는 점)에 따라 모재가 녹아 용착금속(鎔着金屬)이 채워지지 않고 흠으로 남게 된 부분
③ 오우버랩 (Over Lap)	용접금속과 모재가 융합(融合)되지 않고 단순히 겹쳐지는 것
④ 공기구멍 (Blow Hole)	용융금속이 응고할 때 방출되어야 할 가스가 남아서 생기는 공처럼 길죽하게 빈자리. (운봉시간 부족, 모재불량, 급냉 원인)
⑤ Crack	용착금속 급냉시, 과대전류, 과대속도시 Bead가 작을 때 생기는 갈라짐
⑥ Pit	용접 Bead 표면에 뚫린 구멍, 생기는 미세한 흠

■ 용접불량의 원인

결함	원인
용입 부족	• 용입속도가 부적당 • 용접전류가 낮을 경우 • 흠의 강도가 좁을 경우
Under cut	• 용접봉 각도, 용접속도가 부적당 • 용접전류가 너무 높을 경우 • 부적당한 용접봉 사용시
기공 & Pit (Blow hole & pit)	• 아크 중에 수소 또는 일산화탄소 과다 • 용착부의 급랭 시 • 이음부에 유지, 페인트, 녹 • 용접봉 또는 이음부에 습기가 과다시
슬래그 감싸돌기	• 용접방향으로 모재가 경사져 있어서 슬래그가 선행할 때 • 용접속도가 너무 느릴 경우
Fisheye	• 용접봉의 건조불량 • 수소가 다량 용해

⑦ 용입부족 (혼입불량)	모재가 녹지 않고 용착금속이 채워지지 않고 흠으로 남음
⑧ Crater	Arc 용접시 끝부분 패임.(항아리 모양) 운봉부족, 과대전류
⑨ Fisheye (은점)	Slag 혼입 및 Blow hole 겹침 현상. 생선눈알모양의 은색 반점이 나타남.

(7) 용접시 주의사항 (일반 교과서 및 표준시방서 규정)

1) 용접 부분의 표면처리 : 페인트, 유류, 습기, 녹, 기타 불순물은 완전 제거 한다.
2) 강풍, 눈, 비가 올 때는 야외용접은 하지 않는다. 기온이 0℃ 이하는 용접금지 0℃~-15℃일 때 10cm 이내 36℃ 정도로 예열을 한 후 용접한다. (최소 20℃ 이상 예열한다.)
3) 용접 소재는 칫수에 여유를 둔다. (용접에 의한 변형, 또는 마무리 자리 고려)
4) 용접부의 예열은 용접선 양측 100mm 및 아크전방 100mm 범위 내에서 모재를 최소 예열온도 이상으로 가열한다.
5) 이종금속간에 용접을 할 경우에는 예열과 층간온도는 상위등급을 기준으로 하여 실시한다.
6) 중탄소강의 다층용접의 경우는 150~200℃ 정도 예열한다. (최대 예열온도는 230℃ 이하, 시방서 규정은 250℃ 이하)
7) 층간온도란 다층용접의 경우 각층사이의 온도를 말하며 용접하는 금속에 따라서 달라지며, 보통 200℃ 이하로 규정되어 있다.
8) 기온이 -20℃보다 낮은 경우는 원칙적으로 용접을 금지한다.

(8) 용접부의 검사

1) 용접 착수 전	트임새 모양, 모아 대기법, 구속법, 자세의 적부 등을 검사
2) 용접 작업 중	용접봉, 운봉, 전류 (제1층 용접 완료 후 뒷용접 전) 검사
3) 용접 완료 후	외관 검사, 방사선 투과 검사(Radiographic Test), 초음파 탐상법(Ultrasonic Test), 자기분말 탐상법(Magnetic Particle Test), 침투 탐상법(Penetration Test) 등의 비파괴 검사를 행하며, 절단검사는 되도록 피한다.

핵심문제

문제 1 기사

철골공사의 접합에 관한 설명으로 옳지 않은 것은?
① 고력볼트접합의 종류에는 마찰접합, 지압접합이 있다.
② 녹막이도장은 작업장소 주위의 기온이 5℃ 미만이거나 상대습도가 85%를 초과할 때는 작업을 중지한다.
③ 철골이 콘크리트에 묻히는 부분은 특히 녹막이 칠을 잘해야 한다.
④ 용접 접합에 대한 비파괴시험의 종류에는 자분탐상시험, 초음파탐상시험 등이 있다.

문제 2 기사

철골공사에서 원척도(현치도)를 그릴 때 리벳을 배치하는 위치로 적당한 것은?
① 부재의 중심선
② 부재의 응력 중심선
③ 게이지 라인
④ 피치 라인

문제 3 산업

다음 중 철골용접과 관계 없는 용어는?
① 오버랩(Overlap)
② 리머(Reamer)
③ 언더컷(Under cut)
④ 블로우 홀(Blow hole)

문제 4 기사

고장력 볼트에 대한 기술로 옳지 않은 것은?
① 노동력이 절약되고 공기가 단축된다.
② 마찰접합이다.
③ 접합부의 강성이 높다.
④ 현장에서의 시공설비가 복잡하다.

해설

해설 1
철골이 콘크리트에 매입되는 부분은 녹막이 칠을 안해도 좋다.

해설 2 게이지라인(Gauge line)
리벳이나 볼트의 중심선을 연결하는 선을 말한다.

해설 3 리머 : 구멍가심 기구
① 조립시 구멍 위치가 다를 때 reamer로 구멍가심 한다.
② 3장 이상 부재가 겹칠 때 송곳으로 구멍지름 보다 1.5mm 정도 작게 뚫어 놓고 드릴 또는 리머로 조정한다.

해설 4 고장력 볼트의 장점
① 접합부의 강성이 높다.
② 노동력이 절약되고 공기가 단축된다.
③ 마찰접합으로 소음이 없다.
④ 강한 조임으로 너트가 풀리지 않는다.
⑤ 불량부분 수정이 쉽다.
⑥ 피로강도가 높다.
※ 현장에서의 시공설비가 간단하다.

정답 1. ③ 2. ③ 3. ② 4. ④

문제 5 [기사]

고력볼트 접합에 관한 설명으로 옳지 않은 것은?

① 현대건축물의 고층화, 대형화 추세에 따라 소음이 심한 리벳은 현재 거의 사용하지 않고 볼트접합과 용접접합이 대부분을 차지하고 있다.
② 토크쉐어형 고력볼트는 조여서 소정의 축력이 얻어지면 자동적으로 핀테일이 파단되는 구조로 되어 있다.
③ 고력볼트의 조임기구는 토크렌치와 임팩트렌치 등이 있다.
④ 고력볼트의 접합형태는 모두 마찰접합이며, 마찰접합은 하중이나 응력을 볼트가 직접 부담하는 방식이다.

문제 6 [산업]

철골공사에 쓰이는 고력 볼트의 조임에 관한 설명으로 옳지 않은 것은?

① 고력볼트의 조임은 1차 조임, 금매김, 본조임순으로 한다.
② 조임 순서는 기둥부재는 아래에서 위로, 보부재는 이음부 외측에서 중앙으로 조임을 실시한다.
③ 볼트의 머리 밑과 너트 밑에 와셔를 1장씩 끼우고, 너트를 회전시킨다.
④ 너트회전법은 본조임 완료 후 모든 볼트에 대해 1차 조임 후에 표시한 금매김에 의해 너트 회전량을 육안으로 검사한다.

문제 7 [기사]

철골부재용접 시 겹침이음, T자이음 등에 사용되는 용접으로 목두께의 방향이 모재의 면과 45° 또는 거의 45°의 각을 이루는 것은?

① 완전용입 맞댐용접
② 모살용접
③ 부분용입 맞댐용접
④ 다층용접

문제 8 [공통]

철골용접에 관한 설명 중 옳지 않은 것은?

① 금속아크용접이란 용접봉과 용접될 모체 금속에 전류를 보내서 전기 아크를 일으켜 이때 생기는 열로 용접봉과 모재를 동시에 녹이는 방식이다.
② 위핑(Weeping)이란 용착금속과 모재가 융합되지 않고 겹쳐져 있는 상태를 말한다.
③ 루트(Root)란 맞댄 용접에 있어 트임새 끝의 최소간격을 말한다.
④ 그루브(Groove) 용접이란 두 부재간의 사이를 트이게 한 홈에 용착 금속을 채워 용접하는 것이다.

해 설

해설 5
(1) 고력 Bolt 접합의 종류
마찰접합(거의 90% 정도), 지압접합, 인장접합
(2) 고력 Bolt접합은 고력 Bolt로 조여진 모재와 Cover Plate 사이에 마찰저항이 작용하게 하는 마찰접합이 대부분이다.

해설 6
고력 Bolt의 조임은 중앙에서부터 외측(주변부)으로 행한다.

해설 7 모살용접 (Fillet 용접)
① 철판과 철판이 겹치든가 맞닿는 부분이 보통 45° 각을 이루도록 용접하는 것
② 형강 또는 판 등의 겹침이음, T자이음, 각이음 등에 쓰인다.

해설 8
① Weeping, Weaving은 용접 흠(결함)이 아니다.
② 위핑이나 위이빙은 용접봉을 움직이는 방법(운봉법)이다.
③ 오버랩(Over Lap) : 용융금속과 모재가 융합되지 않고 겹쳐지는 것

정답 5. ④ 6. ② 7. ② 8. ②

문제 9 기사

용접작업 시 용착금속 단면에 생기는 작은 은색의 점을 무엇이라 하는가?

① 피시 아이(fish eye)
② 블로 홀(blow hole)
③ 슬래그 함입(slag inclusion)
④ 크레이터(crater)

해설 9 Flyash(은정)
① Slag 혼입 및 Blow hole 겹침 현상. 생선눈알모양의 은색 반점이 나타남.
② 수소의 영향으로 발생함. 불완전용접으로 100℃로 가열하여 24시간 정도 방치하면 수소가 방출되면서 회복됨.

문제 10 산업

철골공사의 용접에서 용접이 잘못된 부분을 수정하기 위해 사용되는 방법으로 아크의 고온열로 모재를 순간적으로 녹이고 동시에 압축공기의 강한 바람으로 용해된 금속을 불어내는 것을 무엇이라 하는가?

① 스터드 용접
② 가우징
③ 서브머지드 아크
④ 일렉트로 슬래그

해설 10
① 문제의 지문은 가우징(Gausing)에 대한 설명이다.
② 가우징은 용접 불량부위를 수정할때도 사용되며, 용접을 위한 홈을 만들 때도 행한다.
③ 정으로 가우징하는 방법과 가스열, 아크열을 이용하는 경우도 있다.

문제 11 산업

개선(beveling)이 있는 용접부위 양끝의 완전한 용접을 하기 위해 모재의 양단에 부착하는 보조강판은?

① Scallop
② Back Strip
③ End Tap
④ Crater

해설 11
엔드 탭(End tap) : 용접불량을 예방하기 위하여 용접의 시작과 끝 부분에 임시로 붙이는 보조강판

문제 12 기사

철골가공 및 용접에 있어 자동용접의 경우 용접봉의 피복재 역할로 쓰이는 분말상의 재료를 무엇이라 하는가?

① 플럭스(Flux)
② 슬래그(Slag)
③ 시이드(Sheath)
④ 샤모데(Chamotte)

해설 12 플럭스(Flux)
철골가공 및 용접에 있어 자동용접의 경우 용접봉의 피복재 역할로 쓰이는 분말상의 재료

정답 9. ① 10. ② 11. ③ 12. ①

문제 13　　　　　　　　　　　　　　　　　　　　　기사

철골공사의 용접 결함의 종류 중 아래의 그림에 해당하는 것은?

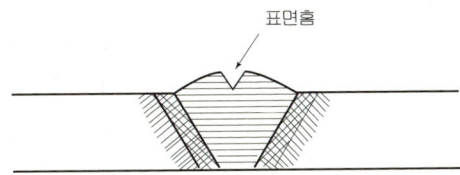

① 언더컷(under cut)
② 피트(pit)
③ 오버랩(over lap)
④ 슬래그섞임(slag inclusion)

문제 14　　　　　　　　　　　　　　　　　　　　　기사

다음과 같은 원인으로 인하여 발생하는 용접 결함의 종류는?

| 원인 : 도료, 녹, 밀 스케일, 모재의 수분 |

① 피트　　　　　　　　② 언더컷
③ 오버랩　　　　　　　④ 슬래그 함입

문제 15　　　　　　　　　　　　　　　　　　　　　기사

철골부재 용접접합의 용어와 그 설명이 틀린 것은?
① 슬래그 감싸돌기 – 용접봉의 피복재 심선과 모재가 변화여 생긴 회분이 용착금속내에 혼입되는 것
② 오버랩 – 용접금속과 모재가 융합되지 않고 겹쳐지는 것
③ 위핑 – 용접봉의 운봉을 용접방향에 대하여 가로로 왔다갔다 움직여 용착금속을 녹여 붙이는 것
④ 공기구멍 및 선상조직 – 용접상부에 따라 모재가 녹아 용착금속이 채워지지 않고 홈으로 남게 된 부분

문제 16　　　　　　　　　　　　　　　　　　　　　기사

철골부재의 용접 시 이음 및 접합부위의 용접선의 교차로 재 용접된 부위가 열 영향을 받아 취약해짐을 방지하기 위하여 모재에 부채꼴 모양으로 모따기를 한 것은?
① Blow Hole　　　　　② Scallop
③ End Tap　　　　　　④ Crater

해 설

[해설] **13, 14**
※ 그림처럼 용접비드의 파인홈이 Pit이다.
용접결함 중 Pit의 발생원인
① 아크중 일산화탄소, 수소과다
② 용착부의 급랭시
③ 이음부에 유지, 페인트, 녹이 있을 때
④ 용접봉, 이음부의 수분과다

[해설] **15** 용접 용어설명
① 언더 컷(Under cut) : 모재가 녹아 용착금속이 채워지지 않고 홈으로 남게 된 부분, 원인은 전류의 과대 또는 용접봉의 부적당에 기인한다.
② 블로우 홀(Blow hole) : 금속이 녹아들 때 생기는 기포나 작은 틈을 말한다. 방출가스가 안쪽으로 혼입되는 공기구멍, 선상조직을 말한다.

[해설] **16**
① 스켈롭(Scallop) : 문제에서 설명하는 곡선모따기를 한 것
② 크레이터(Crater) : Arc 용접 시 끝부분 패임.(항아이 모양) 이것을 예방하기 위하여 엔드 탭을 설치한다.

[정답] 13. ② 14. ① 15. ④ 16. ②

문제 17 산업

철골 용접작업 시 유의사항으로 옳지 않은 것은?

① 용접 자세는 아래보기자세, 수직자세 등 여러 가지가 있으나 일반적으로 하향자세로 하는 것이 좋다.
② 용접 전에 용접 모재 표면의 수분, 슬래그, 먼지 등 불순물을 제거한다.
③ 수축량이 작은 부분부터 용접하고 수축량이 가장 큰 부분은 최후에 용접한다.
④ 감전방지를 위해 안전홀더를 사용한다.

문제 18 산업

다음 중 철골접합의 용접 종료 후에 실시하는 비파괴검사가 아닌 것은?

① 외관검사
② 침투탐상검사
③ 초음파탐상검사
④ 운봉검사

해 설

[해설] 17
① 용접할 모재는 수축변형 또는 마무리 작업을 고려하여 치수에 여유를 둔다.
② 수량이 큰 것 먼저, 작은 것은 나중에 실시한다.
(맞댐용접후 → 모살용접)
※ 수축량이 큰 부분을 먼저 용접한다.

[해설] 18
• 비파괴 검사법은 ①, ②, ③항 이외에 방사선투과검사와 자기분말탐상법 등이 있다.
• ④항은 용접작업 중 실시하는 검사법이다.

정답 17. ③ 18. ④

3 철골세우기, 기계, 내화피복

학습방향

철골세우기에서는 기둥세우기순서, 앵커볼트매입공법, 세우기용기계, 내화피복등이 중요부분으로 자주 출제되는 부분이다.

1 철골세우기

(1) 기둥세우기 순서

기둥중심선먹매김 → 기초보울트위치재점검 → Baseplate높이 조정용 Linerplate 고정 → 기둥세우기 → 주각부 모르타르채움

(2) 주각의 형식

철골 기둥재와 콘크리트와의 기초 접합방식에 따른 분류
① 노출주각
② 보강주각
③ 매립주각

(3) 앵커 Bolt 매입공법

고정매입공법	① Anchor Bolt 위치를 완전 고정후 Concrete 타설. ② 중요공사, 시공정밀도 요구공사, 앵커 Bolt 지름이 클 때 사용.
가동(나중)매입공법	① 기초콘크리트에 앵커볼트를 묻을 구멍을 내두었다가 나중에 고정하는 공법 ② 경미한 공사나 앵커 Bolt 지름이 작을 때 사용 ③ 함석 깔대기를 끼워 Concrete 타설. 다소 위치 수정가능.

학습POINT

■ 현장철골 세우기 순서
① 기초 주각부 심먹 매김
② 앵카 Bolt 설치, 매립
③ 기초 상부 윗면 Level 고르기
④ 세우기
⑤ 가조립
⑥ 변형 바로잡기
⑦ 정조립
⑧ 본 접합
⑨ 접합부 검사
⑩ 도장(칠)

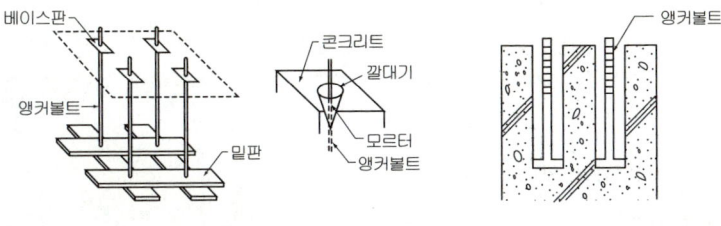

〈그림〉 앵커 Bolt 매입공법)

▶ 기둥 앵카 Bolt 고정매립 장면
(제작된 Plate와 앵카 Bolt를 기초판에 정착)

(4) 기초상부 고름질 방법

1) 상부 Mortar 바름 종류

① 전면 바름 방법	② 나중 채워넣기 중심 바름법
③ 나중 채워넣기+자바름법	④ 완전 나중 채워넣기 방법

2) 베이스 플레이트의 지지, 베이스 Mortar
① 베이스 플레이트 지지공법은 별도규정이 없으면 이동식 매립공법으로 한다.
② 이동식 공법에 사용되는 Mortar는 무수축 Mortar로 한다.
③ Mortar의 두께는 30mm 이상 50mm 이내, 크기는 20cm 각 또는 직경 20cm 이상으로 한다.

▶ Base Plate 높이조절 나중 채워넣기 중심바름

2 철골세우기용 기계

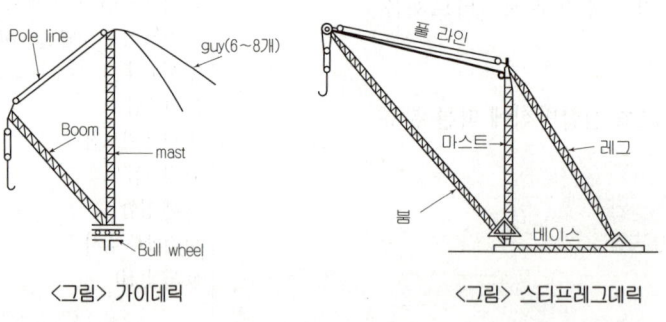

〈그림〉 가이데릭   〈그림〉 스티프레그데릭

■ 데이퍼 스틸구조
① 기둥과 보를 기성재로 만들어 조립하는 것으로 고장력 Bolt로 접합한다.
② 지붕은 데크Plate나 함석을 Bolt, 고강도 못으로 고정한다.
③ 해체 이설이 용이하고 세우기 공도 절약된다.

■ 세우기용 기계

진폴 (Gin pole)	• 1개의 기둥을 세워 철골을 메달아 세우는 가장 간단한 설비 • 소규모 철골공사에 사용 • 옥탑 등의 돌출부에 쓰이고 중량재료를 달아 올리기에 편리하다.
타워 크레인 (Tower crane)	• 타워 위에 크레인을 설치한 것(설치식 크레인이다.) • 고정정 광범위한 작업에 적합하다.

종 류	특 징
가이데릭 (Guy derrick)	① 가장 일반적으로 사용되는 기중기의 일종 ② 5~10ton 정도의 것이 많다. ③ Guy의 수 : 6~8개 ④ 붐(Boom)의 회전범위 : 360° ⑤ 7.5ton 데릭을 1일 세우기 능력 : 철골재 15~20ton ⑥ 붐의 길이는 주축으로 Mast보다 짧게 한다.(3~5m 짧게) ⑦ 당김줄은 지면과 45° 이하가 되도록 한다.
스티프 레그 데릭 (Stiff leg derrick)	① 3각형 토대 위에 철골재 3각을 놓고 이것으로 부품을 조작 ② 가이데릭에 비해 수평이동이 가능하므로 층수가 낮은 긴 평면에 유리하다. ③ 당김줄을 맬수 없을 때 사용 ④ 회전범위 : 270°(작업범위 180°)
트럭크레인 (Truck crane)	① 트럭에 설치한 크레인 ② 자주, 자립가능. 기동력이 좋고 대규모 공장 건물에 적합하다.

▶ 여러 Type의 Tower Crane 모습
※ 타워크레인 사진참조 : (주)공승기업

3 철골의 내화 피복 공법

(1) 공법의 종류

1) 도장 공법		팽창성 내화도료 도포
2) 습식 공법	① 타설공법	강재주위에 Concrete, 경량 Concrete를 타설(두께 5cm 이상) 임의 칫수 가능, 강재와 피복재의 일체화로 신뢰성이 높다.
	② 조적공법	Concrete 블록, 경량 Concrete 블록, 돌, 벽돌 등을 쌓는다.
	③ 미장공법	철망 모르터, 철망 펄라이트 Mortar를 바른다.
	④ 뿜칠공법	내화피복재를 뿜칠하여 피복, 단시간 시공이 가능 단면형상의 영향이 적다. 주재료 : Rock Wool, 석면, 암면, 버미큘라이트 접착재 : 시멘트, 석고, 석회
3) 건식 공법	① 성형판 붙임공법	ALC판, 석고보드, 석면시멘트판, PC, Concrete판 등을 붙인다. 시공정밀도에 따라 성능저하가 우려된다. 가공성이 풍부하나 재료손실이 크다.
	② 휘감기공법	
	③ 세라믹 울피복 공법	세라믹 섬유 블랭킷
4) 합성 공법		천장판, PC판, ALC판 등 마감재와 동시에 피복공사를 한다. 마감처리는 동시에 해결한다.

■ CFT(Concrete filled tube) 기둥의 특징
※ 대형강관에 콘크리트를 채운 구조
① 콘크리트충전으로 강관의 국부좌굴 방지
② 거푸집불필요, 공기단축
③ 철골의 내화성능 증가
④ 콘크리트의 강도 증가

(2) 건축물 강구조공사 내화피복 공사의 검사 및 보수 (건축공사 표준시방서)

1) 미장공법, 뿜칠공법
  ① 미장공법의 시공 시에는 시공면적 $5m^2$당 1개소 단위로 핀 등을 이용하여 두께를 확인하면서 시공한다.
  ② 뿜칠공법의 경우 시공 후 두께나 비중(밀도)은 코어를 채취하여 측정한다. 측정 빈도는 층마다 또는 바닥면적 $500m^2$마다 부위별 1회를 원칙으로 하고, 1회에 5개소로 한다. 그러나 연면적이 $500m^2$ 미만의 건물에 대해서는 2회 이상으로 한다. 단, 필요시 책임기술자와 협의하여 면적을 늘릴 수 있다.

2) 조적공법, 붙임공법, 멤브레인공법, 도장공법
  ① 재료반입 시, 재료의 두께 및 비중(밀도)을 확인한다.
  ② 빈도는 층마다 또는 바닥면적 $500m^2$마다 부위별 1회로 하며, 1회에 3개소로 한다. 그러나 연면적이 $500m^2$ 미만의 건물에 대해서는 2회 이상으로 한다. 단, 필요시 책임기술자와 협의하여 면적을 늘릴 수 있다.
  ※ 불합격의 경우, 덧뿜칠 또는 재시공하여 보수한다.

■ 내화피복 검사시 확인사항
① 두께확인
② 비중확인
③ 밀도확인
④ 부착력(강도) 확인

핵 심 문 제

문제 1 공통

철골의 주각을 기초에 고정시키는데 나중매립공법을 사용하는 경우는 다음 기술 중 어떤 곳에 해당되는가?
① 구조물이 고층건물일 경우
② 구조물의 이동조립을 가능하게 하기 위한 경우
③ 앵커볼트의 지름이 작은 경우
④ 앵커볼트의 지름이 큰 경우

해설 1
① 가동(나중) 매립공법은 앵커볼트 지름이 작은 경우와 경미한 공사에서 적용된다.
② 고정매립공법은 앵커볼트 지름이 큰 경우나 정밀한 공사에서 적용된다.

문제 2 기사

철골공사의 기초상부 및 고름질 방법에 해당되지 않은 것은?
① 전면바름 마무리법
② 나중 채워넣기 중심바름법
③ 나중 매입 공법
④ 나중 채워넣기법

해설 2 기초상부고름질방법
① 전면바름방법
② 나중채워넣기 중심바름법
③ 나중채워넣기+자바름법
④ 완전나중 채워넣기 방법

문제 3 기사

가이데릭(guy derrick)에 대한 설명 중 틀린 것은?
① 기계대수는 평면높이의 가동범위·조립능력과 공기에 따라 결정한다.
② 붐(boom)의 길이는 마스트의 길이보다 길다.
③ 불 휠(bull wheel)은 가이 데릭에만 있다.
④ 붐의 회전은 360°이다.

해설 3 가이데릭의 특징
① 철골공사 세우기용 기중기로 가장 많이 사용됨.
② 붐의 이동범위가 360°로 작업반경이 넓고 엄가이다.
③ 붐의 길이는 마스트의 길이보다 짧다.

문제 4 공통

다음의 철골세우기용 기계설비에서 수평이동이 용이하고 또 건물의 층수가 적고 긴 평면일 때나 또는 당김줄을 맬 수 없을 때 유리한 것은?
① 스티프레그 데릭 ② 가이 데릭
③ 트럭 크레인 ④ 진 폴

해설 4 스티프레그 데릭
(Stiff leg derrick)
① 가이데릭에 비해 수평이동이 가능하므로 층수가 낮은 긴평면에 유리
② 당김줄을 마음대로 맬수 없을 때 사용

문제 5 산업

소규모 철골공사에 많이 사용되며 또한 중량재료를 달아 올리기에 편리하며 폴 데릭(pole derrick)이라고도 불리는 것은?
① 가이데릭 ② 삼각데릭
③ 진폴 ④ 타워크레인

해설 5 진폴(Gin pole)
① 1개의 기둥을 세워 철골을 메달아 세우는 가장 간단한 설비
② 소규모 철골공사에 사용
③ 옥탑 등의 돌출부에 쓰이고 중량재료를 달아 올리기에 편리하다.

정답 1. ③ 2. ③ 3. ② 4. ① 5. ③

문제 6   기사

철골공사의 내화피복 공법에 해당하지 않는 것은?

① 타설공법
② 뿜칠공법
③ 미장공법
④ 다짐공법

문제 7   산업

내화피복 공사를 뿜칠공법으로 시공 시 필수 확인 항목이 아닌 것은?

① 두께의 확인
② 밀도의 확인
③ 부착강도 확인
④ 방청도장 제거 확인

문제 8   산업

철골 구조물에서는 피난에 필요한 일정 시간에 철골재의 온도가 상승하지 않도록 하는 내화 피복 공법이 아닌 것은?

① 락울 뿜칠 공법
② 방청처리 공법
③ ALC 판 붙이기 공법
④ 타설공법

문제 9   기사

철근콘크리트 슬래브와 철골보가 일체로 되는 합성구조에 관한 설명 중 옳지 않은 것은?

① 쉐어커넥터가 필요하다.
② 바닥판의 강성을 증가시키는 효과가 크다.
③ 자재를 절감하므로 경제적이다.
④ 경간이 작은 경우에 주로 적용한다.

문제 10   산업

철골구조의 합성보에서 철골보와 슬래브를 일체화시킬 때 그 접합부에 생기는 전단력에 저항시키기 위하여 사용되는 접합재는?

① 쉐어 커넥터(shear connecter)
② 게이지 라인(gage line)
③ 중도리(purline)
④ 스페이스 프레임(space frame)

해 설

해설 6 철골공사의 내화피복 공법
- 도장공법
- 습식공법: 타설공법, 미장공법, 뿜칠공법, 조적공법
- 건식공법: 성형판 붙임공법, 휘감기공법, 세라믹울피복공법
- 합성공법

해설 7 내화피복 공사의 검사
(1) 미장, 뿜칠공법의 검사
 ① 시공면적 5m²당 1개소의 두께를 확인하면서 시공
 ② 뿜칠 시공 후에는 코어를 채취하여 두께 및 비중을 측정한다.
(2) 각 공법마다 두께, 비중, 밀도, 부착력(강도) 등을 확인한다.

해설 8
(1) 방청처리공법은 녹방지 조치이다.
(2) 내화피복 공법의 종류
 ① 도장공법
 ② 습식공법(콘크리트 타설, 미장, 조적, 뿜칠 공법)
 ③ 건식공법
 ④ 합성공법

해설 9
합성구조는 일반적으로 장 Span 구조에 쓰인다.

해설 10 Shear Connector
① 철골보와 바닥판(Slab)에서 발생되는 전단력 보강철물이다.
② 주로 보와 바닥판이 만나는 부분에서 사용된다.
(주로 Stud Bolt 형식을 사용)

정답 6. ④ 7. ④ 8. ② 9. ④ 10. ①

건축기사 _ 기출문제

문제 1

다음 중 리벳구멍의 가심을 할 때 쓰는 기구는?

① 리이머(Reamer)
② 스냅(Snap)
③ 드리프트 핀(Drift Pin)
④ 토오크 렌치(Torgue Wrench)

[해설] ① 리머(Reamer) : 구멍가심기구
② 스냅(Snap) : 리벳홀더에 끼워 리벳머리모양을 만들 때 쓴다.
③ 드리프트 핀(Drift Pin) : 구멍맞춤기구
④ 토크 렌치(Torgue Wrench) : 볼트를 조임시 사용하는 기구

문제 2

건축시공에 관련있는 용어의 조합에서 틀린 것은?

① 언더 피닝(Under pinning) - 철골공사
② 어스 오거(Earth auger) - 기초공사
③ 체인 블록(Chain block) - 가설공사
④ 코너 비드(Corner bead) - 미장공사

[해설] 언더 피닝(Under pinning)
구조물이나, 기초 보강공사를 총칭하는 용어
② 어스 오거 : 지반을 천공하는 회전드릴
③ 체인 블록 : 중량물을 운반하는 수동식 기중기
④ 코드 비드 : 미장공사시 모서리 보호용 철물

문제 3

공장에서 가공 또는 조립을 완료한 철골부재에 대하여 녹막이칠을 하여야 할 곳은?

① 조립에 의하여 맞닿는 면
② 리벳머리
③ 콘크리트에 매입되는 부분
④ 고장력볼트 마찰접합부의 면

[해설] ①, ③, ④항과 현장 용접부위 및 인접하는 양측 100mm이내, 핀, 로울러 등 밀착하는 부분과 회전면 등 절삭가공한 부분, 밀폐되는 내면 등은 녹막이칠을 할 필요가 없다.

문제 4

철골공사에 관한 사항 중 옳지 않은 것은?

① 볼트 접합부는 부식하기 쉬우므로 방청도장을 하여야 한다.
② 볼트 죄기에는 임팩트렌치, 토크렌치 등을 사용한다.
③ 철골은 화재에 의한 강성저하가 심하므로 내화피복을 하여야 한다.
④ 용접 후 용접부의 안전성을 확인하기 위한 비파괴검사에는 침투탐상법, 초음파 탐상법 등이 있다.

[해설] 고력볼트 접합부
① 표면의 녹, 유류, 칠 등 마찰력 저해요소를 제거한다.
② 붉은 녹 상태를 유지하거나 블래스트 처리하여 마찰계수 0.45 이상의 표면 거칠기를 확보한다.
③ 방청도장은 하지 않는다.

문제 5

철판과 철판이 겹치든가 맞닿는 부분이 각을 이루도록 용접하는 것은?

① 맞댐용접
② 모살용접
③ 용입용접
④ 다층용접

[해설] 모살용접(Fillet 용접)
① 철판과 철판이 겹치든가 맞닿는 부분이 각을 이루도록 용접하는 것.
② 형강 또는 판 등의 겹침이음, T자이음, 각이음 등에 쓰인다.

해답 1.① 2.④ 3.② 4.① 5.②

문제 6

용접결함에 관한 설명으로 옳지 않은 것은?

① 슬래그 함입 – 용융금속이 급속하게 냉각되면 슬래그의 일부분이 달아나지 못하고 용착금속 내에 혼입되는 것
② 오버랩 – 용접금속과 모재가 융합되지 않고 겹쳐지는 것
③ 블로우 홀 – 용융금속이 응고할 때 방출되어야 할 가스가 잔류한 것
④ 크레이터 – 용접전류가 과소하여 발생

[해설] 전류과다(과대전류)에 의한 용접결합
① 언더 컷(Under Cut)
② Crater : 크레이터
③ Crack : 균열

문제 7

철골공사에서 용접봉의 내밀기, 이동 등을 기계화한 것이고, 서브머지 아크용접법에 쓰이며, 용접봉은 코일상으로 돌려감은 것을 쓰고, 피복재 대신 분말상의 플럭스를 쓰는 용접기기 명칭으로 가장 적합한 것은?

① 직류아크용접기 ② 교류아크용접기
③ 자동용접기   ④ 반자동용접기

[해설] 자동용접기
용접봉의 내밀기, 이동 등을 기계화한 것으로, 서브머지 아크용접법에 쓰이며, 피복재 대신에 분말상의 플럭스(Flux)를 쓴다.

문제 8

다음의 용접기호로써 알 수 있는 사항으로 맞지 않는 것은?

① 맞댄용접
② 다리길이
③ 용접길이
④ 피치

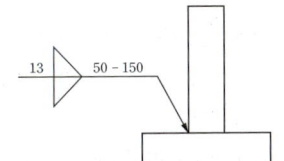

[해설] 모살용접기호
이 기호로 알 수 있는 항목
① 양면(병열) 단속모살용접이다.
② 다리길이는 13mm이다.
③ 용접길이는 50mm이다.
④ 용접피치는 150mm이다.

문제 9

다음중 철골공사에서 불량 용접을 뜻하지 않는 것은?

① 언더 컷(Under Cut)
② 가스 가우징(Gas Gouging)
③ 오버랩(Overlap)
④ 블로우 홀(Blow Hole)

[해설] ② Gouging : 금속판면에 홈이나 구멍을 뚫는 것. 정을 사용하는 기계적 방법과 가스나 아아크를 이용하는 방법 등이 있다. 가스 가우징은 산소 아세틸렌 불꽃을 이용하는 방법이다.
※ 용접불량을 제거할 때도 가우징한다.

문제 10

철골공사의 용접공사 중 아래의 그림과 같은 용접의 결함을 무엇이라 하는가?

① 크레이터(Crater)
② 언더컷(Under cut)
③ 블로우홀(Blow hole)
④ 슬래그 말림

[해설] 언더 컷(Under Cut)
용접상부(모재표면과 용접표면이 교차되는 점)에 따라 모재가 녹아 용착금속(鎔着金屬)이 채워지지 않고 홈으로 남게 된 부분

해답 6. ④ 7. ③ 8. ① 9. ② 10. ②

문제 11

철골공작 용어에서 스패터(Spatter)란?

① 전단절단에서 생기는 뒤꺽임 현상
② 수동 가스절단에서 절단선이 곧지 못하여 생기는 잘록한 자국의 거치렁이
③ 철골 용접에서 용접부의 상부를 덮는 용접 불순물
④ 철골용접 중 튀어나오는 슬래그 및 금속입자

[해설] 스패터(Spatter)
아크용접과 가스용접에서 용접 중 튀어 나오는 슬래그 또는 금속 입자를 말한다.
① : 바(Burr)
② : 노치(Notch)
③ : 슬래그(Slag)

문제 12

철골공사 접합 중 용접에 대한 주의사항으로 틀린 것은?

① 현장용접을 하는 부재는 그 용접부위에 얇은 에나멜 페인트 이외의 칠을 해서는 안된다.
② 용접봉의 교환 또는 다층용접일 때에는 먼저 슬래그를 제거하고 청소한 후 용접한다.
③ 용접할 소재는 용접에 의한 수축변형이 생기고, 또 마무리 작업도 고려해야되므로 치수에 여분을 두어야 한다.
④ 용접이 완료되면 슬래그 및 스패터를 제거하고 청소한다.

[해설] 현장용접을 하는 부위 및 그 곳에 인접하는 양측 100mm 이내는 도장작업이 금지된다.

문제 13

철골공사에 관한 설명 중 옳지 않은 것은?

① 콘크리트에 매입되는 철골부재에는 녹막이칠을 하지 않는다.
② 기온이 영하 5℃까지는 특별한 조치없이 용접작업을 한다.
③ 고장력볼트의 조임은 토오크렌치를 사용한다.
④ 리벳은 1,100℃가 넘지 않도록 가열하여 사용한다.

[해설] 기온이 0℃ 이하일 때에는 용접을 하여서는 안된다. 단, 0℃~-15℃까지는 용접시작부에서 100mm이내를 모재의 온도가 36℃이상이 되도록 예열후 용접 가능하다.

문제 14

철골공사에서 기초콘크리트에 접하는 부분의 부식을 방지할 수 있는 가장 좋은 방법은?

① 배합비 1 : 1 몰탈로 완전하게 바른다.
② 수성페인트칠을 한다.
③ 광명단칠을 한다.
④ 유성페인트칠을 한다.

[해설] 철의 부식 방지에 가장 효과적인 것은 알카리에 접해 두는 것이다.

문제 15

철골부재 각부의 일반적인 접합방법으로 옳지 않은 것은?

① 주각과 베이스 플레이트 – 용접
② 기둥과 기둥 – 고장력 볼트
③ 기둥과 보 – 용접
④ 보와 보 – 고장력 볼트

[해설] 주각과 베이스 플레이트 – 앵커볼트로 접합

문제 16

가이 데릭에 대한 다음 기술 중 옳지 않은 것은?

① 주축은 6~8본의 wire rope로 지지한다.
② 회전범위는 360°이다.
③ 당김줄(guy line)은 지면과 30°이하가 되도록 한다.
④ 7.5ton의 derrick으로 1일 철골세우기의 능력은 15~20ton 정도이다.

해답 11. ④ 12. ① 13. ② 14. ① 15. ① 16. ③

해설 가이데릭
당김줄은 지면과 45° 이하가 되도록 한다.

해설 (1) Guesset Plate는 상·하 부재나 경사부재의 연결용 보조강판을 말한다.
(2) 철골 주각부에는 베이스플레이트, 윙플레이트, 클립앵글, 사이드앵글, 필러플레이트 등이 사용된다.

문제 17

용접 작업 시 용착금속 단면에 생기는 작은 은색의 점으로 수소의 영향에 의해서 발생하며 100℃로 가열하여 24시간 방치하면 수소가 방출되어 회복되는 불완전용접의 종류는?

① 피시 아이(Fish eye)
② 블로 홀(Blow hall)
③ 슬래그 섞임(Slag inclusion)
④ 크레이터(Crater)

해설 Flyash(은정)
① Slag 혼입 및 Blow hole 겹침 현상. 생선눈알모양의 은색 반점이 나타남.
② 수소의 영향으로 발생함. 불완전용접으로 100℃로 가열하여 24시간 정도 방치하면 수소가 방출되면서 회복됨.

문제 18

사무실 용도의 건물에서 철골구조의 슬래브 바닥재로 일반적으로 사용되는 것은?

① 데크 플레이트
② 체커드 플레이트
③ 거셋 플레이트
④ 베이스 플레이트

해설 철골구조나 합성구조에서 바닥판을 구성할 때 많이 사용하는 아연도금한 절곡 철판이 데크플레이트(Deck plate)이다.

문제 19

다음 용어의 연결 중 가장 관련이 적은 것은?

① 기둥 – 메탈터치(Metal Touch)
② 인장가새 – 턴버클(Turn Buckle)
③ 주각부 – 거셋플레이트(Guesset Plate)
④ 중도리 – 쌔그로드(Sag Rod)

해답 17. ① 18. ① 19. ③

건축산업기사 _ 기출문제

CHAPTER 5 철골공사

문제 1

철골공사의 공정에서 가장 최후에 실시할 공정은?

① 녹막이 칠
② 변형 바로잡기
③ 리벳치기
④ 조립

[해설] 철골의 공장가공 순서
원척도 → 본뜨기 → 금매김 → 절단 및 가공 → 구멍뚫기 → 가조립 → 본조립 → 검사 → 녹막이칠

문제 2

다음 철골 공사용 기계 기구 중 그 사용 용도가 나머지 셋과 다른 것은?

① 리머(Reamer)
② 펀칭해머(Punching hammer)
③ 드릴(Drill)
㉣ 토그렌치(Torque wernch)

[해설] ①, ②, ③항은 구멍뚫기 기구이다.
④항은 고력Bolt 조임기구이다.

문제 3

철골공사에서 녹막이 칠을 하지 않는 부위와 거리가 먼 것은?

① 콘크리트에 밀착 또는 매립되는 부분
② 폐쇄형 단면을 한 부재의 외면
③ 조립에 의해 서로 밀착되는 면
④ 현장용접을 하는 부위 및 그곳에 인접하는 양측 100mm 이내

[해설] 녹막이칠을 하지 않는 부분
① 현장 용접부위 및 인접하는 양측 100mm이내
② 고력볼트 마찰 접합부의 마찰면
③ 콘크리트에 매입되는 부분
④ 조립에 의하여 맞닿는 부분
⑤ 핀, 로울러 등 밀착하는 부분과 회전면 등 절삭가공한 부분
⑥ 폐쇄형 단면의 밀폐되는 내면

문제 4

철골조의 부재에 관한 설명으로 옳지 않은 것은?

① 스티프너(stiffener)는 웨브(web)의 보강을 위해서 사용한다.
② 플랜지플레이트(flange plate)는 조립보(plate girder)의 플랜지 보강재이다.
③ 거셋플레이트(gusset plate)는 기둥 밑에 붙여서 기둥을 기초에 고정시키는 역할을 한다.
④ 트러스 구조에서 상하에 배치된 부재를 현재라 한다.

[해설] (1) ③번의 설명은 Base plate에 대한 설명이다.
(2) Guesset plate는 상·하 부재나 경사부재의 연결용 보조강판을 말한다.

문제 5

다음 건설기계 중 철골세우기 작업 시 철골부재 양중에 적합한 것은?

① 타워크레인(tower crane)
② 와이어 클립퍼(wire cliper)
③ 드래그 라인(drag line)
④ 콘베이어(conveyer)

[해설] 철골세우기 작업이나 철골부재 양중작업은 주로 타워크레인으로 이루어진다.

해답 1.① 2.④ 3.② 4.③ 5.①

문제 6

철골조립 공사에 효율적인 양중기는 다음 중 어느 것인가?

① 컨베이어(Conveyor)
② 가이 데릭(Guy derrick)
③ 체인 블록(Chain block)
④ 오일 잭(Oil jack)

[해설] 건설용 기계기구

가이데릭 (Guy Derrick)	• Guy는 Mast를 지지하여 철골세우기용으로 가장 널리 사용된다. • 붐의 행동범위는 360°에 이른다.
컨베이어 (Conveyor)	• 흙운반용기계로서 능력이 좋으므로 최근 많이 사용하고 있다. • 벨트(Belt)식과 버킷(Bucket)식이 있고, 이동식이 많이 사용된다.
체인블록 (Chain Block)	• 석재나 철골재 등 중량물을 수직으로 들어올리거나, 내리는 경우, 또는 널말뚝을 뽑을 경우에 사용되는 수동 양중장치이다.
오일 잭 (Oil Jack)	• 유압(수압)방식 • 100~300t 정도까지 올릴 수 있으나, 건축에서는 보통 10~100t정도의 것이 가장 많이 사용된다.

문제 7

철골구조의 내화피복 공법과 가장 거리가 먼 것은?

① 성형판 붙임 공법
② 미장 공법
③ 뿜칠 공법
④ 심초 공법

[해설] 철골내화 피복공법의 종류
① 도장공법
② 습식공법 : 타설공법, 조적공법, 미장공법, 뿜칠공법
③ 건식공법 : 성형판 붙임공법, 휘감기공법, 세라믹울피복공법
④ 합성공법

문제 8

철골구조용에서 쉐어커넥터(Share connector)가 사용되는 부분은?

① 기둥과 보
② 보와 보
③ 바닥판과 보
④ 기둥과 기초

[해설] Share Connector
① 철골 보와 바닥판(Slab)에서 발생되는 전단력 보강철물이다.
② 주로 보와 바닥판이 만나는 부분에서 사용된다.(주로 Stub Bolt 형식을 사용)

문제 9

콘크리트충전 강관구조에 관한 기술로서 틀린 것은?

① H형강에 비해 국부좌굴에 취약한 단점이 있다.
② 콘크리트를 타설함에 있어 별도의 거푸집을 필요로 하지 않는다.
③ 접합부의 수평력 전달은 일반적으로 다이아프램이라는 요소부재를 통해 이루어진다.
④ 일반 철골구조보다 내화성능이 우수하다.

[해설] 콘크리트 충전 강관구조의 특징
① 충전된 콘크리트가 강관의 국부좌굴 변형을 구속하여 국부좌굴에 안전하다.
② 내화성능과 항복강도도 증가한다.
③ 거푸집이 불필요하여 공기가 단축된다.
④ 큰 변형능력을 발휘한다.

문제 10

철골보의 설계 시 플랜지(Flange)에 커버 플레이트(Cover Plate)를 설치하는 주된 목적은?

① 휨모멘트에 대한 보강
② 전단력에 대한 보강
③ 과도한 충격 하중에 대한 플랜지 보호
④ 작용 하중의 분산

해답 6. ② 7. ④ 8. ③ 9. ① 10. ①

[해설] Cover Plate
철골보 설계시 Flange 부분에 덧대주는 철판으로써 휨에 대한 저항성을 증가시켜 주기 위함이다.

문제 11
철골구조의 판보에 수직스티프너를 사용하는 경우는 어떤 힘에 저항하기 위함인가?
① 인장력
② 전단력
③ 휨모멘트
④ 압축력

[해설] 철골구조에서 스티프너(Stiffner)의 사용목적은 전단력에 대한 보강(저항)을 하기 위함이다.

문제 12
철골구조에서 가새를 조일 때 사용하는 보강재는?
① 거셋 플레이트(Gusset plate)
② 슬리브 너트(Sleeve nut)
③ 턴 버클(Turn buckle)
④ 아이 바(Eye bar)

[해설] ① 턴 버클은 지지용 와이어나 로프 등을 당겨서 조이거나 이완시키는 역할을 한다.
② 양끝에 왼나사와 오른나사가 있고 여기에 나사훅(Hook)을 결합시킨 것으로서 이것을 회전시키면 회전방향에 따라서 조임이 되거나 풀림
③ 가새를 긴장할 때 거푸집 조립에도 사용이 된다.

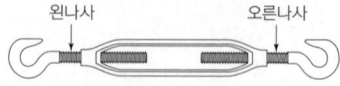
왼나사   오른나사

문제 13
철골 용접부 예열에 관한 다음 설명 중 가장 잘못된 항목은?
① 용접부의 예열 최대온도는 230℃ 이상을 하여야 한다.
② 용접부의 예열은 용접선 양측 100mm 및 아크 전방 100mm 범위 내에서 모재를 최소 예열온도 이상으로 가열한다.
③ 이종금속간에 용접을 할 경우에는 예열과 층간온도는 상위등급을 기준으로 하여 실시한다.
④ 기온이 0℃ 이하에서는 예열을 한 후 용접을 수행해야 한다.

[해설] 용접부 예열
중탄소강의 다층용접의 경우는 150~200℃ 정도 예열한다. (최대 예열온도는 230℃ 이하, 시방서 규정은 250℃ 이하)

문제 14
철골구조의 주각부의 구성요소에 해당되지 않는 것은?
① 스티프너
② 베이스플레이트
③ 윙 플레이트
④ 클립앵글

[해설] ① 철골구조에서 스티프너(Stiffner)의 사용목적은 전단력에 대한 보강(저항)을 하기 위함이다.
※ web 부분의 좌굴을 방지함.
② 철골 주각부에는 ②, ③, ④항 이외에 사이드앵글, 필러 플레이트 등이 사용된다.

해답 11. ② 12. ③ 13. ① 14. ①

제6장 조적공사

출제경향분석

조적공사는 (1) 벽돌공사 (2) 블록공사 (3) 석공사로 구성되어 있으며 20문제 출제 중 2~3문제 정도 출제되고 있다.
일반구조와 겹치는 내용이 있지만 소홀히 해서는 안되는 단원으로 조적공사의 일반적 시공에 대한 주의사항과 돌재료가 자주 출제되는 내용이다.

세부목차

1. 벽돌(Brick) 공사
2. 블록(Block) 공사
3. 돌(Stone) 공사

1 벽돌(Brick)공사

> **학습방향**
> 벽돌 쌓기법에서 모르타르가 경화되기 전까지는 진동, 충격, 횡력 등의 하중에 유의해야 한다.
> 시험에서는 벽돌쌓기 시공에 대한 주의사항, 벽돌줄눈, 쌓기형식, 백화현상 등이 주로 출제된다.

1 재 료

(1) 시멘트 벽돌

1) 시멘트와 골재를 배합하여 성형 제작한 것이다. 치수는 보통 붉은벽돌과 같으며, 강도는 $8N/mm^2$ 이상이어야 한다.(KSF 4004)
2) 성형 후에도 500도시(度時 : 도시란 온도와 시간을 곱한 수치로서 500도시는 21℃로 약 24시간 유지한 수치임) 이상 다습상태에서 보양하여야 한다.

(2) 붉은 벽돌 (점토벽돌)

1) 소성온도는 900~1,000℃ 정도이며, 일반 조적구조재 등에 사용한다.
2) 벽돌치수

벽돌치수 및 허용값

구 분	길 이	너 비	두 께
일반형	210	100	60
표준형	190	90	57
허용값	±5mm	±3mm	±2.5mm

3) 점토벽돌의 품질및 분류 (KSL 4201)

| 품 질 | 종 류 | | 기 타 |
	1종	2종	
흡수율(%)	10 이하	15 이하	*1종 : 내·외장용
압축강도(MPa)	24.50 이상	14.70 이상	2종 : 내장용

(3) 내화벽돌(Fire Brick)

1) 내화벽돌의 기준치수

구 분	길 이	너 비	두 께
치수(mm)	230	114	65
허용치	±3.5(%)	±2(%)	±2(%)

학습POINT

■ 벽체 쌓기 두께

구 분	0.5B	1.0B	1.5B	2.0B
기존형	100	210	320	430
표준형	90	190	290	390

<그림> 벽체 단면도

■ 1종벽돌의 강도
$250 \times 9.8 = 2450N/cm^2$
$= 24.50N/mm^2 = 24.50MPa$

2) 내화벽돌의 내화도

등 급	S.K-No	내 화 도
저급	26~29	1,580°~1,650°C
보통	30~33	1,670°~1,730°C
고급	34~42	1,750°~2,000°C

■ 내화벽돌
굴뚝, 난로 등 내부쌓기용으로는 S.K-No 26~29 정도의 것이 사용된다.

2 벽돌쌓기법

(1) 벽체의 종류

① 내력벽(Bearing Wall)	주택 등의 하중을 받는 내·외벽체

길이 : 10m 이하, 최상층높이 : 4m 이하
두께 : 19cm 이상, (층수와 벽길이에 따라 다름) 바닥면적 : 80m² 이하

② 장막벽(비내력벽, Curtain Wall)	라멘조 등의 하중을 받지 않는 내·외벽체

※ 벽량 : 조적조에서 내력벽 길이 의합(cm)을 그 층의 바닥면적(m²)으로 나눈 값
※ 대린벽 : 조적조에서 벽체길이를 설정하기 위한 서로 마주보는 벽을 말한다.

■ 벽량(cm/m²)

= $\dfrac{\text{내력벽길이의 합계(cm)}}{\text{바닥면적(m}^2\text{)}}$

• 벽량이 클수록 횡력에 저항하는 값이 크다.

(2) 각종 벽돌 쌓기

종 류	특 징	비 고
① 영식쌓기 (English Bond)	한켜는 길이, 한켜는 마구리 쌓기, 벽 모서리 끝벽, 마구리에 반절이나 이오토막사용	가장 튼튼한 쌓기. 내력벽에 사용
② 네덜란드, 화란식 쌓기 (Dutch Bond)	영식쌓기와 거의 같다. 길이켜의 모서리와 끝벽에 칠오토막 사용	일하기 쉽고, 비교적 견고, 가장 많이 쓰인다.
③ 불식쌓기 (Flemish Bond)	입면상 매켜에 길이와 마구리가 번갈아 나온다. 구조적으로 튼튼하지 못하다. 마구리에 이오토막 사용	치장용 이오토막과 반토막 벽돌 많이 사용
④ 미식쌓기 (American Bond)	5켜는 치장벽돌로 길이쌓기, 다음 한 켜는 마구리 쌓기로 본 벽돌에 물리고 뒷면은 영식 쌓기 한다.	외부 붉은 벽돌, 내부 cement 벽돌을 쌓는 경우
⑤ 내쌓기(Cobel)	벽면에서 내쌓기 : 한켜 1/8B, 두켜 1/4B 내쌓는다. 최대 2.0B 이하	내쌓기는 마구리 쌓기로 한다.
⑥ 공간 쌓기	통상 바깥쪽을 주벽체로 하고, 공간 너비는 통상 50mm~70mm(단열재 두께+10mm) 정도로 한다. 연결재의 배치 및 간격은 수평거리 900mm 이하 수직거리 400mm 이하로 한다.	보온(방한) 방습(방수) 차음(방음)이 목적
⑦ 장식 쌓기	엇모쌓기, 영롱쌓기, 무늬쌓기, 장식벽으로 이용 (영롱쌓기는 +자나 사각형의 구멍을 내어 쌓는다.)	무늬쌓기는 대각선 무늬, 바자무늬 등이 있다.

■ 벽돌쌓기 형식

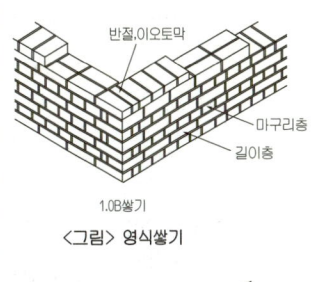
〈그림〉 영식쌓기

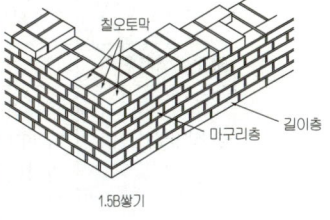
〈그림〉 화란식쌓기

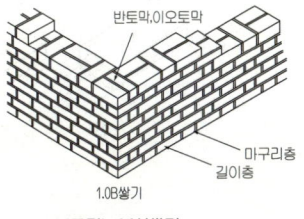
〈그림〉 불식쌓기

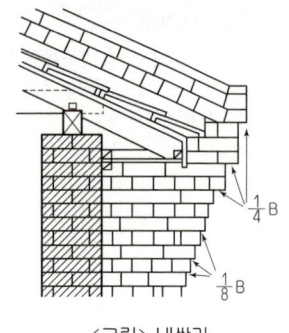

<그림> 내쌓기

▶ 창대 쌓기
15° 정도 경사지게 쌓는다.

▶ 영롱쌓기

(3) 벽돌쌓기 일반사항

1) 물축이기	붉은 벽돌 : 사전에 축이기, 시멘트 벽돌 : 쌓으면서 쌓기 바로전 축이기, 내화벽돌 : 물축이기를 하지 않는다.
2) Mortar 배합	조적용 : 1 : 3, 아치용 : 1 : 2, 치장용 : 1 : 1
3) Mortar 강도	벽돌강도와 동일 이상. 경화시간 : 1~10시간(1시간 이내 사용) 동기공사 : 내한제를 섞는다. 내화벽돌 : 내화 Mortar 사용
4) 줄눈	10mm 표준(내화벽돌 : 6mm), 막힌 줄눈 원칙 보강블록조의 줄눈 : 통줄눈이 원칙
5) 치장줄눈	Mortar가 굳기전 쇠손으로 눌러 10mm 정도 파기 치장줄눈은 Mortar 굳은 후 깊이 6~8mm 정도 시공
6) 보양	12시간내 등분포하중금지. 3일동안 : 집중하중 금지 벽돌 및 쌓기용 재료의 표면온도 : 영하 7℃ 이하 금지 평균 4℃이하~영하4℃까지 : 최소한 24시간 내후막 설치
7) 세로규준틀 기입사항	① 쌓기단수 및 줄눈표시 ② 창문틀 위치, 칫수 표시 ③ 앵커볼트 및 매립철물 설치 위치 ④ 인방보, 테두리보 설치 위치 ⑤ 나무벽돌, 보강철물 등의 표시
8) 1일 쌓기 단수	1.2~1.5m(18~22켜) 영식, 화란식으로 쌓는다.
9) 창대쌓기	옆세워 쌓는다. 창대 윗면경사 15°, 문위는 1/8B~1/4B 내쌓거나 벽면에 일치 시킨다. 창대벽은 창대 밑 15mm 정도 물리고 코킹처리, 창문주위는 거멀접기로 완전방수 처리한다.

■ 벽돌쌓기

도중에 쌓기를 중단할 때에는 층단떼어 쌓기로 하고 직각으로 교차되는 벽의 물림은 켜걸음들여 쌓기로 한다.

층단떼어쌓기
(도중쌓기 중단시)

<그림> 층단떼어 쌓기

켜걸음들여쌓기
(교차되는 벽)

<그림> 켜걸음 들여 쌓기

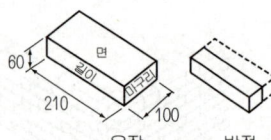  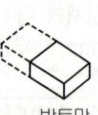 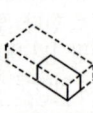 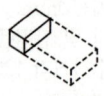

온장　반절　칠오토막　반토막　반반절　이오토막

<그림> 벽돌크기와 명칭

(4) 벽돌의 줄눈

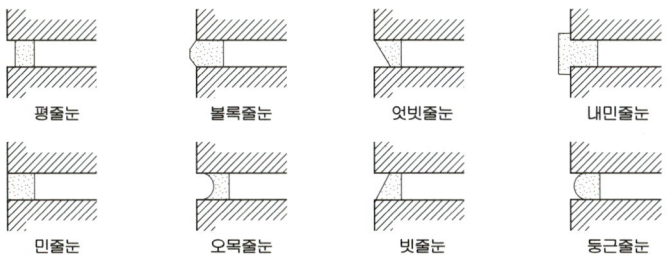

■ 벽돌의 줄눈
일반적으로 가장 많이 사용되는 줄눈은 평줄눈이고 방습상 가장 유효한 줄눈은 빗줄눈이다.

3 기타사항

(1) 벽돌벽의 균열원인

계획설계상의 미비	시공상의 결함
① 기초의 부동침하 ② 건물의 평면, 입면이 불균형 및 벽의 불합리한 배치 ③ 불균형 하중, 큰 집중하중, 횡력 및 충격 ④ 벽돌벽의 길이, 높이에 비해 두께가 부족하거나 벽체강도부족 ⑤ 문꼴 크기의 불합리 및 불균형 배치(개구부 크기의 불합리)	① 벽돌 및 모르타르의 강도부족 ② 온도 및 습기에 의한 재료의 신축성 ③ 이질재와의 접합부 불완전 시공 ④ 콘크리트보 밑의 모르타르 다져넣기의 부족(장막벽의 상부) ⑤ 모르타르, 회반죽 바름의 신축 및 들뜨기 ⑥ 온도변화와 신축을 고려한 Control Joint 설치미흡(보통 6m마다 설치)

(2) 백화현상

백화현상이란 백태라고 하며 벽에 침투하는 빗물에 의해서 Mortar 중의 석회분이 공기중의 탄산가스(CO_2)와 결합하여 벽돌이나 조적 벽면에 흰가루가 돋는 현상(벽돌의 황산나트륨과 결합하여서도 생긴다. 백화물질의 96.6% 이상이 $CaCO_3$이다.)

1) 반응식

① $Ca(OH)_2 + CO_2 = CaCO_3 + H_2O$

② $Na_2SO_4 + CaCO_3 = Na_2CO_3 + CaSO_4$

▶ 조적조 표면에 발생한 백화현상

▶ 백화방지를 위한 실리콘 뿜칠 장면

2) 백화현상 방지법 및 벽체의 습기침투 원인

백화현상 방지법 및 조치사항	벽돌벽의 습기 침투 원인
① 잘 구워진 벽돌 사용 (소성이 잘된 벽돌) ② 줄눈의 방수처리 철저. 예방이 중요하다.(방수제 사용과 충분한 사춤) ③ 조립율이 큰 모래, 분말도가 큰 시멘트 사용 ④ 차양, 루버, 돌림띠 등 비막이 설치 ⑤ 표면에 파라핀 도료나 실리콘 뿜칠 ⑥ 우중시공을 철저히 금지시킨다.	① 줄눈의 시공불량 및 균열 ② 개구부, 창호재 접합부의 시공불량 ③ 재료자체의 방수성 결여 및 보양 불량 ④ 물흘림, 물끊기, 비막이 미설치 ⑤ 외부 돌출철물의 시공불량 ⑥ 방습층, 방습대의 미설치

(3) 아치쌓기 종류

하중이 중심축선을 따라 압축력으로 전달 인장력이 생기지 않는다.

① 본 아치	아치벽돌을 사다리꼴 모양으로 주문 제작하여 쓴 것
② 막만든 아치	보통 벽돌을 쐐기모양으로 다듬어 쓴 것
③ 거친 아치	보통 벽돌을 사용하고 줄눈을 쐐기모양으로 한 것
④ 층두리 아치	아치 나비가 넓을 때 여러겹으로 겹쳐 쌓은 아치

* 나비 1m정도는 평아치로, 1.8m 이상은 철근 Concrete 인방보 설치
* 조적벽은 비록 작은 개구부도 평아치(옆세워 쌓기)나, 둥근아치로 한다.

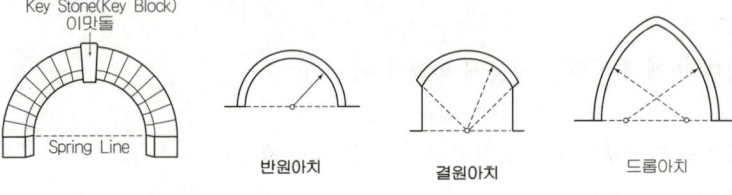

▶ 반원아치

핵 심 문 제

문제 1 산업
벽돌의 품질을 결정하는데 가장 중요한 사항은 어느 것인가?
① 흡수율 및 인장강도
② 흡수율 및 전단강도
③ 흡수율 및 휨강도
④ 흡수율 및 압축강도

문제 2 기사
벽돌조에서 건물에서 벽량이란 해당 층의 바닥면적에 대한 무엇의 비를 말하는가?
① 벽면적의 총 합계
② 높이
③ 벽두께
④ 내력벽길이의 총 합계

문제 3 산업
조적식구조의 조적재가 벽돌인 경우 내력벽의 두께는 당해 벽높이의 최소 얼마 이상으로 하여야 하는가?
① 1/10
② 1/12
③ 1/16
④ 1/20

문제 4 공통
세로 규준틀을 필요로 하는 공사는 다음 중 어느 것인가?
① 목공사
② 철근콘크리트공사
③ 철골공사
④ 벽돌공사

문제 5 산업
벽돌쌓기 중 가장 튼튼한 쌓기법으로 한켜는 마구리쌓기 다음 켜는 길이쌓기로 하고 모서리나 벽끝에는 이오토막을 쓰는 쌓기 방법은?
① 영식쌓기
② 화란식쌓기
③ 불식쌓기
④ 미식쌓기

해 설

해설 1 벽돌의 품질
벽돌의 품질은 주로 흡수율과 압축강도에 의하여 결정된다.

해설 2
벽량(cm/m^2)
$= \dfrac{\text{내력벽 길이의 합계(cm)}}{\text{바닥면적}(m^2)}$

※ 벽량 : 조적조에서 내력벽 길이의 합(cm)을 그 층의 바닥면적(m^2)으로 나눈 값
• 벽량이 클수록 횡력에 저항하는 값이 크다.

해설 3
조적조 벽돌의 내력벽 두께는 벽높이의 1/20 이상으로 해야 한다.

해설 4 세로 규준틀
조적공사에서 높이의 기준을 설정하고자 세로규준틀이 사용된다.

해설 5,6 벽돌쌓기 형식
① 영국식 쌓기 : 한켜는 마구리쌓기 다음켜는 길이쌓기로 하고 모서리나 벽끝에는 이오토막을 쓴다. 벽돌쌓기 중 가장 튼튼한 쌓기법이다.
② 네덜란드식 쌓기(화란식) : 영식 쌓기와 거의 같고 모서리 끝에는 칠오토막을 쓴다.

정답 1. ④ 2. ④ 3. ④ 4. ④ 5. ①

문제 6　　　　　　　　　　　　　　　　　　　　　　　기사

보기는 벽돌쌓기 방식에 대한 설명이다 설명에 맞는 쌓기 방식은?

> [보기] 한켜는 마구리 쌓기, 다음켜는 길이쌓기로 하고 길이켜의 모서리와 벽 끝에 칠오토막을 사용한다

① 영식쌓기　　　　　② 네델란드식쌓기
③ 불식쌓기　　　　　④ 미식쌓기

문제 7　　　　　　　　　　　　　　　　　　　　　　　산업

한 켜 안에 길이쌓기와 마구리 쌓기를 번갈아 쌓아 놓고, 다음 켜는 마구리가 길이의 중심부에 놓이게 쌓는 벽돌쌓기법은?

① 영식 쌓기　　　　　② 불식 쌓기
③ 네덜란드식 쌓기　　④ 미식 쌓기

문제 8　　　　　　　　　　　　　　　　　　　　　　　산업

외부벽의 방습, 방열, 방음 등을 위해서 실시하는 벽돌쌓기 방법은?

① 내쌓기　　　　　　② 영롱쌓기
③ 공간쌓기　　　　　④ 엇모쌓기

문제 9　　　　　　　　　　　　　　　　　　　　　　　기사

다음 중 벽돌벽에 삼각형, 사각형, 십자형 등의 구멍을 벽면 중간에 규칙적으로 만들어 쌓는 방식에 해당하는 것은?

① 엇모쌓기　　　　　② 영롱쌓기
③ 창대쌓기　　　　　④ 허튼쌓기

문제 10　　　　　　　　　　　　　　　　　　　　　　　공통

벽돌벽 쌓기에서 방수상 가장 주의를 요하는 부분은?

① 창대쌓기
② 모서리쌓기
③ 벽쌓기
④ 기초쌓기

해 설

[해설] **7** 불식쌓기
(1) 입면상 매켜마다 길이와 마구리 쌓기가 번갈아 나온다.
(2) 구조적으로 튼튼하지는 않고, 치장용 쌓기이다. 이오토막이나 반토막 벽돌도 사용이 된다.

[해설] **8** 공간쌓기의 목적
① 보온(방한, 단열)
② 방습(방수)
③ 차음(방음)

[해설] **9** 장식 쌓기
- 영롱쌓기 : 벽돌벽에 여러 모양으로 구멍을 내어 쌓는 것
- 엇모쌓기 : 45°로 벽돌 모서리가 면에 나오도록 쌓는 것
- 무늬쌓기 : 여러모양의 무늬를 만들어서 쌓는 것

[해설] **10** 창대쌓기
창대벽돌은 윗면을 15° 내외로 경사지게 옆세워 쌓는다. 그 앞끝의 밑은 벽돌 벽면에 일치시키거나 1/8~1/4B 정도 내밀어 쌓는다.

정답　6. ②　7. ②　8. ③　9. ②　10. ①

문제 11 ················ 공통

벽돌벽의 균열의 원인에 관한 기술 중 틀린 것은?

① 벽돌과 몰탈강도의 부족과 신축성 때문
② 이질재와의 접합부에 생기기 쉽다.
③ 건물기초의 부동침하
④ 벽돌을 쌓을 때 몰탈강도가 벽돌강도보다 강하기 때문

문제 12 ················ 기사

조적벽에 발생하는 백화(Efflorescence)를 방지하기 위한 효과가 없는 것은 다음 중 어느 것인가?

① 줄눈 모르타르에 방수제를 넣는다.
② 줄눈 모르타르에 석회를 사용한다.
③ 처마를 충분히 내고 벽에 직접 비가 맞지 않도록 한다.
④ 벽돌면에서 실리콘을 뿜칠한다.

문제 13 ················ 기사

벽돌에 생기는 백화를 방지하기 위한 방법으로 옳지 않은 것은?

① 10% 이하의 흡수율을 가진 양질의 벽돌을 사용 한다.
② 벽돌면 상부에 빗물막이를 설치한다.
③ 파라핀 도료를 발라 염류가 나오는 것을 방지한다.
④ 줄눈 모르타르에 석회를 넣어 바른다.

문제 14 ················ 기사

백화 현상에 대한 설명으로 옳지 않은 것은?

① 시멘트는 수산화칼슘의 주성분인 생석회(CaO)의 다량 공급원으로서 백화의 주된 요인이다.
② 백화 현상은 사용하는 미장 표면뿐만 아니라 벽돌벽체, 타일 및 착색 시멘트 제품 등의 표면에도 발생한다.
③ 배합수 중에 용해되는 가용 성분이 시멘트 경화체의 표면건조 후 나타나는 현상이다.
④ 겨울철보다 여름철의 높은 온도에서 백화 발생 빈도가 높다.

해 설

해설 11 벽돌벽 균열(龜裂)의 원인
① 기초의 부동침하
② 건물의 평면, 입면이 불균형 및 벽의 불합리한 배치
③ 벽돌 및 모르타르의 강도부족
④ 온도 및 습기에 의한 재료의 신축성
⑤ 이질재와의 접합부, 불완전 시공
⑥ 온도변화와 신축을 고려한 Control Joint 설치 미흡

해설 12, 13 백화방지 대책
① 줄눈 모르타르에 방수제를 넣는다.
② 벽에 직접 비가 맞지 않도록 한다. (비막이설치)
③ 벽면에 실리콘방수를 한다.
④ 흡수율이 작은 소성이 잘 된 벽돌을 사용한다.
※ 백화현상은 석회 때문에 발생하므로 석회를 증가시키면 안된다.

해설 14
겨울철에는 건조속도가 늦으므로 백화발생 가능성이 여름보다 더 높다.

정답 11. ④ 12. ② 13. ④ 14. ④

문제 15

다음 중 벽돌공사에 대한 설명으로 옳지 않은 것은?

① 벽돌쌓기용 몰탈의 강도는 벽돌강도보다 작은 것이 좋다.
② 연속되는 벽면의 일부를 나중쌓기 할 때에는 그 부분을 층단 들여쌓기로 한다.
③ 세로줄눈의 모르타르는 벽돌 마구리면에 충분히 발라 쌓도록 한다.
④ 하루의 쌓기 높이는 1.2m(18켜 정도)를 표준으로 하고, 최대 1.5m(22켜 정도) 이하로 한다.

해 설

해설 15 벽돌공사 시공상의 주의사항
① 몰탈의 강도는 벽돌강도와 같은 정도 이상이 되게 한다.
② 벽돌 하루쌓기높이는 최대 1.5m(22켜) 이하, 보통 1.2m(18켜) 정도로 한다.
③ 벽돌벽은 어느 부분이든 균일한 높이로 쌓아 올라간다.

정답 15. ①

2 블록(Block) 공사

> **학습방향**
> 블록공사에서는 블록의 칫수, 블록쌓기시 주의점, Wall Girder의 설치목적, 보강콘크리트 블록조, ALC 블록 시공 등이 출제되는 부분이다.

1 재 료

(1) 시멘트 블록의 치수

(단위 : mm)

형상	치수			허용값	
	길이	높이	두께	길이·두께	높이
기본형 블록	390	190	210, 190 150, 100	±2	
이형블록	길이, 높이, 두께의 최소 치수를 90mm 이상으로 한다.				

학습POINT

■ 블록압축강도(KSF 4002)

종류	압축강도
C종	8N/mm²
B종	6N/mm²
A종	4N/mm²

(2) 블록제작 및 성형, 보양

① 성형은 진동, 압축을 병용한다.
② 성형후 500도시 이상 습도 100% 가까이 둔다.
③ 통상 4000도시 이상 다습상태로 보양한다.
④ 그 후 7일 이상 경과 후 출하, 사용한다.
⑤ 4000도시 계산시 2°C 이하는 계산에서 제외한다.

■ 블록의 치수

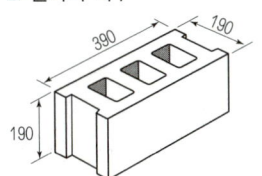

■ 압축강도

$$\frac{최대하중}{가압단면적} = 7.84 N/mm^2 \text{이상}$$

＊가압단면적은 공간부분도 포함된다.

(3) 이형블록의 종류

① 창대블록	창문틀 밑에 대어 쌓는 창대모양의 블록
② 인방블록	Bond Beam이나 상부 인방보의 역할을 하며 가로근을 배근할 수 있다. Concrete를 보강하는 U형 Block이다.
③ 쌤블록	창문틀 옆에 창문틀이 끼워지도록 만든 블록

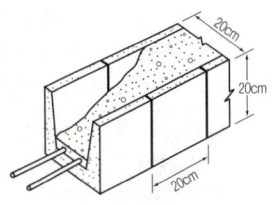

<그림> 인방블록(Lintel Block)

2 블록쌓기 일반사항

(1) 일반블록 쌓기

1) 시공도 작성	시공자는 설계도서에 따라 축척 1/50의 블록나누기 도면작성
2) 살두께	두꺼운 쪽이 위로 가게 쌓는다. (전면살두께 : 25mm, 중간살두께 : 20mm)
3) 줄눈	일반블록조 : 막힌줄눈, 보강블록조 : 통줄눈
4) 일일 쌓기 단수	1.2m~1.5m 이내(6~7켜) 블록과 Mortar의 접촉면을 물축이고 Mortar는 충분히 깐다.
5) 치장 줄눈	줄눈두께 10mm 표준. 2~3켜 쌓고 줄눈파기 후 치장 줄눈
6) 모서리, 교차부	모서리, 마구리는 이형블록 사용. 보강철물, 철근삽입보강. 사춤 Mortar 및 Joint로 구성. 와이어 매쉬 3단 마다 보강.
7) 기타사항	① Wall Girder(테두리보)는 내력벽을 일체화시켜서 건축물의 강도를 증가시키기 위하여 설치한다. ② 테두리보의 춤은 벽두께의 1.5배이상 30cm이상으로 하고 수직철근과 수평철근은 40d이상 정착시킨다. ③ 인방보와 인방블록은 좌·우 벽면에 20cm이상 걸치고 철근은 40d이상 정착시킨다.
8) 와이어매쉬(wire mesh)의 역할	① 블록벽의 횡력보강(횡력, 편심하중의 영향방지) ② 블록벽의 균열방지 ③ 교차부보강 및 균열방지

9) 테두리보의 설치목적
  ① 분산된 벽체를 일체화 한다. (수축균열을 최소화 한다.)
  ② 집중하중을 균등 분산하다.
  ③ 세로 철근을 정착시킨다. (제자리 Concrete 보 타설시)
  ④ 지붕 Slab의 하중을 보강한다.

(2) 보강콘크리트 블록조

1) 세로근	① 기초보 하단에서 윗층까지 잇지 않고 40d 이상 정착한다. ② 벽, 모서리 부분 : D13이상, 기타 : D10 이상 철근사용. ③ 상단부는 180° 갈구리를 설치하여 벽 상부 보강근에 걸침. 피복두께 : 2cm 이상.
2) 가로근	① 단부는 180° 갈고리를 내어 세로근에 연결한다. ② 모서리부분 ∅9mm 이상 철근을 수직으로 구부려 60cm 간격 배근. 40d 이상 정착. 피복두께 : 2cm 이상. ③ 횡근 배근용 블록사용이 바람직하다. (세로근과 긴결한다.)
3) 보강근, 보강철물	① 굵은 철근 보다는 가는 철근을 많이 넣는다. (철근주장을 증가) ② 와이어 메쉬:(#8~#10번 철선용접이음) 2~3단 마다.
4) 사 춤	Concrete 또는 Mortar 사춤. 매단이나, 2단 걸음으로 하고, 이어 붓기는 블록 윗면에서 5cm 하부에 둔다.

■ Block 시공도 기입사항
  (표준시방서 기준)
  ① Block의 종류, Block 나누기
  ② Mortar 및 Grout 충진개소
  ③ 철근종류, 배근도, 매입철물 종류, 위치
  ④ 철근가공상세, 철근의 이음, 정착방법, 위치
  ⑤ 인방보, 테두리보 위치, 배근상태
  ⑥ 창문틀 및 출입문틀 고정 및 접합부 상세

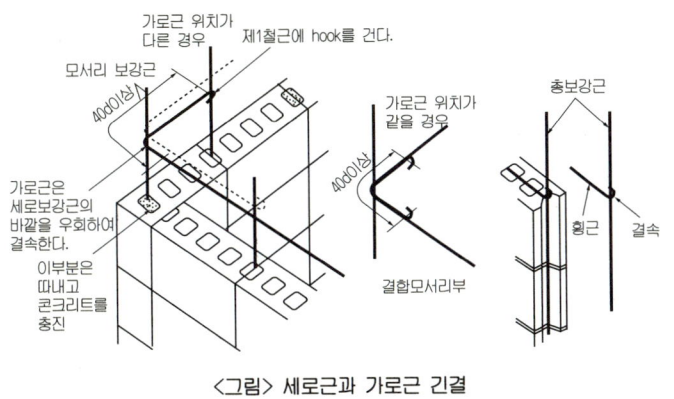

<그림> 세로근과 가로근 긴결

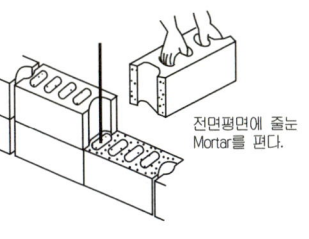

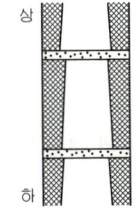

<그림> Block 쌓기

(3) ALC Block 공사

ALC는 고압증기양생 경량콘크리트 블록 및 패널을 건축물에 사용하는 공사를 말한다. 종류로는 비내력공사와 내력벽공사가 있다.

1) 비내력벽공사

① 하루쌓기 높이는 1.8m를 표준으로 하고 최대 2.4m 이내로 한다.
② 공간쌓기는 바깥쪽을 주벽체로 한다.
③ 개구부 상부는 좌우 걸침길이를 200mm 이상 걸게 한다.
④ 블록보수작업은 설치후 1일 이상 경과후 시행한다.

2) 내력벽공사

① 블록을 절단할 때는 전동톱을 사용한다.
② 공간쌓기는 바깥쪽을 주벽체로 한다.
③ 블록이 서로 맞닿는 부분은 ALC용 보강철물로 블록 2단마다 고정한다.
④ 쌓기모르터는 배합후 가급적 1시간 이내에 사용해야 한다.

핵심문제

문제 1 　　　　　　　　　　　　　　　　　산업

KS F 4002에 규정된 콘크리트 기본 블록의 크기가 아닌 것은? (단, 단위는 mm임)

① 390×190×190　　② 390×190×150
③ 390×190×120　　④ 390×190×100

문제 2 　　　　　　　　　　　　　　　　　기사

블록쌓기에 대한 유의사항 중 부적당한 것은?
① 블록은 살두께가 두꺼운 쪽을 아래로 하여 쌓는 것이 하중분산에 적합하다.
② 하루 쌓아 올리는 높이는 1.5m 이내로 한다.
③ 가로 줄눈 모르타르는 블록 상단 전면에 바르고 세로줄눈은 한쪽 접촉면에 미리 모르타르를 충분히 부착시켜서 쌓는다.
④ 줄눈 시공은 방수를 위하여 같은 깊이로 줄눈 파내기를 한 다음 가능한 한 방수제를 첨가한 모르타르로 치장 줄눈을 하여야 한다.

문제 3 　　　　　　　　　　　　　　　　　공통

조적조 내력벽 상부에 철근 콘크리트 Wall Girder를 설치하는 중요 이유는 어느 것인가?
① 내력벽과 일체가 되어 건축물의 강도를 위해서
② 내력벽의 상부 마무리를 깨끗이 하기 위해서
③ 벽에 개구부를 설치하기 위해서
④ 목조 트러스 구조를 쓰기 위해서

문제 4 　　　　　　　　　　　　　　　　　공통

조적조에서 테두리보를 설치하는 이유로 옳지 않은 것은?
① 횡력에 대한 수직균열을 방지하기 위하여
② 내력벽을 일체로 하여 하중을 균등히 분포시키기 위하여
③ 지붕, 바닥 및 벽체의 하중을 내력벽에 전달하기 위하여
④ 가로 철근의 끝을 정착시키기 위하여

해설

[해설] **1** KSF4002의 Block크기
① 390×190×210
② 390×190×190
③ 390×190×150
④ 390×190×100

[해설] **2** 블록쌓기
① 블록은 살두께가 두꺼운 쪽이 위로 가게 한다.
② 하루 쌓기 높이는 1.5m(7켜) 이내를 표준으로 한다.

[해설] **3,4** 테두리보(Wall Girder) 설치목적
① 분산된 벽체를 일체화한다. (수축균열을 최소화 한다.)
② 집중하중을 균등 분산한다.
③ 세로 철근을 정착시킨다. (제자리 Concrete 보 타설시)
④ 기둥 Slab의 하중을 보강한다.

정답　1. ③　2. ①　3. ①　4. ④

해 설

해설 **5,6** Wire Mesh의 효과
① 블럭벽의 균열방지
② 교차부의 보강과 균열방지
③ 횡력에 대한 보강, 저항력증진

와이어메쉬의 역할
수평줄눈에 와이어메쉬를 묻어쌓는 효과는 수직하중의 경감과는 무관하지만 횡력, 균열방지, 교차부 균열방지등이 효과가 있다.

문제 5   공통

블록벽 쌓기에서 Wire mesh를 줄눈에 넣는 이유가 아닌 것은?
① 블록벽의 균열방지
② 블록벽의 횡력방지
③ 블록벽의 교차부보강
④ 블록벽의 하중경감

문제 6   공통

블록벽 쌓기에 있어서 wire mesh를 줄눈에 묻어 쌓는 효과로 틀린 것은?
① 블록벽에 수직하중을 경감하는 효과는 없다.
② 블록벽의 교차부의 균열을 보강하는데 효과가 없다.
③ 블록벽에 가해지는 횡력의 효과가 있다.
④ 블록벽의 균열을 방지하는 효과가 있다.

문제 7   기사

보강 콘크리트 블록조에 대한 기술 중 적당치 않은 것은?
① 블록 1일 쌓기높이는 6~7켜 이하로 한다.
② 2층 건축물인 경우 세로근을 원칙으로 기초테두리보에서 위층의 테두리 보까지 잇지 않고 배근한다.
③ 블록은 살두께가 두꺼운 쪽을 위로 가게 쌓는다.
④ 보강블록은 모르타르, 콘크리트 사춤이 용이하도록 원칙적으로 막힌 줄눈 쌓기로 한다.

해설 **7** 보강블록조
보강블록은 모르타르, 콘크리트사춤이 용이하도록 원칙적으로 통줄눈쌓기로 한다.

문제 8   기사

보강 블록공사에 관한 설명으로 옳지 않은 것은?
① 벽의 세로근은 구부리지 않고 설치한다.
② 벽의 세로근은 밑창 콘크리트 윗면에 철근을 배근하기 위한 먹매김을 하여 기초판 철근 위의 정확한 위치에 고정시켜 배근한다.
③ 벽 가로근 배근 시 창 및 출입구 등의 모서리 부분에 가로근의 단부를 수평방향으로 정착할 여유가 없을 때에는 갈구리로 하여 단부 세로근에 걸고 결속선으로 결속한다.
④ 보강 블록조와 라멘구조가 접하는 부분은 라멘구조를 먼저 시공하고 보강 블록조를 나중에 쌓는 것이 원칙이다.

해설 **8**
보강 블록조와 라멘구조가 접하는 부분은 보강 블록조를 먼저 쌓고 라멘구조를 나중에 시공하는 것이 원칙이다. (건축공사 표준시방서 기준)

정답 5.④ 6.② 7.④ 8.④

문제 9 산업

보강 철근콘크리트 블록조의 다음 설명 중 틀린 것은?

① 세로철근으로 이형철근을 사용할 때에는 도중에서 잇지 않는다.
② 보강블록조는 원칙적으로 통줄눈 쌓기로 한다.
③ 콘크리트 또는 모르타르 사춤은 두켜 이내마다 한다.
④ 사춤모르타르 콘크리트의 이음위치는 줄눈과 일치되게 한다.

해설 9 보강 콘크리트 블록조의 사춤 요령

Concrete 또는 Mortar의 사춤은 매단 혹은 2단 걸음으로 하고, 이어붓기면은 블록 윗면에서 5cm 하부에 둔다.
※ 사춤의 이음위치는 블록 줄눈과 일치되지 않는다.

문제 10 기사

다음 중 조적식구조에 대한 설명으로 옳지 않은 것은?

① 조적식구조인 각 층의 벽은 편심하중이 작용하지 아니하도록 설계하여야 한다.
② 조적식구조인 칸막이벽의 두께는 90mm 이상으로 하여야 한다.
③ 폭이 1.2m를 넘는 개구부의 상부에는 철근콘크리트 윗인방을 설치하여야 한다.
④ 조적식구조인 내어쌓기창은 철골 또는 철근콘크리트로 보강하여야 한다.

해설 10

통상 개구부폭이 1.8m 이상인 경우 상부에 철근콘크리트 윗인방을 설치한다.

문제 11 기사

블록구조에서 인방블록 설치시 창문틀의 좌우 옆턱에 최소 얼마 이상 물려야 하는가?

① 5cm
② 10cm
③ 15cm
④ 20cm

해설 11

① 시방서에서는 20cm 이상 맞물리도록 규정되어 있다.
② 개정 구조기준에서는 10cm 이상으로 규정되어 있다.
※ 시공 시험에서는 시방서 규정을 우선 적용한다.

문제 12 기사

보강콘크리트 블록조에 대한 설명 중 옳지 않은 것은?

① 내력벽으로 둘러싸인 부분의 바닥면적은 80m² 을 넘지 않도록 한다.
② 벽체의 줄눈은 통줄눈이 되지 않도록 한다.
③ 철근보강시 철근은 굵은 것을 조금 넣는 것보다 가는 것을 많이 넣는 것이 좋다.
④ 벽은 집중적으로 배치하지 말아야 하며, 가능한 한 균등히 배치한다.

해설 12

보강 콘크리트 블록조는 통줄눈이 된다.

정답 9. ④ 10. ③ 11. ④ 12. ②

문제 13

콘크리트벽돌 공간쌓기에 관한 설명으로 옳지 않은 것은?

① 공간쌓기는 도면 또는 공사시방서에서 정한바가 없을 때에는 안쪽을 주벽체로 하고 바깥쪽은 반장쌓기로 한다.
② 안쌓기는 연결재를 사용하여 주벽체에 튼튼히 연결한다.
③ 연결재로 벽돌을 사용할 경우 벽돌을 걸쳐대고 끝에는 이오토막 또는 칠오토막을 사용한다.
④ 연결재의 배치 및 거리 간격의 최대 수직거리는 400mm를 초과해서는 안 된다.

해설

해설 13
공간쌓기시에는 일반적으로 바깥쪽을 주벽체로 한다.

정답 13. ①

3 돌(Stone) 공사

> **학습방향**
> 석공사는 돌(석)재료의 종류별 특성과 가공순서가 가장 중요하다. 최근에는 습식, 건식 돌 붙임공법의 내용이 출제되고 있다.

1 석(돌) 재료의 종류 및 특징

(1) 석재의 분류 및 특징·용도

석재의 종류		특징·용도
화성암	화강암	① 석영·장석·운모로 구성. 조직이 균일하다. ② 대재(大材)를 얻기 쉽고 외관이 미려, 내산성이 있다. ③ 강도가 가장 크고 경기석이 유명하다. ④ 경도, 내마모성, 색채, 광택이 우수. ⑤ 내화성이 가장 작다(600℃ 정도) ⑥ 용도 : 구조재, 외장재로 광범위하게 사용
	안산암	① 경도, 강도, 내구성, 내화성이 있다. ② 색조가 일정치 않고 절리에 의해 가공이 용이. ③ 큰 재료를 얻기가 곤란.(쇄석으로 가공하여 사용) ④ 용도 : 구조재, 장식재료로 사용.
	현무암	판·석재로 사용
수성암 (퇴적암)	사암	① 조직이 치밀하고 규산질 사암 등 경질의 것은 내구성이 있다. ② 석회질 사암은 가공성이 우수하다. ③ 석회질 사암, 철분사암은 흡수율이 높고 내구성이 약함. ④ 용도 : 외벽재료, 내장재료, 경량구조재로 사용
	석회암	용도가 다양하게 사용된다.
	점판암 이판암	① 재질이 치밀하고 흡수율이 작다. ② 색상이 미려하고, 천연 슬레이트원료가 된다. ③ 용도 : 지붕재료, 바닥재, 비석등에 사용
변성암	대리석	① 내산성이 약하고 풍화되기 쉽다.(석회암의 변성암) ② 강도가 큰 경석이며, 비중이 크고 흡수율이 가장 작다. ③ 실외 사용은 안하고 실내장식용 중 가장 고급재료이다. ④ 용도 : 실내장식용, 조각용, 내화성은 작다.
	석면	단열, 보온, 흡음성능이 우수하고 내화적인 재료이다.

(2) 석재의 강도, 비중(밀도), 흡수율 및 내화도 크기 비교
① 압축강도 순서 : 화강암>대리석>안산암>점판암>사암>응회암
② 흡수율 순서 : 응회암>사암>안산암>화강암>점판암>대리석

학습POINT

■ 석재의 특징
① 압축강도는 크나 인장강도는 작다.
② 내화도가 큰 석재
　안산암, 사암, 응회암
③ 내화도가 작은 석재
　화강암, 섬록암, 석회암, 대리석

■ 트래버틴
대리석의 일종으로 다공질, 용도는 대리석과 유사

③ 내화도 크기 : 응회암, 부석>안산암, 점판암>사암>대리석>화강암

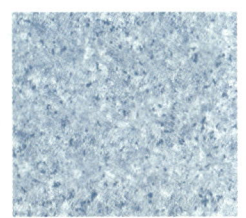
▶ 화강암(단양석)

▶ 점판암(보령오석)

▶ 대리석(충주석)

(3) 석재의 장·단점

장 점	단 점
① 외관이 장중, 미려하다. ② 압축강도가 크다. 내수, 내화학적. ③ 불연성이고, 내구성, 내마모성이 크다. ④ 방한, 방서, 차음성이 있다. ⑤ 종류다양, 동일석재도 산지나 조직에 따라 다른 외관과 색조를 지닌다.	① 중량이 크고, 운반, 가공이 어렵다. ② 인장강도가 작다. 취도계수가 크다. (압축강도의 1/20~1/40 내외) ③ 내화도가 낮고, 내진구조가 아니다. ④ 장대재를 얻기 어려워 가구재로는 부적합하다.

(4) 석재의 시공상 주의사항

① 석재는 균일제품을 사용하므로 공급계획, 물량계획을 잘세운다.
② 석재는 중량이 크므로 최대치수는 운반상 문제를 고려하여 정한다.
③ 휨, 인장강도가 약하므로 압축응력을 받는 곳에만 사용할 것.
④ 1m³이상 석재는 높은 곳에 사용하지 말 것.
⑤ 내화가 필요한 경우는 열에 강한 석재를 사용한다.
⑥ 외장, 바닥사용시에는 내수성과 산에 강한 것 사용.
⑦ 석재는 예각을 피하고 재질에 따른 가공을 할 것.

2 석재의 시공법

(1) 석재의 표면 마무리 방법

손다듬기	혹두기	쇠메사용	원석의 두드러진 면과 큰 요철만 없앤다.
	정다듬	정사용	평평하게 다듬는다. (정다듬기, 줄정다듬기)
	도드락 다듬	도드락 망치	거친 도드락, 잔 도드락, 날 도드락 망치 사용
	잔다듬	외날, 양날 망치	처음 두번 직교방향, 1번 평행방향
	갈기, 광내기	금강사, 숫돌	카보랜덤, 산화주석(광내기가루)사용
기계 다듬기			Planer, Surfacer, Grinder 등을 이용하여 마감

■ 돌공사 특수마무리 방법
① 분사법
 (Sand Blasting Method)
② 화염분사법
 (Burner Finish Method)
③ 착색돌(Coloured Stone) 마감법

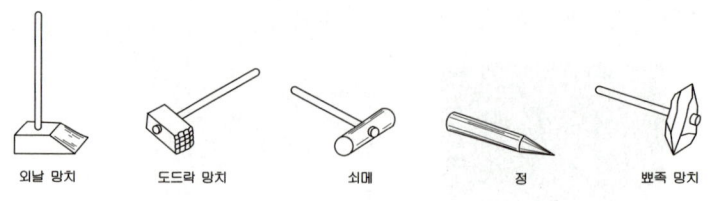

<그림> 돌공사 용구

▶ 화강암 Burner Finish 거친마감

▶ 돌 붙임 건식공법

(2) 돌붙이기 공법의 분류

1) 습식공법	2) 건식공법	3) GPC 공법
① 전체주입공법 ② 부분주입공법 ③ 절충주입공법	① 앵글지지 공법 ② 앵글과 Plate 지지공법 ③ Truss system	Granite Veneer Precast Concrete

(3) 판돌 붙이기, 돌쌓기 시공(습식공법) 일반사항

① 바탕면 청소, 맞댄면 물축이기, 규준틀 설치, 돌 나누기도에 따라 줄눈, 개구부, 철물위치등 기입한 후 수평실을 친다.
② 수직, 수평확인 후 인접 돌사이에는 줄눈두께의 쐐기를 끼워 고정하고 Mortar를 다져넣는다. 나무쐐기 사용시 Mortar 경화 후 즉시 제거한다.
③ 사춤 Mortar는 1:2로 하고 높이 1/3 정도 된비빔. 어느 정도 굳은 후 묽은 비빔 Mortar를 부어넣는데, 이때 줄눈에 헝겊을 끼우고 1~2시간후 제거하며 줄눈파기를 하고 청소한다.
④ 돌두께는 15cm 이내. 바탕면과 돌과의 거리는 25~30mm가 표준이다.
⑤ 1일 시공 단수는 3~4단으로 하고 돌높이 50cm내외는 2단이하로 한다.
⑥ 맞댄면 상하좌우 뒷벽에 사춤 Mortar가 경화되면 은장, 꺽쇠, 촉 등 철물로 설치 고정한다.(대리석은 1장당 2~4개소에 시공, 대리석은 황동선을 사용)
⑦ 돌림띠, 인방보 등 바닥에서 2m위 공사시 지름 6mm 철선 2가닥씩 벽면에 묻고 지름 9mm 철근을 가로, 세로 줄눈에 맞추어 연결시켜서 낙하를 방지한다.
⑧ 오염된 곳은 즉시 씻어내고 염산(5%이하)으로 닦는다.(대리석은 염산사용금지 : 산에 약하다.)
⑨ 보양 및 오염방지 필요시는 돌면은 벽지, 창호지 등으로 하고, 모서리 돌출부는 널판을 대어 보양하며 청소는 헝겊으로 닦고 왁스칠한다.
⑩ 대리석 붙임 Mortar는 시멘트:석고를 1:1 비율로 한 석고 Mortar를 사용한다.

(4) 석재붙임 건식공법의 일반사항

① 외벽사용 돌의두께는 30mm이상을 사용한다.
② 긴결철물은 녹막이처리를 한다.
③ 구조체의 변형 균열의 영향을 받지 않는 곳에 주로 사용
④ 석재의 지지철물은 Double Fastner 방식을 주로사용 한다.
⑤ 연결철물은 석재의 상·하단에 설치하며 하부(1차철물)철물은 지지용, 상부(2차철물)철물은 고정용으로 사용한다.
⑥ Fastener는 구조계산에 의하여 최소 처짐을 1/180 또는 60mm이내로 함
⑦ Fastener의 설계는 돌의 무게, Setting Space에 따라 결정

■ 돌공사 건식공법의 특징
① 사춤없이 긴결철물을 사용하여 고정
② 앵커철물 혹은 합성수지 접착제를 이용하여 정착
③ 구조체의 변형, 균열의 영향을 받지 않는 곳에 주로 사용
④ 동기 시공이 가능하고 시공속도가 빠르다.
⑤ 시공 정밀도가 우수하다.

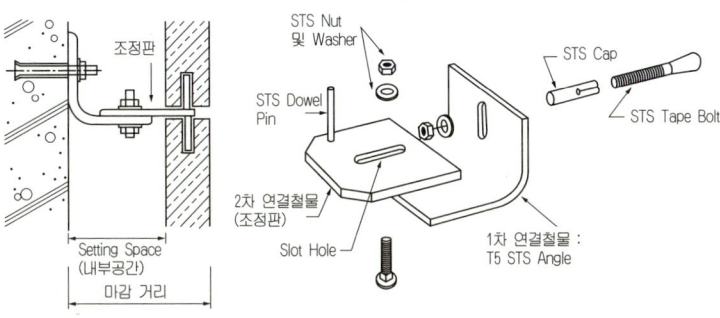

(5) 돌쌓기방식

바른층 쌓기	돌쌓기의 1켜의 높이는 모두 동일한 것을 쓰고 수평줄눈이 일직선으로 연결되게 쌓는 것
허튼층 쌓기	면이 네모진 돌을 수평줄눈이 부분적으로만 연속되게 쌓으며, 일부 상하 세로줄눈이 통하게 된 것
층지어 쌓기	막돌·둥근돌 등을 중간켜에서는 돌의 모양대로 수직수평줄눈에 관계없이 흐트러 쌓되 2~3켜마다 수평줄눈이 일직선으로 연속되게 쌓는 것
허튼 쌓기	막돌·잡석·둥근돌·야산석 등을 수평·수직줄눈에 관계없이 돌의 생김새대로 흐트려 놓아 쌓는 것

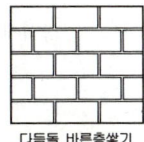  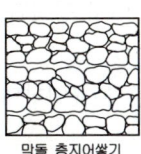 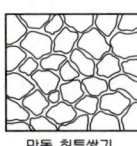

다듬돌 바른층쌓기 네모막돌 허튼층쌓기 막돌 층지어쌓기 막돌 허튼쌓기

<그림> 돌쌓기방식

■ 석축쌓기방식
① 건쌓기
② Mortar 사춤쌓기
③ 찰쌓기

핵심문제

문제 1 　　　　　　　　　　　　　　　　　　　　기사

건축석재에서 석영, 장석, 운모석으로 이루어졌으며 통상 강도가 크고, 내구성이 커서 내외부 벽체, 기둥 등에 다양하게 사용되는 석재는?
① 화강암　　　　　　　　② 석영암
③ 대리석　　　　　　　　④ 점판암

문제 2 　　　　　　　　　　　　　　　　　　　　기사

다음 석재의 주용도로서 부적당하게 연결된 것은?
① 화강암 : 구조용, 외부 장식용
② 안산암 : 구조용
③ 응회암 : 경량골재
④ 트래버틴 : 외부 장식용

문제 3 　　　　　　　　　　　　　　　　　　　　기사

석재의 일반적 성질에 대한 설명으로 옳지 않은 것은?
① 석재의 비중은 조암광물의 성질·비율·공극의 정도 등에 따라 달라진다.
② 석재의 강도에서 인장강도는 압축강도에 비해 매우 작다.
③ 석재의 공극률이 클수록 흡수율이 작아져 동결융해 저항성은 우수해진다.
④ 석재의 흡수율은 암석의 종류에 따라 다르다.

문제 4 　　　　　　　　　　　　　　　　　　　　기사

석재에 관한 설명으로 옳지 않은 것은?
① 심성암에 속한 암석은 대부분 입상의 결정 광물로 되어 있어 압축강도가 크고 무겁다.
② 화산암의 조암광물은 결정질이 작고 비결정질이어서 경석과 같이 공극이 많고 물에 뜨는 것도 있다.
③ 안산암은 강도가 작고 내화적이지 않으나, 색조가 균일하며 가공도 용이하다.
④ 수성암은 화성암의 풍화물, 유기물, 기타 광물질이 땅속에 퇴적되어 지열과 지압을 받아서 응고된 것이다.

해설

[해설] **1** 화강암
경도, 강도, 내마모성, 빛깔, 광택 등이 우수하다.

[해설] **2** 트래버틴(다공질 대리석)
대리석은 산, 알칼리, 빗물에 약해 외부용으로 적합하지 못하다.
• 석재의 용도
① 화강암(花崗岩) – 구조용, 내외장용
② 대리석(大理石) – 실내장식용
③ 점판암 – 지붕재료용

[해설] **3**
① 석재의 공극율이 크면 흡수율이 커져서 동결융해 저항성이 작아진다.
② 외장용 석재는 밀도가 높고 공극율이 작아야 한다.

[해설] **4** 안산암 (화성암의 일종)
① 경도, 강도, 내구성, 내화성이 크다.
② 색조가 일정치 않고 절리에 의해 가공이 용이
③ 큰 재료를 얻기가 곤란(쇄석으로 가공하여 사용)
④ 용도 : 구조재, 장식재료로 사용

정답 1.① 2.④ 3.③ 4.③

문제 5 　　　　　　　　　　　　　　　　　　　　　　　　　기사

건축용 석재 사용 시 주의사항으로 옳지 않은 것은?

① 석재를 구조재로 사용 시 압축강도가 큰 것을 선택하여 사용할 것
② 석재를 다듬어 쓸 때는 석질이 균일한 것을 사용할 것
③ 동일 건축물에는 다양한 종류 및 다양한 산지의 석재를 사용할 것
④ 석재를 마감재로 사용 시 석리와 색채가 우아한 것을 선택하여 사용할 것

문제 6 　　　　　　　　　　　　　　　　　　　　　　　　　기사

석재의 표면 마무리의 물갈기 및 광내기에 사용하는 재료가 아닌 것은?
① 금강사
② 숫돌
③ 황산
④ 산화주석

문제 7 　　　　　　　　　　　　　　　　　　　　　　　　　기사

면이 네모진 돌을 수평줄눈이 부분적으로 연속되고, 세로줄눈이 일부 통하도록 쌓는 돌쌓기 방식은?
① 바른층 쌓기
② 허튼층 쌓기
③ 오늬무니 쌓기
④ 허튼 쌓기

문제 8 　　　　　　　　　　　　　　　　　　　　　　　　　기사

돌공사 중 건식공법의 설명으로 옳지 않은 것은?
① 뒤 사춤을 하지 않고 긴결철물을 사용하여 고정하는 공법이다.
② 앵커철물 혹은 합성수지 접착제를 이용하여 정착시킨다.
③ 구조체의 변형, 균열의 영향을 받지 않는 곳에 주로 사용한다.
④ 경화시간과는 관계없으나 시공 정밀도가 요구되므로 작업능률은 저하된다.

해 설

해설 5
석재는 천연물이므로 동일한 종류의 석재라 하더라도, 색조, 무늬 등이 생산지마다 상이하므로 동일한 건축물에서는 동일한 산지의 석재를 사용하는 것이 일반적이다.

해설 6
석재의 가공시 물갈이, 광내기 공정에서는 금강사, 숫돌, 산화주석 등이 사용된다.

해설 7 돌 쌓기 방식
① 바른층 쌓기
  돌쌓기의 1켜의 높이는 모두 동일한 것을 쓰고 수평줄눈이 일직선으로 통하게 쌓는 것을 바른층쌓기 또는 정층적(整層積)이라 한다.
② 허튼층 쌓기
  네모돌을 수평줄눈이 부분적으로만 연속되게 쌓고, 일부 상하 세로줄눈이 통하게 쌓는 것을 허튼층쌓기·난층적(亂層積) 또는 완자쌓기라 한다.
③ 허튼쌓기
  여러 가지 모양과 크기의 잡석·호박돌·막돌 등을 불규칙하게 쌓은 것을 허튼쌓기라 한다.

해설 8 건식공법
① 시공정밀도가 우수하다.
② 시공속도가 빠르고 동기시공이 가능하다.

정답 5. ③ 6. ③ 7. ② 8. ④

문제 9 기사

건식공법에 의한 석재 붙이기에 필요한 연결철물로 석재의 상하 양단에 설치하여 1차 연결철물은 지지용으로 2차연결철물은 고정용으로 사용하는 것은?

① 꽂음촉
② Fastener
③ 앵커볼트
④ 꺽쇠

해설 9
석재의 건식공법에서 석재를 고정하는 연결철물은 Fastener이다.

문제 10 산업

석공사 건식공법에 대한 설명으로 옳지 않은 것은?
① 고층건물에 유리하다.
② 얇은 부재의 시공이 용이하다.
③ 시공속도가 빠르고 노동비가 절감된다.
④ 동결, 백화 및 결로현상이 없다.

해설 10
① 현재 가장 널리 사용되는 앵글과 Plate 지지공법은 어느 정도 돌의 두께가 있어야 시공할 수 있다.
② 얇은 석재는 시공시 파손, 균열의 우려가 있다.

문제 11 기사

석재 설치 공법 중 오픈조인트공법의 특징으로 옳지 않은 것은?
① 등압이론 방식을 적용한 수밀방식이다.
② 압력차에 의해서 빗물을 차단할 수 있다.
③ 실링재가 많이 소요된다.
④ 층간변위에도 유동적으로 변위를 흡수할 수 있으므로 파손 확률이 적어진다.

해설 11 석재의 Open Joint 공법
① 외벽에서 판재와 판재 사이에 기존에 Sealant(실링재)를 이용한 코킹처리를 하지 않고 줄눈을 오픈하는 방식이다.
② 등압이론 방식에 의해서 압력차 이로 빗물을 차단한다.
③ 배수, 방수, 차수막 시공이 함께 이루어져야 한다.
④ 실링재(Sealing)가 사용안되어 항상 청결한 외관유지가 가능하며, 층간변위에 의한 변형흡수도 유리하다.

정답 9. ② 10. ② 11. ③

건축기사_기출문제

CHAPTER 6 조적공사

문제 1

대린벽으로 구획된 조적조의 벽에서 벽 길이가 9m인 경우 이 벽체에 설치할 수 있는 개구부 폭의 합계는?

① 1.5m 이하 ② 3.0m 이하
③ 4.5m 이하 ④ 6.0m 이하

[해설] 조적벽체의 개구부 설치시 주요 제한 사항
① 개구부 상·하간 수직거리는 600mm 이상
② 개구부 좌·우간 수평거리 및 대린벽 중심과의 수평거리는 벽두께의 2배 이상
③ 내력벽에서 개구부 폭의 합계는 그 내력벽 길이의 1/2을 넘을 수 없다.
④ 개구부 폭이 1.8m 이상인 때는 상부에 철근콘크리트 윗인방을 설치한다.
※ 개구부 폭의 합계는 내력벽 길이의 1/2을 초과할 수 없다.

문제 2

표준형벽돌로 벽돌벽을 쌓을 경우 1일 쌓을 수 있는 최대높이 켜수는?

① 12켜 ② 15켜
③ 18켜 ④ 22켜

[해설] 벽돌 1일 쌓기 높이
일반형 : 1.2~1.5m(17~21켜)
표준형 : 1.2~1.5m(18~22켜)

문제 3

창문 위에 건너질러 상부에서 오는 하중을 좌우벽으로 전달시키기 위하여 설치하는 보는?

① 기초보 ② 인방보
③ 토대   ④ 테두리보

[해설] 인방보(Lintel Beam)
창문틀상부에 설치하는 개구부보강용 보이다.

문제 4

조적식 구조의 기초에 관한 설명으로 옳지 않은 것은?

① 내력벽의 기초는 연속 기초로 한다.
② 기초판은 철근콘크리트 구조로 할 수 있다.
③ 기초판은 무근콘크리트 구조로 할 수 있다.
④ 기초벽의 두께는 최하층의 벽체 두께와 같게 하되, 250mm 이하로 하여야 한다.

[해설] 조적구조의 기초
(1) 벽체의 기초는 통상 철근콘크리트 또는 무근콘크리트 구조인 연속기초(줄기초)로 한다.
(2) 기초벽의 두께는 최하층 벽두께에 그 2/10를 가산한 두께 이상으로 하여야 한다. (구조기준에 관한 규칙 제24조)

문제 5

벽돌쌓기법에서 한 켜마다 길이와 마구리쌓기를 번갈아 나오게 쌓는 방법이 아닌 것은?

① 영국식
② 프랑스식
③ 네덜란드식
④ 미국식

[해설] 벽돌쌓기법

종류	쌓는방법	비고
영식쌓기 (English Bond)	한켜는 길이, 한켜는 마구리쌓기, 벽모서리 끝벽, 마구리에 반절이나 이오토막 사용	가장 튼튼한 쌓기 내력벽에 사용
네덜란드, 화란식쌓기 (Dutch Bond)	영식쌓기와 거의 같다. 길이켜의 모서리와 끝벽에 칠오토막 사용	가장많이 쓰인다.
불식쌓기 (Flemish Bond)	입면상 매켜에 길이와 마구리가 번갈아 나온다. 구조적으로 튼튼하지 못하다.	벽돌담 등 치장용. 반토막, 이오토막 사용
미식쌓기 (American Bond)	5켜는 치장벽돌로 길이쌓기 다음 한켜는 마구리 쌓기로 본벽돌에 물리고 뒷면은 영식쌓기로 한다.	외부 붉은 벽돌, 내부 cement 벽돌을 쌓는 경우

해답 1. ③ 2. ④ 3. ② 4. ④ 5. ④

문제 6

다음 중 벽돌공사에 대한 설명으로 옳지 않은 것은?

① 치장줄눈의 줄눈파기 깊이는 15mm 정도로 한다.
② 쌓기용 모르타르의 강도는 벽돌강도와 동등하거나 그 이상으로 한다.
③ 하루에 쌓는 높이는 1.2m~1.5m를 표준으로 한다.
④ 모르타르에 사용되는 모래는 제염된 것으로 사용한다.

[해설] 벽돌쌓기 줄눈크기
① 가로, 세로 10mm 표준
② 줄눈파기도 10mm 정도를 표준으로 한다.

문제 7

벽돌쌓기 시공에 관련된 설명으로 옳지 않은 것은?

① 연속되는 벽면의 일부를 나중쌓기 할 때에는 그 부분을 층단 들여쌓기로 한다.
② 내력벽 쌓기에서는 세워 쌓기나 옆쌓기나 주로 쓰인다.
③ 벽돌 쌓기 시 줄눈모르타가 부족하면 하중분담이 일정하지 않아 벽면에 균열이 발생할 수 있다.
④ 창대쌓기는 물흘림을 위해 벽돌을 15° 정도 기울여 벽면으로 3~5cm 정도 내밀어 쌓는다.

[해설] ① 내력벽 쌓기는 영식쌓기를 원칙으로 한다.
② 세워쌓기, 옆세워쌓기 등은 개구부 상부에서 시행하는 쌓기법이다.

문제 8

벽돌쌓기공사에 대한 설명 중 틀린 것은?

① 가로 및 세로줄눈의 너비는 도면 또는 공사시방서에 정한 바가 없을 때에는 20mm를 표준으로 한다.
② 벽돌쌓기는 도면 또는 공사시방서에서 정한 바가 없을 때에는 영식 쌓기 또는 화란식 쌓기로 한다.
③ 세로줄눈의 모르타르는 벽돌 마구리면에 충분히 발라 쌓도록 한다.
④ 하루의 쌓기 높이는 1.2m(18켜 정도)를 표준으로 하고, 최대 1.5m(22켜 정도) 이하로 한다.

[해설] 벽돌쌓기 줄눈크기
가로, 세로 10mm 표준
※ 내화벽돌은 6mm 표준

문제 9

일반적으로 가장 많이 사용되는 벽돌 등 조적조 벽체의 줄눈 모양은?

① 평줄눈
② 민줄눈
③ 오목줄눈
④ 내민줄눈

[해설] 줄눈모양은 평줄눈이나 민줄눈을 가장 많이 시공하며, 그중 평줄눈이 더 많이 쓰인다.

문제 10

벽돌벽의 균열원인과 가장 거리가 먼 것은?

① 문꼴의 불균형배치
② 벽돌벽의 공간쌓기
③ 기초의 부동침하
④ 하중의 불균등분포

[해설] ②항은 시공상 결함에 의한 균열원인이다.
• 벽돌벽의 계획, 설계상 균열원인
① 기초의 부동침하
② 건물은 평면·입면의 불균형 및 벽의 불합리 배치
③ 불균형 하중, 큰 집중하중, 횡력 및 충격
④ 벽돌벽의 길이·높이·두께에 대한 벽체의 강도 부족
⑤ 문꼴 크기의 불합리 및 불균형 배치

해답 6. ① 7. ② 8. ① 9. ① 10. ②

문제 11

건축 석공사에 관한 설명으로 옳지 않은 것은?

① 건식쌓기 공법의 경우 시공이 불량하면 백화현상 등의 원인이 된다.
② 석재 물갈기 마감 공정의 종류는 거친갈기, 물갈기, 본갈기, 정갈기가 있다.
③ 시공 전에 설계도에 따라 돌나누기 상세도, 원척도를 만들고 석재의 치수, 형상, 마감방법 및 철물 등에 의한 고정방법을 정한다.
④ 마감면에 오염의 우려가 있는 경우에는 폴리에틸렌 시트 등으로 보양한다.

[해설] 돌공사 건식공법의 특징
동결, 백화 및 결로현상이 없다.

문제 12

다음 중 블록쌓기에 대한 설명으로 옳지 않은 것은?

① 살두께가 큰 편을 아래로 하여 쌓는다.
② 특별한 지정이 없으면 줄눈은 10mm가 되게 한다.
③ 하루의 쌓기 높이는 1.5m 이내를 표준으로 한다.
④ 줄 눈 모르타르는 쌓은 후 줄눈누르기 및 줄눈파기를 한다.

[해설] 블록쌓기법
블록은 살두께가 두꺼운 쪽을 위로 하여 쌓는 것이 하중분산에 적합하다.

문제 13

블록조 벽체에 와이어 메시를 가로줄눈에 묻어 쌓기도 하는데 이에 관한 기술 중 거리가 먼 것은?

① 전단작용에 대한 보강이다.
② 수직하중을 분산시키는데 유리하다.
③ 블록과 모르타르의 부착을 좋게 한다.
④ 교차부의 균열을 방지하는데 유리하다.

[해설] ① 조적벽체에서의 와이어 메쉬의 역할은 ①, ②, ④항이다.
② 수직하중의 분산, 균열방지 등은 효과적이나, 수직하중의 경감이나 Mortar와의 부착력과는 관계없다.

문제 14

"ALC(Autoclaved Lightweight concrete)"의 시공전에 확인 및 준비사항으로 틀린 것은?

① 화학적으로 유해한 영향을 받을 수 있는 장소에 사용할 경우에는 필요한 방호를 처리한다.
② 쌓기 직전의 블록이나 설치 직전의 패널은 습윤상태를 유지해야 한다.
③ 블록 및 패널 나누기를 하여 먹메김 하고 개구부 및 설비용 배관 등이 위치한 곳에는 작업전에 필요한 준비를 한다.
④ 작업부위는 작업전에 청소를 하고 바닥이 균일하지 않은 곳은 시멘트모르타르로 수평을 맞춘다.

[해설] ACL 시공시 유의사항
① ALC Block 이나 Panel은 흡수율이 크므로 옥내저장을 원칙으로 하며, 지표면이하에는 사용안하는 것을 원칙으로 하고 부득이 사용하는 경우는 반드시 표면처리제 등으로 방수마감을 한다.
② 블록이나 판넬은 파손, 오염, 흡수등이 되지 않도록 쌓기나 설치전까지 기건상태를 유지해야 한다.

문제 15

ACL공사의 블록쌓기에 대한 설명으로 옳지 않은 것은?

① 공간쌓기는 안쪽벽을 주벽체로 한다.
② 블록 보수작업은 설치 후 1일 경과 후에 시행한다.
③ 연속되는 벽면에서 일부를 나중쌓기 할 경우는 층단 떼어쌓기로 한다.
④ 줄눈부의 충전 모르타르 작업 후 기온변화가 0℃ 이하가 되는 경우는 동결방지를 위해 시트 등으로 보양해야 한다.

[해설] 공간쌓기는 바깥벽을 주벽체로 한다.

해답   11. ①   12. ①   13. ③   14. ②   15. ①

문제 16

돌의 맞댐면에 모르타르 또는 콘크리트를 깔고 뒤에는 잡석다짐으로 하는 견치돌 석축쌓기 방법은?

① 귀갑쌓기
② 건쌓기
③ 찰쌓기
④ 모르타르 사춤쌓기

[해설] ① 모르타르 사춤쌓기 : 돌의 맞댐면에 모르타르 또는 콘크리트를 깔고 뒤에는 잡석다짐으로 하는 견치돌 석축쌓기 방법
② 귀갑쌓기 : 거북 등의 모양이나 기타 다각형의 모양으로 돌쌓기를 한 것
③ 건 쌓기 : 모르타르나 콘크리트를 쓰지 않고 잘 물려서 그냥 쌓는 것

문제 17

모든 석재와 콘크리트가 잘 부착되도록 쌓고, 콘크리트가 앞면접촉부까지 채워지도록 다지는 돌쌓기 방법은?

① 메쌓기　　② 찰쌓기
③ 막돌쌓기　　④ 건쌓기

[해설] 찰쌓기 : 돌과 돌에는 몰탈을 넣고, 뒤에는 Concrete를 사춤. 가장 견고한 쌓기

문제 18

석재에 관한 설명으로 옳은 것은?

① 인장강도는 압축강도에 비하여 10배 정도 크다.
② 석재는 불연성이긴 하나 화열에 닿으면 화강암과 같이 균열이 생기거나 파괴되는 경우도 있다.
③ 장대재를 얻기에 용이하다.
④ 조직이 치밀하여 가공성이 매우 뛰어나다.

[해설] 석재의 특징
① 압축강도가 크다. 인장강도가 작다. (압축강도의 1/20~1/40 내외)
③ 장대재를 얻기 어려워 가구재로는 부적합하다.
④ 중량이 크고, 운반, 가공이 어렵다. 동일석재도 산지나 조적에 따라 다른 외관과 색조를 나타내는 경우도 있다.

문제 19

석재의 일반적 성질에 관한 설명으로 옳지 않은 것은?

① 석재의 비중은 조암광물의 성질·비율·공극의 정도 등에 따라 달라진다.
② 석재의 강도에서 인장강도는 압축강도에 비해 매우 작다.
③ 석재의 공극률이 클수록 흡수율이 크고 동결융해저항성은 떨어진다.
④ 석재의 강도는 조성결정형이 클수록 크다.

[해설] 석재의 특징
① 석재의 강도 중에서 압축강도가 가장 크고 인장, 휨 및 전단강도는 압축강도에 비하여 매우 작다.
② 석재의 압축강도는 중량이 클수록, 공극률이 작을수록, 구성입자가 작을수록 크고, 결정도와 그 결합상태가 좋을수록 크다. 또한 함수율의 영향을 받으며 함수율이 높을수록 강도가 저하한다.
③ 조암광물이 미립자, 등입자일수록 내구성이 크고, 강도도 크다. 또한 흡수율이 큰 다공질일수록 동해를 받기 쉽다.
④ 석재의 내구성은 조직, 조암광물의 종류, 기후 및 풍토, 노출상태 등에 따라 달라진다.
⑤ ①번 항목도 옳바른 내용이다.

해답　16. ④　17. ②　18. ②　19. ④

건축산업기사 _ 기출문제

CHAPTER 6
조적공사

문제 1

벽돌쌓기법 중 길이쌓기와 마구리쌓기가 번갈아 나오는 방식으로 통줄눈이 많으나 아름다운외관이 장점인 벽돌쌓기 방식은?

① 미식 쌓기 ② 영식 쌓기
③ 불식 쌓기 ④ 화란식 쌓기

해설 ① 매 켜마다 길이와 마구리쌓기가 번갈아 나오게 쌓는 것이다.
② 벽돌담 등 치장용으로 쓰이고 구조적으로 튼튼하지는 못하다.

문제 2

벽돌 쌓기에 대한 설명으로 틀린 것은?

① 내쌓기는 모두 마구리쌓기로 하는 것이 강도·시공상 유리하다.
② 공간 쌓기 할 때 안팎벽은 벽돌, 철물, 철선 등을 사용하여 상호 240cm 간격으로 연결한다.
③ 창대벽돌은 윗면은 15° 내외로 기울여 옆세워 쌓는다.
④ 환기구멍 등의 작은 문꼴이라도 그 윗 부분에는 아치를 트는 것이 원칙이다.

해설 공간쌓기시 철물간격
연결재의 배치 및 최대 수직거리는 40cm이하, 수평거리는 90cm이다.

문제 3

벽돌 벽면에 균열이 생기는 이유 중 옳지 않은 것은?

① 기초의 부동침하
② 이질재와의 접합부
③ 콘크리트보 및 몰탈 다져넣기의 과잉
④ 벽돌 및 몰탈의 강도 부족

해설 벽돌벽의 균열 원인
(1) 계획 설계상의 미비
 ① 기초의 부동침하
 ② 건물의 평면·입면의 불균형 및 벽의 불합리 배치
 ③ 불균형 하중, 큰 집중하중, 횡력 및 충격
 ④ 문꼴 크기의 불합리 및 불균형 배치
(2) 시공상이 결함
 ① 벽돌 및 몰탈의 강도부족
 ② 온도 및 습기에 의한 재료의 신축성
 ③ 이질재와의 접합부, 불완전 시공
 ④ 콘크리트보 밑의 몰탈 다져넣기 부족

문제 4

블록 공사에서 다음 중 틀린 것은?

① 벽의 모서리, 중간요소, 기타 기준이 되는 부분을 먼저 정확하게 쌓는다.
② 단순조적 블록쌓기의 세로줄눈은 통줄눈으로 한다.
③ 살 두께가 큰 편을 위로 하여 쌓는다.
④ 줄눈 두께는 10mm가 되게 한다.

해설 ① 보강콘크리트 블록조의 줄눈은 통줄눈이다.
② 단순조적 블록쌓기에서는 막힌줄눈이다.

문제 5

속빈 콘크리트 블록쌓기에서 잘못된 것은 어느 것인가?

① 블록은 살두께가 두꺼운 편이 밑으로 하여 쌓는다.
② 쌓기용 몰탈은 1 : 3 배합으로 한다.
③ 1일 쌓기 높이는 1.2m~1.5m 정도로 한다.
④ 철근 보강쌓기는 통줄눈으로 할 수 있다.

해설 블록쌓기는 살두께가 두꺼운 편이 위로가게 쌓는다.

해답 1. ③ 2. ② 3. ③ 4. ② 5. ①

문제 6

보강 블록조에 대한 설명 중 적당하지 않은 것은?

① 콘크리트 블록의 구멍은 전부 매운다.
② 테두리보는 반드시 설치해야 한다.
③ 가로근은 철망으로 대치할 수도 있다.
④ 통줄눈으로 해도 되고 막힌 줄눈으로 해도 된다.

[해설]

보강콘크리트조의 통줄눈 모습

문제 7

보강 콘크리트 블록구조에 있어서 내력벽의 배치는 균등을 유지하는 것이 가장 중요한데 그 이유로 옳은 것은?

① 수직하중을 평균적으로 배분하기 위해서
② 기초의 부동침하를 방지하기 위해서
③ 외관상 균형을 잡기 위해서
④ 테두리보의 시공을 간단하게 하기 위해서

[해설] 내력벽은 건물의 평면상 균형있게 배치하고, 일반적으로 윗층의 내력벽은 밑층의 내력벽 바로 위에 배치한다.
※ 수직하중의 균등배분을 위함

문제 8

난간벽 위에 설치하는 돌을 무엇이라 하는가?

① 쌤돌
② 두겁돌
③ 인방돌
④ 창대돌

[해설] 두겁돌
돌, 벽돌, 블록 등으로 쌓은 담이나 난간 상부에 얹어서 벽체를 보호하는 돌을 말한다.

문제 9

조적벽체에 발생하는 균열을 대비하기 위한 신축줄눈의 설치 위치로 옳지 않은 것은?

① 벽높이가 변하는 곳
② 벽두께가 변하는 곳
③ 집중응력이 작용하는 곳
④ 창 및 출입구 등 개구부의 양측

[해설] 집중하중이 작용하여 집중응력이 걸리는 부분에서는 신축줄눈을 설치하지 않는다.

문제 10

보강콘크리트 블록조에 관한 설명으로 옳지 않은 것은?

① 내력벽은 통줄눈 쌓기로 한다.
② 내력벽의 두께는 그 길이, 높이에 의해 결정된다.
③ 테두리보는 수직방향뿐만 아니라 수평방향의 힘도 고려한다.
④ 벽량의 계산에서는 내력벽이 두꺼우면 벽량도 증가한다.

[해설] 벽량(cm/m^2) = $\dfrac{\text{내력벽길이의 합계(cm)}}{\text{바닥면적}(m^2)}$
① 벽량이 클수록 횡력에 저항하는 값이 크다.
② 벽량의 계산시 내력벽의 두께와는 관련이 없다.

문제 11

시멘트 벽돌공사에 관한 주의사항으로 옳지 않은 것은?

① 벽돌은 품질, 등급별로 정리하여 사용하는 순서별로 쌓아 둔다.
② 벽돌쌓기 시 잔토막 또는 부스러기 벽돌을 쓰지 않는다.
③ 쌓기모르타르는 모래는 가는 모래를 사용하고, 빈배합으로 하며 사용시 물을 부어 사용한다.
④ 모르타르 제조시 사용하는 골재는 점토 등 유해물질이 들어있는 재료를 사용해서는 안된다.

해답 6.④ 7.① 8.② 9.③ 10.④ 11.③

해설 ① 쌓기모르타르는 부배합으로 한다.
② 건비빔 모르타르는 비빔후 3시간 이내에 사용하며, 물 반죽한 모르타르는 1시간 이내에 사용한다.

문제 12

조적식구조의 조적재가 벽돌인 경우 내력벽의 두께는 당해 벽높이의 최소 얼마 이상으로 하여야 하는가?

① 1/10
② 1/12
③ 1/16
④ 1/20

해설 조적조 벽돌의 내력벽 두께는 벽높이의 1/20 이상으로 해야 한다.

해답 12. ④

MEMO

제7장 목공사

출제경향분석

목공사는 (1) 목재의 성질 보존법 (2) 목재의 제품, 이음 및 맞춤에 관한 사항으로 구성되어 있으며 특히 목재의 강도, 함수율, 심재와 변재의 비교, 방부법 등 목재의 성질과 목재 접착제, 이음맞춤시 주의사항 등이 자주 출제되는 부분이다.

세부목차

1. 목재의 성질 및 보존법
2. 목재의 제품, 이음 및 맞춤

1 목재의 성질 및 보존법

학습방향

목공사에서는 목재에 대한 성질을 다루는 재료역학적인 문제와 목재의 보존법 등이 출제된다. 이 단원에서는 함수율, 심재와 변재의 비교, 목재의 강도와 비중 등 재료의 성질 내용이 중요하다.

1 목재의 성질, 특징, 용어설명

(1) 목재의 장·단점

장 점	단 점
① 가공용이, 건물 경량화 ② 부재의 규격화가 가능하며, 유지보수의 경제성이 크다. ③ 열전도율이 작다.(방한, 방서적) ④ 내산, 내약품성, 염분에 강함 ⑤ 수종이 다양, 색채, 무늬가 미려, 우아하다. ⑥ 흡음성능, 충격, 진동의 흡수성이 크다.	① 고층건물이나 장 Span의 구조가 불가능 ② 착화점이 낮아서 비내화적이다. ③ 비내구적이다.(부패균과 충해) ④ 건습에 의한 변형 및 팽창, 수축이 크다. ⑤ 습기가 많으면 부식하기 쉽고 충해, 풍화로 내구성이 저하된다. ⑥ 재질, 수종 및 방향에 따라 강도 편차가 크다.

(2) 목재의 수종

1) 침엽수(針葉樹) : 건축용 재료로 가장 많이 사용(구조재로 사용 : 연목재다)
2) 활엽수(闊葉樹) : 치장재, 가구재로 사용한다.(경목재이다.)

(3) 목재의 비중(밀도)

1) 목섬유의 비중(밀도) : 1.54 (기건비중(밀도) : 0.3~1.0)
   ① 밀도가 클수록 일반적으로 목재의 강도는 증가한다.(활엽수가 침엽수보다 밀도가 크고 경목이다.)
   ② 밀도가 클수록 건조 수축이 크다.(목재의 특징)
2) 공극율(%)=$(1-\dfrac{w}{1.54})\times 100$ • w = 목재의 전건비중(밀도)

   ① 1.54 : 목재를 구성하고 있는 섬유질의 비중(밀도)으로 수종에 관계없이 적용
   ② 전건비중(밀도)은 목재의 수분을 완전 제거한 밀도

학습POINT

■ 목재의 세포조직

	침엽수	활엽수
나무섬유	90~97%	40~75%, 견고, 강도유지
물관 (도관)	없음	줄기배치, 양분과 수분통로
수선	잘보이지 않음	잘 나타남, 줄기직각방향, 양분, 수분통로, 방사상 모양
수지관	많다. 수지 이동저장	드물다

(4) 목재의 함수율

함수율	전건재 (절대건조) 0%	기건재 (공기중) 15%	섬유포화점 30%	비 고
수장재 함수율	A종 18% 이하	B종 20% 이하	C종 24% 이하	함수율은 전단면에 대한 평균치
구조재	18~24% 내의 것을 사용한다.			

※ 섬유포화점 : 생나무가 건조하여 함수율이 30%가 된 상태로써 세포사이의 자유수(유리수)가 증발하고 세포벽내의 세포수(결합수)만 남아있는 상태를 말한다.

■ 섬유포화점(함수율 30%)
① 섬유포화점 이상에서는 목재 강도는 변함없다.
② 섬유포화점 이상에서는 목재의 팽창, 수축도 일어나지 않는다.

(5) 목재의 수축

1) 전 수 축 율	2) 목재의 방향에 따른 수축율
① 널결(무늬결) 나비방향이 가장 크다. (6~15%) ② 곧은결 나비방향은 널결 나비방향의 1/2 (2.5~4.5%) ③ 섬유(축)방향은 널결의 1/20 (0.1~0.3%)	① 축방향 : 0.35%(小) ② 지름방향 : 8%(中) ③ 촉방향 : 14%(大)

※ 전수축비 : 섬유방향(1) < 곧은결 나비방향 (10) < 널결 나비방향(20)

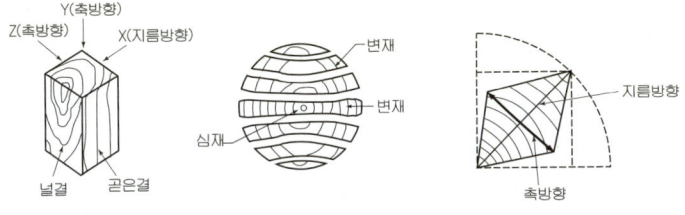

<그림> 목재의 방향에 따른 수축

(6) 목재의 강도

1) 섬유 포화점 이하에서는 함수율이 낮을수록 강도가 크다.
   ※ 생나무의 강도에 비해 전건재는 약 3.0배 정도 강도가 크다.
2) 섬유포화점 이상에서는 강도의 변화가 없다.
3) 팽창과 수축도 섬유포화점 이상에는 생기지 않으나 섬유포화점 이하에서는 거의 함수율에 비례하여 신축이 된다.
4) 목재의 강도 크기 순서는 섬유방향에 평행한 강도가 그 직각 방향보다 크다.
5) 강도크기의 순서 : 인장(200) > 휨(150) > 압축(100) > 전단(18)
   ※ 섬유에 평행한 압축강도를 100으로 보았을 때 수치임.

■ 착화점, 발화점

변색점	가소성가스발생 150~180℃
인화점 (착화점)	※ 200℃ 전·후 (약240℃) 화재위험온도 260~270℃
발화점	자연발화점 400~450℃

6) 목재의 강도는 불균일하므로 최대강도의 1/7~1/8을 허용강도값으로 한다.
7) 목재의 옹이, 갈램, 썩음 등은 강도저하 (옹이, 썩음의 영향이 크다.)
8) 활엽수가 침엽수보다 강도가 크다.
9) 심재가 변재보다 강도가 크다.
10) 비강도
   ① 비강도는 강도를 비중(밀도)으로 나누어 준 값을 말한다.

   ex) 소나무 : $\dfrac{590 kgf/c^2m}{0.5}$ = 1,180

   ② 비강도 값이 크면 역학적으로 강하면서 경량이며, 이상적인 재료라 하겠다. (비강도 값이 클수록 좋다.)
   ③ 비강도값의 크기 비교 : 소나무>알루미늄>연강>비닐>유리>콘크리트

■ 비강도 값의 크기

	비중(밀도)	비강도
소나무	0.5	1,180
콘크리트	2.4	80
연강	7.85	510
알루미늄	2.7	550
유리	2.5	160~240
경질염화비닐	1.4	360~450

(7) 심재와 변재의 비교

비교항목	심 재	변 재
① 비중	크다	작다
② 신축성(수축율)	작다	크다
③ 내후, 내구성	크다	작다
④ 강도	크다	약하다
⑤ 목재의 흠	거의 없다.	많이 발생한다.

■ 목재는 건조에 따라 수축하는데 연륜방향(촉방향)의 수축은 연륜의 직각방향(지름방향)의 약 2배이며, 수피부(변재)는 수심부(심재)보다 수축이 크다.

2 목재의 보존법

(1) 목재의 일반 방부법

1) 침지법	방부액이나 물에 담가 산소공급차단. (예) 나무말뚝
2) 주입법	방부제(Creosote, PCP)를 주입한다. 상압주입, 가압주입, 생리적 주입법 등이 있다.
3) 표면탄화법	목재표면 3~4mm를 태워 수분제거, 탄화부분의 흡수성은 증가
4) 도포법	방부제칠, 유성 Paint, 니스, Asphalt, 콜타르 칠

※ 개미, 굼벵이의 방충법 : Creosote, 콜타르, 염화아연, 불화나트륨 등을 주입

(2) 목재의 방화법

방화제 주입, 불연성 도료의 도포, Mortar나 금속판 피복법, 단면증가법 등이 있다.
※ 방화제 : 인산, 황산암모늄, 탄산나트륨, 붕산 등

(3) 목재의 방부제

코울타르 (Coal tar)	① 방부력이 약하고 도포용으로만 쓰인다. ② 상온에서 침투가 잘되지 않는다. ③ 흑색이므로 사용장소가 제한된다.(가설재 등에 사용)
크레오소오트 (Creosote)	① 방부력이 우수하고 내습성도 있으며 값이 싸다. ② 냄새가 좋지 않아서 실내에 사용할 수가 없다. ③ 침투성이 좋아서 목재에 깊게 주입할 수 있다. ④ 흑갈색 용액이므로 미관을 고려하지 않은 외부에 사용된다.(토대, 기둥, 도리 등에 사용)
PCP (Pentachlore phenol)	① 무색이고 방부력이 가장 우수하다. ② 그위에 페인트를 칠할 수 있다. ③ 석유 등의 용제로 녹여서 사용한다.

3 목재의 건조법

(1) 건조가 잘된 목재의 성질

① 수축이나 균열, 변형이 일어나지 않는다.
② 부패균이 생기는 것을 방지할 수 있다.
③ 강도가 커지고 가공하기도 쉽다.

(2) 목재의 건조법

건조법	건 조 방 법
수액제거법	① 수액건조법 : 원목을 1년 이상 방치해 자연적으로 건조 ② 수침법 : 원목을 물에 담궈 두어 수액을 제거 ③ 자비법 : 목재를 열탕으로 삶아 수액을 빨리 제거
자연건조법	제재목을 옥내·옥외에 쌓아 직사광선과 비를 막고 통풍만으로 건조시킨다. ① 흡수를 막기 위해 지상으로부터 20cm이상의 굄목을 대고 목재의 마구리는 유성페인트를 칠하여 균열을 방지 ② 3cm 두께 널이면 침엽수는 약 6개월, 활엽수는 1년 정도가 소요 ③ 자연건조법은 건조비가 적게 들고 재질도 변질이 적어서 좋으나, 건조시간이 길고 변형이 생기기 쉽다.
인공건조법	인공건조는 건조가 빠르고 변형도 적으나 시설비, 가공비가 많이 들어 가격이 비싸다. ① 증기법 : 건조실을 증기로 가열하여 건조시키는 방법(가장 많이 쓰인다. : 대류법) ② 열기법 : 건조실 내의 공기를 가열하여 건조시키는 방법 ③ 진공법 : 원통형 탱크 속에 목재를 넣고 밀폐하여 고온, 저압상태에서 수분을 없애는 방법(고주파법)

■ 부패균의 번식요건
① 적당한 온도(20~40℃)
② 습도 : 90% 정도
 (목재의 습도 : 40~50%)
③ 공기 : 목재부피의 20% 정도 필요
④ 양분

※ 균류의 생활에는 산소가 필요하며, 그 발육은 공기 중의 O_2 : CO_2의 비율에 지배되며 대다수의 균은 CO_2량이 80% 이상이 되면 발육을 거의 중지한다. 온도를 4℃ 이하로 하거나 70℃ 내외에서는 거의 사멸되며, 습도 20% 이하에서도 일반적으로 사멸된다.

핵 심 문 제

문제 1   산업

목재 중 구조용 재료로서 조건이 적합하지 않은 것은?
① 강도가 크며, 곧고 긴 재를 얻을 수 있을 것
② 건조수축으로 인한 수축 및 변형이 작을 것
③ 잘 썩지 않고, 충해에 저항이 클 것
④ 질이 좋고 공작이 어려울 것

해설 1 구조용 목재의 요구조건
① 직대재(直大材)를 얻을 수 있을 것.
※ 직대재란 곧고, 긴 재료를 말한다.
② 강도가 크고 건조변형, 수축성이 적을 것
③ 산출양이 많고, 구득이 용이할 것
④ 흠이 없고 내구성이 우수할 것
⑤ 질이 좋고, 공작이 용이할 것

문제 2   기사

경목재(Hardware Lumber)에 대한 설명 중 틀린 것은?
① 경목재는 침엽수재이다.
② 경목재는 규격목재, 마감목재, 구조목재로 구분된다.
③ 경목재의 용도는 바닥, 벽, 내부 수장, 난간 두겁대, 디딤판 가구, 선반, 널말뚝 등이다.
④ 품질, 성장, 특성, 최종 용도 등이 근본적으로 연목재와 다르다.

해설 2
① 침엽수는 활엽수보다 비중(밀도)과 경도, 강도가 작다.
② 침엽수가 연목이고, 활엽수가 경목(경목재)이다.

문제 3   기사

목조재료로 사용되는 침엽수의 특징에 해당하지 않는 것은?
① 직선부재의 대량생산이 가능하다.
② 비중이 커 무거우며 가공이 어렵다.
③ 병·충해에 약하여 방부 및 방충처리를 하여야 한다.
④ 수고(樹高)가 높으며 통직하다.

해설 3
① 목재는 가공이 용이한 재료이다.
② 침엽수는 활엽수에 비하여 비중(밀도)이 작다.

문제 4   기사

건축용 목재의 일반적인 성질에 대한 기술 중 옳지 않은 것은?
① 목재의 함수율이 섬유포화점 이하에서는 함수율이 증가함에 따라 강도는 감소한다.
② 목재의 함수율이 섬유포화점 이상에서는 함수율이 증가함에 따라 강도는 증가한다.
③ 목재의 심재는 변재보다 건조에 의한 수축이 적다.
④ 기건상태의 목재의 함수율은 15% 정도이다.

해설 4 섬유포화점의 특징
① 섬유포화점(함수율 30%) 이상에서는 목재의 강도는 일정하다. 또한 수축, 팽창도 일정하다.
② 섬유포화점 이하에서는 함수율이 작을수록 강도가 커진다. 또한 수축도 커진다.
※ 섬유포화점은 목재의 강도와 수축 팽창이 일어나는 경계의 함수율이다.

정답 1. ④   2. ①   3. ②   4. ②

문제 5 〔기사〕

목재의 강도 중 가장 강도가 큰 곳은?
① 섬유방향 압축력
② 섬유방향 인장력
③ 섬유에 직각방향 압축력
④ 전단강도

문제 6 〔기사〕

목재의 심재에 대한 설명으로 옳지 않은 것은?
① 변재보다 비중이 크다.
② 변재보다 신축이 크다.
③ 변재보다 내구성이 크다.
④ 변재보다 강도가 크다.

문제 7 〔산업〕

목재의 변재와 심재에 대한 설명으로 옳지 않은 것은?
① 심재는 변재보다 목재의 수심에 가까우며, 비중이 크다.
② 심재는 변재보다 신축이 작다.
③ 변재는 심재보다 내후성이 크다.
④ 변재는 심재보다 강도가 약하다.

문제 8 〔산업〕

방부성이 우수하지만 악취가 나고, 흑갈색으로 외관이 불미하므로 눈에 보이지 않는 토대, 기둥, 도리 등에 사용되는 방부제는?
① P.C.P
② 콜타르
③ 크레오소트 유
④ 에나멜페인트

문제 9 〔기사〕

목재에 사용하는 방부제가 아닌 것은?
① 크레오소트(Creosote)
② 콜타르(Coal tar)
③ 카세인(Casein)
④ PCP(Penta Chloro Phenol)

해 설

해설 5 목재의 강도 크기
섬유방향(축방향)의 인장강도 > 휨강도 > 압축강도 > 전단강도 순으로 크다.
※ 섬유에 직각방향은 압축강도가 크나 섬유방향의 전단강도와 유사한 정도의 값이다.

해설 6,7 목재의 심재와 변재

비교항목	심재	변재
① 비중(밀도)	크다	작다
② 신축성(수축율)	작다	크다
③ 내후,내구성	크다	작다
④ 강도	크다	약하다

※ 변재는 심재에 비해 내후성이 작다.

해설 8,9,10,11
목재의 방부제(防腐劑)

구 분	특 징
콜타르	• 흑색이므로 사용장소제한 • 도포용으로만 사용 • 페인트칠 불가능 • 안보이는 곳에만 사용
크레오소트	• 방부력이 우수함 • 흑갈색용액, 값이 싸다. • 외부사용(토대, 기둥 등)
PCP	• 무색, 방부력 가장 우수 • 위에 페인트칠가능 • 값이 비싸다

※ 카세인 : 우유로부터 추출한 단백질 계통의 목재접착제, 수성 페인트의 원료이다.
※ ① 캐로신 : 등유 혹은 탄화수소 액체, 로켓 연료
② 염화아연 4% 용액 : 방화재 료로 사용

 5. ② 6. ② 7. ③ 8. ③ 9. ③

문제 10　　　　　　　　　　　　　　　기사

석탄의 고온 건류시 부산물로 얻어지는 흑갈색의 유성액체로서 가열도포하면 방부성은 좋으나 목재를 흑갈색으로 착색하고 페인트칠도 불가능하게 하므로 보이지 않는 곳에 주로 이용되는 유성방부제는?

① 캐로신
② PCP
③ 염화아연 4% 용액
④ 콜타르

문제 11　　　　　　　　　　　　　　　기사

방부력이 약하고 도포용으로만 쓰이며, 상온에서 침투가 잘 되지 않고 흑색이므로 사용 장소가 제한되는 유성방부제는?

① 캐로신
② PCP
③ 염화아연 4% 용액
④ 콜타르

문제 12　　　　　　　　　　　　　　　산업

목구조에서 기초 위에 가로놓아 상부에서 오는 하중을 기초로 전달하며, 기둥 밑을 고정하고 벽을 치는 뼈대가 되는 것은?

① 층보　　　　　　　② 층도리
③ 깔도리　　　　　　④ 토대

문제 13　　　　　　　　　　　　　　　산업

목재의 건조법 중에서 가장 틀린 것은 어느 것인가?

① 건조법에 의할 때는 일찍 주문하여 그늘에서 건조한다.
② 대기 건조법과 침수법은 오랜 시일이 필요없다.
③ 직사광선을 받으면 뒤틀림, 갈라짐 등이 생긴다.
④ 인공건조법은 보통 증기실, 열기실에서 건조한다.

문제 14　　　　　　　　　　　　　　　기사

목재를 천연건조 시킬 때의 장점에 해당되지 않는 것은?

① 비교적 균일한 건조가 가능하다.
② 시설투자 비용 및 작업 비용이 적다.
③ 건조 소요시간이 짧은 편이다.
④ 타 건조방식에 비해 건조에 의한 결함이 비교적 적은 편이다.

해 설

[해설] **12** 토대
① 목조건물의 기초 위에 가로 대어 기둥을 고정하는 벽체의 최하 수평 부재
② 상부하중을 분산시켜 기초에 전달하는 역할을 함
※ • 층보 : 각 층의 마루를 받아주는 보를 말한다.
　• 층도리 : 위층 마루 바닥이 있는 부위에 벽체에 대어 준 도리(수평부재)

[해설] **13, 14** 목재의 건조법
① 대기 건조법, 침수법 등 자연건조법은 건조비가 적게 들고 재질도 변질이 적어서 좋으나, 건조시간이 길고 변형이 생기기 쉽다.
② 인공 건조는 건조가 빠르고 변형도 적으나 시설비, 가공비가 많이 들어 가격이 비싸진다.

정답 10. ④　11. ④　12. ④　13. ②　14. ③

2 목재의 제품, 이음 및 맞춤

학습방향

이 단원은 집성목재, 코펜하겐리브, 목재의 접착제, 이음맞춤 주의사항, 이음의 종류, 쪽매의 종류, 세우기순서, 보강철물 등이 출제되고 있다.

1 목재의 제품

(1) 합 판

얇은 판을 1장마다 섬유방향과 직교되게 3, 5, 7, 9 등의 홀수 겹으로 붙여 댄 것을 합판이라 하고, 1장의 얇은 판을 단판이라 한다.

1) 합판의 제조법

① 로터리 베니어　② 소우드 베니어　③ 슬라이스드 베니어

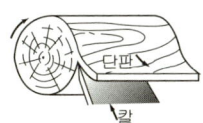 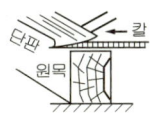 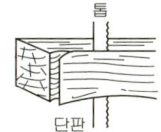

〈그림〉 합판의 제조법

(2) 집성목재(Glue-Laminated Timber)

1) 15~50mm 두께의 판재나 각재를 함수율이 12~14% 정도 되도록 건조시켜 섬유방향에 평행하게 하여 접착제를 첨가하여 압축성형 적층한 것(홀수가 아니어도 된다.)
2) 수평, 수직, 또는 아치형태로 집성한 목재이며 장식재와 수장재, 목구조의 기둥, 보에 사용되며, 대규모의 목조건축물의 아치, 트러스에도 사용된다.

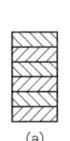 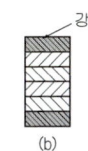 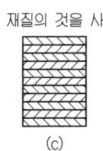 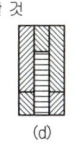 
(a)　(b)　(c)　(d)　(e)

〈그림〉 전형적인 집성목재 보의 단면

학습POINT

■ 합판의 특성
① 일반판재에 비하여 균질하다.
② 단판은 얇아서 건조가 빠르다.
③ 뒤틀림이 없고 팽창수축을 방지할 수 있다.
④ 값이 싸며 무늬가 좋은판을 얻을 수 있고 곡면판을 얻을 수 있다.

■ 집성목재의 장점
① 목재의 강도를 인공적으로 자유롭게 조절할 수 있다.
② 응력에 따라 필요한 단면을 만들 수 있다.
③ 강도변형이 작고 균열, 변형이 없다.
④ 길고 단면이 큰 부재를 간단히 제작 가능

(3) 벽, 천정제

1) 코프하겐 리브(Copenhagen rib)
① 보통 두께 3cm, 넓이 10cm 정도의 긴판을, 자유곡선으로 깍아 수직평행선이 되게 리브(rip)를 만든 것이다.
② 면적이 넓은 강당, 극장, 안벽에 음향조절, 장식효과로 사용한다.

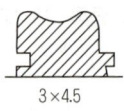
3×4.5
2.1×4.5

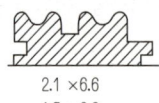
2.1 ×6.6
1.5 ×6.6

1.5 ×6.6

<그림> 코프하겐리브

■ 코프하겐 리브
면적이 넓은 강당, 극장, 안벽에 음향조절, 장식효과로 사용된다.

2) 코르크 판(Cork board)
① 알갱이 모양으로 만들어 도료에 섞어서 콘크리트 천정 벽면 마무리용으로 사용된다.
② 알갱이에 톱밥, 삼(마), 접착제 등을 혼합하여 열압하여 만든다.

■ 코르크판
코르크판은 단열성과 흡음성이 있어 방송실 안벽 흡음판이나 냉동고의 단열판으로 쓰인다.

(4) 마루판(flooring)의 종류

종 류	특 징
플로어링 보드 (flooring bord)	표면은 상대패로 마감하고 제혀쪽매로 한 것으로, 두께 9mm(3푼),나비 60mm(2치),길이 600mm(2자)정도가 가장 많다.
파키트리 보드 (parquetry bord)	경목재판을 9~15mm(3~5푼), 나비60mm(2치), 길이는 넓이의 3~5배로 한 것으로, 제혀쪽매로 하고 표면은 상대패로 마감한 판재이다.
파키트리 블록 (parquetry block)	파키트리보드를 3~5장씩 조합하여 180×180mm나 300×300mm각으로 만들어 방습처리 후 철물과 모르타르를 사용하여 콘크리트 마루에 깔도록 되어 있다.

■ 마루판의 종류
마루판의 종류는 플로어링보드, 파키트리보드, 파키트리블록 등이 사용된다.

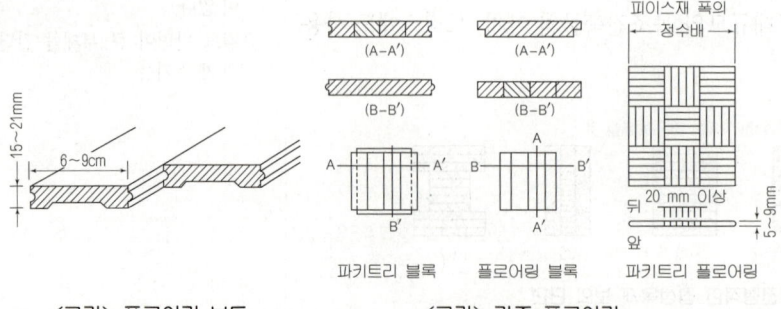

<그림> 플로어링 보드   <그림> 각종 플로어링

(5) 파티클보드(Particle Board)

1) Chip Board라고도 하며 목재 또는 기타 식물질을 조각으로 하여 충분히 건조시킨 후 합성수지 접착제를 첨가하여 열압 제조한 목재 제품
2) 온도에 의한 변형이 비교적 적고 흡음, 단열, 열차단성이 양호하며 다른 보드에 비해 강도가 커 상판(床版), 칸막이벽, 가구 등에 사용
3) 파티클보드의 특징
 ① 강도의 방향성이 없으며 큰 면적을 얻을 수 있다.
 ② 두께는 자유로이 만들 수 있다.
 ③ 표면이 평활하고 경도가 크다.
 ④ 방충, 방부성이 좋다.
 ⑤ 음 및 열의 차단성이 우수하다.

(6) 목재의 접착제

1) 아교, 카세인, 밥풀 및 합성수지계(요소, 멜라민, 페놀 등)를 사용
2) 접착력의 크기 순서 : 에폭시 > 요소 > 멜라민 > 페놀(석탄산계)
3) 내수성의 크기 : 실리콘 > 에폭시 > 페놀 > 멜라민 > 요소 > 아교

■ 목재의 접착제
목재에 이용되는 접착제로서 내수·내구성이 가장 우수한 제품은 페놀수지풀이다.

2 이음 및 맞춤

(1) 목재의 이음, 맞춤, 쪽매

이 음	두부재를 재의 길이방향으로 접합하는 것
맞 춤	재와 서로 직각 또는 일정한 각도로 접합하는 것
쪽 매	재를 섬유방향과 평행으로 옆대어 붙이는 것

■ 큰부류의 이음의 종류
① 맞댄이음(Butt Joint)
② 겹친이음(Lap Joint)
③ 따내기이음
④ 중복이음

(2) 위치에 따른 이음의 종류

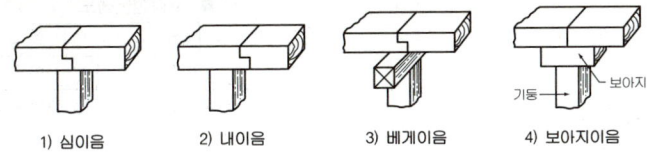

1) 심이음 2) 내이음 3) 베게이음 4) 보아지이음

<그림> 이음의 위치

■ 위치에 따른 이음의 종류
① 심이음 : 부재의 중심에서 이음하는 것.
② 베게이음 : 가로받침을 대고 있는 것.
③ 내이음 : 중심에서 벗어난 위치에서 이음
④ 보아지 이음 : 심이음에 보아지를 댄 것.

(3) 이음 및 맞춤시 주의사항

1) 응력이 작은 곳에서 한다.
2) 단면 방향은 응력에 직각되게
3) 적게 깎아서 약해지지 않게
4) 모양에 치우지지 말 것
5) 단순한 모양으로 완전 밀착
6) 응력이 균등하게 전달되게 한다.
7) 큰 응력부, 약한 부분은 철물 보강
8) Truss. 평보는 왕대공 가까이서 이음

※ 철물의 구멍위치는 정확히 하며 구멍크기는 가시못인 경우 1.5mm, 나사못은 0.5mm, Bolt 구멍은 1.5mm 초과금지

(4) 쪽매

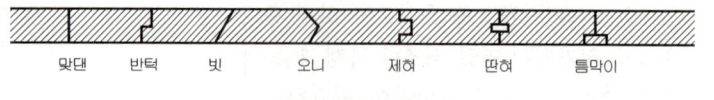

<그림> 쪽매의 종류

■ 쪽매의 용도

맞 댄 쪽 매	경미한 구조에 이용된다
빗 쪽 매	지붕널 등에 이용
반 턱 쪽 매	거푸집 제작
오 니 쪽 매	널말뚝 박기
제 혀 쪽 매	마루널 깔기
딴 혀 쪽 매	마루널 깔기
틈막이쪽 매	천장, 벽널 붙이기

※ 쪽매의 종류에서 일반적으로 가장 많이 사용되는 것은 제혀쪽매이다.

(5) 먹줄치기

마름질, 바심질을 위해 재의 축방향에 심먹을 넣고 가공형태를 목재에 그리는 것으로 동일한 종류가 많을 때는 본판을 원칙으로 떠서 규준판으로 하여 먹줄치기를 한다.

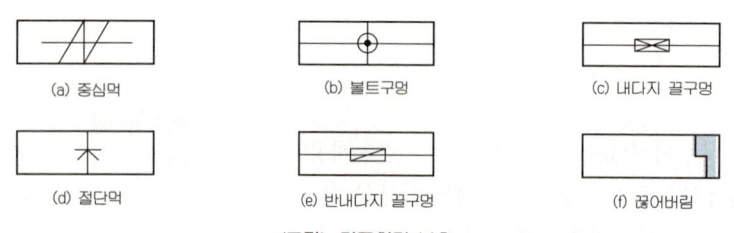

<그림> 먹줄치기 부호

■ 볼트구멍

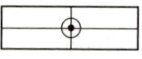

(6) 모접기

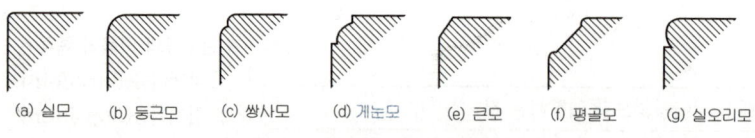

<그림> 목재의 모접기(Moulding) 마무리의 단면

■ 게눈모

3 수장공사, 보강철물

(1) 목재 세우기

1) 목조건물 뼈대 세우기 순서

  기둥 – 인방보 – 층도리 – 큰보

2) 목공사의 시공순서

  수평규준틀 – 기초 – 세우기 – 지붕 – 수장 – 미장

3) 2층주택의 마루판과 천정판 시공순서

  2층 바닥 – 2층 천장 – 1층 바닥 – 1층 천장

■ 보강철물용도

볼트	ㅅ자보와 평보
띠쇠	ㅅ자보와 왕대공
꺾쇠	ㅅ자보와 빗대공
볼트+듀벨	ㅅ자보와 달대공
감잡이쇠	평보와 왕대공
안장쇠	큰보와 작은 보

(2) 반자틀 짜기

① 반자는 지붕밑, 마루밑을 감추어 보기 좋게 하고, 먼지 등을 방지하며, 음·열·기류차단에 효과가 있게 한다.

■ 목조 반자틀 모양

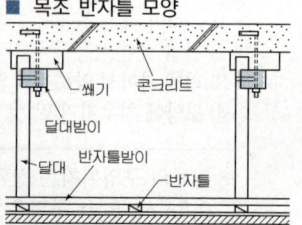

② 반자종류 : 회반죽반자, 널반자, 살대반자, 우물반자, 구성반자
③ 반자틀 짜는 순서

> 달대받이 → 반자돌림대 → 반자틀받이 → 반자틀 → 달대 → 반자널

4 목재의 보강철물

종 류	특 징
못	① 못 길이는 판두께의 2.5~3배, 마구리에 박는 것은 3.0~3.5배 이며, 널두께가 10mm 이하일 때 4배가 표준이다. ② 못의 크기는 설계도서에 따르며 설계도서에서 특별히 정해진 것이 없는 경우에 못의 지름은 두께의 1/6 이하로 하고 못의 길이는 측면 부재 두께의 2배~4배 정도로 한다. ③ 목재의 끝 부분에서와 같이 할렬이 발생할 가능성이 있는 경우를 제외하고 미리 구멍을 뚫지 않고 못을 박는다.
나사못	① 나사못 지름1/2 정도를 구멍뚫고 최소 나사못 길이1/3 이상은 틀어서 조인다. 처음부터 돌려박는 것이 원칙이다. ② 큰 응력을 받는 곳에는 네모머리 코오치스쿠류를 쓰고 1/2은 틀어서 조인다.
볼트(Bolt)	① 구조용은 12mm, 경미한 곳은 9mm정도를 쓴다. 인장력을 분담한다. ② 목재의 Bolt 구멍은 지름보다 1.5mm 이상 크게 해서는 안된다.
듀벨	보울트와 같이 사용, 전단력 보강철물이다.

■ 목조가새

목조 벽체의 가새(Bracing)

① 가새는 수평재와 수직재가 만나는 곳에 접합하게 되어 있으며 대각선으로 설치한다. (45°)
② 횡력에 대해 저항한다.(횡력에 대한 보강재이다.)
③ 압축가새 : 평기둥 치수의 1/3이상(꺽쇠로 긴결한다)
④ 인장가새 : 평기둥 치수의 1/5 이상(못, 볼트로 긴결한다.)
⑤ 가새와 샛기둥이 만나는 곳은 샛기둥을 깍아내고 가새를 끼운 후 못을 박는다.

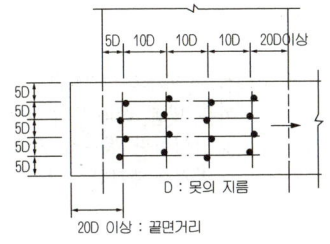 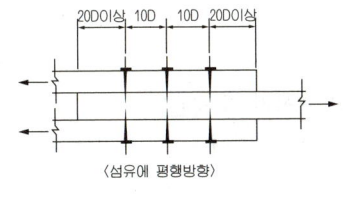

〈그림〉 못배치의 최소 간격 (구멍을 뚫지 않은 경우)

못접합부에 대한 최소 끝면거리, 연단거리 및 간격

구 분	미리 구멍을 뚫지 않는 경우	미리 구멍을 뚫는 경우
끝면거리	20D	10D
연단거리	5D	5D
섬유에 평행한 방향으로 못의 간격	10D	10D
섬유에 직각방향으로 못의 간격	10D	5D

D=못의 지름(mm)

핵심문제

문제 1 〔공통〕

다음의 건축공사 재료 중 마루판으로 적당하지 않은 것은 어느 것인가?
① 코펜하겐 리브(Copenhagen rib)
② 플로어링 보드(Flooring board)
③ 파키트리 보오드(Parquetry board)
④ 파키트리 블록(Parquetry block)

문제 2 〔공통〕

목재의 접착제로 활용되는 수지로 가장 거리가 먼 것은?
① 요소 수지
② 멜라민 수지
③ 폴리스티렌 수지(스티롤 수지)
④ 페놀 수지

문제 3 〔기사〕

목재 접착에 이용되는 접착제로서 내수, 내구성적인 측면에서 품질이 가장 우수한 것은?
① 요소계 수지 ② 페놀계 수지
③ 비닐계 수지 ④ 아교

문제 4 〔산업〕

다음 중 목재의 접합방법과 가장 거리가 먼 것은?
① 맞춤   ② 이음
③ 압밀   ④ 쪽매

문제 5 〔산업〕

목재의 접합방법에 대한 설명이 잘못된 것은?
① 맞댄이음은 두재가 덧판에 의하여 부재의 응력을 모두 전달할 수 있다.
② 따낸 이음은 단면의 감소가 발생하므로 부재응력을 전부 전달할 수 없다.
③ 맞춤은 수평재와 수직재를 각을 지어 맞추는 것이다.
④ 쪽매는 사용재를 길이방향으로 접합하는 방법이다.

해 설

해설 1 코펜하겐 리브
코펜하겐 리브는 면적이 넓은 강당, 극장의 안벽에 음향조절, 장식효과로 사용된다.

해설 2 목재의 접착제
(1) 아교, 카세인, 밥풀 및 합성수지계(요소, 멜라민, 페놀 등)를 사용
(2) 접착력의 크기 순서 : 에폭시 〉요소 〉멜라민 〉페놀(석탄산계)
※ 스티롤 수지는 열가소성 수지로 단열재로 쓰인다. 목재의 접착재로는 사용되지 않는다.

해설 3
※ 내수합판의 접착제로는 페놀수지가 쓰인다.

해설 4 목재의 접합방법
이음, 맞춤, 쪽매 등이 있다.
※ 압밀이란 점토질 흙에서 물과 공기를 제거하는 것이다.

해설 5
길이방향으로 접합하는 방법이 이음이다.
• 이음, 맞춤, 쪽매의 구분
① 이음 : 재의 길이방향으로 길게 접합하는 방법
② 맞춤 : 재와 서로 직각방향으로 접합하는 방법
③ 쪽매 : 재의 섬유방향으로 평행하게 접합하는 방법

정답 1. ① 2. ③ 3. ② 4. ③ 5. ④

문제 6 　　　　　　　　　　　　　　　　　　　　　산업

목공사에 관한 다음 설명 중 옳지 않은 것은?
① 이음과 맞춤의 단면은 응력의 방향과 관계없이 시공하기에 쉬워야 한다.
② 맞춤면은 정확히 가공하여 상호간 밀착하고 빈틈이 없도록 한다.
③ 공작이 간단한 것을 쓰고 모양에 치중하지 않는다.
④ 이음과 맞춤은 응력이 작은 곳에 만드는 것이 좋다.

문제 7 　　　　　　　　　　　　　　　　　　　　　기사

목재의 이음과 맞춤에 대하여 맞지 않은 것은?
① 맞춤면은 상호 밀착시킨다.
② 공작법이 간단해야 한다.
③ 이음 및 맞춤의 면은 응력방향에 평행되게 한다.
④ 가급적 적게 깎아내야 한다.

문제 8 　　　　　　　　　　　　　　　　　　　　　산업

목구조의 접합부에 관한 설명으로 옳은 것은?
① 접합부의 강도는 부재의 강도보다 작아야 한다.
② 부재의 접합은 응력이 작은 곳에 둔다.
③ 이음 및 맞춤의 단면은 응력방향에 수평되게 한다.
④ 볼트 접합이 못 접합보다 접합부의 강성이 크다.

문제 9 　　　　　　　　　　　　　　　　　　　　　산업

은장이음은 주로 어디에 쓰이는가?
① 구조재의 인장용이다.
② 기둥과 도리에 쓰인다.
③ 수장재나 계단 난간이음에 쓰인다.
④ 반자틀, 반자살대 등에 쓰인다.

문제 10 　　　　　　　　　　　　　　　　　　　　산업

두 목재의 접합부에 끼워 볼트(Bolt)와 같이 사용하여 전단에 견디도록 하는 일종의 산지를 무엇이라고 하는가?
① 주걱볼트　　　　② 듀벨
③ 감잡이쇠　　　　④ 꺾쇠

해 설

해설 6
※ 이음 맞춤시 단면은 응력방향에 직교시킨다.

해설 7 이음 및 맞춤시 주의사항
① 응력이 작은 곳에서 한다.
② 이음 및 맞춤면은 응력방향에 직각되게 한다.
③ 단순한 모양으로 완전 밀착
④ 트러스, 평보는 왕대공가까이에서 이음

해설 8 목재 접합부
① : 접합부의 강도는 부재와 동등이상의 강도를 유지해야 한다.
③ : 이음 및 맞춤의 단면은 응력방향에 직각되게 해야 한다.
④ : 못 접합은 Bolt접합에 비해 단면이 결손되지 않으므로 강성이 크다.

해설 9
두 재를 맞대고 같은 재의 나무로 나비형 은장을 만들어 끼워 있는 이음으로, 수장재 및 계단난간의 이음에 쓰이고, 못 또는 볼트보다 뒤틀림에 강하다.

해설 10 듀벨(Dubel)
목재의 접합부 사이에 끼워 전단력 보강을 하는 일종의 산지로 Bolt와 함께 사용한다.
※ 산지, 은장, 촉도 전단력 보강용이다.

정답 6. ① 7. ③ 8. ② 9. ③ 10. ②

해 설

문제 11 기사
목조건물의 뼈대세우기 순서로써 가장 옳은 것은?
① 기둥 – 층도리 – 인방보 – 큰보
② 기둥 – 인방보 – 층도리 – 큰보
③ 기둥 – 큰보 – 인방보 – 층도리
④ 기둥 – 인방보 – 큰보 – 층도리

[해설] 11 목조건물의 뼈대세우기
① 목조건물 뼈대 세우기 순서

> 기둥 – 인방보 – 층도리 – 큰보

② 목공사의 시공순서

> 수평규준틀 – 기초 – 세우기 – 지붕 – 수장 – 미장

문제 12 산업
목조 2층 주택의 마루널과 반자널을 까는 경우 다음 중 어느 것이 순서가 알맞는가?
① 1층 마루바닥 → 1층 반자 → 2층 마루바닥 → 2층 반자
② 2층 마루바닥 → 2층 반자 → 1층 마루바닥 → 1층 반자
③ 2층 반자 → 1층 반자 → 2층 마루바닥 → 1층 마루바닥
④ 1층 마루바닥 → 2층 마루바닥 → 1층 반자 → 2층 반자

[해설] 12
마루를 깔고 그 위에 발판을 놓고 반자(천장)를 만든다.
※ 2층 마루바닥 → 2층 반자 → 1층 마루바닥 → 1층 반자
마루 → 천장 순서로 위에서 아래로 마감한다.

문제 13 공통
가구식 구조물의 횡력에 대한 보강법으로 가장 적합한 것은?
① 통재 기둥을 설치한다.
② 가새를 유효하게 많이 설치한다.
③ 샛기둥을 줄인다.
④ 부재의 단면을 작게 한다.

[해설] 13 가새(Brace)
목조 벽체를 수평력(횡력)에 견디게 하기 위하여 45°방향으로 배치하는 수평, 수직방향의 경사부재
① 인장력을 부담하는 가새는 기둥 단면적의 1/5 이상
② 압축력을 받는 것은 1/3 이상으로 한다.
※ 횡력(수평력)에 대한 보강재로 대표적인 것이 가새, 버팀대, 귀잡이 이다.
③ 가새는 수평재와 수직재가 만나는 곳에 접합하게 되어 있으며 대각선으로 설치한다.(45°)

문제 14 산업
다음 (   ) 안에 가장 적합한 용어는?

> 목구조에서 기둥과 보의 접합은 보통 (①)으로 보기 때문에 접합부 강성을 높이기 위해 (②)를(을) 쓰는 것이 바람직하다.

① ① 강접합, ② 가새
② ① 강접합, ② 샛기둥
③ ① 핀접합, ② 가새
④ ① 핀접합, ② 샛기둥

[해설] 14
① 목구조는 일체식구조가 아니라 가구식 구조이므로 접합부는 강접합이 아니라 핀접합으로 간주한다.
② 따라서 접합부 강성보강을 위하여 가새를 사용한다.

정답 11. ② 12. ② 13. ② 14. ③

문제 15 ㅤㅤㅤㅤㅤㅤㅤㅤㅤㅤㅤㅤㅤㅤㅤㅤㅤㅤ 기사

목공사에 사용되는 철물에 대한 설명이다. 틀린 것은?
① 못의 길이는 박아대는 재두께의 2.5배 이상이며, 마구리 등에 박는 것은 3.0배 이상으로 한다.
② 감잡이쇠는 큰 보에 걸쳐 작은 보를 받게 하고, 안장쇠는 평보를 대공에 달아매는 경우 또는 평보와 ㅅ자보의 밑에 쓰인다.
③ 볼트 구멍은 볼트지름보다 1.5mm이상 커서는 안된다.
④ 듀벨은 볼트와 같이 사용하여 듀벨에는 전단력, 볼트에는 인장력을 분담시킨다.

[해설] 15
목구조에 사용되는 안장쇠는 큰 보에 작은보를 지지할 때 큰보의 따냄을 되도록 방지하기 위해 쓰이는 철물이다.

문제 16 ㅤㅤㅤㅤㅤㅤㅤㅤㅤㅤㅤㅤㅤㅤㅤㅤㅤㅤ 산업

왕대공 지붕틀에서 지붕틀 상호간의 연결을 튼튼히 하고 평보의 옆휨을 막기 위하여 평보와 평보사이에 걸쳐대는 부재로 옆휨막이 또는 대공밑둥잡이라고도 불리우는 것은?
① 대공가새
② 보잡이
③ 귀잡이보
④ 버팀대

[해설] 16 대공밑둥잡이 = 보잡이
※ 평보와 평보 사이에 걸쳐대어 평보의 휨을 방지한다.

문제 17 ㅤㅤㅤㅤㅤㅤㅤㅤㅤㅤㅤㅤㅤㅤㅤㅤㅤㅤ 산업

목구조에 사용하는 보강철물이 아닌 것은?
① 컬럼밴드
② 안장쇠
③ 주걱꺾쇠
④ 감잡이쇠

[해설] 17
※ 컬럼밴드(Column Band)는 콘크리트 타설 측압에 의해 기둥 거푸집이 벌어지는 것을 방지하기 위한 보강재료이다.

문제 18 ㅤㅤㅤㅤㅤㅤㅤㅤㅤㅤㅤㅤㅤㅤㅤㅤㅤㅤ 기사

목조 지붕틀 구조에 있어서 모서리 기둥과 층도리 맞춤에 사용하는 철물은?
① 띠쇠
② 감잡이쇠
③ 주걱볼트
④ ㄱ자쇠

[해설] 18
① 층도리(Girt)는 2층마루바닥이 있는 부분에 설치하는 수평가로재를 말한다.
② 기둥을 연결하며 샛기둥이나 평기둥 위에 앉고, 통재기둥 사이에 건너 지르고 층보를 받게 된다.
③ 모서리 기둥과 층도리에 사용되는 보강철물은 ㄱ자쇠를 사용한다.

[정답] 15. ② 16. ② 17. ① 18. ④

문제 19

목공사에서 목조 반자틀 구조를 위에서 아래로 차례대로 올바르게 나열한 것은?
① 달대받이 – 달대 – 반자틀받이 – 반자틀
② 달대 – 달대받이 – 반자틀 – 반자틀받이
③ 반자틀 – 달대 – 반자틀받이 – 달대받이
④ 반자틀받이 – 반자틀 – 달대받이 – 달대

문제 20

목조반자의 구조에서 반자틀의 구조가 아래에서부터 차례로 옳게 나열된 것은?
① 반자틀 – 반자틀 받이 – 달대 – 달대받이
② 달대 – 달대받이 – 반자틀 – 반자틀받이
③ 반자틀 – 달대 – 반자틀받이 – 달대받이
④ 반자틀받이 – 반자틀 – 달대받이 – 달대

해 설

19, 20 목자 반자틀 모양

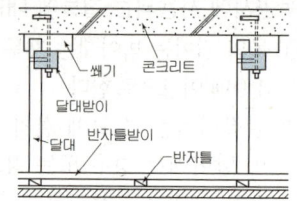

① 달대받이–달대–반자돌림대–반자틀받이–반자틀–반자널 순서대로 조립되는 경우도 있다.
② 구조상 아래에서부터 반자틀–반자틀받이–달대–달대받이 순서이다.
③ 반자틀 조립(시공)순서 : 달대받이–반자돌림대–반자틀받이–반자틀–달대–반자널 순으로 시공

19. ① 20. ①

건축기사 _ 기출문제

7 CHAPTER 목공사

문제 1

목재강도의 일반적 성질 중 옳지 않은 것은?

① 변재가 심재보다 강도가 작다.
② 비중이 큰 것이 강도가 크다.
③ 섬유방향의 강도는 평행방향보다 직각방향이 강도가 크다.
④ 활엽수보다 침엽수가 강도가 작다.

[해설] 목재의 강도
① 평행방향에 대한 강도가 직각방향에 대한 강도보다 크다.
② 비중이 클수록 강도가 크다.
③ 심재가 변재보다 강도가 크다.

문제 2

목재 건조법 중에서 가장 틀린 것은?

① 자연건조법은 그늘에서 통풍만으로 건조시킨다.
② 자연건조법에서는 직사광선을 피해야 한다.
③ 인공건조법은 먼저 수액을 빼고 인공적으로 가열하여 건조시킨다.
④ 인공건조법은 자연건조법보다 건조기일이 오래 걸린다.

[해설] 건조법
① 자연건조법은 건조비가 적게 들고 재질도 변질이 적어서 좋으나, 건조시간이 길고 변형이 생기기 쉽다.
② 인공 건조는 건조가 빠르고 변형도 적으나 시설비, 가공비가 많이 들어 가격이 비싸진다.

문제 3

목조 지붕틀 구조에 있어서 중도리와 ㅅ자보를 연결하는데 가장 적합한 철물은?

① 띠쇠
② 감잡이쇠
③ 주걱볼트
④ 엇꺾쇠

[해설] 중도리와 ㅅ자보의 연결
① 중도리는 ㅅ자보에 걸침턱맞춤으로 하고 큰못치기나 엇꺾쇠 양면치기로 고정
② 중도리옆 ㅅ자보위에 구름받이를 못박아 댄다.

문제 4

벽체구조에 관한 설명으로 옳지 않은 것은?

① 목조 벽체를 수평력에 견디게 하고 안정한 구조로 하기 위해 귀잡이를 설치한다.
② 벽돌구조에서 각층의 대린벽으로 구획된 각 벽에 있어서 개구부의 폭의 합계는 그 벽의 길이의 2분의 1이하로 하여야 한다.
③ 목조 벽체에서 샛기둥은 본기둥 사이에 벽체를 이루는 것으로서 가새의 옆휨을 막는데 유효하다.
④ 너비 180cm가 넘는 문꼴의 상부에는 철근콘크리트 인방보를 설치하고, 벽돌벽면에서 내미는 창 또는 툇마루 등은 철골 또는 철근콘크리트로 보강한다.

[해설] 목조 벽체를 수평력(횡력)에 견디게 하고 안정한 구조로 하기 위해서는 우선 가새를 유효하게 많이 설치한다.

해답 1. ③ 2. ④ 3. ④ 4. ①

건축산업기사 _ 기출문제

7 CHAPTER 목공사

문제 1

목재의 이음 및 맞춤과 거리가 먼 것은?

① 주먹장   ② 연귀
③ 모접기   ④ 장부

[해설] 모접기(Moulding)
목재나 석재 끝을 모양지게 잔다듬하여 마무리 하는 것을 말한다.

문제 2

목공사에서 모서리의 맞춤으로 창호, 수장재 등의 표면 마구리를 감추기 위하여 사용하는 맞춤은?

① 연귀맞춤
② 주먹장맞춤
③ 반턱맞춤
④ 장부맞춤

[해설] 연귀맞춤
모서리 구석 등에 나무 마구리가 보이지 않게 45도 각도로 빗잘라대는 맞춤으로 반연귀, 안촉연귀, 사개연귀 등이 있다.

문제 3

목재를 나란히 옆으로 대어 넓게 접합하는 것을 무엇이라고 하는가?

① 이음   ② 맞춤
③ 장부   ④ 쪽매

[해설] 이음, 맞춤, 쪽매의 구분
① 이음 : 재의 길이방향으로 길게 접하는 방법
② 맞춤 : 재와 서로 직각방향으로 접하는 방법
③ 쪽매 : 재의 섬유방향으로 평행하게 접하는 방법

문제 4

목조계단에서 디딤판이나 챌판은 옆판(측판)에 어떤 맞춤으로 시공하는 것이 구조적으로 가장 우수한가?

① 통 맞춤
② 턱솔 맞춤
③ 반턱 맞춤
④ 장부 맞춤

[해설] ① 목재계단에서 디딤판이나 챌판은 옆판에 통맞춤으로 한다.
② 통맞춤 : 한재의 마구리 또는 옆면이 통째로 다른재의 홈 또는 턱을 딴자리로 물리는 것
※ 부재를 절단하지 않고 맞춤하므로 구조적으로 가장 우수하다.

문제 5

목재의 이음 및 맞춤시의 주의사항으로 옳지 않은 것은?

① 이음 및 맞춤의 위치는 응력이 적은 곳을 피한다.
② 각 부재는 약한 단면이 없게 한다.
③ 응력의 종류 및 크기에 따라 이음 맞춤에 적절한 것을 선정한다.
④ 국부적으로 큰 응력이 작용하지 않도록 철물보강한다.

[해설] 이음 및 맞춤시 주의사항
① 이음 및 맞춤의 공작은 모양에 치중하지 말고 응력에 견디도록 한다.
② 이음 및 맞춤의 단면은 응력의 방향에 직각이 되도록 한다.
③ 이음 및 맞춤의 위치는 응력이 작은 곳에 둔다.

해답   1. ③   2. ①   3. ④   4. ①   5. ①

문제 6

목공사의 시공순서로 옳은 것은?

① 수평규준틀 → 기초 → 세우기 → 지붕 → 미장 → 수장
② 기초 → 수평규준틀 → 세우기 → 지붕 → 수장 → 미장
③ 기초 → 세우기 → 수장 → 지붕 → 미장 → 수평균준틀
④ 수평규준틀 → 기초 → 세우기 → 지붕 → 수장 → 미장

[해설] 목공사의 시공 순서
수평규준틀 → 기초 → 세우기 → 지붕 → 수장 → 미장

문제 7

목구조의 보강철물에 관한 설명으로 옳지 않은 것은?

① 왕대공과 평보의 접합부는 안장쇠로 보강한다.
② 처마도리와 깔도리 및 평보의 접합부는 주걱볼트로 보강한다.
③ 평보와 ㅅ자보의 접합부는 볼트로 보강한다.
④ 토대와 기둥의 접합부는 띠쇠로 보강한다.

[해설] 7,8 보강철물의 용도

볼트	ㅅ자보와 평보
띠쇠	ㅅ자보와 왕대공
꺾쇠	ㅅ자보와 빗대공
볼트 + 듀벨	ㅅ자보와 달대공
감잡이쇠	평보와 왕대공
안장쇠	큰보와 작은보

※ 왕대공과 평보의 접합부는 감잡이쇠가 사용된다.

문제 8

목조 지붕틀의 각 부재와 보강철물이 서로 잘못 연결된 것은?

① 평보와 깔도리 – 주걱 볼트
② 왕대공과 평보 – 안장쇠
③ 평보와 ㅅ자보 – 볼트
④ 왕대공과 ㅅ자보 – 띠쇠

문제 9

왕대공 지붕틀의 ㅅ자보 계산에 고려해야 하는 힘의 조합으로 옳은 것은?

① 인장력과 압축력
② 휨모멘트와 인장력
③ 휨모멘트와 압축력
④ 인장력과 전단력

[해설] 왕대공 지붕틀의 ㅅ자보는 휨 모멘트와 압축력이 작용된다.

문제 10

목구조에 사용되는 보강철물과 사용개소의 조합으로 옳지 않은 것은?

① 안장쇠 – 큰보와 작은보
② ㄱ자쇠 – 평기둥과 층도리
③ 띠쇠 – 토대와 기둥
④ 감잡이쇠 – 왕대공과 평보

[해설] ① 평기둥과 층도리(수평재)는 일자 띠쇠로 보강한다.
② 통재기둥과 층도리는 ㄱ자쇠로 보강한다.

해답 6. ④ 7. ① 8. ② 9. ③ 10. ②

문제 11

목구조의 2층 마루틀 중 복도 또는 간사이가 작을 때 보를 쓰지 않고 층도리와 간막이도리에 직접 장선을 걸쳐 대고 그 위에 마루널을 깐 것은?

① 동바리마루틀
② 홑마루틀
③ 보마루틀
④ 짠마루틀

[해설] ① 문제에서 설명한 것이 홑마루틀로서 간사이(Span)가 2.4m 이하에서 적용한다.
② 보마루틀은 보-장선-마룻널로 구성이 된다.
③ 짠마루틀은 큰보-작은보-장선-마룻널로 시공이 되며 간사이(Span)가 6.4m 이상일 때 적용한다.

문제 12

그림은 목재의 모접기(Moulding) 마무리의 단면이다. 게눈모란 어느 것인가?

① 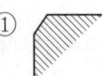 ②

③  ④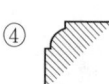

[해설] 모접기
① 큰모 ② 쌍사모
③ 둥근모 ④ 게눈모

문제 13

다음 그림과 같은 원목을 제재하려고 할 때 최대 몇 cm각으로 제재할 수 있겠는가?

① 12cm
② 14cm
③ 16cm
④ 18cm

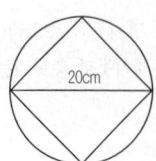

[해설] 각재 한변의 길이 = $\dfrac{20}{\sqrt{2}} = 14 cm$

문제 14

건조된 목재의 특징으로 옳지 않은 것은?

① 변색
② 갈램
③ 뒤틀림
④ 내구성 저하

[해설] ① 목재를 건조하면 변색, 갈램(갈라짐), 뒤틀림(변형) 등이 생길 수 있다.
② 목재를 건조시키면 강도가 증가되고, 내구성이 증가된다.

문제 15

목구조의 보강철물에 관한 설명으로 옳지 않은 것은?

① 전단보강 플레이트는 목구조 접합부에 전단하중 보강용으로 목재 내부에 사용되는 원형판이다.
② 래그못은 두꺼운 목재를 결합하거나 보강하기 위한 래그달린 나사못이다.
③ 왕대공과 평보의 접합부는 안장쇠로 보강한다.
④ 기둥과 층도리는 띠쇠로 보강한다.

[해설] 왕대공과 평보의 접합부는 감잡이쇠가 사용된다.
① 평기둥과 층도리(수평재)는 일자 띠쇠로 보강한다.
② 통재기둥과 층도리는 ㄱ자 띠쇠로 보강한다.

문제 16

다음 중 부엌 조리대의 상판구조로 가장 알맞은 재료는 어느 것인가?

① MDF(Medium Density Fiberboard)
② PB(Particle Board)
③ LPM(Low Pressure Melamine)
④ HPM(High Pressure Melamine)

[해설] ① MDF 합판은 중밀도 합판으로 실내장식용 합판이다. (벽체, 가구용 : 물에 약함)
② PB는 인조목재이다.
④ HPM은 고온고압으로 압출성형한 멜라민 합판으로 합성수지인 멜라민이나 페놀수지를 함침, 적층해서 제작함. 내습성과 표면강도가 LPM보다 훨씬 크다. 부엌이나 조리대 상판, 가구 등에 사용된다.

해답 11. ② 12. ④ 13. ② 14. ④ 15. ③ 16. ④

제8장 지붕 및 방수공사

출제경향분석

- 지붕 및 홈통공사에서는 (1) 지붕공사 (2) 홈통공사로 구성되어 있다. 출제빈도는 높지 않고 일반구조와 겹치는 사항이다.

- 방수공사에서는 20문제 출제 중 1~2문제 정도 출제되고 있으며, 아스팔트 방수재료의 종류와 용도/침입도/아스팔트와 시멘트액체방수의 비교/안방수와 바깥방수의 비교/아스팔트방수 시공시 주의점/시이트방수, 도막방수 등의 내용이 자주 출제되므로 꼭 정리해 두기 바란다.

세부목차

1. 지붕 및 홈통공사
2. 방수공법의 분류, 비교
3. 아스팔트 방수

1 지붕 및 홈통공사

> **학습방향**
>
> 지붕공사에서는 지붕재료 요구조건, 한식기와 용어, 금속판의 특징 등이 중요내용이며, 홈통공사에서는 홈통설치시 기본사항에 대한 내용이 정리되어야 한다.

1 지붕공사

(1) 재료에 요구되는 조건

① 수밀하고 내수적일 것.
② 경량이고 내구성이 클 것.
③ 방화적이고 열차단성이 클 것.
④ 내한적, 내풍적일 것.
⑤ 외관이 미려하고 건물과 조화될 것.
⑥ 시공이 용이하고 부분수리가 가능할 것.
⑦ 가격이 저렴할 것.

(2) 지붕재료에 의한 분류 및 물매(시방서 기준)

지붕의 경사는 설계도면에 지정한 바에 따르되 별도로 지정한 바가 없으면 1/50 이상으로 한다.

지붕재	지붕 구배
① 기와지붕 및 아스팔트 싱글(강풍지역이 아닐 때)	1/3 이상
② 기와지붕 및 아스팔트 싱글(강풍지역일 때)	1/3 미만
③ 금속기와	1/4 이상
④ 금속판 지붕(일반적인 금속판 및 금속패널 지붕)	1/4 이상
⑤ 금속절판	1/4 이상
⑥ 금속절판(금속 지붕 제조업자가 보증하는 경우)	1/50 이상
⑦ 평잇기 금속지붕	1/2 이상
⑧ 합성고분자시트 지붕	1/50 이상
⑨ 아스팔트 지붕	1/50 이상
⑩ 폼 스프레이 단열지붕의 경사	1/50 이상

(3) 한식기와 잇기

1) 한식기와 용어

① 알매흙 : 산자위나 펠트위에 얇게 펴까는 암기와 밑의 진흙
② 발 비 : 알매흙을 사용하지 않고 보통흙을 사용시, 산자위에 덧대는 볏짚이나 대패밥

학습 POINT

■ 지붕재료
① 시멘트 기와의 $1m^2$ 당 소요량은 14장이다.
② 시멘트 기와의 시험은 주로 흡수율과 굽힘시험을 행한다.

③ 홍두깨흙 : 암기와 사이에 홍두깨모양으로 뭉친 숫기와 밑의 흙
④ 아귀토 : 처마끝에 막새 대신 회, 진흙반죽으로 동그랗게 바른 흙
⑤ 적심 : 지붕경사가 맞지 않는 곳에서 죽더기, 통나무 등을 채워서 물매를 잡는 것
⑥ 착고 : 지붕마루에 기와골에 맞추어 숫기와를 다듬어 옆세워 대는 기와
⑦ 부고 : 착고위에 옆세워 대는 숫기와
⑧ 머거블 : 용마루의 끝마구리에 숫기와를 옆세워서 댄 것.
⑨ 보습장 : 추녀마루 처마끝에 암기와를 삼각형으로 다듬어 댄 것
⑩ 와 당 : 막새나 내림새 끝에 새긴 무늬

■ 한식기와 잇기
① 한식기와는 암기와 숫기와, 내림새, 막새등의 기와 종류가 있다.
② 양질의 기와는 흡수율이 작고, 두드리면 금속성이 청음이 나며 형상·색깔·광택 등이 아름답다.
③ 기와잇기 공사에서 좁은 널 나무가지 산자를 가는 새끼로 엮고 여기에 이겨 바른 흙을 알매흙이하 한다.
④ 처마 끝에는 막새를 쓰거나 또는 퇴진흙 반죽으로 동그랗게 바른 흙을 아귀토라고 한다.
⑤ 숫기와를 덮을 때 암기와 사이에 뭉쳐 놓는 흙을 홍두깨흙이라 한다.

2) 재 료

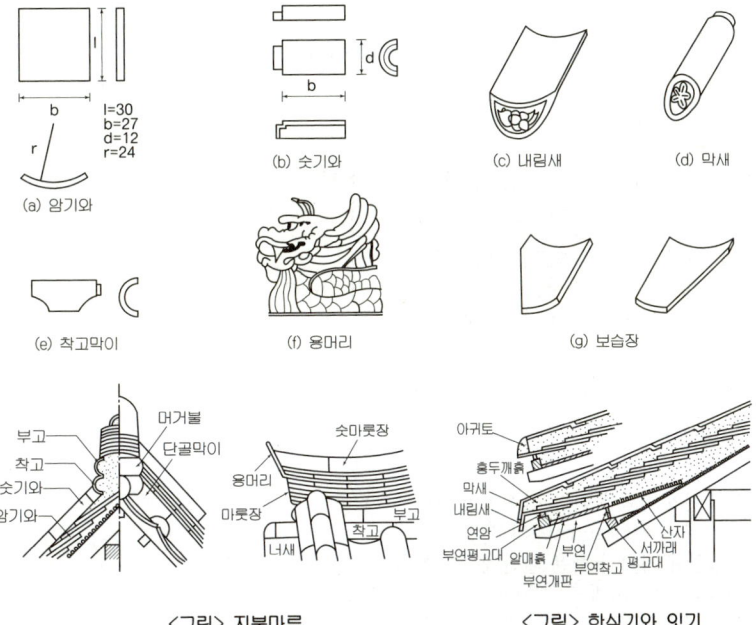

〈그림〉 지붕마루   〈그림〉 한식기와 잇기

(4) 슬레이트 잇기
 1) 천연슬레이트 잇기 : 점판암, 이판암을 가공
 2) 석면슬레이트 잇기 : 작은평판 잇기, 골판잇기

(5) 함석판 잇기
  평판잇기, 기와가락잇기, 골함석잇기 등이 있다.

(6) 금속판 잇기

지붕잇기에 쓰이는 금속판은 함석판(Galvanized Steel Sheet), 동판 및 알미늄판 등이 주로 쓰이고 빗물 아물림이 좋고 경량이며 시공이 용이하다. 지붕물매 2.5cm 이상이면 비가 스밀우려가 없으나, 열전도율이 커서 재료의 신축성이 있는 것이 결함이며 따라서 판이음을 거멀접기(걸어감기와 감처감기 : Flashing)로 한다.

1) 금속판의 종류와 특징

금속판 종류	특 징
함 석 판	① 철판에 아연도금한 것이다. (두께 #28~38#정도) ② 녹슬기 쉽고, 일산화탄소(연탄가스)에 약하다.
동 판	① 연마판(압연제작, 양면간것), 검정판(갈지 않은것), 전기동판(한 면간 것) 등이 있고 두께 0.25~0.35mm, 90×120cm정도 판에 동으로 된 못을 사용 ② 암모니아 가스에 약하다. 황동판, 청동판, 납동판 등이 쓰인다. (알카리에 약하다. 염산에는 강하다.) ③ 열 및 전기전도율이 공업용 금속중 가장 크다. ④ 연성·전성이 우수하여 가공이 용이하다. ⑤ 황동(놋쇠) : 동+아연(15~45%)의 합금. 연성이 크고, 황색 ⑥ 청동 : 구리+주석(5~12%)의 합금. 강도, 내식성이 크다.
알루미늄판	① 두께 0.5~1.0mm가 쓰이고 해변가, 소금에 약하다. ② 경량, 내식성, 전기전도율, 열반사율이 크다. 이음자리 접속부분은 모두 징크로메이트칠, 검정바니쉬칠로 절연 도장한다. ③ 알카리에 취약, 해수, 암모니아에 취약하다.
아 연 판	① 산과 알카리 매연에 약하다. 백색으로 질이 연하다. ② 동판과 접촉하지 않는다.(전해작용을 일으켜 아연이 부식된다.)
납(鉛:pb)판	① 금속 중 비중(밀도)이 가장 크고, 연성, 전성이 풍부하다. ② 열전도율이 작고 온도변화에 따른 신축성이 크다. ③ 방사선(X선) 차폐효과가 Concrete의 약 100배이다. ④ 염산, 황산, 농질산에 강하나 묽은 질산에는 녹는다. ⑤ 알카리에 약하여 Concrete에 침식된다. (Asphalt등으로 보호)

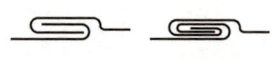
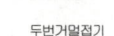

한번거멀접기 두번거멀접기 기와가락형이음

<그림> 함석이음

2) 이온화 경향이 큰 금속의 순서

Mg > Al > Zn > Fe > Ni > Sn > Pb > Cu > Ag > Pt > Au

※ 서로 다른 금속을 접촉시키면 이온화 경향이 큰 것이 융해되어 부식된다.

■ 금속판 잇기
① 동판은 변소나 암모니아 가스(Gas)가 발생하는 곳에 약하다.
② 아연판과 동판은 접촉해서 사용치 않는다.(중금속과의 전해작용으로 연금속이 침식)
③ 함석잇기 공사에서 직접 못으로 고정하지 않고 거멀접기에 의하는 이유는 함석에 대한 온도의 영향을 방지하기 위함이다.

2 홈통공사

(1) 재료
아연도금 철판(#28) 또는 구리판(두께 0.35mm), 염화비닐계 제품 등을 사용한다.

(2) 홈통의 단면 모양과 치수
홈통의 지름과 단면은 지붕면의 크기, 물매 및 그 지방의 최대 강우량을 참고로 하여 정한다.

(3) 홈통의 종류

처마홈통	① 건물처마끝에 설치한 홈통, 안홈통, 밖홈통이 있다. ② 보통 밖홈통으로 하고 원형, 상자형, 쇠시리형이 있다. ③ 물매 : 1/200~1/50까지, 선홈통을 10m 이내마다 배치한다. ④ 이음은 2~3cm 겹쳐대고 20~30m마다 신축이음을 둔다. ⑤ 홈걸이 간격은 90cm, 선홈통걸이는 1.2~0.9m 간격으로 고정한다.
선홈통	① 세로이음 : 윗통을 밑통에 3cm이상 5cm정도 꽂아 납땜한다. ② 보호관연결시 6cm이상 꽂아 넣고 지반에 면하는 1.5m는 철관으로 보호관을 댄다. 낙수받이돌에서 9cm정도 꺾어 설치한다.
깔대기 홈통 (끝홈통)	① 처마 홈통에서 선홈통까지 연결, 기울기 15° 깔대기 하부는 지름의 1/2 내외를 선홈통이나 장식통에 꽂아 넣는다.
장식홈통	① 선홈통 상부에 설치, 유수방향전환, 넘쳐흐름방지 목적의 장식용. ② 접합 : 1cm내외의 거멀접기원칙. 선홈통에 6cm이상 꽂아 넣는다.

<그림> 선홈통

<그림> 깔대기 홈통 및 장식통

■ 홈통공사
① 처마홈통 및 선홈통의 홈통걸이 간격은 90cm가 적당하다.
② 처마홈통의 물매는 1/50~1/200 정도로 한다.
③ 깔대기 홈통의 경사는 15° 정도로 한다.
④ 지붕의 우수를 처리하는 홈통 부품 중 장식통은 깔대기홈통과 선홈통을 연결한다.
⑤ 지붕면적과 홈통의 크기

종류 지붕면적	처마홈통 지름	선홈통 지름
30m² 내외	9cm	6cm
60m² 내외	12cm	9cm
100m² 내외	15cm	12cm

■ 홈통설치순서
① 처마홈통
② 깔때기홈통
③ 장식홈통
④ 선홈통
⑤ 보호관
⑥ 낙수받이돌

핵심문제

문제 1 _(공통)_

지붕재료로서 요구되는 성능으로 적합하지 않은 것은?
① 방화적이고 열전도가 잘되는 것
② 수밀, 내수적일 것
③ 가볍고 내구성이 클 것
④ 시공이 용이하고 내후적일 것

문제 2 _(산업)_

다음 중 지붕이음재료가 아닌 것은?
① 가압시멘트기와
② 유약기와
③ 슬레이트
④ 인슈레이션 보드

문제 3 _(기사)_

기와 지붕 공사의 설명 중 옳지 않은 것은?
① 숫기와를 덮을 때 암기와 사이에 뭉쳐 놓는 흙을 홍두께흙이라 한다.
② 처마 끝에 회진흙 반죽으로 동그랗게 바르는 진흙을 부고라 한다.
③ 지붕 바탕을 만들 때 펠트 위에 얄팍하게 바르는 진흙을 알매흙이라 한다.
④ 지붕 마루를 틀 때 기와골에 맞추어 숫기와를 다듬어 옆세워 대는 기와를 착고라 한다.

문제 4 _(산업)_

한식 기와 공사와 관계 없는 용어는?
① 기와 가락
② 아귀토
③ 홍두께흙
④ 내림새

해설

해설 1 재료에 요구되는 조건
① 수밀 내수적일 것
② 가볍고 내구성이 크고 내풍적일 것
③ 방화적이고 내한·내열적이며 열 차단성이 클 것
④ 부분적 수리가 용이할 것
⑤ 미관이 수려할 것

해설 2
인슈레이션 보드는 목질섬유판 계통의 단열 재료이다.

해설 3 한식기와 용어
① 치받이흙 : 제치장 반자 또는 지붕속을 꾸미기 위해서 산자의 밑에서 위로 올려 바른 흙
② 알매흙 : 산자나 펠트위에 얇게 펴까는 암기와 밑의 진흙
③ 홍두께흙 : 암기와 사이에 홍두께 모양으로 뭉친 숫기와 밑의 흙
④ 아귀토 : 처마끝에 막새 대신 회, 진흙반죽으로 동그랗게 바른 흙
⑤ 착고 : 지붕마루에 기와골에 맞추어 숫기와를 다듬어 옆세워 대는 기와
⑥ 부고 : 착고위에 옆세워 대는 숫기와

해설 4 지붕잇기의 종류
① 석면슬레이트 잇기의 종류
　작은평판잇기, 골판잇기
② 함석판 잇기의 종류
　평판잇기, 기와가락잇기, 골함석잇기

정답 1. ① 2. ④ 3. ② 4. ①

문제 5 〔기사〕

지붕잇기 중 금속판 지붕 및 금속판 잇기에 대한 설명으로 옳지 않은 것은?

① 금속판 지붕은 다른 재료에 비해 가볍고, 시공이 용이하다.
② 겹침의 두께가 작으며 물매를 완만하게 할 수 있다.
③ 열전도가 크고 온도변화에 의한 신축이 작기 때문에 바탕재와 연결이 용이하다.
④ 대기중에 장기간 노출되면 산화하며, 염류나 가스에 부식되기 쉽다.

문제 6 〔산업〕

구리(Copper)로 된 재료를 사용하기에 가장 부적합한 곳은?

① 지붕잇기 판   ② 냉난반용 설비자재
③ 화장실   ④ 홈통

문제 7 〔산업〕

건축용으로 사용되는 다음 금속재 가운데 상호 접촉시 가장 부식되기 쉬운 것은?

① 구리   ② 알루미늄
③ 철   ④ 아연

문제 8 〔기사〕

서로 다른 종류의 금속재가 접촉하는 경우 부식이 일어나는 경우가 있는데 부식성이 큰 금속 순으로 옳게 나열된 것은?

① 알루미늄 〉 철 〉 주석 〉 구리
② 주석 〉 철 〉 알루미늄 〉 구리
③ 철 〉 주석 〉 구리 〉 알루미늄
④ 구리 〉 철 〉 알루미늄 〉 주석

문제 9 〔산업〕

다음 중 지붕의 물매를 결정짓는 요소와 가장 관계가 먼 것은?

① 지붕면의 크기
② 지붕재료의 성질, 크기, 모양
③ 풍우량, 적설량
④ 지붕틀의 종류

해 설

해설 5 금속판 지붕
① 금속판 지붕은 대부분 열전도율이 커서 온도변화에 대한 신축이 크게 발생하므로 바탕재와 연결시 신축에 대한 영향을 고려해야 한다.
② 금속판 잇기에서 신축에 대한 열 영향을 고려하여 거멀접기(감쳐접기)를 한다.

해설 6 금속판 잇기
① 동판은 화장실이나, 암모니아 가스가 발생하는 곳에 약하다.
② 아연판과 동판은 접촉해서 사용치 않는다.(중금속과의 전해작용으로 연금속이 침식)

해설 7,8 금속판 잇기
서로 다른 금속을 전해질 용액 중에 넣으면 전위차가 생겨 전기가 생기며, 그 중 전용압이 큰 것, 즉 이온화 경향이 큰 것이 용해되어 부식된다.

※ 금속이 이온화 경향이 큰 순서
Mg 〉 Al 〉 Zn 〉 Fe 〉 Ni 〉 Sn 〉 Pb 〉 Cu 〉 Ag 〉 Au

해설 9
지붕의 물매(기울기)를 결정하는 데는 ①, ②, ③항을 고려한다.

정답 5. ③ 6. ③ 7. ② 8. ① 9. ④

문제 10

지붕공사 시 사용되는 금속판에 대한 설명으로 옳지 않은 것은?
① 금속판지붕은 다른 재료에 비해 가볍고, 시공이 쉬운편이다.
② 급경사의 지붕이나 뾰족탑 등에는 사용이 어렵다.
③ 열전도가 크고 온도변화에 의한 신축이 크다.
④ 금속판의 종류에는 아연판, 동판, 알루미늄판 등이 있다.

문제 11

홈통공사에 관한 설명으로 옳지 않은 것은?
① 선홈통은 콘크리트 속에 매입 설치한다.
② 처마홈통의 양 갓은 둥글게 감되, 안감기를 원칙으로 한다.
③ 선홈통의 맞붙임은 거멀접기로 하고, 수밀하게 눌러 붙인다.
④ 선홈통의 하단부 배수구는 45° 경사로 건물 바깥쪽을 향하게 설치한다.

해 설

해설 10
금속판은 급경사 물매의 지붕이나 뾰족탑 등에도 사용가능하다.

해설 11
선홈통을 콘크리트에 매입하면 동결피해에 의한 보수가 필요할 때 곤란하므로 노출시켜 시공하는 것이 좋다.

정답 10. ② 11. ①

2 방수공법의 분류, 비교

> **학습방향**
>
> 방수공사는 아스팔트의 재료적 측면을 다루는 문제와 안방수, 바깥방수, 시멘트액체방수, 시이트방수, 각방수법의 비교 등의 내용과 문제유형을 정리해야 한다. 특히 최근에는 다양한 유형의 문제들이 출제되고 있으므로 이에 대한 대비를 해야 한다.

1 방수공법의 분류, 종류

(1) 재료, 공법, 장소별 분류

1) 재료상 분류	2) 공법상 분류	3) 시공장소별 분류
① 아스팔트 방수 ② 합성고분자 방수 ③ 시멘트 액체 방수 ※ 기타, 금속판 방수, 　침투성 방수, 수밀재 　붙임법 　(Bentonite Sheet 등)	① 피막 방수(皮膜 防水) ② 도막 방수 　(塗膜 防水, 塗布 防水) ③ Mortar 방수 ④ 방습층, 방습대 　(防濕層 : Vapor barrier) 　(防濕帶 : damp course)	① 외벽 방수 ② 옥상 방수 ③ 실내 방수 ④ 지하실 방수 　(안 방수, 바깥 방수) ※ 기타 : 줄눈 방수 　(Seal재 등)

학습POINT

▶ 외부바닥, 벽체의 아스팔트 바깥방수처리 장면

(2) 피막 방수와 합성고분자 방수의 종류

1) 피막 방수의 종류	2) 합성고분자 방수의 종류
① 아스팔트 방수 ② 개량 아스팔트 방수 ③ 합성고분자 시트 방수 ④ 도막 방수	① 도막 방수 　(코팅공법, 라이닝공법) ② 합성고분자 시트 방수 ③ 시일(Seal)재 방수

※ 합성고분자 시트 방수와 도막 방수는 공통 적용

▶ 바닥 Slab의 Sheet에 의한 바깥방수 시공장면

▶ 내부바닥 안방수 시공장면

2 방수공법의 종류

(1) 시멘트(Cement) 액체방수 (시멘트 Mortar계 방수)
방수제, 방수액 등을 혼합한 Mortar를 발라서 방수층을 형성한다.

1) 방수층 시공순서(일반적인 경우)
1공정 : ① 방수액 침투 → ② 시멘트풀 → ③ 방수액 침투 → ④ 시멘트 몰탈 (※ 제2공정은 제1공정 반복)

2) 시방서 규정상의 시공순서
① 5층(바닥) : 바탕면 정리 및 물청소 - 방수시멘트 풀 1차 - 방수액 침투 - 방수시멘트 풀 2차 - 방수모르타르
② 4층(벽체 및 천장) : 방수면 정리 및 물청소 - 바탕 접착제 도포 - 방수시멘트 풀 - 방수모르타르

3) 시공 일반사항
① 바탕처리는 수밀하고 견고, 평탄하게 한다. 물매 : 1/50~1/100 정도
② 배수구로 물매 1/100 정도, 깊이 6mm, 나비 9mm, 간격 1m 내외의 줄눈을 설치.
③ 원액을 5~10배 희석한 것을 모체에 1~3회 침투시킨다.
④ 방수 Mortar 배합비 1 : 2 ~ 1 : 3정도, 매회 바름두께 : 6~9mm, 전체 두께 1.2~2.5cm정도로 한다.
⑤ 방수 Mortar는 강도에 관계없이 방수능력이 큰 것으로 하고 바름 바탕은 거칠게 한다.

(2) 침투성 방수공사
유기질, 무기질 침투성 방수제를 모체에 발라서 방수효과를 기대하는 방법

유기질 침투성 방수제	흡수성을 갖는 모체에 도포하여 물침투 방지의 발수목적 실리콘계(실콘에이트계, 실란트계), 비실리콘계(아크릴수지계, 기타)로 나눈다. 분사기구로 바탕 건조후 분사
무기질 침투성 방수제	흡수성을 갖는 모체의 조직을 치밀하게 변화시켜 수밀성을 향상시키는 시멘트 규산질계 미분말, 입도조정 모래 등으로 혼합된 분말형 방수재료이다. 솔, 흙손 등으로 균일하게 도포하며 도포후 48시간 이상 적절히 양생한다.

■ 침투성 방수공사의 특징
① 보호 Mortar가 필요없다.
② 모체방수로 방수층 분리가 없다.
③ 높은 수압에도 견딘다.
④ 내후성 양호, 노화, 풍화, 동해, 오염으로 부터 보호된다.
⑤ 고가이며 시공실적이 적어 신뢰성이 떨어진다. 모체방수이므로 진동, 자체균열에는 취약하다.

(3) 도막(塗膜)방수
도막방수는 액체로 된 방수도료를 한 번 또는 여러 번 칠하여 방수막을 형성하는 방수공법이다.

1) 재료의 분류

① 유제형 도막 방수 (Emulsion형)	수지, 유지를 여러번 발라서 0.5~1mm의 피막 형성 • 바탕 1/50의 물흘림경사. 구석, 모서리 5cm이상 면접는다. • 다소 습기가 있어도 시공가능, 보호층을 둔다. • 우천시 동기시공(2℃이하)은 피한다.
② 용제형 도막 방수 (Solvent형)	• 합성고무를 Solvent에 녹여 0.5~0.8mm의 방수피막 형성. • Sheet와 같은 피막형성. 고가품, 최상층 마무리에 사용.

※ 초기에는 초산비닐계, 염화비닐계, 에폭시수지 등이 쓰였으나, 근래에는 우레탄계, 아크릴계, 클로로프렌계 및 고무 아스팔트계 등이 사용된다.

2) 시공법
① 코팅공법 : 도막방수제를 단순히 도포만 하는 것
② 라이닝공법(Lining Method) : 유리섬유, 합성섬유 등의 망상포를 적층하여 도포하는 방법

※ 도막방수법은 단열을 요하는 옥상 등의 시공에는 문제가 있었으나 근래에는 우레탄수지를 이용한 도막방수공법 등이 시행되고 있다.

■ 도막방수 시공상 문제점
① 단열을 요하는 옥상층에는 불리하다.
② 핀홀이 생길 우려가 있고, 신뢰도에 문제가 있다.
③ 균질한 방수층 시공이 어렵다. 모재균열에 불리하다.
④ 용제는 인화성이 강하므로 화기를 엄금하고, 밀폐상태의 실내작업을 하지 않는다.
⑤ 완성된 도막은 외상(外傷)에 약하므로 방수공사 후 보호층 시공이 필요하다.

(4) Sheet(합성수지 고분자) 방수

Sheet방수는 합성고무 또는 합성수지를 주성분으로 하는 두께 0.8~2.0mm 정도의 합성고분자 루핑을 접착재로 바탕에 붙여서 방수층을 형성하는 공법이다.

1) 시공순서

① 바탕처리(마무리) → ② 프라이머 칠 → ③ 접착제 칠 → ④ 시이트 붙임 → ⑤ 보호층 설치

2) 접착공법의 종류
온통 부착법(전면 부착법), 줄접착, 점접착, 갓접착(들뜬 접착) 등이 있다.

3) 시공 일반사항 및 특징
① 방수능력이 우수하고 시공이 간단하여 공기단축이 가능하다.
② 보행용 방수(콘크리트, 블록, 모르타르, 타일로 보호누름)와 비보행 방수(도장 마무리)로 구분한다.
③ 시이트 상호접착 : 겹침이음 5cm이상, 맞댄이음은 10cm이상 한다.
④ 방수층 치켜올림부는 3~5cm 둥글게 면접어 붙이고, 접합부 및 붙임마감부는 테이프로 보강하고 시일재로 충전하여 수밀하게 한다.
⑤ 방수누름층의 신축줄눈 간격 : 4m안팎
⑥ 현장에서 5cm 깊이로 24시간 동안 침수시키는 누수시험을 행한다.(시방서는 48시간 시험)

■ 시이트방수
① 아스팔트처럼 여러겹으로 완성하는 것이 아닌 시트 1겹으로 방수처리하는 방법이다.
② 시이트방수는 부착을 좋게 하기위하여 직사광선, 자외선, 열에 견디는 보호시설을 해야 한다.
③ Sheet 방수 성능 시험은 담수 시험에 의한다.
④ 접합부 처리 및 복잡한 마감이 어렵고 값이 비싼 단점이 있으나, 시공이 신속하고 바탕균열에 대한 신장력이 크며, 내구성·내후성이 좋다.

(5) 시일(Seal)재 방수와 그 종류

건축물의 부재와 부재간의 접촉부에 사용, 두 부재 틈새를 밀봉하는 방수다. 창호 주위, 균열부 보수, 조립건축, 커튼월공법에 주로 쓰인다.

1) Seal재 (Sealing재)	퍼티, 코킹, 실링재의 총칭이다. 충전재로 가장 적당하다. ※ 종류 : 2액형 : Poly Sulphide계, Silicon 실링재가 있다.
2) 탄성실런트 (Elastic Sealant)	고점성 Paste가 시간 경과후 고무형체가 되는 특성이 있다. 1액형과 2액형이 있으며 우수한 접착력 급경화에 따르는 변형이 없고 내후, 내수, 내약품성이 크고 시공이 용이하다. 고층건물, 커튼월 공법의 창호 방수제로 사용된다.
3) 성형실링재 (정형실링재)	단면 형상이 일정한 줄퍼티, 가스켓(gasket)이 있다. ※ 지퍼가스켓, 그레이징 가스켓, 줄눈 가스켓 등이 있다.

▶ 커튼월의 실링재처리된 줄눈 모습

4) 시일재의 하자요인, 품질 요구 성능

실링재의 중요하자요인	실링재의 요구품질성능
① 실링재 자신의 파단(응집파괴) ② 접착면과의 박리(접착파괴) ③ 접합부나 줄눈 주위의 오염, 오손	① 접착성능 ② 내구성능 ③ 비오염성능

(6) 기타 방수 공법

1) Bentonite 방수	① 벤토나이트가 물을 많이 흡수하면 팽창하고, 건조하면 극도로 수축하는 성질을 이용한 방수공법으로써 시공이 간편하고 신속하다. ② 벤토나이트 방수재료는 Panel·Sheet 또는 Mat 바탕위에 벤토나이트를 부착시킨 것
2) 금속판 방수공사	납판, 동판, 스테인레스 강판 등을 이용
3) 방습층, 방습대 (Vapor Barrier, Dampproof Course)	지면에 접하는 콘크리트, 블록, 벽돌 및 유사재료의 벽체, 바닥에 습기를 흡수하거나 투과방지의 불투습성의 층을 일괄하여 방습층이라 한다.

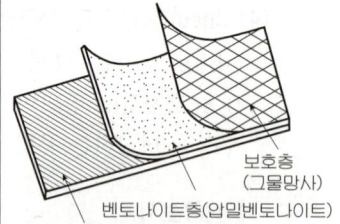

〈그림〉 벤토나이트 방수

(7) 안방수와 바깥방수의 비교

1) 비 교 내 용	2) 안 방 수	3) 바 깥 방 수
① 적용개소	수압이 적고 얕은 지하실	수압이 크고 깊은 지하실
② 바탕처리	따로 만들 필요가 없다.	따로 만들어야 한다.
③ 공사시기	자유롭다.	본 공사에 선행한다.
④ 공사용이성	간단하다.	상당히 난점이 있다.
⑤ 경제성(공사비)	비교적 싸다.	비교적 고가이다.
⑥ 보호누름	필요하다.	없어도 무방하다.(외벽은 필요)

■ 대표적 특징

안 방 수	① 시공이 간단하다. ② 수압에 약하다. ③ 보호누름이 필요하다.
바깥방수	① 시공이 복잡하다. ② 수압에 강하다. ③ 보호누름이 없어도 무방하다.

※ 바깥방수는 시공이 복잡하고, 비교적 고가이지만 수압에 잘 견딜 수 있어 안방수보다는 바깥방수법이 효과적인 방수법이다.

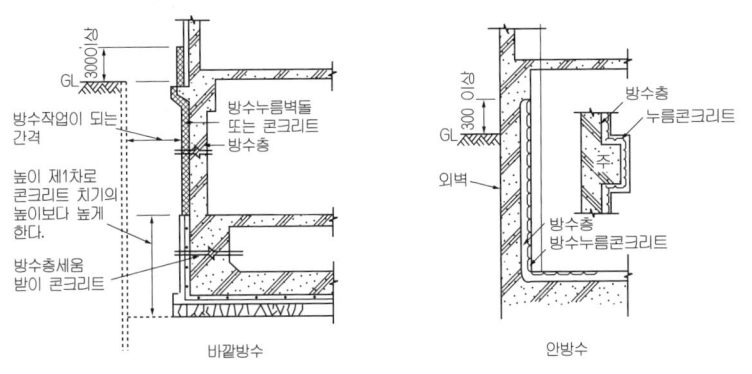

<그림> 지하실의 바깥방수와 안방수의 비교

(8) Asphalt 방수와 시멘트 액체방수의 특징 비교사항 정리

내 용	Asphalt	액체방수
1. 바탕처리	해야한다. 완전건조	불필요, 보통건조
2. 외기영향	적다	크다
3. 신축성	크다	작다
4. 균열발생	안생김	잘생김
5. 시공용이성	번잡	간단
6. 시공기일	길다	짧다
7. 보호누름	해야한다	불필요
8. 공사비	비싸다	싸다
9. 결함발견	어렵다	쉽다
10. 보수범위	전면적	국부적

핵심문제

문제 1 〔공통〕

멤브레인 방수공법에 해당되지 않는 것은?
① 아스팔트 방수
② 콘크리트 구체방수
③ 도막방수
④ 합성고분자 시트방수

문제 2 〔산업〕

아스팔트 방수층, 개량아스팔트 시트방수층, 합성 고분자계 시트방수층 및 도막방수층 등 불투수성 피막을 형성하여 방수하는 공사를 총칭하는 용어로 옳은 것은?
① 실링방수
② 멤브레인방수
③ 구체침투방수
④ 벤토나이트방수

문제 3 〔산업〕

다음 방수공법 중 비교적 저렴하고 시공이 용이하며, 방수성이 높은 모르타르로 방수층을 만들어 지하실의 내방수나 소규모인 지붕 방수 등과 같은 비교적 경미한 방수공법으로 채용되는 것은?
① 시멘트액체 방수공법
② 아스팔트 방수공법
③ 실링 방수공법
④ 시이트 방수공법

문제 4 〔산업〕

표준시방서에 따른 시멘트 액체방수층의 시공순서로 옳은 것은? (단, 바닥용의 경우)
① 방수시멘트 페이스트 1차 → 바탕면정리 및 물청소 → 방수액 침투 → 방수시멘트 페이스트 2차 → 방수 모르타르
② 바탕면정리 및 물청소 → 방수시멘트 페이스트 1차 → 방수액 침투 → 방수시멘트 페이스트 2차 → 방수 모르타르
③ 바탕면정리 및 물청소 → 방수액 침투 → 방수시멘트 페이스트 1차 → 방수시멘트 페이스트 2차 → 방수 모르타르
④ 바탕면정리 및 물청소 → 방수시멘트 페이스트 1차 → 방수 모르타르 → 방수시멘트 페이스트 2차 → 방수액 침투

해설

해설 1,2 Membrane(피막) 방수
(1) 지붕 차양 발코니 외벽 수조 등에 얇은 피막상의 방수층으로 전면을 덮는 방수를 Membrane 방수라 한다.
(2) 아스팔트 방수, 개량아스팔트 방수, 합성고분자시트방수, 도막방수 등이 이에 해당한다.

해설 3 시멘트 액체방수
① 비용이 저렴하고, 시공이 용이하다.
② 소규모 지붕, 경미한 안방수등에 사용된다.

해설 4 시방서 규정상의 시공순서
① 5층(바닥) : 바탕면 정리 및 물청소 – 방수시멘트 풀 1차 – 방수액 침투 – 방수시멘트 풀 2차 – 방수모르타르
② 4층(벽체 및 천장) : 방수면 정리 및 물청소 – 바탕 접착제도포 – 방수시멘트 풀 – 방수모르타르
※ 시멘트풀=시멘트 페이스트

정답 1. ② 2. ② 3. ① 4. ②

문제 5 〈산업〉

건축공사표준시방서에 따른 시멘트 액체방수 공사 시 방수층 바름에 관한 설명으로 옳지 않은 것은?

① 바탕의 상태는 평탄하고, 휨, 단차, 레이턴스 등의 결함이 없는 것을 표준으로 한다.
② 방수층 시공 전에 곰보나 콜드조인트와 같은 부위는 실링재 또는 폴리머 시멘트 모르타르 등으로 바탕처리를 한다.
③ 방수층은 흙손 및 뿜칠기 등을 사용하여 소정의 두께(부착강도 측정이 가능하도록 최소 4mm 두께 이상)가 될 때까지 균일하게 바른다.
④ 각 공정의 이어 바르기의 겹침폭은 20mm 이하로 하여 소정의 두께로 조정하고, 끝부분은 솔로 바탕과 잘 밀착시킨다.

해설 5
④ : 이어바르거나 치켜올림부위의 겹침폭은 100mm 이상으로 한다.

문제 6 〈기사〉

시멘트 액체방수에 관한 설명으로 옳은 것은?

① 모체 표면에 시멘트 방수제를 도포하고 방수모르타르를 덧발라 방수층을 형성하는 공법이다.
② 구조체 균열에 대한 저항성이 매우 우수하다.
③ 시공은 바탕처리→혼합→바르기→지수→마무리 순으로 진행한다.
④ 시공 시 방수층의 부착력을 위하여 방수할 콘크리트 바탕면은 충분히 건조시키는 것이 좋다.

해설 6
② : 구조체 균열에 대한 저항성이 떨어지며, 옥상 등 실외에서는 효력의 지속성을 기대할 수 없다.
③ : 시공은 바탕처리 → 지수 → 혼합 → 바르기 → 마무리 순으로 진행한다.
④ : 시멘트 액체방수 시공시는 방수 Mortar의 부착력 증진을 위하여 반건조상태에서 시공한다. (충분한 건조가 불필요하다.)

문제 7 〈산업〉

지붕방수용 도막재로 사용되는 재료로 거리가 가장 먼 것은?

① 우레탄고무계 방수재
② 염화비닐시트계 방수재
③ 아크릴고무계 방수재
④ 고무아스팔트계 방수재

해설 7 지붕재료 중 도막방수 재료
① 초기에는 초산비닐계, 염화비닐계, 에폭시수지 등이 쓰였으나, 근래에는 우레탄계, 아크릴계, 클로로프렌계 및 고무 아스팔트계 등이 사용된다.
② 염화비닐(PVC)계의 방수재는 주로 Sheet 방수재료로 사용된다.

문제 8 〈기사〉

유리섬유, 합성섬유 등의 망상포를 적층하여 도포하는 도막방수 공법은?

① 코팅공법
② 라이닝공법
③ 스터코마감공법
④ 루핑공법

해설 8 도막방수공법
① 코팅공법 : 방수제를 단순 도포
② 라이닝공법 : 합성섬유등 망상포를 적층하여 도포

정답 5. ④ 6. ① 7. ② 8. ②

문제 9 기사

도막방수에 관한 설명으로 옳지 않은 것은?
① 방수재의 도포시 치켜올림 부위를 도포한 다음, 평면부위의 순서로 도포한다.
② 방수재의 겹쳐바르기 폭은 100mm 내외로 한다.
③ 도막두께는 원칙적으로 사용량을 중심으로 관리한다.
④ 우레아수지계 도막방수재를 스프레이 시공할 경우 바탕면과 200mm 이하로 간격을 유지하도록 한다.

문제 10 기사

합성고무와 열가소성수지를 사용하여 1겹으로 방수효과를 내는 공법은?
① 도막 방수
② 시트 방수
③ 아스팔트 방수
④ 표면도포 방수

문제 11 공통

시트(Sheet) 방수재료를 붙이는 방법이 아닌 것은?
① 온통접착
② 줄접착
③ 점접착
④ 원접착

문제 12 기사

건축 방수공사의 성능확인을 위한 가장 일반적인 시험방법은?
① 수밀시험
② 기밀시험
③ 실물시험
④ 담수시험

문제 13 산업

합성고분자계 시트방수의 시공 공법이 아닌 것은?
① 떠붙이기공법
② 접착공법
③ 금속고정공법
④ 열풍융착공법

해 설

해설 9
※ 이 문제는 건축공사표준시방서에 시공법이 나와있는 문제임.
① 도막방수재를 스프레이 시공시에는 항상 바탕면과 수직이 되도록 하며, 300mm 간격을 유지한다.
② 두번으로 나누어 겹쳐서 도포하는 경우는 두번째 스프레이 방향은 첫번째 도포방향과 직교시켜서 실시한다.
③ 기타 ①, ②, ③항목의 내용이 있음.

해설 10 Sheet 방수
아스팔트처럼 여러 겹으로 완성하는 것이 아닌 시트 1겹으로 방수처리하는 방법이다.

해설 11 시이트 접착 시공법
① 온통 접착
② 줄접착
③ 점접착
④ 갓접착

해설 12
방수공사의 성능확인은 현장에서 5cm 깊이로 물을 담수하여서 24시간 침수시켜 누수량을 확인하는 담수시험을 주로 행한다. (시방서 규정은 48시간)

해설 13 시트방수의 시공법
① 접착공법(접착제 이용)
② 금속고정공법(기계적 접착)
③ 열풍융착공법(열이용)
※ 떠붙이기 공법은 타일의 벽붙임 공법의 종류이다.

정답 9. ④ 10. ② 11. ④ 12. ④ 13. ①

문제 14 기사

프리패브(Prefab)건축, 커튼월(Cutain wall)공법의 성행에 따른 건축물의 각 부분의 접합부 특히 스틸 섀시(Steel sash) 주위, 균열부 보수 등에 많이 이용되는 방수공법은?

① 아스팔트방수
② 시트방수
③ 도막방수
④ 시일재방수

해설 14 시일(Seal)재에 의한 방수
① 건축물의 부재와 부재간의 접착부에 사용된다. 창호 주위, 균열부 보수 등에 줄눈 채움용으로 주로 쓰인다.
② 커튼월의 연결부재 사이의 줄눈은 수밀성, 기밀성, 차음성 등의 확보를 위해 시일재(실링재, Caulking재)로 마감된다.

문제 15 산업

철근콘크리트조 건물의 지하실 방수공사에서 시공의 난이, 공사비의 고저를 생각하지 않고 시공하는 경우 가장 바람직한 방법은?

① 아스팔트 바깥 방수법으로 시공한다.
② 콘크리트에 AE제를 넣는다.
③ 방수 모르타르를 바른다.
④ 콘크리트에 방수제를 넣는다.

해설 15 아스팔트 바깥방수법
바깥방수는 시공이 복잡하고, 결함부 발견이 어려우며, 비교적 고가이지만 수압에 잘 견딜 수 있어 안방수보다 바깥방수법은 특히 수압이 큰 지하실에 효과적이다.

문제 16 산업

바깥 방수공법에 대한 설명 중 부적당한 것은?

① 바닥방수는 밑창콘크리트를 한 후 방수공사를 한다.
② 벽체방수는 밑바탕의 벽체를 축조하고 외부에 방수공사를 한다.
③ 벽체방수시 보호누름이 필요하다.
④ 안방수공법에 비해 공기 및 시공면에서 유리하다.

해설 16
바깥방수는 안방수에 비해 시공시기가 제약되며, 공기가 길고, 공사비가 고가이다.

문제 17 기사

다음 방수공사에 대한 설명 중 옳은 것은?

① 보통 수압이 적고 얕은 지하실에는 바깥방수법, 수압이 크고 깊은 지하실에는 안방수법이 유리하다.
② 지하실에 안방수법을 채택하는 경우, 지하실 내부에 설치하는 칸막이벽, 창문틀, 등은 방수층 시공을 하기 전에 먼저 하는 것이 유리하다.
③ 바깥방수법은 안방수법에 비하여 하자보수가 곤란하다.
④ 바깥방수법은 보호 누름이 필요하지만 안방수법은 없어도 무방하다.

해설 17
① : 수압이 적고 얕은 경우는 안방수를 한다.
② : 안방수 작업 후 간막이벽이나 창문틀 등을 시공한다.
④ : 안방수법은 보호누름이 반드시 필요하며, 바깥방수 중 바닥은 보호누름을 안해도 무방하다. (벽체 방수시 보호누름이 필요하다.)

정답 14. ④ 15. ① 16. ④ 17. ③

문제 18
산업

시멘트 액체방수와 비교한 아스팔트 방수의 특징에 관한 설명 중 옳지 않은 것은?
① 시공시일이 길게 걸린다.
② 결함부 발견이 용이하다.
③ 외기에 대한 영향이 적다.
④ 공사비가 비싸다.

문제 19
산업

아스팔트방수에 비해 시멘트 액체방수의 우수한 점으로 볼 수 있는 것은?
① 외기에 대한 영향 정도
② 균열의 발생정도
③ 결함부 발견이 용이한 정도
④ 방수 성능

해 설

해설 18,19 아스팔트 방수와 시멘트 액체방수 비교
아스팔트방수는 결함부 발견이 용이하지 못하다.

내 용	아스팔트방수	시멘트액체방수
① 바탕처리	완전건조	보통건조
② 외기영향	적음	직감적인
③ 균열발생	비교적 안생김	잘생김
④ 시공용이도	번잡	간단
⑤ 보호누름	절대필요	안해도 무방
⑥ 결함부발견	용이하지 않음	용이함

※ 시멘트 액체방수는 아스팔트 방수에 비해서 결함부 발견이 용이하고, 보호누름을 안해도 무방하며, 시공이 간단한 장점이 있다.

정답 18. ② 19. ③

3 아스팔트방수

> **학습방향**
> 아스팔트방수는 천연아스팔트와 석유계아스팔트가 있으며 방수공사에서는 석유계아스팔트가 주로 사용되고 있다. 시험에서는 석유계아스팔트의 특징, 아스팔트방수시공상 주의점 등을 주요내용으로 정리해야 하며 출제 빈도가 높은 부분이다.

1 아스팔트(Asphalt)에 사용되는 재료

(1) 천연 아스팔트
1) 레이크 아스팔트(lake asphalt) : 도로포장, 내산공사에 사용.
2) 로크 아스팔트(rock asphalt) : 역청분이 모래, 사암에 침투되어 형성.
3) 아스팔트 타이트(asphalt tight) : 방수, 포장, 절연재료의 원료로 사용.

(2) 석유계 Asphalt 재료

1) Straight Asphalt	신장, 접착, 방수성 양호, 연화점 낮고, 내후성이 적어 지하실에 사용. Asphalt나 루핑 제조에 사용.(침투용 아스팔트로 사용)	
2) Blown Asphalt	휘발성분적고 연성이 적으나 연화점 높고, 온도 변화에 따른 변동이 적다. 옥상, 지붕 방수에 가장 많이 사용 아스팔트 콤파운드나 프라이머 제조에 사용	
3) Asphalt Compound	브로운 아스팔트에 광물성, 동식물섬유, 광물질가루, 섬유등을 혼입한 것으로 아스팔트 방수재료중 최우량품(브로운 아스팔트의 결점 보완)	
4) Asphalt Primer	브로운 아스팔트를 휘발성 용제로 녹인 것. 방수층에 침투시켜 모재와 방수층의 부착을 위해 사용	
5) 코울타르 (Coal Tar)	비중(밀도) 1.1~1.3 인화점 : 아스팔트보다 낮다. 120℃이상 가열시 인화. 방수포장, 방수도료, 방부제로 사용	

(3) Asphalt 제품
1) Asphalt 펠트 : 유기성 섬유(양모, 페지)를 Felt상으로 만든 원지에 스트레이트 아스팔트를 가열용해해서 흡수시켜 만든다.
2) Asphalt Roofing : 원지에 아스팔트를 침투시키고 양면에 컴파운드를 피복하고 광물질 분말을 살포시킨다. 내산, 내염성이 있다.
3) 특수루핑 : 석면 아스팔트, 모래붙임, 망상, 알루미늄 루우핑 등이 있다.

■ 석유계 아스팔트
① 지하(地下)방수나 아스팔트 펠트 삼투용으로 주로 사용되는 것은 스트레이트 아스팔트이다.
② 지붕의 방수공사에 주로 사용되는 아스팔트는 블로운 아스팔트이다.
③ 아스팔트 방수공사에서 아스팔트 프라이머의 사용 이유는 방수층의 접착이 주된 목적이다.

■ 아스팔트 제품

펠트	마사 등 원지에 스트레이트 아스팔트를 원지 중량의 150%를 침투시켜 만든 중간 충재이다.
루핑	원지+스트레이트아스팔트 침투+Blown 아스팔트로 원지 중량의 300% 도포 또는 피복시켜 만든 방수제(일정 모양으로 절단하면 성글이 된다.)

※ 펠트와 루핑을 비교해 보면 루핑이 펠트에 비해 2배가 두껍다.

4) 아스팔트 유제 : 스트레이트 아스팔트를 가열하여 액상으로 만들고 유화제를 혼합한 것. 침투용, 혼합용, Concrete 양생용등이 있고 대부분 도로포장에 사용되고 Spray Gun으로 뿌려서 도포한다.
5) 기타 : Asphalt 코킹재, Asphalt 코팅재, Asphalt 성형바닥재 등

(4) 아스팔트 재료의 품질

1) 침입도 : 아스팔트양·부를 판별하는데 가장 중요한 아스팔트의 경도를 나타내는 것으로써 25°C에서 100g 추를 5초동안 바늘을 누를때 0.1mm 들어가는 것을 침입도 1이라 한다.
2) 연화점 : 아스팔트를 가열하여 액상의 점도에 도달했을때의 온도를 나타낸다.
3) 인화점 : 아스팔트를 가열하여 불을 대는 순간 불이 붙을 때의 온도이다.
4) 일반적으로 침입도가 작은 것은 연화점이 높기 때문에 온난한 지역은 침입도가 작은 것을 사용하고, 한냉지는 침입도가 크고 연화점이 낮은 것을 사용한다.
5) 감온비란 0°C, 200g, 1min의 침입도에 대한 46°C, 50g, 5sec의 침입도의 비를 말한다.

■ 아스팔트 재료의 품질

	Compound	Blown Asphalt
침입도	15~25	20~30
연화점	100°C	85°C
감온비	3이하	4~7

① 아스팔트 양부를 판정하는데 가장 중요한 것은 침입도이다.
② 한냉지에서는 침입도가 큰 것을 사용한다.(한냉지 : 20~30, 온난지 : 10~20)
③ 침입도가 작을수록 연화점이 높다.

2 Asphalt 방수 시공

(1) 시공상 주의점

1) 시공바탕의 결함부분은 보수하고 청소한뒤 모르타르배합 1:3으로 1.5cm 정도 바르고, 완전 건조시킨다. (함수율 8%이하)
2) 배수구 주위를 1/100 정도 물흘림 경사를 주고 구석, 모서리 치켜올림 부분은 부착이 잘되게 둥글게 3~10cm 면 접어둔다.
3) 펠트 겹침은 상, 하, 좌, 우 모두 9cm이상으로 한다.
4) 파라펫 방수층 치켜올림 높이는 30cm이상으로 한다.
5) 기온이 0°C 이하일 때는 작업을 중지한다.
6) 아스팔트의 가열온도는 180~210°C 정도 또는 연화점에서 +140°C이내, 인화점 +14°C를 초과하지 않도록 한다.(180°C 이하는 부착력 불량)
7) 아스팔트 펠트, 루핑 등은 얇은 것을 여러겹 쓰는 것이 좋다.
8) 방수보호층은 아스팔트 방수층이 손상되지 않도록 빠른 시일 안에 처리하고 적당한 거리(3~5m마다)에 신축줄눈을 두는 것이 좋다.
9) 바르는 양 : 아스팔트의 각층은 1.0~2.0kg/m², 최상층은 2.0kg/m² 이상 사용한다.
10) 방수 보호층
  ① 자갈살포 누름은 방수층의 보호, 보수가 간편하며 보행하지 않는 옥상에 사용된다.

■ 아스팔트 시공상 주의점
① 밑바탕을 충분히 건조시킨 후 아스팔트 프라이머를 침투
② 180~210°C 정도 가열하여 사용하고, 기온이 0°C 이하인 때는 작업을 중지
③ 파라펫 방수층 치켜올림 높이는 30cm 이상
④ 신축줄눈을 설치하는 이유는 수축등에 의한 균열방지가 목적
⑤ 8층 방수를 시공하려면 아스팔트 펠트와 루핑을 3겹으로 시공

② 일반 부분 : 경량 콘크리트, 평판블록, 자갈깔기 등으로 보호
③ 치켜올림 부분 : 벽돌쌓기, 보통콘크리트 또는 모르타르 바르기로 보호

(2) 방수층 시공순서(표준공정 : 8층 방수)

1) Felt와 Roofing을 구분 안하는 경우	A.P → A → A.F → A → A.F → A → A.F → A
2) 방수층을 세분하지 않은 경우	바탕처리 → 방수층시공 → 방수층 누름 → 보호 Mortar → 신축줄눈

3 방수층 영문표기

(1) 건축공사 표준시방서에서 사용되는 방수층 영문기호 표기

1) 최초의 문자는 방수층의 종류에 따라서 달라지며
 A : 아스팔트 방수층(Asphalt)
 M : 개량 아스팔트 방수층(Modified Asphalt)
 S : 합성고분자 시트 방수층(Sheet)
 L : 도막 방수층(Liquid)

2) : -로 이어진 중간 문자는
 ① 아스팔트 방수층에서의 의미
  Pr : 보행 등에 견딜 수 있는 보호층이 필요한 방수층 ; Protected
  Mi : 최상층에 모래 붙은 루핑을 사용한 방수층 ; Mineral surfaced
  Al : 바탕이 ALC패널용의 방수층 ; Alc
  Th : 방수층 사이에 단열재를 삽입한 방수층 ; Thermal Insulated
  In : 실내용 방수층 ; Indoor
 ② 개량 아스팔트 시트 방수층에서는 아스팔트 방수층에 준하여 표기
  Pr : 보행 등에 견딜 수 있는 보호층이 필요한 방수층 ; Protected
  Mi : 최상층에 노출용의 개량 아스팔트 루핑 시트를 사용한 방수층 ; Mineral surfaced

3) 각 공법에서 최후의 문자는 각 방수층에 대하여 공통으로 바탕과의 고정상태, 단열재의 유무 및 적용부위를 나타낸다.
 F : 바탕에 전면 밀착시키는 방법 ; Fully bonded
 S : 바탕에 부분적으로 밀착시키는 방법 ; Spot bonded
 T : 바탕과의 사이에 단열재를 삽입한 방수층 ; Thermal insulated
 M : 바탕과 기계적으로 고정시키는 방수층 ; Mechanical fastened
 U : 지하에 적용하는 방수층 ; Underground
 W : 외벽에 적용하는 방수층 ; Wall

※ 합성고분자 시트 방수층에서는 사용재료의 계통을 나타낸다.
 Ru : 합성고무계의 방수층 ; Rubber
 Pl : 합성수지계의 방수층 ; Plastic

※ 도막 방수층에서 중간문자는 사용 재료명을 나타낸다.
 Ur : 우레탄고무 ; Urethane rubber
 Ac : 아크릴고무 ; Acrylic ruubber
 Gu : 고무 아스팔트 ; Gum

핵 심 문 제

문제 1 (공통)

지붕의 방수 공사에 주로 사용되는 아스팔트는?
① 스트레이트 아스팔트
② 피치(Pitch)
③ 블로운 아스팔트
④ 천연 아스팔트

문제 2 (공통)

지하(地下)방수나 아스팔트 펠트 삼투(滲透)용으로 주로 사용되는 재료는?
① 스트레이트 아스팔트
② 아스팔트 컴파운드
③ 아스팔트 프라이머
④ 블로운 아스팔트

문제 3 (산업)

블로운 아스팔트에 동물성 기름 등을 첨가하여 교착성, 신축성, 내구성을 개선한 방수재료는?
① 유제 아스팔트(asphalt emulsion)
② 아스팔트 프라이머(asphalt primer)
③ 아스팔트 컴파운드(asphalt compound)
④ 타르 펠트(tar felt)

문제 4 (산업)

아스팔트 프라이머(Asphalt primer)에 대한 설명으로 옳지 않은 것은?
① 아스팔트를 휘발성 용제로 녹인 흑갈색 액체이다.
② 아스팔트 방수공법에서 제일 먼저 시공되는 방수제이다.
③ 블로운아스팔트의 내열성, 내후성 등을 개량하기 위하여 식물섬유를 혼합하여 유동성을 부여한 것이다.
④ 콘크리트와 아스팔트 부착이 잘되게 하는 것이다.

해 설

[해설] 1,2 아스팔트 방수재료

(1) 블로운 아스팔트
 휘발성분이 적고 연성이 적으나, 비교적 연화점이 높고 안전하며, 온도변화에 대하여 예민하지 않아서 옥상이나 지붕공사에 주로 사용된다.

(2) 스트레이트 아스팔트
 연화점이 낮아서 옥상에서는 사용하지 않고 지하(地下) 방수나 아스팔트펠트의 삼투(滲透)용으로 주로 사용된다.

[해설] 3,4

(1) 아스팔트 프라이머
 묽은 휘발성 아스팔트 용액으로 콘크리트 모체에 침투성을 높여서 부착력을 강화시킨 것으로 부수적으로 방수 성능이 향상된다.

(2) 아스팔트 컴파운드
 아스팔트 컴파운드는 블로운 아스팔트의 점착성, 내후, 내산성능을 개선하고 탄성을 보강한 것으로 최우량품이다.(Brown Asphalt + 동·식물섬유 + 석분 등)

 1. ③ 2. ① 3. ③ 4. ③

문제 5 ─ 산업

방수공사에 관한 다음 기술 중 부적당한 것은?
① 시멘트 액체방수는 면적이 넓을 경우 익스펜션 조인트를 반드시 설치한다.
② 방수 모르타르는 보통 모르타르에 비해 바탕과의 접착력이 부족한 편이다.
③ 스트레이트 아스팔트는 신축이 좋고 교착력이 우수하여 지하실 방수공사에 매우 유리하다.
④ 지하실 안 방수 아스팔트 방수층 보호 누름은 없어도 무방하다.

[해설] 5
안방수는 보호누름이 반드시 필요하다.

문제 6 ─ 공통

아스팔트의 양부를 판정하는데 적당한 것은?
① 연화점
② 침입도
③ 시공연도
④ 마모도

[해설] 6 아스팔트 품질
아스팔트 양부를 판정하는데 가장 중요한 것은 침입도이다.

문제 7 ─ 기사

아스팔트 방수재료의 침입도가 20이라면 재료시험시 25℃ 온도로 하중 100g에 시간 5초인 표준조건에서 표준봉이 몇 mm 침입한 것을 의미하는가?
① 0.2mm
② 2mm
③ 20mm
④ 200mm

[해설] 7
25℃에서 100g 추를 5초동안 바늘을 누를 때 0.1mm 들어가는 것을 침입도 1이라 한다.
∴ 침입도 20×0.1mm=2mm 침입

문제 8 ─ 공통

방수 공사에 사용하는 아스팔트의 양부(良否)를 결정하는데 적당하지 않은 것은?
① 신도(伸度)
② 침입도(針入度)
③ 마모도(磨耗度)
④ 연화점(軟化點)

[해설] 8
※ 마모도는 도로포장용인 경우에 중요하며, 방수공사의 품질시험과는 무관하다.

문제 9 ─ 기사

방수공사용 아스팔트의 종류 중 표준 용융온도가 가장 낮은 것은?
① 1종
② 2종
③ 3종
④ 4종

[해설] 9,10 방수공사용 아스팔트의 종별 용융온도(KS F 4052)

종류	온도(℃)
1종	220~230
2종	240~250
3종	260~270
4종	260~270

정답 5.④ 6.② 7.② 8.③ 9.①

문제 10

방수공사용 아스팔트의 표준 용융온도가 틀린 내용은 어느 것인가?

① 1종 : 220~230℃
② 2종 : 240~250℃
③ 4종 : 320~360℃
④ 3종 : 260~270℃

문제 11

아스팔트 방수층에 사용되지 않는 재료는 어느 것인가?

① blind
② felt
③ Roofing
④ primer

[해설] 11 blind
금속, 합성수지 판 등을 연결하여 휘장 모양으로 만들어 직사광선을 막을 수 있게 창에 치는 차일용 휘장이다.

문제 12

아스팔트 평지붕 방수 중 틀린 것은 어느 것인가?

① 시공 바탕의 결함부분은 보수하고 청소한 뒤 두께 1.5cm 이상 모르타르로 고른다.
② 구석 모서리 치켜올림 부분은 방수층의 부착이 잘되게 하기 위하여 둥글게 3~10cm면 접어둔다.
③ 펠트 겹침은 상, 하, 좌, 우 모두 9cm 이상으로 한다.
④ 파라펫 방수층 치켜올림 높이는 20cm 이하로 한다.

[해설] 12 방수층 치켜올림 높이
파라펫 방수층 치켜올림 높이는 30cm 이상으로 한다.

문제 13

아스팔트(Asphalt) 방수공사에 대한 기술 중 옳은 것은?

① 지붕을 사용하지 않는 지붕에는 방수층에 보호누름을 반드시 해야 한다.
② 방수층의 보호누름 모르타르의 신축줄눈은 모르타르 바름의 방수효과를 높인다.
③ 방수공사용 아스팔트의 침입도는 한냉지에서 큰 것이 좋다.
④ 지하실 안방수에 대한 시공은 밀착이 잘되면 지하 수압에 견디게 된다.

[해설] 13 아스팔트 재료의 품질
① 아스팔트 양부를 판정하는데 가장 중요한 것은 침입도이다.
② 한냉지에서는 침입도가 큰 것을 사용한다.(한냉지 : 20~30, 온난지 : 10~20)
※ ① : 사용안하는 지붕 방수층은 보호누름을 생략할 수 있다.
② : 신축줄눈은 방수효과 증진을 위해 설치하는 것이 아니라 균열을 예방하기 위함이다.
④ : 안방수보다 바깥방수가 수압에 잘 견딘다.

정답 10. ③ 11. ① 12. ④ 13. ③

문제 14 기사

건축공사의 방수공법 중 신장성과 내후성이 우수하고 보호누름이 필요하며 결함부의 발견이 매우 어려운 것은?

① 아스팔트 방수
② 시멘트 액체방수
③ 시이트 방수
④ 도막 방수

문제 15 기사

개량아스팔트 시트 방수공사 중 최상층에 노출용의 개량아스팔트 시트를 사용하여 전면 밀착으로 하는 공법을 나타내는 기호는?

① M-PrF
② M-MiF
③ M-MiT
④ M-RuF

문제 16 산업

합성고분자재 시트 방수공사 중 합성수지계 시트를 이용하여 전면밀착으로 하는 공법을 나타내는 기호는?

① S-RuF
② S-PlF
③ S-PlM
④ S-PrF

해 설

[해설] 14

※ 보호누름이 필요하고 결합부의 발견이 매우 어려운 것은 아스팔트 방수이며, 아스팔트 재료는 신축성, 내후성이 우수하다.

[해설] 15, 16 방수공사의 영문 기호 표시의 정의(시방서)

(1) 최초의 문자는 방수층의 종류에 따라서 달라진다.
   ① A : 아스팔트 방수층
   ② M : 개량 아스팔트 방수층
   ③ S : 합성고분자 시트 방수층
   ④ L : 도막 방수층
(2) -로 이어진 중간 문자는 개량 아스팔트 시이트 방수에서는, Pr(Protected의 약자)은 보호층이 필요한 방수를 의미하며 Mi는 최상층 노출형 방수를 의미한다.
(3) -로 이어진 중간 문자는 합성고분자 시트 방수층에서는 사용재료의 계통을 나타낸다.
   Ru : 합성고무계의 방수층 : Rubber
   Pl : 합성수지계의 방수층 : Plastic
(4) 각 공법에서 최후의 문자는 각 방수층에 대하여 공통으로 바탕과의 고정상태, 단열재의 유무 및 적용부위를 나타낸다.
   ① F : 바탕에 전면 밀착시키는 공법
   ② S : 바탕에 부분적으로 밀착시키는 공법
   ③ T : 바탕과의 사이에 단열재를 삽입한 방수층
   ④ M : 바탕과 기계적으로 고정시키는 방수층
   ⑤ U : 지하에 적용하는 방수층
   ⑥ W : 외벽에 적용하는 방수층

정답 14. ① 15. ② 16. ②

건축기사 _ 기출문제

8 CHAPTER 지붕 및 방수공사

문제 1

아연판 지붕잇기에서 동판으로 된 홈통 사용을 피하는 이유로써 가장 옳은 것은?

① 공법이 어렵기 때문이다.
② 아연판이 침식되기 때문이다.
③ 동판이 부식되기 때문이다.
④ 공사비가 많이 들기 때문이다.

[해설] 지붕공사시 금속판의 사용
① 동판은 변소나 암모니아 가스(Gas)가 발생하는 곳에는 사용치 않는다.
② 아연판과 동판은 접촉해서 사용치 않는다.(중금속과의 전해작용으로 연금속이 침식 : 아연판 침식)

문제 2

지붕의 우수를 처리하는 홈통 부품 중 장식통의 역할로 옳지 않은 것은?

① 처마홈통과 선홈통 연결
② 유수방향 돌리기
③ 집수 등의 넘쳐흐름 방지
④ 장식역할

[해설] 장식통의 역할
① 깔때기홈통과 선홈통의 연결
② 우수의 방향 돌리기
③ 집수통의 넘쳐 흐름 방지
④ 장식의 역할
※ 처마홈통과 선홈통의 연결은 깔대기 홈통이 한다.

문제 3

시멘트의 액체방수에 관한 설명으로 옳지 않은 것은?

① 값이 저렴하고 시공 및 보수가 용이한 편이다.
② 바탕의 상태가 습하거나 수분이 함유되어 있더라도 시공할 수 있다.
③ 옥상 등 실외에서 효력의 지속성을 기대할 수 없다.
④ 바탕콘크리트의 침하, 경화 후의 건조수축, 균열 등 구조적 변형이 심한 부분에서도 사용할 수 있다.

[해설] 시멘트 액체방수는 바탕에 붙여서 시공이 되므로 침하, 수축, 균열 등 구조적인 변형이 심한 부분에는 사용할 수 없다.

문제 4

다음 방수공사에 관한 설명 중 틀린 것은?

① PC커튼월에 사용하는 탄성실링제는 3면 접착을 방지하기 위하여 백업(Back up)재를 삽입한다.
② 옥상 슬랩의 시이트 방수공사시 염화비닐 시이트는 맞댄 용접접합이 가능하다.
③ 시이트는 외기온도 변화에 민감하므로 방수 누름을 해야 한다.
④ 성형 시일재의 일종인 가스켓(Gasket)은 피부착재 사이에서 항상 압축되는 상태로 끼워야 한다.

[해설] 시이트 방수
보행용과 비보행용으로 시공되므로 반드시 보호누름이 필요한 것은 아니다.

해답 1. ② 2. ① 3. ④ 4. ③

문제 5

실링공사의 재료에 관한 기술 중 옳지 않은 것은?

① 가스켓은 콘크리트의 균열부위를 충전하기 위하여 사용하는 부정형 재료이다.
② 프라이머는 접착면과 실링재와의 접착성을 좋게하기 위하여 도포하는 바탕처리 재료이다.
③ 백업재는 소정의 줄눈깊이를 확보하기 위하여 줄눈속을 채우는 재료이다.
④ 마스킹테이프는 시공중에 실링재에 충전개소 이외의 오염방지와 줄눈선을 깨끗이 마무리하기 위한 보호 테이프이다.

[해설]

돌공사에서 마스킹테잎 부착후 코킹처리하는 장면

※ 가스켓은 부재의 접합부위나 유리홈 사이에 끼우는 정형재료이다.

문제 6

바깥방수와 비교한 안방수의 특징에 관한 설명 중 옳지 않은 것은?

① 공사가 간단하다.
② 공사비가 비교적 싸다.
③ 보호누름이 없어도 무방하다.
④ 수압이 적은 곳에 이용된다.

[해설] **안방수법과 바깥방수법의 비교**
바깥방수 바닥시공시에는 보호누름이 없어도 무방하나 안방수는 보호누름이 꼭 필요하다.

문제 7

아스팔트 방수재료에 관한 설명으로 옳지 않은 것은?

① 아스팔트 컴파운드는 블로운 아스팔트에 동식물성 유지나 광물질 분말을 혼합한 것이다.
② 아스팔트 프라이머는 스트레이트 아스팔트를 용제로 녹인 것이다.
③ 아스팔트 펠트는 섬유원지에 스트레이트 아스팔트를 가열 용해하여 흡수시킨 것이다.
④ 아스팔트 루핑은 원지에 스트레이트 아스팔트를 침투시키고 양면에 컴파운드를 피복한 후 광물질 분말을 살포시킨 것이다.

[해설] 아스팔트 프라이머(Asphalt primer)
블로운 아스팔트(Blown asphalt)를 배합비 1:1로 휘발성 용제에 녹인 것이다.

문제 8

다음 설명 중 옳지 않은 것은?

① 수밀콘크리트는 단위 시멘트량, 단위량 및 물시멘트비를 적게 하여야 한다.
② 고장력 볼트의 체결은 중심에서 주변을 향해서 한다.
③ 대리석붙이기 공법에서 바탕면과 돌 뒤와의 거리는 25~30mm를 표준으로 한다.
④ 아스팔트방수층 시공시 가장 신축이 크고 최우량품인 재료는 블로운 아스팔트이다.

[해설] 아스팔트 컴파운드(Asphalt compound)
① 블로운 아스팔트에 동식물성 유지나 광물질 분말을 혼합하여 내열성, 내구성, 탄성, 접착성 등을 개량한 것이다.
② 아스팔트 중 가장 신축이 큰 최우량품이다.

해답 5. ① 6. ③ 7. ② 8. ④

문제 9

방수공사에 사용하는 아스팔트의 견고성 정도를 침의 관입저항으로 평가하는 방법은?

① 침입도   ② 마모도
③ 연화점   ④ 신도

[해설] ※ 침입도(針入度)시험은 아스팔트 재료의 경도, 침의 관입 저항을 측정하는 시험으로써 아스팔트 양부를 결정하는 대표적인 품질 특성 시험이다.

문제 10

콘크리트 지붕에서의 아스팔트 방수공사에 대한 내용 중 옳지 않은 것은?

① 절연공법이란 방수층을 바탕재에 대부분 밀착시키지 않는 공법이다.
② 한냉지에서 사용하는 방수공사용 아스팔트는 침입도가 큰 것을 택한다.
③ 밀착공법일 때는 아스팔트 루핑의 겹침을 길이 방향 및 폭방향 모두 10cm 정도로 한다.
④ 아스팔트 루핑을 붙이는 시기는 아스팔트 프라이머를 도포한 후 즉시 붙이기 작업을 한다.

[해설] 프라이머 도포 후 바로 시공하는 것이 아니라 온도 20±3°C 정도에서 3시간 이내에 시공한다.

문제 11

아스팔트 방수층과 시멘트액체 방수층과의 차이점에 관한 것 중 틀린 것은?

① 시멘트액체 방수층이 아스팔트 방수층보다 경제적이다.
② 아스팔트 방수층의 결함 부분의 발견이 시멘트액체 방수층보다 용이하다.
③ 아스팔트 방수층의 보수비는 시멘트액체 방수층의 보수비보다 고가이다.
④ 아스팔트 방수층의 시공이 시멘트 액체 방수층의 시공보다 복잡하며 소요 기간이 길다.

[해설] 아스팔트 방수층은 결함부의 발견이 어렵고 보수를 할 경우 광범위한 보수가 되어야 한다.

문제 12

아스팔트 방수공사에 관한 설명으로 옳지 않은 것은?

① 아스팔트 프라이머는 건조하고 깨끗한 바탕면에 솔, 롤러, 뿜칠기 등을 이용하여 규정량을 균일하게 도포한다.
② 용융 아스팔트는 운반용 기구로 시공 장소까지 운반하여 방수 바탕과 시트재 사이에 롤러, 주걱 등으로 뿌리면서 시트재를 깔아 나간다.
③ 옥상에서의 아스팔트 방수 시공 시 평탄부에서의 방수 시트깔기 작업 후 특수 부위에 대한 보강붙이기를 시행한다.
④ 평탄부에서는 프라이머의 적절한 건조상태를 확인하여 시트를 깐다.

[해설] 옥상 아스팔트방수나 시트방수를 사용할 때 평탄한 부위를 먼저 시공하는 것이 아니라 교차부, 루프 드레인 부위 등 시공이 어려운 부위를 먼저 시공한다.

문제 13

잔류유(찌꺼기)를 저온으로 장시간 증류한 것으로 응집력이 크고 온도에 의한 변화가 적으며 연화점이 높고 안전하여 방수공사에 많이 사용되는 것은?

① 아스팔트 펠트
② 블로운 아스팔트
③ 아스팔타이트
④ 레이크 아스팔트

[해설] 블로운 아스팔트(Blown Asphalt)
① 액화한 저급 탄화수소에 아스팔트가 녹지 않고 침강하는 성질을 이용하여 아스팔트가 얻어진다.
② 이 침강 잔류유를 저온에서 장시간 증류해서 만든 것이다.
③ 연화점이 높고, 감온성이 적으며, 안전하여 방수공사에 가장 많이 사용된다.

해답   9. ①   10. ④   11. ②   12. ③   13. ②

건축산업기사 _ 기출문제

CHAPTER 8 지붕 및 방수공사

문제 1

한식 기와 지붕에서 지붕 용마루의 끝구리에 숫기와를 옆세워 댄 것을 무엇이라고 하는가?

① 평고대
② 착고
③ 부고
④ 머거불

[해설] ① : 처마끝을 따라 서까래 위에 깔아대는 평평한 수평 목재(횡목)
② : 지붕마루에 기와골에 맞추어서 숫기와를 다듬어서 옆세워댄 기와
③ : 착고위에 옆세워댄 숫기와

문제 2

방수공사에 관한 다음 기술 중 부적당한 것은?

① 시멘트 액체방수는 면적이 넓을 경우 익스펜션 조인트를 반드시 설치한다.
② 방수 모르타르는 보통 모르타르에 비해 바탕과의 접착력이 부족한 편이다.
③ 스트레이트 아스팔트는 신축이 좋고, 교착력이 우수하여 지하실 방수공사에 매우 유리하다.
④ 지하실 안 방수 아스팔트 방수층 보호 누름은 없어도 무방하다.

[해설] 안방수는 보호누름이 필요하다.

문제 3

시멘트 액체 방수공사와 관련된 설명 중 옳지 않은 것은?

① 지하방수나 소규모의 지붕방수 등에 사용되는 경우가 많다.
② 시멘트 액체 방수바탕은 깨끗하고 거칠게 하는 것이 모르타의 부착을 좋게 한다.
③ 비교적 저렴하고 시공이 용이한 방수공법이다.
④ 얇은 막상의 방수층을 형성시키는 멤브레인 방수공법에 속한다.

[해설] Membrane(피막)방수의 종류
아스팔트방수·개량아스팔트시트방수·합성고분자시트방수·도막방수

문제 4

방수재료에 관한 기술 중 부적당한 것은?

① 일정한 침입도의 아스팔트일지라도 연화점이 낮으면서 신도가 좋아야 한다.
② 아스팔트는 어떠한 용도때라도 신장이 잘 되는 것이 좋다.
③ 코올타르는 목재, 철제 등의 방부제로 쓰이기도 한다.
④ 아스팔트의 약품은 다소의 기름냄새나 유황냄새가 있다.

[해설] 연화점
아스팔트를 가열하여 액상의 점도에 도달했을 때의 온도
※ 일정한 침입도의 아스팔트일지라도 연화점이 높고 온도에 대하여 예민하지 않게 신도가 좋아야 한다.

문제 5

다음 중 아스팔트 품질 시험의 항목과 가장 거리가 먼 것은?

① 감온비
② 침입도
③ 비표면적 시험
④ 신도 및 연화점

[해설] 아스팔트 품질 시험 항목
①, ②, ④항 이외에 감온비, 비중(밀도), 인화점, 가열감량, 고정탄소함유량, 이황화탄소 가용분 시험을 행한다.
※ 비표면적 시험은 시멘트의 시험이다.

해답 1.④ 2.④ 3.④ 4.① 5.③

문제 6

아스팔트 타일의 시공시 주의하여야 할 사항을 기술한 내용 중 옳지 않은 것은?

① 바탕표면은 평탄하고 미끈하게 하며, 충분히 건조시킨다.
② 타일은 20~30℃ 정도로 가열하여 누그려 붙인다.
③ 타일 붙이기가 완료되면 2~3일간 통행금지, 보온 등의 보양을 한다.
④ 타일표면에 붙은 고착제는 휘발유를 사용하여 닦아낸다.

[해설] 아스팔트는 휘발유 같은 석유계통의 용제에 녹으므로 사용을 하면 안된다.

문제 7

다음 정의에 해당되는 용어로 옳은 것은?

> 바탕에 고정한 부분과 방수층에 고정한 부분 사이에 방수층의 온도 신축에 추종할 수 있도록 고안된 철물

① 슬라이드(slide) 고정 철물
② 보강포
③ 탈기장치
④ 본드 브레이커(bond breaker)

[해설] ② : 보강포는 방수층의 바탕균열로 인한 동시 파단을 방지하거나 Creep 파단의 위험을 방지하기 위해 도막방수 등에서 사용되는 유리섬유나, 합성섬유 제품을 말한다.
③ : 바탕습기가 기화되어 생기는 방수층 기포방지용 장치로 50~100m²마다 개씩 설치한다.
④ : 시일재 방수공사에 사용되는 접착방지용 테이프를 말한다.

문제 8

지붕 물매에 관한 설명으로 옳지 않은 것은?

① 수평거리와 높이가 같을 때의 물매를 된물매라고 한다.
② 귀물매는 주로 추녀 마름질에 사용된다.
③ 물매는 수평거리 10cm에 대한 직각 삼각형의 수직높이로 나타낸다.
④ 수평거리보다 높이가 작을 때의 물매를 평물매라고 한다.

[해설] ① 지붕경사가 45°인 물매를 된물매라고 한다. (수평거리와 높이가 같을 때의 물매)
② 경사 45° 초과되는 물매를 된물매라고 한다.
※ 45° 미만의 물매를 뜬물매(평물매)라고 한다.

문제 9

아스팔트를 천연아스팔트와 석유아스팔트로 구분할 때 석유아스팔트에 해당하는 것은?

① 블로운 아스팔트
② 로크 아스팔트
③ 레이크 아스팔트
④ 아스팔타이트

[해설] (1) 천연 Asphalt는 ②, ③, ④항의 종류가 있다.
(2) 석유계 Asphalt에는 ①항 이외에 스트레이트 아스팔트, 아스팔트 콤파운드 등이 있다.

해답 6. ④ 7. ① 8. ① 9. ①

제9장 미장 및 타일공사

출제경향분석

미장 및 타일공사는 20문제 중 2-3문제 정도가 출제되는 단원이다.
(1) 미장 공사에서는 수경성, 기경성의 재료 성질 구분과 마그네시아 시멘트, 돌로마이트 석회, 석고, 경석고 등 재료의 성질과 특징이 주로 출제된다.
(2) 타일공사는 점토 재료의 특징, 타일붙임공법, 줄눈, 타일의 접착력시험, 동해방지 대책 등을 잘 정리해 두어야 한다.

세부목차

1. 미장공사
2. 타일공사

1 미장공사

학습방향

미장공사에서는 기경성재료와 수경성재료의 구분, 각 미장재료의 특징을 잘 파악하여야 한다.
또한 인조석 갈기(테라죠) 공사 등도 잘 정리해 두어야 한다.

1 미장재료

(1) 재료의 분류

1) 수경성(水硬性) 재료 : 시멘트모르타르, 석고 플라스터 등 물과 화학 변화하여 굳어지는 재료이다.
2) 기경성(氣硬性) 재료 : 소석회, 돌로마이트 플라스터, 진흙, 회반죽 등 공기속에서 완전히 경화하는 재료이다.

(2) 미장재료의 구분 및 특성

구 분		종 류	구성재료 및 특성
기경성	진흙질	진 흙	진흙+모래+짚여물을 섞어서 물반죽한 것. 외엮기 바탕의 흙벽 시공, 초벽, 재벽 바름에 사용
		새벽흙	새벽흙+모래+여물+해초풀을 섞어 만든다. 흙벽의 재벌, 정벌 바름에 쓰인다.
	석회질	회반죽 (Lime Plaster)	소석회+모래+여물을 해초풀로 반죽한 것. 물은 사용안함.(해초풀 : 접착력 증대, 여물 : 균열방지)
		회사벽	석회죽에+모래(시멘트, 여물 등도 섞는다.) 흙벽의 정벌바름, 회반죽 고름, 재벌바름(회사물)
		마그네시아 석회 (Dolomite Plaster)	돌로마이트 석회+모래+여물, 해초풀 안쓴다. 건조수축이 커서 균열 발생이 크다. 지하실 사용 안함
수경성	석고질	순석고 플라스터 (Gypsum plaster)	순석고+모래+물(석회죽이나 돌로마이트 등도 배합) 경화속도가 빠르다. 중성이다.
		혼합석고 플라스터	약알카리성이다. 경화속도는 보통. 현장에서 정벌용은 물만을 첨가 사용. 초벌용은 물+모래를 혼합 사용한다.
		경석고 플라스터 (Keen's Cement)	경화가 빠르다. 경도가 높다. 수축이 거의 없다. 킨즈시멘트 + 모래 + 물 + 여물
용액성 간 수 ($MgCl_2$)	고토질	마그네시아 Cement	착색이 용이하고 물(H_2O)을 가해도 경화하지 않는다. $MgCl_2$(염화마그네슘 : 간수)를 물 대신 사용하고 철재를 녹슬게 하며, 리그노이드의 원료가 된다.

* 리그노이드(Lignoid) : 마그네시아 시멘트 모르타르에 탄성재료인 콜크분말, 안료 등을 혼합한 미장재료로써 바닥포장재에 주로 쓰인다.

학습POINT

■ 미장재료의 구분

종류	특성	종류
석회	① 기경성 ② 수축성 ③ 알칼리성	회반죽 돌로마이트 플라스터 회사벽
석고	① 수경성 ② 팽창성 ③ 급결성	순석고 플라스터 혼합석고 플라스터 무수석고 플라스터 (킨즈시멘트, 경석고)
시멘트 모르타르	① 수경성 ② 수축성 ③ 알칼리성	

■ 알카리성 미장재료
① 회반죽
② 돌로마이트 석회
③ 시멘트 Mortar

■ 팽창성 재료
① 마그네시아 시멘트
② 석고 Plaster

(3) 미장용어 설명

1) 결합재 : 시멘트 플라스터, 소석회 등 미장재료를 결합하여 경화시키는 재료.
2) 혼화제 : 결합재의 결점 즉 수축, 균열, 점성, 보수성 부족, 강도 등을 보완하고 응결 경화시간을 조절하기 위한 재료이다.
3) 보강재 : 백모, 짚, 수염, 종려잎 등이 있다.
4) 바탕재 : 미장을 할 수 있는 바탕을 구성하는 재료 콘크리트, Block, 목재, 철재 바탕에 미장 가능
5) 바탕처리 : 요철 또는 변형이 심한 개소를 고르게 덧바르거나 깍아내어 마감두께가 균등하게 되도록 조정하며, 바탕을 거칠게 하여 미장바름의 부착이 양호하도록 표면을 처리하는 것.
6) 덧먹임 : 바르기의 접합부 또는 균열의 틈새, 구멍등에 반죽된 재료를 밀어 넣어 때우는 것.
7) 고름질 : 바름두께 또는 마감두께가 고르지 않거나 요철이 심할 때 초벌바름위에 발라서 면을 고르는 것. (초벌 후 재벌전 바탕처리)

2 각종 바름방법

(1) 시멘트 Mortar 바름

1) 재료배합
   ① 시멘트 : 보통 포틀랜드 시멘트, 백 시멘트 등을 사용한다.
   ② 모래 : 유해물이 없는 보통 5mm이하를 쓰고 0.15mm이하는 사용 안한다. 초벌, 재벌용 : 5mm체 100% 통과분, 정벌용 : 2.5mm체 100% 통과분
   ③ 시공성 향상을 위해 정벌용에 소석회를 10~30% 혼합

2) Mortar 바름두께
   ① 1회의 바름두께는 바닥을 제외하고 6mm를 표준으로 한다.
   ② 외벽, 바닥두께 : 24mm, 안벽 : 18mm, 천장·차양 : 15mm 이하
   ③ 바닥은 1회 바름으로 마감하고 벽, 기타는 2~3회 바른다.
   ④ 얇게 여러번 바르는 것이 두껍게 바르는 것보다 좋다.

3) 기타 시공 유의사항
   ① 바르기 순서 : 천장, 벽, 바닥의 순서로 시공한다.
   ② 초벌바름 후 1~2주일 방치하여 충분한 경화, 균열 발생후 고름질, 덧먹임을 하고 재벌 바른다. (바람, 직사광선 급격한 건조는 피한다.)
   ③ 기온이 2℃이하일 때는 공사를 중단하거나 5℃ 이상 난방하여 시공한다.

▶ 라스바탕위에 초벌 먹임후 거친 마감을 한 모습

④ 양질의 재료를 사용하여 배합을 정확하게, 혼합은 충분하게 한다.
⑤ 모래는 초벌과 재벌 바름에서는 굵은 것을 사용한다.
⑥ 시공전 바탕면은 거칠게 하고 적당한 물축임 한다.
⑦ 지나친 부배합은 좋지 않고 벽에 시멘트 가루등을 뿌리지 않는다.
⑧ 바름 두께 계산시 라스두께는 제외된다.
⑨ 표면 마무리 방법 : 뿜칠, 긁어내기, 씻어내기, 흙손 마무리, 색 Mortar 마감, 리신 마감 등이 있다.
⑩ 특수 Mortar 바름과 용도

바라이트 Mortar	방사선 차단 용도
질석 Mortar	경량구조용
석면 Mortar	균열방지, 보온용
합성수지 Mortar	특수치장용
아스팔트 Mortar	내산바닥용

■ 시멘트 모르타르 바름
① 벽에 시멘트 모르타르 초벌의 방치기간은 2주이상 균열이 충분히 발생하게 한다.
② 미장 바르기 순서는 위에서 밑으로 한다.
③ 미장공의 한번 바름 흙손질 높이는 90~150cm이다.

■ 리신(규산석회) 마감
백시멘트, 돌가루, 안료등을 혼합한 Mortar를 6mm 정도를 바르고, 12시간 경과후 쇠빗으로 긁어 마무리 하는 방법

(2) 석고 Plaster 바름

1) 재료 및 시공 유의점

① 소석고($CaSO_4 \cdot 1/2H_2O$: 반수석고)나 무수석고($CaSO_4$)를 주원료로 한 미장재료로 물을 가하면 $CaSO_4 \cdot 2H_2O$로 되어 경화작용이 일어난다.
② 대기중에서 석고를 100℃ 이상 가열하면 소석고가 되고 180℃ 이상 가열하면 가용성 무수석고가 되며 230℃에서 무수석고가 된다.
③ 석고계 플라스터는 응결시간이 빠르고 응결시 교착되는 결정에 의해 팽창하며, 가열하면 결정수를 방출하여 온도상승을 억제하기 때문에 내화성이 있다.
④ 타 미장재료에 비하여 무수축성이고 강도가 크며, 중성으로써 도장을 빨리 할 수 있으며, 도벽에 균열 발생이 없다.
⑤ 가수 후 초벌용은 2시간 이상, 징벌용은 1시간 30분 이상 지난 것은 사용하지 않는다.
⑥ 초벌바름에는 반드시 거치름 눈(작살긋기)을 넣는다.
⑦ 재벌바름은 초벌 후 1~2일 경과후 시공. 정벌은 재벌이 반건조 된 후 마무리 흙손질을 한다.

■ 석고보오드(Plaster Board)
경석고에 톱밥, 석면 등을 넣어 판상으로 굳히고 석고액을 침지시킨 회색의 두꺼운 종이를 부착하여 압축, 성형한 것으로 방화성능, 보온성능, 방습성능이 우수하다.

2) 경석고 Plaster(Keen's Cement)의 특징

① 명반, 붕사 등을 응결촉진재로 배합하고 500~1,000℃로 가열하여 분쇄한 것이다. 미장재료 중 건조·수축이 가장 작다.
② 석고계 Plaster 중 가장 경질이다. 표면강도가 크고 광택이 있다.
③ Keen's Cement는 수축이 거의 없고 목욕실, 주방 등에도 사용되며, 동기시공도 가능하다. 산성으로 철을 녹슬게 한다.

(3) 돌로마이트(Dolomite) 플라스터 바름

1) 재료의 특징
   ① 돌로마이트 석회, 모래, 여물, 때로는 시멘트를 혼합한 바름재료이다.
   ② 마감 표면의 경도가 회반죽보다 크다. 시공성이 우수하다.
   ③ 소석회보다 점성이 커서 풀이 필요없고 변색, 냄새, 곰팡이가 없다.
   ④ 건조수축이 미장재료 중 가장 크다. 해초풀을 사용안한다.
   ⑤ 강알칼리성으로써 도장이 불가능하다.
   ⑥ 기경성이므로 지하실 등의 마무리에는 좋지 않다.

2) 배합 및 시공
   ① 콘크리트 바탕 등에는 초벌, 재벌에 시멘트를 혼합한다.
   ② 졸대 바탕의 천장, 차양 등에 초벌바름하고 7일 후 재벌바름할 때는 돌로마이트 플라스터에 20% 내외의 시멘트를 혼합한다.
   ③ 정벌용은 물을 부어 비빈후 12시간 이상 두었다가 사용한다.
   ④ 시멘트를 혼합하고 2시간 이상 지난 것은 사용하지 않는다.
   ⑤ 재벌은 초벌을 바른 후 7일이상 두고 그 건조상태를 보아 바른다.
   ⑥ 건조 수축 방지 목적으로 석고를 10~20% 정도 혼합하는 경우도 있다.

(4) 회반죽(Lime Plaster) 바름

1) 재료
   ① 소석회 + 모래 + 여물을 해초풀로 반죽한 것. 물은 사용안함.
   (해초풀 : 접착력 증대, 여물 : 균열방지)
   ② 여물은 수축을 분산시키고 균열을 예방하기 위해 첨가하며 삼여물, 짚여물, 종이여물, 털여물 등이 사용된다.
   ③ 모래는 재벌용은 2.5mm체로 1회, 정벌용은 1.2mm체로 2회 거름.

2) 시공
   ① 충분히 건조된 질긴삼, 종려털, 마닐라삼 같은 수염을 바탕에(벽에는 70cm 정도, 천정용은 55cm 정도의 수염을 2등분으로 접어서 못으로 고정한다.) 사용하여 바름벽의 탈락을 방지한다.
   ② 초벌바름 5일 경과후 고름질하고, 10일 이상 지나서 재벌바름하고 반건조후 정벌을 한다.
   ③ 바름 총두께 : 벽 15mm, 천장 12mm로 한다.

■ 석고플라스터와 돌로마이트 플라스터의 비교

구분	석고플라스터	돌로마이트 플라스터
주체	석고	마그네시아 석회
경화	빠르다	늦다
경도	높다	낮다
Paint	도장가능	도장 불가능
성질	중성	알칼리성
가격	비싸다	싸다
굳기	수경성 (물과 화합)	기경성 (탄산가스와 화합)

■ 회반죽 바름
① 회반죽=소석회+모래+여물(짚)+해초풀
② 회반죽에 얼룩이 생기는 가장 큰 원인은 초벌의 건조가 나쁠 때 생긴다.

■ 돌로마이트 플라스터와 회반죽

구분	회반죽	돌로마이트 플라스터
강도 및 경도	적다	크다
수축율	적다	크다
경화속도	느리다	빠르다
점성	적다	크다

(5) 인조석 바름과 테라죠 현장갈기

1) 사용재료

① 종석(화강석, 한수석), 백색포틀랜드시멘트, 안료, 돌가루를 배합 반죽한다. (※ 돌가루는 균열방지용으로 혼입)
② 종석은 화강석, 백회석(백색 한수석), 대리석, 기타 자연석을 부수어 잔 알로 만든 것으로 테라죠용은 최대 18mm, 보통 9~12mm나 6~5.7mm가 쓰인다.
※ 종석의 크기는 백색 석회석인 경우 5.0mm체에 100% 통과하고 2.5mm체에 50% 정도 통과한 것으로 하고 테라죠용 대리석은 15mm체에 100% 통과 5mm체에 50% 통과 된 것으로 한다.
③ 바닥에는 황동줄눈대가 사용된다.

2) 인조석 바름

① 인조석 정벌 바름 : 시멘트 : 종석 = 1:1.5 비율, 두께 7.5mm 바름
② 바닥 테라죠 바름 : 시멘트 : 종석 = 1:3정도 비율, 접착공법은 35mm, 유리공법(절연공법)은 60mm정도 바름
③ 바르기 : 벽의 재벌까지는 몰탈바름과 같고, 재벌이 굳은 후 시멘트 풀 또는 몰탈(1:1)을 바르고 정벌을 바른다. 바닥은 1:3 몰탈로 초벌을(두께 : 15mm) 바르고 정벌을 바른다.
④ 마무리 : 인조석 갈기, 씻어내기, 잔다듬의 3가지가 있다. 정벌바름 하여 경화한 후 석재다듬용 공구로 잔다듬하여 마무리한 것을 인조석 잔다듬(Cast stone)이라 한다.

3) 테라죠 현장갈기

① 줄눈의 거리 간격은 최대 2m, 보통 60~120cm로 하지만 90cm각 정도가 가장 알맞다. (면적 : $1.2m^2$ 이내, 최대간격 2.0m 이내)
② 시공순서 : 바탕처리 → 줄눈대 대기 → 초벌 모르타르 바름 → 정벌바름 → 양생 → 초벌갈기 → 시멘트 풀먹임 → 중갈기 → 정벌갈기 → 왁스칠
③ 테라죠바름 후는 습기유지에 유의하여 급격한 건조를 피하고, 충분히 경화시킨(여름은 3일 이상, 기타 7일 이상 방치) 다음 갈기 시작한다.
④ 정벌바름 후 손갈기는 1일 이상, 기계갈기의 경우는 5~7일 이상 두어 경화 정도를 보아 갈아낸다.
⑤ 초벌갈기는 돌알이 균등하게 나타나게 하고, 잔구멍을 cement paste로 메운 후 굳은 다음 중갈기하고, 중갈기 완료 후 시멘트 paste를 2~3회 먹인 후 정벌갈기한다.

■ 인조석 바름
인조석바름 = 종석 + 안료 + 줄눈대 + 돌가루 + 백시멘트

■ 바닥강화재분류, 사용목적

재료분류	사용목적
① 분말형 ② 액상형	① 내마모성 증진 ② 내화학성 증진 ③ 분진방지 성능

■ 테라죠 갈기
① 테라죠 현장갈기는 여름은 3일 이상 경화시킨 후 갈기를 시작한다.
② 초벌갈기는 거친 카보런덤 숫돌로 돌알이 균등하게 나타나도록 갈고 시멘트 Paste로 메운 후 중갈기를 한다.

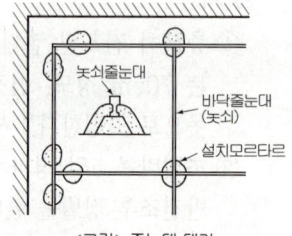

〈그림〉 줄눈대 대기

핵 심 문 제

문제 1

다음 미장 재료 중 수경성 미장재료는?

① 회반죽
② 회사벽
③ 돌로마이트 플라스터
④ 석고 플라스터

문제 2

다음의 미장재료 중 기경성 재료가 아닌 것은?

① 진흙
② 석고 플라스터
③ 회반죽
④ 돌로마이트 플라스터

문제 3

간수($MgCl_2$) 용액에 넣어 반죽한 마루 재료인 리그노이드의 주원료가 되는 재료는?

① 마그네시아 시멘트(magnesia cement)
② 석고 보드
③ 킨즈 시멘트(Keen's cement)
④ 리놀리움

문제 4

미장재료의 경화에 관한 설명 중 옳지 않은 것은?

① 돌로마이트 플라스터는 물과 작용하여 경화한다.
② 시멘트는 물과 작용하여 경화한다.
③ 석고 플라스터는 수경성 재료이다.
④ 석회는 공기 중의 탄산가스와 결합하여 경화한다.

해 설

해설 1,2 수경성과 기경성

기경성 재료	수경성 재료
① 진흙질	① 순석고
② 회반죽	② 혼합석고
③ 돌로마이트	③ 경석고
④ 아스팔트 Mortar	④ 시멘트 Mortar

해설 3 마그네시아 시멘트

착색이 용이하고 물(H_2O)을 가해도 경화하지 않는다. $MgCl_2$(염화마그네슘 : 간수)를 물 대신 사용하고 철재를 녹슬게 하며, 리그노이드의 원료가 된다.

해설 4

※ 돌로마이트 플라스터는 공기중 이산화탄소와 반응하여 경화되는 기경성 재료이다.

정답 1.④ 2.② 3.① 4.①

문제 5 〔기사〕

다음 미장재료로 동일 두께의 미장을 하였을 때 균열이 가장 크게 나타난 것은?
① 1 : 3 모르타르
② 킨즈 시멘트
③ 석고 플라스터
④ 돌로마이트 플라스터

해설 5 돌로마이트 플라스터
동일두께 미장마감시 균열이 가장 크다.
※ 균열이 가장 작은 재료는 경석고인 킨즈시멘트이다.

문제 6 〔공통〕

미장공법 중 균열이 가장 적게 생기는 것은?
① 회반죽 바름
② 돌로마이트 플라스터 바름
③ 경석고 플라스터 바름
④ 마그네샤 시멘트 바름, 시멘트 모르타르 바름

해설 6
① 석고 Plaster는 수경성, 급결성, 팽창성의 성질을 갖고 있으므로 균열발생이 작다.
② 특히 경석고 플라스터는 응결경화에 의한 수축, 균열발생이 거의 없다.
③ 경석고 플라스터 = 킨즈 시멘트(Keen's Cement)

문제 7 〔공통〕

벽면의 마장재료가 다음과 같을 때 유성 페인트칠을 가장 빨리 할 수 있는 재료는?
① 콘크리트
② 시멘트 몰탈
③ 회반죽
④ 석고 플라스터

해설 7 석고플라스터
석고 플라스터는 경화가 빠르고, 중성이므로 플라스터 바름 작업후 바로 유성페인트를 칠할 수 있다.

문제 8 〔기사〕

다음에서 설명하는 미장재료는?

> 시멘트와 건조모래 및 특성 개선재를 배합한 공장제품을 현장에서 물만 가하여 사용하는 모르타르로서, 현장배합 모르타르보다는 다소 고가이지만 현장관리가 용이하다.

① 바라이트 모르타르
② 셀프레벨링재
③ 초속경 모르타르
④ 드라이 모르타르

해설 8
현장에서 조적, 타일, 미장공사시 기 배합된 공장제품에 물을 현장에서 가하여 사용하는 Dry Mixed Mortar를 현재는 많이 사용한다.

정답 5.④ 6.③ 7.④ 8.④

문제 9 산업

미장공사에 대한 용어 설명 중 옳지 않은 것은?

① 고름질 : 마감두께가 두꺼울 때 혹은 요철이 심할 때 초벌바름 위에 발라 붙여주는 것
② 바탕처리 : 요철 또는 변형이 심한 개소를 고르게 손질 바름하여 마감두께가 균등하게 되도록 조정하는 것
③ 덧먹임 : 균열의 틈새, 구멍 등에 반죽된 재료를 밀어넣어 때워 주는 것
④ 결합재 : 화학약품으로 소량 사용하는 AE제, 감수제 등의 재료

문제 10 기사

미장공사의 균열을 방지하는 방법으로 옳지 않은 것은?

① 각층 바르기를 되도록 뚜껍게 한다.
② 초벌, 재벌에는 조골재를 사용함이 좋다.
③ 필요이상 시멘트 등의 미세재료를 많이 쓰지 않는다.
④ 콘크리트 바탕에는 물축이기를 하고 미장공사를 한다.

문제 11 기사

미장 공사에서 균열을 방지하기 위하여 고려해야 할 사항 중 옳지 않은 것은?

① 바름면은 바람 또는 직사광선 등에 의한 급속한 건조를 피한다.
② 1회의 바름 두께는 가급적 얇게 한다.
③ 쇠 흙손질을 충분히 한다.
④ 모르타르 바름의 정벌바름은 초벌바름보다 부배합으로 한다.

문제 12 산업

미장공사시 주의할 사항으로 맞지 않는 것은?

① 미장바름두께는 천장과 차양은 15mm 이하로 하고 기타부분은 15mm 이상으로 한다.
② 바탕면은 필요에 따라 물축임을 한다.
③ 초벌바름 후 물기가 없어지면 바로 이어서 재벌, 정벌을 한다.
④ 바탕면을 거칠게 하여 모르타르 부착을 좋게 한다.

해 설

해설 9 결합재
시멘트, 석고, Dolomite Plaster와 같이 굳어지는 재료를 말한다.

해설 10, 11 미장공사의 균열방지대책
① 초벌 재벌에는 굵은 모래를 사용한다.
② 필요이상 시멘트 등 미세 응고 재료를 많이 사용 안한다.
③ 각층 바르기를 두껍게 하지 않고 되도록 얇은 층을 여러 번 바르도록 한다.
④ Mortar 정벌은 초벌보다 다소 빈배합으로 한다.

해설 12 미장 초벌바름
미장초벌 후에는 2주 이상 충분히 기간을 두어 균열을 발생하게 하며 고름질 후 재벌하며 재벌이 반건조될 때 정벌바름을 한다.

정답 9. ④ 10. ① 11. ④ 12. ③

문제 13 [기사]

내산바닥용 몰탈로 적합한 재료는?
① 바라이트(Barite)몰탈
② 질석(Vermiculite)몰탈
③ 아스팔트(Asphalt)몰탈
④ 석면(Asbestos)몰탈

문제 14 [공통]

바라이트(barite)모르타르는 어떤 재료에 사용되는가?
① 방사선 차단 재료
② 백시멘트를 쓴 모르타르 착색 재료
③ 축전실 기타 산을 쓰는 실내 바닥 재료
④ 합성 수지를 혼합한 표면 재료

문제 15 [공통]

셀프레벨링재 바름 또는 셀프 레벨링(Self Leveling)재에 대한 설명 중 틀린 것은?
① 재료는 대부분 기배합 상태로 이용되며, 석고계 재료는 물이 닿지 않는 실내에서만 사용한다.
② 모든 재료의 보관은 밀봉상태로 건조시켜 보관해야 하며, 직사광선이 닿지 않도록 해야 한다.
③ 경화후 이어치기 부분의 돌출 및 기포 흔적이 남아있는 주변의 튀어나온 부위는 연마기로 갈아서 평탄하게 하고, 오목하게 들어간 부분 등은 된비빔 셀프 레벨링재를 이용하여 보수한다.
④ 셀프 레벨링재의 표면에 물결무늬가 생기지 않도록 창문 등을 밀폐하여 통풍과 기류를 차단하고, 시공중이나 시공완료 후 기온의 0℃ 이하가 되지 않도록 한다.

문제 16 [기사]

석고 플라스터에 대한 설명 중 틀린 것은?
① 석고 플라스터는 경화지연제를 넣어서 경화시간을 너무 빠르지 않게 한다.
② 라스 보드(lath board)를 바탕으로 할 경우 일반적으로 초벌에는 순 플라스터를 사용한다.
③ 석고 플라스터는 공기 중의 탄산가스를 흡수하여 표면에서 서서히 경화한다.
④ 시공 중에는 될 수 있는 한 통풍을 피하고 경화 후에는 적당한 통풍을 시켜야 한다.

해 설

[해설] 13, 14 Mortar 종류와 용도
① Barite Mortar : 방사용 차폐용
② 질석 Mortar : 경량, 단열용
③ 활석면 Mortar : 보온, 불연용
④ Asphalt Mortar : 내산 바닥용

[해설] 15 Self Leveling재
① 자체 평탄성을 갖는 Self Leveling 재는 유동성이 매우 크므로, 시공시 통풍과 기류를 차단하여야 한다.
② 시공중이나 시공완료 후 기온이 5℃ 이하가 되지 않도록 관리해야 한다.

[해설] 16 석고 플라스터
석고 플라스터는 수경성이며, 바름 작업 중에는 될 수 있는 대로 통풍을 방지하고 작업 후에도 석고가 굳을 때까지 심한 통풍을 피하도록 한다.

정답 13. ③ 14. ① 15. ④ 16. ③

문제 17 기사

석고플라스터 바름에 대한 설명으로 옳지 않은 것은?

① 보드용 플라스터는 초벌바름, 재벌바름의 경우 물을 가한 후 2시간 이상 경과한 것은 사용할 수 없다.
② 실내온도가 10℃ 이하일 때는 공사를 중단한다.
③ 바름작업 중에는 될 수 있는 한 통풍을 방지한다.
④ 바름 작업이 끝난 후 실내를 밀폐하지 않고 가열과 동시에 환기하여 바름면이 서서히 건조되도록 한다.

문제 18 공통

다음 중 돌로마이트 플라스터의 성질이 아닌 것은?

① 시공이 용이하고 값이 싸다.
② 경화가 느리고 수축률이 작다.
③ 알칼리성이며 페인트 도장이 불가하다.
④ 공기 중의 탄산가스와 화합하여 굳어진다.

문제 19 기사

돌로마이트 플라스터 바름에 관한 설명으로 옳지 않은 것은?

① 정벌바름용 반죽은 물과 혼합한 후 12시간 정도 지난 다음 사용하는 것이 바람직하다.
② 바름두께가 균일하지 못하면 균열이 발생하기 쉽다.
③ 돌로마이트 플라스터는 수경성이므로 해초풀을 적당한 비율로 배합해서 사용해야 한다.
④ 시멘트가 혼합하여 2시간 이상 경과한 것은 사용할 수 없다.

문제 20 공통

돌로마이트 플라스터에 대한 기술 중 옳지 않은 것은 어느 것인가?

① 경화가 늦고 수축성이 크다.
② 반죽하는 물은 뜨거운 것이 좋다.
③ 반죽 후 2시간 이내에 사용해야 한다.
④ 초벌 바름 후 10일정도 경과하여 고름질을 한다.

해 설

[해설] **17**
실내온도가 5℃ 이하일 때는 공사를 중단하거나 난방하여 5℃ 이상을 유지한다. (건축공사 표준시방서 기준)

[해설] **18,19** 돌로마이트 플라스터
① 돌로마이트 석회는 소석회보다 점성이 커서 해초풀이 필요없다.
② 건조, 경화시에 수축률이 가장 커서 균열이 집중적으로 크게 생기므로 여물을 혼합한다.
③ 돌로마이트 플라스터는 기경성 재료이다.

[해설] **20,21** 돌로마이트 플라스터
① 정벌용은 물을 부어 비빈 후 12시간 이상 두었다가 사용한다.
② 시멘트를 혼합하고 2시간 이상 지난 것은 사용하지 않는다.
③ 초벌바름 후 5~10일(7일 정도) 후 고름질하거나 재벌을 한다.
※ 고름질하는 경우는 고름질후 7일 이상 경과 후 재벌바름한다.

정답 17. ② 18. ② 19. ③ 20. ③

문제 21 〔기사〕

돌로마이트 플라스터 바름에 관한 설명으로 옳지 않은 것은?

① 실내온도가 5℃ 이하일 때는 공사를 중단하거나 난방하여 5℃ 이상으로 유지한다.
② 정벌바름용 반죽은 물과 혼합한 후 4시간 정도 지난 다음 사용하는 것이 바람직하다.
③ 초벌바름에 균열이 없을 때에는 고름질한 후 7일 이상 두어 고름질면의 건조를 기다린 후 균열이 발생하지 아니함을 확인한 다음 재벌바름을 실시한다.
④ 재벌바름이 지나치게 건조한 때는 적당히 물을 뿌리고 정벌바름한다.

문제 22 〔공통〕

회반죽 바름에서 균열을 방지하기 위한 다음 공법 중 적당하지 않은 것은 어느 것인가?

① 정벌은 두껍게 바르는 것이 균열방지에 좋다.
② 초벌, 재벌에는 거친 모래를 넣는다.
③ 초벌, 재벌, 정벌에는 적당량의 여물을 넣는다.
④ 쫄대는 두꺼운 것이 좋고 수염은 충분히 넣는다.

해설 22
① 모든 미장재료의 균열 예방을 위해서는 얇게 여러 번 바르는 것이 좋다.
② 초벌, 재벌은 거친모래를 사용하며 여물, 수염을 적절히 사용한다.

문제 23 〔기사〕

미장공사에서 나타나는 결함의 유형과 가장 거리가 먼 것은?

① 균열 ② 부식
③ 탈락 ④ 백화

해설 23
미장공사의 결함은 균열, 탈락(박락), 백화, 들뜸, 오염 등이 있다.

문제 24 〔기사〕

테라죠(Terrazzo) 현장 바름공사에서 부적합한 사항은?

① 최종마감은 마감 숫돌로 광택이 날 때까지 갈아낸다. 수산으로 중화 처리하여 때를 벗겨내고 헝겊으로 문질러 손질한 후, 바탕이 오염되지 않도록 적정한 보양재를 사용하여 보양한 후 최후 공정으로 왁스 등을 발라 마감한다.
② 줄눈나누기는 최대 줄눈간격 2m 이하로 한다.
③ 갈기는 테라죠를 바른 후 손갈기일 때 1일 이상, 기계갈기일 때 3일 이상 경과한 후 경화정도를 보아 시작한다.
④ 바닥 초벌 바름두께의 표준은 접착공법일 때 25mm 정도이다.

해설 24 테라죠(Terrazzo) 바르기
① 줄눈의 거리 간격은 최대 2m, 보통 60~120cm로 하지만 90cm 각 정도가 가장 알맞다.
② 정벌바름 후 손갈기는 1일 이상, 기계갈기의 경우는 5~7일 이상 두어 경화정도를 보아 갈아낸다.

정답 21. ② 22. ① 23. ② 24. ③

문제 25

미장공사의 바름층 구성에 관한 설명으로 옳지 않은 것은?

① 일반적으로 바탕조정과 초벌, 재벌, 정벌의 3개층으로 이루어진다.
② 바탕조정 작업에서는 바름에 앞서 바탕면의 흡수성을 조정하되, 접착력 유지를 위하여 바탕면의 물축임은 금한다.
③ 재벌바름은 미장의 실체가 되며 마감면의 평활도와 시공 정도를 좌우한다.
④ 정벌바름은 시멘트질 재료가 많아지고 세골재의 치수도 작기 때문에 균열 등의 결함 발생을 방지하기 위해 가능한 한 얇게 바르며 흙손 자국을 없애는 것이 중요하다.

해설 25
미장 바탕면은 적당한 물축임한 후 바름을 시작한다.
(바탕 흡수 방지 목적)

문제 26

미장공사에 관한 설명으로 옳지 않은 것은?

① 미장재료는 미화, 보호, 방습 등을 위하여 내·외벽, 바닥, 천장 등에 흙손 또는 뿜칠에 의해 일정한 두께로 발라 마감하는 재료를 말한다.
② 일반적으로 미장재료는 한 번에 두껍게 발라서 흘러내림 등의 문제가 발생하지 않게 한다.
③ 미장재료의 배합은 원칙적으로 바탕에 가까운 바름층일수록 부배합, 정벌바름에 가까울수록 빈배합으로 한다.
④ 미장공사시 바탕면은 거칠게 하고 바름면은 평활하게 한다.

해설 26
① 미장 재료는 한번에 두껍게 바를 경우 균열이 많이 발생된다.
② 미장 시공시 한번에 얇게 여러 번 시공한다.

정답 25. ② 26. ②

2 타일공사

> **학습방향**
>
> 출제빈도가 높은 편은 아니지만 점토재료의 특징, 타일붙임시공법, 줄눈시공, 접착력시험, 동해방지 대책 등을 정리해 두어야 한다.

1 재료

(1) 점토제품의 분류, 특징

종류	소성온도	소지 흡수율	소지 색	투명정도	건축재료
토기(土器)	700~900	20%이상	유색	불투명	기와, 벽돌, 토관
도기(陶器)	1000~1300	10%이상	백색 유색	불투명	tile teracotta tile
석기(石器)	1300~1400	3~10	유색	불투명	마루 tile clinker tile
자기(磁器)	1300~1450	0~1	백색	반투명	tile, 위생도기

※ ① 소성온도의 크기순서 : 자기 〉석기 〉도기 〉토기
  ② 흡수율의 크기순서 : 자기(1% 이하) 〈 석기(3~10%) 〈 도기(10~20%) 〈 토기(20%이상)
  ※ 소성온도가 높을수록 강도가 크고, 흡수율이 적다.

(2) 타일의 분류

타일은 점토를 소성한 세라믹제품이며, 소지(흙의 종류), 용도, 제조방법, 크기, 모양, 면처리 등에 따라 그 분류방법이 다양하다.

1) 소지(素地) 및 용도에 따른 분류

소지분류	용도분류
① 자기질타일 ② 석기질타일 ③ 도기질타일	① 외장용타일 ② 바닥용타일 ③ 내장용타일

2) 제조방법에 의한 타일의 분류

① 건식법(프레스성형법)	간단한 형태, 치수 정밀도가 높다. 내장, 모자이크타일
② 습식법(압출성형법)	복잡한 형태, 정밀도 낮다. 외장, 바닥타일

학습POINT

■ 타일공사
① 타일은 소성온도가 높은 것을 사용하는 것이 동해방지에 효과가 크다.
② 타일은 흡수성이 낮은 것일수록 모르타르가 잘 밀착되므로 동해방지에 효과가 크다.
③ 타일 하루 붙임 높이는 1.2m 정도로 하고 1.5m 이상 넘지 않도록 한다.

■ 점토제품의 원료

도토	도자기 제조용 점토의 총칭 도기, 자기의 원료
자토	순수점토, 순백색, 내화성 우수, 가소성 부족, 자기원료
토기	연화토, 혈암점토등 저급 점토 사용
석기	석회점토 원료, 바닥타일, 벽돌
자기	주원료는 자토나 양질도토 사용

3) 면처리한 타일과 특수형 타일

① 면처리한 타일	Scratch Tile, Tapestry Tile, 천무늬타일, 홈줄넣은 Clinker Tile
② 특수형 타일	Border Tile(걸레받이, 징두리에 사용), Mosaic Tile, 모서리형, 둥근형, 반원형, 볼록형, 면접기용, 창인방용, 논슬립 타일 등이 있다.

    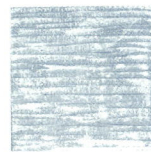 

▶ Tapestry Tile의 모양   ▶ 스크래치(Scratch Tile) 모양

2 타일의 시공법

(1) 타일시공 일반사항

1) Mortar 표준배합
    ① 벽체 : ㉮ 떠붙임공법시 : 1 : 3
              ㉯ 기타공법시 : 1 : 2
    ② 바닥 : ㉮ 크링커타일 : 1 : 3
              ㉯ 판형붙임, 일반타일 : 1 : 2
    ③ 일반적으로 경질 : 1 : 2 연질타일은 1 : 3 정도 한다.
    ④ 치장줄눈 배합비는 1 : (0.5~1.5)정도로 한다.

2) 줄눈나비의 표준

타일 구분	대형벽돌형(외부)	대형(내부일반)	소 형	모자이크
줄눈나비	9mm	5~6mm	3mm	2mm

※ 창문선(개구부주위), 설비 기구류의 마무리 줄눈나비 : 10mm정도

3) 치장줄눈
    ① 붙임후 3시간 경과후 줄눈파기하여 24시간 경과후 치장줄눈하되 줄눈 바탕에 작업직전 물을 뿌려 습윤하게 한다.
    ② 치장 줄눈나비가 5mm 이상 때는 고무흙손을 사용하여 빈틈없이 누르고 2회로 나누어 줄눈을 채운다.(가로치장줄눈 마무리는 위에서 아래로)
    ③ 개구부나 바탕 Mortar에 신축줄눈 시공시 실링(Sealing)재로 완전채움

4) 타일선별 및 Tile 나누기

① 칫수, 형태, 색조가 같은 것을 사용하고 유약이 일부라도 안묻은 것은 흡수, 동결, 균열의 피해가 우려되므로 쓰지 말고 칫수오차가 심한 것은 제외시킴.

② 타일과 줄눈칫수를 합해서 한 장 칫수로 하며 온장을 쓰도록 한다. 부분면적, 전체면적에 대한 타일나누기 실시 후 실 소요장수를 산정한다.

5) 타일의 보양, 기타사항

① 기온이 2℃이하일 때는 작업장내 온도가 10℃이상이 되도록 임시난방, 보온 등으로 시공부분을 보양한다.

② 바닥타일은 톱밥으로 보양하고 3일간은 진동이나 보행을 금한다.

③ 시유타일(유약타일)은 염산사용을 금하고 부득이한 경우 30배 용액을 쓴다. 산성분은 완전히 물로 제거한다.

④ 신축줄눈 : 이질재 접합부, 수평이어붓기 부분 등 수축균열 우려부분에서 3m 이내에 신축줄눈을 설치한다.

⑤ Mortar는 건비빔후 3시간 이내 사용 가수하여 반죽한 것은 1시간 이내에 사용

6) 타일의 검사

① 두드림검사 : 붙임 Mortar경화후 검사봉으로 두들겨 보아서 들뜸, 균열 발생시 다시 붙인다.

② 타일의 접착력 시험은 일반건축물의 경우 타일면적 200m²당, 공동주택은 10호당 1호(1세대)에 한 장씩 시험한다.

③ 시험은 타일시공후 4주 이상일 때 하고, 접착강도가 0.39N/mm² 이상이어야 한다.

④ 시험타일은 부속장치 크기로 하고, 그 이상은 180mm×60mm크기로 Concrete면까지 절단하고 40mm미만 타일은 4매를 1개조로 부속장치를 붙여 시험한다.

(2) 각종 벽 Tile시공법

1) 떠 붙이기 (적재 붙임) (발라 붙이기)	• 타일 뒷면에 Mortar를 얹어서 1장씩 붙인다. • Mortar 배합비 : 1:3 정도, 붙임 Mortar 두께 : 12~24mm 표준 • 1일 붙임높이 : 대형 : 0.7~0.9m, 소형 : 1.2~1.5m
2) 압착공법	• 미장 재벌바름위 Mortar를 전면에 바르고 타일을 비벼 누르거나 충분히 타격한다. • 붙임 Mortar두께 : 5~7mm(원칙적으로 타일 두께의 1/2이상)
3) 접착공법 (접착제 이용)	• 내장 마무리 Tile만 적용, 접착제의 1회 바름 면적 : 2m²이하. 바탕면을 충분히 건조한 후 시공.

■ 타일선별시 외장타일에서 발생할 수 있는 결함(흠집)의 종류
① 칫수, 형태의 오차
② 색조(빛깔)의 차이
③ 공기구멍(기포) 혼입
④ 유약처리 미숙

■ Open Time
타일붙임시 접착력을 확보하기 위한 타일붙임 한계시간
(내장 : 10분, 외장 : 20분이내)

■ 기타 타일 시공법
① 개량 떠붙임 : 떠붙임 방법의 개선책, 접착력 개선
② 개량압착공법 : 나무망치로 타격 압착 공법의 접착력 불량을 개선한 공법

종류	시공내용 및 특징
4) 밀착공법 (동시줄눈공법)	• Mortar 두께 : 5~8mm, 타일은 1장씩 붙임. • Tile 붙임시 Vibrator로 좌, 우 중앙 3점에 충격을 가해 타일 두께의 2/3이상 붙임 Mortar를 올라오게 한다. • 접착력이 가장 우수하고, 타일의 입체감을 100% 발휘할 수 있어, 대형건물이나 고층건물에 유리
5) 거푸집면 타일먼저 붙이기	타일 부착시 거푸집 조립에 우선하여 타일을 가설치하고 콘크리트를 타설하여 일체화시공하는 방법이다. • 특징 : 접착력 우수, 백화발생 적고, 숙련공 불필요, 종합적으로 공기단축 가능 • 종류 : 타일시트법, 줄눈틀법, 줄눈대법
6) PC판 타일먼저 붙이기	PC판의 거푸집에 미리 타일을 배열하고, 콘크리트를 타설하여 탈형과 동시에 타일붙임을 마무리하는 방법 • 종류 : 유니트 타일 붙이기, 줄눈틀에 의한 방법

(3) 바닥 Tile붙임 시공법

종류	시공내용 및 특징
1) 바닥용 Tile 붙임	① 징두리나 걸레받이 마무리후 착수. Mortar배합 : 1 : 2 ② 마감면에서 2mm정도 높게 10mm정도 Mortar를 깐다. ③ 붙임 Mortar깔기 면적은 $6~8m^2$표준, 붙임면적이 크면 3~4m 내외의 규준타일을 먼저 깐다. ④ 신축줄눈 : 옥상난간벽 주위나 기타부분에 방수누름 콘크리트면에서 타일 붙임면까지 완전 절연된 신축 줄눈을 둔다.
2) 바닥 Mosic 타일붙임	① Mortar 배합 : 1 : 2, 붙임. 즉시 종이 제거. 줄눈 교정. ② 붙임 3시간 후 갓둘레 부분의 Mortar를 제거하고 청소.
3) 크링커타일 붙이기	① Mortar배합 : 1:3이나 1:4, Mortar 까는 면적 : $6~8m^2$ 표준, 타일에 3mm정도의 시멘트풀을 발라 붙인다. 신축줄눈 : 바닥 Tile과 동일
4) 접착제 붙이기	① 붙임 바탕면 충분히 건조(여름 : 1주이상, 기타 : 2주이상) ② 접착제 1회 바름면적 : $3m^2$이하, 붙임시간에 유의

▶ 타일 프리캐스트 판을 이용하여 외벽 마감한 건물

■ 모자이크타일
모자이크타일 종이 장수크기는 30cm×30cm이다.

▶ 실내타일 붙임(떠붙임방법)
아래에서 위로 붙인다. (외부는 위에서 아래로 붙인다.)

▶ 내부바닥타일 시공후 줄눈처리

핵심문제

문제 1 　　　　　　　　　　　　　　　　　　　기사

타일의 흡수율 크기의 대소관계가 알맞은 것은?
① 석기질 > 도기질 > 자기질
② 도기질 > 석기질 > 자기질
③ 자기질 > 석기질 > 도기질
④ 석기질 > 자기질 > 도기질

문제 2 　　　　　　　　　　　　　　　　　　　기사

타일의 동해(凍害)를 방지하기 위한 기술 중 틀린 것은?
① 타일은 소성온도가 높은 것을 사용한다.
② 타일은 흡수성이 높은 것일수록 mortar가 잘 밀착이 되므로 동해방지에 효과가 크다.
③ 붙임용 mortar의 배합비를 좋게 한다.
④ 줄눈 누름을 충분히 하여 빗물의 침투를 방지하고 타일 바름 밑바탕의 시공을 잘한다.

문제 3 　　　　　　　　　　　　　　　　　　　산업

타일 붙임이 끝난 후 치장 줄눈을 하기 위해 몇 시간이 경과한 때 줄눈파기를 하는 것이 가장 좋은가?
① 1시간
② 3시간
③ 24시간
④ 48시간

문제 4 　　　　　　　　　　　　　　　　　　　산업

타일 붙임공법과 가장 거리가 먼 것은?
① 압착공법
② 떠붙임 공법
③ 접착제 붙임 공법
④ 앵커긴결 공법

해설

해설 1 타일의 흡수율
① 도기질 타일 : 10% 이상
② 석기질 타일 : 3~10%
③ 자기질 타일 : 1% 이하

해설 2 동해방지
타일은 흡수성이 낮은 것일수록 동해방지에 효과가 크다.

해설 3
① 타일붙임 후 3시간 경과시 줄눈파기를 한다.
② 24시간 경과 후 치장줄눈을 시공한다.

해설 4 타일붙임공법의 종류
① 떠붙임공법
② 개량떠붙임공법
③ 압착공법
④ 개량압착공법
⑤ 접착제붙임공법
⑥ 밀착공법 등

정답 1. ② 2. ② 3. ② 4. ④

문제 5 기사

타일 시공에 관한 다음 기술 중 틀린 것은?
① 타일 나누기는 먼저 기준선을 정확히 정하고 될수 있는 대로 온장을 사용하도록 한다.
② 타일붙이기 전에 바탕의 불순물을 제거하고 청소를 하여야 한다.
③ 타일 붙임 바탕의 건조 상태에 따라 뿜칠 또는 솔칠로 물을 고루 축인다.
④ 외부 대형 타일 시공시 줄눈의 표준 나비는 5mm정도가 적당하다.

문제 6 기사

타일 공사에 관한 설명 중 옳은 것은?
① 모자이크 타일의 줄눈너비의 표준은 5mm이다.
② 벽체타일이 시공되는 경우 바닥타일은 벽체타일을 붙이기 전에 시공한다.
③ 타일을 붙이는 모르타르에 시멘트 가루를 뿌리면 백화가 방지된다.
④ 타일붙임 후 3시간 경과시 줄눈파기를 하고, 24시간 경과 후 치장줄눈을 시공한다.

문제 7 산업

타일공사에 대한 설명 중 틀린 것은?
① 타일을 붙이는 모르타르에 시멘트 가루를 뿌려 접착력을 향상시킨다.
② 모르타르 바탕의 바름 두께가 10mm 이상일 경우에는 1회에 10mm 이하로 하여 나무흙손으로 눌러 바른다.
③ 치장줄눈의 폭이 5mm 이상일 때는 고무흙손으로 충분히 눌러 빈틈이 생기지 않게 시공한다.
④ 벽체타일이 시공되는 경우 바닥타일은 벽체타일을 먼저 붙인 후 시공한다.

문제 8 기사

타일공사에서 시공 후 타일접착력 시험에 대한 설명 중 틀린 것은?
① 타일의 접착력 시험은 일반건축물의 경우는 200m²당 한장씩 시험한다.
② 시험할 타일은 먼저 줄눈부분을 콘크리트면 까지 절단하여 주위의 타일과 분리시킨다.
③ 시험은 타일시공 후 4주 이상일 때 행한다.
④ 시험결과의 판정은 접착강도가 10Mpa 이상이어야 한다.

해 설

해설 5 줄눈나비의 표준

타일구분	줄눈나비
대형 벽돌형(외부)	9mm
대형(내부 일반)	5~6mm
소형	3mm
모자이크	2mm

*창문선(개구부주위), 설비, 기구류의 마무리 줄눈나비 : 10mm 정도

해설 6
① : 모자이크 타일의 줄눈너비는 2mm이다.
② : 벽체시공 후 바닥타일을 시공한다.
③ : 타일붙임 Mortar에 시멘트 가루를 뿌리면 백화가 증가된다.

해설 7
타일붙임 Mortar에 시멘트를 뿌리면 지나친 부배합으로 균열이나 타일의 박락이 발생된다.

해설 8 타일의 검사
① 두드림검사 : 붙임 Mortar경화후 검사봉으로 두들겨 보아서 들뜸, 균열 발생시 다시 붙인다.
② 일반건축물의 경우 타일은 200m²당 1장씩 현장접착력 시험을 행한다.
③ 시험은 타일시공후 4주 이상일 때 하고, 접착강도가 4kgf/cm² (0.39Mpa)이상이어야 한다.
④ 시험타일은 부속장치 크기로 하고, 그 이상은 180mm×60mm 크기로 Concrete면까지 절단하고 40mm미만 타일은 4매를 1개조로 부속장치를 붙여 시험

정답 5.④ 6.④ 7.① 8.④

문제 9 기사

타일공사의 외벽 떠붙임공법에 대한 설명으로 옳지 않은 것은?

① 건비빔한 모르타르는 3시간 이내에, 가수한 비빔 모르타르는 적어도 1시간 이내에 사용하는 것이 좋다.
② 서열기에는 하루 전에 바탕면을 물로 충분히 적셔두어야 한다.
③ 타일의 1일 붙임 높이의 한도는 1.5m 정도로 하며 타일붙임면이 풍우 등에 의해 손상 우려가 크면 시트 등으로 보양한다.
④ 흡수성이 있는 타일에는 백화, 탈락 등의 결함을 방지하기 위해 물을 접촉시켜 사용하면 안된다.

문제 10 산업

재료를 섞고 몰드를 찍은 후 구워 비스킷(Biscuit)을 만든 후 유약을 바르고 다시 한번 구워낸 타일을 의미하는 것은?

① 내장타일
② 시유타일
③ 무유타일
④ 표면처리타일

해설

해설 9
외벽타일 공사에서는 흡수성이 있는 타일을 사용하면 안된다.
외장타일 : 자기질타일 사용

해설 10
문제의 지문처럼 제조하는 Tile을 시유타일이라고 한다.

정답 9. ④ 10. ②

건축기사 _ 기출문제

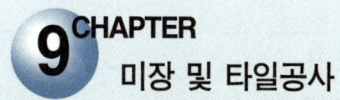

9 CHAPTER 미장 및 타일공사

문제 1

다음의 미쟁재료 중 기경성으로만 조합된 것은?

① 회반죽, 석고 플라스터, 돌로마이트 플라스터
② 시멘트 모르타르, 석고 플라스터, 회반죽
③ 석고 플라스터, 돌로마이트 플라스터, 진흙
④ 진흙, 회반죽, 돌로마이트 플라스터

[해설] 수경성과 기경성 미장재료

기경성 재료	수경성 재료
① 진흙질	① 순석고
② 회반죽	② 혼합석고
③ 돌로마이트	③ 경석고
④ 아스팔트 Mortar	④ 시멘트 Mortar

문제 2

통풍이 잘 안되는 지하실 또는 밀폐된 방의 미장공사로서 가장 부적당한 것은?

① 경석고 플라스터 바름
② 혼합석고 플라스터 바름
③ 돌로마이트 플라스터 바름
④ 몰탈바름

[해설] 돌로마이트 플라스터

※ 돌로마이트 플라스터는 기경성이고, 습기에 약하므로 지하실과 같이 공기유통이 좋지 않은 곳이나 수분, 수증기 등에 항상 접촉될 우려가 있는 외벽 마무리로는 부적당하다.

문제 3

다음에서 설명하는 미장 결합재에 대한 내용 중 틀린 것은?

① 돌로마이트 플라스터는 미분쇄한 돌로마이트 석회, 모래, 여물 등을 사용하며, 해초풀을 사용하지 않는다.

② 석고플라스터는 소석고에 경화시간을 조정하기 위한 혼화제를 미리 혼합하거나 또는 사용시 혼합하여 사용한다.
③ 보드용 플라스터는 상도용(정벌용)과 같이 모래를 혼합하여 사용하는 것이고, 바탕이 보드를 대상으로 한 것으로 부착력이 강하다.
④ 혼합석고 플라스터는 하도용(초벌용)은 물만 가하여 비빔하나, 상도용(정벌용)은 사용시 모래를 가하고 물로 혼합하여 사용한다.

[해설] 석고플라스터(Gypsum plaster)

(1) 석고를 주원료로 하고 혼화재(돌로마이트플라스터 · 점토 등) · 접착제(풀 등), 응결시간조절재(아교질재 등) 등을 혼합한 플라스터로서 벽 · 천장 등의 미장재료이다.
(2) 석고플라스터는 소석고와 경석고로 구분한다.
(3) 소석고플라스터에는 혼합석고플라스터, 순석고플라스터(크림용 석고플라스터), 보드용 석고플라스터가 있는데 실제 사용되고 있는 것은 대부분이 혼합석고플라스터다.
(4) 혼합석고플라스터는 보통 현장에서 정벌용은 물만을 첨가 사용, 초벌용은 물+모래를 혼합 사용한다.

문제 4

시멘트, 모래, 잔자갈, 안료 등을 섞어 이긴 것을 바탕마름이 마르기 전에 뿌려 붙이거나 또는 바르는 것으로 일종의 인조석바름으로 볼 수 있는 것은?

① 회반죽
② 경석고 플라스터
③ 혼합석고 플라스터
④ 라프 코트

[해설] 라프 코트

시멘트, 모래, 잔자갈, 안료 등을 섞어 이긴 것을 바탕마름이 마르기 전에 뿌려 붙이거나 또는 바르는 것으로 일종의 인조석바름으로 거친바름, 거친면 마무리를 말한다.

해답 1. ④ 2. ③ 3. ④ 4. ④

문제 5

시멘트뿜칠(Cement spray)의 다음 기술에서 틀린 것은?

① 뿜칠은 2회이상 보통 3회 한다.
② 직사광선과 급격한 건조를 피하기 위하여 동측면은 오후, 서측면은 오전에 뿜칠한다.
③ 뿜칠은 비맞기 쉬운 처마끝, 채양 등은 더욱 잘 할 필요가 있다.
④ 초벌뿜칠 후 1시간(하기)~3시간(동기) 경과 후 재벌 및 정벌뿜칠을 한다.

[해설] 시멘트 뿜칠(Cement spray)
(1) 재료
① 백색시멘트·보통시멘트를 주로 쓰고 석고 플라스터·돌로마이트·돌가루·가는 모래·방수제 및 안료 등을 혼합한다.
② 순백색시멘트 뿜칠에는 20%정도의 돌로마이트 플라스터를 혼합한다.
(2) 시공시 주의사항
① 뿜칠의 노즐은 벽면에 직각으로 하여 평행이동으로 운행한다.
② 뿜칠은 2회 이상 보통 3회로 한다.
③ 초벌뿜칠 후 4시간(하기)~24시간(동기) 경과 후 재벌 및 정벌 뿜칠을 한다.
④ 뿜칠 후 직사일광 및 급격한 건조를 피한다.

문제 6

다음 중 석고보드의 재질 특성 중 맞지 않는 것은?

① 타지않아 단열성이 있다.
② 차음성이 있다.
③ 가공하기 쉽다.
④ 신축이 잘되고 균질하여 정밀도가 높다.

[해설] ① 석고는 미장재료 중 수축이 가장 작은 재료이다.
② 단열성능, 방화성능이 우수하여 ①, ②, ③항의 특징이 있다.

문제 7

건축공사 중 타일공사에 관한 내용으로 가장 부적합하게 서술된 것은?

① 내장타일은 자기질, 석기질, 도기질이 모두 사용되며, 외장타일은 자기질, 석기질이 사용된다.
② 타일붙임 모르타르는 붙임면 뒤에 틈이 남아 있으면 빗물의 침입으로 백화의 원인이 되므로 주의한다.
③ 외장타일은 외기에 저항력이 강하고 단단하며, 흡수성이 큰 것이 좋다.
④ 타일을 붙일 때에는 시멘트모르타르를 사용하거나 접착제를 사용하며, 타일용 접착제는 초기의 접착성이 높은 것이 좋다.

[해설] 외장타일은 흡수성이 작은 자기질 타일을 사용한다.

문제 8

타일공사에 관한 다음 설명 중 부적당한 것은?

① 바닥타일은 타일나누기에 따라 수평실을 치고 몰탈을 바른 후 붙인다.
② 벽타일을 압착(접착)공법으로 시공할 경우 접착용 몰탈을 두께 5mm 정도 평활하게 바르고 타일을 붙인다.
③ 외부벽용 압착공법의 시공순서는 하부에서부터 상부로 이어진다.
④ 바탕은 청소 후 물축이기를 하여 몰탈의 응결수를 흡수하지 않도록 해야 한다.

[해설] 타일압착공법
① 미장 재벌바름위 Mortar를 전반에 바르고 충분히 타격한다.
② 붙임 Mortar두께 : 5~7mm(원칙적으로 타일 두께의 1/2이상)
③ 1회 붙임 면적 : 1.2m² 붙임시간 : 15분이내
④ 줄눈부위 Mortar가 타일두께의 1/3이상 올라오게 한다.
⑤ 창문, 출입구, 모퉁이의 이형 Tile을 먼저 붙인다.

해답   5. ④   6. ④   7. ③   8. ③

문제 9

타일붙이기 시공에 관한 설명 중 옳은 것은?

① 치장 줄눈 배합은 1 : 3 으로 한다.
② 내벽 타일은 위에서 아래로 붙인다.
③ 하루 붙임 높이는 1.5m 정도로 하고, 1.8m이상 넘지 않도록 한다.
④ 가로 치장 줄눈은 위에서 아래로 마무리 한다.

[해설] 타일붙이기 시공
① 치장줄눈 배합은 1 : 1로 한다.
② 내벽타일은 아래에서 위로 붙인다.
③ 하루붙임높이는 1.2~1.5m 정도로 한다.

문제 10

타일 붙임 공법에 쓰이는 용어 중 거푸집에 전용 시트를 붙이고, 콘크리트 표면에 요철을 부여하여 모르타르가 파고 들어가는 것에 의해 박리를 방지하는 공법은?

① 개량압착 붙임 공법
② MCR 공법
③ 마스크 붙임 공법
④ 밀착 붙임 공법

[해설] 타일붙임의 시방서 용어 설명
① MCR 공법 : 거푸집에 전용 시트를 붙이고, 콘크리트 표면에 요철을 부여하여 모르타르가 파고 들어가는 것에 의해 박리를 방지하는 공법
② 마스크 붙임공법 : 유닛(Unit)화된 50mm 각 이상의 타일 표면에 모르타르 도포용 마스크를 덧대어 붙임 모르타르를 바르고 마스크를 바깥에서부터 바탕면에 타일을 바닥면에 누름하여 붙이는 공법

해답   9. ④   10. ②

건축산업기사 _ 기출문제

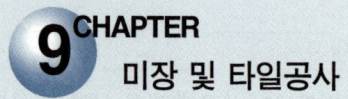

9 CHAPTER 미장 및 타일공사

문제 1

시멘트 모르타르의 바름두께에 대한 설명으로 잘못된 것은?

① 1회의 바름두께는 바닥을 제외하고 6mm를 표준으로 한다.
② 얇게 여러번 바르는 것이 두껍게 바르는 것보다 좋다.
③ 외벽 및 바닥은 24mm, 안벽은 18mm로 바른다.
④ 바름두께는 바탕의 표면으로부터 측정하는 것으로서 라스먹임의 바름두께를 포함하여 계산한다.

[해설] Mortar 바름은 콘크리트, Block, 벽돌, 라스등의 바탕 위에 초벌-고름질-재벌-정벌-마감의 순으로 시공된다.
※ 바름두께는 바탕표면부터 측정하되 라스먹임의 두께는 제외한다.

문제 2

인조석 마감의 종류가 아닌 것은?

① 인조석 갈아내기 마감
② 인조석 잔다듬 마감
③ 인조석 혹두기 마감
④ 인조석 씻어내기 마감

[해설] 인조석 마감의 종류
 ① 인조석 갈기
 ② 인조석 씻어내기
 ③ 인조석 잔다듬(Cast stone)

문제 3

다음 중 캐스트 스톤(cast stone)을 의미하는 것은?

① 인조석 잔다듬
② 인조석 씻어내기
③ 백시멘트 뿜칠마감
④ 회사벽 마무리

[해설] 인조석 바름
 ① 인조석 갈기, 씻어내기, 잔다듬의 3가지가 있다.
 ② 정벌바름하여 경화한 후 석재다듬용 공구로 잔다듬하여 마무리 한 것을 인조석 잔다듬(Cast stone)이라 한다.

문제 4

테라조 바르기의 줄눈 나누기의 크기는?

① 면적 : 0.9m² 이내, 최대 줄눈간격 : 1.2m 이하
② 면적 : 1.0m² 이내, 최대 줄눈간격 : 1.2m 이하
③ 면적 : 1.2m² 이내, 최대 줄눈간격 : 2.0m 이하
④ 면적 : 1.5m² 이내, 최대 줄눈간격 : 2.0m 이하

[해설] 테라조 현장갈기
 줄눈의 거리 간격은 최대 2m, 90~120cm로 한다. 구획면적은 1.2m² 이내이다. (시방서 기준)

문제 5

다음 기술 중 미장공사에 사용되는 것은?

① Sliding form
② Bar bender
③ Corner bead
④ Non slip

[해설] 코너비이드는 미장바름을 보호하기 위해 모서리에 보강해주는 철물이다.

해답 1. ④ 2. ③ 3. ① 4. ③ 5. ③

문제 6

미장공사 중 시멘트 모르타르 미장에 관한 설명으로 옳지 않은 것은?

① 미장바르기 순서는 보통 위에서부터 아래로 하는 것을 원칙으로 한다.
② 초벌바름 후 2주일 이상 방치하여 바름면 또는 라스의 이음매 등에서 균열을 충분히 발생시킨다.
③ 초벌바름 후 표면을 매끈하게 하여 재벌바름시 접착력이 좋아지도록 한다.
④ 정벌바름은 공사의 조건에 따라 색조, 촉감을 결정하여 순마감재료를 사용하거나 혼합물을 첨가하여 바른다.

[해설] 초벌바름 후 표면을 거칠게 마감하여야 재벌바름시 접착력이 좋아진다.

문제 7

다음 중 타일에 대한 설명으로 옳지 않은 것은?

① 도기질 타일은 내구성 내수성이 강하여 옥외나 물기가 있는 곳에 주로 사용된다.
② 자기질 타일은 용도상 내 외장 및 바닥용으로 사용되며 소성온도는 1,300~1,400℃이다.
③ 자기질 타일 등 상등급의 타일은 흡수율이 작고, 두드리면 금속성이 청음이 난다.
④ 초벌구이를 하고 유약을 바르고 다시한번 구워낸 시유타일은 무색투명하고 광택이 있다.

[해설] 타일제품의 특징, 용도
① 도기질 타일은 실내에서 사용(흡수율이 자기질보다 크다)
② 자기질 타일 : 흡수율이 작아서 실외 타일, 외벽체에 주로 사용함

문제 8

타일붙이기에 대한 설명 중 부적당한 것은 어느 것인가?

① 경질 타일일 때는 붙임용 모르타르의 배합은 1 : 2로 한다.
② 하루 벽타일 붙임 높이는 1.5m 이하로 한다.
③ 벽의 치장 줄눈은 세로 줄눈을 먼저 작업한다.
④ 바닥 타일의 바탕 모르타르는 가능한 두껍게 바르는 것이 좋다.

[해설] 타일붙이기
① 바닥타일의 바탕모르타르 두께는 10mm이하로 얇게 바르는 것이 좋다.
② 2회로 나누어 15mm 이내로 한다.

문제 9

바닥 타일 붙이기를 할 때 바탕 모르타르 바름두께는 어느 정도가 가장 좋은가?

① 4.5cm 이내
② 3cm 이내
③ 2.4cm 이내
④ 1.5cm 이내

문제 10

타일 붙임재료에 관한 설명으로 옳지 못한 것은?

① 물 : 물은 청정하고 유해량의 철분, 염분, 유황분, 유기물 등이 함유되지 않은 것으로 한다.
② 시멘트 : 시멘트는 KS L 5201(포틀랜드 시멘트)의 규정에 적합한 것으로 한다.
③ 혼화제 : 혼화제를 사용할 때에는 공사시방 또는 담당원의 지시에 따른다.
④ 모래 : 모래는 원칙적으로 바다모래로 하고 유해량의 진흙, 먼지 및 유기물이 혼합되지 않은 것으로 한다.

[해설] ※ 붙임 Mortar 재료 중 모래는 가급적 해사 사용을 피한다. (원칙적으로 강모래를 사용)

해답   6. ③   7. ①   8. ④   9. ④   10. ④

문제 11

이질바탕재간 접속미장부위의 균열방지 방법으로 옳지 않은 것은?

① 긴결철물처리
② 지수판설치
③ 메탈라스보강붙임
④ 크랙컨트롤비드설치

[해설] 지수판은 물침투방지용도로 사용되며, 균열방지와는 관계없다.

문제 12

타일공사에 대한 설명 중 틀린 것은?

① 시공도의 내용과 관계없이 걸레받이 타일은 온장을 사용한다.
② 벽타일은 가운데를 중심으로 양쪽으로 타일나누기를 한다.
③ 타일 측면이 노출되는 모서리 부위는 코너타일을 사용하거나 모서리를 가공하여 측면이 직접 보이지 않게 한다.
④ 벽체타일이 시공되는 경우 바닥타일은 벽체타일보다 먼저 시공한다.

[해설] 일반적으로 벽체타일을 먼저 시공하고 바닥타일을 나중에 시공한다.

해답 11. ② 12. ④

제10장 창호 및 유리공사

출제경향분석

창호 및 유리공사에서는 20문제 출제중 1~2문제 정도 출제되고 있으며 다음과 같은 사항을 잘 정리해 두어야 한다.

- 창호공사에서는 알미늄 창호의 특성, 창호 철물이 가장 많이 출제된 부분이며, 창호기호 표시, 창호의 요구 성능 등 최근의 출제문제도 관심을 두어야 한다.
- 유리공사는 유리의 주성분, 각종 유리의 특징과 용도 등을 잘 구분해 두어야 하며, 역시 최근의 출제 내용도 잘 점검해 두어야 한다.

세부목차

1. 창호공사
2. 유리공사

1 창호공사

학습방향

창호공사는 건축공사에서 빼놓을 수 없는 부분으로 의장과 기밀·단열부분에서 중요한 의미를 담고있다. 특히 알루미늄창호와 창호철물은 시험에서 자주 출제되는 부분이다.

1 창호공사 일반사항

(1) 세홈 및 면접기

널 또는 유리를 끼우기 위하여 울거미, 살 등에는 세홈을 판다. 유리를 끼우는 세홈을 유리홈이라 하고, 그 깊이는 6~9mm이다. 널의 홈은 널의 두께와 구조에 따라 다르지만 깊이, 나비를 6~9mm정도로 한다. 면접기는 여러가지 모양으로 하고, 필요에 따라서는 복잡한 쇠시리로 할때도 있다.

(2) 목재창호공사

1) 주문치수 : 설계도의 창호재 치수는 마무리 치수이므로 3mm정도 크게 주문(중대패 마무리)

2) 마름질 : 창문크기에 따라 부재를 소요길이로 자르는 일 (선대 : 3cm, 막이대 : 5~10cm 정도 크게 자름)

3) 바심질 : 마름질한 부재를 구멍, 장부내기, 홈파기, 면접기 등의 다듬는 일

4) 장부 : 외장부 두께는 울거미 두께의 1/3, 쌍장부는 각각 1/5정도, 중요한 장부는 내다지 장부로 하고, 벌림쐐기 아교풀칠을 한다. (울거미재의 맞춤은 장부맞춤)

5) 유리홈 깊이 : 유리두께이상, 6~9mm 보통 7.5mm
　　　　　유리문의 홈깊이 : ·윗홈 : 9mm ·밑홈 : 3mm
　　　　　　　　　　　·홈대나비 : 30mm

6) 용어설명
① 박배(朴排) : 창문을 창문틀에 다는 일
② 마중대 : 미닫이, 여닫이 문짝이 서로 맞닿는 선대
③ 여밈대 : 미서기, 오르내리기창이 서로 여며지는 선대
④ 풍소란 : 마중대, 여밈대가 서로 접히는 부분의 틈새에 댄 바람막이

학습POINT

■ 창호공사
① 유리창 사방퍼티내기의 유리끼우기 홈깊이는 7.5mm 정도이다.
② 문짝이 서로 접히는 부분에 틈막이를 하는 것을 풍소란 이라 한다.
③ 창문의 크기에 따라 각 부재의 소요 길이로 자르는 것을 마름질이라 한다.
④ 자른 부재의 면에 대패질하고, 홈파기 등 가공하는 것을 바심질이라 한다.

■ 창호공사
① 창문을 문틀에 다는 것을 박배라고 한다.
② 철재창호는 철사클립을 사용하여 유리를 고정한 후 퍼티먹임을 한다.

7) 창호제작 순서 : 창호 평면도(공작도작성) → 창문틀의 실측 → 재료 주문 → 마름질 및 바심질 → 창호조립 → 마무리

(3) 강재창호공사

1) 제작순서 : 원척도 작성 → 신장녹떨기 → 변형바로잡기 → 금긋기 → 절단 → 구부리기 → 조립 → 용접 → 마무리 → 설치

   ※ 신장녹떨기
   철재 새시바의 뒤틀림, 휨을 바로잡고 기타 밀 스케일 등을 제거하기 위해 신장기(伸長機 : Stretcher)를 이용하여 상온에서 행하는 교정작업

2) 창문틀 설치
   ① 목재창호 : 보통 먼저 세우기
   ② 강재창호 : 보통 나중 세우기 한다.

3) 강재창호 설치순서
   현장반입 → 변형바로잡기 → 녹막이칠 → 먹메김 → 구멍파기, 따내기 → 가설치 및 검사 → 묻음발 고정 → 창문틀 주의 사춤(mortar) → 보양

(4) 알루미늄제 창호

1) 재료 : 내식 알루미늄의 합금 - 압출형재 및 합금판을 주재로 하여 보강재, 앵커플레이트 등은 접촉 부식되지 않는 것을 사용한다.

2) 알루미늄창호 장·단점

장 점	단 점
① 비중(밀도)이 철의 약 1/3 정도다. (2.77)	① 철재에 비해 강도가 약하다.
② 녹슬지 않고 사용연한이 길다.	② motar, 회반죽, concrete 등 알칼리에 약하다.
③ 공작이 자유롭고 기밀, 수밀성이 좋다.	③ 내화성이 약하다. 염분에 약하다.
④ 개폐조작이 경쾌하다.	④ 이질금속과 접하면 부식된다.
	⑤ 강성이 적고 열팽창, 수축이 철의 2배이다.

3) 창호설치시 주의 사항
   ① 알루미늄 표면에 부식을 일으키는 <u>다른 금속과 접촉 금지</u>
   ② <u>알칼리와 접촉부는 초벌녹막이칠</u> : 징크로메이트 도료, 내알칼리성 도장
   ③ 강재의 골조, 보강재, 앵커 등은 <u>아연도금 처리한 것 사용</u>

■ 알루미늄 창호
① 알루미늄 창호는 비중(밀도)이 철의 약 1/3로서 여닫음이 경쾌하다.
② 알루미늄 창호는 스틸새시에 비해 내화성이 약하다.
③ 알루미늄 창호는 알칼리에 약하다.
④ 알카리에 접촉되는 알루미늄에는 징크로메이트 칠을 한다.

(5) 창호철물

① 자유정첩	안밖으로 개폐할 수 있는 정첩, 자재문에 사용	
② Lavatory Hinge	공중전화 Box, 공중변소에 사용, 15cm정도 열려진 것	
③ Floor Hinge	정첩으로 지탱할 수 없는 무거운 자재 여닫이 문에 사용	
④ Pivot Hinge	용수철을 쓰지 않고 문장부식으로 된 Hinge. 가장 중량문에 사용	
⑤ Door Closer Door Check	문 윗틀과 문짝에 설치하여 자동으로 문을 닫는 장치	
⑥ 함자물쇠	래치Bolt(손잡이를 돌리면 열리는 자물통)와 열쇠로 회전시켜 잠그는 데드Bolt가 함께 있다.	
⑦ 실린더 자물쇠	Pin Tumbler Lock 자물통이 실린더로 된 것으로, 텀블러대신 핀을 넣은 실린더 록으로 고정	
⑧ Night Latch	밖에서는 열쇠, 안에서는 손잡이로 여는 실린더 장치	
⑨ 도어홀더, 도어스톱	도어홀더(문열림 방지), 도어스톱(벽, 문짝보호)	
⑩ 오르내리 꽂이쇠	쌍여닫이문(주로 현관문)에 상하고정용으로 달아서 개폐방지	
⑪ 크레센트	오르내리창이나 미서기창의 잠금장치(자물쇠)	
⑫ 멀리온(Mullion)	창면적이 클 때 기존 창 Frame을 보강하는 중간선대. 커튼월 구조에서는 버팀대, 수직지지대로 불리운다.	

■ 창호철물

공중용 변소, 전화실 출입문에 가장 적당한 철물은 레버토리 힌지이다.

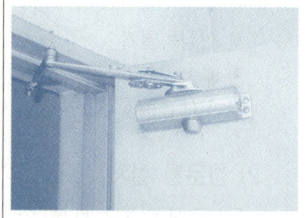

▶ Door Closer 모습

<그림> 각종 창호철물

▶ 바닥에 설치된 도어스톱 모습

(6) 미서기, 미닫이, 오르내리창의 창호철물

① 미서기, 미닫이창	레일, 호차(문바퀴), 오목손걸이, 꽂이쇠, 도아행거, 크레센트
② 오르내리창	달끈(로우프), 도르래(고패), 크레센트, 추, 손걸이

2 창호공사 일반사항

(1) 창호의 성능 표시항목

① 강도	② 내풍압성	③ 내충격성	④ 기밀성	⑤ 수밀성
⑥ 차음성	⑦ 단열성	⑧ 방로성	⑨ 방화성	⑩ 개폐성

※ 기타 성능 : 특기시방서에 따른다.

■ 성능에 따른 창호의 종류
 ① 방화창호
 ② 방음창호
 ③ 단열창호
 ④ 보통창호

(2) 창호의 기능검사

① 내풍압성	중앙부의 최대변위가 틀 안목치수의 1/70 (수평막이 부재는 1/150) 이하라야 한다. 압력을 제거한 후에 잔류변형이 없어야 한다.
② 기밀성	창호 내외의 압력차에 의한 통기량을 단위면적에 대하여 단위시간 동안에 측정하여 기준상태로 환산한다.
③ 수밀성	바람이 2초 주기로 불 때의 압력차를 이용하여 시험한다. 10분 동안 압력차를 창호의 내외에 맥동시키며 밖에서 4ℓ/min·m²의 물을 분사하여 안으로 누수가 없는지를 검사한다.
④ 차음성	5mm 두께의 유리를 사용하고 기밀성이 높으면 일반 시가지의 방음으로 충분한 성능이 된다. 주파수가 커지면 음향투과손실도 커지는데 차음성을 표준상태로 환산하여 등급을 매김. ※ 2중 샤시나 방음문을 사용하면 차음성이 향상됨
⑤ 단열 및 방화성	단열성은 열관류저항치(m²h℃/Kcal)를 기준으로 측정하며 방화성은 화재시 일정시간 불을 막는 역할에 대하여 등급을 매긴다.

※ 기타 : 내구성, 개폐성능에 대한 충분한 고려가 필요하다.

■ 문의 종류와 용도

문의종류	용도
① 샤터	방화용, 방도용
② 주름문	방도용
③ 회전문	현관 방풍용
④ 아코디온 도어	칸막이용
⑤ 무테문	현관용일반

(3) 창호표시 기호

창호표시 기호(KS F 1502)

※ 창호번호는 같은 규격일 경우에는 모두 같은 번호로 기입한다.
 ① 창 : W
 ② 문 : D
 ③ 샤터 : S

※ 개폐방법에 따른 표시

	창호번호
	미서기
	창

핵 심 문 제

문제 1 _{공통}

철제 창호에 유리를 끼울 때 다음 중에서 어느 것으로 고정시키고 퍼티를 바르는가?
① 철사 클립
② 납땜
③ 3각 못
④ 나사 못

문제 2 _{산업}

다음중 목재창호에 유리를 고정시킬 때 주로사용되는 재료는?
① 철사 클립
② 납땜
③ 퍼티
④ 나사 못

문제 3 _{산업}

창호공사의 시공방법으로 옳지 않은 것은?
① 나무퍼티는 퍼티못으로 양끝을 누르고 중간 15cm마다 박는다.
② 강제창호의 설치는 먼저세우기와 나중세우기가 있으나 보통 먼저세우기로 한다.
③ 알루미늄 새시는 알칼리에 약하므로 모르타르 등에 직접 접촉하지 않는다.
④ 알루미늄 새시는 녹이 나지 않으므로 도장이 필요없다.

문제 4 _{산업}

알루미늄 새시에 관한 다음 기술 중 옳지 않은 것은 어느 것인가?
① 스틸 새시에 비해 내화성이 약하다.
② 알칼리에 강하므로 설치시 오염 염려가 없다.
③ 비중이 철의 약 1/3로서 여닫음이 경쾌하다.
④ 녹슬지 않고 사용 연한이 길다.

문제 5 _{기사}

알루미늄 창호의 장점으로 옳지 않은 것은?
① 비중이 철의 약 1/3 정도이다.
② 녹슬지 않고 사용 연한이 길다.
③ 공작이 자유롭고 빗물막이 기밀성이 유리하다.
④ 산 및 알칼리에 내식성이 크다.

해 설

[해설] 1 강재창호
철재창호는 철사클립을 사용하여 유리를 고정한 후 퍼티먹임을 한다.

[해설] 2 목재창호의 유리고정
① 나무퍼티(Glazing Bead)로 고정하는 경우 퍼티못을 사용.
② 반죽퍼티를 이용하여 고정하는 경우는 세모못을 사용.
※ 양끝과 중간에 15cm마다 고정한다.

[해설] 3 공사순서
① 강제창호의 설치는 보통 나중세우기로 한다.
② 목재창호설치는 보통 먼저 세운다.

[해설] 4,5 알루미늄창호 장·단점
① 비중(밀도)이 철의 약 1/3 정도다.(2.77)
② 녹슬지 않고 사용연한이 길다.
③ mortar, 회반죽, concrete 등 알칼리에 약하다.
④ 알루미늄새시는 스틸새시에 비해서 강도가 낮다.
⑤ 내알칼리성 도료인 징크로메이트를 칠하고 몰탈을 충전시킨다.
⑥ 알루미늄은 전해작용으로 이질금속재와 접촉되면 부식되므로 알루미늄에는 철을 사용하면 안된다.

정답 1. ① 2. ③ 3. ② 4. ② 5. ④

문제 6   기사

문 윗틀과 문짝에 설치하여 문이 자동적으로 닫혀지게 하는 장치로서 도어 클로저(Door closer)라고도 명명되는 것은?

① 도어 체크(Door check)
② 함자물쇠
③ 피보트 힌지(Pivot hing)
④ 체인 록(Chain lock)

해설 6 도어 체크(Door check)=
도어 클로저(Door closer)
① 문 윗틀과 문짝에 설치하여 문이 자동적으로 닫혀지게 하는 장치(여닫이문에 사용)
② 피스톤장치가 있어 개폐속도를 조절한다.

문제 7   공통

공중용 변소, 전화실 출입문에 가장 적당한 철물은?

① 자유정첩
② 피벗 힌지(pivot hinge)
③ 플로어 힌지(floor hinge)
④ 래버토리 힌지(lavatory hinge)

해설 7,8 레버토리 힌지
공중전화 Box, 공중변소에 사용, 15cm정도 열려진 것이다.

문제 8   공통

문은 닫은 후 150mm 정도 열려지는 것으로써 공중용 변소, 전화실 출입문에 가장 적당한 철물은?

① 자유정첩
② 피벗 힌지(pivot hinge)
③ 래버토리 힌지(lavatory hinge)
④ 플로어 힌지(floor hinge)

문제 9   산업

창호철물 중에서 가장 무거운 문에 사용되는 창호철물은?

① 정첩
② 플로어 힌지(Floor hinge)
③ 피봇 힌지(Pivot hinge)
④ 래버토리 힌지(Lavatory hinge)

해설 9 피보트 힌지(Pivot Hinge)
방화문이나 가장중량문에 사용된다.

정답 6. ① 7. ④ 8. ③ 9. ③

문제 10 산업

창호철물 중에 여닫이 문에 사용하지 않는 것은?
① 정첩
② 플로어 힌지
③ 레일(Rail)
④ 도어 체크

문제 11 산업

다음 중 창호와 창호철물과의 조합을 나타낸 것으로 옳지 않은 것은?
① 미서기창 - 꽂이쇠
② 외여닫이창 - 경첩
③ 쌍여닫이창 - 오르내리 꽂이쇠
④ 회전창 - 레일, 바퀴

문제 12 기사

다음 중 창호의 기능검사와 가장 관계가 먼 것은?
① 내동해성
② 내풍압성
③ 기밀성
④ 수밀성

문제 13 산업

창호기호의 표시방법으로 옳은 것은?

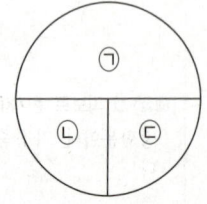

① ㉠ 창호번호 ㉡ 재료기호 ㉢ 창호기호
② ㉠ 창호기호 ㉡ 재료기호 ㉢ 창호번호
③ ㉠ 창호번호 ㉡ 창호기호 ㉢ 재료기호
④ ㉠ 창호기호 ㉡ 창호번호 ㉢ 재료기호

해 설

해설 10
※ 레일, 호차, 크레센트, 꽂이쇠, 오목손걸이 등은 미닫이, 미서기 창호용 철물이다.

해설 11 미서기, 미닫이용 철물
레일, 문바퀴, 오목손걸이, 꽂이쇠, 크레센트
※ 여닫이 문의 창호철물
정첩, 후로어 힌지(Floor-Hinge), 도어체크, 실린더 자물쇠(Pin tumbler lock), 피봇힌지(Pivot Hinge) 등

해설 12 창호의 성능 시험항목(KS 기준)
① 강도   ② 내풍압성
③ 내충격성   ④ 기밀성
⑤ 수밀성   ⑥ 차음성
⑦ 단열성   ⑧ 방로성
⑨ 방화성
⑩ 개폐성능(개폐력)

해설 13 창호기호표시(KS F 1502)

※ 창호번호는 같은 규격일 경우에는 모두 같은 번호로 기입한다.
① 창 : W
② 문 : D
③ 샤터 : S
표시 예)

표 기	설 명
2, ←→, W	창호번호
	미서기
	창

정답 10. ③ 11. ④ 12. ① 13. ①

2 유리공사

> **학습방향**
> 유리는 마감, 의장에 중요한 재료이다. 시험에서는 유리의 종류와 특징, 유리의 주성분, 안전 유리등에 대하여 출제된다.

1 재료의 특징

(1) 유리의 성분

1) 유리의 주성분

성분 \ 기호	SiO_2(규산)	Na_2O(소다)	CaO(석회)	MgO	Al_2O_3
성분량(%)	71~73	14~16	8~15	1.5~3.5	0.5~1.5

2) 유리의 강도, 밀도

비교항목	압축강도	밀도	휨강도	경도
강도(Mpa)	500~930	2.2~6.3(2.5)	50~100	6(모스경도)

※ 보통 창유리 강도는 휨강도를 말한다.(반투명 유리 : 투명유리의 80%, 망입유리의 90%)

3) 유리의 열에 대한 성질

열전도율	철, 대리석, 타일보다 작고 concrete의 1/2 이다. 보통유리 : 0.0028 cal/sec.cm℃ 철재 : 0.172 cal/sec.cm℃			
연화온도	보통유리	740℃정도	칼라유리	1,000℃
내 열 성	2mm두께	3mm두께	60℃이상 온도차이시 파괴된다. (열에 약하다.)	
	105℃	80~100℃		

4) 유리의 장단점

장 점	단 점
① 반 영구적, 내구성 ② 불연재 ③ 빛 시선의 투과	① 충격에 약해 파손되기 쉽다. ② 불에 약하다. ③ 두께가 얇아서 단열, 차음효과가 적다.

학습POINT

■ 유리공사
① 유리의 주성분은 규산(SiO_2)이다.
② 보통 창유리의 강도는 휨강도를 말한다.
③ 유리의 할증율은 1% 정도이다.
④ 유리의 밀도는 $2.5g/cm^3$ 정도다.

2 유리의 종류

(1) 화학성분에 의한 분류 · 특징

종 류	성분에 따른 명칭	특징 · 용도
Crown Glass (보통유리)	소다석회 유리 (소다유리)	건축용 유리, 창유리, 일반유리이다. 산에 강하나 알칼리에 약함. 팽창율이 크다.
보헤미안유리 (경질유리)	칼리유리 (칼륨유리)	용융하기 어렵고, 내약품성이 있고 투명도가 크다. 경질유리이다. 프리즘, 이화학기구를 만든다.
프린트유리 (크리스탈유리)	납유리 (칼리연유리)	비중이 크고 가공용이. 산, 열에 약함 광학기구, 모조보석, 고급식기에 사용
물유리	규산소다유리	물에 용해되는 점성액체, 방수제, 접착제, 내산도료에 사용
고규산유리	석영유리	내열, 내식성이 큼 자외선 투과성이 크다. 전구, 살균용 유리, 글라스울의 원료
붕규산유리		용융온도가 가장 높고, 가장 경질이다. 내열기구, 식기, 전기절연용으로 사용

(2) 보통판유리의 종류

종 류	특 징
보통판유리	· 박판유리 : 6mm미만 판유리(창유리용 2mm, 3mm, 5mm, 6mm등) · 후판유리 : 6mm이상, 실내차단용 칸막이벽, 통문, 기구 등 · 정일품유리 : 3mm, $9.29m^2(100ft^2)$ 1상자 단위로 판매함
Float Glass (플로트유리)	Float방식에 의해 생산되는 맑은 유리(용융 금속위로 유리소지를 보내서 표면 장력과 자중에 따라 평형하게 제판), 마판유리와 같은 평활한면. 다시 연마 하지 않고 거울, 강화유리, 접합유리, 복층유리 등에 그대로 사용 가능. 폭 3m길이 10m의 대형 제작 가능, 휨강도 : 50Mpa 이상
무늬 유리	롤 아웃방식으로 제조되는 판유리, 투명한 유리, 한면에 여러가지 무늬를 넣은 것.(완자, 플로라, 미스트라이트, 안개, 모란, 아지랑이 등)

■ 창호공사에 쓰는 대표적 유리종류
① 보통판 유리(소다석회유리)
② 무늬유리(형판유리)
③ 복층유리
④ 강화유리
⑤ 갈은유리(마판유리)
⑥ 색유리

■ 유리제조방법
① 기계인상법
② 롤링법(롤 아웃방식)
③ 플로트(Float)법

▶ 형판(무늬)유리

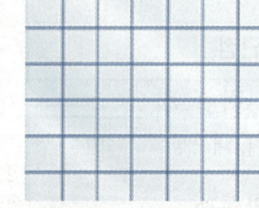
▶ 망입유리 모습

(3) 안전유리

종 류	특 징
1) 강화유리 (강화안전유리)	평면 및 곡면, 판유리를 650℃로 가열하여 급냉시켜서 내부에 인장응력, 표면에 압축응력을 갖게 한 안전유리(파편 : 둥근입상). 내충격, 강도가 보통 판유리의 3~5배, 휨 강도 : 6배정도 200℃ 이상 고온에도 견디므로 강철유리라고도 한다. 무테문, 자동차, 선박 등에 쓰며 커튼월에 쓰이는 착색 강화유리도 있다.
2) 망입유리 (그물유리)	유리내부에 금속망(철, 놋쇠, 알루미늄망)을 삽입, 압착성형, 도난방지용, 유류창고, 을종방화문에 사용 두께 : 6.8mm
3) 접합유리 (접합안전유리)	2장 이상의 판유리 사이에 필름막을 넣고 150℃고열로 강하게 접합하여 파손시 파편이 안떨어지게 한 것. 종류는 평면, 곡면 유리가 있다.

▶ 강화유리로 된 회전문

(4) 특수유리의 종류 · 특징

종 류	특 징
1) 복층유리 (Pair Glass)	2장 또는 3장의 유리를 일정한 간격을 두고 둘레에는 틀을 끼워서 내부를 기밀로 만들고 여기에 건조공기를 봉입한 것. 단열, 방음, 결로방지용으로 우수하다. 12mm, 16mm, 18mm, 22~24mm가 있다. (ex, 16mm : 5+6mm air+5mm)
2) 열선흡수(차단)유리 (단열유리) (열선반사유리)	철,니켈,크롬,셀레늄 등을 가한다. 열선흡수를 크게 하여 착색이 되도록 함. 실내 냉방효과 증대. 파장이 긴 열선을 흡수한다. (적외선 흡수)
3) 자외선 투과유리	자외선을 50~90% 이상 투과. 병원의 Sun Room, 온실, 요양소 등에 사용. 석영 및 코렉스유리, 비타, 헬리오유리 등
4) 자외선 흡수유리 (자외선 차단유리)	세륨, 티탄늄, 바나듐을 함유시킨 담청색의 투명유리로 의류의 진열장, 박물관 진열장, 약품창고, 창유리 등에 쓰인다.
5) X선차단유리 (방사선 차단유리)	의료용 X선이나 원자력 관계 방사선을 차단한다. 산화연(PbO)을 함유한 유리, 방사선실 등에 사용
6) Low-E 유리 (Low-Emissivity Grass)	일반유리의 표면에 장파장 적외선 반사율이 높은 금속(일반적으로는 은)을 코팅시킨 것으로 어느 계절이나 실내·외 열의 이동을 극소화 시켜주는 에너지 절약형 유리이다. (일종의 열선 반사유리)

① 냉방효과 : 여름에는 태양 복사열 중의 적외선 및 지표면으로부터 방사되는 장파장 적외선을 실외로 반사시켜 실내로 유입되는 열기를 차단
② 난방효과 : 겨울에는 실내의 난방기구에서 나오는 적외선을 다시 실내측으로 재반사시켜 실내의 온기가 빠져 나가지 않도록 차단
③ 열선차단, 자외선차단효과 및 낮은 열관류율이 특징

④ Soft Low-E유리는 기재단된 판유리에 금속다중막을 코팅하여 여러색상 가능
⑤ 투과율, 반사율 조절이 가능

(5) 유리의 2차제품

종 류	특 징
유리블록 (Glass Block)	사각형, 원형 모양을 잘 맞추어 600℃에서 용착시켜서 일체로 한다. 의장용, 방음, 단열용, 열전도율이 벽돌의 1/4 정도이고 실내 냉·난방효과가 있다. 접착제는 물유리를 사용한다.
유리벽돌 (Glass Brick)	벽돌모양의 유리 성형품으로 형상, 치수, 색체가 다양 채광용이 아니라 장식용으로 쓰인다.
유리타일 (Glass Tile)	색유리를 작은 조각으로 잘라 타일 형으로 만든 것으로 색체가 다양하고 불흡수성이며 절단, 가공이 자유롭다. 외부 장식용이다. (모자이크 글라스)
프리즘타일 (Prism Tile)	지하실, 지붕 등의 채광용이다. 투과광선의 방향을 변화시키거나 집중확산시킬 목적으로 프리즘 이론을 응용해서 만든 각형, 원형, 특수형의 유리이다. 3~15mm두께, Deck Glass, Top Light, 포도유리라고도 한다.
발포유리 (Foam Glass)	유리를 가는 분말로 하여 카본, 발포제를 섞어서 제조, Foam Glass라고도 하며 단열, 보온, 방음재료로 벽, 반자 등에 붙인다.
유리섬유 (Glass Wool)	암면과 같은 단열, 흡음재로 사용되며 불연성 직물로도 사용된다. 흡음율은 광물섬유 중 최고인 약 85%이다.

■ 벽체용 유리
① 유리 블록
② 유리 벽돌

■ 바닥용 유리
① 프리즘 유리(텍크유리)
② 유리 타일

3 유리의 시공법

(1) 유리의 절단
1) 두꺼운 유리 : 유리칼로 금긋고 고무망치로 뒷면을 두두려 절단
2) 접합유리 : 양면을 유리칼로 자르고 면도날로 중간에 끼운 필름 절단
3) 망입유리 : 유리칼로 자르고 철망꺾기를 반복하여 절단
4) 절단불능유리 : 강화유리, 복층유리, 스테인드그라스, 유리블록 등은 절단이 불가능하며 합성유리도 원칙적으로 재절단하지는 않는다.

(2) 유리의 고정방법

1) 부정형 Seal재 끼움법	유리를 Setting Block으로 고인후 고정철물(목제 : 못, 철제 : 철사클립)을 설치하고 퍼티나, 탄성 실런트로 고정하는 법
2) 가스켓 시공법	① 그레이징 챤넬 고정법 ② 그레이징 비드 고정법 ③ 구조가스켓 시공법 등이 있다. PC콘크리트는 Y형, 금속 Frame에는 H형 가스켓등을 사용한다.
3) 장부 고정법	나사 고정법, 철물 고정법, 접착제 고정법 등을 사용한다.

※ 세팅 블록 : 새시주위 유리끼움 부자재로 유리하중을 지지하는 고임재이다. 유리보다 3mm정도 큰 폭 유지, 새시폭보다 1.6mm~3mm도 작게 한다.

(3) 대형 판유리 시공법

1) 서스펜션 (suspension)공법 (현수공법)	대형판유리를 멀리온 없이 유리만으로 세우는 공법으로 유리상단에 특수 고정철물을 장치하여 달아 맨 공법으로써 유리의 접합부에 리브유리(stiffener)를 사용하여 연결된 개구부 형성이 가능하게 하고, 유리사이 줄눈은 고성능 실런트로 마감한다.

※ 종류 : ① 리브보강 그레이징 System
② 현수 및 리브보강 그레이징 System
③ 현수 그레이징 System

2) SGS(Structural Sealant Glazing System) 공법	건물의 창과 외벽을 구성하는 유리와 패널류를 구조 실런트(Structural Sealant)를 사용하여 실내측의 멀리온이나 Frame 등에 접착고정하는 방법

※ 검토사항 : 풍압력, 온도 무브먼트(온도변화에 따른 부재의 팽창, 수축), 지진에 대한 검토, 유리중량 검토

3) DPG(Dot Point Glazing System)공법 : 4점지지 유리시공법으로써 기존의 알미늄 Frame을 사용 안하고 강화유리판에 구멍을 뚫어 특수가공 Bolt를 사용하여 유리를 고정하는 법. 자연미, 개방감, 채광효과가 우수하다.

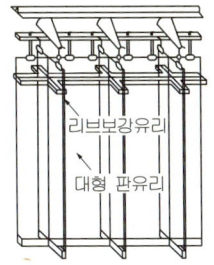

현수 및 리브보강 그레이징 시스템

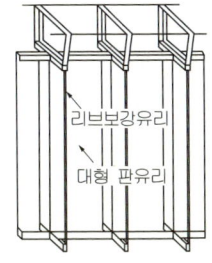

리브보강 그레이징 시스템

▶ DPG, SGS공법을 적용한 예

▶ SGS, DPG공법과 장선, TRUSS를 이용한 유리고정법

핵심문제

문제 1 〈기사〉

유리의 주성분으로 옳은 것은?
① Na₂O
② CaO
③ SiO₂
④ K₂O

문제 2 〈공통〉

판유리의 용도상 가장 중요시 되는 것은?
① 휨강도
② 압축강도
③ 인장강도
④ 전단강도

문제 3 〈산업〉

유리공사에서 유리를 부착하는 재료로써 가장 올바른 것은?
① 인서트
② 스페이서
③ 코너비드
④ 탄성 시일링재

문제 4 〈기사〉

보통 창유리의 특성 중 투과에 관한 설명으로 옳지 않은 것은?
① 투사각 0도일 때 투명하고 청결한 창유리는 약 90%의 광선을 투과한다.
② 보통의 창유리는 많은 양의 자외선을 투과시키는 편이다.
③ 보통 창유리도 먼지가 부착되거나 오염되면 투과율이 현저하게 감소한다.
④ 광선의 파장이 길고 짧음에 따라 투과율이 다르게 된다.

문제 5 〈공통〉

유리를 연화점 가깝게 (500~600℃) 가열해 두고 양면에 냉기를 불어 넣어 급냉시켜 먼저 표면을 고체화함으로써 표면에 압축, 내부에 인장력을 도입한 유리는 어느 것인가?
① 망입유리(wire glass)
② 강화유리
③ 형판유리(patterned glass)
④ 물유리

해설

해설 1 유리의 주성분

기호 성분	SiO₂(규산)	Na₂O(소다)	CaO(석회)
성분량(%)	71~73	14~16	8~15

해설 2 유리의 강도
보통 창유리의 강도는 휨강도를 말한다.

해설 3 탄성실런트(Elastic Sealant)
= 탄성시일링재
① 고점성 Paste가 시간 경과 후 고무형체가 되는 특성이 있다.
② 유리공사의 충전재나 접착제로 사용된다.
③ 고성능, 구조용 탄성 시일링재도 사용된다.

해설 4 보통판유리의 성질
① 보통 창유리 강도는 휨강도를 말한다. 반투명 유리는 투명유리의 80%, 망입유리의 90% 정도의 강도를 나타낸다.
② 투광율 : 투사각 0°일 때 최고 92%(파장이 짧은 자외선의 투광율은 작다.)

해설 5 강화유리
평면 및 곡면, 판유리를 600℃ 가열하여 급냉시킨 안전유리(파편 : 둥근입상), 내충격, 하중강도가 보통 판유리의 3~5배, 휨강도 : 6배 정도 200℃이상 고온에도 견디므로 강철유리라고도 한다.

정답 1.③ 2.① 3.④ 4.② 5.②

문제 6 공통

다음 유리 종류 중 주로 방화 및 방재용으로 사용되는 유리는 어느 것인가?

① 판유리
② 강화유리
③ 망입유리
④ 페어유리(복층유리)

문제 7 기사

유리내부 중심에 철, 황동, 알루미늄 등의 금속망을 삽입하고 압착성형한 판유리로 파손방지, 내열효과가 있으며 도난방지, 방화 목적으로 사용하는 유리는?

① 강화유리
② 무늬유리
③ 망입유리
④ 복층유리

문제 8 기사

다음 중 안전유리가 아닌 것은?

① 겹친유리
② 망입유리
③ 강화유리
④ 형판유리

문제 9 기사

다음은 판유리에 관한 설명이다. 옳지 않은 것은?

① 망입 유리는 화재시 조각이 날리지 않으므로 방화문에 사용할 수 있다.
② 이중 유리는 단열, 차음, 방서의 특성을 가지므로 방화문에 적당하다.
③ 강화 유리는 절단할 수 없으므로 주문할 때 정확한 치수로 해야 한다.
④ 신축중인 건물에 유리를 끼우는 시기는 일반적으로 내부 마감공사가 시작되기 전에 끼워야 한다.

문제 10 공통

유리공사에서 특수유리와 사용장소를 조합한 것 중 틀린 것은?

① 프리즘유리 : 지하실 천장
② 페어유리 : 방화창
③ 열선 흡수유리 : 병실
④ 망입유리 : 유리지붕

해 설

해설 6,7 망입유리(그물유리)
유리 내부에 금속망(철, 놋쇠, 알루미늄망)을 삽입, 압착성형, 도난방지 유류창고, 을종방화문에 사용 두께 : 6.8mm

해설 8 형판유리
형판유리는 판유리 가공품으로 각종 무늬를 넣은 반투명유리이다.

해설 9 이중유리(pair glass)
유리사이에 공기막이 밀봉되어 있으므로 화재시 공기압에 의해 파괴되므로 방화문이나 창에는 적합하지 않다.

해설 10 복층유리(Pair Glass)
① 2개의 판유리 중간에 건조공기를 봉입한 것. 단열, 방음, 결로 방지용으로 우수하다.
② 화재시 유리가 파손되므로 방화창에는 사용 못한다.

정답 6. ③ 7. ③ 8. ④ 9. ② 10. ②

문제 11   산업

다음 중 유리섬유판의 특성이 아닌 것은?
① 독특한 결의 섬세한 아름다움이 있다.
② 단열 및 흡음성이 있으나 표면강도가 적다.
③ 흡음효과가 없다.
④ 가공성이 좋다.

문제 12   공통

유리섬유의 최고 안전 사용온도는 얼마인가?
① 200℃   ② 300℃
③ 400℃   ④ 500℃

문제 13   산업

다음 중 두장의 유리를 탄성율이 높은 유기접착필름으로 붙이고 가압, 가열하여 하나의 판유리로 만든 것은?
① 망입유리   ② 접합유리
③ 복층유리   ④ 로이유리

문제 14   기사

Low-E 유리의 특징으로 옳지 않은 것은?
① 가시광선(0.4~0.78㎛) 투과율은 맑은 유리와 비교할 때 큰 차이가 없다.
② 근적외선(0.78~2.5㎛) 영역의 열선 투과율은 현저히 낮다.
③ 색유리를 사용했을 때보다 실내는 훨씬 밝아진다.
④ 실외의 물체들이 자연색 그대로 실내로 전달되지 않는다.

문제 15   산업

로이유리(Low Emissivity Glass)에 대한 설명으로 옳지 않은 것은?
① 판유리를 사용하여 한쪽 면에 얇은 은막을 코팅한 유리이다.
② 가시광선을 76% 넘게 투과시켜 자연채광을 극대화하여 밝은 실내분위기를 유지할 수 있다.
③ 파괴 시 파편이 없어 안전하여 고층건물의 창, 테두리 없는 유리문에 많이 쓰인다.
④ 겨울철에 건물 내에 발생하는 장파장의 열선을 실내로 재반사시켜 실내보온성이 뛰어나다.

해 설

해설 11
유리섬유는 85% 이상이 공극이므로 흡음효과가 대단히 크다.

해설 12
① 유리섬유의 최고 안전 사용온도는 500℃이다.
② 통상 안전하게 300℃ 내외에서 사용하고 있다.

해설 13
① 문제의 지문은 접합유리(합유리)에 대한 내용이다.
② 로이유리(Low-E유리) : 일종의 열선반사유리, 유리 안쪽에 코팅막을 형성시킨 유리이다.

해설 14
Low-E 유리는 유리안쪽 표면에 엷은 금속이 코팅되어 밖에서는 거울의 질감이 나며, 안쪽에서는 자연경관이 그대로 투명하게 보이므로 실외의 물체들의 자연색이 그대로 실내로 전달된다.

해설 15
③번 항목은 강화유리에 대한 설명이다.

정답 11. ③ 12. ④ 13. ② 14. ④ 15. ③

문제 16 〔산업〕

유리제품에서 보온, 방음과 관계가 없는 것은?
① 폼 글라스(Foam Glass)
② 글라스 울(Glass Wool)
③ 플렉시 글라스(Plexi Glass)
④ 페어 글라스(Pair Glass)

문제 17 〔기사〕

유리공사에 관한 설명으로 옳지 않은 것은?
① 망입유리는 방화, 방도용으로 사용된다.
② 복층유리는 단열목적 유리이다.
③ 열선흡수유리는 실내의 냉방효과를 좋게 하기 위해 사용된다.
④ 자외선투과유리는 의류품의 진열창, 식품이나 약품의 창고 등에 사용된다.

문제 18 〔산업〕

대형 판유리를 사용하여 유리만으로 벽면을 구성하는 공법은?
① 퍼티 고정 공법
② 실링 공법
③ 개스킷 고정 공법
④ 서스팬션 공법

해 설

[해설] 16 단열, 보온, 방음유리제품
① 발포유리(Foam Glass)
② 유리섬유(Glass Wool)
③ 복층유리(Pair Glass)
※ Plexi Glass : 플라스틱 유리로써 투명도가 높다. 항공기(비행기)의 방풍용 유리이다.

[해설] 17
의류진열창, 약품창고, 전시시설등에는 자외선 차단(흡수) 유리를 사용한다.

[해설] 18 서스팬션(Suspension) 공법(현수공법)
대형 판유리를 멀리온 없이 유리만으로 세우는 공법으로 유리상단에 특수고정철물을 장치하여 달아 맨 공법으로써 유리의 접합부에 리브 유리(Stiffener)를 사용하여 연결된 개구부 형성이 가능하게 하고, 유리 사이 줄눈은 고성능 실런트로 마감한다.

정답 16. ③ 17. ④ 18. ④

건 축 기 사 _ 기출문제

10 CHAPTER 창호 및 유리공사

문제 1
강제 창호에 대한 다음 기술 중 부적당한 것은 어느 것인가?
① 창호의 현장설치는 보통 나중세우기방법을 많이 취한다.
② 창문틀 주위에는 된반죽 몰탈로 채운 후 코킹제를 채우기도 한다.
③ 창호의 수명은 방습처리의 가부에 좌우된다.
④ 멀리온(Mullion)은 한 창문틀의 면적이 적을수록 유효하다.

[해설] **1,2 멀리온(Mullion)**
① 창면적이 클 때에는 Steel bar만으로는 약하며 또한 여닫을 때의 진동으로 유리가 파손될 우려가 있으므로 이것을 보강하고 외관을 꾸미기 위하여 강판을 중공형(中空形)으로 접어 가로 또는 세로로 댄다.
② 강판은 간격 2~3m 정도로 배치한다.

문제 2
창면적이 클 때에는 스틸바(steel bar)만으로는 부족하며, 또한 여닫을 때의 진동으로 유리가 파손될 우려가 있으므로 이것을 보강하고 외관을 꾸미기 위하여 강판을 중공형으로 접어 가로 또는 세로로 대는 것을 무엇이라 하는가?
① mullion
② ventilator
③ gallery
④ pivot

문제 3
실의 크기 조절이 필요한 경우 칸막이 기능을 하기 위해 만든 병풍 모양의 문은?
① 여닫이문 ② 자재문
③ 미서기문 ④ 홀딩 도어

[해설] **홀딩도어(Holding Door)**
실의 크기조절용, 칸막이용의 병풍모양의 문으로 일명 자바라 라고도 부르는 문이다.
※ 아코디언 도어와 유사한 용도의 문

문제 4
창호철물 중 여닫이 문에 사용하지 않는 것은?
① 도어 행거(door hanger)
② 도어 체크(door check)
③ 실린더 록(cylinder lock)
④ 플로어 힌지(floor hinge)

[해설] (1) 도어행거는 여닫이 창호철물이 아니라 미닫이, 미서기문의 창호철물이다.
(2) 여닫이 문의 창호철물
정첩, 플로어 힌지(Floor-Hinge), 도어체크, 실린더 자물쇠(Pin tumbler lock) 등

문제 5
건축물에 사용되는 금속제품과 그 용도가 바르게 연결되지 않은 것은?
① 피벗 : 문의 하부 발이 닿는 부분에 대하여 문짝이 손상되는 것을 방지하는 철물
② 코너비드 : 벽, 기둥 등에 사용하는 모서리쇠
③ 논슬립 : 계단에 사용하는 미끄럼 방지 철물
④ 조이너 : 천장, 벽 등의 이음새 감춤용 철물

[해설] 지도리(Pivot) : 회전창이나 문에 사용되며 돌저귀 형식으로 되어 둘출된 장부가 확(구멍)에 끼워져 돌게 한 창호철물이다.
※ ①번 항목은 피봇의 설명이 아니라 도어스톱(Door Stop) 혹은 Door Holder에 대한 설명이다.

해답 1.④ 2.① 3.④ 4.① 5.①

문제 6

창호철물과 창호의 연결로 옳지 않은 것은?

① 도어체크(door check) – 미닫이문
② 플로어 힌지(floor hinge) – 자재 여닫이문
③ 크리센트(Crescent) – 오르내리창
④ 레일(rail) – 미서기창

[해설] 도어 체크(Door check)=도어 클로저(Door closer)
① 문 윗틀과 문짝에 설치하여 문이 자동적으로 닫혀지게 하는 장치(여닫이문에 사용)
② 피스톤장치가 있어 개폐속도를 조절한다.

문제 7

유리공사에 관한 기술 중 부적당한 것은?

① 유리의 보관은 알칼리 및 암모니아가 있는 곳에서 멀리 두도록 한다.
② 무늬유리 끼우기 할 때의 평활한 면은 실외에 접하도록 한다.
③ 외부에 접하는 부분의 유리는 미장공사 후에 끼우도록 한다.
④ 방화문에 유리를 끼울 때는 반드시 망입유리를 사용한다.

[해설] 유리공사
① 외부에 접하는 유리는 미장공사전에 끼운다.
② 유리는 산에 강하나 알카리에 취약하다.(보관주의)

문제 8

다음 중 유리섬유(glass fiber)에 대한 설명으로 옳지 않은 것은?

① 경량이면서 굴곡에 강하다.
② 단위면적에 따른 인장강도는 다르고, 가는 섬유일수록 인장강도는 크다.
③ 탄성이 적고 전기절연성이 크다.
④ 내화성, 단열성, 내수성이 좋다.

[해설] 유리섬유(Glass Fiber)의 특징
• ②, ③, ④항의 특징이 있다.
• 기타 : 광물섬유 중에서 흡수성이 85% 정도로 가장 크다.(다공질)
• 단열재료로 많이 사용되며, 경량이나 굴곡에 약한 것이 단점이다.

문제 9

다음 각 유리에 관한 설명으로 옳지 않은 것은?

① 망입유리는 파손되더라도 파편이 튀지 않으므로 진동에 의해 파손되기 쉬운 곳에 사용된다.
② 복층유리는 단열 및 차음성이 좋지 않아 주로 선박의 창 등에 이용된다.
③ 강화유리는 압축강도를 한층 강화한 유리로 현장가공 및 절단이 되지 않는다.
④ 자외선 투과유리는 병원이나 온실 등에 이용된다.

[해설] (1) 복층유리(Pair Glass) : 2개의 판유리 중간에 건조공기를 봉입한 것. 단열, 방음, 결로방지용으로 우수하다.
(2) 강화유리는 후판유리를 약 500~600℃로 가열한 후 급속히 냉각 강화하여 만든 유리로 선박, 차량, 출입구 등에 사용된다.

문제 10

열적외선을 반사하는 은소재 도막으로 코팅하여 방사율과 열관류율을 낮추고 가시광선 투과율을 높인 유리는?

① 스팬드럴 유리
② 접합유리
③ 배강도유리
④ 로이유리

[해설] Low-E 유리
일반유리의 표면에 장파장 적외선 반사율이 높은 금속(일반적으로는 은)을 코팅시킨 것으로 어느 계절이나 실내·외 열의 이동을 극소화 시켜주는 에너지 절약형 유리이다. (일종의 열선 반사유리)

해답 6. ① 7. ③ 8. ① 9. ② 10. ④

건축산업기사 _ 기출문제

10 CHAPTER 창호 및 유리공사

문제 1
알루미늄에 관한 설명 중 옳지 않은 것은?

① 알루미늄의 응력-변형도 곡선은 강재와 같은 직선부분이 없다.
② 알루미늄은 용접이 될 수 있다.
③ 알루미늄은 내식성이 크므로 직접 콘크리트 중에 매입해도 지장이 없다.
④ 알루미늄판과 강판을 접속하여 사용하면 알루미늄판이 부식한다.

[해설] ① 알루미늄은 철보다 2/3 정도 가볍고, 열반사율이 큰금속이다.
② 알미늄은 용접 가능하다.
③ 이온화경향이 철보다 커서 철을 접촉시키면 알루미늄이 부식된다.

문제 2
다음 중 창호공사에 쓰이는 철물이 아닌 것은?

① 플로어 힌지(floor hinge)
② 피벗 힌지(pivot hinge)
③ 개폐순위 조정기
④ M-BAR

[해설] ※ M-BAR는 달천장에 쓰이는 철물이다.

문제 3
여닫이 문에 사용되는 철물이 아닌 것은?

① 꽂이쇠(bolt)
② 보통경첩(butt hinge)
③ 플로어 힌지(floor hinge)
④ 피봇 힌지(pivot hinge)

[해설] ① 미서기, 미닫이용 철물
레일, 문바퀴, 오목손걸이, 꽂이쇠, 크레센트 등
② 여닫이 문의 창호철물
정첩, 후로어힌지(Floor-Hinge), 도어체크, 실린더 자물쇠(Pin tumbler lock)등

문제 4
다음의 창호에 사용되는 창호철물의 연결이 적당치 않은 것은?

① 미닫이문 - 호차와 레일
② 오르내리창 - 크레센트와 창도르래
③ 양여닫이문 - 도어행거와 갈구리 걸쇠
④ 외여닫이문 - 도어클로저와 경첩

[해설] ※ 도어행거는 여닫이 창호철물이 아니라 미닫이, 미서기문의 창호철물이다.

문제 5
다음 창호와 철물과의 조합을 나타낸 것이다. 틀린 것은 어느 것인가?

① 쌍여닫이문 - Door hinge
② 여닫이문 - Pin tumbler Lock
③ 쌍여닫이문 - 오르내리 꽂이쇠
④ 회전창 - Rail과 바퀴

[해설] 회전창에는 회전지도리가 사용된다.

문제 6
여닫이문, 여닫이창에 사용하지 않는 창호철물은?

① 정첩
② 행거레일
③ 피봇힌지
④ 자유정첩

[해설] 미서기, 미닫이창문용 철물
레일 및 문바퀴, 오목손걸이 및 꽂이쇠(도어 힌지와 정첩은 여닫이문에 사용)

해답   1.③   2.④   3.①   4.③   5.④   6.②

문제 7

창호 철물의 종류와 용도의 짝지음에서 옳지 않은 것은?

① 자유경첩 : 안팎개폐
② 레버토리 힌지 : 화장실문
③ 크레센트 : 여닫이창
④ 도어클로저 : 자동닫이 장치

[해설] 크레센트(Cresent)
오르내리창이나 미서기창의 잠금장치(자물쇠)이다.

문제 8

창호의 철물 중 경첩으로 유지할 수 없는 무거운 자재 여닫이문에 쓰이는 철물은?

① 도어 스톱(Door stop)
② 도어 행거(Door hanger)
③ 도어 체크(Door check)
④ 플로어 힌지(Floor hinge)

[해설] 플로어 힌지(Floor hinge)
보통 정첩으로 유지할 수 없는 무거운 자재 여닫이문에 사용

문제 9

다음 중 강화유리에 관한 설명으로 옳지 않은 것은?

① 보통 판유리에 비하여 3~5배 정도 강도가 크다.
② 내열성이 있어 200℃ 정도에서도 파손되지 않는다.
③ 현장가공과 절단이 되지 않는다.
④ 파손된 경우 파편이 날카로워 안전상 출입구 문이나 창유리 등에는 사용하지 않는다.

[해설] 강화유리(강화안전유리)
① 평면 및 곡면, 판유리를 600℃ 가열하여 급냉시킨 안전유리
② 내충격, 하중강도가 보통 판유리의 3~5배, 휨강도 : 6배 정도
③ 200℃ 이상 고온에도 견디므로 강철유리라고도 한다.
④ 파손시 파편이 둥근 입상임. 그래서 안전유리라 함.
⑤ 자동차, 선박, 커튼월, 현관문 등에 사용
⑥ 현장가공 불가능 → 공장에서 가공 주문제작

문제 10

유리판 사이에 철선망을 넣은 것으로 방화 또는 진동이 심한 장소에 많이 쓰이는 유리는?

① 연마유리
② 안전유리
③ 망입유리
④ 판유리

[해설] 망입유리(그물유리)
유리 내부에 금속망(철, 놋쇠, 알루미늄망)을 삽입, 압착성형, 도난방지, 방화용으로 방화문에 사용. 진동이 심한 장소에서도 사용된다.

문제 11

다음 각 유리의 특징에 대한 설명으로 옳지 않은 것은?

① 망입유리는 판유리 가운데에 금속망을 넣어 압착성형한 유리로 방화 및 방재용으로 사용된다.
② 강화유리는 후판유리를 약 500~600℃로 가열한 후 급속히 냉각 강화하여 만든 유리로 선박, 차량, 출입구 등에 사용된다.
③ 접합유리는 2장 또는 그 이상의 판유리에 특수 필름을 삽입하여 접착시킨 안전유리로서 파손되어도 파편이 발생하지 않는다.
④ 복층유리는 2~3장의 판유리를 밀착하여 만든 유리로서 단열, 방서, 방음용으로 사용된다.

[해설] 복층유리(Pair Glass)
2개의 판유리 중간에 건조공기를 봉입한 것, 단열, 방음, 결로방지용으로 우수하다. 12mm, 16mm, 18mm, 22~24mm가 있다.

해답 7.③ 8.④ 9.④ 10.③ 11.④

문제 12

프리즘 타일(Prism Tile)은 어느 곳에 주로 사용하는가?

① 흡음용
② 방화용
③ 지하실 채광용
④ 장식용

[해설] 프리즘타일(Prism Tile)
지하실, 지붕 등의 채광용이다. 투과광선의 방향을 변화시키거나 집중확산시킬 목적으로 프리즘 이론을 응용해서 만든 각형, 원형, 특수형의 유리이다.
3~15mm두께, Deck Glass, Top Light, 포도유리라고도 한다.

해답 12. ③

제 11 장 도장, 합성수지, 금속 및 커튼월 공사

출제경향분석

도장 및 합성수지공사, 금속공사에서는 다음 사항을 관심있게 공부하기 바란다.
(1) 칠의 종류와 용도
(2) 도장시 주의 사항
(3) 뿜칠요령
(4) 도장의 결함
(5) 열가소성과 열경화성의 종류 및 특징
(6) 각종 금속철물의 사용용도
(7) 커튼월의 시험항목 등이 주로 출제되고 있는 내용이다.

세 부 목 차

1. 도장(칠)공사
2. 합성수지공사
3. 금속 및 커튼월 공사

1 도장(칠) 공사

학습방향

도장공사는 칠재료의 종류와 특징, 칠공법과 도장시 주의점 등으로 나누어 정리해야 한다.

1 칠의 재료

(1) 칠의 목적

칠의 목적은 크게 1) 건물의 보호 2) 미적효과 3) 성분의 부여 등으로 크게 나눌 수 있으며, 도장을 하면 내수성(방수, 방습), 방부성(살균, 살충), 내화, 내구성, 내화학성을 향상시킨다.

학습POINT

■ 칠의 목적
※ 미관향상만이 목적이 아니라 다양하게 사용된다. 미관 목적이외의 칠을 기능성 도장이라 한다.

(2) paint의 종류와 특징

칠의 종류		칠의 성분	성질 및 특징
페인트	유 성	안료+건성유+희석제(신전제)+건조제	옛부터 많이 사용한 칠로써 건물의 내·외부에 널리 쓰인다. 내후성, 내마모성이 좋고 건조가 늦고, 내약품성이 떨어진다.
	수 성	안료+아교 또는 전분+물	내알카리성, 비내수성, 내구성이 떨어진다. 무광택이다. Mortar면, 회반죽면 등, 내부에 사용. 취급간편, 작업성이 좋다.
	에나멜 (Enamel)	안료+유바니쉬+건조제(유성 Paint와 유성 바니쉬의 중간	합성수지 에나멜, 래커에나멜 : 합성수지 바니쉬 클리어래커에 안료를 혼합한 것. 내후성, 내수, 내열, 내약품성 우수, 외부용은 경도가 크다.
	에멀션 (Emulsion)	수성 Paint에 합성수지와 유화제를 섞은 것	수성과 유성 Paint의 특징을 겸비한 유화액상 Paint다. 광범위하게 사용된다. 수성 Paint의 일종, 발수성이 있다. 내·외부 도장에 이용. 합성수지 에멀젼 Paint라고도 한다.

■ 수성Paint
최근 광택을 보완한 수성광택스도 개발되어 사용된다.

(3) 니스(Varnish)의 종류와 특징

칠의 종류	칠의 성분	성질 및 특징
유 성 니 스	유용성수지+건성유+희석제+유성 색올림(착색제, Stain)을 첨가한 것이 니스 스테인이다.	건조가 더디고 유성 Paint 보다 내후성이 적어서 옥외에서는 사용하지 않는다. 목재, 내부용이다. 오일의 종류와 수지의 종류에 따라서 종류가 나뉘어진다.
휘발성 바니쉬	수지류+휘발성 용제, 에칠알콜을 사용하므로 酒精도료, 주정 바니쉬라고 한다.	Lake : (천연수지가 주체) : 목재, 내부용, 가구용. 래커(합성수지가 주체) : 목재, 금속면 등 외부용으로 쓰인다. 내후성, 내유성, 내화성이 우수하다.

1) 클리어 래커
① 목재면의 투명도장, 담색의 우아한 광택이 있다.
② 내수성이 적어서 보통 내부에 사용한다.
③ 칠막은 단단하며, 내구성이 높다. 뿜칠을 한다.
④ 연마다듬질은 컴파운드를 천 등에 묻혀서 간 다음 왁스로 닦는다.
⑤ 칠하는 양 : $0.15 \sim 0.25 kg/m^2$

2) 합성수지 에멀션 페인트
① 나무바탕, 콘크리트, 모르타르, 회반죽, 섬유판 등에 사용한다.
② 희석액은 물을 10% 정도 첨가한다.
③ 건조를 위한 방치시간이 비교적 짧다.

■ 클리어래커
목재의 무늬를 아름답게 나타낼 수 있는 재료이다.

■ 래 커

투명래커	• 건조가 빠르고 뿜칠(Spray)시공 • 도막이 얇고 부착력이 적음
래커 에나멜	• 도막이 견고하고 고가임 • 내수성, 내마모성, 내구성, 내후성 우수

(4) 칠의 원료

용 제	도막구성 요소를 녹여서 유동성을 갖게 만드는 물질이다.
	① 건성유 : 아마인유, 동유, 임유, 마실유 등
	② 반건성유 : 대두유, 채종유, 어유 등
건조제	① 연·망간, 코발트의 수지산, 지방산 염류(가열하여 기름에 용해)
	② 연단, 초산염, 이산화망간, 수산화망간(상온에서 기름에 용해)
희석제	도료 자체를 희석, 솔칠이 잘되게 하고 적당한 휘발, 건조속도 유지
	휘발유, 석유, 테레핀유, 벤졸, 알콜, 아세톤 등을 사용 * 락카의 희석제 : 벤졸, 알콜, 초산 Ester등을 사용
수지(樹脂)	천연수지(Resin, Shellac, Copal 등)와 합성수지가 사용
안 료	착색목적 : 유채안료 · 피복에 은폐력 부여 : 체질안료
	녹색 : Cr(크롬)/ 금속색 : 알미늄 / 백색 : 산화아연, TiO_2(티탄), 연백 등/적색 : 연단(Pb_3O_4), 산화제이철 / 청색 : 감청, 코발트 / 황색 : 황연, 아연황 / 흑색 : Carbon Black(흑연)
착색제	바니스 스테인, 수성 스테인 : 작업성 우수, 색상 선명, 건조가 늦다. 알코올 스테인 : 퍼짐우수, 건조 빠르고, 색상선명(왁스스테인) 유성스테인 : 작업성 우수, 건조빠르고, 얼룩이 생길 우려
가소제	도료의 영구적 탄성, 교착성, 가소성부여, 프탈산, 에스테르 등이 있다.

■ 도료용 희석재의 종류
① 송진 건류품 : 테레핀유
② 석유 건류품 : 미네랄 스피리트, 벤진휘발유, 석유
③ 알콜 : 에틸, 메틸, 아밀 알콜 등
④ 콜타르 증류품 : 벤졸, 솔벤트, 나프타
⑤ 에스테르 : 초산아밀, 초산부틸
⑥ 송근 건류품 : 송근유

(5) 방청도료(녹막이칠)의 종류
① 광명단칠 : 보일드유를 유성 paint에 녹인 것. 철재에 사용
② 방청·산화철도료 : 오일스테인이나 합성수지+산화철, 아연분말, 내구성 우수, 정벌칠에도 사용
③ 알미늄도료 : 방청효과, 열반사효과, 알미늄 분말이 안료
④ 역청질도료 : 역청질원료+건성유, 수지유첨가, 일시적 방청효과기대

■ 방청도료
① 녹막이 도료(塗料) 중 알루미늄 녹막이 초벌칠에 가장 적합한 도료는 징크로메이트 도료이다.
② 광명단칠 : Pb_3O_4(광명단)을 보일드유에 녹인 유성 Paint의 일종, 가장 많이 쓰이며 비중이 크고 저장이 곤란하다.

⑤ 징크로메이트 칠 : 크롬산 아연+알키드수지, 알미늄, 아연철판 녹막이칠
⑥ 규산염 도료 : 규산염+아마인유, 내화도료로 사용
⑦ 연시아나이드 도료 : 녹막이 효과, 주철제품의 녹막이 칠에 사용.
⑧ 이온 교환 수지 : 전자제품, 철제면 녹막이 도료.
⑨ 그라파이트 칠 : 녹막이칠의 정벌칠에 쓰인다.

2 칠공법과 도장결함

(1) 칠공법의 종류
1) 달굼칠(인두법) : 가열건조도료에 이용.　2) 롤러칠　3) 문지름칠
4) 솔칠　5) 침지법　6) 뿜칠　＊칠의 바름두께 : 0.3mm정도

■ 도장 요령
① 칠하는 횟수(재벌, 정벌)를 구분하기 위해 색을 바꾸는 것이 좋다.
② Gun의 운행방향은 제1회, 제2회 제각기 직각이 되도록 한다.

(2) 뿜칠과 도장시 주의점

뿜칠요령 (Spray Gun)	1/3정도 겹쳐 칠한다. 칠면과의 뿜칠거리 : 30cm 운행방향은 1회, 2회는 직각으로 하고 폭은 30cm 정도 유지 Gun은 연속적으로 운행한다. 뿜칠압력 : 0.2~0.4Mpa 정도 유지 Gun의 운행속도 : 30m/min정도, 압력이 높으면 칠손실이 많다. 칠이 너무 묽으면 칠오름이 나빠진다.
도장요령과 도장 주의사항	솔질은 위에서 밑으로, 왼편에서 오른편으로, 재의 길이방향으로 한다. 칠 횟수(정벌, 재벌)를 구분하기 위해 색을 다르게 칠한다. 바람이 강하면 칠작업 중지, 칠막은 얇게 여러번 도포 충분히 건조. 온도 5℃이하, 35℃이상, 습도가 85% 이상시 작업 중단. (칠의 건조, 칠막 형성조건 : 온도 20℃, 습도 약 75%)

(3) 바탕처리 방법

1) 목부 바탕처리법	2) 철부 바탕처리법
① 오염, 부착물 제거 ② 송진처리(긁어내기, 인두지짐, 휘발유 닦기) ③ 연마지 닦기(대팻자국 제거 등) ④ 옹이땜(셀락니스칠) ⑤ 구멍땜(퍼티먹임) 및 눈메움	① 오염부착물 제거 : 스크레이퍼, 와이어브러쉬 ② 유류제거 : 휘발유, 비눗물 닦기 ③ 녹제거 (샌드브라스트, 산담그기) ④ 화학처리(인산염처리) ⑤ 피막마무리(스틸울, 와이어버프, 연마지, 천)

■ 금속재 바탕처리법 중 화학적 공법
① 용제에 의한 방법
② 인산피막법(파커라이징, 본더라이징)
③ 워시프라이머법(에칭프라이머법)
④ 산처리법
⑤ 알카리처리법

※ 아연도금은 1개월 이상 옥외방치하거나 금속 바탕처리용 프라이머 도포

3) 인산염 피막법과 워쉬프라이머법

① 인산염 피막법 (파커라이징법)	철에 인산염피막을 만들어 녹막이를 목적으로 쓰이는 방법이다.

② 워쉬 프라이머법 (엣칭 프라이머)	인산염과 크롬산염을 활성제로 하여 폴리비닐부틸산수지, 알콜 합성액체, 물, 징크로메이트 안료 등을 배합하여 금속면에 칠하여 도료의 부착성을 증진하고, 바탕방식성을 증가시킨다.	

(4) 도장의 결함 종류와 방지대책

결함종류	발생원인	방지대책
白化 (브러싱)	• 습도가 높을 때는 도면이 식어 물이 응집 • 도장시 기온이 낮아지는 경우 공기 중의 수분이 도면에 응집	• 기온이 5℃ 이하이거나 습도 85%이상, 환기가 불충분할 경우 작업 중지
번짐 (브리트)	• 초벌바름에 염료가 들어 있을 때 • 바탕재 기름이 묻어 있을 때 • 역청질 도료를 초벌바름한 위에 도장시	• 바탕청소, 건조철저 • 유류 기름은 휘발유로 제거 • 초발도막을 얇게 바름
리프팅	• 재벌도료의 용제가 초벌도료에 침투되어 도막수축, 박리	• 초벌 완전 건조후 재벌 바름
흘러내림 (흐름)	• 너무 두터운 도장 • 희석제의 과다사용	• 얇고 여러 번 도장 • 희석제 배합량을 조정
주름	• 유성도료 너무 두터운 도장시 • 건조시 온도 급상승 • 초벌바름의 건조 불충분	• 얇게 여러 번 도장 • 바탕 건조 철저 • 건조시 균일 온도 유지
거품 (핀홀)	• 용제의 증발속도가 너무 빠른 경우 • 솔질을 너무 빨리한 경우	• 바탕재의 온도를 낮춘다. • 균일 속도로 시공
들뜸	• 바탕에 기름 성분이 있을 때 • 초벌 연마불량	• 바탕을 충분히 청소, 건조 • 바탕의 연마를 평활하게 유지
균열	• 초벌건조불량 • 도료의 질이 서로 다른 경우 • 기온차이가 심한 경우	• 초벌 후 충분한 건조 • 초벌에서 마감까지 동일제품 사용

▶ 핀 홀

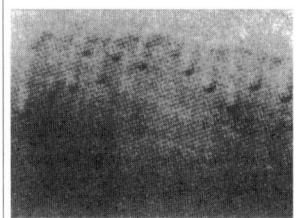
▶ 흐 름

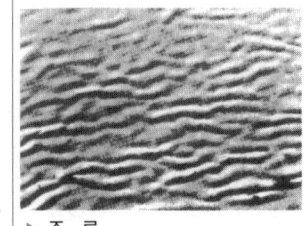
▶ 주 름

※ 기타도장 결함(하자유형)
① 붓자국　　　　② Gun자국　　　③ 색분리(색얼룩)
④ 광택불량　　　⑤ 건조불량　　　⑥ 되뭉침(끈적거림)
⑦ 부풀어오름　　⑧ 오그라듦　　　⑨ 방울맺힘
⑩ 오염, 오손

핵 심 문 제

문제 1 공통
공사에서 목부에 유성 페인트를 칠할 경우 불필요한 재료는?
① 드라이어 ② 보일드유
③ 테레핀유 ④ 실리콘유

문제 2 산업
유성페인트의 구성 성분으로 옳지 않은 것은?
① 안료 ② 건성유
③ 광명단 ④ 희석제

문제 3 산업
페인트 도장에 있어서 건조제를 지나치게 많이 넣었을 때의 정벌칠 결과에 대한 기술 중 옳은 것은?
① 도막에 균열이 생긴다.
② 광택이 생긴다.
③ 내구력이 증대한다.
④ 접착력이 증가한다.

문제 4 기사
칠공사에 사용되는 칠의 종류와 희석제의 관계가 잘못 연결된 것은?
① 송진건류품 – 테레핀유
② 석유건류품 – 휘발유, 석유
③ 콜타르 증류품 – 미네랄스피리트
④ 송근건류품 – 송근유

문제 5 공통
도장공사에서 뿜칠로 해야만 그 효과가 가장 좋은 도장 재료는?
① 유성 페인트(oil paint)
② 래커(lacquer)
③ 수성 페인트(water paint)
④ 니스(varnish)

해 설

[해설] 1, 2 유성페인트의 원료
건성유+건조제+안료+희석제(신전제)
① 건성유 ② 희석제(신전제)
③ 건조제 ④ 안료
※ 이중칠의광택과 내구력을 증진시키는 재료는 건성유(보일드유)이다.

[해설] 3 건조제(Dryer)
지나치게 많이 넣으면 광택이 감소하고 피막이 약해져서 도막에 균열이 발생한다.
※ 건조제는 하절기보다는 동절기에 많이 사용한다.

[해설] 4 도료용 희석제의 종류
① 송진 건류품 : 테레핀유
② 석유 건류품 : 미네랄 스피리트, 벤진, 휘발유, 석유
③ 알콜 : 에틸, 메틸, 아밀 알콜.
④ 콜타르 증류품 : 벤졸, 솔벤트, 나프타
⑤ 에스테르 : 초산아밀, 초산부틸
⑥ 송근 건류품 : 송근유

[해설] 5
(1) 래커(lacquer)
① 래커는 내수, 내유, 내마모성이 크고 내구성도 좋다.
② 건조가 빠르고 도막 두께가 얇으며 부착력이 적다.
③ 여러번 발라도 살두께가 오르지 않으므로 초벌칠이 필요하고 여러번 칠하면 밑칠이 용해하여 솔칠이 곤란하므로 뿜칠로 한다.
(2) 건조가 빠른 순서는
① 래커 ② 레이크
③ 바니쉬 ④ 오일 페인트

[정답] 1. ④ 2. ③ 3. ① 4. ③ 5. ②

문제 6

다음 도료 중 주택의 칠공사에서 회반죽, 석고보드의 벽체에 가장 좋은 재료는?

① 수성도료칠
② 유성도료칠
③ 바니시칠
④ 크레오소트칠

문제 7

목재의 무늬나 바탕의 특징을 잘 나타내는 마무리 도장은?

① 에나멜 페인트 도장
② 클리어 락카칠
③ 합성수지 페인트 도장
④ 유성 페인트칠

문제 8

철골공사에서 크롬산 아연을 안료로 하고, 알키드 수지를 전색료로 한 것으로서 알루미늄 녹막이 초벌칠에 적당한 것은?

① 광명단
② 징크로 메이트 도료
③ 그래파이트 도료
④ 알루미늄 도료

문제 9

도료 사용의 주목적이 방청에 해당되지 않는 것은?

① 아연분말 도료
② 역청질 도료
③ 징크로메이트 도료
④ 규산소오다 도료, 바니쉬

문제 10

다음 중 도장공사에 사용되는 도료에 대한 설명으로 옳지 않은 것은?

① 수성페인트는 내구성과 내수성이 우수하나 내알칼리성과 작업성은 떨어지는 단점이 있다.
② 유성페인트는 내알칼리성이 약하기 때문에 콘크리트면보다 목부나 철부 도장에 주로 사용된다.
③ 클리어래커는 내부목재면의 투명도장에 쓰이며 우아한 광택이 난다.
④ 바니시는 건조가 빠르고 주로 옥내 목부의 투명 마무리에 쓰인다.

해 설

해설 6

① 수성페인트는 내구력이 약하고 내수성이 적어 내부용으로만 사용하나 내알칼리성이 강하고 작업성이 좋아 회반죽, 석고보드, 몰탈바탕에 가장 적당한 칠이다.
② 최근에는 알카리바탕에는 합성수지 에멀젼 Paint가 많이 사용된다.

해설 7 클리어래커

① 소화섬유소(질산섬유소가 대표적)+수지+휘발성용제(가소제, 연화제)
② 안료를 가하지 않은 것을 클리어 래커라 하고 안료를 가한 것을 에나멜래커라 한다.

해설 8 Zincromate Paint

크롬산 아연+알키드수지, 녹막이 효과가 좋다. 알루늄판이나 아연철판의 초벌용으로 가장 적합하다.

해설 9 방청도료의 종류

①, ②, ③항 이외에
광명단칠, 방청산화철도료, 알미늄칠, 규산염도료, 연시아나이드도료, 그라파이트칠 등이 있다.

해설 10 수성 Paint의 특징

① 내구성, 내수성은 유성보다 떨어진다.
② 내알칼리성, 작업성능은 우수하다.

정답 6. ① 7. ② 8. ② 9. ④ 10. ①

문제 11 (공통)

칠공사에 관한 주의사항으로 적당치 않은 것은?
① 바탕의 건조가 불충분하거나 공기의 습도가 높을 때에는 시공하지 않는다.
② 초벌부터 정벌까지 같은 색으로 시공해야 한다.
③ 야간은 색을 잘못 칠할 염려가 있으므로 시공하지 않는다.
④ 직사광선은 가급적 피하고 도막이 손상될 우려가 있을 때에는 칠하지 않는다.

문제 12 (산업)

도장의 끝 마감칠은 기온이 몇 ℃이하일 때 도장작업을 중지하여야 하는가?
① 2℃
② 5℃
③ 7℃
④ 10℃

문제 13 (산업)

다음 도료 중 안료가 포함되어 있지 않은 것은?
① 유성페인트
② 수성페인트
③ 바니시
④ 에나멜페인트

문제 14 (산업)

칠공사에서 스프레이 건(Spray gun) 사용시 주의사항으로 옳지 않은 것은?
① 뿜칠 폭의 1/3~1/2 정도가 서로 접치도록 뿜칠한다.
② 스프레이 건의 운행은 원호 곡선으로 이동하도록 한다.
③ 칠바탕의 뿜칠거리는 보통 30cm 정도로 한다.
④ 뿜칠의 각도는 칠바탕의 직각으로 한다.

해 설

해설 11
① 다음 칠을 하였는지 안하였는지를 구별하기 위해서 초벌과 재벌 등을 바를 때마다 그 색을 약간씩 다르게 한다.
② 초벌은 정벌보다 엷은 색으로 칠하여 점차 정벌에 가까운 색으로 한다.

해설 12 도장의 일반사항
① 바람이 강하게 부는 날에는 작업하지 않는다.
(먼지부착 등 오염방지 목적)
② 칠의 건조 및 칠막 형성 조건은 온도 20℃, 습도 75%이다.
③ 온도 5℃ 이하나 35℃ 이상 또는 습도가 85% 이상일 때는 작업을 중지하거나 다른 조치를 한다.
④ 칠막의 각 층은 얇게 하고 충분히 건조시킨다.
⑤ 칠하는 횟수(재벌, 정벌)을 구분하기 위해 색을 바꾸는 것이 좋다.
⑥ 야간 작업은 가능한 피한다.

해설 13
① 유성페인트 : 안료가 들어간다.
② 수성페인트 : 안료+전분(아교)+물
④ 에나멜페인트 : 안료+유바니쉬+건조제
※ 바니쉬 : 유용성수지+건성유+희석제로 구성된다.

해설 14,15
뿜칠(Spraying) 요령
① Gun은 가급적 연속적으로 움직인다.
※ 도면과 직각으로 수평으로 이동
② Gun의 운행 방향은 제1회, 제2회 제각기 직각이 되도록 한다.
③ Gun은 도면에 30cm거리를 유지함과 동시에 1행의 뿜는 도면의 폭은 30cm 정도로 1/3~1/2행이 겹치게 한다.

정답 11. ② 12. ② 13. ③ 14. ②

문제 15 〔기사〕

건축공사 뿜도장 도장공법에 대한 설명으로 틀린 것은?

① 뿜도장 거리는 뿜도장면에서 300mm를 표준으로 하고 압력에 따라 가감한다.
② 매 회의 에어 스프레이는 붓도장과 동등한 정도의 두께로 하고, 2회분의 도막 두께를 한 번에 도장하지 않는다.
③ 각 회의 뿜도장 방향은 제1회 때와 제2회 때를 서로 평행하게 진행시켜서 뿜칠을 해야 한다.
④ 뿜도장을 할 때에는 항상 평행이동하면서 운행의 한 줄마다 뿜도장 너비의 1/3 정도를 겹쳐 뿜는다.

문제 16 〔산업〕

도장공사 중 금속재 바탕처리를 위해 인산을 활성제로 하여 비닐 부틸랄 수지, 알코올, 물, 징크로메이트 등을 배합하여 금속면에 칠하면 인산피막을 형성함과 동시에 비닐 부틸랄 수지의 피막이 형성됨으로써 녹막이와 표면을 거칠게 처리하는 방법은?

① 인산피막법
② 워시 프라이머법
③ 퍼커라이징법
④ 본더라이징법

문제 17 〔기사〕

다음은 어떤 도장 결함의 원인을 설명한 것인가?

> "초벌바름에 염료가 들어 있을 때, 바탕재 표면에 기름이 묻어 있을 때, 역청질 도료를 초벌 바름한 위에 도장할 때"

① 번짐(브리트)
② 주름
③ 색 분리
④ 리프팅

문제 18 〔기사〕

다음 중 도장공사를 위한 목부 바탕만들기 공정으로 옳지 않은 것은?

① 오염, 부착물의 제거
② 송진의 처리
③ 옹이땜
④ 바니쉬칠

해 설

④ 압력이 너무 낮으면 도면의 칠 오름이 거칠어지고 너무 높으면 손실이 많다.
※ 칠오름을 확인하면서 뿜칠 건의 압력을 조절한다.

[해설] 16
- 문제의 지문은 ②항을 설명한 것이다.
- ①, ③, ④항은 같은 방법으로 인산피막법을 말한다.

[해설] 17 도장 결함원인 용어설명
① 색 분리 : 혼입불충분, 용제 과다첨가
② 주름 : 유성도료를 두껍게 도장시 발생. 급격한 건조시, 초벌바름의 건조불량후 재벌 바름시.
③ 리프팅 : 재벌바름 도료의 용제가 초벌바름 도료에 침투함으로 도막이 수축되거나 박리됨.

[해설] 18 목부의 도장바탕 처리순서
① 오염, 부착물 제거
② 송진처리(긁어내기, 인두지짐, 휘발유 닦기)
③ 연마지 닦기(대팻자국 제거 등)
④ 옹이땜(셀락니스칠)
⑤ 구멍땜(퍼티먹임) 및 눈메움

[정답] 15. ③ 16. ② 17. ① 18. ④

문제 19

고분자수지와 건성유를 가열융합하고 건조제를 넣어 용제로 녹인 것으로 붓칠시공이 가능하며 건조가 빠르고 광택이나 투명한 도막을 만드는 도료는?

① 에나멜 페인트
② 바니시
③ 래커
④ 합성수지 에멀션 페인트

문제 20

도장공사에서 표면의 요철이나 홈, 빈틈을 없애기 위하여 주로 점도가 높은 퍼티나 충전제를 메우고 여분의 도료는 긁어 평활하게 하는 도장방법은?

① 붓도장
② 주걱도장
③ 정전분체도장
④ 롤러도장

해설 19
① 바니쉬는 유성바니쉬와 휘발성 바니쉬가 있다.
② 래커(Lacquer)는 휘발성으로 붓칠시공이 불가능하여 뿜칠하여 시공한다.

해설 20
(1) 주걱도장(일명. 헤라도장)
표면의 요철이나 빈틈을 없애기 위해 주로 점도가 높은 퍼티나 충전재를 사용한다.
※ 붓이나 롤러도장전 바탕처리에도 이용된다.
(2) 정전분체도장
고전압하에서 음극의 분체도료를 양극의 물체에 분사하여 부착시키고 고열로 가열, 용융, 경화시키는 방법이다.
※ 액체 페인트보다 내식성, 접착성, 내구성이 우수하다. 전기, 전자기계, 자전거 등의 도장에 사용된다.

정답 19. ② 20. ②

2 합성수지공사

> **학습방향**
> 합성수지공사에서는 열가소성수지와 열경화성수지의 종류 및 특징에 대해서 정리하여야 한다.

1 합성수지(Plastics) 재료

Plastic이란 어떤 온도 범위에서는 가소성(Plasticity)을 유지하는 물질이라는 뜻으로 쓰이며 가소성을 가진 고분자 화합물을 총칭한다. 합성수지(Synthetic Resins)는 석탄, 석유, 천연가스등의 원료를 인공적으로 합성시켜 얻는 물질로 가소성이 풍부하며 Plastics과 같은 뜻으로 쓰인다.

(1) 플라스틱의 장·단점

장 점	단 점
① 우수한 가공성으로 성형, 가공이 쉽다.	① 내마모성, 표면 강도가 약하다.
② 경량, 착색용이, 비강도 값이 크다.	② 열에 의한 신장(팽창, 수축)이 크다.
③ 내구, 내수, 내식, 내충격성이 강하다.	③ 내열성, 내후성은 약하다.
④ 접착성이 강하고 전기 절연성이 있다.	④ 압축강도 이외의 강도, 탄성계수가 작다.

(2) 합성수지의 특징

1) 열 가소성 수지 (중합형)	2) 열경화성 수지 (축합성)
단량체(Monomer)가 상호결합하는 중합반응으로 고분자로 된 것. 유기용제에 녹고, 2차 성형이 가능. 연화온도 : 60~80℃	원료가 결합할 때 물, 염산, 알콜 등을 부생시키며 축합반응으로 고분자화 한다. 성형품은 용제에 안녹는다. 2차 성형이 불가능. 연화온도 : 130~200℃

(3) 접착제

1) 단백질 및 전분계통 접착제의 종류

① 카세인(우유에서 추출)　　② 콩풀
③ 알부민(혈액에서 추출, 거의 사용 안함)

2) 합성수지계 접착제의 종류 및 특성

종류	특 징
에폭시 수지 (Epoxy Resin Paste)	내수성, 내습성, 내약품성, 전기절연성이 우수, 접착력 강함. 피막이 단단하고 유연성 부족, 값이 비싸다. 금속, 항공기 접착에도 쓰인다. 현재까지의 접착제 중 가장 우수하다.

학습POINT

■ 열가소성수지와 열경화성수지 비교

열가소성	열경화성
중합반응	축합반응
재가열 가능	재가열 불능
수장재	구조재
무르다	단단하다

■ 합성수지계 접착제의 용도

종류	용도
페놀수지풀	내수합판, 금속, 유리바탕
요소수지풀	목재(내수성은 적으나 접착성, 내구성 우수)
멜라민수지풀	목재(내수성, 내열성, 접착성 우수)
실리콘수지풀	유리섬유판, 텍스, 피혁 등 모든 재료(방수재료, 내열성, 전기절연성)
에폭시수지풀	금속(항공기 접착), 유리, 목재, 종이, 직물, 콘크리트(접착성 특히 우수)

실리콘수지 (Silicon Resin Paste)	특히 내수성이 우수하다. 내열성 우수 (200℃), 내연성, 전기 절연성 우수. 유리섬유판, 텍스, 피혁류 등 모든 접착 가능. 방수제로도 사용한다.

2 합성수지의 종류 및 특징

(1) 열가소성수지의 특징 및 용도

수지종류	특 징	용 도
염화비닐수지	약품에 침식되지 않고, 성형이 용이하며, 착색이 자유롭다. 내열성이 낮고(약 70℃)온도에 의한 신축이 크다. 채광 지붕 재료는 변색한다.	수지시멘트로 사용
초산비닐수지	에멀션 또는 염화비닐수지의 중합체로 사용한다.	도료, 접착제
폴리스틸렌수지 (스티롤수지)	내수성과 내약품성이 크다. 발포 스티로폴은 단열 및 완충재로 사용한다.	천장재, 블라인드
폴리에틸렌수지	저온에서 탄성이 풍부하고 내약품성이 크다. 노화(老化)가 비교적 되지 않는다.	벽체발포보온판, 건축용 성형품
폴리아미드수지	인조 섬유재로서 인장 강도와 내마모성이 우수하며 나일론 재료이다.	내장재
메탈아크릴수지	투명도나 착색성이 우수하나 표면에 상처가 생기기 쉽고 열에 약하다. (약 70℃) 판유리 대용으로 사용된다.	채광 재료, 도료

■ 합성수지의 구분

열가소성수지	열경화성
① 염화비닐수지 ② 초산비닐수지 ③ 메탈아크릴수지 ④ 폴리아미드수지 ⑤ 불소수지 ⑥ 스티롤수지 ⑦ 폴리에틸렌수지	① 페놀수지 ② 요소수지 ③ 멜라민수지 ④ 폴리에스테르수지 ⑤ 에폭시수지 ⑥ 실리콘수지 ⑦ 프란수지

(2) 열경화성수지의 특징 및 용도

수지종류	특 징	용 도
페놀수지	베이클라이트를 만든다. 내열성이 있고 단단하고 강도가 크다. 전기 절연성, 내약품성, 내수성이 좋다. 흑색과 갈색	전기 절연 재료, 접착제, 도료
폴리에스테르수지	강도가 크고 투명하다. 유리섬유와 혼합하여 FRP제품을 만든다. · FRP(Glass Fibre Reinforced Plastic)	항공기, 차량구조재, 건축창호재
멜라민수지	투명하고 표면경도가 크다. 내약품성과 내열성이 좋고 표면 치장재로 쓴다. (도료로 사용시 알키드로 변형하여 사용)	가구의 표면 치장판, 접착제
폴리우레탄수지	발포시킨 것은 강하고 내노화성(耐老化性), 내약품성이 좋다.	단열, 방음재, 쿠션, 줄눈재
요소(尿素)수지	강도와 단열성이 있고 내약품성이 크고 투명하며, 착색이 가능하다.	합판 접착제, 식품용기
에폭시수지	내열성과 내한성(耐寒性)이 좋다. (-60~+260℃)물을 튀기는 성질이 있다.	구조용 접착제, 도료

핵 심 문 제

문제 1 　　　　　　　　　　　　　　　　　　　　기사
다음 재료 중 열가소성 수지에 속하는 것은?
① 페놀수지　　　　② 요소수지
③ 아크릴수지　　　④ 멜라민수지

문제 2 　　　　　　　　　　　　　　　　　　　　공통
다음 중 열가소성수지에 해당하는 것은?
① 페놀수지　　　　② 요소수지
③ 멜라민수지　　　④ 염화비닐수지

문제 3 　　　　　　　　　　　　　　　　　　　　공통
수지의 종류 중 열경화성 수지에 속하지 않는 것은?
① 페놀수지　　　　② 요소수지
③ 멜라민수지　　　④ 폴리에틸렌수지

문제 4 　　　　　　　　　　　　　　　　　　　　산업
접착제 중 가장 우수한 것으로 경화제의 첨가에 따라 불용불융인 수지가 되며 특히 금속접착에 적당하며 항공기체의 접착에 쓰이는 것은?
① 에폭시 수지　　　② 페놀 수지
③ 멜라민 수지　　　④ 요소 수지

문제 5 　　　　　　　　　　　　　　　　　　　　기사
건축물의 천장재, 블라인드 등을 만드는 합성수지 중 열가소성 수지는?
① 알키드 수지(Alkyd Resin)
② 요소 수지
③ 폴리스틸렌(Polystyrene. P. S) 수지
④ 실리콘(Silicon)

문제 6 　　　　　　　　　　　　　　　　　　　　기사
벽체 발포보온판 및 건축용 성형품으로 이용되는 열가소성 수지는?
① 폴리에틸렌 수지　　② 아크릴 수지
③ 멜라민 수지　　　　④ 페놀수지

해 설

해설 1,2,3
(1) 열가소성 수지의 종류
　① 염화비닐 · 초산비닐수지
　② 폴리에틸렌수지
　③ 폴리프로필렌수지
　④ 폴리스틸렌수지(스티롤수지)
　⑤ 메탈아크릴수지
　⑥ 폴리아미드수지
(2) 열경화성수지의 종류
　① 페놀수지
　② 요소수지
　③ 멜라민수지
　④ 폴리에스테르수지
　⑤ 에폭시수지
　⑥ 실리콘수지
　⑦ 프란수지

해설 4 에폭시 수지
　① 내수성, 내습성, 내약품성, 전기절연이 우수, 접착력 강함
　② 피막이 단단하고 유연성 부족, 값이 비싸다.
　③ 금속,항공기 접착에도 쓰인다.
　④ 접착제중 가장 우수하다.

해설 5 폴리스틸렌수지
　① 발포제로서 보드상으로 성형하여 단열재로 널리 사용되는 열가소성 수지이다.
　② 건축벽 타일, 건물의 천장재, 블라인드 등에도 사용된다.

해설 6,7 폴리에틸렌수지
　① 내약품성, 전기절연성, 내수성이 양호하다.
　② 물보다 가볍다. 내충격성은 보통 합성수지의 5배 정도이다.
　③ 용도 : 방수필름, 방습시트, 내화학용 pipe, 건축용 성형품, 발포보온판 등에 사용된다.

정답 1. ③ 2. ④ 3. ④ 4. ① 5. ③ 6. ①

문제 7
얇은 시트로 이용되는 경우가 많으며 내화학성의 파이프 또는 건축용 성형품으로도 쓰이는 열가소성 수지는?
① 폴리에틸렌 수지
② 아크릴 수지
③ 멜라민 수지
④ 페놀수지

문제 8
합성수지에 관한 설명으로 옳지 않은 것은?
① 에폭시 수지는 접착제, 프린트 배선판 등에 사용된다.
② 염화비닐수지는 내후성이 있고, 수도관 등에 사용된다.
③ 아크릴 수지는 내약품성이 있고, 조명기구커버 등에 사용된다.
④ 페놀수지는 알칼리에 매우 강하고, 천장 채광판 등에 주로 사용된다.

해설 8
① 페놀수지는 전기절연재료, 내수합판의 접착제 등으로 사용이 된다.
② 천장, 채광판 등에는 폴리에틸렌수지(스티롤수지)나 아크릴수지 등이 사용이 된다.

문제 9
최근에는 바닥 마감재의 시공성 확보 및 일체성을 위해 프라스틱 바름 바닥재의 사용이 많아지고 있다. 프라스틱 바름 바닥재와 설명으로 옳지 않은 것은?
① 폴리우레탄 바름 바닥재 – 공기 중의 수분과 화학반응하는 경우 저온과 저습에서 경화가 늦으므로 5℃ 이하에서는 촉진제를 사용한다.
② 에폭시수지 바름 바닥재 – 수지 페이스트와 수지모르타르용 결합재에 경화제를 혼합하면 생기는 기포의 혼입을 막도록 소포제를 첨가한다.
③ 불포화 폴리에스테르 바름 바닥재 – 표면경도(탄력성), 신축성 등이 폴리우레탄에 가까운 연질이고 페이스트, 모르타르, 골재 등을 섞어서 사용한다.
④ 프란수지 바름 바닥재 – 탄력성과 미끄럼 방지에 유리하여 체육관에 많이 사용한다.

해설 9
① ④항의 설명은 클로로프렌 고무 바닥 바름재의 설명이다.
② 프란수지 바닥 바름재는 강산을 취급하는 공장용 바닥재로 쓰인다.

문제 10
플라스틱 바름바닥재 중 공기 중의 수분과 화학반응하는 경우 저온과 저습에서 경화가 늦으므로 5℃ 이하에서 촉진제를 사용하는 것은?
① 에폭시수지
② 아크릴수지
③ 폴리우레탄
④ 클로프렌고무

해설 10
※ 문제 9번의 ①항 참조

정답 7. ① 8. ④ 9. ④ 10. ③

3 금속 및 커튼월 공사

> **학습방향**
> 금속공사에서는 각종 금속철물의 용도 중 코너비이드, 와이어라스, 인서트, 펀칭메탈에 대하여 정리하여야 한다.
> 커튼월 공사는 커튼월의 외관변형에 따른 분류, 커튼월 시험항목 등을 잘 숙지해 두어야 한다.

1 금속공사

(1) 금속재료의 일반적인 특성과 단점

금속의 일반적인 특징	단 점
① 고체상태에서는 결정이다. ② 열과 전기의 양전체이고 광택이 있다. ③ 소성변형을 일으킨다. ④ 경도가 높고 내마모성이 크다.	① 비중(밀도)이 일반적으로 크다. ② 녹이 슬기 쉽다. ③ 가공 설비나 비용이 많이 든다. ④ 색체가 다양하지 못하다.

학습POINT

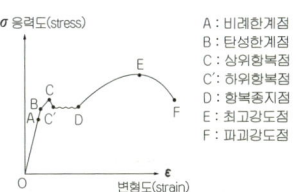

A : 비례한계점
B : 탄성한계점
C : 상위항복점
C': 하위항복점
D : 항복종지점
E : 최고강도점
F : 파괴강도점

〈그림〉 강의 응력도와 변형도 곡선

(2) 재료의 성질을 나타내는 용어

경도(硬度) (hardness)	경도란 국부적 전단력, 마모등에 대한 저항성으로 강재의 기본적 성질의 하나이다. 브리넬 경도로 보통표시.(인장강도 값의 약 2.0배이다.)
인성(靭性) (Toughness)	충격에 대한 재료의 저항성, 하중을 받아 파괴시 까지의 에너지 흡수능력으로 나타냄. 높은 응력에 견디고 또한 큰 변형을 나타내는 성질. (재료가 질긴 성질) : 샤르피 충격시험기, 아이조드 충격시험기로 시험
취성(脆性) (Brittleness)	어떤 재료에 외력을 가했을 때에 작은 변형에도 파괴되는 성질. 일반적으로 주철, 유리 등 영계수가 큰 재료가 취성이 크고, 충격 강도와도 밀접한 관계가 있다. 취성파괴는 저온에서 일어나기 쉽다.
강성(剛性) (Rigidity)	부재나 구조물이 외력을 받았을 때 변형에 저항하는 성질. 강도와 직접 관계는 없고 탄성계수가 큰 재료. 변형이 작은 재료가 강성이 크다.
연성(延性) (Ductility)	재료가 탄성한계 이상의 힘을 받아도 파괴되지 않고 가늘고 길게 늘어나는 성질
전성(塵性) (Malleability)	압력과 타격에 의해 금속을 가늘고 넓게 판상으로 소성변형 시킬 수 있는 성질. 가단성(可鍛性)이라고도 하며 납이 가장 전성이 좋다.
피로강도 (Fatique Strength)	강재의 반복하중이 작용하면 항복점 이하의 범위에서도 물체가 파괴되는 현상으로 이때 하중을 피로 하중이라 한다.

(3) 철의 열처리 방법

구 분		방법 및 특징
풀림	소둔(燒鈍)(Annealing)	(800~1000℃)으로 가열하여 노(爐) 중에서 서서히 냉각 강의 조직이 표준화, 균질화되어 내부 변형이 제거 인장강도 저하 신율과 점성이 증가
불림	소준(燒準)(Normalizing)	변태점이상 가열후 공기중에서 냉각 시킨다. 합금원소의 절삭 가공을 위한 연질화, 항복점 강도 증가
담금질	소입(燒入)(Quenching)(Hardening)	보통 800~900℃ 고온 강열후(오스테나이트 상태) 물이나 기름에 급냉시켜, 마르텐사이트라는 단단한 조직을 얻는다. 경도, 내마모성 증가, 신장율, 단면 수축율은 감소한다. 강재를 용접할 때 일종의 담금질 처리한 것과 같아진다.
뜨임질	소려(燒戾)(Tempering)	담금질한 강의 취성 개선 목적으로 행한다. 변형점이하 (600℃)로 가열후 서서히 냉각시켜 강조직을 안정상태가 되게 한다. 경도와 강도감소. 신장율, 단면수축율, 내충격성은 증가

■ 강의 열처리

열처리	목 적
풀 림(소둔)	• 변형제거 • 조직의 균질화
불 림(소준)	• 결정의 미세화 • 조직의 연질화
담금질(소입)	• 강도증가 • 경도증가
뜨 임(소려)	• 강도감소

1. 풀림 – 노안에서 냉각
2. 불림 – 대기 중 냉각
3. 담금질 – 급냉(물, 기름중)
4. 뜨임 – 담금질 후 가열냉각

(4) 각종 금속철물

	구 분	방법 및 특징
기성재철물	미끄럼막이(Non-Slip)	계단, 디딤판 끝에 대어 미끄러지지 않게 하는 철물. 황동제, 타일제품, 석재, 접착 Sheet등 다양하다.
	계단 난간	황동제, 철제, 스텐레스, 각관 등을 용접 또는 소켓 접합한다.
	코너비이드	기둥, 벽, 등의 모서리에 대어 미장 바름을 보호하는 철물
	Plaster Stop	미장바름과 다른 마감재와의 접촉부에 넣는 줄눈대.
	바닥용 줄눈대 (황동줄눈대)	인조석 테라죠갈기에 쓰이는 황동압출재로 I 자형이다. 두께 4~5mm 높이 12mm, 길이 90cm가 표준 *사용목적 : Crack방지, 보수용이, 바닥 바름구획의 조정등으로 사용
	벽 천장, 바닥용 줄눈대(Joiner)	아연도금 철제제, 경금속재, 황동제의 얇은 판을 프레스한 길이 1.8m정도의 줄눈가림재로, 이질재와의 접촉부에 사용
	철망(Wire Lath)	원형, 마름모, 갑형 등 3종류가 있다. 철선을 꼬아서 만든 것으로 벽, 천정의 미장 공사에 쓰인다.
	Metel Lath (익스펜디드 메탈)	얇은 철판(#28)에 자름금을 내어서 당겨 만든 것으로 벽, 천정의 미장 바름에 사용된다.
	와이어 메쉬 (Wire Mesh)	연강 철선을 전기 용접하여 정방형, 장방형으로 만든 것 Concrete바닥판, Concrete포장 등에 쓰인다.
	Block Mesh	블록 보강용 와이어 메쉬로, 1.5cm간격으로 전기 용접한 것
고정철물	인서트(Insert)	달대를 매달기 위한 수장철물로 Concrete바닥판에 미리 묻어 놓는다. (철근, 철물, Pin, Bolt등도 사용)
	익스팬션 Bolt	삽입된 연결 Plug에 나사못을 채운 것
	스크류 앵커	익스팬션 Bolt와 같은 원리이다.
	Drive – It (Drive Pin)	소량의 화약의 폭발력을 이용하여 Concrete, 벽돌벽, 강재 등에 Drive Pin을 순간적으로 처박는 기계이다.

▶ 황동줄눈대와 Non-Slip의 모습

▶ 와이어메쉬 시공장면

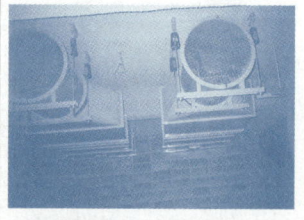
▶ 달대에 의한 덕트고정

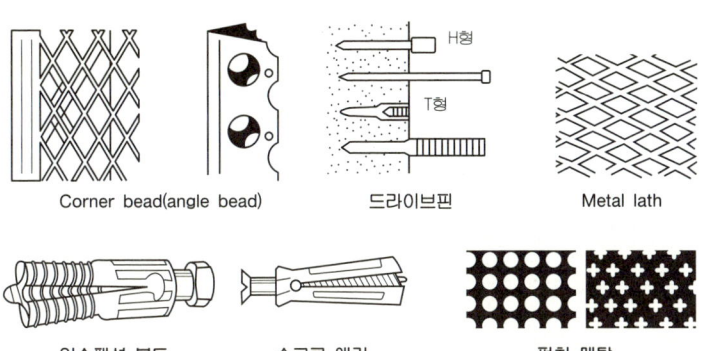
<그림> 각종철물

■ 펀칭 Metal
판두께 1.2mm이하의 얇은 판에 각종 무늬의 구멍을 천공. 장식용, 라지에터 커버 등에 쓰인다.

(5) 탄소함유량에 따른 강의 물리적 성질

일반적으로 강은 탄소함유량이 증가함에 따라 비중(밀도), 열팽창 계수, 열전도율이 떨어지고 비열, 전기저항 등은 커진다.

1) 탄소량의 증가에 따라 인장강도, 경도는 증가, 신율, 수축율은 감소
2) 탄소함유량 0.9%까지는 인장강도, 경도는 증가한다.(0.85%에서 최대)
3) 탄소함유량 0.9% 이상이면 인장강도가 감소한다.
4) 굴곡성은 탄소량이 적을수록 커진다.(탄소량 0.1%이하는 접어서 밀착가능)
5) 강의 기타 성분과 특징

Si (규소)	• 3%까지는 강도가 증대. 많아질수록 취약하고 가단성(可鍛性)이 감소.
Mn (망간)	• 1% 정도까지는 강도 및 경도는 증가. 2% 이상되면 취약.
S (황)	• 유해한 불순물로서 0.2%에 이르면 강재로서의 가치가 없다.
P (인)	• 유해한 불순물로서 강도를 현저히 감소시킨다. • S와 같이 0.06% 이하로 제한된다.

■ 강의 온도에 의한 성질변화
① 상온에서 100℃ 까지는 강도의 변화가 없고, 200~300℃ (약 250℃)에서 인장강도가 최대가 된다.
② 신율은 200~300℃ 에서 최소로 되며, 그 이상의 온도에서는 신율과 열팽창 계수는 급격히 증가된다.
③ 500℃ : 상온일 때 강도의 1/2로 감소
④ 600℃ : 상온일 때 강도의 1/3로 감소
⑤ 900~1,000℃ : 거의 강도를 상실한다.

2 커튼월 공사

(1) 재료에 의한 커튼월의 분류

커튼월공사는 건축물의 외주벽을 구성하는 비내력벽으로 건축골조에 고정철물(Fastener)을 사용 부착하는 공법이다.
① 금속제 커튼월(Metal Curtain wall)
② PC 커튼월(Precast Concrete Curtain wall)
③ ALC, PLAC(Precastable Autoclaved Lightweight Concrete) 커튼월
④ GPC(석재+콘크리트 일체화), TPC(Tile precast concrete)판 공법 등
⑤ 성형판(FRP 성형판 사용) 공법
⑥ 복합 커튼월 : 2종이상 재료 복합화

■ 커튼월
건축물의 비내력 외주벽을 구성하는 공법으로 주로 골조에 고정철물을 사용하여 부착한다.

(2) 커튼월 방식의 분류

1) 외관 및 형태 Design별 분류

① 선대(샛기둥) 방식 (Mullion Type)	수직선강조, 수직지지대 사이에 판넬을 끼워 수직지지대가 노출되는 방식
② Spandrel Type	수평선강조, 창과 spandrel의 조합구성
③ 격자(Gride) Type	수직, 수평의 격자형 외관 표현방식
④ 피복(은폐)방식 (Sheath Type)	구조체를 판넬로 은폐, Sash가 판넬안으로 은폐되는 형식이다.

▶ 선대(Mullion)방식 : 수직선강조

▶ Spandrel방식 : 수평선 강조

2) 조립방식별 분류

① Unitwall공법 : 공장에서 완전조립후 현장설치
② Stickwall공법 : 부재를 현장에 반입하여 현장에서 조립, 설치하는 방법으로 knock down system이라고도 한다.
③ 구조방식별로 패널방식, 샛기둥방식, 커버방식 등으로도 구분한다.
④ 연결부의 줄눈처리방식에 따라 Wet Joint System(습식접합), Dry Joint System(건식접합) 등으로 구분한다.

(3) 커튼월의 실물대 모형시험 (Mock-up Test)의 시험항목

① 예비시험	설계풍압력의 +50%를 일정기간(10초) 동안 가압하여 시료의 상태를 일시적으로 점검 시험실시 가능여부 판단
② 기밀시험	지정된 압력차에서 유속측정 뒤 공기누출량 측정
③ 정압수밀시험	설계풍압력의 20%에서 3.4ℓ/m² · min의 유량을 15분간 살수 (Water Spray)
④ 동압수밀시험	정압수압과 유사. 가압방식의 차이가 있음. 설계풍압의 20%나 30.4kg/m² 중 큰 값 적용. 살수는 3.4ℓ/m² · min 분량으로 15분간 실시
⑤ 구조시험	설계풍압력 100%, ±100%에서 설계기준 만족. 설계풍압 ±150%에서 변위가 2L/1000 이하이어야 한다. ※ 내풍압성능시험, 층간변위추종성시험

■ Mock-up Test
풍동시험을 근거로 3개의 실물 모형를 만들어 건축예정지의 최악조건으로 시험하여 재료품질, 구조계산치 등을 수정할 목적으로 행하는 실물대 모형시험이다.

(4) PC(공업화)건축의 장·단점

장 점	단 점
① 품질수준의 향상 ② 원가절감 ③ 건식공법화 ④ 기계화 시공 가능 ⑤ 건설공해 감소 ⑥ 현장작업 감소	① 다양성 부족 ② 접합부의 강도부족 ③ 운반거리의 제약 ④ 이중운반에 따른 파손 ⑤ 양중작업시 주의 ⑥ 수요자의 선호도 낮음

■ Fastener의 부착방식
① 회전방식
  ㉮ 핀지지방식
  ㉯ 브라켓 이용방식
② 슬라이드 방식
③ 고정 방식

(5) 각종 공법 소개

1) HPC공법(H형강+PC판) 내화피복을 겸한 현장 Concrete타설 공법	① 기둥은 H형강 사용, 보, 바닥, 내력벽은 PC 부재화 해서 현장조립. ② 기둥은 SRC조로 현장타설, 조립과 현장 병행작업. ③ 접합은 고력Bolt, 용접으로 하며 Dry Joint방법이고 공업화율이 높다.
2) 적층공법 (TSA 공법)	Pre-Fab화된 구조체 및 외벽등을 한층씩 조립함과 동시에 설비를 포함한 마감도 각층씩 끝내면서 세워가는 공법.(고층건물에 적당)
3) ALC패널 설치공법 (건축공사 표준시방서)	① 수직 철근 보강 공법 ② 타이 플레이트 공법 ③ 슬라이드 공법 ④ 커버 플레이트 공법 ⑤ 볼트 조임 공법 ⑥ 부설근 공법

3 기타공사

(1) 단열공법

1) 단열재의 요구조건

① 열전도율이 낮을 것
② 흡수성이 낮을 것.
③ 투습성이 적고, 내화성이 있을 것.
④ 비중(밀도)이 작고, 상온에서 가공성이 좋을 것.
⑤ 내후성이, 내산성, 내알카리성 재료로 부패되지 않을 것.
⑥ 균질한 품질, 가격이 저렴할 것.
⑦ 유독가스 발생이 적고 인체에 유해하지 않을 것.

2) 벽단열공법

① 외벽단열법 : 단열재를 구조체 외측 외벽에 시공 설치하는 공법. 단열효과 우수. 시공이 어렵고 복잡하나 한냉지에 시공
② 내벽단열법 : 단열재를 구조체 내부에 시공. 결로 발생 우려, 구체 동시시공가능

③ 중공벽단열 : 단열재를 구조체 중간에 설치. (조적벽 공간쌓기 사이) PC판의 단열 공사용. 단열효과는 우수. 공사비는 많이 든다.

3) 시공법의 종류
① 성형 단열재붙임공법 : 구조체 동시 타설가능. 접합부의 수가 적으므로 습기투과 방지가능. 구체로 부터의 탈락방지용 철물을 장치.
② 현장발포공법 : 발포수지(우레아폼)가 대표적이다. 복잡한 형상의 공간에도 골고루 압입주입이 가능. 표면마무리, 유동성 개선. 시공 후 공극발생 염려가 없다.
③ 뿜칠공법 : 어떤 복잡한 형상의 단면에도 고루 시공이 가능하다. 아스베스토스가 대표적이다. 방화측면에서도 우수하다.

4) 단열재료의 분류
① 섬유질 재료 : 암면, (암면판, 펠트, 보온통), Glass Wool(유리면), 텍스, 콜크 등이 있다.
② 다포질 재료 : 기포유리, 단열 Mortar, 기포 Concrete, 경량골재, 기포 Plastic 등
③ 반사성 재료 : 다층 알미늄박 방수지, 알미늄박 및 아스팔트 펠트

▶ Access Floor 모습

(2) Access 바닥(Free Access Floor)

일정한 공간을 두고 떠 있게한 이중바닥 System을 free access floor 라 하며, 공조, 배관, 전기, 전자, Computer 설치와 유지관리, 보수의 편리성, 용량조정의 편리성등으로 사용된다. 주로 장방형의 Floor panel을 pedestal(받침대)로 지지시켜 만들며 Intelligent Building, EDPS실(전산정보처리실), 전화교환실, Computer실 등에 사용된다.

핵 심 문 제

해 설

문제 1 　　　　　　　　　　　　　　　　산업

재료에 작용하는 외력이 일정한도에 달하면 외력의 증가없이 변형이 증대되는 재료의 역학적 성질을 무엇이라 하는가?

① 탄성(Elasticity)
② 점성(Viscosity)
③ 소성(Plasticity)
④ 취성(Brittleness)

해설 1
소성이란 물체에 탄성 한도를 초과하는 응력을 가하여 변형시키면 마치 점성이 큰 유체와 같은 성질을 나타내며 응력을 제거하여도 변형이 원상태로 회복되지 않고 그대로 남아 있는 성질을 말한다.

문제 2 　　　　　　　　　　　　　　　　공통

기둥, 벽 등의 모서리에 대어 미장바름을 보호하는 철물 명칭이 맞는 것은?

① 코너비이드(corner bead)
② 미끄럼막이(non-slip)
③ 인서어트(insert)
④ 줄눈(joiner)

문제 3 　　　　　　　　　　　　　　　　공통

철근 콘크리트조 바닥판 밑에 반자틀이 계획되어 있음에도 불구하고 실수로 인하여 인서트를 설치하지 않았다고 할 때 인서트의 효과를 낼 수 있는 가능한 철물설치방법으로 옳지 않은 것은?

① 익스팬션 보울트(expansion bolt)
② 스크류 앵커(screw anchor)
③ 드라이브 핀(Drive pin) 설치
④ 가스켓(gasket) 설치

해설 3 가스켓
가스켓은 성형 Seal재로써 유리를 고정하거나, 이질재접합부에 끼움하는 재료이다.

문제 4 　　　　　　　　　　　　　　　　기사

목조, 철골조 등의 벽, 천장에 모르타르 바탕이 되어 부착이 잘되게 하며 미장재의 균열을 방지할 수 있는 금속재료로 적당하지 않은 것은?

① 메탈 라스
② 와이어 라스
③ 익스팬디드 메탈
④ 펀칭 메탈

해설 4
메탈라스, 와이어라스, 익스펜디드 메탈 등은 미장바탕용, 균열방지용 금속재료이다.
※ 펀칭메탈은 장식용이다.

정답 1. ③ 2. ① 3. ④ 4. ④

문제 5 　　　　　　　　　　　　　　　　　　　　기사

연강철선을 전기용접하여 정방형 또는 장방형으로 만든 것으로 콘크리트 다짐바닥, 지면 콘크리트 포장 등에 사용하는 금속재는?
① 와이어 라스(Wire lath)
② 와이어 메쉬(Wire mesh)
③ 메탈 라스(Metal lath)
④ 익스팬디드 메탈(Expanded Metal)

문제 6 　　　　　　　　　　　　　　　　　　　　기사

건축물에 사용되는 금속자재와 그 용도가 바르게 연결되지 않은 것은?
① 경량철골 M-BAR : 경량벽체 시공을 위한 구조용 지지틀
② 코너비드 : 벽, 기둥 등의 모서리에 대는 보호용 철물
③ 논슬립 : 계단에 사용하는 미끄럼 방지 철물
④ 조이너 : 천장, 벽 등의 이음새 감추기용 철물

문제 7 　　　　　　　　　　　　　　　　　　　　기사

다음 금속재료의 탄소함유량이 0에서 0.8%로 증가함에 따른 제반물성변화에 대한 설명으로 옳지 않은 것은?
① 인장강도는 증가한다.
② 탄성계수는 증가한다.
③ 신율은 증가한다.
④ 경도는 증가한다.

문제 8 　　　　　　　　　　　　　　　　　　　　기사

다음 중 비철금속에 해당되지 않는 것은?
① 알루미늄
② 탄소강
③ 동
④ 아연

해 설

해설 5 와이어 매쉬(Wire Mesh)
연강 철선을 전기 용접하여 정방형, 장방형으로 만든 것으로 Concrete 바닥판이나, Concrete 포장 등에 쓰인다.

해설 6 경량 철골 M-BAR
① 경량 철골 M-BAR는 달천장을 시공할 때 C 찬넬에 부착되어서 마감재인 텍스를 시공하기 위한 부속 철물이다.
② 경량 벽체용 구조지지틀과는 전혀 관련이 없는 철물이다.

해설 7 강(탄소강)의 조직성분

C (탄소)	• 강은 탄소함유량이 많을수록 경(硬)하고 강도도 증대되나, 신도(신율)는 감소된다. • 0.9~1.0% 함유시 인장강도는 최대. 이를 넘으면 감소. 경도는 0.9% 함유시 최대. 이 이상함유 되어도 경도는 일정하다.
Si (규소)	• 3%까지는 강도가 증대. 많아질수록 취약하고 가단성(可鍛性)이 감소.
Mn (망간)	• 1% 정도까지는 강도 및 경도는 증가. 2% 이상되면 취약.
S (황)	• 유해한 불순물로서 0.2%에 이르면 강재로서의 가치가 없다.
P (인)	• 유해한 불순물로서 강도를 현저히 감소시킨다. • S와 같이 0.06% 이하로 제한된다.

해설 8
탄소강 이외의 금속을 비철금속이라고 부른다.

정답 5.② 6.① 7.③ 8.②

문제 9

커튼월을 외관형태로 분류할 때 그 종류에 해당되지 않는 것은?

① 샛기둥 방식(Mullion type)
② 스팬드럴 방식(spandrel type)
③ 격자 방식(grid type)
④ 내력벽 방식(wall type), 슬라이드 방식(slide type)

문제 10

외기의 영향으로 인한 외장재의 성능을 사전에 검토하기 위해 실시하는 실물 모형시험(Mock-up Test)의 성능시험 항목에 해당하지 않는 것은?

① 풍동시험
② 기밀시험
③ 정압수밀시험
④ 동압수밀시험

문제 11

커튼월 Mock-up Test에 있어 기본성능시험의 항목에 해당되지 않는 것은?

① 정압수밀시험
② 구조시험
③ 기밀시험
④ 방재시험, 비비시험

문제 12

다음 중 커튼월의 판넬 부착방식에 따른 분류에 속하지 않는 것은?

① 멀리온 방식
② 슬라이딩 방식
③ 로킹 방식
④ 고정 방식

문제 13

다음 중 ALC(Autoclaved Lightweight Concrete) 패널의 설치공법이 아닌 것은?

① 수직철근 공법
② 슬라이드 공법
③ 커버플레이트 공법
④ 피치공법

해설

해설 9 커튼월 외관형식 분류
① 선대(샛기둥)방식 : Mullion 방식
② Spandrel방식
③ Sheath(은폐)방식
④ 격자(Grid)방식

해설 10, 11
※ 이 문제는 현장시험인 Mock-up Test 항목을 묻고 있다.
• 커튼월의 Mock-up Test 항목
① 예비시험 : 시험실시 여부 판단시험, 설계풍압의 50%를 가하는 내풍압시험실시
② 기밀시험 : 기밀성 및 공기누출량 측정시험
③ 정압수밀시험 : 누수시험
④ 동압수밀시험 : 맥동압에 의한 누수시험
⑤ 구조시험 : 내풍압시험 및 층간변위측정

해설 12 커튼월의 Fastener 부착방식
(1) 회전방식
 ① 핀지지 방식
 ② 브라켓 이용방식
(2) 슬라이드 방식
(3) 고정 방식

해설 13 ALC 패널의 설치공법(건축공사 표준시방서 규정)
① 수직 철근 보강 공법
② 슬라이드 공법
③ 볼트 조임 공법
④ 타일 플레이트 공법
⑤ 커버 플레이트 공법
⑥ 부설근 공법

정답 9. ④ 10. ① 11. ④ 12. ① 13. ④

문제 14 기사

건축공사 중 커튼월 공사에 관한 다음 내용 중 옳지 않은 것은?

① 커튼월을 구조체에 설치할 때는 비계작업을 원칙으로 한다.
② 공사의 상당부분을 공장제작하므로 현장공정을 크게 단축시키는 것이 가능하다.
③ 제조공정의 경우 전체 공정계획을 고려하여 출하계획을 작성함으로써 작업중단이 생기지 않고 적시생산이 되도록 유도한다.
④ 커튼월 부재의 긴결방식은 슬라이드 방식, 회전방식, 고정방식 등이 있다.

문제 15 공통

커튼월(Curtain wall)에 대한 설명으로 틀린 것은?

① 내력벽에 사용된다.
② 공장생산이 가능하다.
③ 고층건축에 특히 사용된다.
④ 패스너(Fastener)를 이용한 볼트조임으로 구조물에 고정시킨다.

문제 16 산업

프리캐스트 콘크리트 커튼월의 줄눈폭허용차는?

① ±1mm
② ±3mm
③ ±5mm
④ ±7mm

문제 17 산업

다음 재료 중 바닥재료로서 부적당한 것은?

① 에폭시(Epoxy)
② 리놀리움(Linoleum)
③ 플라스틱 시이트(Plastic sheet)
④ 샌드위치 판(Sandwitch panel)

해 설

[해설] 14, 15 커튼월의 설치방법
① 주로 높은 곳에서 양중기를 사용하여 구조체 내부에서 행하므로 비계작업을 원칙으로 하지 않는다. 필요시 달비계 등이 사용될 수 있다.
② 통상 커튼월은 비내력벽식 방법으로 설치된다.

[해설] 16
① 프리캐스트 커튼월의 줄눈폭 허용차 : ±5mm
② 금속재 커튼월의 줄눈폭 허용차 : ±3mm

[해설] 17
샌드위치 판넬은 주로 벽체에 사용되는 재료이다.

정답 14. ① 15. ① 16. ③ 17. ④

문제 18 기사

건축마감공사로서 단열공사와 관련된 다음 내용 중 옳지 않은 것은?

① 단열시공바탕은 단열재 또는 방습재 설치에 지장이 없도록 못, 철선, 모르타르 등의 돌출물을 제거하여 평탄하게 청소한다.
② 설치위치에 따른 단열공법 중 단열성능이 적고 내부 결로가 발생할 우려가 있는 것은 외단열공법이다.
③ 단열재를 접착제로 바탕에 붙이고자 할 때에는 바탕면을 평탄하게 한 후 밀착하여 시공하되 조기박리를 방지하기 위해 압착상태를 유지시킨다.
④ 단열재료에 따른 공법으로 성형판단열재 공법, 현장발포재 공법, 뿜칠단열재 공법으로 분류되고 시공부위별 단열공법으로는 벽단열, 바닥단열, 지붕단열 공법 등이 있다.

해설 18 벽단열 공법 중 성능이 우수한 순서

외벽단열 〉 중공벽단열 〉 내벽단열
※ 단열성능이 작고 내부결로 발생의 우려가 있는 단열공법은 내부단열(내벽단열) 공법이다.

문제 19 기사

다음 중 무기질 단열재료가 아닌 것은?
① 셀룰로오스 섬유판
② 세라믹 섬유
③ 펄라이트 판
④ ALC 패널

해설 19

① 유기질 단열재 : 연질섬유판, 우레탄 폼, 폴리스틸렌 폼, 셀룰로오스 섬유판 등
② 무기질 단열재 : 세라믹 섬유, 펄라이트 판, ALC 판, 암면, 유리면, 규산칼슘판 등
※ 셀룰로오스 섬유판은 목질섬유 원료를 약품처리 한 것이다.

문제 20 기사

다음은 공법에 관한 내용이다. 맞는 내용은?

"미리 공장 생산한 기둥이나 보, 바닥판, 외벽, 내벽 등을 한층씩 쌓아 올라가는 조립식으로 구체를 구축하고 이어서 마감 및 설비공사까지 포함하여 차례로 한층씩 완성해 가는 공법"

① 하프 PC합성바닥판공법
② 역타공법
③ 적층공법
④ 지하연속벽공법

해설 20 조립식구조의 적층공법

미리 공장에서 제작한 구조체 및 외벽 등을 한층씩 조립함과 동시에 설비를 포함한 마감도 한층씩 끝내면서 공사하는 방법으로써 고층건물 시공에 사용되는 공법이다.

정답 18. ② 19. ① 20. ③

건축기사 _ 기출문제

11 CHAPTER 도장, 합성수지, 금속 및 커튼월 공사

문제 1

다음 중 도료용 천연수지가 아닌 것은?

① 로진(rosin)
② 셀락(shellac)
③ 코펄(copal)
④ 알키드 수지(alkyd resin)

[해설] 알키드수지는 합성수지이다.

문제 2

목부에 유성 페인트를 바르기전에 옹이땜을 하기에 가장 적합한 것은?

① 셀락 바니쉬
② 아교
③ 유성 페인트
④ 수성 페인트

[해설] 셀락(Shellac) 바니시
① 셀락(곤충의 분비물)을 알콜에 용해한 것이 셀락 바니쉬이다.
② 옹이땜할때는 셀락 바니시를 1회 솔칠하고 1시간 방치한 후 다시 1회 더 칠하고 1시간 이상 방치한다.(2회칠)

문제 3

도료의 묽기를 이용하여 각종 기구를 써서 바른 면에 요철무늬를 돋히고 다소의 입체감을 내는 특수마무리방법은?

① 스티플(Stipple)칠
② 캐슈(Cashew)칠
③ 합성수지도료칠
④ 콤비네이션(Combination)칠

[해설] 스티플(Stipple)칠
① 무늬의 명칭은 두드림칠·솔자국칠·긁어내기칠 등이 있다.
② 도료의 묽기를 이용하여 각종의 기구를 써서 바른 면에 요철무늬를 만들어 입체감을 낸 마무리로서 주로 벽에 쓰인다.
③ 용구는 솜뭉치·주걱·빗·솔 등이 쓰인다.

문제 4

다음에서 설명하고 있는 도장결함은?

> 도료를 겹칠하였을 때 하도의 색이 상도막 표면에 떠올라 상도의 색이 변하는 현상

① 번짐
② 색 분리
③ 주름
④ 핀홀

[해설] ① 색번짐 : 하도의 착색안료가 상도도료의 유기용제에 의하여 용해되어 상도도막 위로 용출함에 의해 상도의 색이 다른 색으로 보이는 현상
② 색분리 : 수평적 안료분리를 말한다.

문제 5

도장작업 시 주의사항으로 옳지 않은 것은?

① 도료의 적부를 검토하여 양질의 도료를 선택한다.
② 도료량을 표준량보다 두껍게 바르는 것이 좋다.
③ 저온 다습 시에는 작업을 피한다.
④ 피막은 각층마다 충분히 건조 경화한 후 다음 층을 바른다.

[해설] ① 도장작업은 도료를 얇게 여러번 도포한다. (3회~4회)
② 도료를 두껍게 바르면 건조가 늦어지고 Crack (균열)과 주름이 생긴다.

해답 1. ④ 2. ① 3. ① 4. ① 5. ②

문제 6

다음 철물 중 수장이나 장식용으로 사용되는 것은?

① 드라이브잇(Drive-it)
② 펀칭 메탈(Punching metal)
③ 코치 스큐류(Coach screw)
④ 인서트(Insert)

[해설] 펀칭 메탈(Punching metal)
판두께 1.2mm 이하의 얇은 판에 여러 가지 모양의 무늬로 구멍을 뚫는 것으로, 수장이나 장식용으로 쓰인다.
① : 외부용 또는 고정용
③ : 네모머리나사못 : 목공사용

문제 7

얇은 강판에 동일한 간격으로 펀칭하고 잡아늘려 그물처럼 만든 것으로 천장, 벽, 처마둘레 등의 미장바탕에 사용하는 재료로 옳은 것은?

① 와이어 라스(Wire Lath)
② 메탈 라스(Metal Lath)
③ 와이어 메쉬(Wire mesh)
④ 펀칭 메탈(Punching metal)

[해설] 메탈 라스(Metal Lath)
두께 0.4~0.8mm의 연강판에 일정 간격으로 금을 내고 늘려 철망 모양으로 만든 것으로 천장, 벽 등의 미장 바탕용이다. Expanded Metal이라고도 한다.

문제 8

프리패브 콘크리트(Pre-Fab Concrete)에 관한 설명으로 옳지 않은 것은?

① 제품의 품질을 균일화 및 고품질화 할 수 있다.
② 작업의 기계화로 노무 절약을 기대할 수 있다.
③ 공장생산으로 기계화하여 부재의 규격을 쉽게 변경할 수 있다.
④ 자재를 규격화하여 표준화 및 대량생산을 할 수 있다.

[해설] 공장생산 콘크리트(PC)는 생산단가 때문에 부재의 규격을 다양하게 할 수 없으며 또한 변경이 어렵다.

문제 9

건축물 외벽공사 중 커튼월 공사의 특징으로 옳지 않은 것은?

① 외벽의 경량화
② 공업화 제품에 따른 품질 제고
③ 가설비계의 증가
④ 공기단축

[해설] 외벽 커튼월 공사는 비계작업을 생략할 수 있다.

문제 10

건축물 외부에 설치하는 커튼월에 관한 설명으로 옳지 않은 것은?

① 커튼월이란 외벽을 구성하는 비내력벽 구조이다.
② 커튼월의 조립은 대부분 외부에 대형발판이 필요하므로 비계공사가 필수적이다.
③ 공장에서 생산하여 반입하는 프리패브 제품이다.
④ 일반적으로 콘크리트나 벽돌 등의 외장재에 비하여 경량이어서 건물의 전체 무게를 줄이는 역할을 한다.

[해설] 커튼월의 설치방법
① 주로 높은 곳에서 양중기를 사용하여 구조체 내부에서 행하므로 비계작업을 원칙으로 하지 않는다. 필요시 달비계 등이 사용될 수 있다.
② 통상 커튼월은 비내력벽식 방법으로 설치된다.

문제 11

건축마감공사로서 단열공사에 관한 설명으로 옳지 않은 것은?

① 단열시공 바탕은 단열재 또는 방습재 설치에 못, 철선, 모르타르 등의 돌출물이 도움이 되므로 제거하지 않아도 된다.
② 설치위치에 따른 단열공법 중 내단열공법은 단열성능이 적고 내부 결로가 발생할 우려가 있다.

해답 6. ② 7. ② 8. ③ 9. ③ 10. ② 11. ①

③ 단열재를 접착제로 바탕에 붙이고자 할 때에는 바탕면을 평탄하게 한 후 밀착하여 시공하되 초기박리를 방지하기 위해 압착상태를 유지한다.
④ 단열재료에 따른 공법은 성형판단열재 공법, 현장발포재 공법, 뿜칠단열재 공법 등으로 분류할 수 있다.

[해설] ① 단열시공바탕은 단열재 또는 방습재 설치에 지장이 없도록 못, 철선, 모르타르 등의 돌출물을 제거하여 평탄하게 청소한다.
② 단열재를 접착제로 바탕에 붙이고자 할 때에는 바탕면을 평탄하게 한 후 밀착하여 시공하되 조기박리를 방지하기 위해 압착상태를 유지시킨다.
③ 단열재료에 따른 공법으로 성형판단열재 공법, 현장발포재 공법, 뿜칠단열재 공법으로 분류되고 시공부위별 단열공법으로는 벽단열, 바닥단열, 지붕단열 공법 등이 있다.

문제 12

인텔리전트빌딩 및 전자계산실에서 배선, 배관 등이 복잡한 공간의 바닥구성 재료로 적합한 것은?
① 복합바닥(Composite Floor)
② 와플바닥(Waffle Floor)
③ 액서스플로어(Access Floor)
④ 장선바닥(Joist Floor)

[해설] **액서스 플로어**
바닥마감판을 필요에 따라 들어낼 수 있도록 하여 파이프나 전선 등 기계, 전기설비의 설치 및 조작을 용이하게 하기 위한 이중 바닥구조로 최근 인텔리전트 빌딩 등에 많이 채용되고 있으며 레이즈드 플로어, 프리액서스 플로어라고도 한다.

문제 13

다음 재료 중 건물의 바닥 마무리재로서 부적당한 것은 어느 것인가?
① 리그노이드
② 리놀륨
③ 리신바름
④ 아스팔트타일

[해설] 리신 바름(Lithin coat)은 주로 벽체바름에 사용한다.

해답 12. ③   13. ③

건축산업기사 _ 기출문제

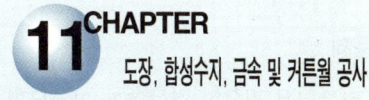

문제 1

수성 페인트칠의 공정에 관한 것이다. 순서가 바르게 된 것은?

① 바탕고르기 – 바탕누름 – 연마지갈기 – 초벌바르기 – 마무리
② 바탕누름 – 바탕고르기 – 연마지갈기 – 초벌바르기 – 마무리
③ 바탕고르기 – 바탕누름 – 초벌바르기 – 연마지갈기 – 마무리
④ 바탕누름 – 바탕고르기 – 초벌바르기 – 연마지갈기 – 마무리

해설 수성페인트 칠의 공정 순서
바탕만들기(바탕고르기) → 바탕 누름(1회 솔질 또는 뿜칠) → 초벌 → 연마 → 정벌(마무리)

문제 2

도장공사가 끝난 후 균열이 발생하기 쉬운 경우가 아닌 것은?

① 건조제의 과다 사용
② 초벌 건조가 불충분할 때
③ 금속면에 탄력성이 큰 도료를 사용할 때
④ 안료에 대한 유성분(油性分)의 비율이 적을 때

해설 ※ 금속면에 탄력성이 적은 도료를 사용할 때 균열이 발생하기 쉽다.

문제 3

도료의 보관 및 장소에 대한 기술 중 틀린 것은?

① 주위건물에서 1.5m 이상 떨어져 있게 한다.
② 지붕은 경량불연재로 하고 천정을 설치하지 않는다.
③ 직사광선을 피하고 환기를 억제한다.
④ 소방법 및 위험물 취급에 관한 사항에 유의한다.

해설 도료는 휘발성, 인화성 재료가 많으므로 보관시 직사광선을 피하고 환기가 잘되는 곳에 설치하며 천장을 설치하지 않는다.

문제 4

내열성이 매우 우수하며 물을 튀기는 발수성을 가지고 있어서 방수재료는 물론 가스켓, 패킹, 전기, 절연재 기타 성형품의 원료로 이용되는 합성 수지는?

① 멜라민 수지
② 석탄산 수지
③ 실리콘 수지
④ 폴리에틸렌 수지

해설 실리콘 수지(Silicon resin)
① 실리콘 액체는 윤활유, 펌프유, 절연유, 방수제로 쓰인다.
② 실리콘 고무는 고온,저온에서 탄성이 있으므로 가스켓 등에 쓰인다.
③ 실리콘 수지는 성형품,접착제, 그 밖의 전기 절연 재료로 많이 쓰인다.

문제 5

현장 가공에 있어서 가장 휨가공하기가 쉬운 것은?

① 석고보드
② 합판
③ 하드보드
④ 염화비닐판

해설 염화비닐판 (Polyvinyl chloride board)
염화비닐 원료를 가열, 가압하여 성형한 것
※ 염화비닐판은 연질재로서 현장에서 휨가공하기가 쉽다.

해답 1. ③ 2. ③ 3. ③ 4. ③ 5. ④

문제 6

커튼월은 필요한 경우에는 실물모형실험(Mock-up Test)을 통하여 성능시험을 하는데, 여기서 실시하는 시험종목이 아닌 것은?

① 내화시험　　② 기밀시험
③ 수밀시험　　④ 구조시험

[해설] 커튼월(Mock-up Test) 성능시험 항목
　① 예비시험 : 시험실시 여부 판단시험, 설계풍압의 50%를 가하는 내풍압시험 실시
　② 기밀시험 : 기밀성 및 공기누출량 측정시험
　③ 정압수밀시험 : 누수시험
　④ 동압수밀시험 : 맥동압에 의한 누수시험
　⑤ 구조시험 : 내풍압시험 및 층간변위측정

문제 7

다음 재료 중 용도가 다른 재료는?

① 스티로폴
② 유리 섬유(Glass Wool)
③ 경질 우레탄 폼
④ 소성 질석

[해설] 보기의 항목 중 ①, ②, ③항은 단열 및 보온재이며 ④항은 경량골재로 사용된다.

문제 8

커튼월의 빗물침입의 원인이 아닌 것은?

① 표면장력
② 모세관 현상
③ 기압차
④ 삼투압

[해설] 커튼월의 우수(빗물) 침투원인
　① 중력작용
　② 표면장력
　③ 모세관 현상
　④ 운동에너지
　⑤ 기압차이

문제 9

다음 철물 중 팽창줄눈 보호용으로 사용되는 철물은 어느 것인가?

① 코너비이드(corner bead)
② 미끄럼막이(non-slip)
③ 줄눈대(joiner)
④ 펀칭 메탈(punching metal)

[해설] 벽, 천장, 바닥용 줄눈대(Joiner)
　① 철판제, 경금속재, 황동제의 얇은 판을 프레스한 길이 1.8m 정도의 줄눈가림재로, 이질재와의 접촉부에 사용한다.
　② 벽, 천장, 바닥의 줄눈을 감추거나 보호하는 용도로 사용된다.

문제 10

다음 각 철물들이 사용되는 장소로 옳지 않은 것은?

① 논 슬립(non-slip) - 계단
② 피벗(pivot) - 창호
③ 코너 비드(corner bead) - 바닥
④ 메탈 라스(metal lath) - 벽

[해설] 코너비이드
　기둥, 벽, 등의 모서리에 대어 미장 바름을 보호하는 철물

문제 11

마감공사 시 사용되는 철물에 관한 설명으로 옳지 않은 것은?

① 코너비드는 기둥과 벽 등의 모서리에 설치하여 미장면을 보호하는 철물이다.
② 메탈라스는 철선을 종횡 격자로 배치하고 그 교점을 전기저항용접으로 한 것이다.
③ 인서트는 콘크리트 구조 바닥판 밑에 반자틀, 기타구조물을 달아맬 때 사용된다.
④ 펀칭메탈은 얇은 판에 각종모양을 도려낸 것을 말한다.

[해설] ②번 항목은 와이어 매쉬에 대한 설명이다.

해답　6. ①　7. ④　8. ④　9. ③　10. ③　11. ②

문제 12

금속의 방식방법에 관한 설명으로 옳지 않은 것은?

① 큰 변형을 준 것은 가능한 풀림하여 사용한다.
② 도료 또는 내식성이 큰 금속을 사용하여 수밀성 보호피막을 만든다.
③ 부분적으로 녹이 발생하면 녹이 최대로 발생할 때까지 기다린 후에 한꺼번에 제거한다.
④ 표면을 평활, 청결하게 하고 가능한 한 건조한 상태로 유지한다.

[해설] 금속재료에 부분적으로 녹이 발생하면 가능한 빨리 제거를 하는 것이 원칙이다.

문제 13

프리캐스트 콘크리트의 생산과 관련된 설명으로 옳지 않은 것은?

① 철근 교점의 중요한 곳은 풀림 철선 혹은 적절한 클립 등을 사용하여 결속하거나 점용접하여 조립하여야 한다.
② 생산에 사용되는 프리스트레스 긴장재는 스터럽이나 온도철근 등 다른 철근과 용접가능하다.
③ 거푸집은 콘크리트를 타설할 때 진동 및 가열 양생 등에 의해 변형이 발생하지 않는 견고한 구조로서 형상 및 치수가 정확하며 조립 및 탈형이 용이한 것이어야 한다.
④ 콘크리트의 다짐은 콘크리트가 균일하고 밀실하게 거푸집 내에 채워지도록 하며, 진동기를 사용하는 경우 미리 묻어둔 부품 등이 손상하지 않도록 주의하여야 한다.

[해설] ② : 프리스트레스 긴장재는 다른 철근과 용접하면 절대 안된다.

문제 14

다음 중 건축용 단열재와 가장 거리가 먼 것은?

① 테라코타
② 펄라이트판
③ 세라믹 섬유
④ 연질섬유판

[해설] 테라코타는 점토제품으로써 장식, 조각, 치장용으로 사용이 된다.

문제 15

합성수지, 아스팔트, 안료 등에 건성유나 용제를 첨가한 것으로, 건조가 빠르고 광택, 작업성, 점착성 등이 좋아 주로 옥내 목부바탕의 투명마감도료로 사용되는 것은?

① 바니쉬
② 래커 에나멜
③ 에폭시수지 도료
④ 광명단

[해설] 유성 바니쉬(Oil Varnish)의 원료, 특징
① 유용성수지+건성유+희석제+유성색올림(착색재 : oil stain)
② 유성니스는 무색 또는 담갈색의 투명도료로서, 일반적으로 내후성이 작아서 외장에는 사용안하고 목재부의 내부 도장에 쓰인다.
③ 바니쉬는 유성바니쉬와 휘발성 바니쉬가 있다.
④ 래커(Lacquer)는 휘발성으로 붓칠시공이 불가능하여 뿜칠하여 시공한다.

문제 16

수성페인트에 관한 설명으로 옳지 않은 것은?

① 취급이 간단하고 건조가 빠른 편이다.
② 콘크리트나 시멘트 벽 등에 주로 사용한다.
③ 에멀션페인트는 수성페인트의 한 종류이다.
④ 안료를 적은 양의 보일유로 용해하여 사용한다.

[해설] 수성 paint의 구성요소
안료+아교 또는 전분+물

해답 12. ③ 13. ② 14. ① 15. ① 16. ④

문제 17

금속제 천장틀의 사용자재가 아닌 것은?

① 코너비드
② 달대볼트
③ 클립
④ ㄷ자형 반자틀

[해설] ① 코너비드는 미장바름용 철물이다.
② 금속 천장틀에는 인서트, 달대와 달볼트 ㄷ자형 반자틀(찬넬), M Bar(엠바), M Bar, 클립(Clip) 등이 사용된다.

문제 18

표준시방서에 따른 바닥공사에서의 이중바닥 지지방식이 아닌 것은?

① 달대고정방식
② 장선방식
③ 공통독립 다리방식
④ 지지부 부착 패널방식

[해설] 시방서 규정상 이중바닥의 패널지지방식
지지방식은 다음의 3종류를 표준으로 한다.
① 장선방식
② 공통독립 다리방식
③ 지지부 부착 패널방식

해답 17. ① 18. ①

제 12 장 건축적산

출제경향분석

* 최근에는 자주 출제되는 단원은 아니다.

(1) 적산총칙

적산과 견적의 종류, 공사비 구성요소, 재료의 할증율 등이 중요하다.

(2) 적산각론 * 다음 사항이 중요하다.

① 가설공사 : 시멘트 창고 면적 산출, 비계면적 산정원칙

② 토공사 : 줄기초 토량산출, 부피증가율(토량환산계수)

③ 철근콘크리트공사 : 1m^2, 1m^{3}당 개산견적, 거푸집과 콘크리트의 적산원칙

④ 철골공사 재료의 할증율, 도장면적 개산치, 철골개산치

⑤ 조적공사 : 1m^{2}당 Brick, Block의 수량계산

⑥ 기타 공사 : 도장면적 개산치, 타일의 수량산출

세 부 목 차

1. 적산총칙
2. 적산각론

1 적산총칙

학습방향

1 견적의 종류

(1) 개산견적(Approximate Estimate)
과거 유사한 건물의 통계실적을 토대로 하여 개략적으로 공사비를 산출. 설계도서가 불완전시, 또는 정밀산출의 시간이 없을 때 한다. 개념견적, 기본견적이라고도 한다.

(2) 명세견적(Detailed Estimate)
명세견적은 완비된 설계도서, 현장설명, 질의응답 또는 계약조건 등에 의거하여 면밀히 적산, 견적을 하여 공사비를 산출하는 것

(3) 개산견적의 종류

1) 단위기준에 의한 견적
　① 단위설비에 의한 견적(호텔 : 1개실당 통계가격×객실수)
　② 단위면적에 의한 견적(m^2당. 평당 : 비교적 정확도 높음)
　③ 단위 체적에 의한 견적(m^3당. 층고가 높거나, 특수건물인 경우)

2) 비례기준에 의한 견적
　① 가격비율에 의한 견적
　② 수량비율에 의한 견적

3) 기타방법

| ① 비용지수법 | ② 비용용량법 | ③ 계수견적법 |
| ④ 변수견적법 | ⑤ 기본단위법 | |

(4) 명세견적의 순서 ※ 세목의 가격산출

| ① 수량조사 | ② 단가 | ③ 가격 | ④ 집계 |
| ⑤ 현장경비 | ⑥ 일반관리비부담금 | ⑦ 이윤 | ⑧ 총공사비 산정 |

※ 세목을 비목으로 집결하여 순공사비산정

학습POINT

■ 적산과 견적
- 적산 : 재료와 품의 수량인 공사량(工事量)을 산출하는 기술 활동
- 견적 : 적산에 의한 공사량에 단가(單價)를 곱하여 공사비(工事費)를 산출하는 기술활동

(5) 기타사항

1) 원가의 종류
   ① 수주단계에서의 견적원가(사전원가)
   ② 시공단계에서의 실행원가
   ③ 준공단계에서의 확정원가(사후원가)

2) 형태에 의한 단가의 분류
   ① 재료단가 : 재료비, 취급비용, 운반비 등을 포함한 철근 1ton당 등의 단가이다.
   ② 노무단가 : 건축인부, 1명 1일당의 노무임금이다.
   ③ 복합단가 : 재료비, 노무비, 소모품비, 기구손료, 도급경비 등을 합한 단가이다.
   ※ 일위대가표
   ④ 합성단가 : 건축각부분의 바탕에서 표면 마무리까지를 포함한 부분별 견적 방식으로 채용되는 단가이다.

3) 표준시장단가 제도의 개요
   표준시장단가방식은 과거 수행된 공사(계약단가, 입찰단가, 시공단가)로부터 축적된 공종별 단가를 기초로 매년의 인건비, 물가상승률 그리고 시간, 규모, 지역차 등에 대한 보정을 실시하여 차기 공사의 예정가격 산출에 활용하는 방식
   ※ 종전 실적공사비는 계약단가를 기준하여 실적공사비로 산정했지만, 표준시장단가는 계약단가, 입찰단가, 시공단가 등 다양한 시장거래가격을 반영

■ 적산의 순서
적산업무를 행함에 있어 다음 순서에 의하면 중복이나 누락을 방지할 수 있다.
① 수평방향에서 수직방향으로 적산한다.
② 시공순서대로 적산한다.
③ 내부에서 외부로 적산한다.
④ 큰곳에서 작은곳으로 적산한다.
⑤ 단위 세대에서 전체로 행한다.

2 공사가격의 구성(원가구성도)

※ 공사원가 = 재료비+노무비+경비

총공사비 (견적가격)	총원가				
	부가이윤				
		일반관리비 부담금			
		공사원가	(3)현장경비		
			순공사비	(2)간접공사비 (공통경비)	
				직접공사비	재료비
					노무비
					외주비
					(1) 경 비

• 註 : (1) 재료비, 노무비, 외주비에 따른 직접경비이다.
　　 (2) 대지조성비, 공통가설비등 공통경비를 의미
　　 (3) 직접계상경비, 승율계상경비로 나눈다.

■ 예정가격의 계산방법
① 재료비 = 재료량×단위당가격
② 노무비 = 노무량×단위당가격
③ 경비 = 소요량×단위당가격
④ 일반관리비 = 공사원가×요율(5~6%)
⑤ 이윤 = (노무비+경비+일반관리비)×이윤율(%)
※ 이윤은 15% 초과 계상금지

(1) 공사비 비목(費目)과 그 내용

재료비	① 직접재료비 : 공사목적물의 실체를 형성하는 재료 　(주요재료비와 부품, 외장재 등의 부분품비) ② 간접재료비 : 보조적으로 소모되는 물품 　(소모재료비, 소모공구, 기구, 비품비, 포장재료비) ③ 운임, 보험료, 보관비 : 부대비용 ④ 작업 부산물 : 그 매각액을 추산하여 재료비에서 미리 공제
노무비	① 직접노무비 : 직접작업에 종사하는 노무자 및 종업원의 댓가 　※ 노무소요량×시중노임단가로 산정한다. ② 간접노무비 : 보조 노무자, 종업원과 현장감독자 등의 노동력 댓가
경비	전력비, 운반비, 가설비, 연구개발비, 기술료, 품질관리비, 보험료, 외주가공비, 안전설비비 등
일반관리비	기업유지를 위한 관리 활동부분의 발생제비용(임원급료, 본사직원 급료 등)
이윤	기업의 영업이윤

3 수량산출기준의 적용

(1) 정미량과 소요량

정미량	설계도서의 설계치수에 의해 산출된 계산수량 공사에 실제 설치되는 자재량
소요량 (구입량)	정미량에 시공이나 운반시 손실량을 고려한 수량 * 소요량 = 정미량 + 각 재료의 할증량(할증률)

(2) 공제하지 않는 수량

① 콘크리트 구조물 중의 말뚝머리
② 보울트의 머리
③ 모따기 또는 물구멍(水切)
④ 이음줄눈의 간격
⑤ 포장공종의 1개소당 0.1m² 이하의 구조물 자리
⑥ 강(鋼) 구조물의 리벳 구멍
⑦ 철근 콘크리트 중의 철근
⑧ 조약돌 중의 말뚝 체적 및 책동목(柵胴木)
⑨ 거푸집 면적산출시 1m² 이하의 개구부 면적

(3) 각 재료의 단위 용적질량

① 시멘트 : $1.5t/m^3$
② 점토 : $1.5~1.7t/m^3$
③ 모래 : $1.5~1.7t/m^3$
④ 자갈 : $1.6~1.8t/m^3$
⑤ 강철 : $7.85t/m^3$
⑥ 목재 : $580kg/m^3$
⑦ 무근콘크리트 : $2.3t/m^3$
⑧ 철근콘크리트 : $2.4t/m^3$
⑨ 모르타르 : $2.1t/m^3$
⑩ 물 : $1t/m^3$

(4) 대표적인 재료의 할증률

할증률	재료종류	할증률	재료종류
1%	① 유리 ② 철근 레미콘	5%	① 원형철근 ② 일반볼트 ③ 강관 ④ 파이프, 봉강 ⑤ 리벳제품 ⑥ 목재-각재 ⑦ 합판-수장용 ⑧ 석고보드, 텍스 ⑨ 아스팔트계 타일 ⑩ 기와 ⑪ 시멘트 벽돌
2%	① 도료(칠) ② 무근 레미콘		
3%	① 이형철근 ② 고장력볼트 ③ 일반용 합판 ④ 점토계 타일 ⑤ 슬레이트 ⑥ 붉은 벽돌 ⑦ 내화벽돌		
4%	시멘트 블록	7%	대형 형강
		10%	① 단열재 ② 목재-판재 ③ 정형석재 ④ 강판

핵 심 문 제

문제 1 〔공통〕
건축공사시 견적방법 중 가장 상세하고 정확한 공사비의 산출이 가능한 견적방법으로 옳은 것은?
① 명세견적
② 개산견적
③ 입찰견적
④ 실행견적

[해설] 1 명세견적
설계도서와 현장설명, 질의응답에 의거하여 정밀하게 적산, 견적하여 공사비를 산출한다.

문제 2 〔산업〕
과거공사의 실적자료, 통계자료 및 물가지수 등을 참고하여 공사비를 추정하는 방법으로 복잡한 건물이라도 짧은 시간에 쉽게 산출할 수 있는 이점이 있는 것은?
① 분할적산
② 명세적산
③ 개산적산
④ 계약적산

[해설] 2 개산견적
과거 유사한 건물의 통계실적을 토대로 하여 개략적으로 공사비를 산출. 설계도서가 불완전시, 또는 정밀산출의 시간이 없을 때 한다.

문제 3 〔공통〕
다음 중 건축공사의 직접공사비 원가로 바르게 구성된 것은?
① 자재비, 노무비, 장비비, 간접비
② 자재비, 노무비, 장비비, 경비
③ 자재비, 노무비, 외주비, 경비
④ 자재비, 노무비, 외주비, 간접비

[해설] 3 직접 공사비 항목
재료비, 노무비, 외주비, 경비

문제 4 〔산업〕
다음 항목 중 공사비 내역서를 작성할 때 순공사비 항목에 포함되지 않는 항목은?
① 직접노무비
② 간접재료비
③ 산업안전보건관리비
④ 하자보증 보험금

[해설] 4
순공사비는 순공사원가(공사원가) 등으로 불리우며, 재료비, 노무비, 경비의 합산금액이다. 하자보증 보험금은 제외된다.

문제 5 〔기사〕
건축공사의 공사원가 계산방법으로 옳지 않은 것은?
① 재료비=재료량 × 단위당 가격
② 경비=소요(소비)량 × 단위당 가격
③ 이윤=공사원가 × 이윤율(%)
④ 일반관리비=공사원가 × 일반관리비율(%)

[해설] 5 공사원가 계산방법
① 이윤은(노무비+경비+일반관리비) × 이윤율(%)로 산정되며 15%를 초과계상 할 수 없다.
② 공사원가는 재료비+노무비+경비 이다.

정답 1. ① 2. ③ 3. ③ 4. ④ 5. ③

문제 6 기사

건축공사의 원가구성 항목 중 재료비항목에 속하지 않는 것은?

① 직접재료비
② 간접재료비
③ 작업부산물
④ 현장재료비

문제 7 기사

다음 중 건설공사 경비에 포함되지 않는 것은?

① 외주제작비
② 현장관리비
③ 교통비
④ 업무추진비

문제 8 산업

일반적인 적산 작업 순서가 아닌 것은?

① 수평방향에서 수직방향으로 적산한다.
② 시공순서대로 적산한다.
③ 내부에서 외부로 적산한다.
④ 아파트 공사인 경우 전체에서 단위세대로 적산한다.

문제 9 공통

재료의 수량 산출시 할증율이 가장 큰 것은?

① 이형철근
② 자기타일
③ 붉은벽돌
④ 단열재

문제 10 산업

다음은 건축공사용 재료의 할증율을 나타낸 것이다. 옳지 않은 것은? (단, 표준 품셈에서)

① 목재(각재) : 5~10%
② 단열재 : 10%
③ 이형철근 : 3%
④ 유리 : 10%

문제 11 산업

다음 중 수량 산출시에 재료의 산출 단위로서 맞는 것은?

① 계단난간 – m^2
② 콘크리트 공사용 거푸집 – m^2
③ 유리블록 – m^3 또는 매
④ 천장 텍스, 수장 합판 – m^3

해 설

해설 6 재료의 구성항목
① 직접재료비
② 간접재료비
③ 운임, 보관, 보험료
④ 작업부산물

해설 7
① 건설공사의 경비는 재료비, 노무비, 외주비를 제외한 제반비용을 의미한다.
② 외주비는 외부에 주문하여 제작·설치하는 경우와 전문 공사 일부를 하도급계약으로 시행하는 경우를 포함한다.

해설 8
일반적인 적산순서로써 아파트 공사의 경우는 단위세대에서 전체로 적산하는 것이 유리하다.

해설 9 재료의 할증율
• ①, ②, ③는 3%
• ④는 10%

해설 10
※ 유리의 할증율은 1%이다.

해설 11 수량산출 단위
① 계단 난간 : 길이(m)로 산출
② 유리블록 : m^2당 매수로 산출
③ 천장텍스, 수장합판 : m^2로 산출

정답 6. ④ 7. ① 8. ④ 9. ④
10. ④ 11. ②

2 적산 각론

학습방향

1 가설공사

(1) 시멘트창고 면적산출

$A(m^2) = 0.4 \times \dfrac{N}{n}$

A : 저장면적 (m²)
N : 시멘트 저장 포대수
n : 쌓기단수 (최고 13포)
※ 장기저장시 7포

※ 쌓기단수는 문제조건대로 계산하되 조건이 없으면 13포로 계산

저장 포대수(N)	600포미만 : 전량저장 600포이상 : N=1/3만 적용한다. (건축공사 표준품셈기준)	1m²당 저장 포대수(개산견적)	
		통로 없을 때	50포대
		통로 있을 때	30~35포대

(2) 가설동력소나 변전소 면적 산출방법

변전소 면적 $A(m^2) = 3.3\sqrt{W}$
W : 사용하는 최대전력용량 (kWH)

1Hp = 0.746kw (공사현장에서는 1Hp을 1kw로 계산하기도 하지만, 시험에서는 1Hp을 0.746kw를 정확히 명세견적으로 계산함을 원칙으로 한다.)

(3) 외부비계 면적 산정

1) 산출원칙

종 류	이격선
목조	벽중심
철골조, 조적조 철근콘크리트조	벽외면

종 류	이격거리
외줄·겹비계	45cm
쌍줄비계	90cm
pipe 비계	100cm

2) 비계면적 산출식

구 분	산 출 방 법	
① 쌍줄비계면적	$A(m^2)=H(L+8\times0.9)$	A : 비계면적(m²) H : 건물최고높이(m) L : 건물외벽길이(m)
② 외줄·겹비계면적	$A(m^2)=H(L+8\times0.45)$	
③ 파이프비계면적	$A(m^2)=H(L+8\times1)$	

학습 POINT

■ 소운반과 대운반
① 소운반 : 장내운반, 수평거리 20m이내 거리, 수직(직고) 1m는 수평 6m비율로 계산
② 대운반 : 장외운반, 생산지로부터 공사현장까지의 운반

■ 외주길이의 산정
① 건물외벽 길이 L=2(a+b)
② 비계 외주길이 L′=2(a′+b′)

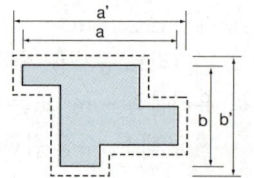

(4) 동바리체적산출

구 분	산 출 방 법
1) 목재 동바리	① V(공m³)=(상층 바닥판면적×층 안목높이)×0.9
	② V(10공m³)=[(상층 바닥판면적×층 안목높이)×0.9]×1/10
2) 철재(강관)동바리	A(m²)=(상층바닥판면적×층수)×0.9

① 목재동바리의 체적 계산은 (공m³)로 산출한다.
② 공 m³의 산출은 상층 바닥판 면적에 층 안목간의 높이를 곱한 것의 90%로 한다. (단, 1개소당 1m² 초과 개구부 면적은 공제한다.)

2 토공사

(1) 터파기 폭(D)

구 분	깊이(H)	터파기 여유폭(D)
① 흙막이가 없는 경우	1.0m 이하	20cm
	2.0m 이하	30cm
	4.0m 이하	50cm
	4.0m 이상	60cm
② 흙막이가 있는 경우	5.0m 이하	60~90cm
	5.0m 이상	90~120cm

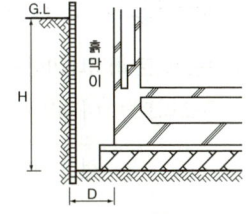

▶ 흙막이가 있는 경우

※ 터파기 여유폭(D)는 그림에서 밑창 콘크리트와 잡석다짐에서의 폭(D)이 아닌 것에 주의한다.

(2) 굴착토량 산출

굴삭토량	※ 굴삭기계에 의한 단위 시간당 시공량 : V(m³/hr) 굴삭토량 $V = Q \times \dfrac{3,600}{cm} \times E \times K \times f$ • Q : 버킷용량　　• K : 굴삭계수 • cm : 싸이클 타임　• f : 굴삭토의 용적변화계수 ※ 수치의 변화 ① Shovel계 굴착기계 3,600, Cm : 초당계산 ② Bull Dozer 60, Cm : 분당계산
독립기초 토량산출	$V = \dfrac{h}{6}\{(2a+a')b + (2a'+a)b'\}$ 약산식 $V = (\dfrac{a+a'}{2})(\dfrac{b+b'}{2}) \cdot h$
줄기초 토량산출	$V = (\dfrac{a+a'}{2}) \times h \times L$ 여기서, L : 줄기초 길이 ※ 전체 토량산출시 흙의 부피증가율을 고려해야 한다.

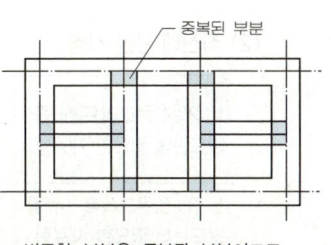

※ 빗금친 부분은 중복된 부분이므로 줄기초 토량산출시 제외한다.

(3) 잔토처리량의 계산

1) 흙메우고 흙돋우기 할 때 : 잔토처리량={흙파기체적－(되메우기체적＋돋우기체적)}×토량환산계수
2) 흙되메우기만 할 때 : 잔토처리량=(흙파기체적－되메우기체적)×토량환산계수
3) 전부 잔토처리할 때 : 잔토처리량=흙파기체적×토량환산계수

① 다짐토량=자연토량×환산계수(C)
② 잔토처리량=흙파기체적×환산계수
③ 성토량=흙돋우기체적× 환산계수

(4) 토량의 변화

1) 흐트러진 상태의 변화율

$$L = \frac{\text{흐트러진 상태의 토량}(m^3)}{\text{자연상태의 토량}(m^3)}$$

2) 다져진 상태의 변화율

$$C = \frac{\text{다져진 상태의 토량}(m^3)}{\text{자연상태의 토량}(m^3)}$$

3 철근 콘크리트 공사

(1) 콘크리트 비벼내기량 산출법

콘크리트 비벼내기량 $V(m^3)$은 다음과 같이 근사식으로 구한다.

현장 배합비 $1 : m : n$ 일때 $V = 1.1 \times m + 0.57 \times n$

시멘트 소요량	$C = 1500 \times \dfrac{1}{V} (kg)$ $C = 37.5 \times \dfrac{1}{V}$ (40kg들이 포대 수)		
모래 소요량	$S = \dfrac{m}{V}(m^3)$	자갈 소요량	$C = \dfrac{n}{V}(m^3)$

※ 1 : 3으로 모르타르 1m³을 배합하는데, 사용하는 시멘트량은?

1 : m일 때

$$C = \frac{1}{(1+m)(1-n)}(m^3)$$

$$C = \frac{1}{(1+3)(1-0.25)} = \frac{1}{3}(m^3) = 500kg$$

• C : 시멘트   • m : 모래배합   • n : 할증율(25%)

(2) 적산에 관한 사항

1 : 2 : 4 콘크리트 m³를 만드는데 필요한 재료량	시멘트 : 320kg(8포) 모 래 : 0.45m³ 자 갈 : 0.9m³	철 근 : 125kg 거푸집 : 5~8m² 결속선 : 0.6~1kg
1 : 3 : 6 콘크리트 1m³를 만드는데 필요한 재료량	시멘트 : 220kg(5.5포) 자 갈 : 0.94m³	모 래 : 0.47m³
연면적 1m²당 필요한 재료량	철 근 : 0.05~0.09(t) 철 골 : 0.06~0.12(t)	콘크리트 0.5~0.7(m³) 거푸집 4~5m²

(3) 거푸집 면적 산출

위 치	산 출 방 법
기 둥	기둥 면적산출은 기둥둘레길이×기둥높이로 하며 기둥높이는 바닥판 내부간의 높이이다.
벽	벽은 (벽면적−개구부면적)×2로 하며 벽면적은 기둥과 보의 면적을 뺀 것이다.
기 초	㉮ $\theta \geq 30°$ 경우에는 경사면 거푸집을 계산한다. ㉯ $\theta < 30°$ 경우에는 기초 주위의 수직면 거푸집 (A) 만을 계산한다.
보	면적산출은 기둥 간 내부길이×바닥판 두께를 뺀 보의 춤×2로 한다. (보의 밑부분은 바닥판에 포함한다.)
바 닥	면적 산출은 외벽의 두께를 뺀 내벽간 바닥면적으로 한다.

※ 거푸집 면적에서 공제하지 않는 접합부 및 개구부 면적

① 기초와 지중보
② 지중보와 기둥
③ 기둥과 보
④ 큰보와 작은보
⑤ 기둥과 벽체
⑥ 보와 벽
⑦ 바닥판과 기둥
⑧ $1m^2$ 이하의 개구부면적

(4) 콘크리트량 산출방법

콘크리트 소요량은 종류별로 구분하여 산출하며 도면의 정미량으로 한다.

독립기초	콘크리트량 $V=V_1+V_2$ • $V_1 = a \times b \times D$ • $V_2 = \dfrac{h}{6}[(2a+a') \cdot b + (2a'+a) \cdot b']$ 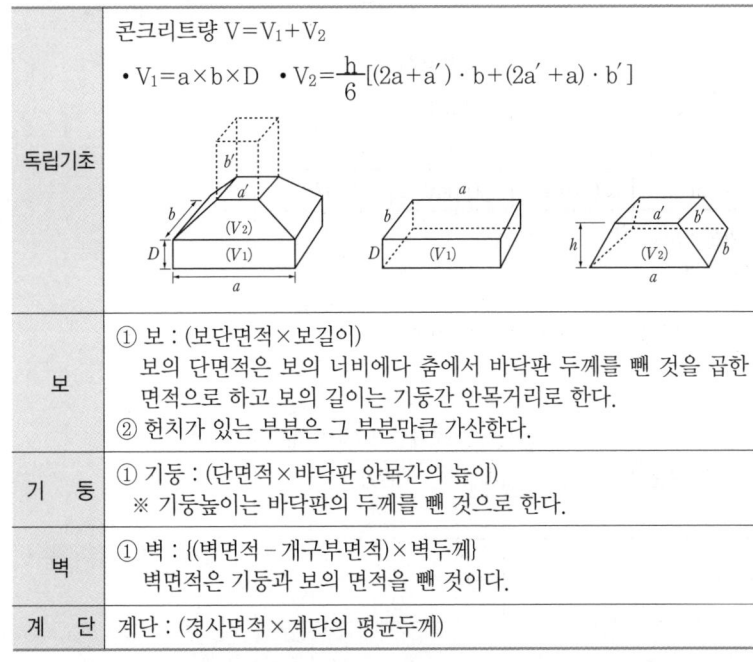
보	① 보 : (보단면적×보길이) 　보의 단면적은 보의 너비에다 춤에서 바닥판 두께를 뺀 것을 곱한 면적으로 하고 보의 길이는 기둥간 안목거리로 한다. ② 헌치가 있는 부분은 그 부분만큼 가산한다.
기 둥	① 기둥 : (단면적×바닥판 안목간의 높이) 　※ 기둥높이는 바닥판의 두께를 뺀 것으로 한다.
벽	① 벽 : {(벽면적−개구부면적)×벽두께} 　벽면적은 기둥과 보의 면적을 뺀 것이다.
계 단	계단 : (경사면적×계단의 평균두께)

4 철골공사

(1) 철골재의 철골소요량

(연면적 m²당)

건 물	종 별	철골무게(ton)
철골조건물	일반사무소 건물	0.10~0.15
	단층 공장·창고	0.05~0.08
철골지붕틀	목재 중도리	0.04~0.06
	철골중도리	0.06~0.08
철골철근 콘크리트	철근을 구조계산에 가산할 경우	0.08~0.10
	철근을 구조계산에 가산하지 않을 때	0.10~0.15

※ 공사소요인원(철골 1ton당)
  ① 철골 가공 조립(공장) : 철골공 10.17인, 비계공 3.0인, 보통 인부 0.25인
  ② 철골 가공 조립(현장) : 철골공 12.57인, 비계공 3.0인, 보통인부 0.3인

(2) 방청 페인트 도장면적의 개산치(철골 1ton당)

① 큰 부재(간단한 것) : 25~30m²
② 보통 부재(보통) : 30~45m²
③ 작은 부재(복잡한 것) : 45~60m²

■ 철골 1ton당 리벳 갯수

종 류	갯 수
일반리벳	300~400개
공장 리벳치기(2/3)	200~250개
현장 리벳치기(1/3)	100~150개

■ 강재의 할증율

부재명	할증율
대형형강	7%
강판	10%
고장력볼트	3%
리벳, 보울트 소형형강	5%

5 조적공사

(1) 벽돌쌓기 기준량(m²당)

(m²당)

규 격	단 위	수 량(벽두께)		
		0.5B	1.0B	1.5B
벽돌(190×90×57)	매	75	149	224
쌓기 모르타르	m³	0.019	0.049	0.078

※ 벽돌의 할증율 : ① 시멘트 벽돌 : 5%
              ② 붉은 벽돌 : 3%
              ③ 내화벽돌 : 3%
※ 모르타르의 재료량은 할증이 포함된 것이며, 배합비는 1 : 3 이다.

(2) 모르타르 소요량(참고자료)

정미량 : 1,000매당 모르타르량(m³)

두께	표준형	기존형
0.5B	0.25	0.3
1.0B	0.33	0.37
1.5B	0.35	0.4

※ 개략 0.4m³로 한다.

(3) Mortar 배합비에 따른 재료량

배합비	시멘트 (kg)	모래 (m³)	인부 (人)
1 : 1	1093	0.78	1.0
1 : 2	680	0.98	1.0
1 : 3	510	1.1	1.0

■ 벽돌바닥깔기 수량(1m²당)
① 모로세워깔기 : 75매(표준형)
② 평깔기 : 50매(표준형)

(4) 1m²당 Block쌓기 적산사항

치 수	구 분	블록 (개)	쌓기 (모르타르)	시멘트 (kg)	모래 (m³)	블록공	인부
기본형	390×190×190	13	0.01	5.10	0.011	0.2	0.1
	390×190×150		0.01	4.59	0.01	0.17	0.08
	390×190×100		0.006	3.06	0.007	0.15	0.07
장려형	290×190×190	17	0.012	6.12	0.0132	0.23	0.12
	290×190×150		0.01	5.10	0.011	0.2	0.1
	290×190×100		0.007	3.57	0.008	0.17	0.08

※ 시멘트 블록의 할증율은 4%이며 위 표에서 블록량은 할증율이 포함된 값이다.

6 기타공사

(1) 목재의 취급 단위

① 1입방미터(m³) = 299.475재(300재)
② 1재(才) = 1치×1치×12자 = 0.00324(m³)
③ 1석(石) = 1자×1자×10자 = 83.3재
④ 1 b.f. = 1인치×1피트×1피트 = 0.703재
   ※ 순목조 건축물에서 목수 1인 1일 작업량 → 50재

■ 목재의 취급단위 요약
① 1分 (푼)≒3mm
② 1寸 (치)≒3cm=10푼
③ 1尺 (자, 척)≒30cm=10치
④ 1才 (재, 사이)=1寸×1寸×12尺
⑤ 1m³≒300 사이
⑥ 1재=0.00324m³
⑦ 1석=83.3재
⑧ 1평 (坪)=6자×6자

(2) 통나무와 제재목의 계산방법

종 류	계 산 방 법	비 고
원목재 (통나무)	$V = D^2 \times L \times \dfrac{1}{10000} (m^3)$ 길이 6m미만 재 $V = \left(D + \dfrac{L'-4}{2}\right)^2 \times L \times \dfrac{1}{10000} (m^3)$ 길이 6m이상 재	D : 통나무 말구지름(cm) L : 통나무의 길이(m) L' : 원목 1m미만 끝수제거길이
제재목 계산	$V = T \times W \times L \times \dfrac{1}{10000} (m^3)$	T : 두께(cm) W : 나비(cm) L : 길이(m)

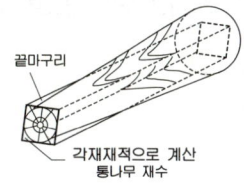

▶ 통나무

(3) 아스팔트 방수 재료 및 인원
(m²당)

프라이머	각종 아스팔트	루 핑	특수루핑	펠 트	방 수 공	보통인부
0.4ℓ	4~10kg	1.1~2.2m²	1.1~3.3m²	1.1m²	0.17~0.53인	0.16~0.34인

(4) 타일 수량 산출방법

$$정미량 = \left(\frac{1m}{타일크기+줄눈}\right) \times \left(\frac{1m}{타일크기+줄눈}\right)$$

소요량 = 정미량 × 할증율(%)

(5) 도장면적 배수표 (도료의 할증 : 정미량에 2% 가산)

구 분		소요면적계산	비 고
목재면	양 판 문(양면칠)	(안목면적)×(3.0~4.0)	문틀, 문선 포함
	유리양판문(양면칠)	(안목면적)×(2.5~3.0)	문틀, 문선 포함
	플러쉬문(양면칠)	(안목면적)×(2.7~3.0)	문틀, 문선 포함
	오르내리창(양면칠)	(안목면적)×(2.5~3.0)	문틀, 문선, 창선반포함
	미서기창(양면칠)	(안목면적)×(1.1~1.7)	문틀, 문선, 창선반포함
철재면	철 문(양면칠)	(안목면적)×(2.4~2.6)	문틀, 문선 포함
	새 시(양면칠)	(안목면적)×(1.6~2.0)	문틀, 창선반 포함
	셔 터(양면칠)	(안목면적)×2.6	박스 포함
	철격자 (양면칠)	(안목면적)×0.7	
	철제 계단 (양면칠)	(경사면적)×(3.0~5.0)	
	파이프난간 (양면칠)	(높이×길이)×(0.5~1.0)	

※ 수치 중 큰수치는 복잡한 구조일 때, 적은 수치는 간단한 구조일 때 적용한다.

(6) 도장 소요 재료 및 인원
3회칠기준(m²당)

재료명	페인트(ℓ)	신너(ℓ)	퍼티(kg)	연마지(매)	도장공(인)
조합 페인트	0.237~0.269	0.012	0.03~0.06	0.15~0.5	0.061~0.079
수성 페인트	0.282	–	–	0.25	0.071
녹막이 페인트	0.174	0.012	–	0.05	0.046

※ 바탕처리는 별도로 가산한다. ※ 천장칠은 재료, 인원을 20% 가산한다.

핵 심 문 제

문제 1　　　　　　　　　　　　　　　　　　　　　기사

시멘트 600포대를 저장할 수 있는 가설창고의 필요면적은? (단, 쌓기 단수는 13단으로 하며, 시멘트는 전량저장으로 한다.)

① 15m²　　　　　② 16.5m²
③ 18.5m²　　　　④ 20m²

해설 1 시멘트창고면적

$$A = 0.4 \times \frac{N}{n}$$

(N : 저장포대수, n : 쌓기단수)

$$A = 0.4 \times \frac{600}{13} = 18.46 m^2$$

문제 2　　　　　　　　　　　　　　　　　　　　　기사

8개월간 공사하는 어느 공사 현장에 필요한 시멘트의 량이 2,397포이다. 이 공사 현장에 필요한 시멘트 창고면적으로 적당한 것은? (단, 쌓기단수는 13단)

① 24.6m²　　　　② 54.2m²
③ 73.8m²　　　　④ 98.5m²

해설 2

$$A = 0.4 \times \frac{N}{n} =$$
$$= 0.4 \times \frac{(2397 \times 1/3)}{13}$$
$$= 24.58 m^2$$

※ 저장 포대수가 600포 이상인 경우는 1/3만 적용

문제 3　　　　　　　　　　　　　　　　　　　　　기사

1000kW의 전력을 사용하는 건축공사에서 필요한 동력소 및 변전소의 면적으로 적당한 것은?

① 96m²　　　　　② 106m²
③ 200m²　　　　④ 206m²

해설 3 동력소 및 변전소의 면적

$$A = 3.3 \times \sqrt{W}$$

(W : 전력용량 kWh)

$$A = 3.3 \times \sqrt{1000}$$
$$= 104.36 m^2$$

문제 4　　　　　　　　　　　　　　　　　　　　　기사

철근콘크리트조의 외부 비계 면적산출 방법에서 벽외면에서의 거리로 맞는 것은? (단, 쌍줄비계의 경우)

① 45cm　　　　　② 60cm
③ 70cm　　　　　④ 90cm

해설 4

벽 외면에서의 거리 : 쌍줄비계는 90cm, 외줄비계는 45cm이다.

문제 5　　　　　　　　　　　　　　　　　　　　　공통

다음과 같은 철근 콘크리트조 건축물에서 쌍줄 비계 면적을 산출한 것 중 맞는 것은?

① 300m²
② 336m²
③ 372m²
④ 400m²

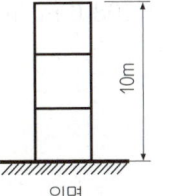

해설 5

A(m²) = H × (L+8×0.9)
L = (10+5)×2 = 30m
A = (30m+7.2)×10m = 372(m²)

정답 1.③ 2.① 3.② 4.④ 5.③

문제 6 기사

철근 콘크리트 건축물 6m×10m 평면에 높이가 4m 일때 동바리 소요량은 몇 10공 m³가 되는가?

① 21.6
② 216
③ 240
④ 264

[해설] 6 동바리 소요량
동바리 체적(공 m³)
={(상층바닥면적(m³)−공제부분)×층안목간의 높이}×0.9
={(6×10)×4}×0.9=216 공m³
∴ 216÷10=21.6 (10공m³)

문제 7 공통

소운반거리는 직고 1m를 수평거리 몇 m의 비율로 보는 것이 옳은가?

① 3m
② 4m
③ 5m
④ 6m

[해설] 7 소운반
① 공사현장내의 20m 이내의 운반을 말한다.
② 소운반 거리는 직고 1m를 수평거리 6m의 비율로 본다.

문제 8 기사

토공사에 적용되는 체적환산계수 L의 정의로 옳은 것은?

① $\dfrac{\text{흐트러진 상태의 체적}(m^3)}{\text{자연상태의 체적}(m^3)}$

② $\dfrac{\text{자연상태의 체적}(m^3)}{\text{흐트러진 상태의 체적}(m^3)}$

③ $\dfrac{\text{다져진 상태의 체적}(m^3)}{\text{자연상태의 체적}(m^3)}$

④ $\dfrac{\text{자연상태의 체적}(m^3)}{\text{다져진 상태의 체적}(m^3)}$

[해설] 8
체적환산계수 L은 ①항이고, ③번 항목은 체적환산계수 C의 정의이다.

문제 9 공통

Power shovel의 1시간당 추정 굴착 작업량을 다음 조건에 따라 구하면?

조건 Q=1.2m³, f=1.28, E=0.9, K=0.9, Cm=50초

① 89.6 m³/h
② 90.6 m³/h
③ 98.6 m³/h
④ 108.6 m³/h

[해설] 9 Shovel계 굴착기
굴삭 작업량 $V = Q \times \dfrac{3600}{Cm} \times E \times K \times f$
여기서, Q : 버킷 용량(m³)
Cm : 싸이클 타임(sec)
E : 작업 효율
K : 굴삭 계수
f : 굴삭토의 용적 변화 계수
∴ $V = 0.8 \times \dfrac{3600}{40} \times 0.83 \times 0.8 \times 1.25$
= 59.76(m³/h)
$V = \dfrac{3,600 \times Q \times E \times K \times f}{Cm}$
$= \dfrac{3,600 \times 1.2 \times 0.9 \times 0.9 \times 1.28}{50}$
= 89.6(m³/hr)

정답 6. ① 7. ④ 8. ① 9. ①

문제 10 _(공통)_

토량 470m³를 불도저로 작업하려고 한다. 작업을 완료할 수 있는 시간을 산출하였을 때 맞는 시간은? (단 불도저의 삽날용량은 1.2m², 토량환산계수는 0.8, 작업효율은 0.8, 1회 사이클 시간은 12분이다.)

① 120.40 시간
② 122.40 시간
③ 132.40 시간
④ 140.40 시간

문제 11 _(산업)_

다음 그림과 같은 독립기초의 흙파기 토량으로서 맞는 것은?

① 18.5m³
② 19.5m³
③ 20.5m³
④ 21.5m³

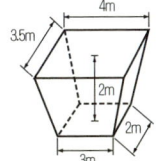

문제 12 _(기사)_

다음 그림과 같은 줄기초파기의 파낸 토량은 얼마인가? (단, 토량환산계수 L = 1.2임)

① 96m³
② 115.2m³
③ 130.7m³
④ 145.9m³

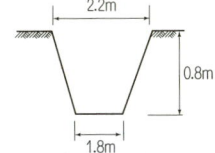 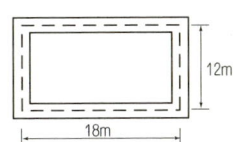

문제 13 _(기사)_

배합비 1:2:4로 콘크리트 1m³를 만드는데 소요되는 모래와 자갈량으로 적당한 것은?

① 모래 0.4m³, 자갈 0.8m³
② 모래 0.45m³, 자갈 0.9m³
③ 모래 0.5m³, 자갈 1.0m³
④ 모래 0.55m³, 자갈 1.1m³

문제 14 _(산업)_

콘크리트 1m³당 거푸집 개산면적의 평균 값으로 적당한 것은?

① 4~5m²
② 6~7m²
③ 8~9m²
④ 10~12m²

해 설

해설 10 불도저의 작업시간 산출

① $V(m^3/hr) = \dfrac{Q \cdot E \cdot f \times 60분}{Cm(분당)}$

$= \dfrac{1.2 \times 0.8 \times 0.8 \times 60분}{12분}$

$= 3.84 m^3/hr$

② 470m³이므로

작업시간 $= \dfrac{470m^3}{3.84m^3} = 122.4$시간

해설 11 독립 기초 파기

터파기량(V)

$= \dfrac{h}{6}\{(2a+a')b + (2a'+a)b'\}$

$= \dfrac{2}{6}\{(2 \times 3.5+2) \times 4 + (2 \times 2+3.5) \times 3\}$

$= 19.44 m^3$

해설 12

① 줄기초 터파기량 산정

$\dfrac{윗너비 + 밑너비}{2} \times 높이 \times 줄기초길이 \times 부피증가율$

② 줄기초 길이 : (18m+12m)×2 = 60m

③ 터파기량 산정

$\dfrac{2.2m+1.8m}{2} \times 0.8 \times 60m \times 1.2$

$= 115.2m^3$

해설 13 1:2:4 콘크리트 m³를 만드는데 필요한 재료량

- 시멘트 : 320kg(8포)
- 철근 : 125kg
- 모래 : 0.45m³
- 거푸집 : 5~8m²
- 자갈 : 0.9m³
- 결속선 : 0.6~1kg

해설 14 적산에 관한 사항

① 콘크리트 1m³당 소요되는 거푸집 : 5~8m²
② 연면적 1m²당 소요되는 거푸집 : 4~5m²

정답 10. ② 11. ② 12. ② 13. ② 14. ②

문제 15 공통

5t의 시멘트로 용적 배합비 1 : 2 : 4의 콘크리트를 비벼낼 때 전체 콘크리트량으로 적당한 것은? (단, W/C=60%)

① 12m³
② 15m³
③ 18m³
④ 28m³

문제 16 기사

배합비 1 : 3 : 6의 무근 콘크리트 10m³를 제조하는데 있어서 시멘트 소요량 중 가장 적당한 것은?

① 35포
② 45포
③ 55포
④ 65포

문제 17 공통

구조체의 수량 산출시에 공제해야 되는 항목은?
① 철근 콘크리트 중의 철근의 체적
② 콘크리트 구조물의 지정인 말뚝의 머리
③ 1m²를 초과하는 개구부의 거푸집면적
④ 기둥과 보가 접하는 부분의 거푸집면적

문제 18 공통

다음 도면에서 G1과 같은 보가 8개 있는 건물에서 보의 콘크리트량으로서 적당한 것은?

① 11.52m³
② 12.23m³
③ 13.44m³
④ 15.36m³

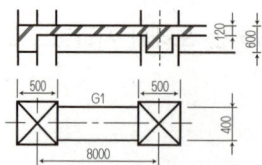

문제 19 공통

철근콘크리트 보로서 폭 40cm, 춤 60cm, 길이 6m짜리 10개의 중량(질량)은 얼마인가?

① 34,560kg
② 33,120kg
③ 28,800kg
④ 21,600kg

해 설

[해설] 15 콘크리트량
배합비 1:2:4로 콘크리트 1m³를 비빔시 시멘트는 320kg이 소요된다.
∴ 5,000kg / 320kg=15.625(m³)

[해설] 16
무근 콘크리트 1m³ 배합비 1 : 3 : 6에서 시멘트 소요량은 220kg이다.
1m³ : 220kg=10m³ : x kg
x =2,200kg
포=2,200÷40=55포

[해설] 17
1m² 초과의 개구부 거푸집 면적은 수량산출시 공제된다.

[해설] 18 보의 콘크리트량
=0.4×0.48×(8−0.5)×8EA
=11.52m³

[해설] 19
철근콘크리트의 단위용적질량 = 2,400kg/m³
0.4m×0.6m×6m×10EA×2,400kg/m³=34,560kg

정답 15. ② 16. ③ 17. ③ 18. ① 19. ①

문제 20 ·· 기사

철근콘크리트PC기둥(30cm×60cm 단면에 3m 길이)을 8ton 트럭으로 운반하고자 한다. 차량 1대에 적재할 수 있는 PC기둥의 수는?

① 1개 ② 2개
③ 4개 ④ 6개

해설 20 차량 1대 적재량
$0.3 \times 0.6 \times 3 \times 2.4 = 1.296t$
∴ $8t \div 1.296t = 6$개

문제 21 ·· 공통

폭 6m, 두께 15cm로 630m의 도로를 7m³ 레미콘을 이용하여 시공하고자 한다. 주문해야 할 레미콘 트럭 대수는?

① 40대 ② 59대
③ 74대 ④ 81대

해설 21
$(6 \times 0.15 \times 630) \div 7m^3 = 81$대

문제 22 ·· 산업

아래 도면과 같은 기둥이 20개 있는 건물에서 기둥의 거푸집 면적으로 적당한 것은?

① 124.0m²
② 135.2m²
③ 139.2m²
④ 144.0m²

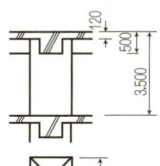

해설 22 기둥거푸집 면적 A
A = {0.5×4×(3.5−0.12)}×20
= 135.2m²

문제 23 ·· 공통

거푸집면적의 산출방법에 대한 기술이 잘못된 것은?

① 1m² 이하의 개구부는 주위의 사용재를 고려하여 거푸집 면적에서 공제하지 않는다.
② 기둥 거푸집 면적 산정시 기둥 높이는 상하층 바닥 안목간의 높이를 적용한다.
③ 기초 경사부의 경우 경사도 30도 미만의 경우 거푸집 면적을 계상한다.
④ 기초와 지중보, 기둥과 벽체의 접합부 면적은 거푸집 면적에서 공제하지 않는다.

해설 23 기초경사부의 거푸집 면적 산정
① 경사도 30도 미만인 경우는 산정하지 않는다.
② 경사도 30도 이상인 경우는 산정한다.

정답 20. ④ 21. ④ 22. ② 23. ③

문제 24 〈기사〉

각 부재에 대한 콘크리트량 산출방법에서 틀린 것은?
① 기둥 : 기둥단면적×층높이
② 계단 : 길이×평균두께×계단폭
③ 보 : 보폭×바닥판 두께를 뺀 보춤×내부유효길이
④ 연속기초 : 단면적×중심연장길이

[해설] 24 기둥의 콘크리트량 산출방법
기둥단면적×안목높이로 한다.

문제 25 〈기사〉

철골조 건축물의 연면적 1,000m²이다. 철골무게에 대한 개산으로 가장 적당한 것은?
① 50ton   ② 75ton
③ 125ton ④ 250ton

[해설] 25 철골재 소요량
1,000×0.1~0.15=100~150ton

문제 26 〈산업〉

일반사무소 건물을 철골조로 건축할 때 철골 소요량은 다음 중 어느 것에 가까운가? (단, 건물 연면적은 10,000m²이다.)
① 500t   ② 1,500t
③ 4,500t ④ 9,000t

[해설] 26
10,000×0.1~0.15
=1,000~1,500ton

문제 27 〈기사〉

철골공사에서 철골자재 중에서 강판의 경우 설계도면 정미량에서 얼마의 할증율을 포함하여 수량을 산출하는가?
① 3%
② 5%
③ 7%
④ 10%

[해설] 27, 28 강재의 할증율

부재명	할증율
강판	10%
대형형강	7%
고장력보울트	3%
리벳, 경량형강, 볼트, 소형형강	5%

문제 28 〈기사〉

철골재의 수량산출에서 도면 정미수량에 가산할 할증율로서 부적당한 것은?
① 고장력 볼트 : 5%   ② 강판 : 10%
③ 봉강 : 5%   ④ 강관 : 5%

정답 24. ① 25. ③ 26. ② 27. ④ 28. ①

문제 29 (공통)

벽두께 1.0B, 벽면적 30m²쌓기에 소요되는 벽돌의 정미량은? (단, 벽돌은 표준형)

① 3,900매　　② 4,095매
③ 4,470매　　④ 4,604매

문제 30 (기사)

표준형 벽돌 1.0B 쌓기 1m²에 소요되는 벽돌매수는 다음 중 어느 것인가? (단, 벽돌은 표준형임)

① 119매　　② 125매
③ 149매　　④ 164매

문제 31 (기사)

벽면적 4.8m² 크기에 1.5B 두께로 시멘트 벽돌을 쌓고자 할 때 벽돌소요 매수는? (단, B형(표준형)을 사용하여 손율은 4%로 한다.)

① 374매　　② 743매
③ 1,118매　　④ 1,487매

문제 32 (기사)

50m²의 바닥을 벽돌 모로세워깔기 할 때 소요되는 벽돌량으로 옳은 것은? (단, 정미량이고, 벽돌은 표준형임)

① 3,250매　　② 3,750매
③ 6,500매　　④ 7,450매

문제 33 (기사)

일반 벽돌벽1B쌓기로 할때 벽돌1,000매 쌓는데 필요한 모르타르량으로서 가장 맞는 것은? (기존형, 한면치장)

① 0.13m³　　② 0.37m³
③ 0.7m³　　④ 0.9m³

해 설

해설 29, 30 벽돌쌓기 기준량(m²)

벽돌규격 \ 벽두께	0.5B	1.0B	1.5B
210×100×60 기준형(구형)	65	130	195
190×90×57 표준형(신형)	75	149	224

149매/m² × 30m² = 4,470매

해설 31

① 표준형 벽돌 벽두께 1.5B일때 = 224매/1m²
② 벽면적 4.8m² × 224 = 1,075.2매
∴ 소요량 : 1,075.2 × 1.04 = 1,118매

해설 32 벽돌 모로세워깔기

0.5B의 정미량 : 75매/m²
∴ 50m² × 75매 = 3,750매

해설 33, 34 모르타르 소요량

정미량 1,000매당 모르타르량(m³)

두께	표준형	기존형
0.5B	0.25	0.3
1.0B	0.33	0.37
1.5B	0.35	0.4

개략 0.4m³로 한다.

정답 29. ③　30. ③　31. ③　32. ②　33. ②

문제 34 [산업]

조적공사에서 벽돌 1,000장을 1.0B로 조적할 때 소요되는 몰탈양으로 옳은 것은? (단, 몰탈배합 1:3 표준형)

① 0.25m³
② 0.33m³
③ 0.38m³
④ 0.42m³

문제 35 [공통]

표준형 벽돌 3,000장으로 벽을 0.5B 쌓기할 때 쌓을 수 있는 면적으로 옳은 것은?

① 35m²
② 40m²
③ 46m²
④ 52m²

해설 35 벽돌소요량
3,000÷75매=40m²

문제 36 [산업]

벽면적 1m²에 소요되는 블록의 수량으로서 적당한 것은? (단, 줄눈은 1cm, 블록의 크기는 길이가 39cm, 두께가 15cm이다.)

① 9매
② 13매
③ 17매
④ 19매

해설 36 Block 소요수량(1m²당)
390×190×150 → 13(매)
290×190×150 → 17(매)

문제 37 [기사]

다음 재료의 할증률로서 옳지 않은 것은?

① 붉은벽돌 – 3% 이내
② 자기타일 – 3% 이내
③ 시멘트기와 – 5% 이내
④ 내화벽돌 – 1% 이내

해설 37
※ 내화벽돌의 할증률은 3%이다.

문제 38 [기사]

콘크리트 블록벽체 2m²를 쌓는데 소요되는 콘크리트 블록 장수로 옳은 것은? (단, 블록은 기본형이며, 할증은 고려하지 않음)

① 26장
② 30장
③ 34장
④ 38장

해설 38
① 기본형 Block 1m²당 13매가 소요된다.
② 2m²×13장=26(장) 소요

정답 34. ② 35. ② 36. ② 37. ④ 38. ①

문제 39 기사

다음 조건에 따라 바닥재로 화강석을 사용할 경우 소요되는 화강석의 재료량(할증률 고려)으로 옳은 것은?

- 바닥면적: 300m²
- 화강석 판의 두께: 40mm
- 정형돌
- 습식공법

① 315m² ② 321m²
③ 330m² ④ 345m²

해설 39
정형돌(석재)의 할증률은 10%이므로 이 문제의 면적은 300m²+30m²=330m² 로 계산이 된다.

문제 40 산업

건축연면적(m²)당 먹매김의 품이 가장 많이 소요되는 건축물은?

① 고급주택 ② 학교
③ 사무소   ④ 공장

해설 40 연면적(m²)당 먹매김 품
① 보통주택·은행: 0.055~0.075(인)
② 학교·공장: 0.024~0.041(인)
③ 사무소: 0.041~0.058(인)

문제 41 산업

타일의 크기가 108mm×108mm이고, 가로 세로 줄눈의 크기는 6mm일 때, 1m²를 시공할 타일의 정미수량은 몇 매인가?

① 95매 ② 85매
③ 82매 ④ 77매

해설 41 타일수량산정
※ 타일수량 산정시는 줄눈크기를 포함하여 산정

$$\frac{1m \times 1m}{(0.108+0.006) \times (0.108+0.006)}$$
$=76.95$매/m²$=77$매/m²

문제 42 기사

타일 108mm 각으로 줄눈을 5mm로 타일 6m²를 붙일 때 타일 장수는? (단, 정미량으로 계산)

① 350장 ② 400장
③ 470장 ④ 520장

해설 42 타일의 정미수량

$$\frac{1m \times 1m}{(0.108+0.005) \times (0.108+0.005)} \times 6m^2$$
$=470$장

문제 43 공통

10m²의 바닥에 모자이크 타일을 붙일 경우 소요되는 모자이크 종이의 장수는? (단, 정미수량)

① 118매 ② 116매
③ 114매 ④ 112매

해설 43 모자이크타일

$\frac{1 \times 1}{0.3 \times 0.3}=11.1$장/m²당

∴ 11.1장×10m²=111매

정답 39. ③ 40. ① 41. ④ 42. ③ 43. ④

문제 44 (공통)

목재 미서기창을 양면칠할 경우 칠을 할 면적 계산은 다음 중 어느 것이 가장 적당한가? (단, 문틀, 문선, 창선반 포함)

① 안목면적의 1.1~1.7배
② 안목면적의 1.8~2.0배
③ 안목면적의 2.1~2.5배
④ 안목면적의 2.6~3.0배

문제 45 (기사)

도장공사에서 철재 계단(양면칠) 면적 산정에서 가장 옳은 것은?

① 경사면적×1.5배
② 경사면적×2배
③ 경사면적×(2.5배~3배)
④ 경사면적×(3배~5배)

문제 46 (기사)

스티일 새시를 양면칠을 할 경우 칠할 면적계산은 다음 중 어느 것이 가장 적당한가? (문틀, 창선반 포함)

① 안목면적의 1배
② 안목면적의 1.2~1.4배
③ 안목면적의 1.6~2.0배
④ 안목면적의 2.1~2.5배

해 설

해설 44, 45, 46 칠면적 배수표에 의한 도장 소요면적 산출

구 분		소요면적계산
목재	양판문(양면칠)	(안목면적)×(3.0~4.0)
	유리양판문(양면칠)	(안목면적)×(2.5~3.0)
	플러쉬문(양면칠)	(안목면적)×(2.7~3.0)
	오르내리창(양면칠)	(안목면적)×(2.5~3.0)
	미서기창(양면칠)	(안목면적)×(1.1~1.7)
철재	철 문(양면칠)	(안목면적)×(2.4~2.6)
	새 시(양면칠)	(안목면적)×(1.6~2.0)
	샷 터(양면칠)	(안목면적)×2.6
	철재계단	(경사면적)×(3~5)

정답 44. ① 45. ④ 46. ③

건축기사 _ 기출문제

CHAPTER 12 건축적산

문제 1

다음 공사비의 구성항목 중 경비에 속하지 않는 것은 어느 것인가?

① 공통가설비
② 산재보험료
③ 안전관리비
④ 일반관리비

[해설] 경비
전력비, 기계경비, 보험료, 가설비, 운반비, 안전관리비 등이다.

문제 2

기계경비 산정시 고려하게 되는 3종의 시간당 계수가 아닌 것은?

① 상각비 계수
② 관리비 계수
③ 정비비 계수
④ 경비 계수

[해설] 기계경비 산정시 고려되는 시간당 계수
① 감가상각비 계수
② 관리비 계수
③ 정비비(유지수리비) 계수

문제 3

수장공사 적산 시 유의사항에 관한 설명으로 옳지 않은 것은?

① 수장공사는 각종 마감재를 사용하여 바닥-벽-천장을 치장하므로 도면을 잘 이해하여야 한다.
② 최종 마감재만 포함하므로 설계도서를 기준으로 각종 부속공사는 제외하여야 한다.
③ 마무리 공사로서 자재의 종류가 다양하게 포함되므로 자재별로 잘 구분하여 시공 및 관리하여야 한다.
④ 공사범위에 따라서 주자재, 부자재, 운반 등을 포함하고 있는지 파악하여야 한다.

[해설] 수장공사 적산시는 최종 마감재 이외에 부속공사에 대한 내용도 포함되어야 한다.

문제 4

흙막이를 설치한 후, 높이 7m의 터파기 여유폭은?

① 10~30cm
② 30~50cm
③ 60~90cm
④ 90~120cm

[해설] 일반적인 터파기 여유폭

※ 흙막이에서 기초콘크리트면까지의 거리

구 분	깊이(H)	터파기 여유폭(D)
흙막이가 없는 경우	1.0m 이하	20cm
	2.0m 이하	30cm
	4.0m 이하	50cm
	4.0m 이상	60cm
흙막이가 있는 경우	5.0m 이하	60~90cm
	5.0m 이상	90~120cm

※ 높이 1m 미만의 터파기는 휴식각을 고려하지 않는 수직터파기량으로 계산한다.

문제 5

철근콘크리트조의 사무소건물 연면적 $1m^2$당 콘크리트의 소요량은 다음 중 어느 것에 가까운가?

① $0.1m^3$
② $0.3m^3$
③ $0.6m^3$
④ $0.9m^3$

[해설] $1m^2$당 Concrete 개산치 : $0.5~0.7m^3$이다.
∴ 평균 $0.6m^3$에 가깝다.

해답 1.④ 2.④ 3.② 4.④ 5.③

문제 6

시멘트 200포를 사용하여 배합비가 1:3:6의 콘크리트를 비벼냈을 때의 전체 콘크리트의 량은? (단, 물시멘트 비는 60%이고 시멘트 1포대는 40kg이다.)

① 25.25m³
② 36.36m³
③ 39.39m³
④ 44.44m³

[해설] 1:3:6 콘크리트 1m³에 소요되는 시멘트량 개산치는 220kg(5.5포)이다.
∴ 200포÷5.5포=36.36m³ 정도이다.

문제 7

공사용 재료의 할증율을 표시한 것 중 옳지 않은 것은?

① 시멘트 : 5%
② 목재(각재) : 5%
③ 원형철근 : 5%
④ 리벳 : 5%

[해설] 시멘트와 도료(칠)의 할증율은 2% 정도로 본다.

문제 8

거푸집 면적 산출 방법에서 가장 부적당한 것은?

① 개구부 1m² 이하의 것은 거푸집 면적에서 공제하지 않고 산출한다.
② 벽은(벽면적 - 개구부의 면적)×2로 하고 기둥과 보의 면적이 산입된 것이다.
③ 기초는 측면의 면적을 산출하고 상부가 급경사(30°~45°이상) 일때는 경사면의 면적도 산출한다.
④ 바닥판은 외벽의 두께를 뺀 내벽간 바닥면적으로 하되 각층 연면적에서 계단실 기둥 및 개구부 면적을 공제한다.

[해설] 벽 거푸집 산출
기둥과 보의 거푸집 면적을 공제한 면적으로 계산된다.

문제 9

각 부재에 대한 콘크리트량 산출방법으로서 틀린 것은?

① 기둥 : 기둥 단면적 × 슬래브 두께를 포함한 층높이
② 계단 : 길이 × 평균 두께 × 계단폭
③ 보 : 보폭 × 바닥판 두께를 뺀 보춤 × 내부 유효길이
④ 연속기초 : 단면적 × 중심 연장길이

[해설] 기둥 : (단면적×바닥판 안목간의 높이)
※ 기둥높이는 바닥판의 두께를 뺀것으로 한다.

문제 10

철근 콘크리트 보로서 폭 30cm, 춤 60cm, 길이 6m짜리 10개의 중량(질량)은 얼마나 되는가?

① 12,592kg
② 15,184kg
③ 21,600kg
④ 25,920kg

[해설] R.C 보중량
=0.3m×0.6m×6m×10EA×2400kg/m³
=25,920kg

문제 11

길이200m, 높이3m의 벽을1.0B 쌓기로 할 때 소요되는 벽돌의 반입 수량으로서 가장 적당한 것은? (단, 시멘트벽돌, 표준형임.)

① 81,900매
② 89,400매
③ 92,100매
④ 93,900매

[해설] 벽돌소요량
200×3×149×1.05=93,870매

해답 6.② 7.① 8.② 9.① 10.④ 11.④

문제 12

높이 3m, 길이 200m의 벽을 시멘트 벽돌 1.0B 쌓기로 할 때 필요한 벽돌의 정미량은? (단, 벽돌규격 : 190×90×57mm)

① 84,500매
② 89,400매
③ 92,000매
④ 98,300매

[해설] 200×3×149 = 89,400매
※ 정미량이므로 할증은 고려 안함

문제 13

벽두께 1.5B, 벽면적 20m² 쌓기에 소요되는 표준형 벽돌의 정미량은? (단, 줄눈은 10mm로 한다.)

① 2,240매
② 3,360매
③ 4,480매
④ 6,720매

[해설] ① 표준형 벽돌 1.5B의 정미량은 224매이다.
② 224매×20m² =4,480(매)
※ 정미량이므로 할증은 없다.

문제 14

콘크리트 블록벽체 3×5m의 크기가 있다. 블록의 소요매수는 다음 중 어느 것인가? (기본형)

① 145매
② 150매
③ 195매
④ 225매

[해설] 블록소요량
3m×5m×13장=195장

문제 15

시멘트 기와잇기 1m²의 소요장수는?

① 12매
② 13매
③ 14매
④ 16매

[해설] 적산사항
① 300×345 = 14매/m²
② 알매흙 : 1.2짐/m²

문제 16

콘크리트 블록(Block)벽체의 크기가 3×5m일 때 쌓기 모르타르의 소요량으로 옳은 것은? (단, 블록의 치수는 390×190×190mm, 재료량은 할증이 포함되었으며, 모르타르 배합비는 1 : 3)

① 0.10m³
② 0.12m³
③ 0.15m³
④ 0.18m³

[해설] ① 기본형 블록(390×190×190) 1m²를 쌓기시 소요되는 Mortar는 0.01m³ 이다.
② ∴ 3m×5m×0.01=0.15m³ 이다.

문제 17

벽돌쌓기 시 벽면적 1m²당 소요되는 벽돌 (190×90×57mm)의 정미량(매)과 모르타르량(m³)으로 옳은 것은? (단, 벽두께 1.0B, 모르타르의 재료량은 할증이 포함된 것이며, 배합비는 1:3이다.)

① 벽돌매수 : 224매, 모르타르량 : 0.078m³
② 벽돌매수 : 224매, 모르타르량 : 0.049m³
③ 벽돌매수 : 149매, 모르타르량 : 0.078m³
④ 벽돌매수 : 149매, 모르타르량 : 0.049m³

[해설] ① 표준형 벽돌 1.0B 쌓기의 벽돌은 149매(정미량)이다.
② m²당 소요되는 시멘트 모르타르 양(m³)

구 분	0.5B	1.0B	1.5B
벽돌량	75	149	224
모르타르량	0.019	0.049	0.078

③ Mortar량 계산은 비례식으로도 계산이 가능하다. 표준형 1.0B 쌓기시 1,000장당 쌓기 Mortar량은 0.33m³ 이다. 따라서 1,000장 : 0.33m³=149장 : x

$$x = \frac{0.33 \times 149 \text{장}}{1000} = 0.049(m^3)$$

해답 12. ② 13. ③ 14. ③ 15. ③ 16. ③ 17. ④

건축산업기사 _ 기출문제

문제 1

다음 중 직접비에 해당하는 항목은?

① 일반가설비
② 가설손료
③ 노무비
④ 일반관리비

[해설] 직접 공사비 항목
  재료비, 노무비, 외주비, 경비

문제 2

다음 중 수량 산출시의 할증율로 맞는 것은?

① 이형철근 : 3%
② 원형철근 : 7%
③ 대형형강 : 5%
④ 강판 : 5%

[해설] 할증율
  ② : 원형철근 : 5%
  ③ : 대형형강 : 7%
  ④ : 강판 : 10%

문제 3

다음은 재료의 할증율에 관한 기술이다. 틀린 것은?

① 이형철근 - 3%
② 기와 - 3%
③ 붉은벽돌 - 3%
④ 슬레이트 - 3%

[해설] ※ 기와의 할증율은 5%이다.

문제 4

다음 그림과 같은 건물의 외부 파이프 비계면적으로 가장 적당한 것은?

① 344m²
② 540m²
③ 780m²
④ 920m²

[해설] 파이프비계 면적
  A=H(L+8×1)=10(70+8×1)=780m²

문제 5

가로 25m, 세로 15m, 천장고 3.5m인 철근콘크리트 구조물의 거푸집 공사시 사용되는 목재 동바리의 수량은?

① 1,313 공m³
② 1,444 공m³
③ 1,181 공m³
④ 1,116 공m³

[해설] 25×15×3.5×0.9=1181.25 공m³

문제 6

철근콘크리트 벽식구조 아파트건물 연면적 10m²에 소요되는 거푸집 면적으로 옳은 것은?

① 50m²
② 80m²
③ 110m²
④ 140m²

[해설] 연면적 1m²당 거푸집 개산면적=4~5m²
  ∴ 10m²×(4~5m²)=40~50m²

해답 1.③ 2.① 3.② 4.③ 5.③ 6.①

문제 7

철근콘크리트조 연면적 800m² 3층 아파트 건축에 필요한 철근량의 개략치는?

① 30t
② 50t
③ 70t
④ 80t

[해설] 연면적 1m²당 철근 개산량=60~90kg
800m²×(60~90kg)=48,000~54,000kg=48~54ton

문제 8

철근콘크리트조 사무소 건축물의 500m²를 건축하는 경우 구조체 콘크리트량의 개산값으로 옳은 것은?

① 100m³
② 300m³
③ 600m³
④ 1,000m³

[해설] 1m²당 Concrete의 개산량 : 0.6(m³)
500m²×0.6=300(m³)

문제 9

기초판 거푸집 시공에서 기초 윗면의 경사가 얼마 이상되면 옆판만이 아니라, 위 경사면에도 거푸집널을 대야 하는가?

① 5°
② 15°
③ 25°
④ 35°

[해설] 거푸집 면적산출
① θ≥30° 경우에는 경사면 거푸집을 계산한다.
② θ<30° 경우에는 기초 주위의 수직면 거푸집(A)만을 계산한다.

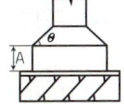

문제 10

조적공사에서 벽돌벽을 1.0B로 시공할 때 m²당 소요되는 모르타르 양으로 옳은 것은? (단, 표준형 벽돌 사용, 모르타르의 재료량은 할증이 포함된 것이며, 배합비는 1:3이다.)

① 0.019m³
② 0.033m³
③ 0.049m³
④ 0.079m³

[해설] 2019년 표준품셈 개정내용

※ m²당 소요되는 시멘트 모르타르 양(m³) (m² 당)

구 분	0.5B	1.0B	1.5B
벽돌량	75	149	224
모르타르량	0.019	0.049	0.078

문제 11

60cm×40cm×45cm인 화강석 200개를 8톤 트럭으로 운반하고자 할 때, 필요한 차의 대수는? (단, 화강석의 비중(밀도)은 약 2.7이다.)

① 6대
② 8대
③ 10대
④ 12대

[해설] ① 화강암의 질량 산정 (체적×비중 혹은 밀도)
0.6m×0.4m×0.45m×2.7(비중)×200(개)
=58.32(ton)
② 트럭대수 산정
58.32ton ÷ 8ton=7.29(대)
∴ 8대가 필요함.

문제 12

현장 배합비가 1:3:6의 콘크리트 1m³를 만드는 데 소요되는 자갈의 양은?

① 0.43m³
② 0.55m³
③ 0.77m³
④ 0.89m³

[해설] 1:3:6 비빔시 재료량
① 시멘트 : 220kg(5.5포)
② 모래 : 0.47m³
③ 자갈 : 0.94m³

해답 7. ② 8. ② 9. ④ 10. ③ 11. ② 12. ④

문제 13

길이 200m, 높이 3m의 벽을 1.0B 쌓기로 할 때 소요되는 벽돌의 반입 수량으로서 옳은 것은? (단, 시멘트 벽돌, 표준형임, 할증량 5%)

① 81,000매   ② 89,400매
③ 92,100매   ④ 93,870매

[해설] 표준형 1.0B 쌓기 : 149매
200×3×149×1.05 = 93,890매

문제 14

벽면적 100m²가 되는 1층 창고를 건축할 때 소요 블록 매수로 옳은 것은? (단, 블록은 기본형임)

① 1,250매   ② 1,300매
③ 1,350매   ④ 1,400매

[해설] Block의 1m²당 소요장수
① 기본형 : 13장
② 장려형 : 17장
③ 블록소요량 : 100m²×13장=1,300장

문제 15

두께 1.0B의 벽돌벽을 쌓을 경우 표준형 벽돌의 1m²당 정미량(A)과 점토벽돌 할증율(B) 및 시멘트 벽돌 할증율(C)은 각각 얼마인가?

① (A) 130매, (B) 3%, (C) 5%
② (A) 130매, (B) 5%, (C) 3%
③ (A) 149매, (B) 3%, (C) 5%
④ (A) 149매, (B) 5%, (C) 3%

[해설] ① 1.0B 두께 표준형 벽돌 1m²당 149매 소요
② 점토(붉은) 벽돌 할증율 : 3%
③ 시멘트 벽돌 할증율 : 5%

문제 16

조적공사에서 블록 2,500장으로 조적할 수 있는 면적으로 옳은 것은? (단, 블록 규격은 390×190×190mm이며, 할증율 4%가 포함)

① 147m²   ② 179m²
③ 192m²   ④ 208m²

[해설] 1m²에 소요되는 블록량 (할증율 4% 포함)
기본형(310×190×190) : 13매
2,500매÷13매=192m²

문제 17

목재 1m³은 몇 재인가?

① 300재
② 308.64재
③ 310재
④ 312재

[해설] 목재의 취급단위
① 1입방미터(m³)=299.475재(300재)
② 1재(才)=1치×1치×12자=0.00324m³
③ 1석(石)=1자×1자×10자=83.3재
④ 1b.f=1인치×1피트×1피트=0.703재
※ 1사이 = 1재(才)

문제 18

타일의 크기가 11cm×11cm일 때 가로 세로의 줄눈은 6mm이다. 이 때 1m²에 소요되는 타일의 수량은?

① 34매
② 55매
③ 65매
④ 75매

[해설] 타일수량
$$\frac{1 \times 1m}{(0.11+0.006) \times (0.11+0.006)} = \frac{1}{0.0135} = 74.1매/m²당$$

해답 13. ④ 14. ② 15. ③ 16. ③ 17. ① 18. ④

과년도출제문제

부록

건축시공

건축기사

2023. 2.23   시행 출제문제해설 및 정답
2023. 5.13   시행 출제문제해설 및 정답
2023. 9. 2   시행 출제문제해설 및 정답
2024. 2.15   시행 출제문제해설 및 정답
2024. 5. 9   시행 출제문제해설 및 정답
2024. 7. 5   시행 출제문제해설 및 정답
2025. 2. 7   시행 출제문제해설 및 정답
2025. 5.10   시행 출제문제해설 및 정답
2025. 8. 9   시행 출제문제해설 및 정답

건축산업기사

2023. 2.23   시행 출제문제해설 및 정답
2023. 5.14   시행 출제문제해설 및 정답
2023. 7. 8   시행 출제문제해설 및 정답
2024. 2.15   시행 출제문제해설 및 정답
2024. 5. 9   시행 출제문제해설 및 정답
2024. 7. 5   시행 출제문제해설 및 정답
2025. 2. 7   시행 출제문제해설 및 정답
2025. 5.10   시행 출제문제해설 및 정답
2025. 8. 9   시행 출제문제해설 및 정답

CBT 실전테스트

- CBT 건축기사 10회분 실전테스트
- CBT 건축산업기사 10회분 실전테스트

CBT 대비 건축기사, 건축산업기사 실전테스트는 홈페이지(www.inup.co.kr) 에서 CBT 모의 TEST로 함께 체험하실 수 있습니다.

과년도출제문제 (CBT 시험문제)

2. 23 시행 출제문제

※ 본 기출문제는 수험자의 기억을 바탕으로 하여 복원한 문제이므로 실제 문제와 다를 수 있음을 미리 알려드립니다.

1. 다음 중 공사감리업무와 가장 거리가 먼 항목은?
① 설계도서의 적정성 검토
② 공사 실행예산의 편성
③ 시공상의 안전관리지도
④ 사용자재와 설계도서와의 일치여부 검토

2. 한중콘크리트에 관한 설명으로 옳은 것은?
① 한중콘크리트는 공기연행콘크리트를 사용하는 것을 원칙으로 한다.
② 타설할 때의 콘크리트 온도는 구조물의 단면 치수, 기상 조건 등을 고려하여 최소 25℃ 이상으로 한다.
③ 물-결합재비는 50% 이하로 하고, 단위수량은 소요의 워커빌리티를 유지할 수 있는 범위내에서 되도록 크게 정하여야 한다.
④ 콘크리트를 타설한 직후에 찬바람이 콘크리트 표면에 닿도록 하여 초기양생을 실시한다.

3. 발주자에 의한 현장관리로 볼 수 없는 것은?
① 착공신고
② 하도급계약
③ 현장회의 운영
④ 클레임 관리

4. 콘크리트의 압축강도를 시험하지 않을 경우 다음과 같은 조건에서의 거푸집널 해체 시기로 옳은 것은?

- 기초, 보, 기둥 및 벽의 측면의 경우
- 평균기온 20℃ 이상
- 조강 포틀랜드 시멘트 사용

① 1일 ② 2일
③ 3일 ④ 4일

5. 사질토의 상대밀도를 측정하는 방법으로 가장 적합한 것은?
① 표준관입시험(Standard Penetration Test)
② 베인 테스트(Vane Test)
③ 깊은 우물(Deep well) 공법
④ 아일랜드 공법

6. 용접작업 시 용착금속 단면에 생기는 작은 은색의 점을 무엇이라 하는가?
① 피시 아이(fish eye)
② 블로 홀(blow hole)
③ 슬래그 함입(slag inclusion)
④ 크레이터(crater)

7. 타일 공사에 관한 설명 중 옳은 것은?
① 모자이크 타일의 줄눈너비의 표준은 5mm이다.
② 벽체타일이 시공되는 경우 바닥타일은 벽체타일을 붙이기 전에 시공한다.
③ 타일을 붙이는 모르타르에 시멘트 가루를 뿌리면 백화가 방지된다.
④ 타일붙임 후 3시간 경과시 줄눈파기를 하고, 24시간 경과 후 치장줄눈을 시공한다.

8. 도장작업 시 주의사항으로 옳지 않은 것은?
① 도료의 적부를 검토하여 양질의 도료를 선택한다.
② 도료량을 표준량보다 두껍게 바르는 것이 좋다.
③ 저온 다습 시에는 작업을 피한다.
④ 피막은 각층마다 충분히 건조 경화한 후 다음 층을 바른다.

9. 벽두께 1.0B, 벽면적 30m² 쌓기에 소요되는 벽돌의 정미량은? (단, 벽돌은 표준형을 사용한다.)
① 3900매
② 4095매
③ 4470매
④ 4604매

10. 건설원가의 구성체계에서 직접 공사비를 구성하는 주요요소와 가장 거리가 먼 것은?
① 일반관리비
② 노무비
③ 경비
④ 자재비

11. 공동도급방식(Joint Venture)에 관한 설명으로 옳은 것은?
① 2명 이상의 수급자가 어느 특정공사에 대하여 협동으로 공사계약을 체결하는 방식이다.
② 발주자, 설계자, 공사관리자의 세 전문집단에 의하여 공사를 수행하는 방식이다.
③ 발주자와 수급자가 상호신뢰를 바탕으로 팀을 구성하여 공동으로 공사를 수행하는 방식이다.
④ 공사수행방식에 따라 설계/시공(D/B)방식과 설계/관리(D/M)방식으로 구분한다.

12. 건축 석공사에 관한 설명으로 옳지 않은 것은?
① 건식쌓기 공법의 경우 시공이 불량하면 백화현상 등의 원인이 된다.
② 석재 물갈기 마감 공정의 종류는 거친갈기, 물갈기, 본갈기, 정갈기가 있다.
③ 시공 전에 설계도에 따라 돌나누기 상세도, 원척도를 만들고 석재의 치수, 형상, 마감방법 및 철물 등에 의한 고정방법을 정한다.
④ 마감면에 오염의 우려가 있는 경우에는 폴리에틸렌 시트 등으로 보양한다.

13. 지내력을 갖춘 지반으로 만들기 위한 배수공법 또는 탈수공법이 아닌 것은?
① 샌드 드레인 공법
② 웰 포인트 공법
③ 페이퍼 드레인 공법
④ 베노토 공법

14. 다음에서 설명하는 미장 결합재에 대한 내용 중 틀린 것은?
① 돌로마이트 플라스터는 미분쇄한 돌로마이트 석회, 모래, 여물 등을 사용하며, 해초풀을 사용하지 않는다.
② 석고플라스터는 소석고에 경화시간을 조정하기 위한 혼화제를 미리 혼합하거나 또는 사용시 혼합하여 사용한다.
③ 보드용 플라스터는 상도용(정벌용)과 같이 모래를 혼합하여 사용하는 것이고, 바탕이 보오드를 대상으로 한 것으로 부착력이 강하다.
④ 혼합석고 플라스터는 하도용(초벌용)은 물만 가하여 비빔하나, 상도용(정벌용)은 사용시 모래를 가하고 물로 혼합하여 사용한다.

15. 건축재료별 수량 산출 시 적용하는 할증률로 옳지 않은 것은?
① 유리 : 1%
② 단열재 : 5%
③ 붉은벽돌 : 3%
④ 이형철근 : 3%

16. 목구조 재료로 사용되는 침엽수의 특징에 해당하지 않는 것은?
① 직선부재의 대량생산이 가능하다.
② 단단하고 가공이 어려우나 미관이 좋다.
③ 병·충해에 약하여 방부 및 방충처리를 하여야 한다.
④ 수고(樹高)가 높으며 통직하다.

17. 건축물 외부에 설치하는 커튼월에 관한 설명으로 옳지 않은 것은?

① 커튼월이란 외벽을 구성하는 비내력벽 구조이다.
② 커튼월의 조립은 대부분 외부에 대형발판이 필요하므로 비계공사가 필수적이다.
③ 공장에서 생산하여 반입하는 프리패브 제품이다.
④ 일반적으로 콘크리트나 벽돌 등의 외장재에 비하여 경량이어서 건물의 전체 무게를 줄이는 역할을 한다.

18. 서로 다른 종류의 금속재가 접촉하는 경우 부식이 일어나는 경우가 있는데 부식성이 큰 금속 순으로 옳게 나열된 것은?

① 알루미늄 〉 철 〉 주석 〉 구리
② 주석 〉 철 〉 알루미늄 〉 구리
③ 철 〉 주석 〉 구리 〉 알루미늄
④ 구리 〉 철 〉 알루미늄 〉 주석

19. 창호철물과 창호의 연결로 옳지 않은 것은?

① 도어체크(door check) - 미닫이문
② 플로어 힌지(floor hinge) - 자재 여닫이문
③ 크리센트(Crescent) - 오르내리창
④ 레일(rail) - 미서기창

20. 철근의 가공 및 조립에 관한 설명으로 옳지 않은 것은?

① 철근의 가공은 철근상세도에 표시된 형상과 치수가 일치하고 재질을 해치지 않은 방법으로 이루어져야 한다.
② 철근상세도에 철근의 구부리는 내면 반지름이 표시되어 있지 않은 때에는 KDS에 규정된 구부림의 최소 내면 반지름 이상으로 철근을 구부려야 한다.
③ 경미한 녹이 발생한 철근이라 하더라도 일반적으로 콘크리트와의 부착성능을 매우 저하시키므로 사용이 불가하다.
④ 철근은 상온에서 가공하는 것을 원칙으로 한다.

해설 및 정답

1. 공사감리자의 업무
 ① 공사비 내역 명세의 조사
 ② 공사의 지시, 입회 검사(자재검사)
 ③ 시공방법의 지도
 ④ 공사의 진도 파악
 ⑤ 공사비 지불에 대한 조서 작성(공사비 사정)
 ⑥ 공사현장 안전관리 지도
 ⑦ 품질시험 관리, 성과의 분석
 ※ 시공도를 작성하거나 실행예산을 작성하는 업무는 시공자의 업무이다.

2. ② : 콘크리트 타설온도 : 5~20℃
 ③ : 물결합재비는 60% 이하로 되도록 작게 한다.

3. ① 공정관리는 시공자(수급자)가 공기준수를 목적으로 수행하는 관리이다.
 ② 하도급계약은 원도급자가 전문업자와 다시 체결하는 계약으로서 건축주(발주자)와는 관계없다.

4. 콘크리트 압축강도를 시험하지 않을 경우(기초, 보옆, 기둥, 벽등의 측벽)의 거푸집 해체시기

시멘트의 종류 평균 기온	조강 포틀랜드 시멘트	보통포틀랜드 시멘트 고로슬래그 시멘트(1종) 플라이애시 시멘트(1종) 포틀랜드 포졸란시멘트(1종)	고로슬래그 시멘트(2종) 플라이애시 시멘트(2종) 포틀랜드 포졸란시멘트 (2종)
20℃ 이상	2일	4일	5일
20℃ 미만 10℃ 이상	3일	6일	8일

5. 표준관입시험은 주로 사질지반에서 불료란시료를 채취하기 곤란하므로 상대밀도를 특정하기 위해 사용되는 대표적인 현장시험 방법이다.

6. Flyash(은정)
 ① Slag 혼입 및 Blow hole 겹침 현상. 생선눈알모양의 은색 반점이 나타남.
 ② 수소의 영향으로 발생함. 불완전용접으로 100℃로 가열하여 24시간 정도 방치하면 수소가 방출되면서 회복됨.

7. ① : 모자이크 타일의 줄눈너비는 2mm이다.
 ② : 벽체시공 후 바닥타일을 시공한다.
 ③ : 타일붙임 Mortar에 시멘트가루를 뿌리면 백화가 증가된다.

8. ① 도장작업은 도료를 얇게 여러번 도포한다.(3회~4회)
 ② 도료를 두껍게 바르면 건조가 늦어지고 Crack(균열)과 주름이 생긴다.

9. ① 1.0B 쌓기로 $1m^2$의 면적에 필요한 벽돌장수는 149매이다.
 ② 149매 × $30m^2$ = 4,470(매)
 ※ 정미량이므로 할증은 고려하지 않는다.

10. 직접공사비 항목
 재료비(자재비), 노무비, 외주비, 경비

11. ② : 건설사업관리 계약방식
 ③ : 파트너링 계약방식
 ④ : 턴키 계약방식

12. 돌공사 건식공법의 특징
 ① 뒤 사춤을 하지 않고 긴결철물을 사용하여 고정하는 공법이다.
 ② 앵커철물 혹은 합성수지 접착제를 이용하여 정착시킨다.
 ③ 구조체의 변형, 균열의 영향을 받지 않는 곳에 주로 사용한다.
 ④ 고층건물에 유리하다. 시공정밀도가 우수하다.
 ⑤ 시공속도가 빠르고 노동비가 절감된다. 동기시공이 가능하다.
 ⑥ 동결, 백화 및 결로현상이 없다.

해설 및 정답

13. Benoto 공법은 대구경 현장 파일 공법이다.

14. 석고플라스터(Gypsum plaster)
  (1) 석고를 주원료로 하고 혼화재(돌로마이트플라스터·점토 등)·접착제(풀 등), 응결시간조절재(아교질재 등) 등을 혼합한 플라스터로서 벽·천장 등의 미장재료이다.
  (2) 석고플라스터는 소석고와 경석고로 구분한다.
  (3) 소석고플라스터에는 혼합석고플라스터, 순석고플라스터(크림용 석고플라스터), 보드용 석고플라스터가 있는데 실제 사용되고 있는 것은 대부분이 혼합석고플라스터다.
  (4) 혼합석고플라스터는 보통 현장에서 정벌용은 물만을 첨가 사용, 초벌용은 물+모래를 혼합 사용한다.

15. 단열재의 할증률은 10%이다.

16. ① 목재는 가공이 용이한 재료이다.
  ② 침엽수는 활엽수에 비하여 연목이다.
  ※ 활엽수가 경목이다.

17. 커튼월의 설치방법
  ① 주로 높은 곳에서 양중기를 사용하여 구조체 내부에서 행하므로 비계작업을 원칙으로 하지 않는다. 필요시 달비계 등이 사용될 수 있다.
  ② 통상 커튼월은 비내력벽식 방법으로 설치된다.

18. (1) 서로 다른 금속을 접촉시키면 이온화 경향이 큰 것이 용해되어 부식된다.
  (2) 금속이 이온화 경향이 큰 순서
    Mg 〉 Al 〉 Zn 〉 Fe 〉 Ni 〉 Sn 〉 Pb 〉 Cu 〉 Ag 〉 Au
  (3) 그러므로 알루미늄 〉 철 〉 주석 〉 구리 순서가 적당하다.

19. 도어 체크(Door check)=도어 클로저(Door closer)
  ① 문 윗틀과 문짝에 설치하여 문이 자동적으로 닫혀지게 하는 장치(여닫이문에 사용)
  ② 피스톤장치가 있어 개폐속도를 조절한다.

20. 경미하게 녹이 발생된 철근은 부착력이 커지므로 감리, 감독자와 협의하여 사용 가능하다.

1. ②	2. ①	3. ②	4. ②	5. ①
6. ①	7. ④	8. ②	9. ③	10. ①
11. ①	12. ①	13. ④	14. ④	15. ②
16. ②	17. ②	18. ①	19. ①	20. ③

과년도출제문제 (CBT 시험문제)

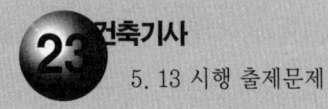

건축기사
5. 13 시행 출제문제

※ 본 기출문제는 수험자의 기억을 바탕으로 하여 복원한 문제이므로 실제 문제와 다를 수 있음을 미리 알려드립니다.

1. 계약제도의 하나로써 독립된 회사의 연합으로 법인을 설립하지 않으며 공사의 책임과 공사 클레임 등을 각각 독립된 회사의 계약 당사자가 책임을 지는 방식은?

① 공동도급(Joint Venture)
② 파트너링(Partnering)
③ 컨소시엄(Consortium)
④ 분할도급(Partial Contract)

2. 서로 다른 종류의 금속재가 접촉하는 경우 부식이 일어나는 경우가 있는데 부식성이 큰 금속 순으로 옳게 나열된 것은?

① 알루미늄 > 철 > 주석 > 구리
② 주석 > 철 > 알루미늄 > 구리
③ 철 > 주석 > 구리 > 알루미늄
④ 구리 > 철 > 알루미늄 > 주석

3. 건설사업지원 통합 전산망으로 건설 생산활동 전 과정에서 건설 관련 주체가 전산망을 통해 신속히 교환·공유할 수 있도록 지원하는 통합 정보시스템을 지칭하는 용어는?

① 건설 CIC(Computer Integrated Construction)
② 건설 CALS(Continuous Acquisition & Life Cycle Support)
③ 건설 EC(Engineering Construction)
④ 건설 EVMS(Earned Value Management System)

4. 테라죠(Terrazzo) 현장 바름공사에서 부적합한 사항은?

① 최종마감은 마감 숫돌로 광택이 날 때까지 갈아낸다. 수산으로 중화처리하여 때를 벗겨내고 헝겊으로 문질러 손질한 후, 바탕이 오염되지 않도록 적정한 보양재를 사용하여 보양한 후 최후 공정으로 왁스 등을 발라 마감한다.
② 줄눈나누기는 최대 줄눈간격 2m 이하로 한다.
③ 갈기는 테라죠를 바른 후 손갈기일 때 1일 이상, 기계갈기일 때 3일 이상 경과한 후 경화정도를 보아 시작한다.
④ 바닥 초벌 바름두께의 표준은 접착공법일 때 25mm 정도이다.

5. 공정표 작성시 공정계산에 관한 설명 중 옳은 것은?

① 종속여유(DF)는 후속작업의 EST에 영향을 주지 않는 범위 내에서 한 작업이 가질 수 있는 여유시간이다.
② 복수의 작업에 후속되는 작업의 EST는 복수의 선행작업 중 EFT의 최소값으로 한다.
③ 복수의 작업에 선행되는 작업의 LFT는 후속 작업의 LST 중 최대값으로 한다.
④ 전체여유(TF)는 작업을 EST로 시작하고 LFT로 완료할 때 생기는 여유시간이다.

6. 지하연속벽 공법 중 슬러리 월(Slurry Wall)에 대한 특징으로 옳지 않은 것은?

① 시공시 소음·진동이 크다.
② 인접건물의 경계선까지 시공이 가능하다.
③ 주변 지반에 대한 영향이 적고 차수효과가 확실하다.
④ 지반 굴착시 안정액을 사용한다.

7. 다음은 공법에 관한 내용이다. 맞는 내용은?

"미리 공장 생산한 기둥이나 보, 바닥판, 외벽, 내벽 등을 한층씩 쌓아 올라가는 조립식으로 구체를 구축하고 이어서 마감 및 설비공사까지 포함하여 차례로 한층씩 완성해 가는 공법"

① 하프 PC합성바닥판공법
② 역타공법
③ 적층공법
④ 지하연속벽공법

8. 콘크리트를 타설하면서 거푸집을 수직 방향으로 이동시켜 연속작업을 할 수 있게 한 것으로 사일로 등의 건설공사에 적합한 것은?

① Euro form
② Sliding form
③ Air tube form
④ Traveling form

9. 커튼월 Mock-up Test에 있어 기본성능시험의 항목에 해당되지 않는 것은?

① 정압수밀시험   ② 구조시험
③ 기밀시험   ④ 압축강도시험

10. 재료의 할증률을 나타낸 것이다. 옳지 않은 것은?

① 이형철근 : 3%
② 붉은벽돌 : 3%
③ 시멘트벽돌 : 5%
④ 단열재 : 5%

11. 철근콘크리트공사에서 콘크리트 이어치기에 대한 설명으로 옳지 않은 것은?

① 콘크리트의 이어치기는 원칙적으로 응력이 집중되는 곳에서 한다.
② 보의 이어붓기는 전단력이 가장 적은 스팬의 중앙부에서 수직으로 한다.
③ 기둥·기초는 슬래브의 상단에서 이어친다.
④ 캔틸레버 보는 이어치기를 하지 않고 한번에 타설한다.

12. 사운딩(Sounding)이란 저항체를 땅속에 삽입하여서 관입, 회전, 인발 등의 저항으로 토층의 성상을 탐사하는 방법이다. 다음 중 사운딩(Sounding)시험에 속하지 않는 시험법은?

① 표준관입시험
② 콘 관입시험
③ 베인전단시험
④ 말뚝의 재하시험

13. 다음에서 설명하는 미장재료는?

> 시멘트와 건조모래 및 특성 개선재를 배합한 공장제품을 현장에서 물만 가하여 사용하는 모르타르로써, 현장배합 모르타르보다는 다소 고가이지만 현장관리가 용이하다.

① 바라이트 모르타르
② 셀프레벨링재
③ 초속경 모르타르
④ 드라이 모르타르

14. 압연강재가 냉각될 때 표면에 생기는 산화철 표피를 무엇이라 하는가?

① 스패터
② 밀스케일
③ 슬래그
④ 비드

15. 콘크리트용 재료 중 시멘트에 관한 설명으로 옳지 않은 것은?

① 중용열포틀랜드시멘트는 수화작용에 따르는 발열이 적기 때문에 매스콘크리트에 적당하다.
② 조강포틀랜드시멘트는 조기강도가 크기 때문에 한중콘크리트공사에 주로 쓰인다.
③ 알칼리 골재반응을 억제하기 위한 방법으로써 내황산염포틀랜드시멘트를 사용한다.
④ 조강포틀랜드시멘트를 사용한 뒤 콘크리트의 7일 강도를 보통포틀랜드시멘트를 사용한 콘크리트의 28일 강도와 거의 비슷하다.

16. 지반조사의 시험에 관계되는 것을 연결한 것중 옳은 것은?

① 진흙의 점착력 – 베인시험(Vane Test)
② 지내력 – 정량분석시험
③ 연한점토 – 표준관입시험
④ 염분 – 씬 월 샘플링(Thin Wall Sampling)

17. 지름 150mm, 높이 300mm인 원 공시체로 콘크리트의 압축강도를 시험하였더니 400kN에서 파괴되었다면 이 콘크리트의 압축강도는?

① 14.15 Mpa
② 25.84 Mpa
③ 22.64 Mpa
④ 26.24 Mpa

18. 타일의 크기가 200mm×200mm이고, 가로 세로 줄눈의 크기는 10mm인 타일로 벽면적 100m²가 되는 벽체를 시공하는 경우의 타일 매수로 적당한 것은 어느 것인가? (단, 정미량이며 깨짐에 의한 손실은 없는 것으로 한다.)

① 2368매
② 2268매
③ 2468매
④ 2678매

19. 콘크리트의 측압에 대한 설명이 바르지 않은 것은?

① 철근량이 작을수록 측압은 크다.
② 슬럼프가 작을수록 측압은 크다.
③ 타설속도가 빠를수록 측압은 크다.
④ 온도가 높을수록 측압은 작다.

20. 다음 중 탄성계수를 구할 때 변형 측정에 이용하는 것으로 가장 정밀도가 높은 것은?

① 다이얼 게이지
② 콤퍼레이터
③ 마이크로미터
④ 와이어 스트레인 게이지

해설 및 정답

1. (1) 문제의 설명대로 수행하는 방식을 컨소시움(분담이행방식)이라고 한다.
(2) 공동도급방식에는 공동이행방식, 분담이행방식, 주계약자형 공동도급방식이 있다.

2. (1) 서로 다른 금속을 접촉시키면 이온화 경향이 큰 것이 융해되어 부식된다.
(2) 금속이 이온화 경향이 큰 순서
Mg > Al > Zn > Fe > Ni > Sn > Pb > Cu > Ag > Au
(3) 그러므로 알루미늄 > 철 > 주석 > 구리 순서가 적당하다.

3. CALS (Continuous Acquisition & Life Cycle Support)
건설생산활동의 전 과정에서 건설관련주체가 초고속 정보통신망이나 전자상거래 등 정보의 실시간공유를 통해 공기단축, 원가절감 등을 도모하려는 건설분야 통합정보 시스템을 말한다.
※ 건설공사 기획부터 설계, 입찰 및 구매, 시공, 유지관리의 전단계에 있어 업무절차의 전산화를 추구하는 종합건설정보체계를 의미

4. 테라죠 (Terrazzo) 바르기
① 줄눈의 거리 간격은 최대 2m, 보통 60~120cm로 하지만 90cm 각 정도가 가장 알맞다.
② 정벌바름 후 손갈기는 1일 이상, 기계갈기의 경우는 5~7일 이상 두어 경화정도를 보아 갈아낸다.

5. ① : DF는 후속작업의 TF에 영향을 주는 여유시간이다.
② : 복수작업에 종속되는 EST·EFT값은 선행작업 중 최대값을 적용한다.
③ : 복수작업의 LST·LFT 값은 선행작업 중 최소값을 적용한다.

6. 슬러리 월 (Slurry Wall) 공법의 특징
① 인접건물 근접시공가능(저소음, 저진동)공법이다.
※ 인접건물에 피해가 없다.
② 차수성이 높고, 모든지반적용 가능
③ 벽체강성우수, 본구조체로 이용가능
④ 임의 형상, 칫수, 깊이 조절가능
(벽체길이에는 제한이 없고, 깊은 지지층까지 벽체를 조성할 수 있다.)
⑤ 시공비가 고가이며, 장비가 커서 시공이 느리다.
⑥ 고도의 기술과 경험이 필요하다.
⑦ 수평연속성이 부족하고 판넬의 연결부에 방수보강이 필요하다.

7. 조립식구조의 적층공법
미리 공장에서 제작한 구조체 및 외벽 등을 한층씩 조립함과 동시에 설비를 포함한 마감도 한층씩 끝내면서 공사하는 방법으로써 고층건물 시공에 사용되는 공법이다.

8. 슬라이딩 폼 (Sliding form)
거푸집 높이는 약 1m이고 하부가 약간 벌어진 원형 철판 거푸집을 요요크(yoke)로 서서히 끌어 올리는 공법으로 Silo공사 등에 적당하다.
① 공기가 약 1/3 단축, 자재, 인력의 절감 가능
② 연속으로 끌어올리므로 Climbing form이라고도 한다.
③ 연속적으로 부어 넣으므로 일체성을 확보할 수 있다.(연속타설가능)

9. 커튼월의 Mock-up Test 항목
① 예비시험 : 시험실시 여부 판단시험, 설계풍압의 50%를 가하는 내풍압시험실시
② 기밀시험 : 기밀성 및 공기누출량 측정시험
③ 정압수밀시험 : 누수시험
④ 동압수밀시험 : 맥동압에 의한 누수시험
⑤ 구조시험 : 내풍압시험 및 층간변위측정

10. 재료의 할증율
단열재 : 10%

해설 및 정답

11. 크리트 이어붓기 위치

개소	이음위치 방법
기둥	보, 바닥판 또는 기초의 윗면에서 수평으로 한다.
보, Slab	전단력이 가장 적은 Span의 1/2 부근에서 수직으로 하며 작은보가 있는 바닥판은 나비의 2배 떨어진 위치에서 직각으로 한다.
아치	아치축이 직각으로 한다.
벽	문틀, 끊기 좋고 이음자리 막이를 떼어내기 쉬운 곳에서 수직·수평으로 한다.
캔틸레버	이어붓지 않음을 원칙으로 한다.

※ 콘크리트의 이어치기 위치는 원칙적으로 응력이 작은 곳에서 행한다.

12. 사운딩 시험의 종류
① 휴대용 원추관입시험(Portable cone penetration test)=콘 관입시험
② 화란식 원추관입시험(Dutch cone penetration test)=콘 관입시험
③ 스웨덴식 관입시험(Swedish penetration test)
④ 이스키 미터(Isky meter)
⑤ 표준관입시험(동적사운딩)
⑥ 베인테스트(Vane test)

13. 현장에서 조적, 타일, 미장공사시 기 배합된 공장제품에 물을 현장에서 가하여 사용하는 Dry Mixed Mortar를 현재는 많이 사용한다.

14. ① 밀 스케일(mill scale) : 철강재를 가열, 압연, 가공 등을 할 때 표면에 붙은 산화철로 된 찌꺼기를 말한다.
② 스패터(Spatter) : 아크용접과 가스용접에서 용접 중 튀어 나오는 슬래그 또는 금속 입자를 말한다.

15. 알카리 골재반응을 억제하기 위해서는 고로 Slag, Fly ash, 포졸란 등의 혼합시멘트를 사용하여야 한다.

16. 베인시험 : 진흙의 점착력을 판별
② 정량분석시험 - 골재의 염분 측정
③ 표준관입시험 - 모래의 밀도 측정
④ 썬 월 샘플링 - 연약점토의 시료 채취

17. 콘크리트의 압축강도

$$\frac{P}{A} = \frac{P}{\pi d^2/4} = \frac{400,000N}{[3.14 \times (150mm)^2]/4} = 22.64 N/mm^2$$
$$= 22.64 MPa$$

18. 타일의 정미수량

$$\frac{1m \times 1m}{(0.2+0.01) \times (0.2+0.01)} \times 100m^2 = 2267.57 매$$
$$= 2268(매)$$

19. 슬럼프가 클수록 거푸집의 측압은 증가한다.

20. 변형측정에 이용되는 것으로 가장 정밀도가 높은 것은 와이어 스트레인 게이지이다.

1. ③	2. ①	3. ②	4. ③	5. ④
6. ①	7. ③	8. ②	9. ④	10. ④
11. ①	12. ④	13. ④	14. ②	15. ③
16. ①	17. ③	18. ②	19. ②	20. ④

과년도출제문제 (CBT 시험문제)

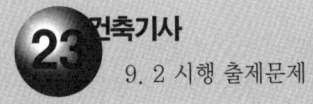

※ 본 기출문제는 수험자의 기억을 바탕으로 하여 복원한 문제이므로 실제 문제와 다를 수 있음을 미리 알려드립니다.

1. 철골공사에 관한 설명으로 옳지 않은 것은?
① 볼트접합부는 부식하기 쉬우므로 방청도장을 하여야 한다.
② 볼트조임에는 임팩트렌치, 토크렌치 등을 사용한다.
③ 철골조는 화재에 의한 강성저하가 심하므로 내화피복을 하여야 한다.
④ 용접부 비파괴 검사에는 침투탐상법, 초음파탐상법 등이 있다.

2. 아스팔트 방수층, 개량아스팔트 시트방수층, 합성고분자계 시트방수층 및 도막방수층 등 불투수성 피막을 형성하여 방수하는 공사를 총칭하는 용어로 옳은 것은?
① 실링방수
② 멤브레인방수
③ 구체침투방수
④ 벤토나이트방수

3. 미장공사에서 나타나는 결함의 유형과 가장 거리가 먼 것은?
① 균열
② 부식
③ 탈락
④ 백화

4. 지반조사 중 보링에 관한 설명으로 옳지 않은 것은?
① 보링의 깊이는 일반적인 건물의 경우 대략지지 지층 이상으로 한다.
② 채취시료는 충분히 햇빛에 건조시키는 것이 좋다.
③ 부지 내에서 3개소 이상 행하는 것이 바람직하다.
④ 보링 구멍은 수직으로 파는 것이 중요하다.

5. 콘크리트용 재료 중 시멘트에 관한 설명으로 옳지 않은 것은?
① 중용열포틀랜드시멘트는 수화작용에 따르는 발열이 적기 때문에 매스콘크리트에 적당하다.
② 조강포틀랜드시멘트는 조기강도가 크기 때문에 한중콘크리트공사에 주로 쓰인다.
③ 알칼리 골재반응을 억제하기 위한 방법으로써 내황산염포틀랜드시멘트를 사용한다.
④ 조강포틀랜드시멘트를 사용한 콘크리트의 7일 강도는 보통포틀랜드시멘트를 사용한 콘크리트의 28일 강도와 거의 비슷하다.

6. CM(Construction Management)의 주요업무가 아닌 것은?
① 부동산 관리업무 및 설계부터 공사관리까지 전반적인 지도, 조언, 관리업무
② 입찰 및 계약 관리업무와 원가관리업무
③ 현장 조직관리업무와 공정관리업무
④ 자재조달업무와 시공도 작성업무

7. 다음 그림과 같은 건물에서 G_1과 같은 보가 8개 있다고 할 때 보의 총 콘크리트량을 구하면? (단, 보의 단면상 슬래브와 겹치는 부분은 제외하며, 철근량은 고려하지 않는다.)

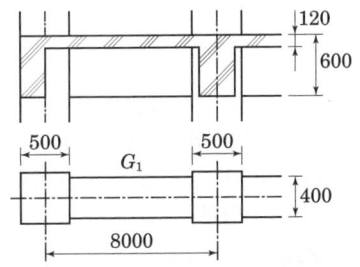

① 11.52m³
② 12.23m³
③ 13.44m³
④ 15.36m³

8. PERT-CPM 공정표 작성시에 EST와 EFT의 계산 방법 중 옳지 않은 것은?

① 작업의 흐름에 따라 전진 계산한다.
② 선행작업이 없는 첫 작업의 EST는 프로젝트의 개시시간과 동일하다.
③ 어느 작업의 EFT는 그 작업의 EST에는 소요일수를 더하여 구한다.
④ 복수의 작업에 종속되는 작업의 EST는 선행작업 중 EFT의 최소값으로 한다.

9. 웰포인트(Well point)공법에 관한 설명으로 옳지 않은 것은?

① 인접 대지에서 지하수위 저하로 우물 고갈의 우려가 있다.
② 투수성이 비교적 낮은 사질실트층까지도 강제배수가 가능하다.
③ 압밀침하가 발생하지 않아 주변 대지, 도로 등의 균열발생 위험이 없다.
④ 지반의 안전성을 대폭 향상시킨다.

10. 콘크리트 이어치기에 관한 설명으로 옳지 않은 것은?

① 보의 이어치기는 전단력이 가장 적은 스팬의 중앙부에서 수직으로 한다.
② 슬래브(Slab)의 이어치기는 가장자리에서 한다.
③ 아치의 이어치기는 아치축에 직각으로 한다.
④ 기둥의 이어치기는 바닥판 윗면에서 수평으로 한다.

11. 사질 지반 굴착 시 벽체 배면의 토사가 흙막이 틈새 또는 구멍으로 누수가 되어 흙막이벽 배면에 공극이 발생하여 물의 흐름이 점차로 커져 결국에는 주변 지반을 함몰시키는 현상은?

① 보일링 현상
② 히빙 현상
③ 액상화 현상
④ 파이핑 현상

12. 지름 100mm, 높이 200mm인 원주 공시체로 콘크리트의 압축강도를 시험하였더니 200kN에서 파괴되었다면 이 콘크리트의 압축강도는?

① 12.7MPa
② 17MPa
③ 25.5MPa
④ 50.9MPa

13. 돌로마이트 플라스터 바름에 관한 설명으로 옳지 않은 것은?

① 실내온도가 5℃ 이하일 때는 공사를 중단하거나 난방하여 5℃ 이상으로 유지한다.
② 정벌바름용 반죽은 물과 혼합한 후 4시간 정도 지난 다음 사용하는 것이 바람직하다.
③ 초벌바름에 균열이 없을 때에는 고름질한 후 7일 이상 두어 고름질면의 건조를 기다린 후 균열이 발생하지 아니함을 확인한 다음 재벌바름을 실시한다.
④ 재벌바름이 지나치게 건조한 때는 적당히 물을 뿌리고 정벌바름한다.

14. 금속 커튼월의 Mock Up Test에 있어 기본성능 시험의 항목에 해당되지 않는 것은?

① 정압수밀시험
② 방재시험
③ 구조시험
④ 기밀시험

15. 타일 108mm 각으로, 줄눈을 5mm로 벽면 6m²를 붙일 때 필요한 타일의 장수는? (단, 정미량으로 계산)

① 350장
② 400장
③ 470장
④ 520장

16. 거푸집에 작용하는 콘크리트의 측압에 끼치는 영향요인과 가장 거리가 먼 것은?

① 거푸집의 강성
② 콘크리트 타설 속도
③ 기온
④ 콘크리트의 강도

17. 건설 프로세스의 효율적인 운영을 위해 형성된 개념으로 건설생산에 초점을 맞추고 이에 관련된 계획, 관리, 엔지니어링. 설계, 구매, 계약, 시공, 유지 및 보수 등의 요소들을 주요 대상으로 하는 것은?

① CIC(Computer Integrated Construction)
② MIS(Management Information System)
③ CIM(Computer Integrated Manufacturing)
④ CAM(Computer Aided Manufacturing)

18. 계측관리 항목 및 기기에 관한 설명으로 옳지 않은 것은?

① 흙막이벽의 응력은 변형계(Strain Gauge)를 이용한다.
② 주변 건물의 경사는 건물경사계(Tiltmeter)를 이용한다.
③ 지하수의 간극수압은 지하수위계(Water Level Meter)를 이용한다.
④ 버팀보, 앵커 등의 축하중 변화 상태의 측정은 하중계(Load Cell)를 이용한다.

19. 콘크리트를 타설하면서 거푸집을 수직 방향으로 이동시켜 연속작업을 할 수 있게 한 것으로 사일로 등의 건설공사에 적합한 것은?

① Euro form
② Sliding form
③ Air tube form
④ Traveling form

20. 건축재료별 수량 산출 시 적용하는 할증률로 옳지 않은 것은?

① 유리 : 1%
② 단열재 : 5%
③ 붉은벽돌 : 3%
④ 이형철근 : 3%

해설 및 정답

1. 철골공사의 고력 Bolt 접합면은 절대로 방청도장을 하지 않는다.

2. Membrane(피막) 방수
  (1) 지붕 차양 발코니 외벽 수조 등에 얇은 피막상의 방수층으로 전면을 덮는 방수를 Membrane 방수라 한다.
  (2) 아스팔트 방수, 개량아스팔트방수, 합성고분자시트방수, 도막방수 등이 이에 해당한다.

3. 미장공사의 결함은 균열, 탈락(박락), 백화, 들뜸, 오염 등이 있다.

4. 보링 후 채취한 시료는 햇빛에 건조되지 않게 원래 상태대로 보관을 하여야 한다.

5. 알카리 골재반응을 억제하기 위해서는 고로 Slag, Fly ash, 포졸란 등의 혼합시멘트를 사용하여야 한다.

6. 자재조달과 시공도의 작성업무는 시공자의 업무이다.

7. 보의 콘크리트량
  $= 0.4 \times 0.48 \times (8-0.5) \times 8EA = 11.52 m^3$
  ① 보의 춤은 전체춤에서 바닥판 두께를 뺀 것 0.48로 적용한다.
  ② 보의 길이는 기둥간 안목길이 7.5m로 계산한다.

8. 복수의 작업에 종속되는 작업의 EST는 선행작업 중 EFT의 최대 값으로 한다.

9. 웰포인트 공법은 강제탈수공법이므로 주변도로나 대지가 압밀침하를 일으켜서 균열발생이 될 가능성이 있는 공법이다.

10. 슬래브(바닥판)나 보를 이어치기 할 경우는 중앙에서 수직으로 한다.

11. 흙막이의 틈새나 구멍 등을 통하여 누수가 되고 차츰 지반내에 물의 유통경로가 생기는 현상이 파이핑현상이며, 주변지반의 침하를 일으킨다.

12. 콘크리트의 압축강도
$$\frac{P}{A} = \frac{P}{\pi d^2/4} = \frac{200,000N}{[3.14 \times (100mm)^2]/4} = 25.5 N/mm^2$$

13. 돌로마이트 플라스터 바름에서 정벌바름용 반죽은 물과 혼합한 후 12시간 이상 경과 후 사용한다.

14. 커튼월(Mock-up Test) 성능시험 항목
  ① 예비시험 : 시험실시 여부 판단시험, 설계풍압의 50%를 가하는 내풍압시험 실시
  ② 기밀시험 : 기밀성 및 공기누출량 측정시험
  ③ 정압수밀시험 : 누수시험
  ④ 동압수밀시험 : 맥동압에 의한 누수시험
  ⑤ 구조시험 : 내풍압시험 및 층간변위측정

15. 타일수량 산정
타일수량 산정시는 줄눈크기를 포함하여 산정
$$\frac{1m \times 1m}{(0.108+0.005) \times (0.108+0.005)} \times 6m^2 = 470장$$

16. 측압에 영향이 없는 요소
  ① 공기량
  ② 철근의 종류
  ③ 시멘트의 수화열 등
  ④ 콘크리트의 강도

17. CIC
CIC란 컴퓨터를 통한 건설통합생산으로 수주-생산-출하-유통의 생산 사이클과 노무, 자재관리에 EDB를 중심으로 통합 Data Base 환경하에서 노무, 자재관리에 정보통신 기술을 이용하여 건설생산에 활용하는 개념이다.

해설 및 정답

※ 건설생산의 계획-관리-구매-계약-시공-유지관리, 보수(갱신) 등 전과정을 그 대상으로 한다.

18. 흙막이 계측기계
① 지하수위 계측 : Water Level Meter(지하수위계)
② 간극수압 계측 : Piezometer(간극수압계)

19. 슬라이딩 폼(Sliding form)
거푸집 높이는 약 1m이고 하부가 약간 벌어진 원형철판 거푸집을 요오크(yoke)로 서서히 끌어 올리는 공법으로 Silo공사 등에 적당하다.
① 공기가 약 1/3 단축, 자재, 인력의 절감 가능
② 연속으로 끌어올리므로 Climbing form이라고도 한다.
③ 연속적으로 부어 넣으므로 일체성을 확보할 수 있다.(연속타설가능)

20. 단열재의 할증률은 10% 이다.

1. ①	2. ②	3. ②	4. ②	5. ③
6. ④	7. ①	8. ④	9. ③	10. ②
11. ④	12. ③	13. ②	14. ②	15. ③
16. ④	17. ①	18. ③	19. ②	20. ②

과년도출제문제 (CBT 시험문제)

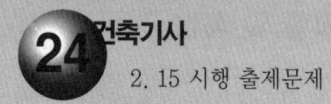

※ 본 기출문제는 수험자의 기억을 바탕으로 하여 복원한 문제이므로 실제 문제와 다를 수 있음을 미리 알려드립니다.

1. 타일 공사에 관한 설명 중 옳은 것은?
① 모자이크 타일의 줄눈너비의 표준은 5mm이다.
② 벽체타일이 시공되는 경우 바닥타일은 벽체타일을 붙이기 전에 시공한다.
③ 타일을 붙이는 모르타르에 시멘트 가루를 뿌리면 백화가 방지된다.
④ 치장줄눈은 24시간이 경과한 뒤 붙임모르타르의 경화정도를 보아 시공한다.

2. 계약제도의 하나로써 독립된 회사의 연합으로 법인을 설립하지 않으며 공사의 책임과 공사 클레임 등을 각각 독립된 회사의 계약 당사자가 책임을 지는 방식은?
① 공동도급(Joint Venture)
② 파트너링(Partnering)
③ 컨소시엄(Consortium)
④ 분할도급(Partial Contract)

3. 문 윗틀과 문짝에 설치하여 문이 자동적으로 닫혀지게 하며, 개폐압력을 조절할 수 있는 장치는?
① 도어 체크(Door check)
② 도어 홀더(Door holder)
③ 피봇 힌지(Pivot hinge)
④ 도어 체인(Door chain)

4. 콘크리트의 압축강도를 시험하지 않을 경우 다음과 같은 조건에서의 거푸집널 해체 시기로 옳은 것은?

- 기초, 보, 기둥 및 벽의 측면의 경우
- 평균기온 20℃ 이상
- 조강 포틀랜드 시멘트 사용

① 1일   ② 2일
③ 3일   ④ 4일

5. 서로 다른 종류의 금속재가 접촉하는 경우 부식이 일어나는 경우가 있는데 부식성이 큰 금속 순으로 옳게 나열된 것은?
① 알루미늄 > 철 > 주석 > 구리
② 주석 > 철 > 알루미늄 > 구리
③ 철 > 주석 > 구리 > 알루미늄
④ 구리 > 철 > 알루미늄 > 주석

6. 다음 중 공사감리업무와 가장 거리가 먼 항목은?
① 설계도서의 적정성 검토
② 시공상의 안전관리지도
③ 공사 실행예산의 편성
④ 사용자재와 설계도서와의 일치여부 검토

7. 다음 중 건축공사의 직접공사비 원가로 바르게 구성된 것은?
① 자재비, 노무비, 장비비, 간접비
② 자재비, 노무비, 장비비, 경비
③ 자재비, 노무비, 외주비, 경비
④ 자재비, 노무비, 외주비, 간접비

8. 커튼월 Mock-up Test에 있어 기본성능시험의 항목에 해당되지 않는 것은?
① 정압수밀시험
② 구조시험
③ 기밀시험
④ 방재시험

9. 건설사업지원 통합 전산망으로 건설 생산활동 전 과정에서 건설 관련 주체가 전산망을 통해 신속히 교환 공유할 수 있도록 지원하는 통합 정보시스템을 지칭하는 용어는?

① 건설 CIC(Computer Intergrated Construction)
② 건설 CALS(Continuous Acquisition & Life Cycle Support)
③ 건설 EC(Engineering Construction)
④ 건설 EVMS(Earned Value Management System)

10. 보통 콘크리트 공사에서 콘크리트에 포함된 염화물량의 기준은 염소이온량으로서 얼마 이하가 되어야 하는가? (단, 콘크리트 표준시방서 기준)

① $0.10kg/m^3$
② $0.20kg/m^3$
③ $0.30kg/m^3$
④ $0.40kg/m^3$

11. 돌로마이트 플라스터 바름에 관한 설명으로 옳지 않은 것은?

① 실내온도가 5℃ 이하일 때는 공사를 중단하거나 난방하여 5℃ 이상으로 유지한다.
② 정벌바름용 반죽은 물과 혼합한 후 4시간 정도 지난 다음 사용하는 것이 바람직하다.
③ 초벌바름에 균열이 없을 때에는 고름질한 후 7일 이상 두어 고름질면의 건조를 기다린 후 균열이 발생하지 아니함을 확인한 다음 재벌바름을 실시한다.
④ 재벌바름이 지나치게 건조한 때는 적당히 물을 뿌리고 정벌바름한다.

12. 수밀콘크리트에 관한 설명으로 옳지 않은 것은?

① 콘크리트 소요 슬럼프는 되도록 작게 하여 180mm를 넘지 않도록 한다.
② 콘크리트의 워커빌리티를 개선시키기 위해 공기연행제, 공기연행감수제, 또는 고성능 공기연행감수제를 사용하는 경우라도 공기량은 2% 이하가 되게 한다.
③ 물결합재비는 50% 이하를 표준으로 한다.
④ 콘크리트 타설시 다짐을 충분히 하여, 가급적 이어붓기를 하지 않아야 한다.

13. 파워 셔블의 1시간당 추정 굴착 작업량으로 다음 조건일 때 가장 옳은 것은? 버킷용량은 $1.5m^3$이며, 작업효율은 100%이며, 굴삭토의 용적변화계수는 1.2이고, 싸이클 타임은 1분이다. (단, 굴삭계수는 0.6)

① $108m^3$
② $81m^3$
③ $64.8m^3$
④ $54m^3$

14. 목공사에 사용되는 철물에 관한 설명으로 옳지 않은 것은?

① 감잡이쇠는 큰 보에 걸쳐 작은 보를 받게 하고, 안장쇠는 평보를 대공에 달아매는 경우 또는 평보와 ㅅ자보의 밑에 쓰인다.
② 못의 길이는 박아대는 재두께의 2.5배 이상이며, 마구리 등에 박는 것은 3.0배 이상으로 한다.
③ 볼트 구멍은 볼트지름보다 3mm 이상 커서는 안 된다.
④ 듀벨은 볼트와 같이 사용하여 듀벨에는 전단력, 볼트에는 인장력을 분담시킨다.

15. 기계가 위치한 곳보다 높은 곳의 굴착에 가장 적당한 건설기계는?

① Dragline
② Back hoe
③ Power Shovel
④ Scraper

16. 콘크리트의 내화, 내열성에 대한 기술 중 옳지 않은 것은?

① 콘크리트의 내화, 내열성은 사용한 골재의 품질에 크게 영향을 받는다.
② 콘크리트는 내화성이 우수해서 600℃ 정도의 화열을 받아도 압축강도는 거의 저하하지 않는다.
③ 철근콘크리트 부재의 내화성을 높이기 위해서는 철근의 피복두께를 충분히 하면 좋다.
④ 화재를 당한 콘크리트의 중성화 속도는 화재를 당하지 않은 것에 비하여 크다.

17. 벽돌쌓기 시공에 관련된 설명으로 옳지 않은 것은?
① 연속되는 벽면의 일부를 나중쌓기 할 때에는 그 부분을 층단 들여쌓기로 한다.
② 내력벽 쌓기에서는 세워 쌓기나 옆쌓기나 주로 쓰인다.
③ 벽돌 쌓기 시 줄눈모르타가 부족하면 하중분담이 일정하지 않아 벽면에 균열이 발생할 수 있다.
④ 창대쌓기는 물흘림을 위해 벽돌을 15° 정도 기울여 벽면으로 3~5cm 정도 내밀어 쌓는다.

18. 다음 중 QC(Quality Control) 활동의 도구가 아닌 것은?
① 기능계통도(Function Diagram)
② 산점도
③ 히스토그램(Histogram)
④ 특성요인도

19. 모래의 전단력을 측정하는 가장 유효한 지반조사 방법은?
① 보링
② 베인테스트
③ 표준관입시험
④ 재하시험

20. 칠공사에 관한 주의사항으로 적당치 않은 것은?
① 바탕의 건조가 불충분하거나 공기의 습도가 높을 때에는 시공하지 않는다.
② 초벌부터 정벌까지 같은 색으로 시공해야 한다.
③ 야간은 색을 잘못 칠할 염려가 있으므로 시공하지 않는다.
④ 직사광선은 가급적 피하고 도막이 손상될 우려가 있을 때에는 칠하지 않는다.

해설 및 정답

1. ① : 모자이크 타일의 줄눈너비는 2mm이다.
② : 벽체시공 후 바닥타일을 시공한다.
③ : 타일붙임 Mortar에 시멘트 가루를 뿌리면 백화가 증가된다.

2. (1) 문제의 설명대로 수행하는 방식을 컨소시움(분담이행방식)이라고 한다.
(2) 공동도급방식에는 공동이행방식, 분담이행방식, 주계약자형 공동도급방식이 있다.

3. 도어 체크 (Door check)=도어 클로저 (Door closer)
① 문 윗틀과 문짝에 설치하여 문이 자동적으로 닫혀지게 하는 장치(여닫이문에 사용)
② 피스톤장치가 있어 개폐속도를 조절한다.

4. 콘크리트 압축강도를 시험하지 않을 경우(기초, 보옆, 기둥, 벽등의 측벽)의 거푸집 해체시기

시멘트의 종류 평균 기온	조강 포틀랜드 시멘트	보통포틀랜드 시멘트 고로슬래그 시멘트(1종) 플라이애시 시멘트(1종) 포틀랜드 포졸란시멘트(1종)	고로슬래그 시멘트(2종) 플라이애시 시멘트(2종) 포틀랜드 포졸란시멘트(2종)
20℃ 이상	2일	4일	5일
20℃ 미만 10℃ 이상	3일	6일	8일

5. (1) 서로 다른 금속을 접촉시키면 이온화 경향이 큰 것이 융해되어 부식된다.
(2) 금속이 이온화 경향이 큰 순서
Mg 〉 Al 〉 Zn 〉 Fe 〉 Ni 〉 Sn 〉 Pb 〉 Cu 〉 Ag 〉 Au
(3) 그러므로 알루미늄 〉 철 〉 주석 〉 구리 순서가 적당하다.

6. 공사의 실행예산을 작성하거나 시공도를 작성하는 업무는 감리자의 업무가 아니라 시공자의 고유업무이다.

7. 직접 공사비 항목
재료비, 노무비, 외주비, 경비

8. ※ 이 문제는 현장시험인 Mock-up Test 항목을 묻고 있다.
• 커튼월의 Mock-up Test 항목
① 예비시험 : 시험실시 여부 판단시험, 설계풍압의 50%를 가하는 내풍압시험실시
② 기밀시험 : 기밀성 및 공기누출량 측정시험
③ 정압수밀시험 : 누수시험
④ 동압수밀시험 : 맥동압에 의한 누수시험
⑤ 구조시험 : 내풍압시험 및 층간변위측정

9. CALS(Continuous Acquisition & Life Cycle Support)
건설생산활동의 전 과정에서 건설관련주체가 초고속 정보통신망이나 전자상거래 등 정보의 실시간공유를 통해 공기단축, 원가절감 등을 도모하려는 건설분야 통합정보 시스템을 말한다.
※ 건설공사 기획부터 설계, 입찰 및 구매, 시공, 유지관리의 전단계에 있어 업무절차의 전산화를 추구하는 종합건설정보체계를 의미

10. 시방서 규정상 콘크리트 내의 염분함유량 기준
(1) 콘크리트에 함유된 염화물 총량기준
① 염소이온(Cl^-)량으로 $0.3kg/m^3$ 이하~$0.6kg/m^3$ 초과금지
② 0.3kg 초과시 철근의 방청대책 수립요망
(2) 잔골재 절건중량 기준
염소이온(Cl^-)으로 0.02% 이하
※ NaCl은 0.04% 이하

11. 돌로마이트 플라스터 바름에서 정벌바름용 반죽은 물과 혼합한 후 12시간 이상 경과 후 사용한다.

12. 수밀콘크리트의 연행공기량은 4% 이하를 원칙으로 한다. (시방서 기준)

해설 및 정답

13. Shovel계 굴착기의 굴착량

(1) 굴삭 작업량 $V = \dfrac{3,600 \times Q \times E \times K \times f}{Cm}$

여기서, Q : 버킷 용량(m^3)
 Cm : 싸이클 타임(sec)
 E : 작업 효율
 K : 굴삭 계수
 f : 굴삭토의 용적 변화 계수

(2) $V = \dfrac{3,600 \times 1.5 \times 1.0 \times 1.2 \times 0.6}{60} = 64.8 m^3/h$

14. (1) 목구조에 사용되는 안장쇠는 큰보에 작은보를 지지할 때 큰보의 따냄을 되도록 방지하기 위해 쓰이는 철물이다.

(2) 목재의 Bolt 구멍은 1.5mm를 초과할 수 없다. (시방서 기준)

※ 볼트 구멍은 볼트지름보다 1.5mm이상 커서는 안 된다.

※ 현재 이 문제의 정답은 ①번과 ③번 두 지문이 모두 잘못되어 있다.

15. ① 기계가 서 있는 위치보다 높은 흙의 굴착에 알맞은 유일한 기계가 파워 쇼벨이다.

② 지하 연속벽 같은 좁은 곳의 수직 굴착이나 수중굴착, 케이슨 내의 굴착에는 클램쉘이 사용된다.

16. 콘크리트 내화성

① 콘크리트는 가열하면 강도가 저하되고, 350℃ 이상이면 급격히 강도저하

② 600℃에서는 상온의 1/2, 800℃에서는 0 혹은 10%로 강도저하

③ 900℃ 이상에서 완전파괴된다. (철근의 용융점은 1,500℃)

17. ① 내력벽 쌓기는 영식쌓기를 원칙으로 한다.

② 세워쌓기, 옆세워쌓기 등은 개구부 상부에서 시행하는 쌓기법이다.

18. QC활동의 7가지 도구

① 히스토그램(Histogram)
② 특성요인도(Cause-and-Effect diagram)
③ 파레토그램(Pareto diagram)
④ 체크시트(Check sheet)
⑤ 각종 그래프
⑥ 산점도(Scatter diagram)
⑦ 층별(Stratification)

19. 표준관입시험

표준관입시험은 주로 사질지반에서 불료란 시료를 채취하기 곤란하므로 밀실도(지지력)를 측정하기 위해 사용되는 방법이다.

20. ① 다음 칠을 하였는지 안하였는지를 구별하기 위해서 초벌과 재벌 등을 바를 때마다 그 색을 약간씩 다르게 한다.

※ 초벌, 재벌 등 페인트칠 횟수를 구별하기 위하여

② 초벌은 정벌보다 옅은 색으로 칠하여 점차 정벌에 가까운 색으로 한다.

1. ④	2. ③	3. ①	4. ②	5. ①
6. ③	7. ③	8. ④	9. ②	10. ③
11. ②	12. ②	13. ③	14. ①,③	15. ③
16. ②	17. ②	18. ①	19. ③	20. ②

과년도출제문제 (CBT 시험문제)

※ 본 기출문제는 수험자의 기억을 바탕으로 하여 복원한 문제이므로 실제 문제와 다를 수 있음을 미리 알려드립니다.

1. 콘크리트의 크리프에 관한 설명으로 옳지 않은 것은?
① 습도가 높을수록 크리프는 크다.
② 물-시멘트비가 클수록 크리프는 크다.
③ 콘크리트의 배합과 골재의 종류는 크리프에 영향을 끼친다.
④ 하중이 제거되면 크리프 변형은 일부 회복된다.

2. 건설사업지원 통합 전산망으로 건설 생산활동 전 과정에서 건설 관련 주체가 전산망을 통해 신속히 교환·공유할 수 있도록 지원하는 통합 정보시스템을 지칭하는 용어는?
① 건설 CIC(Computer Intergrated Construction)
② 건설 CALS(Continuous Acquisition & Life Cycle Support)
③ 건설 EC(Engineering Construction)
④ 건설 EVMS(Earned Value Meanagement System)

3. 다음 중 공사감리업무와 가장 거리가 먼 항목은?
① 설계도서의 적정성 검토
② 공사 실행예산의 편성
③ 시공상의 안전관리지도
④ 사용자재와 설계도서와의 일치여부 검토

4. 주문받은 건설업자가 대상계획의 기업, 금융, 토지조달, 설계, 시공 기타 모든 요소를 포괄하여 발주하는 도급계약 방식은?
① 실비청산 보수가산 도급
② 정액도급
③ 공동도급
④ 턴키도급

5. 건축공사 시 직접공사비 구성 항목으로 옳게 짝지어진 것은?
① 재료비, 노무비, 장비비, 간접공사비
② 재료비, 노무비, 외주비, 간접공사비
③ 재료비, 노무비, 일반관리비, 경비
④ 재료비, 노무비, 외주비, 경비

6. 철근의 정착 위치에 관한 설명 중 옳지 않은 것은?
① 지중보 철근은 기초 또는 기둥에 정착한다.
② 기둥 철근은 큰 보 혹은 작은 보에 정착한다.
③ 직교하는 단부 보 밑에 기둥이 없을 때에는 벽체에 정착한다.
④ 벽철근은 기둥, 보, 기초 또는 바닥판에 정착한다.

7. 문 윗틀과 문짝에 설치하여 문이 자동적으로 닫혀지게 하며, 개폐압력을 조절할 수 있는 장치는?
① 도어 체크(Door check)
② 도어 홀더(Door holder)
③ 피봇 힌지(Pivot hinge)
④ 도어 체인(Door chain)

8. 지하연속벽(Slury wall)에 관한 설명으로 옳지 않은 것은?
① 차수성이 우수하다.
② 비교적 지반조건에 좌우되지 않는다.
③ 소음·진동이 적고, 벽체의 강성이 높다.
④ 공사비가 타공법에 비하여 저렴하고 공기가 단축된다.

9. 건설현장에서 굳지 않은 콘크리트에 대해 실시하는 시험으로 옳지 않은 것은?
① 슬럼프(Slump) 시험
② 코어(Core) 시험
③ 염화물 시험
④ 공기량 시험

10. 타일의 크기가 200mm×200mm이고, 가로 세로 줄눈의 크기는 10mm인 타일로 벽면적 100m²가 되는 벽체를 시공하는 경우의 타일 매수로 적당한 것은 어느 것인가? (단, 정미량이며 깨짐에 의한 손실은 없는 것으로 한다.)
① 2368매
② 2268매
③ 2468매
④ 2678매

11. 사운딩(Sounding)이란 저항체를 땅속에 삽입하여서 관입, 회전, 인발 등의 저항으로 토층의 성상을 탐사하는 방법이다. 다음 중 사운딩(Sounging) 시험에 속하지 않는 시험법은?
① 표준관입시험
② 콘 관입시험
③ 베인전단시험
④ 말뚝의 재하시험

12. 지반조사의 시험에 관계되는 것을 연결한 것 중 옳은 것은?
① 진흙의 점착력 - 베인시험(Vane Test)
② 지내력 - 정량분석시험
③ 연한점토 - 표준관입시험
④ 염분 - 씬 월 샘플링(Thin Wall Sampling)

13. 압연강재가 냉각될 때 표면에 생기는 산화철 표피를 무엇이라 하는가?
① 스패터
② 밀스케일
③ 슬래그
④ 비드

14. 콘크리트를 타설하면서 거푸집을 수직 방향으로 이동시켜 연속작업을 할 수 있게 한 것으로 사일로 등의 건설공사에 적합한 것은?
① Euro form
② Sliding form
③ Air tube form
④ Traveling form

15. 다음은 공법에 관한 내용이다. 맞는 내용은?

> "미리 공장 생산한 기둥이나 보, 바닥판, 외벽, 내벽 등을 한층씩 쌓아 올라가는 조립식으로 구체를 구축하고 이어서 마감 및 설비공사까지 포함하여 차례로 한층씩 완성해 가는 공법"

① 하프 PC합성바닥판공법
② 역타공법
③ 적층공법
④ 지하연속벽공법

16. 연강철선을 전기용접하여 정방형 또는 장방형으로 만든 것으로 콘크리트 다짐바닥, 지면 콘크리트 포장 등에 사용하는 금속재는?
① 와이어 라스(Wire lath)
② 와이어 메쉬(Wire mesh)
③ 메탈 라스(Metal lath)
④ 익스팬디드 메탈(Expended Metal)

17. 석고 플라스터 바름에 대한 설명으로 옳지 않은 것은?
① 보드용 플라스터는 초벌바름, 재벌바름의 경우 물을 가한 후 2시간 이상 경화한 것은 사용할 수 없다.
② 실내온도가 10℃ 이하일 때는 공사를 중단한다.
③ 바름작업 중에는 될 수 있는 한 통풍을 방지한다.
④ 바름 작업이 끝난 후 실내를 밀폐하지 않고 가열과 동시에 환기하여 바름면이 서서히 건조되도록 한다.

18. PERT-CPM 공정표 작성시에 EST와 EFT의 계산 방법 중 옳지 않은 것은?

① 작업의 흐름에 따라 전진 계산한다.
② 개시결합점에서 나간 작업의 EST=0 으로 한다.
③ 어느 작업의 EFT는 그 작업의 EST에 소요일수를 가하여 구한다.
④ 복수의 작업에 종속되는 작업의 EST는 선행작업 중 EFT의 최소값으로 한다.

19. 시멘트 분말도 시험방법이 아닌 것은?

① 플로우시험법
② 체분석법
③ 피크노메타법
④ 브레인법

20. 다음 중 언더피닝(Under Pinning) 공법의 종류가 아닌 것은?

① 갱·피어 공법
② 잭파일(Jacked pile) 공법
③ 그라우트 주입공법
④ 콘크리트 VH 타설법

해설 및 정답

1. 크리프의 증가요인
① 초기재령시
② 하중이 클수록(응력이 클수록)
③ W/C가 클수록
④ 부재의 단면칫수가 작을수록
⑤ 부재의 건조 정도가 높을수록
※ 습도가 낮을수록
⑥ 온도가 높을수록
⑦ 양생, 보양이 나쁠수록
⑧ 단위 시멘트량이 많을수록

2. CALS(Continuous Acquisition & Life Cycle Support)
건설생산활동의 전 과정에서 건설관련주체가 초고속 정보통신망이나 전자상거래 등 정보의 실시간공유를 통해 공기단축, 원가절감 등을 도모하려는 건설분야 통합정보 시스템을 말한다.
※ 건설공사 기획부터 설계, 입찰 및 구매, 시공, 유지 관리의 전단계에 있어 업무절차의 전산화를 추구하는 종합건설정보체계를 의미

3. 시공도를 작성하거나 실행예산을 작성하는 업무는 시공자의 업무이다.

4. 턴키도급
① 사업 일체를 일괄도급하는 도급계약 방식
② 목적은 기업의 이윤추구
③ 발주자의 계획 전권을 위임받아 공사를 진행한다.
④ 주로 대규모 공사, 특정 주요공사에서 채택된다.

5. 직접 공사비 항목
재료비, 노무비, 외주비, 경비

6. 철근의 정착위치
① 기둥의 주근은 기초에 정착한다.
② 지중보의 주근은 기초 또는 기둥에 정착한다.
③ 보의 주근은 기둥에 정착한다.
④ 작은 보의 주근은 큰보에 정착한다.
⑤ 직교하는 단부 보 밑에 기둥이 없을 때에는 보 상호간에 정착한다.
※ 슬라브 → 보 → 기둥 → 기초순으로 정착된다.

7. 도어 체크 (Door check)=도어 클로저 (Door closer)
① 문 윗틀과 문짝에 설치하여 문이 자동적으로 닫혀지게 하는 장치(여닫이문에 사용)
② 피스톤장치가 있어 개폐속도를 조절한다.

8. 슬러리 월(Slury wall) 공법
벤토나이트(이수)를 이용하여 일정폭의 지반을 굴착하고 철근과 콘크리트를 타설하여 연속적인 흙막이 벽을 구축하는 공법으로 가장 안정적인 공법이다.
① 주변굴착시 지반에 영향이 없는 안정적 공법으로 인접건물에 피해가 없다.
② 흙막이 자체를 본구조체의 옹벽으로 형성시킬수 있다.
③ 차수성이 우수하다.
④ 지반조건에 좌우되지 않는다.
⑤ 저소음, 저진동공법이다.
⑥ 시공비가 고가이고 장비가 커 시공이 느리다.
⑦ 수평연속성이 부족하고 판넬 연결부에 방수보강이 필요하다.

9. 코어(Core) 시험은 굳은 콘크리트에서 실시하는 시험이다.

10. 타일의 정미수량
$$\frac{1m \times 1m}{(0.2+0.01) \times (0.2+0.01)} \times 100m^2 = 2267.57 매$$
$= 2268(매)$

11. 사운딩 시험의 종류
① 휴대용 원추관입시험(Portable cone penetration test)=콘 관입시험
② 화란식 원추관입시험(Dutch cone penetration test)=콘 관입시험
③ 스웨덴식 관입시험(Swedish penetration test)
④ 이스키 미터(Isky meter)

해설 및 정답

　⑤ 표준관입시험(동적사운딩)
　⑥ 베인테스트(Vane test)

12. ① 베인시험 : 진흙의 점착력을 판별
　② 정량분석시험 - 골재의 염분 측정
　③ 표준관입시험 - 모래의 밀도 측정
　④ 씬 월 샘플링 - 연약점토의 시료 채취

13. ① 밀 스케일(mill scale) : 철강재를 가열, 압연, 가공 등을 할 때 표면에 붙은 산화철로 된 찌꺼기를 말한다.
　② 스패터(Spatter) : 아크용접과 가스용접에서 용접 중 튀어 나오는 슬래그 또는 금속 입자를 말한다.

14. 슬라이딩 폼 (Sliding form)
거푸집 높이는 약 1m이고 하부가 약간 벌어진 원형 철판 거푸집을 요오크(yoke)로 서서히 끌어 올리는 공법으로 Silo공사 등에 적당하다.
　① 공기가 약 1/3 단축, 자재, 인력의 절감 가능
　② 연속으로 끌어올리므로 Climbing form이라고도 한다.
　③ 연속적으로 부어 넣으므로 일체성을 확보할 수 있다.(연속타설가능)

15. 조립식구조의 적층공법
미리 공장에서 제작한 구조체 및 외벽 등을 한층씩 조립함과 동시에 설비를 포함한 마감도 한층씩 끝내면서 공사하는 방법으로써 고층건물 시공에 사용되는 공법이다.

16. 와이어 매쉬(Wire Mesh)
연강 철선을 전기 용접하여 정방형, 장방형으로 만든 것으로 Concrete 바닥판이나, Concrete 포장 등에 쓰인다.

17. 실내온도가 5℃ 이하일 때는 공사를 중단하거나 난방하여 5℃ 이상을 유지한다. (건축공사 표준시방서 기준)

18. EST와 EFT의 계산방법
　① 작업흐름에 따라 전진 계산한다.
　② 개시결합점에서의 EST=0이다.
　③ EFT=EST+공기로 한다.
　④ 복수작업의 EST=선행작업 중 EFT의 최대값으로 한다.

19. 시멘트의 분말도 시험법
　① 체분석법(체가름법)
　② 브레인법(브레인 공기투과장치)
　③ 피크노메타법

20. ④항은 콘크리트 타설 방법의 일종이다.

1. ①	2. ②	3. ②	4. ④	5. ④
6. ②	7. ①	8. ④	9. ②	10. ②
11. ④	12. ①	13. ②	14. ②	15. ③
16. ②	17. ②	18. ④	19. ①	20. ④

과년도출제문제 (CBT 시험문제)

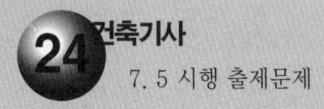
건축기사
7. 5 시행 출제문제

※ 본 기출문제는 수험자의 기억을 바탕으로 하여 복원한 문제이므로 실제 문제와 다를 수 있음을 미리 알려드립니다.

1. 시험말뚝을 박을 때에 허용지지력 산출에 별로 영향을 주지 않는 것은?
① 추의 낙하높이
② 말뚝의 최종관입량
③ 말뚝의 길이
④ 추의 무게

2. 린건설(Lean Construction)에서의 관리방법으로 옳지 않은 것은?
① 변이관리
② 당김생산
③ 흐름생산
④ 대량생산

3. 다음 중 사용할 때 마다 부재의 조립, 분해를 반복하지 않아 벽식구조인 아파트 건축물에 적용효과 큰 대형 벽체 거푸집은?
① Gang form
② Sliding form
③ Air tube form
④ Traveling form

4. 압연강재가 냉각될 때 표면에 생기는 산화철 표피를 무엇이라 하는가?
① 스패터
② 밀스케일
③ 슬래그
④ 비드

5. 다음에서 설명하는 미장재료는?

> 시멘트와 건조모래 및 특성 개선재를 배합한 공장제품을 현장에서 물만 가하여 사용하는 모르타르로써, 현장배합 모르타르보다는 다소 고가이지만 현장관리가 용이하다.

① 바라이트 모르타르
② 셀프레벨링재
③ 초속경 모르타르
④ 드라이 모르타르

6. 다음 보기는 콘크리트 구조물의 동해에 의한 피해현상을 나타낸 것이다. 어느 현상을 설명한 것인가?

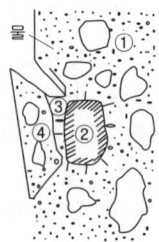

① 콘크리트가 흡수
② 흡수율이 큰 쇄석이 흡수, 포화상태가 됨
③ 빙결하여 체적 팽창압력
④ 표면부분 박리

① 레이턴스   ② Pop Out
③ 폭열현상   ④ 알칼리골재반응

7. 바차트와 비교한 Net work 공정표의 장점이라고 볼 수 없는 것은?
① 공정계획의 작성시간이 단축된다.
② 작업 상호간의 관련성을 알기 쉽다.
③ 공기단축 가능요소의 발견이 용이하다.
④ 공사의 진척 관리를 정확히 실시할 수 있다.

8. 5t의 시멘트로 용적 배합비 1 : 2 : 4의 콘크리트를 비벼낼 때 전체 콘크리트량으로 적당한 것은? (단, W/C=60%)

① $12m^3$
② $15m^3$
③ $18m^3$
④ $28m^3$

9. 철골공사에서 크롬산 아연을 안료로 하고, 알키드 수지를 전색료로 한 것으로서 알루미늄 녹막이 초벌칠에 적당한 것은?

① 광명단
② 징크로 메이트 도료
③ 그래파이트 도료
④ 알루미늄 도료

10. 거푸집 조립순서 중 맞는 것은?

① 외벽-내벽-기둥-큰보-작은보-바닥
② 기둥-내벽-큰보-외벽-작은보-바닥
③ 외벽-기둥-내벽-큰보-작은보-바닥
④ 기둥-보받이 내력벽-큰보-작은보-바닥-외벽

11. 목재의 방부제처리법 중 가장 효과가 좋은 것은?

① 도포법
② 침지법
③ 생리적 주입법
④ 가압주입법

12. 시멘트 액체방수에 대한 기술 중 옳지 않은 것은?

① 방수액을 모체에 침투시키거나 방수제를 혼합한 모르타르를 바르는 방수공법이다.
② 방수 모르타르 바름은 단순히 방수제를 혼합한 모르타르를 2~3회 발라 10~20mm 두께로 한다.
③ 방수층이 넓을 때에는 적당한 위치에 신축줄눈을 시공한다.
④ 하절기에는 낮시간을 이용하여 작업을 실시하여 능률을 높인다.

13. 매스콘크리트(Mass concrete)에 대한 설명으로 옳은 것은?

① 단위시멘트량을 늘려 콘크리트의 발열량을 줄이도록 하여야 한다.
② 굵은 골재의 최대치수를 작게 하고, 입자의 크기가 균등한 골재를 사용하는 것이 좋다.
③ 매스 콘크리트의 타설온도는 온도균열을 제어하기 위한 관점에서 될 수 있는 대로 낮게 하여야 한다.
④ 매스 콘크리트는 베이스 콘크리트에 유동화제를 첨가하여 유동성을 증가시킨 콘크리트이다.

14. 다음 중 탄성계수를 구할 때 변형 측정에 이용하는 것으로 가장 정밀도가 높은 것은?

① 다이얼 게이지
② 콤퍼레이터
③ 마이크로미터
④ 와이어 스트레인 게이지

15. 다음 중 비철금속에 해당되지 않는 것은?

① 알루미늄
② 탄소강
③ 동
④ 아연

16. 콘크리트 블록(Block)벽체의 크기가 3×5m일 때 쌓기 모르타르의 소요량으로 옳은 것은? (단, 블록의 치수는 390×190×190mm, 재료량은 할증이 포함되었으며, 모르타르 배합비는 1 : 3)

① $0.10m^3$
② $0.12m^3$
③ $0.15m^3$
④ $0.18m^3$

17. 금속 커튼월 시공 시 부착철물 설치위치의 연직방향 및 수평방향의 치수 허용차의 표준치로 옳은 것은?

① 연직방향 : ±5mm, 수평방향 : ±10mm
② 연직방향 : ±10mm, 수평방향 : ±25mm
③ 연직방향 : ±15mm, 수평방향 : ±25mm
④ 연직방향 : ±25mm, 수평방향 : ±25mm

18. 다음 중 유리섬유(glass fiber)에 대한 설명으로 옳지 않은 것은?

① 경량이면서 굴곡에 강하다.
② 단위면적에 따른 인장강도는 다르고, 가는 섬유일수록 인장강도는 크다.
③ 탄성이 적고 전기절연성이 크다.
④ 내화성, 단열성, 내수성이 좋다.

19. 다음의 창호와 철물과의 조합 중 맞지 않은 것은 어느 것인가?

① 외여닫이문 : 도어 체크와 정첩
② 오르내리창 : 크레센트와 추
③ 미서기문 : 레일과 바퀴
④ 쌍 미서기문 : 도어 힌지와 정첩

20. 대규모 공사에서 지역별로 공사 발주시에 사용되며 업자 상호간 경쟁으로 공기단축과 시공기술 향상을 기대할 수 있는 도급방식은?

① 전문공종별 분할도급
② 공정별 분할도급
③ 공구별 분할도급
④ 직종별 공종별 분할도급

해설 및 정답

1. 말뚝박기시험에 의한 말뚝의 허용지지력(R)

$$R = \frac{F}{5S+0.1} = \frac{W \times H}{5S+0.1}$$

[F : 타격에너지, W : 추의 무게, H : 낙하높이,
 S : 최종관입량]

2. (1) 린건설의 정의
   낭비를 최소화 하는 가장 효율적인 건설 생산 체계(System)
   ※ 작업단계(운반, 대기, 처리, 검사)중 가치창출 과정인 처리작업 이외에 비가치창출 과정들을 최소화하여 작업간 대기시간, 재고 등 낭비를 최소화하고, 생산의 효율성을 증진시키는 건설 생산 방식
   (2) 변이관리(Variation Management), 흐름생산, 당김식 생산방식과도 관련이 있다.
   (3) 린 건설과 기존의 관리방식의 비교

린 건설	기존의 관리방식
• 당김식(Pull-Type) 생산 방식 후속작업의 상황을 고려하여 후속작업에 필요한 품질수준에 맞추어 필요로 하는 양만큼 선작업 시행	• 밀어내기식(Push-Type) 생산방식 각 작업에서의 생산량이 전체생산 시스템의 작업량을 최대로 할 수 있는 양으로 결정되고 최대량 생산이 목적

   ※ 대량생산은 기존의 밀어내기식 생산방식으로 린건설과는 관련이 없다.

3. Gang form
   사용할 때마다 작은 부재의 조립, 분해를 반복하지 않고 대형화, 단순화하여 한번에 설치하고 해체하는 거푸집 시스템으로 주로 외벽의 두꺼운 벽체나 옹벽, 피어 기초 등에 이용된다.
   거푸집+철재서포트+작업틀의 일체화 거푸집

4. ① 밀 스케일(mill scale) : 철강재를 가열, 압연, 가공 등을 할 때 표면에 붙은 산화철로 된 찌꺼기를 말한다.
   ② 스패터(Spatter) : 아크용접과 가스용접에서 용접 중 튀어 나오는 슬래그 또는 금속 입자를 말한다.

5. 현장에서 조적, 타일, 미장공사시 기 배합된 공장제품에 물을 현장에서 가하여 사용하는 Dry Mixed Mortar를 현재는 많이 사용한다.

6. 동결융해 피해현상
   콘크리트 속에 흡수된 수분이 동결하면, 그 빙압으로 콘크리트에 미세한 균열이 생기며, 콘크리트가 탈락하는 현상
   ① 일탈(逸脫 : pop out) : 콘크리트 속의 골재가 동결융해 작용으로 팽창되어 콘크리트가 분화구 모양으로 빠져 나오는 것. 골재가 다공질일 때 발생
   ② 선상 균열(D-line crack) : 부재의 끝부분, 포장판의 이음 등의 선에 평행하게 생기는 균열이다.
   ③ 층상 박리(scaling) : 교량의 슬래브 등과 같은 콘크리트의 표면이 벗겨지는 것이다.

7. Net work 공정표
   • 단점
   ① 다른 공정표에 비해 작성시간이 필요하다.
   ② 작성 및 검사에 특별한 기능이 요구된다.
   ③ 작업의 세분화 정도에는 한계가 있다.
   ④ 공정표를 수정하기가 어렵다.
   • 장점
   ① 개개의 작업관련이 도시되어 있어 내용이 알기 쉽다.
   ② 개개공사의 상호관계가 명료하므로 주공정선의 일에는 현장인원의 중점배치가 가능하다.
   ③ 작업순서 관계가 명확하여 공사 담당자간의 정보전달이 원활하다.

8. 콘크리트량
   배합비 1 : 2 : 4로 콘크리트 $1m^3$를 비빔시 시멘트는 320kg이 소요된다.
   ∴ 5,000kg / 320kg=15.625(m^3)

9. Zincromate Paint
   크롬산 아연+알키드수지, 녹막이 효과가 좋다. 알루늄판이나 아연철판의 초벌용으로 가장 적합하다.

해설 및 정답

10. 거푸집의 조립
기둥 → 벽 → 보 → 슬래브의 순서로 한다.
※ 기초 → 기둥 → 내벽 → 큰보 → 작은보 → 바닥 → 외벽

11. 가압주입법
- 원통안에 방부제를 넣고 가압($7 \sim 3kg/cm^2$)하여 주입한다.
- 70℃의 크레오소트액을 쓴다.
- 가장 효과가 우수하다.

12. 시멘트 액체방수 시공 유의점
① 방수재는 거의 모두 급결성재료 이므로 외기 온도 변화와 일사광선의 영향등을 충분히 고려하여 시공해야 한다.
② 하절기에는 강한 열풍, 서열, 직사광선 등을 피할 수 있는 새벽이나 저녁에 시공함이 좋다.
③ 강우, 한기나 동결의 우려가 있는 시기도 피하여 시공하는 것이 좋다.

13. ① : 단위수량, 단위시멘트량을 줄여야 한다.
② : 실적율이 크고, 연속입도의 골재를 사용한다.
④항은 유동화콘크리트의 설명이다.

14. 변형측정에 이용되는 것으로 가장 정밀도가 높은 것은 와이어 스트레인 게이지이다.

15. 탄소강 이외의 금속을 비철금속이라고 부른다.

16. ① 기본형 블록(390×190×190) $1m^3$를 쌓기시 소요되는 Mortar는 $0.01m^3$ 이다.
② $3m \times 5m \times 0.01 = 0.15m^3$ 이다.

17. 금속 커튼월 시공에 있어서 구체 부착 철물의 설치위치 허용오차는 연직방향 ±10mm, 수평방향 ±25mm 이다.

18. 유리섬유(Glass Fiber)의 특징
- ②, ③, ④항의 특징이 있다.
- 기타 : 광물섬유 중에서 흡수성이 85% 정도로 가장 크다.(다공질)
- 단열재료로 많이 사용되며, 경량이나 굴곡에 약한 것이 단점이다.

19. 미서기, 미닫이창문용 철물
레일 및 문바퀴, 오목손걸이 및 꽃이쇠 등(도어 힌지와 정첩은 여닫이문에 사용)

20. 공구별 분할도급
① 대규모 공사에서 지역별로 공사를 분리하여 발주하는 방식
② 중소업자에게 균등한 기회를 준다.

1. ③	2. ④	3. ①	4. ②	5. ④
6. ②	7. ①	8. ②	9. ②	10. ④
11. ④	12. ④	13. ③	14. ④	15. ②
16. ③	17. ②	18. ①	19. ④	20. ③

과년도출제문제 (CBT 시험문제)

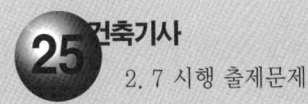

※ 본 기출문제는 수험자의 기억을 바탕으로 하여 복원한 문제이므로 실제 문제와 다를 수 있음을 미리 알려드립니다.

1. 다음 중 사용할 때 마다 부재의 조립, 분해를 반복하지 않아 벽식구조인 아파트 건축물에 적용효과 큰 대형 벽체 거푸집은?

① Gang form
② Sliding form
③ Air tube form
④ Traveling form

2. 지질조사를 통한 주상도에서 나타나는 정보가 아닌 것은?

① N치
② 투수계수
③ 토층별 두께
④ 토층의 구성

3. 타일의 크기가 200mm×200mm이고, 가로 세로 줄눈의 크기는 10mm인 타일로 벽면적 100m²가 되는 벽체를 시공하는 경우의 타일 매수로 적당한 것은 어느 것인가? (단, 정미량이며 깨짐에 의한 손실은 없는 것으로 한다.)

① 2368매
② 2268매
③ 2468매
④ 2678매

4. 창호철물과 창호의 연결로 옳지 않은 것은?

① 도어체크(door check) – 미닫이문
② 플로어 힌지(floor hinge) – 자재 여닫이문
③ 크리센트(Crescent) – 오르내리창
④ 레일(rail) – 미서기창

5. 포틀랜드시멘트 화학성분 중 1일 이내 수화를 지배하며 응결이 가장 빠른 것은?

① 알루민산3석회
② 알루민산철4석회
③ 규산3석회
④ 규산2석회

6. 다음 중 QC(Quality Control) 활동의 도구가 아닌 것은?

① 특성요인도(Cause & Effect Diagram)
② 산점도(Scatter Diagram)
③ 히스토그램(Histogram)
④ 기능계통도(Function Diagram)

7. 건설사업지원 통합 전산망으로 건설 생산활동 전 과정에서 건설 관련 주체가 전산망을 통해 신속히 교환·공유할 수 있도록 지원하는 통합 정보시스템을 지칭하는 용어는?

① 건설 CIC(Computer Intergrated Construction)
② 건설 CALS(Continuous Acquisition & Life Cycle Support)
③ 건설 EC(Engineering Construction)
④ 건설 EVMS(Earned Value Meanagement System)

8. 철골공사에서 크롬산 아연을 안료로 하고, 알키드 수지를 전색료로 한 것으로서 알루미늄 녹막이 초벌칠에 적당한 것은?

① 광명단
② 그래파이트 도료
③ 징크로 메이트 도료
④ 알루미늄 도료

9. 건축재료별 수량 산출 시 적용하는 할증률로 옳지 않은 것은?

① 유리 : 1%
② 이형철근 : 3%
③ 붉은벽돌 : 3%
④ 단열재 : 5%

10. 콘크리트용 골재의 품질에 관한 설명으로 옳지 않은 것은?
① 골재는 청정, 견경하고 유해량의 먼지, 유기불순물이 포함되지 않아야 한다.
② 골재의 입형은 콘크리트의 유동성을 갖도록 한다.
③ 골재는 예각으로 된 것을 사용하도록 한다.
④ 골재의 강도는 콘크리트 내 경화한 시멘트페이스트의 강도보다 커야 한다.

11. 강제 배수 공법의 대표적인 공법으로 인접 건축물과 토류판 사이에 케이싱 파이프를 삽입하여 지하수를 펌프 배수하는 공법은?
① 집수정 공법
② 웰 포인트 공법
③ 리버스 서큘레이션 공법
④ 전기 삼투 공법

12. 건설현장에서 근무하는 공사감리자의 업무에 해당되지 않는 것은?
① 공사시공자가 사용하는 건축자재가 관계법령에 의한 기준에 적합한 건축자재인지 여부의 확인
② 상세시공도면의 작성
③ 공사현장에서의 안전관리지도
④ 품질시험의 실시여부 및 시험성과의 검토·확인

13. 다음 중 도장공사를 위한 목부 바탕만들기 공정으로 옳지 않은 것은?
① 오염, 부착물의 제거
② 바니쉬칠
③ 옹이땜
④ 송진의 처리

14. 다음 보기는 콘크리트 구조물의 동해에 의한 피해 현상을 나타낸 것이다. 어느 현상을 설명한 것인가?

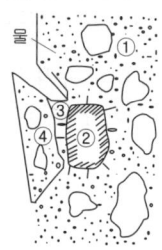

① 콘크리트가 흡수
② 흡수율이 큰 쇄석이 흡수, 포화상태가 됨
③ 빙결하여 체적 팽창압력
④ 표면부분 박리

① 레이턴스　　② 알칼리골재반응
③ 폭열현상　　④ Pop Out

15. 계측관리 항목 및 기기에 관한 설명으로 옳지 않은 것은?
① 흙막이벽의 응력은 변형계(Strain Gauge)를 이용한다.
② 주변 건물의 경사는 건물경사계(Tiltmeter)를 이용한다.
③ 지하수의 간극수압은 지하수위계(Water Level Meter)를 이용한다.
④ 버팀보, 앵커 등의 축하중 변화 상태의 측정은 하중계(Load Cell)를 이용한다.

16. 칠공사에 관한 주의사항으로 적당치 않은 것은?
① 바탕의 건조가 불충분하거나 공기의 습도가 높을 때에는 시공하지 않는다.
② 초벌부터 정벌까지 같은 색으로 시공해야 한다.
③ 야간은 색을 잘못 칠할 염려가 있으므로 시공하지 않는다.
④ 직사광선은 가급적 피하고 도막이 손상될 우려가 있을 때에는 칠하지 않는다.

17. 건축물에 사용되는 금속자재와 그 용도가 바르게 연결되지 않은 것은?

① 경량철골 M-BAR : 경량벽체 시공을 위한 구조용 지지틀
② 코너비드 : 벽, 기둥 등의 모서리에 대는 보호용 철물
③ 논슬립 : 계단에 사용하는 미끄럼 방지 철물
④ 조이너 : 천장, 벽 등의 이음새 감추기용 철물

18. 수밀콘크리트에 관한 설명으로 옳지 않은 것은?

① 콘크리트 소요 슬럼프는 되도록 작게하여 180mm를 넘지 않도록 한다.
② 콘크리트의 워커빌리티를 개선시키기 위해 공기연행제, 공기연행감수제, 또는 고성능 공기연행감수제를 사용하는 경우라도 공기량은 2% 이하가 되게 한다.
③ 물결합재비는 50% 이하를 표준으로 한다.
④ 콘크리트 타설시 다짐을 충분히 하여, 가급적 이어붓기를 하지 않아야 한다.

19. 바차트와 비교한 Net work 공정표의 장점이라고 볼 수 없는 것은?

① 공정계획의 작성시간이 단축된다.
② 작업 상호간의 관련성을 알기 쉽다.
③ 공기단축 가능요소의 발견이 용이하다.
④ 공사의 진척 관리를 정확히 실시할 수 있다.

20. 아스팔트 방수층, 개량아스팔트 시트방수층, 합성고분자계 시트방수층 및 도막방수층 등 불투수성 피막을 형성하여 방수하는 공사를 총칭하는 용어로 옳은 것은?

① 실링방수
② 멤브레인방수
③ 구체침투방수
④ 벤토나이트방수

해설 및 정답

1. Gang form
사용할 때마다 작은 부재의 조립, 분해를 반복하지 않고 대형화, 단순화하여 한번에 설치하고 해체하는 거푸집 시스템으로 주로 외벽의 두꺼운 벽체나 옹벽, 피어 기초 등에 이용된다.
거푸집+철재서포트+작업틀의 일체화 거푸집

2. 토질의 주상도 (柱狀圖)
(1) 토질시험이나 표준관입시험 등을 통하여 지층경연, 지층서열상태, 지하수위 등을 조사하여 지층의 단면상태를 축적으로 표시한 예측도를 말한다.
(2) 조사지역, 작성자, 날짜, Boring 종류(방법), 지하수위 위치, 지층두께와 구성상태, 심도에 따른 토질 및 색조, N값, sampling 방법 등이 기재된다.

3. 타일의 정미수량

$$\frac{1m \times 1m}{(0.2+0.01) \times (0.2+0.01)} \times 100 m^2 = 2267.57 매$$
$= 2268(매)$

4. 도어 체크(Door check)=도어 클로저(Door closer)
① 문 윗틀과 문짝에 설치하여 문이 자동적으로 닫혀지게 하는 장치(여닫이문에 사용)
② 피스톤장치가 있어 개폐속도를 조절한다.

5. 알루민산 3석회(C_3A)
① 시멘트 광물 조성 중 발열량이 가장 높고 응결 시간이 가장 빠르다.
② 수화작용이 가장 빠르다.
③ 1일에서 3일 이내의 강도를 지배한다.

6. QC활동의 7가지 도구
① 히스토그램(Histogram)
② 특성요인도(Cause-and-Effect diagram)
③ 파레토그램(Pareto diagram)
④ 체크시트(Check sheet)
⑤ 각종 그래프
⑥ 산점도(Scatter diagram)
⑦ 층별(Stratification)

7. CALS(Continuous Acquisition & Life Cycle Support)
건설생산활동의 전 과정에서 건설관련주체가 초고속 정보통신망이나 전자상거래 등 정보의 실시간공유를 통해 공기단축, 원가절감 등을 도모하려는 건설분야 통합정보 시스템을 말한다.
※ 건설공사 기획부터 설계, 입찰 및 구매, 시공, 유지관리의 전단계에 있어 업무절차의 전산화를 추구하는 종합건설정보체계를 의미

8. Zincromate Paint
크롬산 아연+알키드수지, 녹막이 효과가 좋다. 알루늄판이나 아연철판의 초벌용으로 가장 적합하다.

9. 단열재의 할증률은 10% 이다.

10. 골재의 입형은 편평, 세장하거나 예각으로 된 것은 좋지 않다. (둔각으로 된 골재를 사용한다.)

11. 웰포인트 공법
(1) 사질지반의 대표적인 강제배수공법이다.
(2) 케이싱(라이저파이프)을 1~2m 간격으로 박아 6m 이내의 지하수를 펌프로 배수하는 공법이다.

12. 공사의 실행예산을 작성하거나 상세 시공도를 작성하는 업무는 감리자의 업무가 아니라 시공자의 고유업무이다.

13. 도장공사를 위한 목부 바탕만들기 공정순서
① 오염, 부착물 제거
② 송진처리(긁어내기, 인두지짐, 휘발유 닦기)
③ 연마지 닦기(대팻자국 제거 등)
④ 옹이땜(셀락니스칠)
⑤ 구멍땜(퍼티먹임) 및 눈메움

과년도출제문제 (CBT 시험문제)

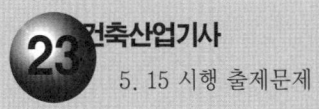
5. 15 시행 출제문제

※ 본 기출문제는 수험자의 기억을 바탕으로 하여 복원한 문제이므로 실제 문제와 다를 수 있음을 미리 알려드립니다.

1. 벽돌의 품질을 결정하는데 가장 중요한 사항은 어느 것인가?

① 흡수율 및 인장강도
② 흡수율 및 전단강도
③ 흡수율 및 휨강도
④ 흡수율 및 압축강도

2. 아스팔트 프라이머(Asphalt primer)에 대한 설명으로 옳지 않은 것은?

① 아스팔트를 휘발성 용제로 녹인 흑갈색 액체이다.
② 아스팔트 방수공법에서 제일 먼저 시공되는 방수제이다.
③ 블로운아스팔트의 내열성, 내후성 등을 개량하기 위하여 식물섬유를 혼합하여 유동성을 부여한 것이다.
④ 콘크리트와 아스팔트 부착이 잘되게 하는 것이다.

3. 콘크리트구조에서 철근조립 간격과 배근기준으로 잘못된 내용은?

① 수직 및 수평철근의 간격은 벽두께의 3배 이하, 또한 450mm 이하로 하여야 한다.
② 지하실 외벽을 제외한 250mm 이상의 벽체는 철근을 양면에 배근하여야 한다.
③ 슬래브에서 휨 주철근의 간격은 슬래브 두께의 3배 이하로 하여야 한다.
④ 철근을 2단으로 배근하는 경우에는 상·하 철근을 어긋나게 배치하여 조립하여야 한다.

4. 유리제품 중 사용성의 주목적이 단열성과 가장 거리가 먼 것은?

① 기포유리(foam glass)
② 유리섬유(glass fiber)
③ 프리즘 유리(prisn glass)
④ 복층유리(pair glass)

5. 도장공사 중 금속재 바탕처리를 위해 인산을 활성제로 하여 비닐 부틸랄수지, 알코올, 물, 징크로메이트 등을 배합하여 금속면에 칠하면 인산피막을 형성함과 동시에 비닐 부틸랄 수지의 피막이 형성됨으로써 녹막이와 표면을 거칠게 처리하는 방법은?

① 인산피막법
② 워시 프라이머법
③ 퍼커라이징법
④ 본더라이징법

6. 미장공사시 주의할 사항으로 맞지 않는 것은?

① 미장바름두께는 천장과 차양은 15mm 이하로 하고 기타부분은 15mm 이상으로 한다.
② 바탕면은 필요에 따라 물축임을 한다.
③ 초벌바름 후 물기가 없어지면 바로 이어서 재벌, 정벌을 한다.
④ 바탕면을 거칠게 하여 모르타르 부착을 좋게 한다.

7. 일반적으로 현장에 도착한 굳지 않은 콘크리트인 공장배합 레미콘의 품질시험으로 가장 거리가 먼 것은?

① 공기량 시험
② 압축강도 시험
③ 염화물 함유량 시험
④ 슬럼프 시험

8. 시멘트 벽돌공사에 관한 주의사항으로 옳지 않은 것은?

① 벽돌은 품질, 등급별로 정리하여 사용하는 순서별로 쌓아 둔다.
② 벽돌쌓기 시 잔토막 또는 부스러기 벽돌을 쓰지 않는다.

③ 쌓기모르타르는 모래는 가는 모래를 사용하고, 빈 배합으로 하며 사용시 물을 부어 사용한다.
④ 모르타르 제조시 사용하는 골재는 점토 등 유해물 질이 들어있는 재료를 사용해서는 안된다.

9. 다음 중 PERT/CPM에 대한 설명으로 적당하지 않은 것은?
① 작업의 상호관계가 명확하다.
② 계획 단계에서 문제점(공정, 노무, 자재)등이 파악되어 적절한 수정이 가능하다.
③ 공사 전체의 파악을 용이하게 할 수 있고, 작성 및 수정시간이 작게 걸린다.
④ 각 작업의 관련성이 도시되어 있어 공사의 진척사항을 쉽게 알아볼 수 있다.

10. 건축공사 표준시방서에 기재하는 사항으로 부적당한 것은?
① 공법에 관한 사항
② 공정에 관한 사항
③ 재료에 관한 사항
④ 공사비에 관한 사항

11. 실리카 흄 시멘트(silica fume cement)의 특징으로 옳지 않은 것은?
① 시공연도 개선효과가 있다.
② 화학성 저항성 증진효과가 있다.
③ 초기강도는 크나, 장기강도는 감소한다.
④ 재료분리 및 블리딩이 감소된다.

12. 다음 중 수량 산출시의 할증률로 맞는 것은?
① 이형철근 : 3%
② 원형철근 : 7%
③ 대형형강 : 5%
④ 강판 : 5%

13. 건축주 자신이 특정의 단일 상대를 선정하여 발주하는 입찰방식으로써 특수공사나 기밀보장이 필요한 경우에 주로 채택되는 것은?
① 특명입찰
② 공개경쟁입찰
③ 지명경쟁입찰
④ 제한경쟁입찰

14. ALC(Autoclaved Lightweight Concrete)의 물리적 성질 중 틀린 것은?
① 기건비중은 보통 콘크리트의 약 1/4 정도이다.
② 열전도율은 보통콘크리트와 유사하나 단열성은 우수하다.
③ 불연재인 동시에 내화재료이다.
④ 경량이어서 인력에 의한 취급이 용이하다.

15. 공사를 빨리 착공할 수 있어서 긴급공사나 설계변경으로 수량변동이 심할 경우에 많이 채택되는 도급방식은 어느 것인가?
① 단가도급
② 정액도급
③ 분할도급
④ 실비청산보수가산도급

16. 벽돌쌓기 중 가장 튼튼한 쌓기법으로 한켜는 마구리쌓기 다음 켜는 길이쌓기로 하고 모서리나 벽끝에는 이오토막을 쓰는 쌓기 방법은?
① 영식쌓기
② 화란식쌓기
③ 불식쌓기
④ 미식쌓기

17. 인접 건축물과 토류판 사이에 케이싱 파이프를 삽입하여 지하수를 펌프 배수하는 강제 배수 공법은?
① 집수정 공법   ② 웰 포인트 공법
③ JSP 공법   ④ LW 공법

18. 콘크리트의 폭렬을 방지하기 위한 내용과 관련이 없는 것은?

① 함수율
② 골재 및 시멘트
③ 압축강도
④ 철근의 강도

19. 다음 항목 중 공사비 내역서를 작성할 때 순공사비 항목에 포함되지 않는 항목은?

① 직접노무비
② 간접재료비
③ 산업안전보건관리비
④ 하자보증 보험금

20. 합성수지, 아스팔드, 안료 등에 건성유나 용제를 첨가한 것으로, 붓칠이 가능하며 건조가 빠르고 광택, 작업성, 점착성 등이 좋아 주로 옥내 목부바탕의 투명마감도료로 사용되는 것은?

① 바니쉬
② 래커 에나멜
③ 합성수지 에멀젼도료
④ 광명단

해설 및 정답

1. 벽돌의 품질
벽돌의 품질은 주로 흡수율과 압축강도에 의하여 결정된다.

2. (1) 아스팔트 프라이머
묽은 휘발성 아스팔트 용액으로 콘크리트 모체에 침투성을 높여서 부착력을 강화시킨 것으로 부수적으로 방수 성능이 향상된다.
(2) 아스팔트 컴파운드
아스팔트 컴파운드는 블로운 아스팔트의 점착성, 내후성, 내산성능을 개선하고 탄성을 보강한 것으로 최우량품이다.
(Brown Asphalt+동·식물섬유+석분 등)

3. 상하나 양면에 철근을 2단으로 배근하는 경우에는 벽체나 슬래브에 평행하게 상, 하단과 수평방향으로 서로 평행하게 배근하는 것이 원칙이다.

4. 프리즘 유리
지하실, 지붕 등의 채광용이다. 투과광선의 방향을 변화시키거나 집중확산시킬 목적으로 프리즘 이론을 응용해서 만든 각형, 원형, 특수형의 유리이다.
3~15mm두께, Deck Glass, Top Light, 포도유리 라고도 한다.

5. • 문제의 지문은 ②항을 설명한 것이다.
• ①, ③, ④항은 같은 방법으로 인산피막법을 말한다.

6. 미장 초벌바름
미장초벌 후에는 2주 이상 충분히 기간을 두어 균열을 발생하게 하며 고름질 후 재벌하며 재벌이 반건조될 때 정벌바름을 한다.

7. 레미콘의 현장 품질관리 시험의 종류
① Slump시험
② 공기량 시험
③ 강도시험용 공시체 채취
④ 염화율 함유량 시험
⑤ 단위용적 질량시험
⑥ 용적시험
※ 현장도착한 레미콘에서 공시체는 채취가능하지만, 압축강도 시험이나 비파괴시험을 행할 수는 없다.

8. ① 쌓기모르타르는 부배합으로 한다.
② 건비빔 모르타르는 비빔후 3시간 이내에 사용하며, 물반죽한 모르타르는 1시간 이내에 사용한다.

9. 네트워크 공정표는 여러가지 장점이 있지만 작성시간이 많이 걸리고, 수정이 어려운 것이 대표적인 단점이다.

10. 공사비나 공사비 지불조건 등을 계약서에 기재된다.

11. 실리카 흄(Silica Fume)의 특징
① 초기강도와 장기강도 모두 크다.
② 첨가율에 따라서 성질이 다르다.
③ 기타성질은 포졸란과 Fly ash와 유사하여 ①, ②, ④ 항목과 같은 특징이 있다.

12. 할증율
② : 원형철근 : 5%
③ : 대형형강 : 7%
④ : 강판 : 10%

13. 특명입찰
① 1명을 지명하여 협의에 의해 계약을 체결하는 것이다. 수의계약이라고도 한다.
② 특수공사나 기밀유지가 필요한 경우에 채택이 된다.

14. ALC는 열전도율이 보통콘크리트 보다 매우 작아 단열성능이 보통 콘크리트의 10배 정도이다.

15. 단가 도급
① 단위공사 부분에 대한 단가만을 확정하고 공사 완료시실시 수량의 확정에 따라 확인 청산하는 방식

해설 및 정답

② 단가계약은 긴급공사나 설계변경, 물량변동이 많을 것으로 예상되는 공사에 채택된다.

16. 벽돌쌓기 형식
① 영국식 쌓기 : 한켜는 마구리 쌓기 다음켜는 길이쌓기로 하고 모서리나 벽끝에는 이오토막을 쓴다. 벽돌쌓기 중 가장 튼튼한 쌓기법이다.
② 네델란드식 쌓기(화란식) : 영식쌓기와 거의 같고 모서리 끝에는 칠오토막을 쓴다.

17. 웰포인트 공법(Well Point)
 (1) 사질지반의 대표적인 강제 배수 공법이다.
 (2) 케이싱(라이저파이프)을 1~2m 간격으로 박아 6m 이내의 지하수를 펌프로 배수하는 공법이다.

18. 콘크리트의 폭렬현상은 고강도 콘크리트에서 주로 발생하며, 흡수율이 높은 골재 사용, 콘크리트 내부 함수율이 높을 때, 압축강도가 큰 콘크리트의 밀도와도 관련이 된다.

19. 순공사비는 순공사원가(공사원가) 등으로 불리우며, 재료비, 노무비, 경비의 합산금액이다. 하자보증 보험금은 제외된다.

20. 유성 바니쉬(Oil Varnish)의 원료, 특징
① 유용성수지+건성유+희석제+유성색올림(착색재 : Oil stain)
② 유성니스는 무색 또는 담갈색의 투명도료로서, 일반적으로 내후성이 작아서 외장에는 사용안하고 목재부의 내부 도장에 쓴다.
③ 바니쉬는 유성바니쉬와 휘발성 바니쉬가 있다.
④ 래커(Lacquer)는 휘발성으로 붓칠시공이 불가능하여 뿜칠하여 시공한다.

1. ④	2. ③	3. ④	4. ③	5. ②
6. ③	7. ②	8. ③	9. ③	10. ④
11. ③	12. ①	13. ①	14. ②	15. ①
16. ①	17. ②	18. ④	19. ④	20. ①

과년도출제문제 (CBT 시험문제)

23 건축산업기사 7. 8 시행 출제문제

※ 본 기출문제는 수험자의 기억을 바탕으로 하여 복원한 문제이므로 실제 문제와 다를 수 있음을 미리 알려드립니다.

1. 굳지 않은 콘크리트가 현장에 도착했을 때 실시하는 품질관리시험 항목이 아닌 것은?
① 염화물
② 조립률
③ 슬럼프
④ 공기량

2. 기준점(Bench Mark)에 관한 다음 설명 중 옳지 않은 것은?
① 신축할 건축물의 높이의 기준을 삼고자 설정하는 것이다.
② 기준점의 위치는 수시로 이동 가능한 사물에 설치하는 것이 좋다.
③ 바라보기 좋은 곳에 적어도 2개소 이상 설치해 두어야 한다.
④ 공사가 완료된 뒤라도 건축물의 침하, 경사 등을 확인하기 위하여 사용되는 경우가 있다.

3. 시멘트 벽돌공사에 관한 주의사항으로 옳지 않은 것은?
① 벽돌은 품질, 등급별로 정리하여 사용하는 순서별로 쌓아 둔다.
② 벽돌쌓기 시 잔토막 또는 부스러기 벽돌을 쓰지 않는다.
③ 쌓기모르타르는 모래는 가는 모래를 사용하고, 빈 배합으로 하며 사용시 물을 부어 사용한다.
④ 모르타르 제조시 사용하는 골재는 점토 등 유해물질이 들어있는 재료를 사용해서는 안된다.

4. 방수공사에 관한 다음 기술 중 부적당한 것은?
① 시멘트 액체방수는 면적이 넓을 경우 익스펜션 조인트를 반드시 설치한다.
② 방수 모르타르는 보통 모르타르에 비해 바탕과의 접착력이 부족한 편이다.
③ 스트레이트 아스팔트는 신축이 좋고 교착력이 우수하여 지하실 방수공사에 매우 유리하다.
④ 지하실 안 방수 아스팔트 방수층 보호 누름은 없어도 무방하다.

5. 미장공사 중 시멘트 모르타르 미장에 관한 설명으로 옳지 않은 것은?
① 미장바르기 순서는 보통 위에서부터 아래로 하는 것을 원칙으로 한다.
② 초벌바름 후 2주일 이상 방치하여 바름면 또는 라스의 이음매 등에서 균열을 충분히 발생시킨다.
③ 초벌바름 후 표면을 매끈하게 하여 재벌바름 시 접착력이 좋아지도록 한다.
④ 정벌바름은 공사의 조건에 따라 색조, 촉감을 결정하여 순마감재료를 사용하거나 혼합물을 첨가하여 바른다.

6. 건조된 목재의 특징으로 옳지 않은 것은?
① 변색
② 갈램
③ 뒤틀림
④ 내구성저하

7. 단가도급 계약제도를 채택하는 경우에 관한 설명 중 부적당한 것은?
① 공사를 급속히 시공할 필요가 있을 때
② 전체공사의 수량을 예측하기 곤란할 때
③ 일반적으로 널리 채용되고 있는 도급계약제도이다.
④ 설계변경으로 인한 산출이 극히 어려울 때

8. 목구조에 사용되는 보강철물과 사용개소의 조합으로 옳지 않은 것은?

① 안장쇠 – 큰보와 작은보
② ㄱ자쇠 – 평기둥과 층도리
③ 띠쇠 – 토대와 기둥
④ 감잡이쇠 – 왕대공과 평보

9. 지반조사 방법에 관한 설명으로 옳지 않은 것은?

① 수세식 보링은 사질층에 적당하며 끝에서 물을 뿜어내어 지층의 토질을 조사한다.
② 짚어보기방법은 얕은 지층을 파악하는데 이용된다.
③ 표준관입시험은 사질 지반보다 점토질 지반에 가장 유효한 방법이다.
④ 지내력시험의 재하판은 보통 원형의 것을 이용한다.

10. 품질관리 단계를 계획(Plan), 실시(Do), 검토(Check), 조치(Action)의의 4단계로 구분할 때 계획(Plan)단계에서 수행하는 업무가 아닌 것은?

① 적정한 관리도 선정
② 작업표준 설정
③ 품질관리 대상 항목 결정
④ 시방에 의거 품질표준 설정

11. 재료의 수량 산출 시 할증율이 가장 큰 것은?

① 이형철근   ② 자기타일
③ 붉은벽돌   ④ 단열재

12. 굳지 않는 콘크리트 타설시 거푸집의 측압에 관한 설명 중 옳은 것은?

① 슬럼프가 클수록 측압은 크다.
② 부어넣기 속도가 빠를수록 측압은 작아진다.
③ 온도가 높을수록 측압은 커진다.
④ 거푸집의 강성이 작을수록 측압은 커진다.

13. 고층 건물 외벽공사 시 적용되는 커튼월 공법의 특징이 아닌 것은?

① 내력벽으로서의 역할
② 외벽의 경량화
③ 가설공사의 절감
④ 품질의 안정화

14. 콘크리트에 AE제를 사용하는 주목적은?

① 비중을 작게한다.
② 시공연도를 좋게 한다.(워커빌리티 향상)
③ 강도를 증가시킨다.
④ 부착력을 증가시킨다.

15. 다음 각 유리의 특징에 대한 설명으로 옳지 않은 것은?

① 망입유리는 판유리 가운데에 금속망을 넣어 압착 성형한 유리로 방화 및 방재용으로 사용된다.
② 강화유리는 후판유리를 약 500~600℃로 가열한 후 급속히 냉각 강화하여 만든 유리로 선박, 차량, 출입구 등에 사용된다.
③ 접합유리는 2장 또는 그 이상의 판유리에 특수 필름을 삽입하여 접착시킨 안전유리로서 파손되어도 파편이 발생하지 않는다.
④ 복층유리는 2~3장의 판유리를 밀착하여 만든 유리로서 단열, 방서, 방음용으로 사용된다.

16. 프리캐스트 콘크리트에 사용되는 상수돗물의 품질에 대한 설명 중 틀린 것은?

① 탁도(NTU)는 5도 이하로 한다.
② 수소이온농도(pH)는 5.8~8.5로 한다.
③ 증발잔류물은 500mg/l 이하로 한다.
④ 염소이온량은 250mg/l 이하로 한다.

17. 가구식 구조물의 횡력에 대한 보강법으로 가장 적합한 것은?

① 통재 기둥을 설치한다.
② 가새를 유효하게 많이 설치한다.
③ 셋기둥을 줄인다.
④ 부재의 단면을 작게 한다.

18. 시방서에 기재하지 않아도 되는 사항은?

① 재료 및 시공에 관한 검사사항
② 시공방법의 정도 및 완성에 대한 사항
③ 재료의 종류 및 품질, 사용에 대한 사항
④ 인도검사 및 건물인도의 시기에 대한 사항

19. 다음 중 부엌 조리대의 상판 구조로 가장 알맞은 재료는 어느 것인가?

① MDF(Medium Density Fiberboard)
② PB(Particle Board)
③ LPM(Low Pressure Melamine)
④ HPM(High Pressure Melamine)

20. 지반개량공법 중 다짐법이 아닌 것은?

① 바이브로 플로테이션 공법
② 바이브로 컴포저 공법
③ 샌드 드레인 공법
④ 샌드 컴팩션 파일 공법

해설 및 정답

1. 조립률시험은 골재시험이다.

2. B/M : 기준점 설치시 주의점
① 이동의 염려가 없는 곳에 설치
② 바라보기 좋고 공사에 지장이 없는 곳에 설치
③ 최소 2개 이상 여러곳에 설치
④ 지면에서 0.5~1m 정도의 위치에 설치(그 높이를 기준표 밑에 표시한다.)
⑤ 설치 위치와 개소는 현장일지에 기록
⑥ 공사종료시까지 존치(공사완료시 검측자료와 확인자료로 이용)

3. ① 쌓기모르타르는 부배합으로 한다.
② 건비빔 모르타르는 비빔후 3시간 이내에 사용하며, 물반죽한 모르타르는 1시간 이내에 사용한다.

4. 안방수는 보호누름이 반드시 필요하다.

5. 초벌바름 후 표면을 거칠게 마감하여야 재벌바름시 접착력이 좋아진다.

6. ① 목재를 건조하면 변색, 갈램(갈라짐), 뒤틀림(변형) 등이 생길 수 있다.
② 목재를 건조시키면 강도가 증가되고, 내구성이 증가된다.

7. 단가도급은 단일공사 이외에는 잘 채택되지 않고 일반적으로 널리 채용되는 도급계약제도는 정액도급이다.

8. ① 평기둥과 층도리(수평재)는 일자 띠쇠로 보강한다.
② 통재기둥과 층도리는 ㄱ자쇠로 보강한다.

9. 표준관입시험(SPT)은 점토지반보다는 사질지반을 판별하는데 더 유효한 방법이다.

10. 품질 관리싸이클의 4단계

① 계획 (Plan)	제품규격, 작업표준, 생산계획
② 실시 (Do)	규격, 표준에 의한 작업실시
③ 검토 (Check)	검토, 계측, 측정(관리도 선정, 작성)
④ 조치 (Action)	검토결과에 따라 조치

11. 재료의 할증율
- ①, ②, ③는 3%
- ④는 10%

12. ② : 부어넣기 속도가 빠르면 측압은 증가한다.
③ : 온도가 높으면 측압은 감소한다.
④ : 거푸집 강성이 크면 측압이 커진다.

13. 커튼월 공법은 기본적으로 비내력벽 공법이다.

14. AE제의 특징
① 동결융해에 대한 저항성이 증진된다.(내구성 향상)
② 시공연도증진효과
③ 단위수량감소효과(수밀성 향상)
※ 물시멘트비 감소효과
④ 재료분리, 블리딩 감소
⑤ 콘크리트 경화에 따른 발열량 감소
⑥ 철근과의 부착강도는 다소 감소, 과다사용시 압축강도 저하

15. 복층유리(Pair Glass)
2개의 판유리 중간에 건조공기를 봉입한 것. 단열, 방음, 결로방지용으로 우수하다. 12mm, 16mm, 18mm, 22~24mm가 있다.

16. 상수도물은 음용수법에 적합한 품질이 확인되어야 한다.
※ 프리캐스트 콘크리트에 사용되는 물은 KSF 4009 부속서 2에 규정된 항목을 만족해야 한다.
① 색도 : 5도 이하
② 탁도 : 0.3도 이하

해설 및 정답

17. ① 횡력(수평력)에 대한 보강재로 대표적인 것이 가새, 버팀대, 귀잡이 이다.
② 가새는 수평재와 수직재가 만나는 곳에 접합하게 되어 있으며 대각선으로 설치한다. (45°)

18. 시방서의 기재사항
※ 인도검사 및 건물인도의 시기에 대한 사항은 공사계약서에 기재해야 한다.
① 재료의 종류, 품질 검사사항
② 공법의 일반사항, 유의사항
③ 시공정밀도, 품질요구사항
④ 표준규격코드
⑤ 적용범위, 성능의 규정 지시 등

19. ① : MDF 합판은 중밀도 합판으로 실내장식용 합판이다. (벽체, 가구용 : 물에 약함)
② PB는 인조목재이다.
④ HPM은 고온고압으로 압출성형한 멜라민 합판으로 합성수지인 멜라민이나 페놀수지를 함침, 적층해서 제작함. 내습성과 표면강도가 LPM보다 훨씬 크다. 부엌이나 조리대 상판, 가구 등에 사용된다.

20. 지반개량공법 중 사질지반의 다짐공법 종류
① 다짐말뚝공법
② Vibro Floatation 공법
③ 다짐모래말뚝공법(Sand Compozer 공법)
④ 폭파다짐법
⑤ 동다짐법(동압밀공법)

1. ②	2. ②	3. ③	4. ④	5. ③
6. ④	7. ③	8. ②	9. ③	10. ①
11. ④	12. ①	13. ①	14. ②	15. ④
16. ①	17. ②	18. ④	19. ④	20. ③

과년도출제문제 (CBT 시험문제)

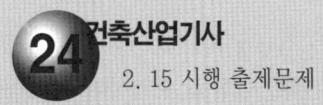

※ 본 기출문제는 수험자의 기억을 바탕으로 하여 복원한 문제이므로 실제 문제와 다를 수 있음을 미리 알려드립니다.

1. 세로 규준틀을 필요로 하는 공사는 다음 중 어느 것인가?
① 목공사
② 철근콘크리트공사
③ 철골공사
④ 조적공사

2. 철골 용접부 예열에 관한 다음 설명 중 가장 잘못된 항목은?
① 용접부의 예열 최대온도는 230℃ 이상을 하여야 한다.
② 용접부의 예열은 용접선 양측 100mm 및 아크전방 100mm 범위 내에서 모재를 최소 예열온도 이상으로 가열한다.
③ 이종금속간에 용접을 할 경우에는 예열과 층간온도는 상위등급을 기준으로 하여 실시한다.
④ 기온이 0℃ 이하에서는 예열을 한 후 용접을 수행해야 한다.

3. 지반조사를 구성하는 항목에 관한 설명으로 옳은 것은?
① 지하탐사법에는 짚어보기, 물리적 탐사법 등이 있다.
② 사운딩시험에는 팩 드레인공법과 치환공법 등이 있다.
③ 샘플링에는 흙의 물리적 시험과 역학적 시험이 있다.
④ 토질시험에는 평판재하시험과 시험말뚝박기가 있다.

4. 공사기간 단축기법의 일종으로써 주공정상의 소요작업 중 비용구배(Cost Slope)가 가장 작은 요소작업부터 단위시간씩 단축해 가는 방법은?
① CP   ② PERT
③ CPM   ④ MCX

5. 아스팔트를 천연아스팔트와 석유아스팔트로 구분할 때 석유아스팔트에 해당하는 것은?
① 블로운 아스팔트
② 로크 아스팔트
③ 레이크 아스팔트
④ 아스팔타이트

6. 다음 중 타일에 대한 설명으로 옳지 않은 것은?
① 도기질 타일은 내구성 내수성이 강하여 옥외나 물기가 있는 곳에 주로 사용된다.
② 자기질 타일은 용도상 내 외장 및 바닥용으로 사용되며 소성온도는 1,300~1,400℃ 이다.
③ 자기질 타일 등 상등급의 타일은 흡수율이 작고, 두드리면 금속성의 청음이 난다.
④ 초벌구이를 하고 유약을 바르고 다시한번 구워낸 시유타일은 무색투명하고 광택이 있다.

7. 건축주 자신이 특정의 단일 상대를 선정하여 발주하는 입찰방식으로서 특수공사나 기밀보장이 필요한 경우에 주로 채택되는 것은?
① 특명입찰
② 공개경쟁입찰
③ 지명경쟁입찰
④ 제한경쟁입찰

8. 건축물 높낮이의 기준이 되는 벤치마크(Bench Mark)에 관한 설명으로 옳지 않은 것은?
① 이동 또는 소멸우려가 없는 장소에 설치한다.
② 수직규준틀이라고도 한다.
③ 이동 등 훼손될 것을 고려하여 2개소 이상 설치한다.
④ 공사가 완료된 뒤라도 건축물의 침하, 경사 등의 확인을 위해 사용되기도 한다.

9. 조골재를 먼저 투입한 후에 골재와 골재 사이 빈틈에 시멘트 몰탈을 주입하여 제작하는 방식의 콘크리트는?

① 프리플레이스트 콘크리트(Preplaced concrete)
② 배큠 콘크리트(Vaccum concrete)
③ 수밀 콘크리트(Water tight concrete)
④ AE 콘크리트(Air entrained concrete)

10. 다음 항목 중 공사비 내역서를 작성할 때 순공사비 항목에 포함되지 않는 항목은?

① 직접노무비
② 간접재료비
③ 산업안전보건 관리비
④ 하자보증 보험금

11. 콘크리트 이어 붓기에 대한 설명 중 옳지 않은 것은?

① 아치이음은 아치(Arch)축에 직각으로 한다.
② 기둥은 바닥 및 기초의 상단에서 수평으로 한다.
③ 보의 이음은 보의 단부, 즉 기둥 옆에서 이음을 한다.
④ 수평이음은 그 면의 먼지나 레이턴스를 제거하고 이음 콘크리트를 친다.

12. 타일공사에 대한 설명 중 틀린 것은?

① 시공도의 내용과 관계없이 걸레받이 타일은 온장을 사용한다.
② 벽타일은 가운데를 중심으로 양쪽으로 타일나누기를 한다.
③ 타일 측면이 노출되는 모서리 부위는 코너타일을 사용하거나 모서리를 가공하여 측면이 직접 보이지 않게 한다.
④ 벽체타일이 시공되는 경우 바닥타일은 벽체타일보다 먼저 시공한다.

13. 건축연면적(m^2)당 먹매김의 품이 가장 많이 소요되는 건축물은?

① 사무소
② 학교
③ 고급주택
④ 공장

14. 공사의 도급자가 설계·시공을 일괄적으로 계약하는 방식으로서 패키지방식(Package Contract)이라고도 불리우는 방식은?

① 총액계약 방식
② 공동도급 방식
③ 턴키계약 방식
④ 실비정산보수가산 방식

15. 인접 건축물과 토류판 사이에 케이싱 파이프를 삽입하여 지하수를 펌프 배수하는 강제 배수 공법은?

① 집수정 공법
② 웰 포인트 공법
③ JSP 공법
④ LW 공법

16. 다음 각 유리의 특징에 대한 설명으로 옳지 않은 것은?

① 망입유리는 판유리 가운데에 금속망을 넣어 압착 성형한 유리로 방화 및 방재용으로 사용된다.
② 강화유리는 후판유리를 약 500~600℃로 가열한 후 급속히 냉각 강화하여 만든 유리로 선박, 차량, 출입구 등에 사용된다.
③ 접합유리는 2장 또는 그 이상의 판유리에 특수 필름을 삽입하여 접착시킨 안전유리로서 파손되어도 파편이 발생하지 않는다.
④ 복층유리는 2~3장의 판유리를 밀착하여 만든 유리로서 단열, 방서, 방음용으로 사용된다.

17. 굳지 않는 콘크리트 타설시 거푸집의 측압에 관한 설명 중 옳은 것은?

① 슬럼프가 클수록 측압은 크다.
② 부어넣기 속도가 빠를수록 측압은 작아진다.
③ 온도가 높을수록 측압은 커진다.
④ 거푸집의 강성이 작을수록 측압은 커진다.

18. 구조물 위치 전체를 동시에 파내지 않고 측벽이나 주열선 부분만을 먼저 파내고 그 부분의 기초와 지하구조체를 축조한 다음 중앙부의 나머지 부분을 파내어 지하구조물을 완성하는 공법은?

① 오픈 컷(Open cut) 공법
② 트랜치 컷(Trench cut) 공법
③ 우물통식 공법(Well method)
④ 아일랜드 컷(Island cut) 공법

19. 시멘트의 종류 중 조기강도가 아주 크므로 긴급공사 등에 많이 쓰이며 해안공사, 동기공사에 적합한 것은?

① 보통 포틀랜드시멘트
② 알루미나시멘트
③ 고로시멘트
④ 실리카시멘트

20. 방수공사에 관한 다음 기술 중 부적당한 것은?

① 시멘트 액체방수는 면적이 넓을 경우 익스펜션 조인트를 반드시 설치한다.
② 방수 모르타르는 보통 모르타르에 비해 바탕과의 접착력이 부족한 편이다.
③ 스트레이트 아스팔트는 신축이 좋고 교착력이 우수하여 지하실 방수공사에 매우 유리하다.
④ 지하실 안방수 아스팔트 방수층 보호 누름은 없어도 무방하다.

해설 및 정답

1. 세로 규준틀
조적공사에서 높이의 기준을 설정하고자 세로규준틀이 사용된다.

2. 용접 예열에 관한 규정
(일반 교과서 및 표준시방서 규정)
(1) 강풍, 눈, 비가 올 때는 야외용접은 하지 않는다. 기온이 0℃ 이하는 용접금지 0℃~-15℃일 때 10cm 이내 36℃ 정도로 예열을 한 후 용접한다. (최소 20℃ 이상 예열한다.)
(2) 중탄소강의 다층용접의 경우는 150~200℃ 정도 예열한다. (최대 예열온도는 230℃ 이하, 시방서 규정은 250℃ 이하)
(3) 또한 문제의 지문 중 ②번과 ③번 항목 규정도 있다.
(4) 층간온도란 다층용접의 경우 각층사이의 온도를 말하며 용접하는 금속에 따라서 달라지며, 보통 200℃ 이하로 규정되어 있다.
(5) 기온이 -20℃ 보다 낮은 경우는 원칙적으로 용접을 금지한다.

3. 지하탐사법에는 짚어보기, 터파보기, 물리적 지하탐사법 등이 있다.

4. MCX이론 : 최소비용 공기단축 기법 순서
① CP : 주공정선을 구한다.
※ 주공정상의 작업을 선택한다.
② 비용구배를 구한다.
※ 비용구배가 최소인 작업을 단축한다.
③ 단축 가능 한계까지 단축한다.
④ CP에서 공기를 단축하되 CP가 아닌 Sub-CP가 CP가 될 때까지 단축한다.
⑤ CP와 Sub-CP를 동시에 단축한다.
※ 위 과정을 반복한다.

5. (1) 천연 Asphalt는 ②, ③, ④항의 종류가 있다.
(2) 석유계 Asphalt에는 ①항 이외에 스트레이트 아스팔트, 아스팔트 콤파운드 등이 있다.

6. 타일제품의 특징, 용도
① 도기질 타일은 실내에서 사용(흡수율이 자기질보다 크다)
② 자기질 타일 : 흡수율이 작아서 실외 타일, 외벽체에 주로 사용함

7. 특명입찰
① 1명을 지명하여 협의에 의해 계약을 체결하는 것이다. 수의계약이라고도 한다.
② 특수공사나 기밀유지가 필요한 경우에 채택이 된다.

8. 벤치마크(Bench Mark)는 신축할 건축물의 높이의 기준을 삼고자 설정하는 것으로 건물 높이 및 위치의 기준이 되는 표식이다.
※ 수직규준틀은 세로규준틀로서 벤치마크와는 전혀 관련이 없다.

9. 프리팩트 콘크리트 (Prepacked concrete)
① 굵은골재를 먼저 투입한 후에 골재와 골재 사이 빈 틈에 몰탈을 주입하여 만드는 콘크리트
② 재료의 분리와 수축이 적으며, 수중시공에도 유리하다.
※ Prepacked Concrete=Preplaced Concrete

10. 순공사비는 순공사원가(공사원가) 등으로 불리우며, 재료비, 노무비, 경비의 합산금액이다. 하자보증 보험금은 제외된다.

11. 이어치기 요령
보, 바닥판 : 스팬의 중앙부에서 수직으로 한다.
• 콘크리트 이어붓기 위치

개소	이음위치 방법
기둥	보, 바닥판 또는 기초의 윗면에서 수평으로 한다.
보, Slab	전단력이 가장 적은 Span의 1/2 부근에서 수직으로 하며 작은보가 있는 바닥판은 나비의 2배 떨어진 위치에서 직각으로 한다.
아치	아치축이 직각으로 한다.
벽	문틀, 끊기 좋고 이음자리 막이를 떼어내기 쉬운 곳에서 수직·수평으로 한다.
캔틸레버	이어붓지 않음을 원칙으로 한다.

해설 및 정답

12. 일반적으로 벽체타일을 먼저 시공하고 바닥타일을 나중에 시공한다.

13. 연면적(m²)당 먹매김 품
① 보통주택·은행 : 0.055~0.075(인)
② 학교·공장 : 0.024~0.041(인)
③ 사무소 : 0.041~0.058(인)

14. 턴키(Turn-Key)=일괄수주 방식=Package Contract
한 프로젝트의 토지조달, 기업, 금융, 설계, 시공, 기계기구설치, 시운전, 조업지도 등 주문자가 필요로 하는 모든 것을 조달하여 주문자에게 인도하는 방식이다.

15. 웰포인트 공법(Well Point)
(1) 사질지반의 대표적인 강제 배수 공법이다.
(2) 케이싱(라이저파이프)을 1~2m 간격으로 박아 6m 이내의 지하수를 펌프로 배수하는 공법이다.

16. 복층유리(Pair Glass)
2개의 판유리 중간에 건조공기를 봉입한 것. 단열, 방음, 결로방지용으로 우수하다. 12mm, 16mm, 18mm, 22~24mm가 있다.

17. ② : 부어넣기 속도가 빠르면 측압은 증가한다.
③ : 온도가 높으면 측압은 감소한다.
④ : 거푸집 강성이 크면 측압이 커진다.

18. ① Island cut : 중앙부 먼저 굴착 후 주변부 시공 완성
② Trench cut : 주변부 먼저 굴착 후 중앙부로 시공 완성

19. 알루미나 시멘트
① 응결, 경화가 가장 빠르다
② 내화성이 가장크다.
③ 초기강도가 크고, 해수에 대한 저항성도 고로시멘트 다음으로 우수하다.

※ 긴급공사, 동기공사, 해안공사, 내열콘크리트 등에 사용된다.

20. 안방수는 보호누름이 반드시 필요하다.

1. ④	2. ①	3. ①	4. ④	5. ①
6. ①	7. ①	8. ②	9. ①	10. ④
11. ③	12. ④	13. ③	14. ③	15. ②
16. ④	17. ①	18. ②	19. ②	20. ④

과년도출제문제 (CBT 시험문제)

24 건축산업기사 5.9 시행 출제문제

※ 본 기출문제는 수험자의 기억을 바탕으로 하여 복원한 문제이므로 실제 문제와 다를 수 있음을 미리 알려드립니다.

1. 프리캐스트 콘크리트 커튼월의 줄눈폭허용차는?
① ±1mm ② ±3mm
③ ±5mm ④ ±7mm

2. 가설원가의 구성체계에서 직접 공사비를 구성하는 주요요소가 가장 거리가 먼 것은?
① 자재비 ② 노무비
③ 경비   ④ 일반관리비

3. 콘크리트 이어붓기 방법에 대한 기술 중 옳지 않은 것은?
① 기둥은 바닥 및 기초의 상단에서 수평으로 한다.
② 캔틸레버로 내민보나 바닥판은 이음하지 않는다.
③ 보나 슬래브는 전단력이 가장 작은 보의 단부, 즉 기둥 옆에서 이음을 한다.
④ 아치(Arch)의 이음은 아치축에 직각으로 한다.

4. ALC(Autoclaved Lightweight Concrete)의 물리적 성질 중 틀린 것은?
① 기건비중은 보통콘크리트의 약 1/4 정도이다.
② 열전도율은 보통콘크리트와 유사하나 단열성은 우수하다.
③ 불연재인 동시에 내화재료이다.
④ 경량이어서 인력에 의한 취급이 용이하다.

5. 타일공사에 대한 설명 중 틀린 것은?
① 타일을 붙이는 모르타르에 시멘트 가루를 뿌려 접착력을 향상시킨다.
② 모르타르 바탕의 바름 두께가 10mm 이상일 경우에는 1회에 10mm 이하로 하여 나무흙손으로 눌러 바른다.
③ 치장줄눈의 폭이 5mm 이상일 때는 고무흙손으로 충분히 눌러 빈틈이 생기지 않게 시공한다.
④ 벽체타일이 시공되는 경우 바닥타일은 벽체타일을 먼저 붙인 후 시공한다.

6. 지반조사 방법에 관한 설명으로 옳지 않은 것은?
① 수세식 보링은 사칠층에 적당하며 끝에서 물을 뿜어내어 지층의 토질을 조사한다.
② 짚어보기방법은 얕은 지층을 파악하는데 이용된다.
③ 표준관입시험은 사질 지반보다 점토질 지반에 가장 유효한 방법이다.
④ 지내력시험의 재하판은 보통 원형의 것을 이용한다.

7. 다음 중 철골접합의 용접 종료 후에 실시하는 비파괴검사가 아닌 것은?
① 외관검사
② 침투탐상검사
③ 초음파탐상검사
④ 운봉검사

8. 목구조에 사용되는 보강철물과 사용개소의 조합으로 옳지 않은 것은?
① 안장쇠 – 큰보와 작은보
② ㄱ자쇠 – 평기둥과 층도리
③ 띠쇠 – 토대와 기둥
④ 감잡이쇠 – 왕대공과 평보

9. 커튼월 Mock-up Test에 있어 기본성능시험의 항목에 해당되지 않는 것은?
① 정압수밀시험 ② 구조시험
③ 기밀시험   ④ 방재시험

10. 재료의 수량 산출시 할증율이 가장 큰 것은?
① 이형철근 ② 자기타일
③ 붉은벽돌 ④ 단열재

11. 페인트칠의 경우 초벌과 재벌 등은 바를 때마다 그 색을 약간씩 다르게 하는 이유는?
① 희망하는 색을 얻기 위해서
② 색이 진하게 되는 것을 방지하기 위하여
③ 착색 안료를 낭비하지 않고 경제적으로 하기 위하여
④ 초벌, 재벌 등 페인트칠 횟수를 구별하기 위하여

12. 반복되는 작업을 수량적으로 도식화하는 공정관리 기법으로 아파트 및 오피스 건축에서 주로 활용되는 것을 무엇이라고 하는가?
① 횡선식 공정표(Bar Chart)
② 네트워크 공정표
③ PERT 공정표
④ LOB(Line of Balance)공정표

13. 건축물 높낮이의 기준이 되는 벤치마크(Bench Mark)에 관한 설명으로 옳지 않은 것은?
① 이동 또는 소멸우려가 없는 장소에 설치한다.
② 수직규준틀이라고도 한다.
③ 이동 중 훼손될 것을 고려하여 2개소 이상 설치한다.
④ 공사가 완료된 뒤라도 건축물의 침하, 경사 등의 확인을 위해 사용되기도 한다.

14. 각종 콘크리트에 관한 설명으로 옳지 않은 것은?
① 프리플레이스트 콘크리트(preplaced concrete)란 미리 거푸집 속에 특정한 입도를 가지는 굵은 골재를 채워 넣고, 그 간극에 모르타르를 주입하여 제조한 콘크리트이다.
② 숏크리트(shotcrete)는 콘크리트 자체의 밀도를 높이고 내구, 방수성을 높게 하여 물의 침투를 방지하도록 만든 콘크리트로서 수중구조물에 사용된다.
③ 고성능콘크리트는 고강도, 고유동 및 고내구성을 통칭하는 콘크리트의 명칭이다.
④ 소일 콘크리트(soil concrete)는 흙에 시멘트와 물을 혼합하여 만든다.

15. 다음 중 창호와 창호철물과의 조합을 나타낸 것으로 옳지 않은 것은?
① 미서기창 – 꽂이쇠
② 외여닫이창 – 경첩
③ 쌍여닫이창 – 오르내리 꽂이쇠
④ 회전창 – 레일, 바퀴

16. 건설공사에서 입찰과 계약에 관한 사항 중 옳지 않은 것은?
① 공개경쟁 입찰은 공사가 조잡해질 염려가 있다.
② 지명입찰은 시공상 신뢰성이 적다.
③ 지명입찰은 낙찰자가 소수로 한정되어 담합과 같은 폐해가 발생하기 쉽다.
④ 특명입찰은 단일 수급자를 선정하여 발주하는 것을 말한다.

17. 아스팔트 프라이머(Aaphalt primer)에 대한 설명으로 옳지 않은 것은?
① 아스팔트를 휘발성 용제로 녹인 흑갈색 액체이다.
② 아스팔트 방수공법에서 제일 먼저 시공되는 방수제이다.
③ 블로운아스팔트의 내열성, 내후성 등을 개량하기 위하여 식물섬유를 혼합하여 유동성을 부여한 것이다.
④ 콘크리트와 아스팔트 부착이 잘되게 하는 것이다.

18. 다음 미장재료 중 수경성이 아닌 것은?
① 시멘트 모르타르
② 경석고 플라스터
③ 돌로마이트 플라스터
④ 혼합석고 플라스터

19. 다음 중 콘크리트의 건조수축에 대한 설명으로 옳은 것은?

① 시멘트 성분 중 C_3A는 건조수축을 증가시킨다.
② 바다모래에 포함된 염분은 그 양이 많으면 건조수축을 감소시킨다.
③ AE제나 감수제는 단위수량을 감소시켜 건조수축을 증가시킨다.
④ 골재 중에 포함된 미립분이나 점토, 실트는 일반적으로 건조수축을 감소시킨다.

20. 건축공사 표준시방서에 기재하는 사항으로 부적당한 것은?

① 공법에 관한 사항
② 공정에 관한 사항
③ 재료에 관한 사항
④ 공사비에 관한 사항

해설 및 정답

1. ① 프리캐스트 커튼월의 줄눈폭 허용차 : ±5mm
② 금속재 커튼월의 줄눈폭 허용차 : ±3mm

2. 직접 공사비 항목
재료비, 자재비, 노무비, 외주비, 경비

3. 이어치기 요령
보, 바닥판 : 스팬의 중앙부에서 수직으로 한다.
• 콘크리트 이어붓기 위치

개소	이음위치 방법
기둥	보, 바닥판 또는 기초의 윗면에서 수평으로 한다.
보, Slab	전단력이 가장 적은 Span의 1/2 부근에서 수직으로 하며 작은보가 있는 바닥판은 나비의 2배 떨어진 위치에서 직각으로 한다.
아치	아치축이 직각으로 한다.
벽	문틀, 끊기 좋고 이음자리 막이를 떼어내기 쉬운 곳에서 수직·수평으로 한다.
캔틸레버	이어붓지 않음을 원칙으로 한다.

4. ALC는 열전도율이 보통콘크리트보다 매우 작아 단열성능이 보통콘크리트의 10배 정도이다.

5. 타일붙임 Mortar에 시멘트를 뿌리면 지나친 부배합으로 균열이나 타일의 박락이 발생된다.

6. 표준관입시험(SPT)은 점토지반보다는 사질지반을 판별하는데 더 유효한 방법이다.

7. • 비파괴 검사법은 ①, ②, ③항 이외에 방사선투과검사와 자기분말탐상법 등이 있다.
• ④항은 용접작업 중 실시하는 검사법이다.

8. ① 평기둥과 층도리(수평재)는 일자 띠쇠로 보강한다.
② 통재기둥과 층도리는 ㄱ자쇠로 보강한다.

9. 커튼월의 Mock-up Test 항목
① 예비시험 : 시험실시 여부 판단시험, 설계풍압의 50%를 가하는 내풍압시험실시
② 기밀시험 : 기밀성 및 공기누출량 측정시험
③ 정압수밀시험 : 누수시험
④ 동압수밀시험 : 맥동압에 의한 누수시험
⑤ 구조시험 : 내풍압시험 및 층간변위측정

10. 재료의 할증율
• ①, ②, ③는 3%
• ④는 10%

11. ① 다음 칠을 하였는지 안하였는지를 구별하기 위해서 초벌과 재벌 등을 바를 때마다 그 색을 약간씩 다르게 한다.
② 초벌은 정벌보다 엷은 색으로 칠하여 점차 정벌에 가까운 색으로 한다.

12. LOB(Line of Balance)기법의 특징
① 반복작업에서 각 작업조의 생산성을 유지시키면서 그 생산성을 기울기로 하는 직선이다.
② LOB도표의 세로축(y축)은 단위작업의 반복되는 수(층수)를 나타내고 가로축(x축)은 공사기간을 나타낸다.
③ 전체공사의 주공정선은 기울기가 작은 작업에 영향을 많이 받는다.

13. 벤치마크(Bench Mark)는 신축할 건축물의 높이의 기준을 삼고자 설정하는 것으로 건물 높이 및 위치의 기준이 되는 표식이다.
※ 수직규준틀은 세로규준틀로서 벤치마크와는 전혀 관련이 없다.

14. (1) 숏크리트는 몰탈을 압축공기로 분사하여 뿜어 붙이는 방식이다.
(2) ②번은 수밀 콘크리트에 대한 설명이다.

15. 미서기, 미닫이용 철물
레일, 문바퀴, 오목손걸이, 꽂이쇠, 크레센트
※ 여닫이 문의 창호철물
정첩, 후로어힌지(Floor-Hinge), 도어체크, 실린더 자물쇠(Pin tumbler lock), 피봇힌지(Pivot Hinge) 등

해설 및 정답

16. 지명경쟁입찰
① 3~7개 업체를 지명
② 담합 우려
③ 시공정밀도가 확보되어 시공상 신뢰성이 향상된다.

17. (1) 아스팔트 프라이머
묽은 휘발성 아스팔트 용액으로 콘크리트 모체에 침투성을 높여서 부착력을 강화시킨 것으로 부수적으로 방수 성능이 향상된다.
(2) 아스팔트 컴파운드
아스팔트 컴파운드는 블로운 아스팔트의 점착성, 내후성, 내산성능을 개선하고 탄성을 보강한 것으로 최우량품이다.(Brown Asphalt + 동 식물섬유 + 석분 등)

18.

기경성 재료	수경성 재료
① 진흙질	① 순석고
② 회반죽	② 혼합석고
③ 돌로마이트	③ 경석고
④ 아스팔트 Mortar	④ 시멘트 Mortar

19. ① : C_3A가 많으면 건조수축은 증가한다.
② : 염분이 증가되면 건조수축이 증가한다.
③ : AE제를 넣으면 단위수량이 감소되어 건조수축이 감소된다.
④ : 점토, 실트성분은 건조수축을 증가시킨다.

20. 공사비나 공사비 지불조건 등을 계약서에 기재된다.

1. ③	2. ④	3. ③	4. ②	5. ①
6. ③	7. ④	8. ②	9. ④	10. ④
11. ④	12. ④	13. ②	14. ②	15. ④
16. ②	17. ③	18. ③	19. ①	20. ④

과년도출제문제 (CBT 시험문제)

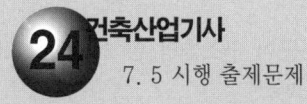
7. 5 시행 출제문제

※ 본 기출문제는 수험자의 기억을 바탕으로 하여 복원한 문제이므로 실제 문제와 다를 수 있음을 미리 알려드립니다.

1. 건설공사에서 입찰과 계약에 관한 사항 중 옳지 않은 것은?

① 공개경쟁 입찰은 공사가 조약해질 염려가 있다.
② 지명입찰은 시공상 신뢰성이 적다.
③ 지명입찰은 낙찰자가 소수로 한정되어 담합과 같은 폐해가 발생하기 쉽다.
④ 특명입찰은 단일 수급자를 선정하여 발주하는 것을 말한다.

2. 철골재의 수량산출에서 도면 정미수량에 가산할 할 증율로서 부적당한 것은?

① 고장력 볼트 : 3%
② 강판 : 10%
③ 봉강 : 3%
④ 소형형강 : 5%

3. 골재의 실적률에 관한 설명으로 옳지 않은 것은?

① 실적률은 골재 입형의 양부를 평가하는 지표이다.
② 부순 자갈의 실적률은 그 입형 때문에 강자갈의 실적률보다 적다.
③ 실적률 산정 시 골재의 밀도는 절대건조 상태의 밀도를 말한다.
④ 골재의 단위용적질량이 동일하면 골재의 밀도가 클수록 실적률도 크다.

4. 건축공사에서 언더 피닝(Under Pinning) 공법의 설명으로 옳은 것은?

① 용수량이 많은 깊은 기초 구축에 쓰이는 공법이다.
② 기존 건물의 기초 혹은 지정을 보강하는 공법이다.
③ 터파기 공법의 일종이다.
④ 일명 역구축 공법이라고도 한다.

5. 다음 항목 중 공사비 내역서를 작성할 때 순공사비 항목에 포함되지 않는 항목은?

① 직접노무비
② 간접재료비
③ 산업안전보건 관리비
④ 하자보증 보험금

6. 미장공사 중 시멘트 모르타르 바름에 관한 설명으로 옳지 않은 것은?

① 천장, 차양은 15mm 이하, 기타는 15mm 이상으로 한다.
② 바탕면을 거칠게 하여 모르타르 부착을 좋게 한다.
③ 콘크리트 바탕 또는 벽돌 및 블록 바탕에 직접 바르는 경우는 바탕표면을 물로 축이고, 산성용액으로 문지른 후 세척할 수도 있다.
④ 초벌바름 후 바로 이어서 재벌, 정벌을 시공한다.

7. 콘크리트 시공줄눈의 설치시 주의사항으로 틀린 것은?

① 시공줄눈의 설치위치는 압축력과 직각방향으로 한다.
② 타설이음면은 레이턴스나 취약한 콘크리트 등을 제거하여 일체가 되도록 한다.
③ 기둥은 기초판, 연결보 또는 바닥판 위에서 수평으로 한다.
④ 시공줄눈은 전단력이 최대인 곳에 설치한다.

8. 유리제품 중 사용성의 주목적이 단열성과 가장 거리가 먼 것은?

① 기포유리(foam glass)
② 유리섬유(glass fiber)
③ 프리즘 유리(prism glass)
④ 복층유리(pair glass)

9. 가구식 구조물의 횡력에 대한 보강법으로 가장 적합한 것은?

① 통재 기둥을 설치한다.
② 가새를 유효하게 많이 설치한다.
③ 샛기둥을 줄인다.
④ 부재의 단면을 작게 한다.

10. 건축공사 도급 방식에서 정액도급의 단점이 아닌 것은?

① 공사 중 설계변경을 할 경우 분쟁이 일어나기 쉽다.
② 입찰전에 도면, 시방서 작성에 시간이 걸린다.
③ 발주자와 수급자 사이에 공사의 질에 대한 이해가 서로 일치하지 않을 수 있다.
④ 공사완공시까지의 총공사비를 예측하기 어렵다.

11. 타일공사에 대한 설명 중 틀린 것은?

① 시공도의 내용과 관계없이 걸레받이 타일은 온장을 사용한다.
② 벽타일은 가운데를 중심으로 양쪽으로 타일나누기를 한다.
③ 타일 측면이 노출되는 모서리 부위는 코너타일을 사용하거나 모서리를 가공하여 측면이 직접 보이지 않게 한다.
④ 벽체타일이 시공되는 경우 바닥타일은 벽체타일보다 먼저 시공한다.

12. 기준점(bench mark)에 관한 설명 중 옳지 않은 것은?

① 신축할 건축물의 높이의 기준이 되는 주요 가설물이다.
② 건물의 각 부에서 헤아리기 좋은 1개소에 설치한다.
③ 바라보기 좋고 공사의 지장이 없는 곳에 설치한다.
④ 공사가 완료된 뒤라도 건축물의 침하, 경사 등을 확인하기 위하여 사용되는 수도 있다.

13. 콘크리트 제작시 부재의 길이 방향으로 인장 측에 미리 구멍을 뚫고, 콘크리트 경화 시 구멍에 강재를 삽입, 긴장, 정착 후 콘크리트를 제작하는 방식으로 올바른 것은?

① 현장제작 콘크리트
② 프리캐스트 콘크리트
③ 프리텐션 콘크리트
④ 포스트텐션 콘크리트

14. 품질관리 단계를 계획(Plan), 실시(Do), 검토(Check), 조치(Action)의 4단계로 구분할 때 계획(Plan)단계에서 수행하는 업무가 아닌 것은?

① 적정한 관리도 선정
② 작업표준 설정
③ 품질관리 대상 항목 결정
④ 시방에 의거 품질표준 설정

15. 합성수지, 아스팔트, 안료 등에 건성유나 용제를 첨가한 것으로, 붓칠이 가능하며 건조가 빠르고 광택, 작업성, 점착성 등이 좋아 주로 옥내 목부바탕의 투명마감도료로 사용되는 것은?

① 바니쉬
② 래커 에나멜
③ 합성수지 에멀젼도료
④ 광명단

16. 콘크리트구조에서 철근조립 간격과 배근기준으로 잘못된 내용은?

① 수직 및 수평철근의 간격은 벽두께의 3배 이하, 또한 450mm 이하로 하여야 한다.
② 지하실 외벽을 제외한 250mm 이상의 벽체는 철근을 양면에 배근하여야 한다.
③ 슬래브에서 휨 주철근의 간격은 슬래브 두께의 3배 이하로 하여야 한다.
④ 철근을 2단으로 배근하는 경우에는 상·하 철근을 어긋나게 배치하여 조립하여야 한다.

17. 철골 용접부의 불량을 나타내는 용어가 아닌 것은?

① 블로우홀(Blow hole)
② 위빙(Weaving)
③ 크랙(Crack)
④ 언더컷(Under cut)

18. 표준시방서에 따른 시멘트 액체방수층의 시공순서로 옳은 것은? (단, 바닥용의 경우)

① 방수시멘트 페이스트 1차 → 바탕면정리 및 물청소 → 방수액 침투 → 방수시멘트 페이스트 2차 → 방수 모르타르
② 바탕면정리 및 물청소 → 방수시멘트 페이스트 1차 → 방수액 침투 → 방수시멘트 페이스트 2차 → 방수 모르타르
③ 바탕면정리 및 물청소 → 방수액 침투 → 방수시멘트 페이스트 1차 → 방수시멘트 페이스트 2차 → 방수 모르타르
④ 바탕면정리 및 물청소 → 방수시멘트 페이스트 1차 → 방수 모르타르 → 방수시멘트 페이스트 2차 → 방수액 침투

19. 조적조 건물에서 벽량을 옳게 설명한 것은 어느 것인가?

① 벽면적의 총 합계(m²)를 벽두께 (cm)로 나눈 값을 말한다.
② 내력벽길이의 총 합계(cm)를 해당층의 바닥면적(m²)으로 나눈 값을 말한다.
③ 내력벽의 높이(m)를 벽두께 (cm)로 나눈 값을 말한다.
④ 벽면적의 총 합계(m²)를 내력벽의 높이(m)로 나눈 값을 말한다.

20. 다음 시멘트 중 혼합시멘트에 해당하지 않는 것은?

① 고로시멘트
② 포틀랜드포졸란시멘트
③ 플라이애시시멘트
④ 조강포틀랜드시멘트

해설 및 정답

1. 지명경쟁입찰
① 3~7개 업체를 지명
② 담합 우려
③ 시공정밀도가 확보되어 시공상 신뢰성이 향상된다.

2. 강재의 할증률

부재명	할증율
강 판	10%
대형형강	7%
고장력보울트	3%
리벳, 경량형강, 볼트, 소형형강, 강관, 봉강	5%

3. 골재의 밀도와 실적률은 무관하다.
(관련성이 없다.)

4. 언더피닝 공법
기존 건축물의 기초나 구조체를 보강하는 방법을 총칭하여 언더피닝 공법이라고 하며, 차단벽(이중벽)공법, 말뚝을 이용한 보강법, 기초를 삽입하는 직접지지법, Grouting 공법 등 다양한 방법들이 이용된다.

5. 순공사비는 순공사원가(공사원가) 등으로 불리우며, 재료비, 노무비, 경비의 합산금액이다. 하자보증 보험금은 제외된다.

6. 미장 초벌바름
미장초벌 후에는 2주 이상 충분히 기간을 두어 균열을 발생하게 하며 고름질 후 재벌하며 재벌이 반건조될 때 정벌바름을 한다.

7. (1) 시공줄눈은 구조물 강도상 영향이 적은 곳에 설치한다.
(2) 보의 이어붓기는 전단력이 가장 적은 스팬의 중앙부에서 수직으로 한다.

8. 프리즘 유리
지하실, 지붕 등의 채광용이다. 투과광선의 방향을 변화시키거나 집중확산시킬 목적으로 프리즘 이론을 응용해서 만든 각형, 원형, 특수형의 유리이다.
3~15mm두께, Deck Glass, Top Light, 포도유리라고도 한다.

9. ① 횡력(수평력)에 대한 보강재로 대표적인 것이 가새, 버팀대, 귀잡이 이다.
② 가새는 수평재와 수직재가 만나는 곳에 접합하게 되어 있으며 대각선으로 설치한다. (45°)

10. ① 정액도급은 계약시 총공사비를 확정하고 계약하는 것이므로 총공사비는 명확하다.
② 총공사비 예측이 어려운 경우 단가계약을 한다.

11. 일반적으로 벽체타일을 먼저 시공하고 바닥타일을 나중에 시공한다.

12. 기준점(Bench Mark)은 바라보기 좋은 곳에 적어도 2개소 이상 설치해 두어야 한다. (이동 등 훼손될 것을 고려)

13. 포스트텐션(post tensioning) 공법
콘크리트를 타설하기 전에 미리 관(쉬드)을 설치하고, 콘크리트를 타설하여 경화되면 PS강재를 삽입한 후 PS강재를 당겨서 인장력을 준 후 양쪽 단부의 정착장치에 고정시키면 그 반력으로 콘크리트에 강한 압축력이 전달되는 방식이다.

14. 품질 관리싸이클의 4단계

① 계획 (Plan)	제품규격, 작업표준, 생산계획
② 실시 (Do)	규격, 표준에 의한 작업실시
③ 검토 (Check)	검토, 계측, 측정(관리도 선정, 작성)
④ 조치 (Action)	검토결과에 따라 조치

해설 및 정답

15. 유성 바니쉬(Oil Varnish)의 원료, 특징
① 유용성수지+건성유+희석제+유성색올림(착색재 : Oil stain)
② 유성니스는 무색 또는 담갈색의 투명도료로서, 일반적으로 내후성이 작아서 외장에는 사용안하고 목재부의 내부 도장에 쓰인다.
③ 바니쉬는 유성바니쉬와 휘발성 바니쉬가 있다.
④ 래커(Lacquer)는 휘발성으로 붓칠시공이 불가능하여 뿜칠하여 시공한다.

16. 상하나 양면에 철근을 2단으로 배근하는 경우에는 벽체나 슬래브에 평행하게 상, 하단과 수평방향으로 서로 평행하게 배근하는 것이 원칙이다.

17. 용접용어
위빙, 위핑은 용접봉의 운행방법을 뜻하는 용어로써 용접불량과는 관계없는 용어이다.

18. 시방서 규정상의 시공순서
① 5층(바닥) : 바탕면 정리 및 물청소 – 방수시멘트 풀 1차 – 방수액 침투 – 방수시멘트 풀 2차 – 방수모르타르
② 4층(벽체 및 천장) : 방수면 정리 및 물청소 – 바탕접착제도표 – 방수시멘트 풀 – 방수모르타르
※ 시멘트풀=시멘트 페이스트

19. 벽량(cm/m^2) = $\dfrac{\text{내력벽길이의 합계(cm)}}{\text{바닥면적}(m^2)}$
※ 벽량 : 조적조에서 내력벽 길이의 합(cm)을 그 층의 바닥면적(m^2)으로 나눈 값
※ 벽량이 클수록 횡력에 저항하는 값이 크다.

20. Fly ash, 포졸란(Silica), 고로 Slag 등은 포졸란계통의 혼합시멘트이다.

1. ②	2. ③	3. ④	4. ②	5. ④
6. ④	7. ④	8. ③	9. ②	10. ④
11. ④	12. ②	13. ④	14. ①	15. ①
16. ④	17. ②	18. ②	19. ②	20. ④

과년도출제문제 (CBT 시험문제)

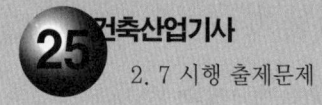

※ 본 기출문제는 수험자의 기억을 바탕으로 하여 복원한 문제이므로 실제 문제와 다를 수 있음을 미리 알려드립니다.

1. 건설현장에서 굳지 않은 콘크리트에 대해 실시하는 시험으로 옳지 않은 것은?

① 슬럼프(Slump) 시험
② 코어(Core) 시험
③ 염화물 시험
④ 공기량 시험

2. 창호철물 중 여닫이문에 사용하지 않는 것은?

① 도어 행거(Door Hanger)
② 도어 체크(Door Check)
③ 실린더 록(Cylinder Lock)
④ 플로어 힌지(Floor Hinge)

3. 63.5kg의 추를 76cm 높이에서 자유낙하시켜 30cm 관입하는데 필요한 타격횟수를 구하는 시험은?

① 전기탐사법
② 베인테스트(Vane test)
③ 표준관입시험(Standard penetration test)
④ 딘월샘플링(Thin wall sampling)

4. 벽돌쌓기 중 가장 튼튼한 쌓기법으로 한켜는 마구리쌓기 다음 켜는 길이쌓기로 하고 모서리나 벽끝에는 이오토막을 쓰는 쌓기 방법은?

① 영식쌓기
② 화란식쌓기
③ 불식쌓기
④ 미식쌓기

5. 굳지 않는 콘크리트 타설시 거푸집의 측압에 관한 설명 중 옳은 것은?

① 슬럼프가 클수록 측압은 크다.
② 부어넣기 속도가 빠를수록 측압은 작아진다.
③ 온도가 높을수록 측압은 커진다.
④ 거푸집의 강성이 작을수록 측압은 커진다.

6. 공사기간 단축기법의 일종으로써 주공정상의 소요작업 중 비용구배(Cost Slope)가 가장 작은 요소작업부터 단위시간씩 단축해 가는 방법은?

① CP
② PERT
③ CPM
④ MCX

7. 미장공사 중 시멘트 모르타르 바름에 관한 설명으로 옳지 않은 것은?

① 천장, 차양은 15mm 이하, 기타는 15mm 이상으로 한다.
② 바탕면을 거칠게 하여 모르타르 부착을 좋게 한다.
③ 콘크리트 바탕 또는 벽돌 및 블록 바탕에 직접 바르는 경우는 바탕표면을 물로 축이고, 산성용액으로 문지른 후 세척할 수도 있다.
④ 초벌바름 후 바로 이어서 재벌, 정벌을 시공한다.

8. 철근 콘크리트용 골재의 성질에 관한 다음 기술 중 틀린 것은?

① 골재의 단위 용적 중량은 입도가 클수록 크다.
② 골재의 강도는 경화 시멘트페이스트의 강도 이상이어야 한다.
③ 입도는 조립에서 세립까지 균등히 혼합되게 한다.
④ 콘크리트용 잔골재는 계량 방법에 의한 용적의 변화는 거의 없다.

9. 페인트 도장에 있어서 건조제를 지나치게 많이 넣었을 때의 정벌칠 결과에 대한 기술 중 옳은 것은?

① 도막에 균열이 생긴다.
② 광택이 생긴다.
③ 내구력이 증대한다.
④ 접착력이 증가한다.

10. 하도급업체의 보호육성차원에서 입찰자에게 하도급자의 계약서를 입찰서에 첨부하도록 하여 하도급의 계열화를 유도하는 입찰방식은?

① 부대입찰
② 대안입찰
③ 내역입찰
④ 사전자격심사(PQ)

11. 금속의 방식방법에 관한 설명으로 옳지 않은 것은?

① 큰 변형을 준 것은 가능한 풀림하여 사용한다.
② 도료 또는 내식성이 큰 금속을 사용하여 수밀성 보호피막을 만든다.
③ 부분적으로 녹이 발생하면 녹이 최대로 발생할 때까지 기다린 후에 한꺼번에 제거한다.
④ 표면을 평활, 청결하게 하고 가능한 한 건조한 상태로 유지한다.

12. 다음 중 환경문제에 부응하기 위한 콘크리트와 관련이 없는 것은?

① 순환골재 콘크리트
② 수질정화 콘크리트
③ 폴리머 콘크리트
④ 식생 콘크리트

13. 철골재의 수량산출에서 도면 정미수량에 가산할 할증율로서 부적당한 것은?

① 고장력 볼트 : 3%
② 강판 : 10%
③ 봉강 : 3%
④ 소형형강 : 5%

14. 다음 중 서로 관계가 없는 것끼리 짝지어진 것은?

① 토털 스테이션(total station) – 부지측량
② 가이데릭(guy derrick) – 철골공사
③ 펌프카 – 콘크리트공사
④ 바이브레이터(vibrator) – 목공사

15. 건축공사 도급 방식에서 정액도급의 단점이 아닌 것은?

① 공사 중 설계변경을 할 경우 분쟁이 일어나기 쉽다.
② 입찰전에 도면, 시방서 작성에 시간이 걸린다.
③ 발주자와 수급자 사이에 공사의 질에 대한 이해가 서로 일치하지 않을 수 있다.
④ 공사완공시까지의 총공사비를 예측하기 어렵다.

16. 다음 중 아스팔트 품질 시험의 항목과 가장 거리가 먼 것은?

① 감온비
② 침입도
③ 연경도 시험
④ 신도 및 연화점

17. 목구조에 사용되는 보강철물과 사용개소의 조합으로 옳지 않은 것은?

① 안장쇠 – 큰보와 작은보
② ㄱ자쇠 – 평기둥과 층도리
③ 띠쇠 – 토대와 기둥
④ 감잡이쇠 – 왕대공과 평보

18. 각종 콘크리트에 관한 설명으로 옳지 않은 것은?

① 프리플레이스트 콘크리트(preplaced concrete)란 미리 거푸집 속에 특정한 입도를 가지는 굵은 골재를 채워 놓고, 그 간극에 모르타르를 주입하여 제조한 콘크리트이다.
② 숏크리트(shotcrete)는 콘크리트 자체의 밀도를 높이고 내구성, 방수성을 높게 하여 물의 침투를 방지하도록 만든 콘크리트로서 수중구조물에 사용된다.
③ 고성능콘크리트는 고강도, 고유동 및 고내구성을 통칭하는 콘크리트의 명칭이다.
④ 소일 콘크리트(soil concrete)는 흙에 시멘트와 물을 혼합하여 만든다.

19. 다음 각 유리의 특징에 대한 설명으로 옳지 않은 것은?

① 망입유리는 판유리 가운데에 금속망을 넣어 압착 성형한 유리로 방화 및 방재용으로 사용된다.
② 강화유리는 후판유리를 약 500~600 로 가열한 후 급속히 냉각 강화하여 만든 유리로 선박, 차량, 출입구 등에 사용된다.
③ 접합유리는 2장 또는 그 이상의 판유리에 특수 필름을 삽입하여 접착시킨 안전유리로서 파손되어도 파편이 발생하지 않는다.
④ 복층유리는 2~3장의 판유리를 밀착하여 만든 유리로서 단열, 방서, 방음용으로 사용된다.

20. 지반개량공법 중 다짐법이 아닌 것은?

① 바이브로 플로테이션 공법
② 바이브로 컴포저 공법
③ 샌드 드레인 공법
④ 샌드 컴팩션 파일 공법

해설 및 정답

1. ② 압축강도시험, Core 시험은 굳은 콘크리트의 시험이다.

2. 도어행거는 여닫이 창호철물이 아니라 미닫이, 미서기문의 창호철물이다.

4. 벽돌쌓기 형식
① 영국식 쌓기 : 한켜는 마구리쌓기 다음켜는 길이쌓기로 하고 모서리나 벽끝에는 이오토막을 쓴다. 벽돌쌓기 중 가장 튼튼한 쌓기법이다.
② 네덜란드식 쌓기(화란식) : 영식쌓기와 거의 같고 모서리 끝에는 칠오토막을 쓴다.

5. ② : 부어넣기 속도가 빠르면 측압은 증가한다.
③ : 온도가 높으면 측압은 감소한다.
④ : 거푸집 강성이 크면 측압이 커진다.

6. MCX이론 : 최소비용 공기단축 기법 순서
① CP : 주공정선을 구한다.
※ 주공정상의 작업을 선택한다.
② 비용구배를 구한다.
※ 비용구배가 최소인 작업을 단축한다.
③ 단축 가능 한계까지 단축한다.
④ CP에서 공기를 단축하되 CP가 아닌 Sub-CP가 CP가 될 때까지 단축한다.
⑤ CP와 Sub-CP를 동시에 단축한다.
※ 위 과정을 반복한다.

7. 미장 초벌바름
미장초벌 후에는 2주 이상 충분히 기간을 두어 균열을 발생하게 하며 고름질 후 재벌하며 재벌이 반건조될 때 정벌바름을 한다.

8. ① 완전 침수 또는 완전 건조 상태의 모래에 있어서는 계량 방법에 의한 용적의 변화는 거의 없다.
② 모래의 함수율이 10%(8~12%) 정도 되면, 모래의 체적은 가장 커지고 중량은 가장 가벼워진다. (모래의 체적 팽창현상)
※ 따라서 모래는 함수율에 따른 체적과 중량 변화가 크다.

9. 건조제(Dryer)
지나치게 많이 넣으면 광택이 감소하고 피막이 약해져서 도막에 균열이 발생한다.
※ 건조제는 하절기보다는 동절기에 많이 사용한다.

10. 발주자가 입찰자로 하여금 입찰내역서 상에 동 입찰금액을 구성하는 공사 중 하도급할 공종, 하도급 금액, 하도급 예정자 등 하도급에 관한 사항을 기재하여 입찰서와 함께 제출하도록 하는 제도이다.

11. 금속재료에 부분적으로 녹이 발생하면 가능한 빨리 제거를 하는 것이 원칙이다.

12. 폴리머 콘크리트는 친환경 콘크리트와는 관련이 없다.

13. 강재의 할증률

부재명	할증율
강판	10%
대형형강	7%
고장력보울트	3%
리벳, 경량형강, 볼트 소형형강, 강관, 봉강	5%

14. 바이브레이터(vibrator)는 콘크리트 다짐용 기구다.

15. ① 정액도급은 계약시 총공사비를 확정하고 계약하는 것이므로 총공사비는 명확하다.
② 총공사비 예측이 어려운 경우 단가계약을 한다.

해설 및 정답

16. 아스팔트 품질 시험 항목
①, ②, ④항 이외에 감온비, 비중, 인화점, 가열감량, 고정탄소함유량, 이황화탄소 가용분 시험을 행한다.
※ 연경도 시험은 점토의 토질시험이다.

17. ① 평기둥과 층도리(수평재)는 일자 띠쇠로 보강한다.
② 통재기둥과 층도리는 ㄱ자쇠로 보강한다.

18. (1) 숏크리트는 몰탈을 압축공기로 분사하여 뿜어 붙이는 방식이다.
(2) ②번은 수밀 콘크리트에 대한 설명이다.

19. 복층유리(Pair Glass)
2개의 판유리 중간에 건조공기를 봉입한 것. 단열, 방음, 결로방지용으로 우수하다. 12mm, 16mm, 18mm, 22~24mm가 있다.

20. 지반개량공법 중 사질지반의 다짐공법 종류
① 다짐말뚝공법
② Vibro Floatation 공법
③ 다짐모래말뚝공법(Sand Compozer 공법)
④ 폭파다짐법
⑤ 동다짐법(동압밀공법)

1. ②	2. ①	3. ③	4. ①	5. ①
6. ④	7. ④	8. ④	9. ①	10. ①
11. ③	12. ③	13. ③	14. ④	15. ④
16. ③	17. ②	18. ②	19. ④	20. ③

과년도출제문제 (CBT 시험문제)

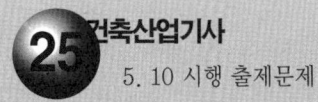
5. 10 시행 출제문제

※ 본 기출문제는 수험자의 기억을 바탕으로 하여 복원한 문제이므로 실제 문제와 다를 수 있음을 미리 알려드립니다.

1. 문은 닫은 후 150mm 정도 열려지는 것으로써 공중용 변소, 전화실 출입문에 가장 적당한 철물은?

① 자유정첩
② 피벗 힌지(pivot hinge)
③ 래버토리 힌지(lavatory hinge)
④ 플로어 힌지(floor hinge)

2. 공사를 빨리 착공할 수 있어서 긴급공사나 설계변경으로 수량변동이 심할 경우에 많이 채택되는 도급방식은 어느 것인가?

① 단가도급
② 정액도급
③ 분할도급
④ 실비청산보수가산도급

3. 방수공사용 아스팔트의 표준 용융온도가 틀린 내용은 어느 것인가?

① 1종 : 220~230℃
② 2종 : 240~250℃
③ 4종 : 320~360℃
④ 3종 : 260~270℃

4. 재료의 수량 산출 시 할증율이 가장 큰 것은?

① 이형철근
② 자기타일
③ 붉은벽돌
④ 단열재

5. 건축주 자신이 특정의 단일 상대를 선정하여 발주하는 입찰방식으로서 특수공사나 기밀보장이 필요한 경우에 주로 채택되는 것은?

① 특명입찰
② 공개경쟁입찰
③ 지명경쟁입찰
④ 제한경쟁입찰

6. 어스앵커공법을 시행할 때 사전에 검토할 항목으로 가장 관련이 없는 것은 어느 것인가?

① 지하수위
② 투수계수
③ 기존 매립물의 조사
④ 수직도

7. 도장공사에서 표면의 요철이나 홈, 빈틈을 없애기 위하여 주로 점도가 높은 퍼티나 충전제를 메우고 여분의 도료는 긁어 평활하게 하는 도장방법은?

① 붓도장
② 주걱도장
③ 정전분체도장
④ 롤러도장

8. 실리카 흄 시멘트(silica fume cement)의 특징으로 옳지 않은 것은?

① 시공연도 개선효과가 있다.
② 화학적 저항성 증진효과가 있다.
③ 초기강도는 크나, 장기강도는 감소한다.
④ 재료분리 및 블리딩이 감소된다.

9. 다음 중 타일에 대한 설명으로 옳지 않은 것은?

① 도기질 타일은 내구성 내수성이 강하여 옥외나 물기가 있는 곳에 주로 사용된다.
② 자기질 타일은 용도상 내 외장 및 바닥용으로 사용되며 소성온도는 1,300~1,400℃ 이다.
③ 자기질 타일 등 상등급의 타일은 흡수율이 작고, 두드리면 금속성이 청음이 난다.
④ 초벌구이를 하고 유약을 바르고 다시한번 구워낸 시유타일은 무색투명하고 광택이 있다.

10. 가구식 구조물의 횡력에 대한 보강법으로 가장 적합한 것은?

① 통재 기둥을 설치한다.
② 가새를 유효하게 많이 설치한다.
③ 셋기둥을 줄인다.
④ 부재의 단면을 작게 한다.

11. ALC(Autoclaved Lightweight Concrete)의 물리적 성질 중 틀린 것은?

① 기건비중은 보통콘크리트의 약 1/4 정도이다.
② 열전도율은 보통콘크리트와 유사하나 단열성은 우수하다.
③ 불연재인 동시에 내화재료이다.
④ 경량이어서 인력에 의한 취급이 용이하다.

12. 시멘트 900포대 정도를 저장하여야 하는 공사 현장에서 필요한 시멘트 창고의 면적으로 적당한 것은? (단, 쌓기 단수는 12포대로 하며, 시멘트 전량을 저장하는 것으로 한다.)

① $10m^2$ ② $20m^2$
③ $30m^2$ ④ $60m^2$

13. 조골재를 먼저 투입한 후에 골재와 골재 사이 빈틈에 시멘트 몰탈을 주입하여 제작하는 방식의 콘크리트는?

① 프리플레이스트 콘크리트(Preplaced concrete)
② 배큠 콘크리트(Vaccum concrete)
③ 수밀 콘크리트(Water tight concrete)
④ AE 콘크리트(Air entrained concrete)

14. 말뚝의 지지력을 확인하는데 가장 신뢰성이 있는 시험방법은?

① 표준관입시험
② 정량분석시험
③ 재하시험
④ 소성한계시험

15. 철골 용접부의 불량을 나타내는 용어가 아닌 것은?

① 블로우홀(Blow hole)
② 위빙(Weaving)
③ 크랙(Crack)
④ 언더컷(Under cut)

16. 다음 철물 중 팽창줄눈 보호용으로 사용되는 철물은 어느 것인가?

① 코너비이드(corner bead)
② 미끄럼막이(non-slip)
③ 줄눈대(joiner)
④ 펀칭 메탈(punching metal)

17. 거푸집의 간격을 바르게 유지하고 변형을 막아주며, 측벽 두께를 유지하기 위하여 설치하는 거푸집 부속재료는 어느 것인가?

① 세퍼레이터(Separator)
② 인서어트(Insert)
③ 박리제(Form Oil)
④ 스페이서(Spacer)

18. 고층 건물 외벽공사 시 적용되는 커튼월 공법의 특징이 아닌 것은?

① 내력벽으로서의 역할
② 외벽의 경량화
③ 가설공사의 절감
④ 품질의 안정화

19. 미장재료 중 수경성 재료인 것은?

① 진흙
② 회반죽
③ 돌로마이트 플라스터
④ 시멘트 몰탈

20. 콘크리트 시공줄눈의 설치시 주의사항으로 틀린 것은?

① 시공줄눈의 설치위치는 압축력과 직각방향으로 한다.
② 타설이음면은 레이턴스나 취약한 콘크리트 등을 제거하여 일체가 되도록 한다.
③ 기둥은 기초판, 연결보 또는 바닥판 위에서 수평으로 한다.
④ 시공줄눈은 전단력이 최대인 곳에 설치한다.

해설 및 정답

1. 레버토리 힌지
  공중전화 Box, 공중변소에 사용, 15cm정도 열려진 것이다.

2. 단가 도급
  ① 단위공사 부분에 대한 단가만을 확정하고 공사 완료시실시 수량의 확정에 따라 확인 청산하는 방식
  ② 단가계약은 긴급공사나 설계변경, 물량변동이 많을 것으로 예상되는 공사에 채택된다.

3. 방수공사용 아스팔트의 종별 용융온도

종 류[1]	온도(°C)
1종	220~230
2종	240~250
3종	260~270
4종	260~270

(주) 1) : KS F 4052의 종류

4. 재료의 할증율
  • ①, ②, ③는 3%
  • ④는 10%

5. 특명입찰
  ① 1명을 지명하여 협의에 의해 계약을 체결하는 것이다. 수의계약이라고도 한다.
  ② 특수공사나 기밀유지가 필요한 경우에 채택이 된다.

6. 어스앵커 공법의 사전 검토사항
  ① 보링(시추) 보고서에서 지하수위와 토질에 따른 투수계수를 확인하여야 한다.
  ② 주상도에서 토질의 종류, 두께, 원위치 시험 결과를 확인해야 한다.
  ③ 흙막이 뒷면을 굴착해서 앵커체를 시공하므로 주변 구조체와 지중 매립물을 사전에 조사해야 한다.
  ※ 어스앵커 공법은 경사면보강, 흙막이 용도, 구조체 보강 등에 사용되므로 수직도를 검토할 필요는 없다.

7. (1) 주걱도장(일명. 헤라도장)
  표면의 요철이나 빈틈을 없애기 위해 주로 점도가 높은 퍼티나 충전재를 사용한다.
  ※ 붓이나 롤러도장전 바탕처리에도 이용된다.
  (2) 정전분체도장
  고전압하에서 음극의 분체도료를 양극의 물체에 분사하여 부착시키고 고열로 가열, 용융, 경화시키는 방법이다.
  ※ 액체 페인트보다 내식성, 접착성 내구성이 우수하다. 전기, 전자시계, 자전거 등의 도장에 사용된다.

8. 실리카 흄(Silica Fume)의 특징
  ① 초기강도와 장기강도 모두 크다.
  ② 첨가율에 따라서 성질이 다르다.
  ③ 기타성질은 포졸란과 Fly ash와 유사하여 ①, ②, ④ 항목과 같은 특징이 있다.

9. 타일제품의 특징, 용도
  ① 도기질 타일은 실내에서 사용(흡수율이 자기질보다 크다)
  ② 자기질 타일 : 흡수율이 작아서 실외 타일, 외벽체에 주로 사용함

10. ① 횡력(수평력)에 대한 보강재로 대표적인 것이 가새, 버팀대, 귀잡이 이다.
  ② 가새는 수평재와 수직재가 만나는 곳에 접합하게 되어 있으며 대각선으로 설치한다. (45°)

11. ALC는 열전도율이 보통콘크리트 보다 매우 작아 단열성능이 보통 콘크리트의 10배 정도이다.

12. 시멘트창고 면적 $= \dfrac{\text{저장포대수}}{\text{쌓기단수}} \times 0.4$
  $\dfrac{900}{12} \times 0.4 = 30m^2$

13. 프리팩트 콘크리트 (Prepacked concrete)
  ① 굵은골재를 먼저 투입한 후에 골재와 골재 사이 빈틈에 몰탈을 주입하여 만드는 콘크리트

해설 및 정답

② 재료의 분리와 수축이 적으며, 수중시공에도 유리하다.

※ Prepacked Concrete=Preplaced Concrete

14. 재하시험

직접하중을 가하여 지지력을 확인하는 시험으로 가장 정확하다. 재하시험에는 지내력시험과 말뚝의 재하시험이 있다.

※ 지지말뚝과 마찰말뚝에 공통으로 사용할 수 있다.

15. 용접용어

위빙, 위핑은 용접봉의 운행방법을 뜻하는 용어로써 용접불량과는 관계없는 용어이다.

16. 벽, 천장, 바닥용 줄눈대(Joiner)

① 철판제, 경금속재, 황동제의 얇은 판을 프레스한 길이 1.8m 정도의 줄눈가림재로, 이질재와의 접촉부에 사용한다.

② 벽, 천장, 바닥의 줄눈을 감추거나 보호하는 용도로 사용된다.

17. 격리재(Separater)

거푸집 상호간의 간격을 유지, 변형방지, 측벽 두께를 유지하기 위한 것이다.

18. 커튼월 공법은 기본적으로 비내력벽 공법이다.

19. 수경성과 기경성 미장재료

기경성 재료	수경성 재료
① 진흙질	① 순석고
② 회반죽	② 혼합석고
③ 돌로마이트	③ 경석고
④ 아스팔트 Mortar	④ 시멘트 Mortar

20. (1) 시공줄눈은 구조물 강도상 영향이 적은 곳에 설치한다.

(2) 보의 이어붓기는 전단력이 가장 적은 스팬의 중앙부에서 수직으로 한다.

1. ③	2. ①	3. ③	4. ④	5. ①
6. ④	7. ②	8. ③	9. ①	10. ②
11. ②	12. ③	13. ①	14. ③	15. ②
16. ③	17. ①	18. ①	19. ④	20. ④

과년도출제문제 (CBT 시험문제)

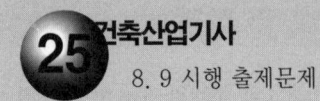

※ 본 기출문제는 수험자의 기억을 바탕으로 하여 복원한 문제이므로 실제 문제와 다를 수 있음을 미리 알려드립니다.

1. 공사의 도급자가 설계·시공을 일괄적으로 계약하는 방식으로서 패키지방식(Package Contract)이라고도 불리우는 방식은?
① 총액계약 방식
② 공동도급 방식
③ 턴키계약 방식
④ 실비정산보수가산 방식

2. 벽돌쌓기 중 가장 튼튼한 쌓기법으로 한켜는 마구리쌓기 다음 켜는 길이쌓기로 하고 모서리나 벽끝에는 이오토막을 쓰는 쌓기 방법은?
① 영식쌓기   ② 화란식쌓기
③ 불식쌓기   ④ 미식쌓기

3. 유리공사에서 유리를 부착하는 재료로써 가장 올바른 것은?
① 인서트
② 스페이서
③ 코너비드
④ 탄성 시일링재

4. 다음 중 수량 산출시의 할증율로 맞는 것은?
① 이형철근 : 3%
② 원형철근 : 7%
③ 대형형강 : 5%
④ 강판 : 5%

5. 토공사에서 흙의 토압을 버티기 위한 흙막이 공법과 관련이 없는 것은?
① 수평 버팀대식 공법
② 경사 버팀대식 공법
③ 케이싱(Casing) 공법
④ 어스앵커 공법

6. 무량판구조 또는 평판구조에서 특수상자 모양의 기성재 거푸집을 무엇이라 하는가?
① 클라이밍폼(Climbing Form)
② 터널폼(Tunnel Form)
③ 와플폼(Waffle Form)
④ 메탈폼(Metal Form)

7. 합성수지, 아스팔트, 안료 등에 건성유나 용제를 첨가한 것으로, 붓칠이 가능하며 건조가 빠르고 광택, 작업성, 점착성 등이 좋아 주로 옥내 목부바탕의 투명마감도료로 사용되는 것은?
① 바니쉬
② 래커 에나멜
③ 합성수지 에멀젼도료
④ 광명단

8. 타일공사에 대한 설명 중 틀린 것은?
① 시공도의 내용과 관계없이 걸레받이 타일은 온장을 사용한다.
② 벽타일은 가운데를 중심으로 양쪽으로 타일나누기를 한다.
③ 타일 측면이 노출되는 모서리 부위는 코너타일을 사용하거나 모서리를 가공하여 측면이 직접 보이지 않게 한다.
④ 벽체타일이 시공되는 경우 바닥타일은 벽체타일보다 먼저 시공한다.

9. 지명경쟁 입찰제도를 택하는 가장 중요한 목적은?
① 공사비를 저렴하게 하기 위하여
② 공기를 단축시키기 위하여
③ 양질의 시공결과를 얻음
④ 예산범위 내에서 완성시키기 위해서

10. 콘크리트에 AE제를 사용하는 주목적은?
① 워커빌리티 향상
② 수밀성을 작게 한다.
③ 강도를 증가시킨다.
④ 철근과의 부착강도 증진

11. 시공줄눈 설치이유 및 설치위치로 잘못된 것은?
① 시공줄눈의 설치 이유는 거푸집의 반복사용이다.
② 시공줄눈의 설치위치는 이음길이가 최대인 곳에 둔다.
③ 시공줄눈의 설치위치는 구조물 강도상 영향이 적은 곳에 설치한다.
④ 시공줄눈의 설치위치는 압축력과 직각방향으로 한다.

12. 다음 항목 중 미장철물과 관련된 것은?
① Metal Form
② Tunnel Form
③ Anchor Bolt
④ Corner Bead

13. 벽돌 벽체에 생기는 백화현상을 방지하기 위한 조치로 적당하지 않은 것은?
① 차양 등의 돌출물에 빗물막이를 잘한다.
② 벽돌면에서 실리콘을 뿜칠한다.
③ 줄눈을 충분히 사춤하고 줄눈 몰탈에 방수제를 넣는다.
④ 줄눈 몰탈에 석회를 혼합하여 우수의 침입을 방지한다.

14. 토사를 파내는 형식으로 지하연속벽과 같이 좁은 곳의 수직굴착 등에 적합한 건설기계는?
① 파워 쇼벨(Power Shovel)
② 드래그라인(Drag Line)
③ 백 호우(Back Hoe)
④ 클램 셸(Clam Shell)

15. 시멘트 보관창고에 대한 설명으로 옳지 않은 것은?
① 주위에 배수도랑을 두고 우수의 침투를 방지한다.
② 바닥 높이는 지면으로부터 30m 이상으로 한다.
③ 공기의 유통을 원활히 하기 위해 개구부를 크게 하는 것이 좋다.
④ 시멘트의 높이 쌓기는 13포대를 한도로 한다.

16. 반복되는 작업을 수량적으로 도식화하는 공정관리 기법으로 아파트 및 오피스 건축에서 주로 활용되는 것을 무엇이라고 하는가?
① 횡선식 공정표(Bar Chart)
② 네트워크 공정표
③ PERT 공정표
④ LOB(Line of Balance) 공정표

17. 시멘트의 응결에 대한 설명으로 옳지 않은 것은?
① 분말도가 큰 시멘트는 비표면적이 증대된다.
② 물시멘트비(W/C)가 낮을수록 응결 속도가 느리다.
③ 시멘트가 풍화되면 응결 속도가 늦어진다.
④ 분말도가 큰 시멘트는 블리딩을 감소시킨다.

18. 콘크리트의 반죽질기를 측정하는 시험에 관한 내용 중 틀린 것은?
① 비비시험은 슬럼프가 150mm 이상의 묽은 비빔 콘크리트에서 적용한다.
② 플로우시험은 콘크리트에 상하운동을 주어 콘크리트가 흘러 퍼지는 데에 따라 변형저항을 측정한다.
③ 리몰딩 시험은 슬럼프 몰드 속에 콘크리트를 채우고 완판을 콘크리트 면에 얹어 놓고 약 6mm의 상하 운동을 주어 콘크리트의 표면이 내외가 동일한 높이가 될 때까지의 낙하 횟수로서 반죽질기를 나타낸다.
④ 구관입 시험은 반구를 콘크리트 표면에 놓았을 때 구의 자중에 의하여 구가 콘크리트 속으로 가라앉는 관입 깊이를 측정하는 시험 방법이다.

19. 다음 항목 중 공사비 내역서를 작성할 때 순공사비 항목에 포함되지 않는 항목은?

① 직접노무비
② 간접재료비
③ 산업안전보건 관리비
④ 하자보증 보험금

20. 콘크리트를 혼합할 때 염화 마그네슘($MgCl_2$)을 혼합하는 이유는?

① 얼지 않게 하기 위함이다.
② 강도를 증가하기 위함이다.
③ 방수성을 증가하기 위함이다.
④ 콘크리트의 비빔조건을 좋게 하기 위함이다.

해설 및 정답

1. 턴키(Turn-Key) = 일괄수주 방식 = Package Contract
   한 프로젝트의 토지조달, 기업, 금융, 설계, 시공, 기계기구설치, 시운전, 조업지도 등 주문자가 필요로 하는 모든 것을 조달하여 주문자에게 인도하는 방식이다.

2. 벽돌쌓기 형식
   ① 영국식 쌓기 : 한켜는 마구리 쌓기 다음켜는 길이쌓기로 하고 모서리나 벽끝에는 이오토막을 쓴다. 벽돌쌓기 중 가장 튼튼한 쌓기법이다.
   ② 네덜란드식 쌓기(화란식) : 영식쌓기와 거의 같고 모서리 끝에는 칠오토막을 쓴다.

3. 탄성실런트(Elastic Sealant) = 탄성시일링재
   ① 고점성 Paste가 시간 경과 후 고무형체가 되는 특성이 있다.
   ② 유리공사의 충전재나 접착제로 사용된다.
   ③ 고성능, 구조용 탄성 시일링재도 사용된다.

4. 할증율
   ② : 원형철근 : 5%
   ③ : 대형형강 : 7%
   ④ : 강판 : 10%

5. 케이싱 공법은 베노토 공법 등 현장타설 대규모 파일이나 말뚝시공시 활용되는 공법으로 흙막이 공법과는 관련이 없다.

6. 워플 거푸집
   60~90cm의 특수상자 모양으로된 거푸집으로 무량판 구조 또는 평판구조라 한다. 슬라브의 대 스팬(span)화와 층높이를 낮게 할 수 있으며 격자형 보와 슬라브의 거푸집이 동시에 완성된다.

7. 유성 바니쉬(Oil Varnish)의 원료, 특징
   ① 유용성수지+건성유+희석제+유성색올림(착색재 : Oil stain)
   ② 유성니스는 무색 또는 담갈색의 투명도료로서, 일반적으로 내후성이 작아서 외장에는 사용안하고 목재부의 내부 도장에 쓰인다.
   ③ 바니쉬는 유성바니쉬와 휘발성 바니쉬가 있다.
   ④ 래커(Lacquer)는 휘발성으로 붓칠시공이 불가능하여 뿜칠하여 시공한다.

8. 일반적으로 벽체타일을 먼저 시공하고 바닥타일을 나중에 시공한다.

9. 지명경쟁입찰
   부적당한 업체를 사전에 제거하여 양질의 시공결과를 기대하기 위함이다.
   ※ 단점 : 담합의 우려

10. AE제의 특징
    ① 동결융해에 대한 저항성이 증진된다. (내구성향상)
    ② 시공연도 증진효과
    ③ 단위수량 감소효과(수밀성향상)
    ※ 물시멘트비 감소효과
    ④ 재료분리, 블리딩 감소
    ⑤ 콘크리트 경화에 따른 발열량 감소
    ⑥ 철근과의 부착강도는 다소 감소, 과다 사용 시 압축강도 저하

11. 시공줄눈 설치 시 이음길이가 최소가 되도록 설치하는 것이 좋다.

12. 코너비드는 기둥과 벽 등의 모서리에 설치하여 미장면을 보호하는 철물이다.

13. 백화현상은 석회 때문에 발생하므로 석회를 증가시키면 안된다.

14. ① 기계가 서 있는 위치보다 높은 흙의 굴착에 알맞은 유일한 기계가 파워 쇼벨이다.
    ② 지하 연속벽 같은 좁은 곳의 수직 굴착이나 수중굴착, 케이슨 내의 굴착에는 클램셀이 사용된다.

해설 및 정답

15. 시멘트 창고 설치 시 주의사항
   ① 지면에서 30cm 이상 바닥을 띄우고 방습 처리한다.
   ② 필요한 출입구, 채광창 외에는 공기의 유통을 막기 위해 될 수 있는 대로 개구부를 설치하지 않는다. (풍화방지)
   ③ 시멘트는 반입한 순서대로 먼저 것부터 모조리 내어 쓰도록 쌓아 두어야 한다.
   ④ 최고 쌓기 높이 : 13포대 이하

16. LOB(Line Of Balance)기법의 특징
   ① 반복작업에서 각 작업조의 생산성을 유지시키면서 그 생산성을 기울기로 하는 직선이다.
   ② LOB도표의 세로축(y축)은 단위작업의 반복되는 수(층수)를 나타내고 가로축(x축)은 공사기간을 나타낸다.
   ③ 전체공사의 주공정선을 기울기가 작은 작업에 영향을 많이 받는다.

17. 물시멘트비가 클수록 응결, 경화속도가 느리다.

18. 비비 시험(Vee Bee test)
   포장 콘크리트와 같이 슬럼프 시험으로 측정하기 어려운 된 비빔 콘크리트에 적용하는 시험법이다.
   (보통 Slump 50mm 이하)

19. 순공사비는 순공사원가(공사원가) 등으로 불리우며, 재료비, 노무비, 경비의 합산금액이다. 하자보증 보험금은 제외된다.

20. 염화칼슘이나 염화마그네슘은 콘크리트의 동결방지와 응결시간 조절을 위해서 첨가한다.

1. ③	2. ①	3. ④	4. ①	5. ③
6. ③	7. ①	8. ④	9. ③	10. ①
11. ②	12. ④	13. ④	14. ④	15. ③
16. ④	17. ②	18. ①	19. ④	20. ①

건축기사 대비 **건축시공** ②

─────────────────── 定價 27,000원

저 자 한규대 · 김형중
       이명철
발행인 이 종 권

2000年 12月 13日 초판1쇄발행
2020年 1月 20日 20차개정1쇄발행
2021年 1月 12日 21차개정1쇄발행
2022年 1月 10日 22차개정1쇄발행
2023年 1月 19日 23차개정1쇄발행
2024年 1月 5日 24차개정1쇄발행
2025年 1月 14日 25차개정1쇄발행
2026年 1月 6日 26차개정1쇄발행

發行處 (주)한솔아카데미

(우)06775 서울시 서초구 마방로10길 25 트윈타워 A동 2002호
  TEL : (02)575-6144/5   FAX : (02)529-1130
       〈1998. 2. 19 登錄 第16-1608號〉

※ 본 교재의 내용 중에서 오타, 오류 등은 발견되는 대로 한솔아카데미 인터넷 홈페이지를 통해 공지하여 드리며 보다 완벽한 교재를 위해 끊임없이 최선의 노력을 다하겠습니다.

※ 파본은 구입하신 서점에서 교환해 드립니다.

www.inup.co.kr / www.bestbook.co.kr

ISBN 979-11-6654-755-3 13540

한솔아카데미 발행도서

건축기사시리즈
①건축계획
이종석, 이병억 공저
432쪽 | 27,000원

건축기사시리즈
②건축시공
김형중, 한규대, 이명철 공저
570쪽 | 27,000원

건축기사시리즈
③건축구조
안광호, 홍태화, 고길용 공저
796쪽 | 27,000원

건축기사시리즈
④건축설비
오병칠, 권영철, 오호영 공저
564쪽 | 27,000원

건축기사시리즈
⑤건축법규
현정기, 조영호, 한웅규, 김주석 공저
622쪽 | 27,000원

건축기사 필기 10개년
핵심 과년도문제해설
안광호, 백종엽, 이병억 공저
1,028쪽 | 45,000원

건축기사 4주완성
남재호, 송우용 공저
1,412쪽 | 47,000원

건축산업기사 4주완성
남재호, 송우용 공저
1,136쪽 | 44,000원

7개년 기출문제
건축산업기사 필기
한솔아카데미 수험연구회
868쪽 | 38,000원

건축설비기사 4주완성
남재호 저
1,088쪽 | 46,000원

건축설비산업기사
4주완성
남재호 저
872쪽 | 40,000원

10개년 핵심
건축설비기사 과년도
남재호 저
1,148쪽 | 40,000원

건축기사 실기
한규대, 김형중, 안광호, 이병억 공저
1,708쪽 | 53,000원

건축기사 실기
(The Bible)
안광호, 백종엽, 이병억 공저
1,000쪽 | 41,000원

건축기사 실기 14개년
과년도
안광호, 백종엽, 이병억 공저
688쪽 | 34,000원

건축산업기사 실기
한규대, 김형중, 안광호, 이병억 공저
696쪽 | 33,000원

건축산업기사 실기
(The Bible)
안광호, 백종엽, 이병억 공저
300쪽 | 30,000원

실내건축기사 4주완성
남재호 저
1,320쪽 | 39,000원

실내건축산업기사
4주완성
남재호 저
1,096쪽 | 32,000원

시공실무
실내건축(산업)기사 실기
안동훈, 이병억 공저
422쪽 | 30,000원

Hansol Academy

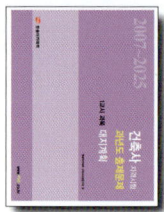
**건축사 과년도출제문제
1교시 대지계획**
한솔아카데미 건축사수험연구회
346쪽 | 33,000원

**건축사 과년도출제문제
2교시 건축설계1**
한솔아카데미 건축사수험연구회
192쪽 | 33,000원

**건축사 과년도출제문제
3교시 건축설계2**
한솔아카데미 건축사수험연구회
436쪽 | 33,000원

**건축물에너지평가사
①건물 에너지 관계법규**
건축물에너지평가사 수험연구회
852쪽 | 32,000원

**건축물에너지평가사
②건축환경계획**
건축물에너지평가사 수험연구회
516쪽 | 30,000원

**건축물에너지평가사
③건축설비시스템**
건축물에너지평가사 수험연구회
708쪽 | 32,000원

**건축물에너지평가사
④건물 에너지효율설계·평가**
건축물에너지평가사 수험연구회
648쪽 | 32,000원

**건축물에너지평가사
2차실기(상)**
건축물에너지평가사 수험연구회
940쪽 | 45,000원

**건축물에너지평가사
2차실기(하)**
건축물에너지평가사 수험연구회
905쪽 | 50,000원

**토목기사시리즈
①응용역학**
안광호, 김창원, 염창열, 정용욱 공저
540쪽 | 28,000원

**토목기사시리즈
②측량학**
남수영, 정경동, 고길용 공저
392쪽 | 28,000원

**토목기사시리즈
③수리학 및 수문학**
심기오, 노재식, 한웅규 공저
396쪽 | 28,000원

**토목기사시리즈
④철근콘크리트 및 강구조**
정경동, 정용욱, 고길용, 김지우 공저
464쪽 | 28,000원

**토목기사시리즈
⑤토질 및 기초**
안진수, 박광진, 김창원, 홍성협 공저
588쪽 | 28,000원

**토목기사시리즈
⑥상하수도공학**
노재식, 이상도, 한웅규, 정용욱 공저
544쪽 | 28,000원

**10개년 핵심 토목기사
과년도문제해설**
김창원 외 5인 공저
1,076쪽 | 46,000원

**토목기사 4주완성
핵심 및 과년도문제해설**
이상도, 고길용, 안광호, 한웅규,
홍성협, 김지우 공저
1,054쪽 | 45,000원

**토목산업기사 4주완성
과년도문제해설**
이상도, 정경동, 고길용, 안광호,
한웅규, 홍성협 공저
752쪽 | 42,000원

토목기사 실기
김태선, 박광진, 홍성협, 김창원,
김상욱, 이상도, 한웅규 공저
1,540쪽 | 52,000원

**토목기사 실기
과년도문제해설**
김태선, 이상도, 한웅규, 홍성협,
김상욱, 김지우 공저
892쪽 | 38,000원

www.bestbook.co.kr

**콘크리트기사·산업기사
4주완성(필기)**
정용욱, 고길용, 전지현, 김지우
공저
856쪽 | 39,000원

**콘크리트기사
과년도(필기)**
정용욱, 고길용, 김지우 공저
684쪽 | 30,000원

**콘크리트기사·산업기사
3주완성(실기)**
정용욱, 한웅규, 홍성협, 전지현
공저
784쪽 | 33,000원

**건설재료시험기사
4주완성(필기)**
박광진, 이상도, 김지우, 전지현
공저
742쪽 | 39,000원

**건설재료시험기사
과년도(필기)**
고길용, 정용욱, 홍성협, 전지현
공저
692쪽 | 32,000원

**건설재료시험기사
3주완성(실기)**
고길용, 홍성협, 전지현, 김지우
공저
728쪽 | 33,000원

**콘크리트기능사
3주완성(필기+실기)**
정용욱, 고길용, 염창열, 전지현
공저
538쪽 | 27,000원

**지적기능사(필기+실기)
3주완성**
염창열, 정병노 공저
640쪽 | 30,000원

측량기능사 3주완성
염창열, 정병노, 고길용 공저
580쪽 | 29,000원

**전산응용토목제도기능사
필기 3주완성**
염창열, 김지우, 최진호 공저
644쪽 | 29,000원

**건설안전기사 4주완성
필기**
지준석, 조태연 공저
1,388쪽 | 38,000원

**산업안전기사 4주완성
필기**
지준석, 조태연 공저
1,560쪽 | 38,000원

공조냉동기계기사 필기
조성안, 이승원, 강희중 공저
1,358쪽 | 41,000원

**공조냉동기계산업기사
필기**
조성안, 이승원, 강희중 공저
1,236쪽 | 36,000원

공조냉동기계기사 실기
조성안, 강희중 공저
1,040쪽 | 38,000원

**조경기사·산업기사
필기**
이윤진 저
1,464쪽 | 49,000원

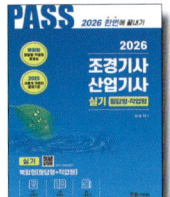

**조경기사·산업기사
실기**
이윤진 저
784쪽 | 45,000원

조경기능사 필기
이윤진 저
682쪽 | 29,000원

조경기능사 실기
이윤진 저
360쪽 | 29,000원

조경기능사 필기
한상엽 저
712쪽 | 28,000원

Hansol Academy

조경기능사 실기
한상엽 저
823쪽 | 30,000원

산림기사 · 산업기사 1권
이윤진 저
888쪽 | 27,000원

산림기사 · 산업기사 2권
이윤진 저
974쪽 | 27,000원

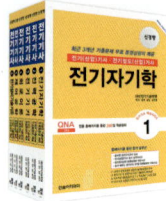
전기기사시리즈(전6권)
대산전기수험연구회
2,240쪽 | 131,000원

전기기사 5주완성
전기기사수험연구회
2,140쪽 | 43,000원

전기산업기사 5주완성
전기산업기사수험연구회
1,964쪽 | 43,000원

전기공사기사 5주완성
전기공사기사수험연구회
2,096쪽 | 43,000원

전기공사산업기사 5주완성
전기공사산업기사수험연구회
1,606쪽 | 43,000원

전기(산업)기사 실기
대산전기수험연구회
766쪽 | 43,000원

전기기사 실기 20개년 과년도문제해설
대산전기수험연구회
992쪽 | 38,000원

전기기사시리즈(전6권)
김대호 저
3,230쪽 | 136,000원

전기기사 실기 기본서
김대호 저
964쪽 | 39,000원

전기기사 실기 기출문제
김대호 저
1,340쪽 | 43,000원

전기산업기사 실기 기본서
김대호 저
920쪽 | 39,000원

전기산업기사 실기 기출문제
김대호 저
1,076쪽 | 41,000원

전기기사/전기산업기사 실기 마인드 맵
김대호 저
232쪽 | 15,000원

CBT 전기기사 단기완성
이승원, 김승철, 윤종식 공저
1,244쪽 | 42,000원

전기기능사 3단계 핵심 및 과년도
김승철, 신면순, 오용환, 이승원 공저
876쪽 | 28,000원

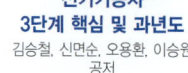
전기기능사 3주완성
이승원, 김승철, 윤종식 공저
532쪽 | 27,000원

소방설비기사 기계분야 필기
김흥준, 윤중오 공저
1,212쪽 | 40,000원

www.bestbook.co.kr

소방설비기사 전기분야 필기
김흥준, 신면순 공저
1,148쪽 | 40,000원

공무원 건축계획
이병억 저
800쪽 | 37,000원

7·9급 토목직 응용역학
정경동 저
1,192쪽 | 42,000원

응용역학개론 기출문제
정경동 저
686쪽 | 40,000원

측량학(9급 기술직/ 서울시·지방직)
정병노, 염창열, 정경동 공저
756쪽 | 29,000원

응용역학(9급 기술직/ 서울시·지방직)
이국형 저
628쪽 | 23,000원

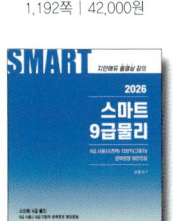
스마트 9급 물리 (서울시·지방직)
신용찬 저
422쪽 | 23,000원

7급 공무원 스마트 물리학개론
신용찬 저
996쪽 | 45,000원

1종 운전면허
도로교통공단 저
110쪽 | 13,000원

2종 운전면허
도로교통공단 저
110쪽 | 13,000원

지게차 운전기능사
건설기계수험연구회 편
216쪽 | 15,000원

굴삭기 운전기능사
건설기계수험연구회 편
224쪽 | 15,000원

지게차 운전기능사 3주완성
건설기계수험연구회 편
338쪽 | 12,000원

굴삭기 운전기능사 3주완성
건설기계수험연구회 편
356쪽 | 12,000원

초경량 비행장치 무인멀티콥터
권희춘, 김병구 공저
258쪽 | 22,000원

시각디자인 산업기사 4주완성
김영애, 서정술, 이원범 공저
1,102쪽 | 36,000원

시각디자인 기사·산업기사 실기
김영애, 이원범 공저
508쪽 | 35,000원

토목 BIM 설계활용서
김영휘, 박형순, 송윤상, 신현준, 안서현, 박진훈, 노기태 공저
388쪽 | 30,000원

BIM 전문가 토목 2급자격(필기+실기)
BIM전문가 토목연구회 공저
324쪽 | 32,000원

BIM 구조편
(주)알피종합건축사사무소 (주)동양구조안전기술 공저
536쪽 | 32,000원

Hansol Academy

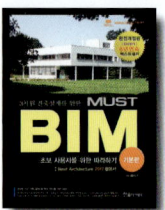
BIM 기본편
(주)알피종합건축사사무소
402쪽 | 32,000원

BIM 기본편 2탄
(주)알피종합건축사사무소
380쪽 | 28,000원

BIM 건축계획설계 Revit 실무지침서
BIMFACTORY
607쪽 | 35,000원

전통가옥에서 BIM을 보며
김요한, 함남혁, 유기찬 공저
548쪽 | 32,000원

BIM 주택설계편
(주)알피종합건축사사무소
박기백, 서창석, 함남혁, 유기찬 공저
514쪽 | 32,000원

BIM 활용편 2탄
(주)알피종합건축사사무소
380쪽 | 30,000원

BIM 건축전기설비설계
모델링스토어, 함남혁
572쪽 | 32,000원

BIM 토목편
송현혜, 김동욱, 임성순, 유자영, 심창수 공저
278쪽 | 25,000원

디지털모델링 방법론
이나래, 박기백, 함남혁, 유기찬 공저
380쪽 | 28,000원

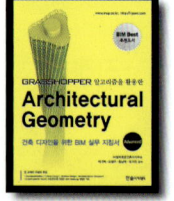
건축디자인을 위한 BIM 실무 지침서
(주)알피종합건축사사무소
박기백, 오정우, 함남혁, 유기찬 공저
516쪽 | 30,000원

BIM 전문가 건축 2급자격(필기+실기)
모델링스토어
760쪽 | 36,000원

BIM 전문가 토목 2급 실무활용서
채재현, 김영희, 박준오, 소광영, 김소희, 이기수, 조수연
614쪽 | 35,000원

BE Architect
유기찬, 김재준, 차성민, 신수진, 홍유찬 공저
282쪽 | 20,000원

BE Architect 라이노&그래스호퍼
유기찬, 김재준, 조준상, 오주연 공저
288쪽 | 22,000원

BE Architect AUTO CAD
유기찬, 김재준 공저
400쪽 | 25,000원

건축관계법규(전3권)
최한석, 김수영 공저
3,544쪽 | 110,000원

건축법령집
최한석, 김수영 공저
1,490쪽 | 60,000원

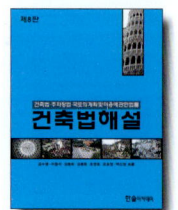
건축법해설
김수영, 이종석, 김동화, 김용환, 조영호, 오호영 공저
918쪽 | 32,000원

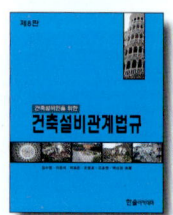
건축설비관계법규
김수영, 이종석, 박호준, 조영호, 오호영 공저
790쪽 | 34,000원

건축계획
이순희, 오호영 공저
422쪽 | 23,000원

www.bestbook.co.kr

건축시공학
이찬식, 김선국, 김예상, 고성석,
손보식, 유정호, 김태완 공저
776쪽 | 30,000원

**현장실무를 위한
토목시공학**
남기천,김상환,유광호,강보순,
김종민,최준성 공저
1,212쪽 | 45,000원

알기쉬운 토목시공
남기천, 유광호, 류명찬, 윤영철,
최준성, 고준영, 김연덕 공저
818쪽 | 28,000원

Auto CAD 오토캐드
김수영, 정기범 공저
364쪽 | 25,000원

친환경 업무매뉴얼
정보현, 장동원 공저
352쪽 | 30,000원

**건축시공기술사
기출문제**
배용환, 서갑성 공저
1,146쪽 | 69,000원

**합격의 정석
건축시공기술사**
조민수 저
904쪽 | 67,000원

**건축시공기술사
용어해설**
조민수 저
1,438쪽 | 70,000원

**건축전기설비기술사
(상,하)**
서학범 저
1,532쪽 | 65,000원(각권)

**디테일 기본서 PE
건축시공기술사**
백종엽 저
730쪽 | 62,000원

**디테일 마법지 PE
건축시공기술사**
백종엽 저
504쪽 | 50,000원

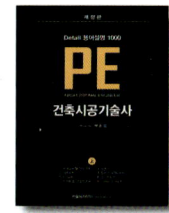
**용어설명1000 PE
건축시공기술사(상,하)**
백종엽 저
2,148쪽 | 70,000원(각권)

역학의 정석
김성민, 김성범 공저
788쪽 | 52,000원

**합격의 정석
토목시공기술사**
김무섭, 조민수 공저
874쪽 | 60,000원

건설안전기술사
이태엽 저
776쪽 | 60,000원

소방기술사 上
윤정득, 박견용 공저
656쪽 | 55,000원

소방기술사 下
윤정득, 박견용 공저
730쪽 | 55,000원

**소방시설관리사 1차
(상,하)**
김홍준 저
1,630쪽 | 63,000원

건축에너지관계법해설
조영호 저
614쪽 | 27,000원

ENERGYPULS
이광호 저
236쪽 | 25,000원

Hansol Academy

수학의 마술(2권)
아서 벤저민 저, 이경희, 윤미선,
김은현, 성지현 옮김
206쪽 | 24,000원

**스트레스,
과학으로 풀다**
그리고리 L. 프리키온, 애너이브
코비치, 앨버트 S.융 저
176쪽 | 20,000원

행복충전 50Lists
에드워드 호프만 저
272쪽 | 16,000원

지치지 않는 뇌 휴식법
이시카와 요시키 저
188쪽 | 12,800원

지능형홈관리사
김일진, 이의신, 송한춘, 황준호,
장우성 공저
500쪽 | 35,000원

**스마트 건설,
스마트 시티, 스마트 홈**
김선근 저
436쪽 | 19,500원

**e-Test 엑셀
ver.2016**
임창인, 조은경, 성대근, 강현권
공저
268쪽 | 17,000원

**e-Test 파워포인트
ver.2016**
임창인, 권영희, 성대근, 강현권
공저
206쪽 | 15,000원

**e-Test 한글
ver.2016**
임창인, 이권일, 성대근, 강현권
공저
198쪽 | 13,000원

**e-Test 엑셀
2010(영문판)**
Daegeun-Seong
188쪽 | 25,000원

**e-Test
한글+엑셀+파워포인트**
성대근, 유재휘, 강현권 공저
412쪽 | 28,000원

**재미있고 쉽게 배우는
포토샵 CC2020**
이영주 저
320쪽 | 23,000원

건축기사 실기 (전 3권)

한규대, 김형중, 안광호, 이병억
1,708쪽 | 53,000원

건축기사 실기(The Bible) (전 2권)

안광호, 백종엽, 이병억
1,000쪽 | 41,000원

※ 구입처는 **전국대형서점**에서 구매하실 수 있습니다.